普通高等教育"十二五"精品课程建设教材

U0268737

食品机械与设备

杨公明 程玉来 主编

中国农业大学出版社
·北京·

内 容 简 介

《食品机械与设备》是"全国高等学校食品类专业系列教材"之一。本书凝聚了国内 14 个单位(13 所高校、1 个研究所)的 16 名从事食品机械教学及其相关领域教学和研究人员的智慧,历经多年合作编写而成。本书的编写基于现代食品工业的产品开发和生产过程加工工艺与完善适用的机械设备的配合,它们是一有机的整体。食品加工的工艺是机械与设备的前提,而机械与设备是其工艺的保证,相辅相成,互相促进,不可偏颇。本教材从食品加工过程的整体,从食品加工所涉及的安全、材料、控制等相关知识出发,全面介绍食品机械与设备。

全书共分 15 章,包括:食品机械发展简史,食品机械常用材料,食品机械电气自动控制技术,食品机械安全性,食品清理和分选机械与设备,输送机械与设备,粉碎机械,搅拌、混合及均质机械与设备,分离机械,浓缩设备,干燥机械,杀菌设备,成型机械,冷冻冷藏设备,发酵设备。

本书可作为食品科学类相关专业的教材和参考书。

图书在版编目(CIP)数据

食品机械与设备/杨公明,程玉来主编.—北京:中国农业大学出版社,2014.8(2018.5重印)

ISBN 978-7-5655-0987-2

Ⅰ.①食… Ⅱ.①杨… ②程… Ⅲ.①食品加工设备 Ⅳ.①TS203

中国版本图书馆 CIP 数据核字(2014)第 121955 号

书　名	食品机械与设备		
作　者	杨公明　程玉来　主编		
策划编辑	宋俊果　刘　军	**责任编辑**	王艳欣
封面设计	郑　川	**责任校对**	王晓凤
出版发行	中国农业大学出版社		
社　址	北京市海淀区圆明园西路 2 号	**邮政编码**	100193
电　话	发行部 010-62818525,8625	**读者服务部**	010-62732336
	编辑部 010-62732617,2618	**出 版 部**	010-62733440
网　址	http://www.cau.edu.cn/caup		
经　销	新华书店	**e-mail**	cbsszs @ cau.edu.cn
印　刷	涿州市星河印刷有限公司		
版　次	2015 年 5 月第 1 版　　2018 年 5 月第 2 次印刷		
规　格	787×1 092　16 开本　29.25 印张　722 千字		
定　价	64.00 元		

全国高等学校食品类专业系列教材
编审指导委员会委员
（按姓氏拼音排序）

编 审 人 员

主　　编　杨公明　华南农业大学

程玉来　沈阳农业大学、沈阳工学院

副 主 编　邓洁红　湖南农业大学

高梦祥　长江大学

参　　编　（按姓氏拼音排序）

常雪妮　沈阳农业大学

陈香维　西北农林科技大学

程　晋　辽宁省农业机械化研究所

董吉林　郑州轻工业学院

杜　冰　华南农业大学

郭红英　湖南农业大学

刘汉涛　内蒙古农业大学

吕金虎　仲恺农业工程学院

马荣朝　四川农业大学

王　霞　黑龙江八一农垦大学

张佰清　沈阳农业大学

张长峰　浙江大学

主　　审　崔建云　中国农业大学

出版说明并代序

　　承蒙广大读者厚爱，食品科学与工程系列教材出版 6 年来，业已成为目前全国高等学校本科食品类专业教育使用最为广泛的教科书。出版之初，这套教材便被整体列为教育部"面向 21 世纪课程教材"，至今已累计发行 33 万册，其中《食品生物技术导论》、《食品营养学》、《食品工程原理》、《粮油加工学》、《食品试验设计与统计分析》等书已成为"十五"、"十一五"国家级规划教材。实践证明，这套教材的设计、编写是成功的，它满足了这一时期我国食品生产发展和学科建设的需要，为我国食品专业人才培养做出了积极的贡献。

　　教材建设是学科建设的重要内容，是人才培养的重要支柱，也是社会和经济发展需求的反映。近年来，随着我国加入世界贸易组织，食品工业在机遇和挑战并存的形势下得以持续快速的发展，食品工业进入到了一个产业升级、调整提高的关键时期。食品产业出现了许多新情况和新问题，原有的教材无论在内容的广度上，还是在深度上，都已经难以满足时代的需要。教材建设无疑应该顺应时代发展，与时俱进，及时反映本学科科学技术发展的最新内容以及产业和社会经济发展的最新需求。正是在这样的思想指导下，我们重新修订和补充了这套教材。

　　在中国农业大学出版社的支持下，我们组织了全国 40 多所大专院校、科研院所的 300 多位一线专家教授，参与教材的编写工作，专家涉及生物、工程、医学、农学等领域。在认真总结原有教材编写经验的基础上，综合一线任课教师和学生的使用意见，对新增教材进行了科学论证和整体策划，以保证本套教材的系统性、完整性和实用性。新版系列教材在原有 15 本的基础上新增了 20 本，主要涉及食品营养、食品质量与安全、市场与企业管理等相关内容，几乎覆盖所有食品学科专业的骨干课程和主要选修课程。教材既考虑到对食品科学与工程最新理论发展的介绍，又强调了食品科学的具体实践。该系列教材力求做到每本既相对独立又相互衔接，互为补充，成为一个完整的课程体系。本套教材除可作为大专院校的教科书外，也可作为食品企业技术人员的参考材料和技术手册。

　　感谢参与策划、编写这套教材的所有专家学者，他们为这套教材贡献了经验、智慧、心血和时间，同时还要感谢各参与院校和单位所给予的支持。

　　由于本系列教材的编写工程浩大，加之时间紧、任务重，不足之处在所难免，希望广大读者、专家在使用过程中提出宝贵意见，以使这套教材得以不断完善和提高。

罗云波

2008 年 8 月 16 日

于马连洼

编者的话

食物是人类赖以生存和繁衍的物质基础。从远古时代近 200 万年的茹毛饮血,几千年自给自足的农耕饮食,到现代食品的工业化、商品化时代,食品加工生产及食品形态总是随时代的变化而不断变化着。食品产业总是一个国家和地区科学技术和人民生活水平的标志。

根据人类发展史和自然辩证法的观点,先有自然,后有人类,再有人对自然的认识和改造。有人类的同时就有了人类的食物及其所在的食物链,但人类对食物的认识和改造却是逐步的、不断了解和深入的过程。所谓"物竞天择,适者生存",是人类不自觉的实验、实践,以及对食物食性的揭示和适应的过程和结果。历史记载的或现存各地区各民族的食物和饮食习惯正是人类长期知识和实践的积累,"神农尝百草"则是智者对食物的科学研究和探索。人类认识和改造自然总是体现在科学、技术和工程三个层次。科学是不断地揭示和认识自然,技术是在实践经验和科学的基础上获知改造某一自然状态的方法,工程是改造的物化实践。古往今来人类的食品采猎、耕种、饲养及加工,都是对自然食品的认识和改造。食品加工及其机械正是人类改造食品重要的工程实践!

毋庸置疑,无论怎样加工,无论用什么样的工具或机械加工,都必须保证食物的基本食性不变或不产生本质的变化。所以,加工的前提是必须很好了解被加工食物的基本食性,包括营养成分、功能组分、生物学特性以及加工物料学特性等。在保证食品基本成分不受破坏或损失尽可能小,并能够去掉对人类有害的成分,同时加工过程不对环境造成严重污染的前提下,所选择的产品形态和工艺以及加工机械与设备,才是最佳的,否则不但达不到想要的结果,反而会走向反面。

工业化过程由于对维护生态平衡和保护环境的认识不足,以及一味追求最大经济效益等原因导致生态失衡、环境污染和各种各样令人无所适从的食品不安全后果,教训是极其深刻的! 所以近年来"食品的天然状态优于工业化产品"的思潮汹涌,"回归大自然"的呼声不断,就是对一些污染环境、过度加工等错误做法的反思! 其实,自然食品、传统食品和现代食品是人类社会和食品发展的不同阶段的产物。人类对食品的认识、改造是永远的,没有结束,也不会结束。所以,我们既不能用现代个别实验结论轻易否定传统食品,也不能死抱着明显有害的习惯和传统而对抗现代科学。

人类的食物及人类对食物的认识显然是继承和渐进的。所以,现代的工业化食品都可以从传统食品加工技术中找到源泉。同时,食品新品种和加工新技术、新方法、新设备的发展也是必然的。

作为世界上最早有文字记载的文明古国之一,中华饮食文化及药食同源理论源远流长,内涵极其丰富,长期处于世界领先地位,保证了中华民族的人丁兴旺和健康、持续发展。由于明、清封建统治实行的闭关自守政策,使得现代科学技术未予受到应有重视,加之西方科技的快速发展及其对中国的封锁,我国食品工业直至 1949 年中华人民共和国成立前,始终停留在传统的家庭或手工操作方式上,没有及时上升到应有的水平,更没有形成科技和装备有机结合的现代食品工业。这些使得中华饮食文化和食品行业未能与世界科技文明的进步携手向前,更加灿烂和辉煌。是的,中国人 1 800 年前就发明了水饺、包子、汤圆等高压高温食品,却没有出现热力学饱和蒸汽与压力理论及高压锅;山东煎饼和鳌子 1 000 多年前就普遍使用,却没有出现薄膜蒸发技术和薄膜蒸发器;商周至战国就发明了大火爆炒(锅中油温170℃,倒入切细蔬菜,翻簸数下,140℃左右,数秒钟),却没有发明 UHT;2 100 年前会用石磨做豆腐,却没有发明胶体磨;很早很早就发明了地窖贮藏蔬菜、冻藏肉食,但没有发明冰箱……就像鸦片战争开始之际,中国 GDP 占世界总量的 40%,几十万大刀长矛抵不过几千名西方列强的长枪大炮一样,技术和装备落后的教训是深刻的!

工欲善其事,必先利其器。要发展食品工业,必须依靠先进的机械设备。新中国成立前,中国食品机械工业基本空白。新中国成立后,特别是改革开放以来,随着食品工业的兴起与迅速发展,中国的食品机械从无到有,取得了长足的进步。目前,中国食品机械已经由引进、消化为主进入到以自主创新发展为主的较高水平和持续高速发展的时期。但与飞速发展的食品工业实际需求差距还很大。农业领域流传着"在中国,最落后的是农业;在农业,最落后的是农产品加工;在农产品加工,最落后的是机械;在机械中,最落后的是自动化和控制……"这生动反映了我国装备落后的现实!我国食品机械与世界先进水平差距更为明显。

作为高等学校食品类专业本科教材的《食品机械与设备》,就是在这种大背景和学生工科基础较薄弱的情况下编写的。因此,本书具有如下三个特点:首先,本书强化机械基础知识,如食品加工机械常用材料、食品机械自动化技术基础、食品机械安全性等;其次,重点介绍本领域最基本和最先进的技术装备;第三,力求有所创新,核心理念是试图形成食品机械的科学体系,而不是机械产品介绍。比如:①专门编写了第 1 章,简述食品机械由原始工具到远古、古代、近代、现代的产生、发展、进化过程。阐述食品机械与社会发展,乃至人类进化与健康的重要关系。目的就是要阐述食品机械学体系,而不仅仅是了解设备的构造和应用。②为顺应食品机械自动化智能化的发展趋势,第 3 章介绍了食品机械电气自动控制技术。这一章可能由于学生专业基础和课时限制,讲授有一定困难,但仍编入,以便感兴趣的学生自学及参加工作后参考。③将食品机械与食品安全性单立一章,以强调食品机械安全操作及加工过程对食品安全的影响。④各章在介绍主要功能、基本机型、工作原理和构造基础上,强调本领域的新技术新设备,如纳米技术、膜过滤技术和非热杀菌等。⑤在内容上,选编较多,不一定全讲,而供不同学时选用,也便于学生自学。⑥为便于学生自学和掌握重点,每章开始有本章要点,章末有思考题。

本书是"全国高等学校食品类专业系列教材"之一,由国内 14 个单位(13 所高校、1 个研究所)的 16 名从事食品机械教学及其相关领域教学和研究的人员编写。全书共 15 章,其中前言及第 1,4 章由华南农业大学杨公明编写、郑州轻工业学院董吉林协助;第 2,3 章由郑州轻工业学院董吉林编写;第 5 章由西北农林科技大学陈香维编写;第 6 章由内蒙古农业大学刘汉涛编写;第 7 章由沈阳农业大学、沈阳工学院程玉来编写;第 8 章由沈阳农业大学张佰清编写;第 9 章由湖南农业大学邓洁红编写;第 10 章由黑龙江八一农垦大学王霞编写;第 11 章由四川农业大学马荣朝编写;第 12 章由长江大学高梦祥编写;第 13 章由沈阳农业大学常雪妮编写;第 14 章由仲恺农业工程学院吕金虎编写;第 15 章由华南农业大学杜冰编写。另外,浙江大学在站博士后张长峰、湖南农业大学郭红英也参与部分编写工作,辽宁省农业机械化研究所程晋完成了本书插图的描绘工作。本教材由中国农业大学崔建云主审。在此一并表示感谢!

本书以食品科学与工程本科专业培养目标和食品机械学教学大纲为基本内容,在介绍食品行业常用机械设备的基础上,尽可能增加新技术新设备,力求编成精品教材,但由于水平关系,难免存在内容不够全面、重点选择不一致甚至个别错误的情况,恳请各位老师和同学在使用中发现问题,批评指正。

编　者

2013 年 12 月

编者的话

目 录

目录

第1章

食品机械发展简史

>> **摘要**

　　本章简述食品机械由原始工具到现代机械的产生、进化和发展过程；探讨"火"、"陶瓷"、"青铜"及金属冶炼等与食品机械相关的基本元素；试图总结食品加工工艺与机具相互促进发展的实例及其经典论述、论著；介绍改革开放以后中国食品机械产业的形成、发展及其特点等。学习者可对食品机械及其发展有一个总体完整的、体系性的概念，在此基础上了解、熟悉食品机械与设备的基本构造和应用。

食品机械是用来处理、加工食物原料使之成为方便食用、容易贮藏或达到其他目的的专业机械，但通常其含义要广泛得多：一是包括从食物原料处理、贮藏保鲜、简单干燥到各种深加工所用之机械与设备。二是通常说的机械实际包括小到一些专用工具、容器、自制简单机械，大到一些现代化的生产线或成套设备等。食品机械不仅标志着食品工业化程度，也标志着一个国家社会发展和工业现代化的综合水平。

工具是机械的核心元素和始祖。制造工具是人类区别于其他动物的标志。食品加工工具和机械不仅可以提高劳动生产率，减轻劳动强度，还可以实现一些手工操作所达不到的特殊加工，如杀菌、制冷、膜过滤分离等。

食品机械是一门应用学科，涉及内容非常广泛，有通用机械的内容，又涉及特殊材料、食品安全与卫生、食品化学、微生物、物料与物性学、食品流变学、食品工程、包装及造型，甚至饮食文化等。因此，食品机械也是一门交叉学科。

食品原料和种类繁多，加工原理及其工艺因原料、加工要求和产品形态而千差万别。不同产品、不同加工原理、不同工艺，其设备就大不相同。同时加工原理与工艺又在不断创新，所以很难按照食品产品的种类阐述食品机械。本教材采用在简介专业所需基本知识基础上，以加工原理与单元操作为主，特色大宗产品为辅的论述体系。

食品的加工为人类健康和发展演变起到了不可替代的重要作用，食品机械物化并体现了食品的加工工艺及其营养、保健价值。回顾食品加工及其机械发展史，能够从人类社会发展高度了解人类饮食的变化及其规律，也对全面认识食品的基本特性、加工原理、工艺及其机械的研发和选用有更深远的意义。

1.1 工具与食品机械的起源

▶ 1.1.1 机械及其时代分类

中文"机械"一词是由"机"与"械"合成而来。机，即机关、关键、窍门之意，在古代曾专指弩箭的发动机构。械有多意，但泛指一种有特殊用途的器具。《庄子·外篇》中解释械：能使人"用力甚寡而见功多"，康熙字典则称"术之巧者曰械"。可见机械的核心内涵是可以达到某种预期目的且"省力、增效"，具备"巧"特征的器具。省力省时高效，实现人手不能实现的动作，获得更高的效益是工具和机械的出发点和特点。但始终以保持食物营养、功能和安全特性不变或基本不变为前提。所以，工具和机械始终得到人类的肯定和重视，所谓"工欲善其事，必先利其器"！

根据机械发展史，按机械发明顺序分为：远古机械、古代机械、近代机械、现代机械等。

▶ 1.1.2 工具、火和陶瓷开启了远古机械时代

已有研究认为人类的祖先出现于新生代第四纪。人类的基因、智慧和直立决定了人会利用其他自然体作为工具。工具便成为人类区别于其他动物的标志，工具的进化伴随着人

类的进化和人类社会的发展。

距今 180 万年前到大约公元前 3000—公元前 4000 年，是人类发展史的简单工具时期。这个发展时期占人类发展史绝大部分时间。这个时期工具极简单，多为石材、树枝等，故称为石器时代，对应人类发展史上的原始社会以前的发展阶段。

根据工具的使用情况，考古学家将这个时期分为旧石器时代和新石器时代两个阶段。

旧石器时代（距今 170 多万年前到 1 万多年前）经历时间最长，对应于能人（前 200 万—前 175 万年）、直立人（前 180 万—前 20 万年）和智人（早期前 20 万—前 5 万年，晚期前 5 万—前 1 万年）三个阶段。该时期人类用捡拾或简单地敲击成型的尖锋石块、木棒做工具。考古发现有砍砸器、尖状器、石矛、石锤和木棒等，制作粗糙，种类很少（图 1-1）。生活在距今四五十万年前的"北京猿人"，制造和使用的就是这种非常简单粗糙的石器。

早期　　　　　　　中期　　　　　　　晚期

图 1-1　旧石器时代的工具

当今，人类的起源研究已经从女娲造人和上帝造人的神话、达尔文的"优胜劣汰，适者生存"、恩格斯的"劳动创造了人类"，进入现代的基因延续、综合进化理论阶段。进化论已经证实了使用和制造工具对人类进化和发展的意义。正如恩格斯在 1876 年《劳动在从猿到人转变过程中的作用》一文中提出的："古代类人猿在身体器官具备了向人类转化的条件和在自然力的影响下，是劳动在这个进化成人的过程中起了重要的作用。"这里所说的"劳动"指的是人类的"真正的劳动"，即制造和使用生产工具，进行有目的的生产。这种"真正的劳动"是人类区别于其他动物的特征之一！

新石器时代（距今 1 万多年前至约 3 000～4 000 年前）持续了六七千年，属于晚期智人、原始部落时代。这个时期，人类已经发现并利用了火。随着智力的提高、手的灵巧及其互相促进的结果，先祖人能够把石块进行较细致的敲击成型，然后在磨石上琢磨，制成更加光滑更加锐利的各种石器。加工不仅使人类使用的工具种类增加，质量和效率也大大提升。考古已经发掘出土的有石刀、石斧、石犁、石锄、石锯、石钻、石矛、石镞、纺轮等几十种，用来从事农业、狩猎、渔业、建筑和纺织等生产劳动（图 1-2）。这个阶段工具的特点是经较为精细

新石器时代的工具　　　　　　　石刀石斧复原图

图 1-2　新石器时代的工具

的磨削,表面比较光洁。以品种的增多和改进加快为特征的新石器时代,生产力迅速提高,有力地推动了原始社会向奴隶社会的发展。

人类制造并使用工具,有目的地进行狩猎或生产,不仅获取的食物更多,也促进了食物的保存、分割,甚至烧烤。人类手越灵巧,食物更安全更容易消化利用,生活条件更优越,大脑发育更好……终于完成了直立人向智人的进化。所以说"生产工具的制造和使用,标志着人类的诞生"!

1.1.3 远古食品加工及其机械发展的几个节点

1.1.3.1 火的发现和利用开创了食物加工新纪元

考古和人类学研究显示,从腊玛古猿到人类形成经历了近 1 000 万年。在人类进化长时间的演进与积累过程中,火的利用是人类发生突变的关键因素之一。至今没有任何动物种群能够利用和控制火。所以,利用火和生火是人类区别于其他动物的又一显著标志。犹如恩格斯所言:"就世界性的解放作用而言,摩擦生火还是超过了蒸汽机。因为摩擦生火第一次使人支配了一种自然力,从而最终把人同动物界分开。"(恩格斯:《反杜林论》)

现代人知道,火是物质燃烧产生的光和热,是能量的一种,只有具备可燃物、燃点、氧化剂三者才能发生燃烧;还知道火本身就是气态、固态、液态以外的等离子态物质;也能够灵活利用火做各种事情。而在远古时代,火只是大自然中的一种自然现象,如火山、雷电、干旱高温而产生的天然火等。很显然,这些野火远在人类诞生以前就存在于地球上了。人类先民面对火焰,最初是害怕,或躲避远逃,或祈祷神灵。随着进化,人类不仅发现火烧过的动物肉更好吃,还发现冬天靠近火不寒冷,或夜晚有火能看见东西,或有火的地方人类的天敌不敢靠近等,逐渐认识到火有用处。于是,人类就进而把自然界中的野火引来作火种,带到自己的洞穴中加以保存并加以利用。

可以想象当时火种的保存和利用的难度,以及对族群的重要性。所以,古代对火的崇拜、传说非常多。其中最经典的是东方的燧人氏、西方的普罗米修斯等。在世界各地史书甚至目前许多仍保留传统生活的部落中,具有敬掌火者为圣人的传统!实际上,人类最初因各种偶然机会(钻木、敲石)引起易燃物生火,或无意中保存了天然火种等,这个过程其实相当难,经历的年代相当长,从偶然到经验,从而能够取火或保存火。我国古籍多次提到钻木取火,如《庄子·外物》中也有"燧人氏钻木出火"的说法。世界各地及我国不少民族地区偶尔也能见到钻木取火这种非常古老的方法。铁器出现后,一种利用火镰的取火方法随之产生。它是利用钢铁条敲击坚硬的燧石,铁屑剥落时因摩擦、敲击而变热,表面因氧化而生成火星,火星落到易燃物上,即可取火。现代打火机与之基本同理,只是将钢块改为砂轮,将硝棉改为可燃气体罢了。还有一种更为科学先进的方法就是利用凹面镜聚阳光而取火。史籍中常见的"夫燧"或"阳燧",就是古人对凹面镜的称谓。如《周礼·秋官司寇》:"司烜氏,掌以夫燧,取明火于日。"《庄子》中有:"阳燧见日,则燃而为火。"(图 1-3)由于当时大部分阳燧是用金属制成的,所以又称做"金燧",而现代一般用玻璃制造凹面镜。中国先民不仅会利用多种方法取火,而且知其特点。《礼记》中有"左佩金燧"、"右佩木燧"的记载,就是说,古时人们行军、打猎,总是随身带着取火器,晴天用凹面镜取火于日,阴天则钻木取火,从而实现昼夜阴晴全天候取火。

火的利用也极大地改善了人的饮食营养结构和生活环境,客观上促进了人类的身体和大脑的发育。正如《韩非子·五蠹第四十九》所述:"民食果蓏(luǒ)蚌蛤,腥臊恶臭而伤害腹胃,民多疾病,有圣人作,钻燧取火以化腥臊,而民说之,使王天下,号之曰燧人氏。"其实,发现火的功用不仅使食物熟化,除腥臊并改善滋味外,更方便食用与消化。近年一些研究从多个方面证实人类是以素食为主的杂食动物,其中指甲和牙齿不能撕开动物皮毛就是一个证据。这也说明,也许是火和工具的应用,才使人类食肉更为方便、更为卫生,也大幅度增强了人类的营养。

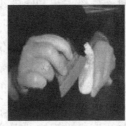

至今世界各地仍见钻木取火　　　　　　　　　　火镰取火　　　阳燧取火

图1-3　古代取火方式

有了火的帮助,人类可以取食的东西更多,对付恶劣环境的能力和生存能力有了飞跃性进步。火的保存与利用,结束了人类的茹毛饮血,由于烧烤翻动和分割食物的需要,各种餐具随之出现。直至今天,火和热仍然是现代食品贮藏与加工的基本因素之一。火的利用推动了人类的进化和社会生产的发展。

有关资料推测,使用火的历史可能在200万~100万年前,或者更晚一些。我国山西芮城西侯度遗址(距今180万年)、云南省元谋人遗址(距今170万年)、法国马赛埃斯卡遗址(距今100万年)、北京周口店遗址(距今55万年)等处都发现了人类用火的证据。史实证明,人类在形成的大部分时间内都不会用火,处于茹毛饮血的时代,火帮助人类进入了一个全新时代。

1.1.3.2　陶瓷为食品贮藏、加工提供了可能

古代与食品、食品加工和食品机械密切相关的,除火之外,应数陶瓷和冶炼术的发明与发展。陶器的发明,被公认为人类文明发展的重要标志。陶瓷是中华民族对人类的突出贡献之一。英语China可同时译为中国和陶瓷,可见陶瓷和中国的关系。

人类先祖在长期用火的过程中,发现泥土经过焙烧后变得坚固,遇水不会坍塌,如火坑、灶台周围或用泥土包涂并烧烤动物时留下的成型烤泥。《礼记》郑玄注就有"以土涂生物,炮而食之"的描述。人类可能从中得到启发,经过长期或无数次烧制实验,人类的先知最后得知:选料合适、通过手工或简单机具成型,在足够高的温度下可以烧制成各种器皿,能够反复使用。经过不知多少代人的不断摸索和实验,大概在1万~2万年前,世界各地陆续出现了陶器。其实,陶器的发明是在许多不同地区分别独立起源的。2012年6月28日美国的《科学》杂志报道,中美科学家对中国江西省万年县仙人洞出土的一个大陶碗的碎片进行了鉴定,认为这些碎片距今已有2万年历史,这自然成为目前世界已发现陶器的最早年代。陶轮的发明使得陶瓷生产效率更高,质量更好,使批量生产成为现实,为陶器生产带来革命。中国浙江萧山距今约8000年的跨湖桥文化就发现了中国最早的慢轮制陶技术。从此直到新

石器时代龙山文化，中国使用陶轮已比较普遍。龙山文化的匀而薄的黑陶，多是轮制的产物。而在公元前6000—公元前4000年，陶轮也曾在西亚的美索不达米亚发明。陶轮是一种陶器成型工具，现存最简单的是木制的水平圆盘，水平地固定在直立轴上。当直立轴转动时，置于轮盘上的黏土泥坯由于离心力作用而向外离去。把这种力量的运动加以管制，用双手将泥料拉成陶器坯体。陶瓷的发明和工具化专业生产，首先作为餐具、茶具、酒具、盛器（缸、坛、盆、罐）等，以适应人类日益丰富的用餐、饮茶、饮酒、盛水以及保存剩余的谷物、食物或酒等，后来发展了煮食、盛酒、喝水、进食以及存放食品的基本容器等。陶器的使用使人类饮食更卫生、更方便。陶瓷的出现也改变了使用者的生活习惯，极大地推动了人类的进步。有历史记载，中世纪以前，印度人吃饭时将食物放在芭蕉叶子上，用手抓着吃，没有餐具，既不方便，更容易生病。瓷器餐具改变了生活习俗。在距今6 000年前的我国西安半坡遗址，人们可以看到不少陶罐，有的用来盛水，有的用来盛物，陶器上面还绘有鱼纹等抽象图案。

　　陶瓷是人类利用天然物，按照自己的意志创作出来的一种崭新材料和物质形态，具有人为、可变、永久等特点，也容易做成记载文字、图形、符号、意志的各种用品，实现了长期保存，成为地区历史见证，甚至成为国家或民族身份和历史的象征。直至今天，古代陶瓷收藏性及文化性的价值远远大于其实用性（图1-4）。

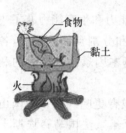

原始人用陶器煮熟食物

陶锅

出土陶器

取水用尖底瓶

彩陶人面鱼纹盆

陶缸

图1-4　中国古代陶瓷器具

　　由于陶瓷特有的优越性和可塑造性，现代高新技术又使陶瓷性能大幅度改进，陶瓷的应用范围不断扩大。如今建筑陶瓷、工业陶瓷、工艺陶瓷、特种陶瓷等不断开发，粉体技术、纳米技术、超高压技术陶瓷处在新技术的高端，在食品机械当中应用也越来越多，如陶瓷刀、陶瓷轴承、陶瓷喷镀等。

1.2.1 冶金技术开创古代机械新时代

远古机械和古代机械最明显的分界线就是金属材料的使用。一般认为中国古代机械时期从青铜时代开始,从距今 3 000~4 000 年前到公元 1840 年。

冶炼技术的起点并非青铜,但青铜的冶炼和使用翻开了古代机械的新时代。青铜是以铜为主,加入锡或铅冶炼而成的合金,是人类最早发明并大规模使用的合金。因颜色呈青色,故名青铜。青铜熔点低、硬度高,铸造性能好,也具有纯铜工具所不能担任的功用,因此它逐步取代了一部分石器、木器、骨器甚至红铜器,而成为生产工具的重要组成部分。铸造青铜器必须具备采矿、熔炼、制模、翻范、铜锡铅合金成分的比例配制、熔炉和坩埚的制造等一系列技术和设施。所以,青铜生产工具的出现,具有划时代的意义,是人类综合科学技术发展史上的重要里程碑。

中国青铜出现于历史上的夏,发展于商、周(西周)时期。秦统一中国,推动青铜发展并达到高峰。秦代以古战车的出现为标志,相继出现犁、辘轳、绞车、杠杆舂米、驴碾子、水磨以及大量的青铜容器等一批古代食品器具和机械,不仅种类多,而且水平高,居世界领先地位。因此青铜时代是中国机械史上一个成果辉煌和地位重要的时期。

我国最早的青铜器发现于河南偃师二里头遗址中,所处年代约为公元前 21 世纪至前 17 世纪,基本贯穿夏、商、西周、春秋、战国整个奴隶制社会,历经约 5 个世纪。而这一时代,中国农业、手工业有较快的发展,并出现了文字。

金属冶炼技术的发展,带动了各种食品器具(鼎、锅、碗、盆、钵、敦、瓢、勺)、酒具、日常用具以及金属工具的发展。比如,此前我国古代炊具、食具的大多数容器最早是陶制的,殷周以后开始用青铜制作。特别是有传热要求的鼎、锅、釜等,大多用金属。可在鼎腹下面烧烤。鼎的大小因用途不同而差别较大。古代常将整个动物放在鼎中烹煮,可见其容积较大。图1-5 是一些出土饮食用青铜器具照片。

1980 年出土的秦始皇兵马俑铜车马表现出当时的金属铸造技术、加工和组装工艺,令今人惊叹。铜车马主体为青铜所铸,一些零部件为金银饰品。秦陵铜车马共有 3 000 多个零件,各个部件分别铸造,然后用嵌铸、焊接、粘接、铆接、子母扣、纽环扣接、销钉连接等多种机械连接工艺,将众多的部件组装为一体。车、马和俑的大小约相当于真车、真马、真人的1/2,完全仿实物精心制作。整个马车浑然一体,惟妙惟肖,所有机械机构之巧妙,各零部件加工之精密,装配工艺之高超多样,令今人不可思议!特别是一、二号车的伞盖,其厚度仅 0.1~0.4 cm,而面积分别为 1.12 m² 和 2.3 m²,整体用浑铸法一次铸出,即使在今天,要铸成这么大而薄、均匀呈穹窿形,强度、刚度均佳的大面积薄壁件也非常困难。至今,铜车马上的各种链条仍转动灵活,门、窗开闭自如,牵动辕衡,仍能载舆行使。秦陵铜车马被誉为中国古代的"青铜之冠"!也从一个侧面反映出食品机械及器具之水平(图 1-6)。

陕西省考古研究院在 2009 年 6—12 月和 2010 年 8 月至 2011 年 1 月,先后两次在临潼区湾李村进行考古发掘,共发掘墓葬312座,其中秦汉的墓葬共计282座。尤其令考古工作者兴奋的是,编号M208秦代古墓的铜敦中保留盆满钵溢的肉制品,肉制品虽然已碳化,但仍能用肉眼看到一根一根的肉丝,保留的腱膜还有弹性。2010年11月在西安咸阳机场二期考古工地上清理一座战国秦墓时,发现一个青铜鼎里盛着半鼎"骨头汤"(图1-7)。经过专家鉴定,骨头为不到1岁的小公狗的骨头,因铜鼎密封较好,"骨头汤"至今尚存。更是令人不得不信的奇迹!

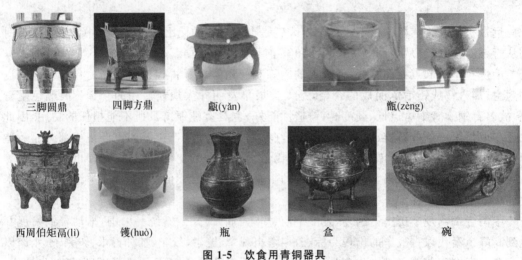

三脚圆鼎　　　四脚方鼎　　　甗(yǎn)　　　　　　甑(zèng)

西周伯矩鬲(lì)　　镬(huò)　　　瓶　　　　盒　　　　碗

图1-5　饮食用青铜器具

图1-6　中国陕西省出土的秦始皇兵马俑铜车马

　　春秋时期铁器、生铁冶铸、可锻铸铁和锻钢的陆续出现,加速了由铜器向铁器时代的过渡;西汉中期已炼出灰口铸铁,并出现了壁厚3~5 mm的薄壁铸铁件。铸铁热处理技术也有所发展。青铜器和铁的出现极大促进了机械的快速兴起和发展。春秋时期的弩机已是比较灵巧的机械装置。东汉及三国时已有不同形状和用途的齿轮、人字齿轮、齿轮系、棘轮甚至自动离合装置,说明传动系统已发展到相当高的水平。唐代已有筒车水力提水、水磨、水舂;明代已有活塞风箱;在明中叶或稍前,扬州立帆式风轮将八扇纵帆等距装置在八角形木架上,围绕一个垂直轴旋转,并能自动调节帆面角度。

　　金属的发明和利用及各种工具、机械的出现,使人类利用自然的效率大大提高,大规模地砍伐森林、开垦荒地、发展农业和开发牧场成为可能。人类的生活用品也极速发展,鼎、釜、盆等金属容器、金属工具也随之出现。图 1-8 显示了不同时代刀具的演变过程。

2010年咸阳出土铜鼎内存2 400年骨头汤　　　　西安临潼区湾李村出土铜敦内有秦代肉制品

图 1-7　中国陕西省出土 2 000 年前食品

旧石器时代石刀　　　　　　新石器时代石刀　　　　　　早期青铜刀

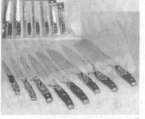

晚期青铜刀具　　　　　　现代不锈钢刀具　　　　　　现代陶瓷刀具

图 1-8　刀具的演变

1.2.2　古代食品加工机械(机具)的几个典型领域

1.2.2.1　舂米机具(机械)及其演化

谷物是人类最早的食物,谷物耕种与食用的历史悠久。稻谷的谷壳由粗糙的厚壁细胞组成,动物基本不能消化,口感也差,食用时谷壳总是被除掉。舂米就是谷子去壳的过程。在机械化碾米之前的历史长河中,舂米始终是最基本的加工,也是最繁重的劳动之一。舂米工具是食品加工机械最原始的代表之一。最早的舂米工具是石板石棒(或木棒),逐步发展成石臼石杵、石碾、驴拉碾、水车,直到近代蒸汽机、内燃机和电机驱动的各种碾米机组。在湖南道县、广西南宁等都发掘出土了1万年前原始石磨盘、石杵等稻谷的脱壳工具。图1-9显示了不同时代春米机具的演变。

(1)石磨碾
(2)杵臼
中国新石器时代的粮食加工工具

驴拉磨　　　　水礁春米　　　石磨去壳和排流结构　　　木磨结构

图1-9　古代春米机具

1.2.2.2　从酿造器具看中国古代酿造技术

由现代微生物和发酵理论知,酒是由含糖物质在酵母菌的作用下自然形成的有机物。在远古时代,由于自然界中存在着大量的含糖野果,而在果皮、蜂、蝶或鸟类的嘴上都附着有酵母菌,在适当的水分和温度等条件下,酵母菌就有可能使果汁变成酒浆,自然形成酒。

据有关资料记载,地球上最早的酒,就是落地野果自然发酵而成的。也可能当人们采集果实吃不完储存时,野果、兽乳放在容器中变质发酵后,偶尔被人发现其中有使人食用后会产生愉悦的物质。所以,酒的出现是天工的造化。考古学证明,在近现代出土的新石器时代陶器制品中,已有了专用的酒器。这说明人类先祖在没有学会酿酒时就有可能享受到酒。后来随农业发展,谷物和由谷物做成的食品变质发酵也会有类似物质产生。慢慢地人们学会了控制发酵,酿酒工艺也就应运而生了。

人工酿酒的先决条件是容器的发明,所以先有陶器才有人工酿酒。在仰韶文化遗址中,既有陶罐,也有陶杯。有文字记载以来,就有酒的记载了。中国甲骨文中早就出现了酒字和与酒有关的醴、尊、酉等字。在出土的商、殷文物中,青铜酒器占有相当大的比重,说明当时饮酒的风气确实很盛。至于文史中的记载更是不胜枚举,《诗经》、《周易》、《周礼》、《礼记》、《左传》等典籍中,都有古代酒俗的记载,如"酒者可以养老也"(《礼记》)、"酒以成礼"(《左传》)等,说明酒是生活、祭奠和礼仪中必不可少的。在龙山文化遗址中,已有许多陶制酒器,在甲骨文中也有记载。藁城县台西村商代墓葬出土之酵母,在地下 3 000 年后,出土时还有发酵作用。罗山蟒张乡天湖商代墓地,发现了我国现存最早的古酒,装在一件青铜所制的容器内,密封良好。至今还能测出成分,证明每 100 mL 酒内含有 8 239 mg 甲酸乙酯,并有果香气味。这种浓郁型香酒与甲骨文所记载的相吻合。周代,酿酒已发展成独立的且具相当规模的手工业作坊,并设置有专门管理酿酒的“酒正”、“酒人”、“郁人”、“浆人”、“大酋”等官职,说明当时人们已经熟练掌握发酵技术。

　　1979 年,我国考古工作者在山东莒县陵阴河大汶口文化墓葬中发现了距今 5 000 年的成套酿酒器具,包括煮料用的陶鼎,发酵用的大口尊,滤酒用的漏缸,贮酒用的陶瓮,同处还发现了饮酒器具,如单耳杯、觯形杯、高柄杯等,共计 100 余件(图 1-10)。

图 1-10　山东莒县大汶口出土的制酒器具(前 4300—前 2500 年)

　　有资料称,在曲发酵酿造的世界三大蒸馏酒中,只有中国的白酒是由人工制曲、用内含霉菌和酵母的曲种来发酵的,这是人类最早的生物工程实践。该原理与技术很早也用于醋、酱和酱油的酿制。韩国的大酱、日本的酱汤也都源自中国。

1.2.3　关于中国古代食品加工工具和机械的论著

　　伴随着农业和食品加工,中国形成了丰富的食品文化,出现了许多食品加工工具和机械论著。战国时期流传的《考工记》是中国目前所见年代最早的手工业技术文献。全书共7 000 余字,记述了木工、金工、皮革、染色、刮磨、陶瓷等六大类 30 个工种的内容,反映出当时中国所达到的科技及工艺水平。《考工记》还有数学、地理学、力学、声学、建筑学等多方面的知识和经验总结。《考工记》中的“凡试梓饮器,乡衡而实不尽,梓师罪之”,即工师检验者所用的饮器,如平爵向口,爵中还留有余沥,便不合标准,就要受到处罚。

　　明代之《开工天物》,被外国学者称为“中国 17 世纪的工艺百科全书”。作者在书中强调人类和自然相协调、人力与自然力的配合。该书分为上、中、下三篇 18 卷,附有 121 幅插图,记载了明朝中叶以前中国古代的各项技术,并描绘了 130 多项生产技术和工具的名称、形状、工序。其中粹精(谷物加工)、作咸(制盐)、甘嗜(甘蔗及制糖、养蜂)、陶埏(砖、瓦、陶瓷)、冶铸(金属物件铸造)、锤锻(铁器和铜器)、膏液(植物油脂提取)、麹蘖(制酒)都是关于食品加工技术及其机具的。《天工开物》对中国古代的各项技术进行了系统的总结,构成了一个完整的科学技术体系,书中记述的许多生产技术,一直沿用到近代。

　　除此之外,还有许多食品及其加工的论著,它们也是食品机械的代表和主要参考文献。著名的中国古代四大农书《齐民要术》、《农桑辑要》、《农书》、《农政全书》中都多多少少记载了工具和机械。

《齐民要术》是南北朝(420—589)时的重要农学专著,作者是东魏(534—550)的贾思勰。全书共十卷,九十二篇,11万5 000余字,篇幅之大在中国古代农书中是罕见的。该书第七、八、九卷讲述酿造、食品加工、荤素菜谱等。卷七首指出加工业和商业容易致富的现实:"谚曰:'以贫求富,农不如工,工不如商,刺绣文不如倚市门'……"。卷八《黄衣、黄蒸(酱曲)及糵(制饴糖用的麦芽)第六十八》《常满盐、花盐(汰去杂质的盐)第六十九》讲酿制的准备工序,为副业加工的总论。七、八、九卷的其他篇则是酿造加工和烹调各论,包括制曲造酒(造神曲并酒、白醪曲、笨曲并酒、法酒等四篇)、作酱、作酢(醋)、作豉、饴糖以及各种饮食做法种等,最后还有煮胶等。

元代王祯的《农书》是一部着重描述生产工具的书。其中《农器图谱》有306幅插图。书中详细记载了"水排"、水转大纺车、木活字和"转轮排字盘"等,宣扬用机械代替简单工具,用水力代替人力和畜力等,推动生产力的发展的思想。《农器图谱》根据古代经传,又参合当代的形制,插图形象,描述详细,且首次对农具进行了科学的分类。其中较为详细地介绍了有关食品贮藏加工工具与机械。比如,书中提到"莜黄",就是各种装粮食的工具,包括莜(竹制品,主要用以装谷种)、黄(草编制品)、筐、筥(圆形竹筐)、畚、囤、篅(甾庶)、谷匣(木制方形存粮器);粮食脱壳和精碾工器,如杵臼、碓、堈碓、砻、碾、辊碾、扬扇等;分离清理的工具,如箩、篮、箕、帚、筛等。在"仓廪门"还详述了仓、廪、庚、囷、京、谷䆛、窖、窦等以及升、斗、概、斛等;"鼎釜门"还描绘有各种釜甑,包括鼎、釜、甑、甑箅、老瓦盆、匏樽、瓢杯、土鼓等。还有磨、油榨等图与描述。

1962年,清华大学刘仙洲先生撰写的专著《中国机械工程发明史》在科技史界产生了深远的影响,其中也有许多古代轻工食品加工工具和机械内容。

1.3　中国近代食品机械

明末时期,即16世纪中后期开始,是人类现代科技从奠基到应用的高潮时期,尤其是欧洲在天文、物理、化学、数学等方面经历了上百年基础突破,终于在17世纪60年代爆发了工业革命。同期的中国明朝,在航海、铸造、天文、地理、数学、物理学等重要领域也有举世公认的成就。可惜明清更迭以及清政府的封建集权统治、思想禁锢和闭关自守,阻碍了科学技术发展及与世界的交流。尤其纺织机、蒸汽机与电的发明,新材料的出现,使西方的机械科技水平很快超过中国。资本主义列强的入侵使中华民族遭受压迫、奴役和掠夺,但也将先进技术和机械带入中国,并夹裹着中国从古代机械跨入近代机械时期。如果说近代食品机械的标志是蒸汽机、内燃机和电动机驱动,那么中国近代食品机械的落后是不言而喻的。直到19世纪末叶,相继设立了碾米厂、面粉厂、榨糖厂和卷烟厂等。这是中国近代工业的开始。但在半殖民地半封建的旧中国,食品工业发展很慢(图1-11)。直到1949年,食品工业总产值仅33亿元,生产技术和管理水平也十分落后。

新中国成立前,除了沿海个别大城市的中外企业的米厂、糖厂、卷烟厂、罐头厂外,中国的食品生产大部分还处在手工作坊时代,而大中型食品机械大部分近代设备依靠进口,食品机械制造业几乎空白。

1863年碾米机　　　　　畜力榨糖机　　　　　　榨油机

图1-11　半殖民地半封建的旧中国的食品机械

1.4　中国现代食品机械

1949年中华人民共和国诞生至今,我国食品工业及食品机械经历了手工、半机械、机械化和现代化的飞跃。业内人士以为可分为两个阶段。

第一阶段为20世纪50—70年代。新中国新政权的巩固和社会主义建设进入了新轨道,由于以经济建设为中心,全国人民建设祖国热情空前高涨,自力更生,艰苦奋斗,食品加工业得到较快发展。全国各地陆续新建一大批大中小各类粮油、食盐、味精、副食品等食品加工厂。在多数省级主要的粮食加工厂中基本上实现了初步的机械化工业生产方式,但同期的大多数食品加工厂尚处于半机械半手工的生产方式。即使有一些机械设备,也仅用于一些关键主要的工序中,多数工序仍沿用传统的手工操作方式。伴随食品工业的发展需求,食品机械工业也从无到有,得到了快速发展。全国各地陆续新建了一批专门生产粮食和食品机械的制造厂,以生产中小型食品机械为主,初步形成了一个独立的机械工业部门。总体上看,虽然落后,但基本能满足我国同期相对落后的食品工业发展的需求。但这个阶段由于食品机械工业基础太薄弱,西方势力对新中国的封锁,加上我们自己的政治运动干扰和一些失误,食品机械工业基本属于刚刚兴起和低速发展阶段。

第二阶段为20世纪80年代以后。改革开放和市场经济带动我国食品工业迅速发展,也带动了食品机械产业从小到大,逐步发展起来。深圳特区的建立、港资港商港企的进入以及沿海以华侨为主力军的外商独资、合资食品企业的进入,不仅将先进的食品生产技术和管理经验引入我国,也带来大量先进的食品机械。国家各种各样的科技攻关、技术改造和国际合作项目,各种国际组织和跨国公司的进入,相关食品装备的展览会、学术交流会等,都从不同角度不同层面推动了食品机械工业的迅猛发展和技术水平的快速提高。事实上,我国现有食品机械产品中75%～80%是此后开发的。

值得总结的是,改革开放思路下的"引进、消化、吸收、创新"政策,使我国的食品机械工业实现了跨越式的发展。苹果浓缩汁加工成套设备是一个典型的例子。我国是苹果优生区,产业结构调整中政府引导农民大面积种植苹果,但随之"卖难"成了新问题。1998—2000年陕西省农民每年砍毁新建苹果园200万亩($1\ hm^2=15$亩)。根据国际市场分析调查,向国外输出苹果浓缩汁很有优势。但当时一无技术,二无设备。危急中走上了引进国外最先进的成套设备和工艺的路子。民营企业为主力军,或自筹资金或补偿贸易,迅速建成数十条现代化的苹果浓缩汁生产线。到2003年,陕西省成了全世界苹果浓缩汁产品、技术和设备的核心！这样,世界发达国家或跨国公司最先进的榨汁、离心分离、膜过滤、多效蒸发器、超高温瞬时杀菌(UHT)、无菌灌装以及自动控制系统等技术迅速为中国人所熟悉,并通过消化、吸收、改进推广到国内果汁行业。食品加工的不同领域,如粮油、淀粉、乳品、肉品、冷冻等行业的加工技术与设备等,都经历了类似过程,实现了食品行业水平的全面提高。至此我国食品机械工业已完全成了一个独立的机械工业和国民经济的主导产业。粮油深加工装备制造基本实现了由重视单机生产向重视成套装备,机、光、电、液、气一体化的转变,突破了大米色选机等高技术难点,部分产品已接近或达到世界先进水平;肉类深加工设备除大型、关键设备外,大部分基本设备能满足我国国内市场的需求,有不少产品已实现出口;果蔬加工所需要的全套技术已转化为工业化装备,榨汁、离心等设备还推广到污水处理等环保领域,许多设备实现出口;水产品深加工装备相对落后,目前整体还处于发展的初级阶段。但我国螺旋式速冻机、流态化速冻机等设备,已能满足国内速冻行业的部分需求。通用设备领域常用的分离技术如精馏、吸收、萃取和结晶以及新近发展起来的超临界流体萃取、膜分离、色谱等分离技术与设备已处于工业化应用阶段。各种热杀菌国产设备已得到广泛应用,冷杀菌技术除辐照杀菌和紫外线杀菌,多数还处于实验室研究和中试阶段。

统计资料显示,食品工业 2000—2011 年总产值增长了近 10 倍,固定资产投资增长 25 倍,企业实现利润增长了 11.48 倍。目前,中国食品机械已经由引进、消化、吸收为主进入到以自主创新发展为主的较高水平。"十一五"期间,我国农产品加工装备平均增长率为 21.65%,远高于国民经济 9% 的增长速度,也基本形成了以大中型骨干企业为主体、以科研单位和高等院校为支撑、产学研相结合的技术创新模式。这个时期是中国食品机械工业持续高速发展的时期。

但作为一个新兴产业,我国食品机械行业与发达国家仍有相当大的差距,主要表现在:①作为一个独立行业,刚刚形成,基础薄弱,积累不够,技术、人才、市场都处于创业起步阶段。②大部分企业处于原始创业阶段,规模小,装备落后,制造精度低,能耗高,产品互相仿制,低水平重复。③行业科技力量不足;新产品开发和技术创新能力薄弱;不少产品以外观改形,低价仿造,低水平重复,大多数传统食品仍然是手工加工或半机械化加工;不少企业的产品外形跟国际产品相似,但新材料、新工艺内含差距很大,特别是自动化智能化水平低,软件支持方面差距更大。④一些关键装备的对外技术依赖度高,核心技术与装备基本依赖进口,真正高水平高可靠性的基本元件和设备非常少,具有自主知识产权特别是具有独立知识产权的原始创新就更少!⑤国际贸易人员匮乏。⑥应变能力不强等。虽然都是发展过程的问题,相信很快可以转变,但深层次的问题必须引起国家及整个行业的警惕和关注。凡事预则立,不预则废。在产业起步阶段,整个行业和各相关产学研方方面面,都要抓紧做好各自顶层设计,全面规划,制定好路线图,列出实施计划和时间表,才能扎实推动行业健康稳步发展。

目前,发达国家已经跨过机电一体化、自动化阶段,进入了机械、信息技术以及互联网紧密结合的智能化阶段。消费者可以在先进企业的网站随时观察食品生产的任一过程,可以利用手机搜索任意产品的产地和生产者等全部信息。目前绿色制造、超精密制造、网络协同制造、纳米制造、柔性制造、生物制造、生物感知、智能机器人等新技术新材料新理念日新月异,食品机械工程及机械制造业将进入一个崭新的发展阶段。我们食品机械行业必须继续努力,下决心提高行业设计制造技术水平,提高原始创新能力,为我国和世界食品机械行业发展做出应有贡献!

目前,在全世界食品工业化、商品化的趋势锐不可当! 在追求食品的越来越高的商品化率和节省劳动力的形势下,食品机械越来越先进越来越自动化智能化,但仍远不能满足人类对食品最本质的需要。众所周知,由于食品加工技术和机械设备的原因,人类的食品保藏还不得不以热杀菌为最主要手段。但人们清楚,热处理的过程中不仅天然风味劣变,而且或热敏元素被破坏,或营养因子会变性或变化,失去天然特性。如天然抗性淀粉(在胃和小肠内不能被消化,只能被大肠微生物利用),经过热加工抗性破坏变成普通淀粉,原本供给肠道益生菌营养变成了胃能消化的人的营养,导致人体营养过剩,益生菌营养不良,轻者便秘、重者肥胖等代谢疾病。再如,一方面营养学家宣扬"完整的植物是最好的食物",一方面谷物加工千方百计去掉麸皮、米糠和胚芽,虽然口感变好,但营养与保健功能大打折扣……长期下去,这种因加工方法造成对人类健康影响的现状值得食品加工和机械行业的深思! 回想 180 万年的人类进化史,火可以对人类进化产生正面影响,难道精深热加工对营养和食品功能的破坏不会产生负面影响吗? 我们应该从人类营养和健康的高度来加工食品并发展机械,而不是追求利润或者一味迎合人们的胃口或时尚的消费习惯。让食品加工和食品机械成为人类健康的保证!

1.5 食品机械的选用

食品机械是食品科学与工程专业最基本的课程。该专业学生必须掌握各类食品机械的工作原理、机械性能、特点、选型和正确使用。食品机械种类很多,原理、特点各异,企业设备选用大多采用类比法和参照设计方式进行,很少有专业配套选型的标准或规范,但总体要求是在做好项目顶层设计,全面规划的基础上,做好所有工艺对应机械设备的选用。选用的基本原则和要求主要有以下几点。

1. 保证加工目的

食品加工的目的是能够保持或改善食品原料的品质、特性、风味或保质期,以满足消费者的不同需求并实现增值。故在选择加工机械时,必须首先清楚所需机械加工的对象和加工目的、最终产品标准和形态特点,保证所选机械能够满足预定的加工目的。机械装备工作原理及技术参数的选择应与加工食品的生物生化特性相适应,保证生产出合格产品,尤其是必须保证食品产品的质量和安全性。

2. 满足工艺技术方案

食品加工项目的工艺技术方案是项目的基本技术文件,包括产品方案、工艺参数保证、物料平衡和节能减排等方面。产品方案指工厂的主导产品、辅助产品和副产品的种类和特点等,具体包括产品品种、产量、规格、质量标准、技术含量要求等。食品机械选择必须考虑整个工厂的工艺技术方案,同时要预测适应产品市场需求和竞争形势的变化,留有改进、应变方案。具体机械设备必须满足生产工艺参数,包括加工过程中应控制压力、温度、湿度、真空度、提取率或得率、速度、纯度、物料消耗定额和能量消耗定额等。要求食品机械设备的技术经济指标既要先进合理又要切实可行。

3. 满足生产规模要求

生产规模是指食品加工项目规定的名义生产能力，是项目的宏观效益指标和参数。机械选择必须满足并匹配生产规模，同时要留有合理的加工能力贮备。生产规模确定之后，一个基本计算就是物料平衡计算，即输入食品加工系统中的物料总量与系统输出的物料量及物料损耗量的等量平衡。食品机械设备选型配套必须适应各工艺阶段对应物料量的动态要求。既要保证主导产品的出品率、合格率，还要考虑副产品和下脚料的综合开发和高效利用。

4. 强调先进性要求

设备选择是根据原料、产品形态、加工原理、工艺、设计规模和投资估算等综合分析决定的，总体要求性价比要高，功能完善，运行维护费用低，单位产品物耗能耗低，加工程度和加工能力较高，劳动生产率高等。先进性是一个综合技术指标，既要考虑一次性投资，还要分析生产成本和产品质量、绿色低碳等。所以，一要优先选择工作原理和技术较先进的设备，如微波加热就好于普通加热，低温好于高温等。设备设计使用寿命一般 20 年，要考虑到技术的发展。二要优先选择工作可靠、标准化程度高的定型产品，以保证连续化正常生产，便于零部件的迅速更换。三要优先选用制造精良、自动化智能化程度高的设备，既节约人力成本，又减少人工接触和污染食品，保证产品质量。在选择成套机械设备时，有经验的工程师在关键技术环节和设备选择中，总是最后确定了国外同类先进设备。实践证明，这样做是实事求是和科学的。四要尽量选择节水、节汽、节电、节热等运行成本低的机械设备，禁止选择生产方式落后、产品质量低劣、环境污染严重、原材料和能源消耗高、已有先进成熟技术可替代以及不能保证生产安全与食品安全的食品机械设备。

5. 绿色加工和环保要求

绿色加工是新的发展趋势，食品加工工艺及其配套设备的选择要考虑能够最大减少加工排放物对环境的污染。对含有多种营养或功能成分食品的加工机械应考虑减少加工过程中营养或保健组分的丢失，尽量做到多级开发，综合利用副产品和下脚料资源，提高经济效益。对有污染排放物的食品加工环境，应配备污染处理设备，使其达到排放标准。

▶▶ 思考题 ◀◀

1. 食品加工工具和机械有什么作用？
2. 为什么说制造工具是人类区别于其他动物的标志？
3. 简述火与陶瓷在食品加工中的历史作用。
4. 中国食品机械的发展可分为哪几个时期？各有什么标志或特点？
5. 目前中国食品机械产业现状如何？特点与不足有哪些？

第2章
食品机械常用材料

► **摘要**

本章主要介绍食品机械对其所用材料的一般性要求,食品机械常用金属材料和非金属材料的主要性质及其在食品机械和设备中的应用。同时强调在食品加工和包装过程中与食品接触的材料的安全性问题。要求了解常用材料的种类、强度、结构和与食品接触的材料的安全性问题。

以金属为主体的各种材料是机械制造的基础。食品生产的环境和工艺条件复杂多样，加之对卫生和安全性有特殊要求，所以食品机械所使用的材料非常广泛，除各种金属材料外，还有陶瓷、玻璃、木材、石材、石墨、金刚砂、纺织品以及塑料等各种有机合成材料。食品机械和食品加工工程师应该掌握各种材料的基本性能和特点，才能正确选择和使用，也才能取得良好的使用效果，并保证食品的安全性。

根据国家食品安全相关法规、标准和良好操作规范(GMP)，食品机械对材料最基本的要求是与食品物料接触的材料不含有害物质或不因相互作用而产生有害物质或超过食品卫生标准中规定数量而有害于人体健康的物质，更不应因相互作用而产生对产品形成污染，影响产品气味、色泽和质量的物质或对产品加工的工艺过程产生不良影响。其次，还必须满足以下性能。

2.1.1 机械性能

所谓机械性能包括强度、刚度、硬度等。食品机械一般属于轻型机械，大多数零部件受力不大。但由于轻型机械整机重量、体积的限制，零部件尺寸要尽可能小，且在设定的温度范围内保持不变，所以对材料机械性能要求实际也比较高。食品机械往往要处理大批量成件物品，特别对常使用高速运动的构件，要考虑机件的疲劳强度。

食品机械中的一些零部件常与大量食品物料相接触，而接触的条件往往又相当严苛，成为非常容易失效或磨损的部件，如锤片式粉碎机中锤片与坚硬或坚韧物料高速度撞击，容易造成锤片强烈升温、磨损和脆断。表面坚硬耐磨而中心坚韧就成为锤片对材料的基本要求；食品切割机中，刀片对材料的硬度和耐磨性也有极高的要求；食品挤压机螺杆和套筒与物料相对运动速度不高，但最高工作压力可达 200 MPa，工作温度最高可达 200℃，因此，所选挤压机轴用材料，就不仅要有较高的抗扭强度，还要有很高的耐磨强度。

有些食品机械的某些零部件长期在高温或低温环境工作，如焙烤机械，高达 200℃ 左右；冷冻机械，低至 −30～−50℃，液氮接触冷冻机械的工作温度更低。这类机械或零部件，就必须综合考虑材料在高、低温下的物理、化学和机械性能。

2.1.2 物理性能

食品机械材料的物理性能包括密度、比热容、导热系数、线膨胀系数、弹性模量、热辐射波谱、磁性、表面摩擦特性、抗黏着性以及软化温度等。在不同的使用场合，要求材料有不同的物理性能，如传热装置要求有较高的导热系数；温差大的传动件则要求较高稳定的线膨胀系数，以保证设计要求的配合性质；食品成型装置的模具则要求有好的抗黏着性，以便脱模等。

◆ 2.1.3　耐腐蚀性能

食品机械常遇到酸、碱等腐蚀性物质。首先,有些食品本身或添加剂就是酸、碱或盐,如醋酸、柠檬酸、苹果酸、酒石酸、琥珀酸、乳酸、酪酸、脂肪酸、盐酸、小苏打、食盐等。这些物料,即使普通食盐,也对金属材料有腐蚀作用;其次,有些食品物料本身没有腐蚀性,但在微生物生长繁殖时会产生带有腐蚀性的代谢物等;第三,食品及其加工过程中用到的洗涤剂、消毒剂与材料相接触,会在机械零件材料表面或深层形成某些化合物而腐蚀零件;第四,腐蚀不仅容易造成机器本身的损坏,还会直接或间接造成食品的污染。有些金属离子溶出进入食品中,有损于人体健康和食品风味,或者破坏食品的营养。实践中食品机械零件因所用材料选择不当而遭受腐蚀的实例很多。所以,食品机械零部件材料的耐腐蚀性是一个非常重要的因素。

机械设备的耐腐蚀程度决定于材料的化学性质和表面状态以及受力状态,物料介质的种类、浓度和温度等参数。设计时要预先考虑到,甚至需要进行耐腐蚀计算校核。

有些情况下,食品机械材料的机械物理性能和化学性能可能发生矛盾,一种材料难以兼顾。此时,可通过复合材料或表面涂层的方法来解决,发挥不同材料的优点,以满足所需机械物理性能和化学性能。

◆ 2.1.4　制造工艺性

材料的制造工艺性指所选用材料加工制造成所需形状和尺寸精度的难易程度。不同材料、不同形状和精度要求的零件有不同的制造工艺性能。用于与食品接触表面零部件的材料应具有良好的弹性、对液体的抗渗透性和容易清洗性能。而焊接件的材料要有好的可焊性和切削性能;要求表面具有高硬度的零件,材料要有好的热处理性能;要求表面涂装的零件要有好的附着性能等。食品机械工程师必须熟悉材料工艺性能并灵活选用。

2.2　食品机械常用的金属材料

金属材料是指金属元素或以金属元素为主构成的具有金属特性的材料的统称。食品机械主要使用合金材料。合金材料通常分为钢铁、有色金属和特种金属材料。

◆ 2.2.1　钢铁材料

钢铁是铁、碳及少量其他元素所组成的合金,也称铁碳合金或黑色金属,是工程技术中最重要、用量最大的金属材料。钢铁种类很多,通常按用途、化学成分、金相组织或混合分类,以牌号命名并有相应标准。使用者可以按牌号分辨并选择所需钢材。

国内外最常见的编号方法有两种:①用国际化学元素符号和本国的符号来表示化学成分,用阿拉伯数字来表示成分含量,如中国、俄罗斯的12CrNi3A、40Cr等牌号。②用固定位数数字来表示钢类系列,如美国、日本的 200、300、400 等系列。

我国钢铁的编号规则主要利用元素符号配合用途、特点用汉语拼音表示,如平炉钢(P)、沸腾钢(F)、镇静钢(B)、甲类钢(A)、特种钢(T)、滚珠钢(G)等。

• 合金钢、弹簧钢用 C 的万分之含量加主要化学元素表示。如:20CrMnTi 表示合金钢含碳万分之二十(0.2%),及含有规定含量的 Cr、Mn、Ti 等;60SiMn 表示合金钢含碳万分之六十(0.6%),以及含有规定含量的 Si、Mn 等。

• 不锈钢、合金工具钢用 C 的千分之含量加主要化学元素表示。如:1Cr18Ni9 表示合金钢含碳千分之一(0.1%)。一般不锈钢 C 含量≤0.08%,如 0Cr18Ni9;超低碳不锈钢 C 含量≤0.03%,如 0Cr17Ni13Mo。

食品机械中普通钢材和不锈钢都常用。

2.2.1.1 普通钢铁

普通钢铁通常指除不锈钢和特种钢外的钢和铸铁。普通钢铁材料在耐磨、耐疲劳、耐冲击力以及价格等方面有其独特的优越性。我国食品机械仍较多应用普通钢铁材料,特别是制粉机械、制面机械、膨化机械等或大型食品机械。普通钢材和铸铁耐腐蚀性不好,在大气和水汽条件下容易生锈,更不宜直接接触具有腐蚀性的食品介质。所以食品机械中普通钢材很多作为不与食品直接接触的机架、传动、动力等零部件。在承受干物料的磨损构件中,钢铁是理想材料,因为铁碳合金通过控制其成分和热处理,可以得到各种耐磨的金相结构。铁元素本身对人体无害,但是会影响食品的色泽,如遇含有单宁的食品,如香蕉、苹果等,会引起食物褐变。较大块铁锈剥落在食品中也会危害人体健康。

1. 钢

钢是含碳量在 0.02%～2.04% 之间的铁碳合金。钢的主要元素除铁、碳外,还有硅、锰、硫、磷等,如果铬的含量高于 12%,则可明显增加钢的耐腐蚀性,称为不锈钢。

根据化学成分不同,钢分为碳素钢和合金钢。根据性能和用途,钢分为结构钢、工具钢和特殊性能钢。

(1)碳素钢 碳素钢是指含碳量小于 1.35%,除铁、碳,限量内的硅、锰以及磷、硫等杂质外,不含其他合金元素的钢类。碳素钢的性能主要取决于含碳量。含碳量增加,钢的强度、硬度升高,塑性、韧性和可焊性降低。

碳素钢分为普通碳素结构钢和优质碳素结构钢。

普通碳素结构钢又称普通碳素钢。

普通碳素结构钢表示方法见 GB/T 700—2006。优质碳素结构钢与普通碳素结构钢的区别在于其中硫、磷及其他非金属杂质含量低于 0.035%,因而强度和韧性都大幅提高,主要用来制造较为重要的机件。依据优质碳素结构钢标准 GB/T 699—1999,优质碳素结构钢的牌号用两位数字表示,即是钢中平均含碳量的万分位数,如 20 钢表示平均含碳量为0.20% 的优质碳素钢。沸腾钢则在尾部加上 F,如 08F、15F 等。

根据含碳量和用途的不同,优质碳素结构钢又分为三类:

含碳量小于 0.25% 的为低碳钢,主要有 08、10、15、20、25 等。这类钢塑性好,易于拉拔、冲压、挤压、锻造和焊接,其中 20 钢用途最广,常用来制造螺钉、螺母、垫圈、小轴以及冲压件、焊接件。

含碳量 0.25%～0.60% 的为中碳钢,主要有 30、35、40、45、50、55 等。这类钢强度和硬度较低碳钢有所提高,淬火后的硬度可显著增加,其中45钢最为典型,强度、硬度较高,塑性和韧性较好,综合性能优良,常用来制造轴、丝杠、齿轮、连杆、套筒、键、重要螺钉和螺母等,在食品机械的结构件中使用也较多。

含碳量大于0.6%的为高碳钢,主要有60、65、70、75等。这类钢经过淬火、回火后不仅强度、硬度提高,且弹性优良,多用于制造小弹簧、齿轮、轧辊等。

锰能改善钢的淬透性,强化铁素体,提高钢的屈服强度、抗拉强度和耐磨性。根据含锰量的不同,优质碳素结构钢又可分为普通含锰量(0.25%～0.8%)和较高含锰量(0.7%～1.0%和0.9%～1.2%)两钢组。通常在含锰高的钢的牌号后附加标记"Mn",如16Mn、65Mn,以区别于正常含锰量的碳素钢。

(2)合金钢　合金钢是在普通碳素钢基础上根据性能需要添加适量的一种或多种合金元素而构成的铁碳合金。常见添加化学元素如铬、镍、钼、钛、铌等,有的还添加硼、氮等某些非金属元素。

合金钢种类很多,按合金元素含量多少分为低合金钢(含量<5%)、中合金钢(含量5%～10%)、高合金钢(含量>10%);按质量分为优质合金钢、特质合金钢;按特性和用途又分为合金结构钢、不锈钢、耐酸钢、耐磨钢、耐热钢、合金工具钢、滚动轴承钢、合金弹簧钢和特殊性能钢(如软磁钢、永磁钢、无磁钢)等。

2. 铸铁

铸铁是指含碳量在2%以上的铁碳合金。工业用铸铁一般含碳量为2%～4%。碳在铸铁中多以石墨形态存在,有时也以渗碳体形态存在。除碳外,铸铁中还含有1%～3%的硅,以及锰、磷、硫等元素。合金铸铁还含有镍、铬、钼、铝、铜、硼、钒等元素。常用的铸铁有以下几种。

(1)灰口铸铁　灰口铸铁含碳量在2.7%～4.0%之间。碳主要以片状石墨形态存在,断口呈灰色,故称灰口铸铁。灰口铸铁熔点低(1 145～1 250℃),凝固时收缩量小,抗压强度和硬度接近碳素钢,耐磨性和减震性好。食品机械中灰口铸铁用得最多,主要用于机座、压辊以及其他要求耐震动、耐磨损的地方。灰口铸铁的代号为HT+最低抗拉强度值(MPa),如HT200表示最低抗拉强度为200 MPa的灰口铸铁。

(2)白口铸铁　白口铸铁组织中的碳主要以渗碳体形态存在,断口呈银白色。凝固时收缩大,易产生缩孔、裂纹,硬度高,脆性大,不能承受冷加工。白口铸铁只有进行一定处理后才能应用,处理后的白口铸铁,通常用作可锻铸铁的坯件和制作耐磨损的零部件。白口铸铁种类较多,包括普通白口铸铁、低合金白口铸铁、中合金白口铸铁、高合金白口铸铁。

(3)可锻铸铁　可锻铸铁由白口铸铁石墨化退火处理后获得,石墨呈团絮状分布。其组织性能均匀,耐磨损,有良好的塑性和韧性。但并不可以锻造,常用来制造形状复杂、能承受强动载荷的零件,如棘轮、曲轴、连杆等。可锻铸铁的基体组织有铁素体(F)+团絮状石墨(G)和珠光体(Z)+团絮状石墨(G)两种,其中黑心可锻铸铁(KTH)具有较高的塑性和韧性,而珠光体可锻铸铁(KTZ)具有较高的强度、硬度和耐磨性。代号为KT+最低抗拉强度值(MPa)-延伸率(%),如KTH350-10、KTZ650-02等。

(4)球墨铸铁　灰口铸铁铁水经特殊球化孕育处理后得到的一种铸铁,析出的石墨呈球状,简称球铁。球化剂一般有镁和稀土,孕育剂一般有硅铁和硅钙。球墨铸铁比普通灰口铸铁有高得多的强度、韧性和塑性。代号为QT+最低抗拉强度值(MPa),如QT500。

(5)蠕墨铸铁 将灰口铸铁铁水经蠕化处理后获得,析出的石墨呈蠕虫状。力学性能与球墨铸铁相近,铸造性能介于灰口铸铁与球墨铸铁之间。代号为 RuT+最低抗拉强度值(MPa),如 RuT400 等。

(6)合金铸铁 普通铸铁加入适量合金元素(如硅、锰、磷、镍、铬、钼、铜、铝、硼、钒、锡等)获得。合金元素使铸铁的基体组织发生变化,从而具有相应的耐热、耐磨、耐腐蚀、耐低温或无磁等特性。用于制造化工机械和仪器、仪表等的零部件。

表 2-1 是我国食品机械关键零部件的钢铁材料使用情况。

表 2-1 我国食品机械关键零部件的钢铁材料使用情况

食品机械名称	钢材	铸铁
冷藏柜	16MnR、39CrMnSi	HT200、HT250
冷冻机	39CrMnSi	QT600、KTH350
饼干机	45	HT200
和面机	45	HT200
旋转压片机	GCr15	QT450
绞肉机	45、T8、40Cr	HT200
切肉机	45、65Mn、A3	HT150
多切机	45、65Mn、A3	HT150
糕点烘烤机	45、硅钢片	HT200
食品挤压膨化机	45、A3、38CrMoAlA	HT200
压滤机	20	HT200
离心机	08F、A3、40Cr	HT150
面条机	20、40	白口铸铁
粉碎机	45、65Mn、A3	白口铸铁、特种铸铁

2.2.1.2 不锈钢

不锈钢是一类耐腐蚀性强的合金钢材的总称。通常,将耐中弱腐蚀介质的钢称为不锈钢,而将耐化学介质腐蚀的钢称为耐酸钢。不锈钢耐腐蚀机理在于该类合金中含有足够的铬而使其表面形成富铬氧化膜。实验证明,合金钢的耐腐蚀性与铬含量成正比。当铬含量达到一定量时,钢的耐腐蚀性发生突变,即从易生锈到不易生锈,从不耐腐蚀到耐腐蚀。因此,不锈钢类含铬必须大于 12%。成膜特性决定于钢的化学成分、介质性质以及钢的表面状态。一般情况下,表面粗糙度越低则表面膜的性质越稳定。

不锈钢优点突出,在食品机械中非常重要。首先,不锈钢抗锈及耐腐蚀性强,对液体有良好的抗渗透性,不产生有损于产品风味的金属离子,又无毒性;其次,不锈钢还可以得到理想的表面粗糙度,表面能抛光处理,美观又易于清洗,能很好地满足食品工业对机械设备的卫生要求;第三,不锈钢加工性能与焊接性能均好,易于拉伸,易于弯曲成形;第四,不锈钢种类较多,选择性较好,可以满足食品机械需要。所以,不锈钢是食品机械制造中与食品接触表面的首选材料,也常用于设备外部防护及装饰,以保持设备外形良好的卫生状况。

不锈钢的分类方法很多。一般按用途、化学成分及金相组织分类。按室温下的组织结构分类，不锈钢有奥氏体、铁素体、马氏体、双相不锈钢和沉淀硬化不锈钢；按化学成分和晶体结构分类，不锈钢有铬-锰-镍奥氏体不锈钢、马氏体耐热铬合金钢、马氏体沉淀硬化不锈钢、铬不锈钢和铬镍不锈钢等。食品机械中最常用铁-铬系不锈钢和镍铬系不锈钢。

1. 铁-铬系不锈钢（对应美、日牌号的 400 系列）

铁和铬(Cr)是各种不锈钢的基本成分。不锈钢的耐腐蚀性随含 Cr 量的升高而提高，随含碳量的增加而降低。因此，大多数不锈钢的含碳量均较低，最大不超过 1.2%，有些甚至低于 0.03%（如 00Cr12），而通常含铬量都在 12% 以上，但最高不超过 28%。铁和铬都是铁素体形成元素。所以，铁-铬不锈钢系列是完全铁素体不锈钢，具有磁性。常用铁-铬系不锈钢通常有低 Cr 和高 Cr 两种。

低 Cr 不锈钢含铬量在 17% 以下，铁素体低铬不锈钢耐腐蚀性能较差，硬度较低，但退火后有极好的塑性，不会因热处理而硬化，焊接性能良好。

铁素体型高 Cr 钢含铬量 17%～28%，含碳 0.15% 以下。高 Cr 不锈钢的机械性能好，强度高，且随含铬量的增加，耐腐蚀性和热稳定性也增强。但这类钢的脆性大，对冲击载荷敏感，特别在焊接处更明显，同时具有晶间腐蚀的倾向。焊缝区脆，容易在冲击时造成裂缝，而且这种缺陷无法修复，所以这类钢仅适用于完全不需要焊接的零件。必须焊接时，要预热到 100～150℃，采用小电流窄焊道快焊，限制加热范围，焊后在 600℃ 以上回火处理。最好采用氩弧焊。高铬钢中如果加入钛和铌，则可以防止焊接区的晶粒剧烈长大极化。但铁-铬合金价格较低。

含碳量超过 0.15% 理论上即称马氏体不锈钢，但一般马氏体铬钢含碳量在 0.2% 以上。这类钢耐腐蚀性高，特别是淬火磨光后性能好，具有高强度和高冲击韧性，切削加工和压力加工性能也好。热处理有利于提高其耐腐蚀性和机械性能。这种钢的焊接性能不好，焊接件明显硬化，故应尽可能不焊。如果必须焊接，则在焊前要预热到 200～400℃，采用大电流慢速度宽焊道以扩大加热范围，焊后缓冷至 150～200℃，再经 730～790℃ 高温回火。

铁-铬不锈钢常见牌号有：

408：耐热性好，弱抗腐蚀性，11% 的 Cr，8% 的 Ni。

409：最廉价的型号（英美），通常用作汽车排气管，属铁素体不锈钢（铬钢）。

410：马氏体钢（高强度铬钢），耐磨性好，抗腐蚀性较差。

416：添加了硫，改善了材料的加工性能。

420："刃具级"马氏体钢，用于外科手术刀具，可以做得非常光亮。

430：铁素体不锈钢，装饰用，例如用于汽车饰品。具有良好的成型性，但耐温性和抗腐蚀性较差。

440：高强度刃具钢，含碳稍高，经过适当的热处理后可以获得较高屈服强度，硬度可以达到 HRC58，属于最硬的不锈钢。最常见的应用例子就是"剃须刀片"。常用型号有三种：440A、440B、440C，另外还有 440F（易加工型）。

总之，400 系列不锈钢是一种铁、碳和铬的合金。这种不锈钢具有马氏体结构和铁元素，因此具有正常的磁特性。400 系列不锈钢具有很强的抗高温氧化能力，而且与碳钢相比，其物理特性和机械特性都有进一步的改善。大多数 400 系列不锈钢都可以进行热处理。

2. 铁-铬-镍系不锈钢(对应美、日牌号的 300 系列)

铁-铬-镍系不锈钢也称镍铬钢。不锈钢加入镍能促进形成奥氏体晶体结构,从而改善可塑性、可焊接性和韧性等。所以,镍铬不锈钢除机械性能、塑性和焊接等综合性能均优外,耐腐蚀的稳定性大为提高,且具有很好的抗金属超应力引起的腐蚀所造成的断裂的性能,材料特性也不受热处理的影响。镍铬不锈钢在各种介质中的耐腐蚀稳定性优于低 Cr 不锈钢而相当于铁-铬高铬钢。

随镍和铬的含量不同,镍铬钢形成许多具体品种。食品机械最广泛使用的是1Cr18Ni9,其中含铬 17%~19%、镍 8%~11%、碳 0.1%。有时简称为 18/8 钢,即含铬18%,含镍 8%。常温时的结构为奥氏体,没有磁性,比电阻和线膨胀系数大,导热性不太好。

奥氏体镍铬不锈钢在焊接后有产生晶间腐蚀的倾向,原因是在焊接后的冷却期间,特别在 400~850℃ 这个敏感化温度范围停留一定时间后,晶粒间多余的碳扩散到晶体内与铬结合形成 $Cr_{23}C_6$ 析出,使局部铬含量降至耐腐蚀下限(12.5%)以下所致。因而在此部位产生较强烈的腐蚀。如用一般电弧焊或气焊,由于加热时间长,焊接过程慢,所以发生晶间腐蚀的可能性特别大。消除和阻止晶间腐蚀倾向的方法是将焊缝加热到 1 050~1 100℃,使碳溶入奥氏体中,或是加热到 820~850℃,使聚在碳化物附近的铬扩散均化。最根本的办法是在镍铬钢中加入适当数量的钛或铌。钛和铌与碳的亲和力比铬大,可以保护铬不与碳结合,称为稳定化钢。当然,含钛的镍铬钢的价值比一般镍铬钢要高一些。

镍铬钢中加入钼,可以提高材料的化学稳定性。特别是在高温时,对部分氯离子、醋酸、草酸及其他酸等耐受作用明显稳定。

材料中加入 2% 的硅时,可以增加钢的抗酸性,也可以阻止晶间腐蚀。

锰在镍铬钢中可以提高奥氏体的安定性,并改善钢的热加工性。

镍铬不锈钢在某些情况下抗腐蚀性降低,如在室温下接触某些非酸性介质、盐溶液、硫酸、高浓度(50%以上)的乳酸等。氯离子是破坏镍铬钢的重要因素。

目前行业中美日系镍铬钢常见牌号有:

301:延展性好,用于成型产品;焊接性好;可通过机械加工使其迅速硬化;抗磨性和疲劳强度优于 304 不锈钢。

302:耐腐蚀性同 304,由于含碳相对高而强度更好。

303:通过控制添加极少量的硫、磷使其较 304 更易切削加工。

304:目前最常用型号之一,对应我国的 18/8 不锈钢,GB 牌号为 06Cr19Ni10。SUS304是日本对 304 不锈钢的称谓,我国 GB 牌号为 0Cr18Ni9。

309:较之 304 有更好的耐温性。

316:继 304 之后,第二个得到最广泛应用的钢种,主要用于食品工业、钟表饰品、制药行业和外科手术器材,添加钼元素使其获得一种抗腐蚀的特殊结构。由于较之 304 其具有更好的抗氯化物腐蚀能力因而也作"船用钢"来使用。SS316 则通常用于核燃料回收装置。18/10 级不锈钢通常也符合这个应用级别。

321:除了因为添加了钛元素降低了材料焊缝锈蚀的风险之外,其他性能类似 304。

347:添加安定化元素铌,适于焊接航空器具零件及化学设备。

GB 16798《食品机械安全卫生》推荐采用 GB/T 3280 中规定的 0Cr18Ni9 等牌号不锈

钢或与上述材料性能相近似的不锈钢,如 00Cr19Ni10、0Cr17Ni12Mo2、00Cr17Ni14Mo2 等。食品工业用不锈钢管与配件应符合 QB/T 2467、QB/T 2468 的相关规定。

3. 其他系列不锈钢

除最常用的 Cr 系(400 系列)、Cr-Ni 系(300 系列)外,还有 Cr-Mn-Ni(200 系列)、耐热铬合金钢(500 系列)及析出硬化系(600 系列)。

(1)奥氏体-铁素体双相不锈钢(200 系列):铬-锰-镍奥氏体不锈钢 奥氏体和铁素体组织各约占一半的不锈钢。这类不锈钢含 C 较低,Cr 含量在 18%～28%,Ni 含量在 3%～10%,有些还含有 Mo、Cu、Si、Nb、Ti、N 等合金元素。该类钢兼有奥氏体和铁素体不锈钢的特点。与铁素体相比,塑性、韧性更高,无室温脆性,耐晶间腐蚀性能和焊接性能均显著提高,同时还保持有铁素体不锈钢的 475℃脆性以及导热系数高、具有超塑性等特点。与奥氏体不锈钢相比,强度高且耐晶间腐蚀和耐氯化物应力腐蚀有明显提高。双相不锈钢具有优良的耐孔蚀性能。该类型不锈钢含镍相对较低,所以也是一种节镍不锈钢。

(2)马氏体不锈钢(500 系列):耐热铬合金钢 该不锈钢因含碳较高,基体以马氏体为主。马氏体不锈钢的常用牌号有 1Cr13、3Cr13 等,故具有较高的强度、硬度和耐磨性,但耐腐蚀性稍差,用于力学性能要求较高、耐腐蚀性能要求一般的一些零件,如弹簧、汽轮机叶片、水压机阀以及食品机械中的刀具、粉碎机刀片等。这类钢一般需在淬火、回火处理后使用。锻造、冲压后需退火。

(3)沉淀硬化不锈钢(600 系列):马氏体沉淀硬化不锈钢 这是一类基体为奥氏体或马氏体组织的不锈钢。沉淀硬化不锈钢的常用牌号有 04Cr13Ni8Mo2Al 等。其能通过沉淀硬化(又称时效硬化)处理使其硬(强)化。630 为最常用的沉淀硬化不锈钢型号,通常也叫17-4 钢(17%Cr,4%Ni)。

工程师主要根据牌号及其性能选用不锈钢,所以应该熟悉不锈钢的基本牌号、特点和选用原则。

在发达国家,不锈钢与普通钢材的价格相差不太大,所以在食品机械制造中大量采用不锈钢。原来用普通钢材或加玻璃衬的各种设备以及铝制设备,现在普遍改用不锈钢。材质多为 SUS304。我国近年也已经出现这种趋势。我国食品机械中不锈钢选用情况如表 2-2所示。

表 2-2 我国食品机械零部件不锈钢使用示例

食品机械名称	零部件名称	材料名称
加热灭菌器	全部	1Cr18Ni9Ti
水洗分类机	叶轮、叶片	1Cr18Ni9Ti
离心机	转子	1Cr18Ni9Ti
热交换器	板、片	1Cr18Ni9Ti
过滤机	上、下盖	1Cr18Ni9Ti
和面机	容器、搅拌轴	1Cr18Ni9Ti
冰激凌机	料斗	1Cr18Ni9Ti
灌装机	容器	1Cr18Ni9Ti

食品机械名称	零部件名称	材料名称
浓缩器	全部	1Cr18Ni9Ti
水洗分类机	主轴	0Cr18Ni6MoNb
消沫泵	叶轮、泵壳	ZG1Cr17
磨浆机	支承座	ZG1Cr13
胶体磨	定子、转子	2Cr13
磨浆机	主轴	3Cr13

2.2.2 有色金属

有色金属通常指除去铁(有时也除去锰和铬)和铁基合金以外的所有金属。有色金属可分为重金属(如铜、铅、锌)、轻金属(如铝、镁)、贵金属(如金、银、铂)及稀有金属(如钨、钼、锗、锂、镧、铀等)。食品机械中常用的为铜与铜合金以及铝与铝合金。

2.2.2.1 铜和铜合金

纯铜呈紫红色,又称紫铜,特点是导热系数特别高,常被用作导热材料,制造各种换热器。紫铜有较好的冷压及热压加工性能,对许多食品都具有高的耐腐蚀性能,能抗大气和淡水的腐蚀,对中性溶液及流速不大的海水都具有抗腐蚀性能。对于一些有机化合物,如醋酸、柠檬酸、草酸和甲醇、乙醇等醇类,紫铜都有好的抗腐蚀稳定性。但紫铜不耐无机酸、硫化物腐蚀,故在介质中存在氨、氯化物及硫化氢时,不宜选用紫铜。

紫铜还易于保持表面光洁及清洁卫生,故铜材在食品机械制造中仍占有一定的地位,例如用于制造蒸煮锅、蒸发器、蒸发管、螺旋管等。但紫铜的铸造性不好,不用作铸件。

铜制设备和容器不适于加工和保存乳制品,当乳或乳制品中含铜量达 1.5×10^{-3} mg/L 时,就带有不适味,奶油会很快酸败,加热时也会加强氧化。

铜对维生素C有影响,极少量的铜也会促使维生素C很快分解,处理富含维生素C的蔬菜汁和水果汁时,忌用铜制设备。

常用的铜合金有黄铜、青铜、白铜三大类。

青铜是在铜中加入锡、铝、锰、硅等以调整其性能,这些成分对食品无害。食品机械中主要用锡青铜,也可用铝青铜和硅青铜,但含有铅和锌的青铜不允许与食品接触。

锡青铜铸造性好,容积收缩率小,可铸造带剧烈变截面的零件,在一般干湿大气中腐蚀速度很慢,但在无机酸中不耐腐蚀。

铝青铜在大气中和碳酸溶液以及大多数有机酸(醋酸、柠檬酸、乳酸等)中有高耐腐蚀稳定性。铝青铜中如加入铁、锰、镍等成分,可影响合金的工艺性和机械性能,但对耐腐蚀性影响不大。铝青铜的浇铸性好,但是收缩率大。铝青铜不易焊接。

硅黄铜具有良好的浇铸性和冷热冲压性能,在低温下不降低塑性,适于低温使用。硅黄铜可与钢和其他合金相焊接,焊接性能良好,耐腐蚀性能也好,加入1‰锰的硅黄铜还可以用来制造压力容器。

食品机械与设备

2.2.2.2 铝和铝合金

铝是一种轻金属,特点是相对密度小,导热系数高,具有较好的冷冲压和热冲压性,焊接性好。纯铝机械性能较低。在强度要求不高的炊具、容器、热交换器及冷冻设备中应用很广,允许工作温度在150℃以下。

工业纯铝的耐腐蚀稳定性决定于其成分中的杂质含量及表面粗糙度。当杂质含量极少并表面抛光时,铝的耐腐蚀稳定性高。同时,在热加工中,退火铝比压延铝较少受到腐蚀。

纯铝极易与空气中的氧气反应,生成一层薄的氧化铝Al_2O_3薄膜覆盖在暴露于空气中的铝表面。这层氧化铝薄膜能防止铝被继续氧化。Al_2O_3,白色无毒,耐腐蚀性能较纯铝高出许多,也不影响食品品质。所以,铝和铝合金有氧化铝保护膜的作用,在许多浓度不高的有机酸中,如醋酸、柠檬酸、酒石酸、苹果酸、葡萄糖酸、脂肪酸等,以及在酸性的水果汁、葡萄酒中腐蚀性不显著,但草酸和蚁酸例外。氧化铝膜在草酸和蚁酸、各种无机酸及碱溶液中被迅速破坏。

食品机械中采用的铝合金主要有压力加工铝合金及成型铸造铝合金两类,主要用于形状复杂的具有产品接触表面的零部件。

成型铸造铝合金用来制造批量较大的小型食品机械的机身,可以得到良好的造型和光洁美观的表面。较多使用的压力加工铝合金为硬铝,强度高,加工性好,焊接时要采用惰性气体保护。目前在要求高强度的机械设备中使用不锈钢而不用硬铝。

防锈铝中含有镁、锰或铬等成分,具有较高的耐腐蚀性。经过退火或时效的防锈铝塑性好,焊接性好,疲劳强度较高。在要求不太高的耐腐蚀性和强度的食品机械中可以使用防锈铝,以代替高价的不锈钢。

食品机械中的铝铸件可采用不含铜的硅铝合金,铸造性好,并具有较高的耐腐蚀性。

铝材对食品机械的适应范围主要包括碳水化合物类、脂肪类、乳类制品等。

2.3 食品机械常用的非金属材料

食品机械常用的非金属材料有非合成材料和合成材料两大类。

2.3.1 非合成材料

非合成材料即天然材料及其制品。这种材料一般无毒无害,成本较低。

(1)木材 木材曾经是食品机械中广泛使用的材料,它具有许多优点,如种类多、耐酸、加工性能好、轻便等,既可以制造容器,也可以作为各种机械的支承结构。目前主要用作分割原料的硬木砧板和酿酒生产中的贮酒容器(橡木桶)。

(2)石墨和陶瓷 石墨和陶瓷具有惰性,耐刮伤,无渗透性、无毒性、无溶解性,并能在给定工作条件下,在清洗和杀菌过程中,承受住周围环境和介质的作用而不改变其固有形态。常用于密封和润滑等处。

(3)金刚砂制品 金刚砂制品的硬度介于刚玉和金刚石之间,是机械行业的磨具磨料,在食品工业中也用作磨具材料,例如在碾米机中用作碾辊材料,在大豆磨浆机中用作磨盘材料。当金刚砂的粒度配比和黏结材料改变时,可以得到不同性质的表面状态。金刚砂磨具的另一特点是具有自锐性,可以在工作时保持表面特征。缺点是性脆,不耐冲击。

(4)橡胶　一种橡胶是天然橡胶树、橡胶草等植物中提取胶质后加工制成,属于柔性、弹性、绝缘性、不透水和空气及表面滞涩性均较好的材料。用在食品机械中常作为密封、传动或减震减冲击零部件。直接接触食品的构件,必须是食品级无毒橡胶。因为,实际上有些橡胶填料和添加剂是有毒的。还有一种合成橡胶,则由各种单体经聚合反应而得。橡胶除了作为传动带、传送带、密封件、隔振器之外,在碾米工业中大量用于脱壳机胶辊,由于连续不断的磨损,每年消耗量巨大。

(5)玻璃钢　即纤维强化塑料,一般指用玻璃纤维增强不饱和聚酯、环氧树脂与酚醛树脂基体。由于所使用的树脂品种不同,因此有聚酯玻璃钢、环氧玻璃钢、酚醛玻璃钢之称。质轻而硬,不导电,机械强度高,耐腐蚀。可以代替钢材用于冷却水设备、食品贮罐、冷库材料和轻型食品机械的防护罩等。

▶ 2.3.2　合成材料

合成材料种类很多。多种合成材料具有高度的化学稳定性,相对密度小,不生锈,容易成型,无毒,选择性大,如聚乙烯、聚丙烯、聚苯乙烯、聚四氟乙烯等。这些材料的许多优越性能是不锈钢和其他金属所不具备的,所以已经大量用于食品机械和食品包装材料。

根据理化性质,合成材料可分为硬塑料和软塑料,根据热反应和成型方法分为热塑性和热固性材料两类。

与传统食品机械构件材料相比,合成材料有以下特点:

- 加工性能好(可注塑、压塑、切削、焊接等)。
- 良好的化学稳定性(对水、海水、酸、碱、辐射等)。
- 相对密度比金属小很多(如制成泡沫体则更小),平均为黑色或有色金属的 1/5～1/8。
- 有良好的吸震消音和隔热性能。
- 光学特性好,有些有一定透明度,表面光泽,并可加入各种色彩。
- 机械性能良好。
- 电阻极大。

2.3.2.1　尼龙

尼龙(Nylon)学名聚酰胺(polyamide,PA),是一种热塑性材料。与一般合成材料比较,PA 具有强韧、耐磨、相对密度小、一般耐化学品、无毒、相对耐热耐湿、有自润滑性能、运转无噪声、易染色等优点。

尼龙本身有相当好的强度,如加入 30% 的玻璃纤维,则其抗拉强度可以提高 2～3 倍,抗压强度提高 1.5 倍,本来较高的抗冲击强度也可以进一步得到提高。

尼龙的缺点是由于热膨胀性和吸水性导致尺寸变化,不耐强酸,不耐氧化剂,在光照下易老化,故一般不作耐酸材料使用。

尼龙的韧性随分子质量、结晶结构、制品设计和吸湿量而变。尼龙 66 的刚性比尼龙 6 好。

在一般机械制造中,尼龙可以制造的零件极其广泛,如轴承、齿轮、辊轴、滑轮、泵叶轮、风机叶片、涡轮、密封件、垫片、传动带、管件、凸轮、衬套等。

尼龙零件有自润滑性能,能在无油润滑条件下工作。无油润滑的摩擦系数通常约为0.1~0.3,是酚醛树脂的1/4,是巴氏合金的1/3。油润滑时摩擦系数更小,但水润滑时摩擦系数反比干燥时大。尼龙的耐磨特性可因加入二硫化钼或石墨而得到改善。尼龙1010的耐磨程度为铜的8倍,但相对密度只有铜的1/7。

尼龙的工作温度可以达到100℃左右,因此一般的食品常压蒸煮设备中也可使用。

尼龙的加工方法很多,可以用挤塑、烧结、浇铸等方法成型。尼龙1010还可以用火焰喷涂方法在预先经过去油喷砂并预热到(250±5)℃的金属工件上形成均匀、耐磨、耐腐蚀的涂层。

2.3.2.2 聚烯烃

最常见的聚烯烃有聚乙烯(PE)、聚丙烯(PP)、聚苯乙烯(PS)等。

1. 聚乙烯

聚乙烯可耐一般酸碱及有机溶剂,但受强氧化性酸侵蚀。可制成薄膜,广泛用作包装材料。

超高分子质量的聚乙烯是塑料中吸收能量最高的一种,具有高抗冲击能力和耐磨性,可代替部分皮革、木材、硬塑料及金属材料,常用来制作机器上要求耐磨、耐冲击的零件。低压聚乙烯还可用作容器设备的涂层衬里。

2. 聚丙烯

聚丙烯比聚乙烯相对密度小,透明度更高,是价廉广用树脂中耐温最高的,可以在100℃条件下连续使用,断续使用可达120℃,无负荷使用可达150℃。

聚丙烯的特点是易受光、热和氧化作用而老化,但添加稳定剂后可得到改善。由于价廉和耐热性能,大量用于食品包装和食品的蒸煮加热容器,也可用作荷重包装及各种机器零件的材料。

3. 聚苯乙烯

具有透明、价廉、刚性、绝缘、印刷性好等优点,可做各种零件。由于它可以加入发泡剂做成泡沫塑料,因此在食品工业中可以用来制造冷冻绝缘层,每立方米仅重16 kg。

改性聚苯乙烯即ABS工程塑料,无毒、无臭、坚韧、质硬、刚性好,在低温条件下抗冲击,机械性能较好,使用温度范围大(−40~100℃),应用广泛。

2.3.2.3 聚碳酸酯

聚碳酸酯(PC)具有优良的工程性能,密度1.2 kg/m³,本色微黄,透明或半透明,着色性好,不易老化。

聚碳酸酯的重要机械特性是刚而韧,无缺口冲击强度在热塑性塑料中名列前茅。聚碳酸酯的成型零件可以达到很精密的公差,并在很宽的温度范围内保持尺寸稳定性,成型收缩率恒定为0.5%~0.7%,线膨胀系数低。最高使用温度可达135℃(干)。热变形温度为135~143℃,当用玻璃纤维增强后,热变形温度可提高到150~160℃。

聚碳酸酯的缺点是有一定吸湿性。室温空气吸湿0.15%,室温水中吸湿0.35%,沸水中吸湿0.58%。PC在60℃以上水中会导致开裂而失去韧性,在水蒸气中反复蒸煮将导致其物理机械性能显著下降。

由于以上特性,聚碳酸酯在食品机械中常用来制造需要承受冲击载荷的食品模具和托盘,具有良好的使用性能。例如,饼干机上的冲压模和辊印模,巧克力浇铸成型托盘等。还可以用来制造其他各种饮料器具、容器、离心分离管、泵叶轮等。

2.3.2.4 氟塑料

氟塑料是各种含氟塑料的总称,包括聚四氟乙烯、聚三氟氯乙烯、四氟乙烯-乙烯共聚物以及全氟烃等。

1. 聚四氟乙烯

聚四氟乙烯(PTFE,F4)是氟塑料中最重要的一种,它呈乳白色蜡状,不亲水,光滑不粘,摩擦特性像冰,外观似聚乙烯但相对密度大(2.2),是塑料中相对密度最大者,有良好的耐热性及极好的化学稳定性,能耐王水侵蚀,所以有"塑料王"之称。

聚四氟乙烯的摩擦系数极低,且不受润滑剂的影响,可以自润滑,其自身静摩擦系数为 $0.1\sim0.2$,载荷越大则静摩擦系数反而越小。动摩擦系数随滑动速度而异,当相对速度在 $0.01\sim1.0$ cm/s 范围内时为 $0.04\sim0.1$。

聚四氟乙烯的熔融黏度极高,不能注塑成型,只采取类似粉末冶金的办法来模压成型和烧结。将白色的 F4 树脂粉末在模具中以 $200\sim350$ kg/cm^2 的压力冷压成型,再在 $370\sim380$℃温度下烧结,凝成坚实的制品,然后冷却定型,再经切削加工成零件。

含有阴离子或非离子活性剂的聚四氟乙烯水分散液,可以用来浸渍或喷涂其他材料。经过浸渍或喷涂的材料干燥后烧结。每浸渍、干燥和烧结一次,树脂层的厚度增加 $20\ \mu m$ 左右,可反复进行,达到要求厚度为止。这样处理得到的复合材料,同样可具有润滑、气密、不粘、电绝缘等性能。

聚四氟乙烯的热膨胀系数比较大,从室温加热到 260℃时膨胀率达 4%。F4 允许的工作温度范围很大,最高连续使用温度可高达 260℃,最低工作温度可低达 -269℃,在液氢中也不发脆。有关资料介绍加热到 415℃以上,可分解放出有毒气体,不过在一般工作条件下是绝对无毒的,对食品十分安全。

在许多食品的加工过程中,物料常常容易黏结在机器的工作表面而影响制品的质量和操作过程,采用聚四氟乙烯作为与物料接触工作构件的表面则可有效地避免黏结。用作食品成型模具的材料,可有较理想的脱模效果。聚四氟乙烯在食品机械中的应用广泛。

2. 聚三氟氯乙烯

聚三氟氯乙烯(PCTFE,F3)同样具有抗黏结和化学稳定性能,与聚四氟乙烯相比,相对密度相似,摩擦系数大(对钢材为 $0.3\sim0.4$),硬度大,耐热性稍差,长期使用温度 $-200\sim200$℃。

聚三氟氯乙烯比聚四氟乙烯容易成型,可以注塑,但要求较高的加工温度和压力。也可以涂覆,将 F3 树脂加石墨粉(或氧化铬)和无水乙醇,配成粉末浓度为 $30\%\sim40\%$ 的悬浮液,然后进行喷涂、浸涂、刷涂,干燥后在 300℃下熔融塑化,涂层由白色变成透明浅棕色即告完成,取出进行淬火快冷。

F3 与 F4 在食品机械中的用途相似,且可制造比 F4 形状复杂的制品。

2.3.2.5 有机硅

有机硅材料是一组功能独特、性能优异的化工新材料,具有耐低/高温、耐老化、耐化学腐蚀性、绝缘、不燃、无毒等性能,产品种类繁多,按其基本形态分为四大类,即硅油、硅橡胶、硅树脂和硅烷。对食品机械来说最重要的是硅油和硅橡胶。

有机硅油有许多种，耐热温度不一样。硅油不燃，热稳定性高，在－40～150℃温度范围内，硅油的黏度与温度的关系曲线呈平缓的倾斜线，黏度随温度的变化很小，因此可以用作－60～250℃温度的润滑剂，这个性能在食品机械中是有用的。

硅油的表面张力小，有良好的疏水性，对其他材料的黏附力小，在食品成型模上可用作脱模涂料，也可以在食品工业中用作消泡剂。

硅橡胶的优点是具有极高的耐热耐寒性，在－65～250℃的温度范围内，可保持其弹性体的物理特性和优良的介电性能。因此硅橡胶适于在食品的冷处理条件下工作，用来作密封件和垫圈等构件。

硅橡胶的抗粘特性极有利于作为食品输送带的防粘层，也可以用于其他需要防粘的部件。

食品机械工程师熟悉并在需要时选择有机硅材料，会得到意想不到的效果。

食品原料的多样性及食用者口味的差异性，食品生产制作的工艺、条件的复杂性，食品机械设计的特色性，以及食品安全对人类健康和生命的极端重要性，决定了食品机械及其零部件对材料非常高而复杂的要求，材料本身的性能、价格也差异很大。因此，只有熟悉、掌握材料的各种性能和特点，才能在食品机械设备的选材上做出全面、正确的选择并科学使用、管理食品机械设备。

▶▶ 思考题 ◀◀

1. 食品机械与设备对所用材料的基本要求是什么？
2. 设计和选用食品机械所用材料时应考虑哪些因素？
3. 常用的食品机械材料有哪几类？
4. 食品机械与设备中常用金属材料有哪几种？各有何特点？
5. 食品机械与设备中常用的非金属材料有哪几种？各有何特点？

第3章

食品机械电气自动控制技术

▶▶ **摘要**

　　本章主要介绍电气自动控制方法。先介绍自动控制的一些基础知识，然后重点介绍常用电气控制电路、微型计算机控制技术、单片机和可编程序控制器的基本环节，并结合食品机械给出分析与设计的示例。要求了解自动控制的基础知识。

3.1 自动控制技术简述

3.1.1 自动化技术

自动化指由一个或多个自动控制系统或装置所构成的,在无人直接干预情况下按规定的程序或指令自动进行操作或控制的过程。实现自动化的技术手段多种多样,可用电气方法、机械方法、液压方法、电气液压方法、气动方法及其综合应用方法,其中以电气自动控制方法最为普遍,本章主要介绍电气自动控制方法。

自动化是一门涉及学科较多的综合性科学技术,作为一个系统工程,主要由 5 个单元组成:①程序单元,决定做什么和如何做;②作用单元,施加能量和定位;③传感单元,检测过程的性能和状态;④制定单元,对传感单元送来的信息进行比较,制定和发出指令信号;⑤控制单元,进行制定并调节作用单元的机构。

自动化的研究内容主要有以实现无人化生产为目的的自动控制和以计算机技术为核心的信息处理技术两个方面。自动控制是指机器设备或系统在无人直接参与下,能全部自动地按人预先规定的要求和既定程序运行,完成其承担的任务,并实现预期目标。自动控制主要包括机械操作的开关量顺序控制和模拟量的反馈控制。机械操作顺序控制是机械装置或设备一步步顺序操作的自动控制,模拟量或工艺参数的反馈控制是利用负反馈技术,连续检测被控对象的工作状态,一旦被控参数偏离原给定值就进行自动调节,使被控制的物理量不因干扰的影响而连续地达到所要求的给定值,两者都有广泛的应用领域,但就整个自动化而言,后者占据中心位置。

目前,最先进的食品机械尚未完全实现自动化,自动化的程度差异较大,但在劳动力日益昂贵和食品安全要求不断提高的形势下,自动化、智能化的方向已经成为一个明显的趋势。

信息处理包括信息的检测、处理及控制,是负反馈控制、顺序控制领域中不可缺少的技术,同自动控制系统一样,需要硬件的支持和软件的开发。

3.1.2 顺序控制和反馈控制

3.1.2.1 顺序控制

机械操作控制过程是一些断续开关动作或动作组合,它们按照预定的时间先后顺序进行逐步开关操作。所以,机械操作自动控制又称顺序控制。顺序控制系统又称开关量控制系统,它所处理的信号都是一些开关信号。

目前,我国食品机械设备中仍然使用着各种不同电路结构的顺序控制装置或开关量控制装置。

继电接触式控制器:用继电器、接触器等有触点的电器元件组成控制电路。具有结构简单、价廉、抗干扰能力强等优点,但接线方式固定,灵活性差。

电子逻辑电路系统:电路系统的构成元件是晶体管、中小规模集成电路和大规模集成电路。根据系统的规模和复杂程度又分为固定接线式电路系统(如各种数字逻辑电路装置)和程序控制系统(如矩阵板式顺序控制器及可编程序控制器)。

可编程序控制器是集微电子、计算机技术发展起来的新型控制装置,具通用、灵活、可编程、多功能、小体积、高可靠性等优点,是机电一体化的重要技术手段,并代表着顺序控制的发展方向。

3.1.2.2 反馈控制

在大规模的食品生产线上,各种设备都是互相依赖、互相关联的,其中某一工艺条件或参数发生偏离变化,都可能破坏正常的生产条件。因此,必须采取技术手段,对生产中的关键参数进行调节控制,使其在受到外界扰动而偏离正常状态时,能自动恢复到规定的数值范围之内。如要求食品烘炉的炉温按指定的升、保温规律变化而不受环境温度变化及供电电压波动的影响。

实现诸如转速、温度、压力、流量等工艺参数的调节控制一般采用负反馈控制系统,其基本特点是通过测量元件把被控制量反馈到输入端,并与代表目标值的给定量进行比较,利用比较结果得到的偏差信号对被控对象实施控制,以纠正或消除偏差,使被控制量或被控制参数不受干扰影响,保持在预定的范围或按预定规律变化。

一个大型复杂的自动控制系统往往同时兼有开关量和模拟量的控制问题,但由于两者的信号形式、系统组成结构及理论基础相差悬殊,且各自都有丰富的内容并形成完整独立的体系,无法在一本教材中同时系统介绍它们的基础理论及设计技术。本章主要介绍自动控制的基本知识及食品机械常用控制电路的分析方法,对继电接触器控制和微机技术应用也都给予重视。

3.1.3 食品机械自动控制技术的现状和发展趋势

食品工业化大生产一般为连续性批量生产,产品质量与加工过程中工艺参数的控制密切相关。一旦参数发生变化,就会使食品营养品质及感官特性(如色泽、香气、味道和口感)变化,从而对产品质量和消费者可接受程度产生不良影响,不利于市场销售及竞争。

相对于发达国家,我国食品加工企业的自动化、机械化水平较低。许多食品加工过程控制主要采用继电接触器电路和仪表控制方法,操作工人凭经验改变工艺参数。一些大型食品加工包装生产线及食品机械厂家设计制造的食品加工包装机械,迄今仍然采用开关电路板或电动单元组合仪表控制方式。针对继电接触器和仪表控制方法在食品机械中仍占有相当比重的现状,掌握好电器仪表控制技术不但具有现实意义,也是使用设计先进食品机械的基础。

国际食品工业持续发展和我国食品工业的迅猛进步,传统食品在市场上的主导地位正被快速发展起来的健康食品、营养食品和方便食品等新一代食品所替代。在食品加工正朝着产品专门化、生产大规模化方向发展的形势下,常规电器仪表控制难以适应现代食品加工的精密、复杂控制要求。要生产高质量的新一代食品,必须采用先进的控制技术,提高生产过程的自动化水平,使各个工序严格按工艺要求实现最佳组合。

微电子技术和传感器技术的发展给食品机械自动控制提供了物质基础。现代食品机械已不仅仅是各种机械构件、容器管道、电气仪表等的简单组合,而是机械学、电子学、食品工艺学、信息科学等不同学科有机结合的优化技术。它从根本上改变传统食品机械的面貌,有力促进食品工业的发展。目前,微处理器已广泛用在食品机械中,这种电子机械产品一般具有工艺参数自动检测、控制和故障自动诊断等功能。例如面包生产机械,微处理器通过流量计、重量计、速度计等仪表采集工艺参数,经数据处理后直接控制工序的启停及各种配料的浓度和混合比;在方便面加工机械中,微处理器对加工过程中的温度、油炸程度、损耗、包装等多道工序实现有效的控制;在罐头食品杀菌中,微处理器控制杀菌釜的温度、压力、蒸汽量等工艺参数。为减少人与食品接触,保证食品质量、卫生和安全,利用微处理器对各道工序进行集中控制,从物料输送,参数检测控制直到产品成型、包装,整个生产实现了连续化、无人化的全自动过程。微机控制技术将在我国食品机械自动控制中发挥愈来愈重要的作用。

为适应我国食品工业现状和发展,对继电接触器和仪表控制方式及微机控制技术都应给予重视。在设计食品机械时应尽可能从提高食品机械性价比、可靠性以及节约能源、降低原料消耗和劳动强度等方面考虑,采用先进的、自动化程度较高的控制系统;同时又要根据劳动力使用、操作者素质、能耗投资等因素选择适用的控制技术,以满足不同层次、不同水平的食品加工厂的需要。

3.2 电气控制技术

食品机械设备的自动控制线路大多以各类电动机或其他执行电器为被控对象。根据一定的控制方式用导线将各种接触器、继电器、按钮、行程开关、光电开关和保护元件等低压电器元件连接起来的自动控制线路,称为电气控制线路。生产工艺和生产过程不同,对控制线路的要求也不同,但任何一种控制线路都是由一些较简单的基本控制环节组合而成的。因此,只要掌握控制线路的基本环节和一些典型线路的工作原理、分析方法,就很容易掌握复杂电气控制线路的分析方法和设计方法。

3.2.1 电气控制线路图

将电气控制系统中各电器元件及其连接线路用一定的图形表达出来,就是电气控制系统图。电气控制系统图有电气原理图、电器元件布置图和电气安装接线图三种表示方法。

3.2.1.1 电气控制线路图常用图形符号和文字符号

电气控制线路图中各种电器元件的图形符号和文字符号必须符合最新的国家标准。目前,与电气制图有关的国家标准主要有 GB/T 4728《电气简图用图形符号》、GB/T 5465《电气设备用图形符号》、GB/T 6988《电气技术用文件的编制》、GB/T 20063《简图用图形符号》、GB/T 5094《工业系统、装置与设备以及工业产品—结构原则与参照代号》、GB/T 20939《技术产品及技术产品文件结构原则字母代码—按项目用途和任务划分的主类和子类》。

3.2.1.2 电气控制线路图的绘图原则

电气控制系统图应遵循国家标准 GB/T 6988《电气技术用文件的编制》。

1. 电气原理图

根据电路工作原理用规定的图形符号绘制的图形称为电气原理图。电气原理图包括所有电器元件的导电部件和接线端子,但并不按电器元件的实际布置位置来绘制,也不反映电器元件的实际大小。电气原理图结构简单,层次分明,能够清楚地表明电路功能,适合于分析、研究电路的工作原理。

以图 3-1 所示的电气原理图为例说明电气原理图的规定画法和注意事项。

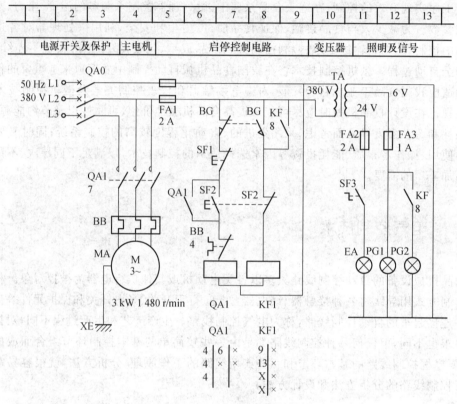

图 3-1 电气原理图

• 图中所有电器元件都用国家标准所规定的图形符号和文字符号表示。

• 电气原理图一般分主电路和辅助电路两部分。主电路是电气控制线路中强电流通过的部分。辅助电路是控制线路中除主电路以外的电路。

• 主电路在图面左侧或上方,辅助电路在图面右侧或下方。主电路和辅助电路均按功能布置,尽可能按动作顺序从上到下、从左到右排列。

• 同一电器元件的不同部件分散在不同位置时,为表示是同一元件,要在电器元件的不同部件处标注统一的文字符号。对于同类器件,要在其文字符号后加数字序号来区别。

• 所有电器的可动部分均按没有通电或没有外力作用时的状态画出。

• 图面区域的划分。图纸上方的 1、2、3 等数字是图区的编号。图区编号下方的文字表明其所对应下方元件或电路的功能。

图 3-1 中接触器 QA1 线圈及继电器 KF1 线圈下方的文字是接触器 QA1 和继电器 KF1 相应触点的索引。即在原理图中相应线圈下方,给出触点的文字符号,并在下面标明

相应触点的索引代码,且对未使用的触点用"×"表明,有时也可采用省略的表示方法。

2. 电气安装接线图

按电气元器件的布置位置和实际接线,用规定的图形符号绘制的图形称作电气安装接线图。电气安装接线图用于电气设备和电器元件的安装、配线、维护和故障检修。图中标示出各元器件间的关系、接线情况以及安装和敷设位置等。

3. 电器元件布置图

电器元件布置图表明电气设备或系统中所有电器元器件的实际位置。

3.2.2 三相笼型异步电动机的基本控制线路

三相笼型异步电动机结构简单、价格便宜、坚固耐用、维修方便,生产实际中,它的应用占到了电动机的80%以上。

3.2.2.1 全压启动控制线路

图3-2所示为三相笼型异步电动机的单向全压启动控制线路,是最基本最广泛应用的电动机控制线路。

合上自动开关QA0,主电路引入三相电源。按下启动按钮SF2,接触器QA1线圈通电,其常开主触点闭合,电动机MA开始全压启动。接触器QA1的辅助常开触点闭合,松开启动按钮SF2后,接触器线圈仍能通过其辅助触点通电并保持吸合状态。这种依靠接触器本身辅助触点使其线圈保持通电的现象称作自锁,起自锁作用的触点称作自锁触点。

按下停止按钮SF1,接触器线圈失电,其主触点断开,电动机自动停车,同时接触器自锁触点也断开,控制回路解除自锁。松开停止按钮SF1,控制电路又回到启动前的状态。

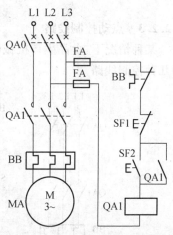

图3-2 单向全压启动控制线路

线路保护包括短路、过载和欠压及失压保护。控制线路短路时,熔断器FA熔体熔断切断主回路;过载保护由热继电器BB完成,过载时间较长时,热继电器动作,常闭触点BB断开,接触器QA1线圈失电,其主触点QA1断开主电路,电动机停止运转;线路通过接触器本身实现欠压和失压保护,电源电压低到一定程度或失电时,接触器QA1的电磁吸力小于反力,电磁机构释放,主触点断开主电源,电动机停止运转,电源恢复后,由于控制电路失去自锁,电动机不会自行启动。

3.2.2.2 正反转控制线路

食品生产机械常要求具有上下、左右和前后等相反方向的运动,这就要求电动机能可逆运行。由三相异步电动机原理可知,借助接触器改变定子绕组相序能够实现正反向的切换工作,其线路如图3-3所示。

图3-3(a)中,误操作同时按正反向启动按钮SF2和SF3时,将造成短路故障,如主回路图中虚线所示。因此,常采用图3-3(b)所示电路,在正反向间设置联锁,即"互锁",使两者

之间相互制约,电路要实现反转,必须先停止正转,再按反向启动按钮才行,该电路称为"正-停-反"控制。图 3-3(c)所示电路可实现不按停止按钮,直接按反向按钮就能使电动机反向工作,该电路称为"正-反-停"控制。

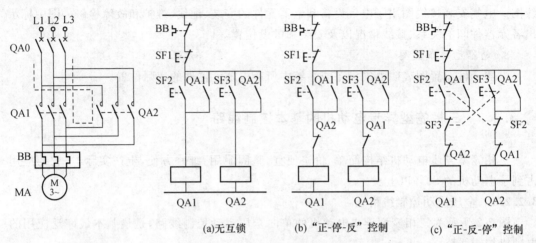

(a)无互锁   (b)"正-停-反"控制   (c)"正-反-停"控制

图 3-3 正反向工作的控制线路

3.2.2.3 点动控制线路

某种情况下,食品生产机械既需按常规工作,又需点动控制。图 3-4 所示为能实现点动的几种控制线路。

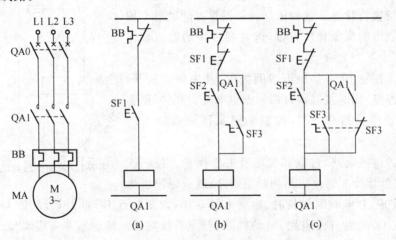

(a)   (b)   (c)

图 3-4 几种点动控制线路

图 3-4(a)为最基本的点动控制。

图 3-4(b)是带转换开关 SF3 的点动控制线路。点动时,开关 SF3 断开,用按钮 SF2 点动控制。正常运行时,开关 SF3 合上,将 QA1 的自锁触点接入,实现连续控制。

图 3-4(c)中增加了一个复合按钮 SF3 实现点动控制。点动时,按下点动按钮 SF3,其常闭触点断开自锁电路,常开触点闭合接通,QA1 线圈通电,电动机启动;松开点动按钮 SF3 时,其常开触点断开,常闭触点闭合,QA1 线圈断电释放,电动机停止运转。按钮 SF2 和 SF1 实现连续控制。

3.2.2.4 多地点控制系统

有些食品机械和生产设备常要在两地或多个地点进行操作。两地控制时,需要两组按钮,启动按钮要并联,停止按钮应串联,图 3-5 所示为两地控制线路。

3.2.2.5 顺序控制线路

食品生产过程中常要求各种运动部件按顺序工作,即控制对象对控制线路提出顺序工作的联锁要求。图 3-6 中 MA1 为油泵电动机,MA2 为主拖动电动机。图 3-6(a)控制线路将控制油泵电动机的接触器 QA1 的常开辅助触点串入控制主拖动电动机的接触器 QA2 的线圈电路中,实现按顺序工作的联锁要求。

图 3-6(b)利用时间继电器的延时闭合常开触点使电动机 MA1 启动 t 秒后,电动机 MA2 自动启动。按启动按钮 SF2,接触器 QA1 线圈通电并自锁,电动机 MA1 启动,同时时间继电器 KF 线圈也通电。定时 t 秒到,时间继电器延时闭合的常开触点 KF 闭合,接触器 QA2 线圈通电并自锁,电动机 MA2 启动,同时接触器 QA2 的常闭触点切断了时间继电器 KF 的线圈电源。

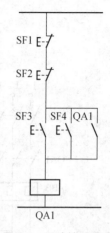

图 3-5　两地控制线路

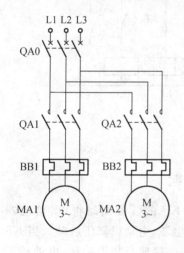 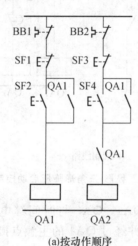 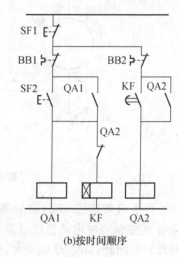

(a)按动作顺序　　　　(b)按时间顺序

图 3-6　顺序控制线路

3.2.3　三相笼型异步电动机降压启动控制线路

电动机直接启动时,启动电流很大,可达额定电流的 4～8 倍。如果所启动电动机容量较大,则很大的启动电流会引起电网电压过分降低,从而影响其他设备的稳定运行。同时,由于电压降落太大,影响电动机的启动转矩,严重时甚至会导致电动机无法启动。所以,当电动机容量较大时,一般采用降压启动方法。一般认为,电动机容量在 10 kW 以下时,可直接启动;容量在 10 kW 以上时,必须采用降压启动方式。

常用降压启动方式有星形-三角形降压启动和软启动器等启动方法。

3.2.3.1 星形-三角形降压启动控制线路

启动时将电动机定子绕组接成星形,减小启动电流对电网的影响;转速接近额定转速时,定子绕组改接成三角形,使电动机在额定电压下正常运转(图3-7)。

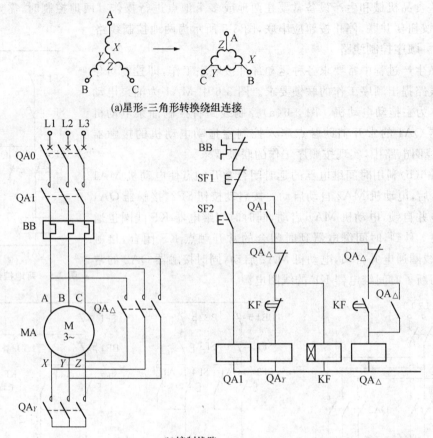

(a)星形-三角形转换绕组连接

(b)控制线路

图 3-7　星形-三角形降压启动控制线路

按下启动按钮 SF2,接触器 QA1,QA$_Y$ 与时间继电器 KF 的线圈同时得电,接触器 QA$_Y$ 的主触点将电动机接成星形并经过 QA1 的主触点接至电源,电动机降压启动。当 KF 的延时时间到,QA$_Y$ 线圈失电,QA$_\triangle$ 线圈得电,电动机主回路换接成三角形接法,电动机正常运转。

星形-三角形启动的优点是星形启动电流降为原来三角形接法直接启动时的 1/3,启动电流特性好,结构简单,价格低。缺点是启动转矩也相应下降为原来三角形直接启动时的 1/3,转矩特性差。因而本线路适用于电动机空载或轻载启动的场合。

3.2.3.2　软启动器及其使用

上述三相异步电动机的启动线路简单,不需要增加额外启动设备,但启动电流冲击一般还很大,启动转矩较小且固定不可调,也会造成剧烈的电网波动和机械冲击,因而,这些方法常用于对启动特性要求不高的场合。

软启动器主要由三相交流调压电路和控制电路构成。利用晶闸管移相控制原理,通过控制晶闸管的导通角,改变其输出电压,达到通过调压方式来控制启动电流和启动转矩的目的。控制电路按预定的不同启动方式,通过检测主电路的反馈电流,控制其输出电压,实现不同的启动特性,最终软启动器输出全压,电动机全压运行。软启动器为电子调压并对电流实时检测,具有对电动机和软启动器本身的热保护、限制转矩和电流冲击、三相电源不平衡、缺相、断相等保护功能,并可实时检测和显示如电流、电压、功率因数等参数。

图 3-8 所示为三相异步电动机用软启动器启动控制线路。图中虚线框为软启动器,C 和 400 为软启动器控制电源进线端子,L1、L2 和 L3 为软启动器主电源进线端子,T1、T2 和 T3 为连接电动机的出线端子,A1、A2、B1、B2、C1 和 C2 由软启动器三相晶闸管两端分别直接引出。PL 是软启动器为外部逻辑输入提供的电源,L+ 为软启动器逻辑输出部分的外接输入电源,图中由 PL 直接提供。STOP 和 RUN 分别为软停车和软启动控制信号,KF1 和 KF2 为输出继电器。

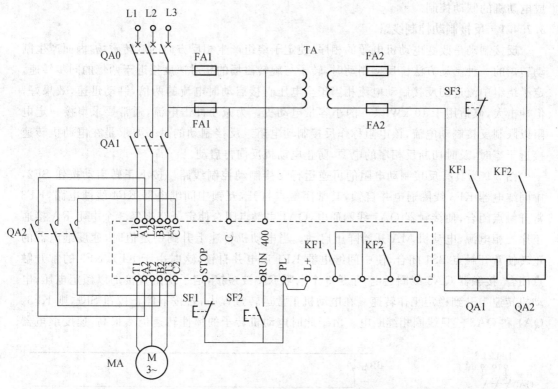

图 3-8 电动机单向运行、软启动、软停车或自由停车控制线路

图 3-8 可实现电动机单向运行、软启动、软停车或自由停车功能。KF1 设置为隔离继电器,此软启动器接有进线接触器 QA1,开关 QA0 闭合时,按启动按钮 SF2,则 KF1 触点闭合,QA1 线圈上电,其主触点闭合,主电源加入软启动器。电动机按设定的启动方式启动,启动完成后,内部继电器 KF2 常开触点闭合,QA2 接触器线圈吸合,电动机转由旁路接触器 QA2 触点供电,同时将软启动器内部的功率晶闸管短接,电动机通过接触器由电网直接供电。但此时过载、过流等保护仍起作用,KF1 相当于保护继电器的触点,若发生过载、过流,则切断接触器 QA1 电源,使软启动器进线电源切断。因此电动机不需要额外增加过载保护电路。正常停车时,按停车按钮 SF1,停止指令使 KF2 触点断开,旁路接触器 QA2 跳闸,使电动机软停车,软停车结束后,KF1 触点断开。按钮 SF3 为紧急停车用。

该电路在电动机运行时可以避免软启动器产生的谐波,软启动器仅在启动和停车时工作,可以避免长期运行使晶闸管发热,延长了其使用寿命。

▶ 3.2.4 三相笼型异步电动机制动控制线路

电动机切断电源后，由于惯性作用，要经一段时间才能完全停止旋转，这往往不能适应某些生产工艺的要求，因此，要求对电动机进行制动控制。制动控制方法一般有两大类：机械制动和电气制动。机械制动用机械装置强迫电动机迅速停车；电气制动是电动机停车时，给电动机加上一个与原来旋转方向相反的制动转矩，迫使电动机转速迅速下降。电气制动控制线路主要包括反接制动和能耗制动，除此之外，软启动器和变频器也可实现软制动，完成电动机的制动控制。

3.2.4.1 反接制动控制线路

反接制动是改变电动机电源的相序，使定子绕组产生相反方向的旋转磁场，因而产生制动转矩的一种制动方法。反接制动时，转子与旋转磁场的相对速度接近于两倍的同步转速，定子绕组中流过的反接制动电流相当于全电压直接启动时电流的两倍，制动迅速，效果好，但冲击大，仅适用于 10 kW 以下的小容量电动机。为减小冲击电流，通常要求串接一定电阻以限制反接制动电流，该电阻称作反接制动电阻。反接制动的另一要求是在电动机转速接近于零时，及时切断反相序的电源，防止电动机反向再启动。

图 3-9 为具有反接制动电阻的可逆运行反接制动控制线路。按下正转启动按钮 SF2，中间继电器 KF3 线圈通电并自锁，其常闭触点打开，互锁中间继电器 KF4 线圈电路，KF3 常开触点闭合，使接触器 QA1 线圈通电，QA1 主触点闭合使定子绕组经 3 个电阻 RA 接通正序三相电源，电动机 MA 开始降压启动。当电动机转速上升到一定值时，速度继电器的正转使常开触点 BS1 闭合，使中间继电器 KF1 通电并自锁，这时由于 KF1、KF3 的常开触点闭合，接触器 QA3 线圈通电，于是 3 个电阻 RA 被短接，定子绕组直接加以额定电压，电动机转速上升到稳定工作转速。在电动机正常运转过程中，若按下停止按钮 SF1，则 KF3、QA1 和 QA3 三只线圈相继断电。由于此时电动机转子的惯性转速仍然很高，速度继电器

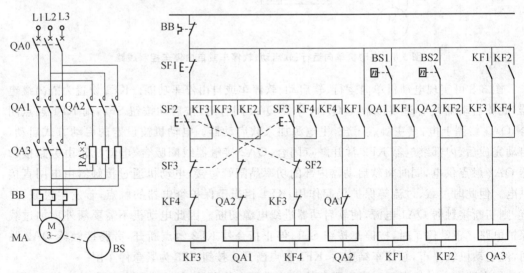

图 3-9　具有反接制动电阻的可逆运行反接制动的控制线路

的正转常开触点 BS1 尚未复原,中间继电器 KF1 仍处于工作状态,所以在接触器 QA1 常闭触点复位后,接触器 QA2 线圈便通电,其常开触点闭合,使定子绕组经 3 个电阻 RA 获得反相序三相交流电源,对电动机进行反接制动,电动机转速迅速下降。当电动机转速低于速度继电器动作值时,速度继电器常开触点复位,KF1 线圈断电,接触器 QA2 释放,反接制动过程结束。电动机反向启动和制动停车过程与正转时相同。

3.2.4.2　能耗制动控制线路

能耗制动是在电动机断电之后,定子绕组上加一个直流电压,利用转子感应电流与静止磁场的作用以达到制动的目的。可用时间继电器和速度继电器进行控制。

图 3-10 为以时间原则控制的单向能耗制动控制线路。电动机正常运行时,若按下停止按钮 SF1,电动机由于 QA1 断电释放而脱离三相交流电源,而直流电源则由于接触器 QA2 线圈通电使其主触点闭合而加入定子绕组,时间继电器 KF 线圈与 QA2 线圈同时通电并自锁,电动机进入能耗制动状态。当其惯性速度接近于零时,时间继电器延时打开的常闭触点断开接触器 QA2 的线圈电路。由于 QA2 常开辅助触点的复位,时间继电器 KF 线圈的电源也被断开,电动机能耗制动结束。

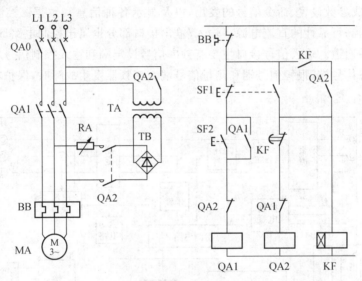

图 3-10　以时间原则控制的单向能耗制动的控制线路

能耗制动比反接制动消耗的能量少,制动电流也比反接制动电流小得多,但能耗制动的制动效果不及反接制动明显,同时还需要一个直流电源,控制线路相对比较复杂,一般适用于电动机容量较大和启动、制动频繁的场合。

▶ 3.2.5　变频调速与变频器

电动机调速可分为两大类,即定速电动机与变速联轴节配合的调速方式和自身调速。前者一般采用机械式或油压式变速器,后者为电动机直接调速,如变更定子绕组极对数的变极调速和变频调速方式。变极调速控制简单,价格便宜,但不能实现无级调速;变频调速控制复杂,但性能较好,且随着其成本日益降低,目前已广泛应用于食品机械的自动控制领域。

本书只介绍变频器的相关内容。

变频调速具有启动电流小,可调节加减速度,电动机可以高速化和小型化,防爆容易,保护功能齐全等优点。

3.2.5.1 变频器的组成

变频器的电路一般由主电路、控制电路和保护电路等部分组成。主电路完成电能的转换,控制电路实现信息的采集、变换、传送和系统控制,保护电路除防止因变频器主电路过压、过流引起的损坏外,还保护异步电动机及传动系统等。

变频器的内部结构框图和主要外部端口组成如图 3-11 所示。图中 R、S 和 T 表示三相交流电源输入到变频器的端子,U、V 和 W 表示变频器输出三相交流电源的端子。图 3-11 中最上部流过大电流的部分为变频器的主电路,进行电力变换,为电动机提供调频调压电源。控制电路是由一个高性能主控制器组成的主控电路,它通过接口电路接收检测电路和外部接口电路传送来的各种检测信号和参数设定值,根据其内部事先编制的程序进行相应的判断和计算,为变频器其他部分提供各种控制信息和显示信号。采样检测电路完成变频器在运行过程中各部分电压、电流、温度等参数的采集任务。键盘/显示部分是变频器自带的人机界面,完成参数设置、命令信号的发出,以及显示各种信息和数据。控制电源为控制电路提供稳定的高可靠性的直流电源。输入/输出接口部分也属于控制电路部分,是变频器的主要外部联系通道。输入信号接口主要有频率信号设定端和输入控制信号端。输出信号接口主要有状态信号端、报警信号端和测量信号端。变频器发生故障时,保护电路完成事先设定的各种保护。

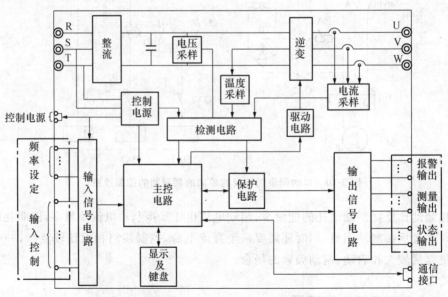

图 3-11 变频器的内部结构框图和主要外部端口组成

3.2.5.2 变频器在食品机械中的应用

变频器用于食品机械后,可明显提高食品的质量,这里以变频器在鱼片机中的应用说明变频器在食品机械中的应用。

鱼片机与离心分离机相似,将鱼肉、水和添加物离心分离,通过脱脂、脱臭等程序制成鱼片干、鱼油等产品。图 3-12 所示为鱼片机的构造和电路,图中外滚筒和内螺旋以不同速度同向高速旋转,因离心力不同而把水、鱼油从不同的出口排出,固体鱼片则由螺旋从另一出口取出,滚筒和螺旋分别由不同电动机驱动。

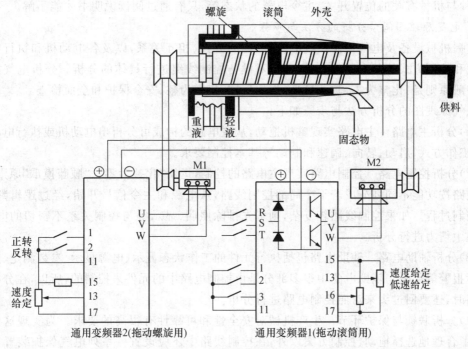

图 3-12　鱼片机的构造和电路

　　变频器可满足大惯性负载的加、减速特性。鱼片机加速过程采用变频器的全自动补偿方式运行,当加速电流超过设定值时,变频器启动防止失速功能,限制升速的速率,同样,减速时也有防止失速功能。

　　采用变频器不必用机械制动器减速,节省能耗,提高效率,且变频器有自动重合闸功能,短时停电不必停车。

3.2.6　典型食品机械电气控制线路分析

3.2.6.1　电气控制线路分析基础

　　1. 电气控制线路分析的内容与要求

　　分析电气控制线路的具体内容和要求主要包括以下几个方面:

　　(1)设备说明书　设备说明书由机械与电气两部分组成。分析时要阅读这两部分说明书,了解以下内容:

　　· 设备的结构组成及工作原理,设备传动系统的类型及驱动方式,主要技术性能、规格和运动要求等。

　　· 电气传动方式,电动机、执行电器的数目、规格型号、安装位置、用途及控制要求。

　　· 设备的使用方法,各操作手柄、开关、旋钮、指示装置的布置及其在控制线路中的作用。

　　· 与机械、液压部分直接关联的电器的位置、工作状态及其与机械、液压部分的关系,在控制中的作用等。

(2)电气控制原理图 电气控制原理图是控制线路分析的中心内容,分析电气原理图时,必须与阅读其他技术资料结合起来。如各种电动机及执行元器件的控制方式、位置及作用,各种与机械有关的位置开关、主令电器的状态等,只有通过阅读说明书才能了解。

2. 电气原理图阅读分析的方法与步骤

掌握机械设备及电气控制系统的构成、运动方式、相互关系,以及各电动机和执行电器的用途和控制方式等基本条件之后,即可对设备控制线路进行具体的分析。分析电气原理图的一般原则是:化整为零、顺藤摸瓜、先主后辅、集零为整、安全保护和全面检查。

电气原理图的分析方法与步骤如下:

(1)分析主电路 主电路实现整机拖动,从主电路的构成可分析出电动机或执行电器的类型、工作方式、启动、转向、调速和制动等基本控制要求。

(2)分析控制电路 控制电路实现主电路的控制,运用"化整为零"、"顺藤摸瓜"原则,将控制线路按功能不同划分成若干个局部控制线路,从电源和主令信号开始,经过逻辑判断,写出控制过程。如果控制线路较复杂,则可先排除照明、显示等与控制关系不密切的电路,以便集中精力进行分析。

(3)分析辅助电路 辅助电路包括执行元件的工作状态显示、电源显示、参数测定、照明和故障报警等部分。辅助电路中很多部分是由控制电路中的元件来控制的,所以,在分析辅助电路时,还要回过头来对照控制电路进行分析。

(4)分析联锁与保护环节 生产机械对安全性和可靠性有很高的要求。为实现这些要求,除了合理地选择拖动、控制方案以外,在控制线路中还应设置一系列电气保护装置和必要的电气联锁。在电气控制原理图的分析过程中,电气联锁与电气保护环节是一个重要内容,不能遗漏。

(5)分析特殊控制环节 在某些控制线路中,还设置了一些与主电路、控制电路关系不密切,且相对独立的某些特殊环节,如产品计数装置、自动检测系统、晶闸管触发电路和自动调温装置等。这些部分往往自成一个小系统,其读图和分析方法可参照上述分析过程,灵活运用所学过的电子技术、变流技术、自控系统、检测与转换等知识逐一分析。

(6)总体检查 经过"化整为零",逐步分析了每一局部电路的工作原理以及各部分之间的控制关系之后,还必须用"集零为整"的方法,检查整个控制线路,看是否有遗漏。特别要从整体角度去进一步检查和理解各控制环节之间的联系,以清楚地理解原理图中每一个电气器件的作用、工作过程及主要参数。

3.2.6.2 某装瓶压盖机的电气控制线路分析

如图 3-13 所示,该电路有两台电动机:MA1 为主电动机,带动机械机构完成装瓶压盖动作过程,MA2 为下盖电动机,提供瓶盖。两台电动机由 380 V 三相电源通过电源开关 QB 供电。主电机采用能耗制动电路,由接触器 QA3 控制。制动时间由断电延时时间继电器 KF4 整定。接触器 QA4 控制下盖电动机 MA2。通过转换开关 SF6 可选择"自动下盖"或"手动下盖"工作方式。

电路具有过载保护(热继电器 BB)、短路保护(FA1~FA4)、联锁保护以及零压保护等。控制电路采用 127 V 交流电压,由控制变压器 TA2 将 380 V 电压降压后供电。主电机受两处启停控制和点动控制,以方便操作。

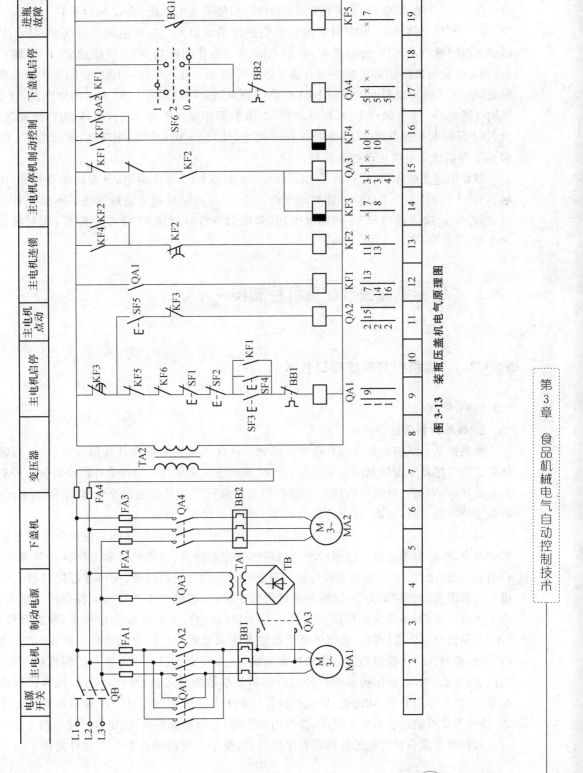

图 3-13 装瓶压盖机电气原理图

由图 3-13 可见,QB 闭合后,电源接通。按下启动按钮 SF3 或 SF4,接触器 QA1 线圈通电,其辅助常开触点 QA1 闭合使继电器 KF1 线圈也通电,与启动按钮相并联的触点 KF1 闭合后使接触器 QA1 自锁。QA1 的三对主触点闭合,主电机 MA1 启动运转。当选择开关 SF6 打在"1"位时,接触器 QA4 线圈也同时接通,使下盖电动机 MA2 同时运转。若 SF6 在 "0"位与"2"位之间换接,则可对下盖电动机进行手动启停。在主电机运行期间,触点 KF1 闭合使时间继电器 KF4 线圈通电,其触点瞬间闭合使继电器 KF2 线圈通电,KF2 触点闭合,为主电机停机制动做好准备。当按下停止按钮 SF1 或 SF2 时,QA1 和 KF1 线圈均断电释放,使 KF4 线圈也断电。同时 KF1 的常闭触点闭合使接触器 QA3 和时间继电器 KF3 线圈同时通电,KA3 主触点闭合,在电动机 MA2 的两相绕组中通入直流电,以进行能耗制动。当 KF4 延时断开触点打开时,继电器 KF2 断电,使 QA3 和 KF3 线圈断电,制动结束。QA2 和 SF5 等组成主电机点动控制回路。

当发生进瓶故障时,行程开关 BG1 闭合,继电器 KF5 线圈通电,其常闭触点打开,使接触器 QA1 线圈断电,主电机立即制动停机。同样,当星轮故障使装瓶压盖机不能正常工作时,行程开关 BG2 接通,KF6 线圈通电,其常闭触点打开而使 MA1 立即停机,起到联锁保护作用。

3.3　食品机械微型计算机控制技术

3.3.1　微机控制系统接口技术

3.3.1.1　概述

1. 微机控制系统的组成

微机控制系统包括硬件和软件两大部分。硬件指微机本身及其外围设备,软件指管理计算机的程序及实现控制的应用程序。微机控制系统通过各种接口及外围设备与被控对象发生关联,并对被控对象进行数据处理和控制。微机控制系统的典型原理如图 3-14 所示,由微型计算机、接口电路、通用外部设备和工业生产对象等组成。

硬件由主机、接口电路及外部设备组成。主机通过接口及软件向系统的各个部分发出各种命令,对检测参数进行巡回检测、数据处理、控制计算、报警处理和逻辑判断等操作;接口与输入/输出(I/O)通道是主机与被控对象进行信息交换的纽带,主机通过接口和 I/O 通道与外部设备进行数据交换,微机只能接收数字量,而连续化生产过程大都以模拟量为主,为实现微机控制,还必须把模拟量转换成数字量,或把数字量转换为模拟量,即进行模/数(A/D)和数/模(D/A)转换;通用外部设备主要用来显示、打印、存储及传送数据,扩充主机的功能;检测元件将检测的非电量转换为电量,然后经变送器转化为统一的标准信号,再送入微机,电动、气动、液压传动等执行机构控制各参数的流入量;操作台是人-机对话的联系纽带,主要由作用开关、功能键、发光二极管(LED)及阴极射线管(CRT)显示和数字键等组成,操作人员可通过它们输入程序,修改内存数据,显示被测参数,发出各种操作命令等。

软件指完成各种功能的计算机程序的总和,整个系统的动作都是在软件指挥下协调工作的。按使用语言来分,软件可分为机器语言、汇编语言和高级语言;按功能来分,软件可分为系统软件、应用软件。系统软件一般由计算机厂家提供,不需要用户设计,用户只将其作为开发应用软件的一种工具。应用软件是面向生产过程的程序,是用户根据要解决的实际问题而开发的各种程序。

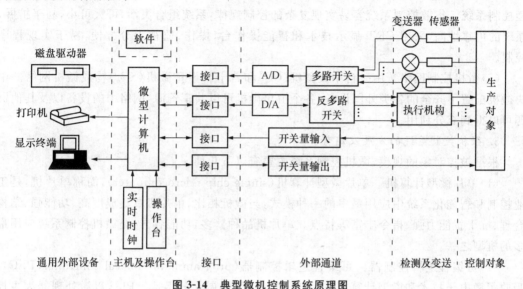

图 3-14 典型微机控制系统原理图

2. 微机控制系统的分类

根据微机参与控制的特点,微机控制系统主要分为以下几类。

(1)数据处理系统 数据处理不属于控制范畴,但微机控制系统离不开数据的采集和处理。系统将生产过程中采集的各种参数定时巡回送入微机内存中,然后由微机对数据进行分析和处理。当出现异常时发出声光报警,需要时可由人工打印、显示将数据处理结果记录,作为资料保存和供分析使用。

(2)操作指导控制系统 操作指导控制系统为开环控制结构,输出不直接控制执行机构,微机只定时采集并处理执行过程中的参数和数据,并输出数据。操作人员依据这些数据调节设定值或直接操作执行机构,微机只起数据处理和监督作用。该系统可以安全地试验新方案、新设备,或在闭环控制之前先进行开环控制的试运行,或用于试验新的数学模型和调试新的控制程序。缺点是仍要人工操作,操作速度受到限制,且不能控制多个回路。

(3)直接数字控制系统 直接数字控制(direct digital control,DDC)系统是用一台微机对多个被控参数巡回检测,检测结果与设定值比较,输出到执行机构控制生产过程,使被控参数稳定在设定值上。

(4)微机监督控制系统 与DDC系统相比,微机监督控制(supervisory computer control,SCC)系统更接近实际生产情况,它不仅可以进行设定值控制,同时还可以进行顺序控制、最优控制和自适应控制等,是操作指导控制系统和DDC系统的综合与发展。

(5)分级控制系统 微机控制系统不仅有控制功能,而且还有生产管理和指挥调度的功能。分级控制系统是工程大系统,主要解决整个工厂、公司乃至整个区域的总目标或总任务的最优化问题,即综合自动化问题。

(6)集散控制系统　集散控制系统是一种为满足大工业生产和日益复杂的过程控制要求,从综合自动化角度出发,按功能分散、危险分散、管理集中、应用灵活等原则设计的,可靠性高,便于维修和更新。它以系统最优化为目标,以微处理机为核心,与数据通信技术、CRT 显示、人机接口技术、I/O 接口技术相结合,是用于数据采集、过程控制、生产管理的新型控制系统。集散控制系统容易实现复杂的控制规律,系统组合灵活,可大可小,易于扩展,系统的可靠性高,采用 CRT 显示技术和智能操作台,操作、监视十分方便,易于实现程序控制。

(7)微机控制网络　由一台中央微机(CC)和若干台卫星微机(SC_n)构成微机网络。中央微机配置了齐全的各类外围设备,各个卫星微机可以共享资源,网络中的设备以及其他资源可以得到充分利用。

3. 微机控制系统的发展及趋势

根据被控对象的规模,微机控制系统主要有以下几种。

(1)单片微型计算机　单片微型计算机(single chip microcomputer),简称单片机,是工业控制和智能化系统中应用最多的一种模式,与微机相比,单片机具集成度高、功能强、结构合理、抗干扰能力强、指令丰富等特点。单片机品种繁多,功能各异,是微机控制系统应用最多的机型之一。

(2)可编程逻辑控制器　可编程逻辑控制器(programmable logical controller,PLC),吸收了微电子技术和微型计算机技术的最新成果,发展十分迅速。PLC 以微处理器为主控制器,以大规模集成电路为存储器及 I/O 接口,其可靠性、功能、价格、体积都比较成熟,并以技术指标和抗干扰能力得到广泛应用。近年来,微处理机的使用,特别是随着单片机的大量采用,大大增强了 PLC 的能力。

(3)STD 总线工业控制机　STD 总线工业控制机是一种广泛应用于工业过程控制的计算机系统。这种控制机采用 STD 总线,是目前工业控制中应用最多的总线之一。STD 总线具有小板结构模块化设计、标准化及兼容性、面向 I/O 设计和高可靠性等优点。

(4)工业 PC 机　工业 PC 机继承了个人计算机丰富的软件资源,在结构上采用了 STD 总线工业控制机的优点,实现了模块化,大有取代 STD 总线工业控制机之势。目前,工业 PC 机的价格稍高,但就其功能/价格比而言,仍有其明显优势。

由于控制模式及控制机的种类繁多,无论哪一种机型都不足以全面概括控制系统的所有功能,因此本节只简单讲述微型计算机控制的基本理论和技术,并介绍微型计算机在控制系统中的应用,具体详细知识请参考有关资料。

3.3.1.2　接口技术与 I/O 通道

接口技术研究微机与外围设备之间如何交换信息(数据)。实现微机控制,必须有满足控制要求的接口,而控制接口比微机主机更加复杂和庞大。外围设备有机械式、电动式、电子式等,输入信号是数字信号和模拟信号,外围设备与微机系统相连时,必须设计一套介于微机和外设之间的接口电路。

1. I/O 接口的编址方式

I/O 接口有存储器统一编址和 I/O 单独编址两种编址方式。

存储器统一编址方式把微机系统中的每一个 I/O 接口看作一个存储单元,并与存储单元统一编址,访问存储器的所有指令均可用来访问 I/O 接口,不用设置专门的 I/O 指令。

I/O 单独编址方式对系统中的 I/O 端口地址单独编址，构成一个 I/O 空间，不占用存储空间，用专门的 IN 和 OUT 指令访问这种具有独立地址空间的端口。两种编址方式各有利弊，一般根据所用微机的类型来确定 I/O 编址方式。

2. I/O 数据的传送方式

CPU 通过三种方式与外设交换数据。

(1)程序查询方式　CPU 与外设交换数据时，难以保证输入设备准备好了数据，或输出设备处于可以接收数据的状态。因此，在传送数据前，必须确认外设已处于准备传送数据的状态，才能进行传送。采用这种方式传送数据前，CPU 要先执行一条输入指令，从外设的状态口读取它的当前状态，如果外设未准备好数据或处于忙碌状态，则程序要转回去执行读取状态指令，并且不断地检测外设状态，如果该外设的输入数据已准备好，CPU 便可执行输入指令，从外设读入数据。

程序查询方式是最常用、最简单的 I/O 控制方式，不需要专用的硬件，且所有的 I/O 传送都由程序控制，即 CPU 的操作能与 I/O 操作同步。缺点是 CPU 必须在程序循环中等待 I/O 设备准备就绪后才能传送数据，损失了 CPU 很多时间，使整个微机的运行效率降低。

(2)中断控制方式　中断控制方式中，CPU 需要输入时，若外设的输入数据已存入寄存器，或 CPU 需要输出时，外设已把上一个数据输出，输出寄存器已空，则由外设向 CPU 发出中断请求，CPU 响应中断后暂停原执行的程序，转而执行中断服务程序，待服务完毕再继续执行原来的程序。

(3)直接存储器存取(DMA)方式　中断方式传送数据，可大大提高 CPU 的利用率，但在中断方式下，仍必须通过 CPU 执行程序来完成数据的传送，每传送一次数据，就要执行一次中断过程，这对于一个高速 I/O 设备，以及成组交换数据的情况，就显得速度太慢了。所以，希望用硬件在外设与内存间直接进行数据交换而不通过 CPU，这样数据传送的速度就取决于存储器的工作速度。

3. 并行与串行接口

目前有多种通用可编程接口芯片，这些接口芯片按数据传送方式分为并行接口和串行接口两大类。并行接口指从接口输入或向接口输出的数据，均是按一个字或一个字节所包含的全部数位同时并行地传送，即每一位数对应一根输入/输出数据线；串行接口指面向设备一侧的数据输入/输出线只有一根，数据按通信规程约定的编码格式沿这根线一位接一位地串行传送。有关机构、原理，请参考微机原理书中的有关内容。

4. 输入与输出通道

微机控制系统中，为实现对生产过程的控制，要将对象的各种测量参数按要求的方式送入微机。微机结果以数字量的形式输出，并把该输出变换为适合于对生产过程进行控制的量。在微机和生产过程之间，必须设置信息传递和变换的连接通道，该连接通道称为输入与输出通道。

(1)输入通道

a. 模拟量输入通道：根据不同要求，模拟量输入通道有不同的结构形式。模拟量输入通道一般由信号处理装置、多路转换器、采样保持器和 A/D 转换器等组成。

b. 数字量输入通道：微机只能以二进制数的形式与外界交换信息。控制系统中，二进制数码的每一位都代表被控对象的一个状态，如继电器的接通和断开。一般通过接点输入电路输入现场来的二进制数字量。

（2）输出通道

a. 模拟量输出通道：模拟量输出通道把微机输出的数字量转换成模拟量，主要由 D/A 转换器和输出保持器组成。多路模拟量输出通道的结构形式取决于输出保持器的结构形式，而保持器一般有数字保持和模拟保持两种方案，这样模拟量输出通道有两种基本结构形式。

一种是数字保持方案，即一个通道设置一个 D/A 转换器的形式，微机和通路之间通过独立的接口缓冲器传送信息。该结构常用于计算、测试自动化和模拟量的显示中，具有速度快、精度高、工作可靠的特点。如果输出通道的数量很多，则 D/A 转换器较多，成本较高。但随大规模集成电路技术的发展，D/A 转换器价格的下降，这种方案会得到广泛的应用。

另一种是多个通道共用一个 D/A 转换器的形式。多个通道共用一个 D/A 转换器，必须在微机控制下依次把 D/A 转换器转换成的模拟电压（或电流），通过多路模拟开关传送给输出采样保持器，工作可靠性较差。

b. 数字量输出通道：输出通道中有许多执行机构需要开关量控制信号，CPU 可通过 I/O 接口电路直接控制执行机构，也可通过半导体开关的动作或继电式继电器接点的开闭进行控制。近年来在开关频率很高的场合，已采用由光电耦合器和双向晶闸管器件组成的固态继电器。这种继电器可直接用 TTL 电路驱动，可控制 0.5～25 A 交流电流的通断。

5. D/A 转换器

D/A 转换器将数字量转换成模拟量。目前常用的 D/A 转换器将数字量转换成电压、电流或角位移的形式，转换方式可分为并行转换和串行转换，前者各位代码同时送到转换器相应位的输入端，转换时间取决于转换器中的电压或电流的建立时间及求和时间，转换速度快，应用较广。常用的 D/A 转换器有 8 位 DAC0832 转换器和 12 位 DAC1210 转换器。

6. A/D 转换器

A/D 转换器将模拟量转变为数字量。实现 A/D 转换的方法较多，常见的有计数法、双积分法和逐次逼近法。逐次逼近式 A/D 转换具有速度快、分辨率高等优点，且采用该法的 ADC 芯片成本较低，应用较为广泛。常用的 A/D 转换器有 8 位 ADC0809 转换器和 12 位 AD574A 转换器。

3.3.2 微机控制系统在食品机械中的应用实例

3.3.2.1 微机控制系统在糖厂压榨生产线中的应用

制糖工业是我国重要的传统工业，但目前我国大部分糖厂还采用传统的继电接触器控制系统。继电接触器控制系统触点多，故障率高，维护工作量大，且适应性差，生产效率明显较低。整个糖厂的生产环境中，尤以压榨提汁过程的条件最为恶劣，设备多，噪声大，尘埃多，湿度大，一条压榨生产线需要 5～10 人分布在生产线上的五六个点对现场设备进行操作、巡视和记录，工人们长期工作在此环境中，对身体损害极大，同时人的活动也给食糖生产带来不洁净因素。因此，从保护劳动者、提高生产效率出发，必须对压榨生产线进行集散控制。

1. 糖厂压榨提汁工作原理

国内大中型甘蔗糖厂大多采用三辊式压榨机提汁,蔗料连续经过4~6座压榨机处理,工艺流程如图3-15所示。甘蔗经起重机吊到称蔗台计量后,经卸蔗台,卸至输送机1,经切碎机切碎后再由输送机2送至切碎机进一步切碎,然后经皮带机送至第一座压榨机提汁,第一次压榨后的蔗料经喷水吸湿后,进入第二座压榨机,这样反复到第四座压榨机后,蔗料已被提取了98%以上的糖分,变成了蔗渣,经皮带输渣机送入锅炉。第二座压榨机与第一座压榨机之间另置有一螺旋输送机,将所有提出的蔗汁输送到贮汁箱,经澄清后输送至蒸馏结晶车间。

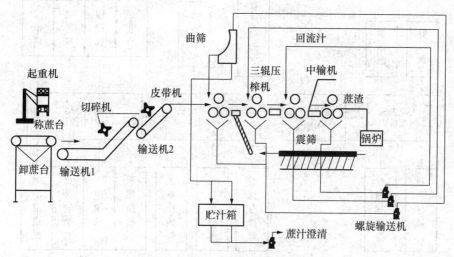

图3-15 四座三辊压蔗机提汁工艺流程

2. 压榨生产线的控制要求

压榨生产线控制系统用于对蔗料计量、传送、压榨、提汁、澄清全过程进行集中控制与检测。其控制要求主要有以下几点:

• 各设备不能同时启动,否则会造成物料的堵塞和负载的突然增大,通常应先启动后一级的设备,经延时一定时间后再启动前一级的设备。在停止生产线时也应先停止前一级设备,延时后,再停后一级设备,使在生产线上残余的物料能完成其剩余的工艺流程。

• 称蔗台的蔗料重量达到某一范围后记录并卸料。

• 每台设备都要求装有运动检测行程开关,当某台设备的驱动信号输出若干秒后,没有运动检测信号输出,则报警显示该设备故障。

• 任一设备故障报警后,其他设备须联锁停机,以避免对生产线造成更严重的损坏。

此外,切碎机、压榨机上还要求装有蔗料位置检测传感器,检测蔗料传送是否到位。

3. 硬件设计

控制系统硬件结构原理如图3-16所示。

• 本设计是以计算机为控制系统的上位主机,负责监控生产线的运行状况,显示故障信息及压榨量,对压榨量进行记录和统计,并向下位控制单片机发出启动、停止、手动、步进等基本控制指令。

• 以AT89C51作为下位控制中心,一方面接收上位主机发来的指令,控制生产线按上述的控制要求运作;另一方面通过运动检测行程开关、压力传感器、光电传感器分别检测设备故障、蔗料重量、送料是否到位等信息,并把这些信息传送给上位主机进行处理和显示。

- 上位主机通过串口与下位控制单片机进行通信,接口芯片用 MAXM 公司生产的 MAX232 芯片,主要负责 AT89C51 芯片的 TTL 电平与微机串口 RS-232 电平之间的相互转换。
- 功率驱动电路采用 TLP2521A 光电耦合器与单片机隔离,起保护单片机芯片的作用,控制信号经放大后由双向可控硅输出,控制设备的运转。

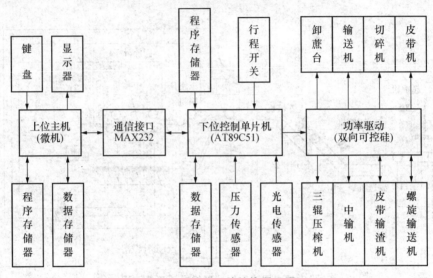

图 3-16 控制系统结构原理图

4. 软件设计

(1)上位主机部分 上位主机部分的主要功能包括:用户界面管理、设定通信协议、发送基本控制指令、生产线运行状态监视、设备故障显示、压榨量记录和统计等,采用 VC++ 编写。其程序流程图如图 3-17 所示,它采用查询方式发送命令,由计算机查询单片机是否可以接收指令,若可以接收,则发送用户的指令,如果此时单片机未连上,就计时等待一段时间,在等待期间,不断询问单片机是否可以接收命令,如果计时满单片机还不能接收指令,则报告未能连接单片机。在发送了控制指令后,上位主机处于监控状态,当设备正常运转时,对压榨量进行记录和统计,当收到单片机发来的故障信息时,显示设备故障位置。

(2)下位控制单片机部分 下位控制程序的结构框图如图 3-18 所示,采用 Keil C 编写。程序首先进行初始化,包括:串口初始化、定时器初始化,并设定相应的传送波特率,接着从上位计算机接收基本控制指令,然后按先启动后级,后启动前级的控制要求产生各设备的控制信号,从并行口输出到功率放大电路。设备启动后,将执行故障中断子程序,监控各运动检测行程开关及光电传感器,一旦有故障信号,将停止所有设备,并把故障信息传送给上位主机。在生产线正常运转的情况下,蔗料重量计量子程序将对压力传感器的信号进行处理,并送上位主机显示和统计。

以微机作上位控制、单片机作下位控制的糖厂压榨生产线控制系统结构合理,可靠性、灵活性高,成本低,实现了对糖厂压榨生产线上各设备的集散控制,改善了工人的工作环境,提高了生产效率,取得了很好的效果,对类似生产线控制系统的改造也有一定参考价值。

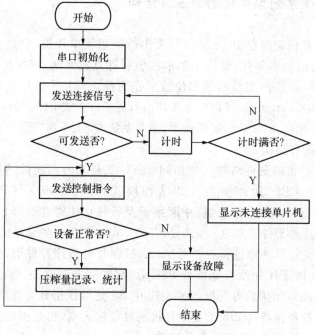

图 3-17　上位主机程序流程图

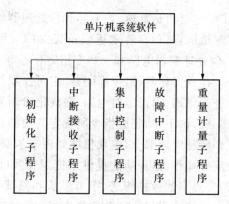

图 3-18　下位控制程序结构框图

3.4　单片机

　　单片机有多种类型,不同公司生产的单片机在组成、特性和指令系统等方面各不相同,甚至同一公司生产的不同系列的单片机产品也互不兼容。在众多的单片机产品中,以 Intel 开发的 MCS-51 系列单片机应用最广。本节结合 MCS-51 系列单片机简单介绍单片机的一般结构及其工作原理,并以典型实例介绍单片机在食品机械中的应用。

▶ 3.4.1 MCS-51 系列单片机的组成及结构

MCS-51 系列单片机最早是由 Intel 公司推出的通用性单片机,它是一个单片机芯片,提供了计算机应具有的基本部件,是一个基本的微型计算机系统。MCS-51 系列单片机分为 51 和 52 两大系列,以芯片型号的最末位数字作为标志,51 系列是基本型,典型芯片是 8031、8051、8751 和 8951 单片机,区别仅在于片内有无 ROM 或 EPROM,除此之外,它们的内部结构及端子完全相同。52 系列是增强型,指令系统与 51 系列完全兼容。

3.4.1.1 单片机的硬件结构

MCS-51 系列单片机的硬件结构大致相同,图 3-19 是其内部硬件结构图。由图可知,MCS-51 单片机采用 CPU 加外围芯片的结构模式,片内集成了 CPU、RAM、ROM/EPROM、并行口、串行口、定时/计数器、中断系统及特殊功能寄存器(SFR)等主要功能部件,并由内部总线把这些部件连接在一起。MCS-51 单片机有一些简单的应用系统外部控制信号线,如控制地址锁存的地址锁存信号 ALE,控制片外程序存储器运行的片内及片外存储器选择信号 EA 以及片外取指令信号 PSEN。有内部振荡电路,通过引脚 XTAL1 和 XTAL2 与外部振荡晶体相接后可起振。图 3-19 中 SP 是堆栈指针寄存器,PC 是程序计数器,DPTR 是数据指针寄存器,RESET 是单片机的复位输入端,也是掉电方式下内部 RAM 的供电端,V_{cc}是电源端,接+5 V,V_{ss}是接地端。

3.4.1.2 中央处理器 CPU

单片机的中央处理器 CPU 主要由运算器、控制器和位处理器组成。

运算器主要处理算术与逻辑运算,包括算术逻辑单元 ALU、累加器 ACC、程序状态字寄存器 PSW、通用寄存器 B、位处理逻辑电路和一些专用寄存器等。

控制器由程序计数器 PC、指令寄存器、指令译码器、定时控制与条件转移逻辑电路等组成。对来自存储器中的指令进行译码,通过定时电路,在规定时刻发出各种操作所需全部内部和外部的控制信号,使各部分协调工作,完成指令所规定的功能。

位处理器是单片机的一个特殊组成部分,单片机能处理布尔操作数,能对位地址空间中的位直接进行寻址、清零、取反等操作,这种功能提供了把逻辑式(随机组合逻辑)直接变为软件的简单明了的方法,不需要过多的数据传送、字节屏蔽和测试分支,就能实现复杂的组合逻辑功能。具有相应的指令系统,可提供 17 条位操作指令。硬件上有自己的"累加器"和自己的位寻址 RAM、I/O 口空间,是一个独立的位处理器。位处理器和 8 位处理器形成完美的结合。

3.4.1.3 存储器

MCS-51 单片机有 4 个物理上独立的存储器空间,即内部和外部程序存储器及内部和外部数据存储器。

程序存储器存放程序、常数和表格。容量最大为 64 KB,若片内程序存储器容量为 4 KB,则片外程序存储器容量最大为 60 KB。用户可根据需要扩展外部程序存储器,且其地址空间原则上在 64 KB 范围内可由用户任意安排。外部程序存储器一般由 ROM 或 EPROM 组成。

数据存储器存储数据,由读写存储器 RAM 组成。一般分为片内 RAM 和片外 RAM。

片外数据存储器实时数据采集和处理或数据量存储较大时,需要片外扩充数据存储器。与程序存储器不同,数据存储器可读出也可写入,片内和片外数据存储器是独立的,可以各自编址。

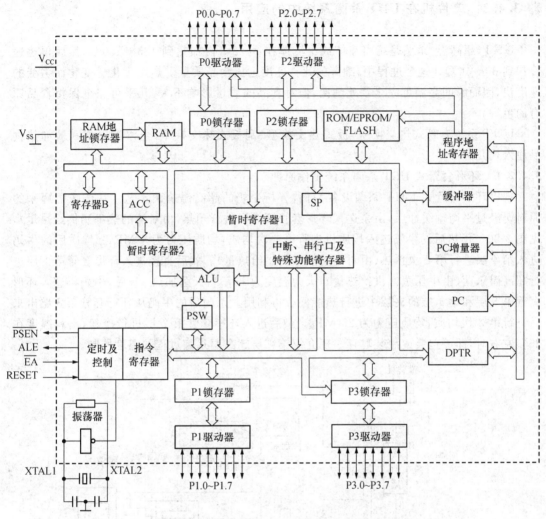

图 3-19　MCS-51 系列单片机内部结构图

片内数据存储器是 256 字节的 RAM。根据功能将这 256 个单元划分为两部分——可以被用户使用的低 128 单元和作为特殊功能寄存器的高 128 单元,低 128 字节又分为工作寄存器区、位寻址区、堆栈区和通用数据存储区 4 个部分。片内 RAM 是 8 位寻址,数据存取速度较快,CPU 为其提供了非常丰富的操作指令,应充分使用。

3.4.1.4　并行输入/输出口

单片机芯片内还有一个重要结构,即并行输入/输出口,一般简称 I/O(input/output)口。MCS-51 系列单片机共有 4 个 8 位的并行 I/O 口,分别记作 P0、P1、P2 和 P3,这些 I/O口的结构和特性基本相同,但又各具特点。每个口都包含一个锁存器、一个输出驱动器和输入缓冲器。实际上,它们已被归入专用寄存器之列,并且具有字节寻址和位寻址的功能,访问片外存储器时,P0 口分时传送 8 位数据和低 8 位地址,P2 口传送高 8 位地址,无片外存储器时,4 个口的每一位均可作为双向 I/O 端口使用。

MCS-51 系列单片机的寻址方式与指令系统请参阅相关专业资料。

3.4.2 单片机在 UHT 杀菌系统中的应用

UHT(超高温)杀菌是指将流体或半流体在 2～8 s 内加热到 135～150℃,然后再迅速冷却到 30～40℃。这个过程中,细菌的死亡速度远比食品质量受热发生化学变化而劣变的速度快,因而瞬间高温可完全杀死细菌,但对食品的质量影响不大,几乎可完全保持食品原有的色香。

UHT 系统有管式热交换型、板式热交换型、刮板式热交换型、蒸汽喷射式和被加热食品注入式几种。

3.4.2.1 环形套管式 UHT 杀菌系统工作原理

现以环形套管式 UHT 杀菌设备为例,分析牛奶的超高温杀菌工艺。从调味贮罐来的原料奶经过平衡罐缓冲后,由泵送入环形套管第 3 层进行预热(由对流的热牛奶供给热量),见图 3-20。预热后的牛奶进入均质机进行第一次均质,均质压力为 4 MPa。均质后的牛奶进入第 4 层进行第 2 次预热(由对流的热牛奶供给热量)。然后直接进入环形套管第 1 层进行超高温杀菌(由中压蒸汽供给热量),灭菌温度为 137℃,灭菌加热 4 s 后,牛奶再进入环形套管第 3 层和第 4 层的夹层中进行热能回收再利用。杀菌后的牛奶从环行套管第 3 层出来后进行第 2 次均质,均质压力为 25 MPa。最后进入环形套管第 2 层进行冷却,出料温度在25℃左右时,即可包装或灌装贮存。现介绍第 1 层超高温杀菌过程的温度控制。

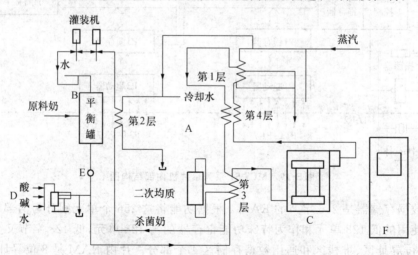

图 3-20　环形套管式 UHT 杀菌设备结构

A. 1～4 层环形套管主体　B. 平衡罐系统　C. 均质机　D. 酸、碱、水箱及计量系统

E. 泵、阀及管道　F. 电气控制系统

3.4.2.2 UHT 杀菌设备温控系统结构

系统主要由以下 2 个部分组成:温度检测部分和温度控制部分(图 3-21)。

1. 温度检测部分

这部分包括温度传感器、变送器和 A/D 转换器三部分。温度传感器和变送器的类型选择与被控温度的范围及精度等级有关。集成温度传感器 AD590 的测温范围为 −55～150℃，适用于 135～150℃ 的温度测量范围，可以满足本系统的要求。可选用温度传感器 AD590，AD590 具有较高精度和重复性。正常工作时，CPU 先向 AD590 发出读写命令，按照其读写时序，AD590 把采集到的温度值转化为 16 位二进制数据，再按位发送给 CPU。变送器将电阻信号转换成与温度成正比的电压，当温度在 135～150℃ 时变送器输出 4.082～4.232 V 左右的电压。

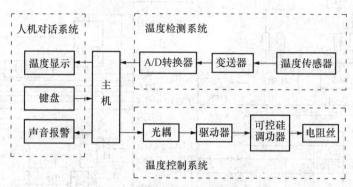

图 3-21　超高温控制系统框图

考虑到温度信号为低电平缓变信号，对 A/D 转换速度要求不高，为此，选用实效价廉的 ADC0809，而且，还可以根据需要扩展测量 8 路温度信号。A/D 转换器的选择主要取决于温度的控制精度。本系统要求温度控制误差≤±0.2℃，采用 8 位 A/D 转换器，温度控制精度可达到 $(150-135)/2^8 = 0.058$，完全能够满足精度要求。电路设计好后，调整变送器的输出，使 135～150℃ 的温度变化对应于 4.082～4.232 V 的输出。用这种方法一方面可以减少标度转换的工作量，另一方面还可以避免标度转换带来的计算误差。

此外，为了达到测量高精度的要求，超低温漂移高精度运算放大器 0P07 将温度-电压信号进行放大，便于 A/D 进行转换，以提高温度采集电路的可靠性。温度检测模拟电路硬件部分见图 3-22。图中 MC1403 是低压基准芯片，V_{CC} 是电压输入端，GND 是接地端，OUT 是电压输出端，R 表示电阻，W_1 和 W_2 表示可调电阻，P0 表示输入到单片机的 P0 口。

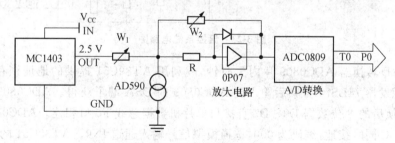

图 3-22　温度检测模拟电路

2. 温度控制部分

温度控制系统见图 3-23。AT89C51 为 ATMEL 公司的产品，片内有 4 KB 的闪速存储器，其外部引脚和指令系统完全与 8051 兼容。

三位 8 段数码管显示设置温度和当前温度。用三片 74LS164 组成串行移位寄存器，作为静态显示驱动电路，AT89C51 串行输出口 RXD 将显示数据传送到 74LS164 的数据输入端 DSA 和 DSB,TXD 提供移动时钟脉冲到 74LS164 的时钟输入端 CP,Cr 端为 74LS164 的复位清零端。4 个按钮(+1、+10、+100 温度按钮、复位和启动按钮)的状态信息从P1.0～P1.3 输入,复位按钮连接到复位信号引脚 RST。

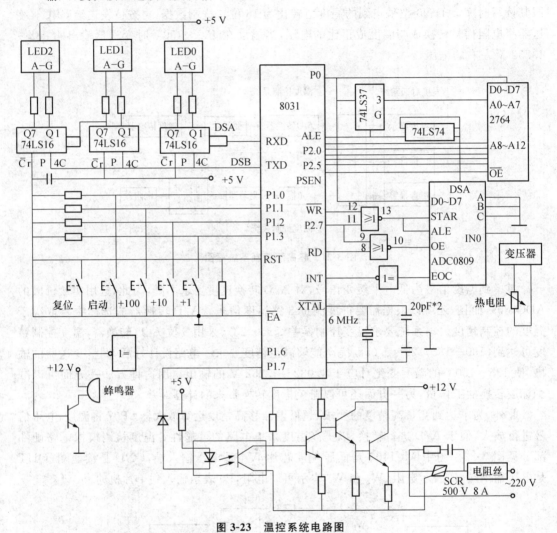

图 3-23　温控系统电路图

　　由于 A/D 转换器 ADC0809 片内无时钟,故利用 AT89C51 提供的地址锁存允许信号 ALE 经 D 触发器 74LS74 分频后输入到 ADC0809 的 DSA 端子获得。ADC0809 将温度测量模拟值转换后的 8 位数据 D0～D7 直接与单片机数据总线 P0 口相连。ADC0809 的通道选择端 A、B、C 同时接地,编码为 000,选通模拟信号输入通道 IN0。AT89C51 的 P2.7 作为片选信号,与外部数据存储器写选通信号 WR 进行或非操作得到一个正脉冲加到 ADC0809 的地址锁存允许信号输入端 ALE 和启动 A/D 转换控制输入端 STAR 引脚上,由于 ALE 和 STAR 接在一起,因此 ADC0809 在锁存信号地址的同时也启动转换。在读取转换结果时,用单片机的读信号 RD 和 P2.7 引脚经或非门后产生的正脉冲作为输出允许控制端 OE 信号,用以打开 ADC0809 内部的三态输出锁存器。ADC0809 的转换结束信号输出 EOC 端经反相器连接到单片机 AT89C51 的外部中断 INT 引脚,作为中断信号。

2764 是 EPROM。AT89C51 的 P0 口为低 8 位地址及数据总线的分时复用引脚,需接地址锁存器 74LS37,将低 8 位的地址锁存后再接到 2764 的 A0～A7 上。AT89C51 的地址锁存允许信号线 ALE 接锁存器控制端 G,2764 的高位地址线 A8～A12 直接接到 P2 口的 P2.0～P2.5,输出允许信号 OE 由 AT89C51 的片外只读存储器 ROM 读选通信号 PSEN 控制。

AT89C51 对温度的控制是通过可控硅调功器电路实现的,双向可控硅管 SCR 和加热丝串接在 220 V、50 Hz 交流市电回路中。由 ADC0809 转换后所得的数字电压信号传到单片机,经电压比较器,产生触发脉冲,经过零同步脉冲同步后经光耦管和驱动器输出,送到可控硅的控制极上。通过可控硅控制极上的触发脉冲控制可改变可控硅的接通时间,从而改变加热丝功率,以达到调节温度的目的。

3. 软件部分

(1)工作流程　电阻丝在上电复位后先处于停止加热状态,这时可以用"+1"键设定预置温度,显示器显示预定温度,温度设定好后就可以按启动键启动系统工作了。温度检测系统不断定时检测当前温度,并送往显示器显示,达到预定值后停止加热并显示当前温度,当温度下降到下限(比预定值低 2℃时)再启动加热。这样不断重复上述过程,使温度保持在预定温度范围之内。启动后不能再修改预置温度,必须按复位/停止键回到停止加热状态再重新设定预置温度。

(2)功能模块　根据上面对工作流程的分析,系统软件可以分为以下几个功能模块:
- 键盘管理。监测键盘输入,接收温度预置,启动系统工作。
- 显示。显示设置温度及当前温度。
- 温度检测及温度值变换。完成 A/D 转换及数字滤波。
- 温度控制。根据检测的温度控制电阻丝的工作。
- 报警。当预置温度或当前牛奶温度越限时报警。

(3)温度控制的算法　本系统采用比例-积分-微分(PID)偏差控制法。偏差控制的原理是先求出实测温度对所需温度的偏差值,然后对偏差值处理,从而获得控制信号以调节电热丝的加热功率,实现对牛奶温度的控制。本系统中具体的 PID 温度控制模块见图 3-24。

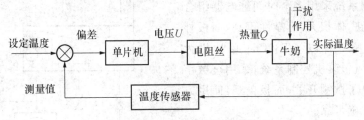

图 3-24　PID 温度控制模块图

(4)温度控制程序的设计　温度控制程序的设计应考虑的问题有:键盘扫描、键码识别和温度显示;温度采样,数字滤波;数据处理时把所有数按定点纯小数补码形式转换,然后把 8 位温度采样值都变成 16 位参加运算,运算结果取 8 位有效值;越限报警和处理;PID 计算,温度标度转换。

通常,符合上述功能的温度控制程序由主程序和 T0 中断服务程序组成,现介绍如下:
- 主程序。主程序应包括单片机的初始化。为简化起见,本程序只给出有关标志、暂存单元和显示器缓冲区清零、T0 初始化、开 CPU 中断、键盘扫描和温度显示等程序,相应程序框图见图 3-25。

• T0 中断服务程序。T0 中断服务程序是温度控制系统的主体程序,用于启动 A/D 转化、读入采样数据、数字滤波、越限温度报警和越限处理、PID 计算和输出可控硅的同步触发脉冲等。

T0 中断服务程序中,还需要用到一系列子程序,例如,采样温度值的子程序、数字滤波子程序、越限处理程序、PID 计算程序、标度转换程序和温度显示程序。

整个温度控制系统以 AT89C51 单片机为核心构成,由 AD590 温度传感器进行温度测量,通过 ADC0809 作为模/数转换芯片,使其输出的对应的电压为 4.082~4.232 V。各个检测信号、控制信号、显示信号由单片机的 I/O 口进行。最终完成测量范围为 0~150℃,杀菌控制范围在 135~150℃,测量精度小于 ±0.1℃,控制精度小于 0.2℃。

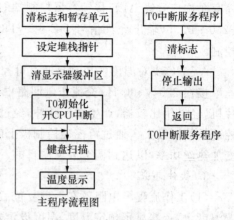

图 3-25 主程序流程图和
T0 中断服务程序

3.4.3 单片机在真空包装机中的应用

真空包装是将食品装入包装袋,抽出包装袋内的空气,达到预定真空度,然后封口的工序。真空充气包装是将食品装入包装袋,抽出包装袋内的空气达到预定真空度后,再充入氮、二氧化碳等惰性气体或少量氧气,然后封口的工序。通常将完成这两种工序的设备均称为真空包装机。真空包装或真空充气包装可以提高食品的贮藏质量,延长食品的存储时间,因此,真空包装机在各种食品生产行业得到广泛的应用。真空包装机集成了机械、电子、电器技术,它的核心控制部分是一个时间控制器,传统的控制系统采用多个时间继电器组合或采用数字电路,体积大,可靠性不高,面板外观呆板。现介绍一种以 AT89C51 单片机为核心的真空充氮包装机控制系统,采用全数字化结构面板,电子撤触开关,面板美观,使用方便,工作程序准确可靠。

3.4.3.1 结构和工作原理

图 3-26 所示是真空充氮包装机结构原理图。它的工作过程是:接通电源后,进入待机状态,将装上食品的塑料袋 11 放入真空室 10,封口处搁在加热棒 7 上,当压下机盖 9 时,微动开关 8 闭合,机器将从待机状态转入工作状态,控制系统将打开气囊抽气阀 4,启动真

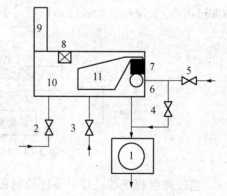

图 3-26 真空充氮包装机结构原理框图
1.真空泵 2.放气阀 3.充氮阀 4.气囊抽气阀
5.气囊放气阀 6.热压气囊 7.加热棒
8.微动开关 9.机盖 10.真空室
11.需封装的食品袋

空泵1，开始抽真空，当到达设定时间（t_1）时，关闭气囊抽气阀4，停止真空泵1工作，打开充氮阀3，向食品袋充氮，到设定的充氮时间（t_2），关闭充氮阀3，闭合加热继电器，使加热棒7的电热丝通电，加热封口，同时打开气囊放气阀5，空气进入气囊，使气囊膨胀，将加热棒7紧压在包装袋口，到设定的加热时间（t_3）时，加热继电器断开，冷却一定时间（t_4），使封口凝固，打开放气阀2，真空室10放气（充入空气），最后机盖9自动打开，回到待机状态，结束一个工作过程。

从以上的工作过程可知，真空充氮包装机控制器实际上是一个时间程序控制器。表3-1给出了各段过程时间控制的要求。若将充氮时间设定为0，即为真空包装机。

表 3-1　时间控制

序号	控制时间	时间范围/s	控制方式	控制对象
1	抽真空时间 t_1	0～99.0	可调	真空泵、气囊抽气阀
2	充氮时间 t_2	0～9.9	可调	充氮阀
3	加热时间 t_3	0～9.9	可调	电热丝、气囊放气阀
4	冷却时间 t_4	2.0	固定	—
5	放气时间 t_5	2.0	固定	放气阀

图3-27是真空充氮包装机面板示意图，图中1是真空表；2是时间和状态指示器，显示"22"为待机状态，显示"□□"为放气状态，显示数字为抽真空、充氮或热封状态；3是急停键，在任何状态下按该键，将返回到待机状态；4是抽真空时间设置键，在待机状态下，按1次该键，十秒位数字闪烁，按2次，秒位数字闪烁，按3

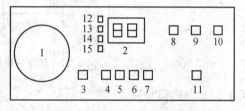

图 3-27　真空充氮包装机面板

次返回到待机状态；5是充氮/热封时间设置键，在待机状态下，按1次该键，秒位数字闪烁，按2次，小数位数字闪烁，按3次设置充氮时间，再按1次，返回到待机状态；6是增加键，在抽真空、充氮或热封时间设置时，按该键，闪烁位数值加一；7是减少键，在抽气、充氮或热封时间设置时，按该键，闪烁位数值减一；8是低温指示灯；9是中温指示灯；10是高温指示灯；11是热封温度设置键，按该键可改变热封温度设置值（低、中、高）；12是抽真空指示灯；13是充氮指示灯；14是热封指示灯；15是放气指示灯。

3.4.3.2　单片机控制系统

图3-28是以单片机AT89C51为核心的真空充氮包装机控制系统电路框图。AT89C51为ATMEL公司的产品，片内有4 KB的闪速存储器，其外部引脚和指令系统完全与8051兼容。

两位8段数码管显示工作状态或延时时间。用两片74LS164组成串行移位寄存器，由串行口传送显示数据，作为静态显示驱动电路。数据存储器采用ATMEL公司的闪速串行存储器（SRAM）AT2401，用P3.0和P3.1二位与其交换数据，保存设置的时间常数，关机后不会丢失数据，SDA是串行数据输入端，SCL是串行时钟输入端。采用串行工作方式，数码管和数据存储器只用了单片机的四位接口，留出足够多的接口用于输入和输出控制，省去接口电路的扩展,使系统硬件电路简单。7个状态指示灯 LED 由 P0 口的 P0.0~P0.6 控制,分别指示加热温度的高、中、低和工作程序状态(抽真空、充氮、加热封口和放气等状态)。5 个按键(高、中、低温度设置键,抽真空时间设置键,加热和充氮时间设置键以及"增加"、"减少"键)的状态信息从 P1.0~P1.4 输入。K 为微动开关,闭合与否状态信息从 P1.5 输入。P2.0~P2.7 输出驱动 8 个三极管,分别控制加热继电器、真空泵继电器的通与断以及气囊抽气阀、气囊放气阀、充氮阀和放气阀的开与关。H、M、L 分别表示加热温度的高、中、低,任何时候仅有其中一个接通或均不接通,由继电器间连接线和单片机程序保证。为了减少对单片机的干扰,P2.0~P2.7 的输出和 P1.5 的输入通过光耦连接(框图中未画出)。

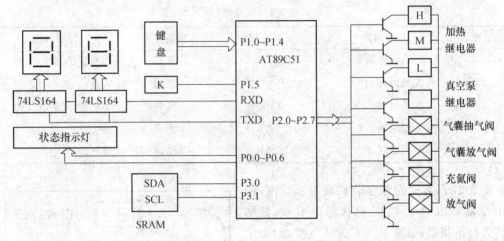

图 3-28　真空充氮包装机控制系统电路框图

3.4.3.3　软件设计

软件系统主要包括初始化模块、待机模块、抽真空时间设置模块、加热时间和充氮时间设置模块、工作模块、串行数据存储子程序、显示子程序、软件延时子程序以及中断服务程序等。主流程图如图 3-29 所示。程序固化在 AT89C51 内部的 EEPROM(带电可擦写可编程只读存储器)内。接通电源后,通过自动复位电路,程序进入主程序的初始化程序模块,初始化特殊功能寄存器包括中断和定时器寄存器,取出存储在数据存储器中的原设定参数,然后进入待机状态,数码管和指示灯显示相应的状态,等待各功能键按下(设置)和微动开关闭合(工作)。

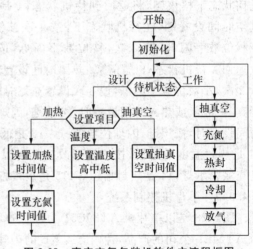

图 3-29　真空充氮包装机软件主流程框图

抽真空时间、加热时间、充氮时间的设置值及温度高中低状态设置值在设置状态返回待机状态之前写入串行数据存储器 EEPROM 中,根据串行 EEPROM 读写时序要求,编写一段子程序,实现对串行 EEPROM 中数据的读与写。定时器/计数器 T0 工作于方式 1 定时器,中断方式,产生 100 ms 时基。例如在 T0 中断服务程序中设置一计数器,中断一次计数器加 1,当计数器加到 10 次时便产生 1 s 的时间。定时器/计数器 T1 也工作于方式 1 定时器,中断方式,产生设置时的闪烁时间。

3.5 可编程序控制器及其控制技术

3.5.1 PLC 简介

传统继电接触器控制系统结构简单、价格便宜、易掌握,能满足大部分场合电气顺序逻辑控制的要求,在工业控制领域应用广泛。但设备体积大、可靠性差、动作速度慢、功能弱,难于实现较复杂的控制,且是硬连线逻辑构成的系统,接线复杂烦琐,当生产工艺或对象改变时,原有的接线和控制柜就要更换,通用性和灵活性较差。

1969 年,美国数字设备公司(DEC)研制出世界上第一台可编程序控制器 PDP-14,即可编程序逻辑控制器(programmable logic controller,PLC),但功能仅限于执行继电器逻辑、计时、计数等功能。

随着微电子技术的发展,研究者将微机技术应用到 PLC 中,不仅用逻辑编程取代了硬连线逻辑,还增加了运算、数据传送和处理等功能。1980 年,国外工业界将其命名为可编程序控制器(programmable controller),简称为 PC。为与个人计算机(personal computer)的简称相区别,目前,仍将可编程序控制器简称做 PLC。PLC 与以往所讲的机械式的顺序控制器在"可编程"方面有着质的区别。

到目前为止,PLC 还没有明确的定义,国际电工委员会(IEC)1987 年 2 月颁发可编程序控制器标准草案将 PLC 定义为:"可编程序控制器是一种数字运算操作的电子系统,专为在工业环境下应用而设计。它采用了可编程序的存储器,用来在其内部存储执行逻辑运算、顺序控制、定时、计数和算术操作等面向用户的指令,并通过数字式或模拟式的输入/输出,控制各种类型的机械或生产过程。可编程序控制器及其有关外围设备,都按易于与工业系统连成一个整体、易于扩充其功能的原则设计。"

3.5.1.1 PLC 的分类

PLC 的类型很多,规格性能也不相同。目前,主要按以下原则分类。

1. 按结构形式分

按结构形式可分为整体式和模块式。整体式 PLC 将 PLC 的基本部件集中配置在一起,甚至全部安装在一块印制电路板上,安装在一个标准机壳内,构成一个整体,通常称为主机。整体式 PLC 的体积小,价格低,安装方便,但主机 I/O 点数固定,使用不灵活,一般小型 PLC 常采用这种结构。模块式 PLC 由电源模块、CPU 模块、输入模块、输出模块、通信模块和各种功能性模块等单元构成,这些模块组装在一个机架内。模块式 PLC 的配置灵活,装配方便,便于扩展,但结构较复杂,造价高,一般中型和大型 PLC 常采用这种结构。

2. 按 I/O 点数分

按 I/O 点数可分为大、中和小型。小型 PLC 的 I/O 点数在 128 点以下,能够执行包括逻辑运算、计数、数据处理和传送、通信联网等功能,其特点是体积小、价格低,适合于控制单机设备和开发机电一体化产品。中型 PLC 的 I/O 点数在 128～2 048 之间,具有极强的开关量逻辑控制功能,强大的通信联网功能和模拟量处理能力,指令系统也更加丰富,适合于复杂逻辑控制系统和连续生产线的过程控制。大型 PLC 的 I/O 点数在 2 048 以上,具有自诊断功能、通信联网功能,并可构成三级通信网,适合于设备自动化控制、过程自动化控制和过程监控。

3.5.1.2　PLC 与其他工业控制系统的比较

1. 与继电器控制系统的比较

继电器控制系统的抗干扰能力较好,但使用了大量的机械触点,设备连线复杂,触点开闭时易受电弧的损害,寿命短,系统可靠性差。PLC 大致沿用了继电器控制的电路元件符号和术语,其梯形图与传统电气原理图相似,信号的 I/O 形式和控制功能也基本相同,但PLC 控制与继电器控制又有根本不同,主要有:

• 继电器控制系统的硬件一旦安装完成,只能用于一种工艺流程的控制,环境适应性很差;PLC 采用软连接方式实现程序功能,可适应工艺过程的更改或生产设备的更新等变化,灵活性和扩展性都很好。

• 继电器控制系统只要其中任一部件或触点故障,就将造成系统故障,可靠性较低;PLC 控制系统,采用可靠性设计和一系列高新技术,使 PLC 的可靠性大大提高。

• 继电器控制系统的体积和质量较大,常用多个继电器柜安装有关设备,可维修性较差;PLC 控制系统,可维修性的设计和合理的部件设置,采用自诊断和其他软硬件措施,故障发生率下降,维修时间大大缩短。

2. 与工业计算机控制系统的比较

• 工业计算机(industrial PC,IPC)控制系统的硬件结构总线标准化程度高,程序用汇编语言编制,对技术人员的要求较高;PLC 控制系统,采用梯形图语言编程,熟悉电气控制的技术人员易学易懂,易于推广。

• IPC 在整机结构上体积较大,不适应恶劣的工作环境;PLC 在结构上采用了整体密封或插件组合方式,并有一系列抗干扰措施,能适应较恶劣的工作环境。

• 通用计算机或工控机按照用户程序指令工作;PLC 采用扫描方式工作,有益于顺序逻辑控制的实施。

随 PLC 功能的不断增强并越来越多地采用计算机技术,工业计算机为了适应用户需要正在向提高可靠性、更耐用与便于维修的方向发展,两者间相互渗透,差异越来越小。二者继续共存于一个控制系统中,PLC 集中在功能控制,工业计算机集中在信息处理,各显神通。

3. 与单片机控制系统的区别

PLC 控制系统和单片机控制系统是两个完全不同的概念,二者之间的主要区别是:

(1)本质区别　单片机控制系统是基于芯片级的系统;PLC 控制系统是基于板级或模块级的系统,PLC 本身就是一个单片机系统,是已经开发好的单片机产品。开发单片机控制系统属于低层开发,而设计 PLC 控制系统是在成品的单片机控制系统上进行的二次开发。

(2)使用场合　单片机控制系统适用于家电产品、智能化仪器仪表和批量生产的控制器产品;PLC 控制系统适用于单机电气控制系统、工业控制领域的自动化和过程控制。

（3）使用过程 设计开发单片机控制系统时,需要设计硬件系统,进行抗干扰设计和测试等大量的工作,多要使用专门的开发装置和低级编程语言编制控制程序,进行系统联调;设计开发 PLC 控制系统时,需购置 PLC 和相关模块,进行外围电气电路设计和连接,不必考虑 PLC 内部计算机系统的可靠性和抗干扰能力,硬件工作量不大,软件设计使用工业编程语言,相对来说比较简单,进行系统调试时,有很好的工程工具(软件和计算机)帮助,也非常容易。

（4）使用成本 PLC 控制系统和单片机控制系统的使用场合和控制对象完全不同,两者之间的成本没有可比性,但如果对同样的工业控制项目使用这两种系统进行比较时,可以得出如下结论:从使用元器件总成本看,PLC 控制系统比完成同样任务的单片机控制系统成本要高很多。如果项目只有一个或不多的几个,则使用 PLC 控制系统其成本不一定比使用单片机系统高,因为设计单片机控制系统要进行反复的硬件设计、制板、调试,其硬件成本也不低,工作量成本非常高,也无法保证设计系统的可靠性,所以,日后的维护成本也会相应提高。如果项目是一个有批量的任务,即做一大批,比较合适使用单片机进行控制系统开发。但在工业控制项目中,绝大部分场合还是使用 PLC 控制系统为好。

◆ 3.5.2 PLC 的基本结构与原理

3.5.2.1 PLC 的基本结构

PLC 种类繁多,其组成结构和工作原理基本相同。PLC 主要由 I/O 接口单元、中央处理单元、电源和编程器等组成,如图 3-30 所示。图中 COM 表示 PLC 输入端公用的公共端口,由图可知,PLC 与计算机的基本组成一致,实际上,PLC 就是一种工业控制计算机。

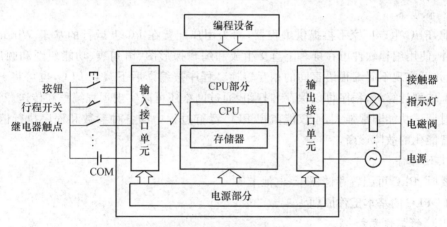

图 3-30 PLC 的基本结构

1. 中央处理单元

中央处理单元(CPU)包括微处理器和存储器。

CPU 是 PLC 的核心部件,由控制器、运算器和寄存器组成,这些电路都集成在一个芯片内。不同型号 PLC 的 CPU 芯片不同,CPU 芯片的性能关系到 PLC 处理控制信号的能力与速度。存储器主要包括系统存储器和用户存储器两部分。系统存储器存放 PLC 生产厂家所编写的程序,还存放部分固定参数。这些程序和参数固化在 ROM 内,用户不能更改。用户存储器包括用户程序存储器和用户数据存储器两部分。用户程序存储器存放用户针对具体控制任务用规定的PLC编程语言编写的应用程序,其内容可以由用户任意修改或增删;用户数据存储器主要存放控制现场的工作数据和PLC决策运算的结果,用户存储器的大小是反映PLC性能的重要指标之一。

2.I/O接口单元

PLC中,CPU通过I/O接口单元与外围设备连接,I/O信号类型为开关量或模拟量。I/O接口单元包括接口电路和映像寄存器。

为防止各种干扰信号和高电压信号进入PLC,影响其可靠性或造成设备损坏,现场输入接口电路一般由光电耦合电路进行隔离。PLC的输入类型可以是直流、交流或交直流,使用最多的是直流信号输入的PLC。

输出接口电路有继电器式、晶体管式和晶闸管式三种形式,其中继电器输出形式使用最多。每种输出电路都采用电气隔离技术。

输入和输出端靠光信号耦合,电气上完全隔离,输出端的信号不会反馈到输入端,也不会产生地线干扰或其他串扰,因此PLC具有很高的可靠性和极强的抗干扰能力。

3. 电源部分

PLC一般使用220 V交流电源或24 V直流电源,内部开关电源为PLC的中央处理器、存储器等电路提供5 V、±12 V、24 V等直流电源,整体式小型PLC还提供一定容量的直流24 V电源,供外部有源传感器(如接近开关)使用。PLC所采用的开关电源输入电压范围宽,体积小,效率高,抗干扰能力强。

电源部分有多种形式,整体式结构的PLC电源通常封装到机壳内部,模块式PLC多数采用单独电源模块。

4. 编程设备

目前,PLC生产厂家不再提供编程器,而为用户配置在PC上运行的基于Windows的编程软件,使用编程软件可在屏幕上直接生成和编辑梯形图、语句表、功能块图和顺序功能图程序,并可实现不同编程语言间的相互转换。程序被编译后下载到PLC,也可将PLC中的程序上传到计算机,程序可以保存和打印,通过网络还可以实现远程编程和传送。编程软件的实时调试功能非常强大,不仅能监视PLC运行过程中的各种参数和程序执行情况,还能进行智能化的故障诊断。

5. 其他部件

需要时,PLC可配置存储器卡、电池卡等。

3.5.2.2 PLC的基本工作原理

1.PLC的工作方式

(1)与继电器控制系统的比较 继电器控制系统是一种"硬件逻辑系统"[图3-31(a)],继电器控制系统采用的是并行工作方式。

PLC的工作原理是建立在计算机工作原理基础上的,即通过执行反映控制要求的用户程序来实现的,如图3-31(b)所示。CPU以分时操作方式处理各项任务,计算机在每一瞬间只能做一件事,程序的执行是按程序顺序依次完成相应各电器的动作,属于串行工作方式。

(2)PLC的工作方式 图3-32的运行流程图表明PLC工作的全过程。整个过程分为三部分。

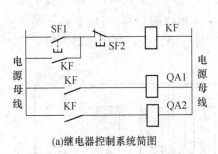
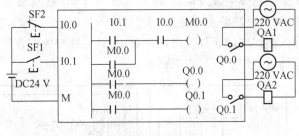

(a)继电器控制系统简图　　　　　　(b)用PLC实现控制功能的接线示意图

图 3-31　PLC 控制系统与继电器控制系统的比较

上电处理：机器上电后，PLC 系统进行初始化，包括硬件初始化、I/O 模块配置检查、停电保持范围设定和系统通信参数配置及其他初始化处理等。

扫描过程：PLC 进入扫描工作过程后，先完成输入处理，其次完成与其他外设的通信处理，最后进行时钟、特殊寄存器更新。CPU 处于 STOP 方式时，转入执行自诊断。CPU 处于 RUN 方式时，还要完成用户程序的执行和输出处理，再转入执行自诊断。

出错处理：PLC 每扫描一次，执行一次自诊断，确定 PLC 自身的动作是否正常，如检查出异常，CPU 面板上的 LED 及异常继电器会接通，在特殊寄存器中存入出错代码，当出现致命错误时，CPU 被强制为 STOP 方式，停止扫描。

总之，PLC 是按集中输入、集中输出，周期性循环扫描的方式进行工作的。每一次扫描所用的时间称为扫描周期或工作周期。

2. PLC 的工作过程

PLC 按图 3-32 所示运行图工作。如果暂不考虑远程 I/O 特殊模块、更新时钟和其他通信服务等，则扫描过程只有"输入采样"、"程序执行"和"输出刷新"三个阶段，这三个阶段是 PLC 工作过程的中心内容。PLC 典型的工作过程如图 3-33 所示。

（1）输入采样阶段　　PLC 在输入采样阶段，首先扫描所有输入端子，并将各输入状态存入相

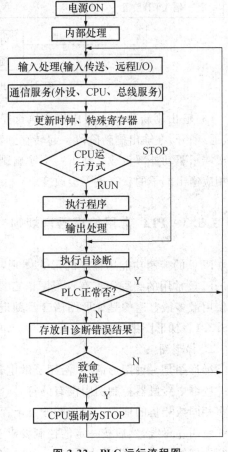

图 3-32　PLC 运行流程图

对应的输入映像寄存器中，随后系统进入程序执行阶段，在此阶段和输出刷新阶段，输入映像寄存器与外界隔离，无论输入信号如何变化，其内容都保持不变，直到下一个扫描周期的输入采样阶段，才重新写入输入端的新内容。

（2）程序执行阶段　进入程序执行阶段后，PLC按从左到右、从上到下的步骤顺序执行程序。指令中涉及输入、输出状态时，PLC就从输入映像寄存器中"读入"对应输入端子状态，从元件映像寄存器"读入"对应元件的当前状态，然后进行相应的运算，将最新运算结果存入到相应的元件映像寄存器中，对元件映像寄存器来说，每一个元件（"软继电器"）的状态会随着程序执行过程而刷新。

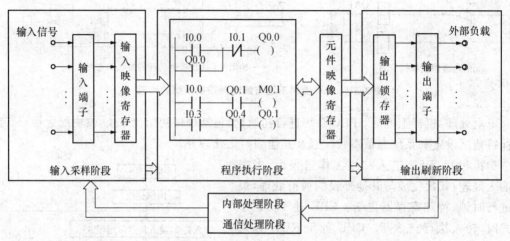

图 3-33　PLC 工作过程示意图

（3）输出刷新阶段　用户程序执行完毕后，元件映像寄存器中所有输出继电器的状态（接通/断开）在输出刷新阶段一起转存到输出锁存器中，通过一定方式集中输出，最后经过输出端子驱动外部负载。在下一个输出刷新阶段开始之前，输出锁存器的状态不会改变，因而相应输出端子的状态也不会改变。

3.5.3　PLC 常用编程语言规则

PLC 的控制功能用程序的形式体现，必须把控制要求变换成 PLC 能接受并执行的程序。PLC 常用的编程语言有梯形图语言、助记符语言、逻辑功能图语言和某些高级语言，目前使用最多最普遍的是梯形图语言及助记符语言。

3.5.3.1　梯形图编程语言

1. 梯形图

梯形图是一种图形语言，沿用了继电器的触点、线圈、串并联等术语和图形符号，并增加了一些继电接触器控制图中没有的符号，因此，梯形图与继电接触器控制图的形式及符号有许多相同或相仿的地方。梯形图按自上而下，从左到右的顺序排列，最左边的竖线称为起始母线也叫左母线，然后按一定的控制要求和规则连接各个节点，以继电器线圈结束，称为逻辑行或梯级，一般在最右边还加一竖线，称为右母线。通常一个梯形图中有若干逻辑行（梯级），形似梯子，梯形图由此而得名。梯形图形象直观，容易掌握，用得很多，堪称用户第一编程语言。

梯形图中接点只有常开和常闭接点，常指 PLC 内部继电器接点或内部寄存器、计数器等的状态，不同 PLC 内每种接点有自己特定的号码标记，以示区分；梯形图中的继电器线圈包括输出继电器、辅助继电器线圈等,其逻辑动作只有线圈接通之后,才能使对应的常开或常闭接点动作;梯形图中接点可以任意串联或并联,但继电器线圈只能并联而不能串联,内部继电器、计数器、定时器等均不能直接控制外部负载,只能作中间结果供 PLC 内部使用;PLC 是按循环扫描方式沿梯形图的先后顺序执行程序的,在同一扫描周期中的结果保留在输出状态暂存器中,所以输出点的值在用户程序中可以当作条件使用。

2. 梯形图规则

• 接点应画在水平线上,不能画在垂直分支上。如图 3-34(a)中接点 3 画在垂直线上,难于正确识别它与其他接点间的关系,也很难判断通过接点 3 对输出线圈的控制方向。因此,应根据从左到右、自上而下的原则和对输出线圈的几种可能控制路径画成如图 3-34(b)所示的形式。

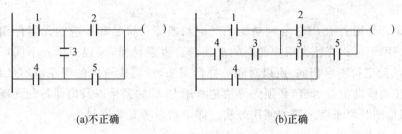

(a)不正确   (b)正确

图 3-34　梯形图画法之一

• 不包含接点的分支应放在垂直方向,不可放在水平位置,以便于识别接点的组合相对输出线圈的控制路径,如图 3-35 所示。

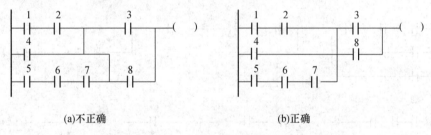

(a)不正确   (b)正确

图 3-35　梯形图画法之二

• 在有几个串联回路相并联时,应将接点最多的那个串联回路放在梯形图的最上面。在有几个并联回路相串联时,应将接点最多的并联回路放在梯形图的最左面。这种安排所编写的程序简洁明了,指令较少,如图 3-36 所示。

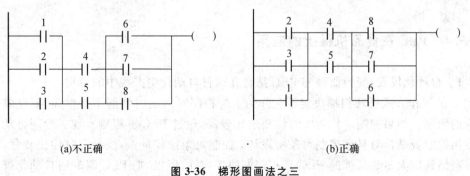

(a)不正确   (b)正确

图 3-36　梯形图画法之三

• 不能将接点画在线圈的右边,只能在接点的右边接线圈,如图 3-37 所示。

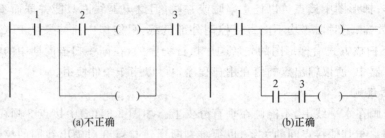

(a)不正确   (b)正确

图 3-37 梯形图画法之四

3.5.3.2 助记符编程语言

1. 助记符

助记符语言是用表示 PLC 各种功能的助记功能缩写符号和相应的元器件编号组成的程序表达式。助记符语言比微机中使用的汇编语言直观易懂,编程简单。不同厂家制造的 PLC 所使用的助记符不尽相同,所以对同一梯形图来说,写成对应的程序也不尽相同,要将梯形图语言转换成助记符语言,必须先弄清楚所用 PLC 的型号以及内部各种元器件的标号和编址,使用范围及每条助记符的使用方法。详情请参考有关资料。

2. 指令表编程规则

利用 PLC 基本指令对梯形图编程时,必须按照从左到右、自上而下的原则进行,梯形图的编程顺序展现如图 3-38 所示。恰当的编程顺序可减少程序步数,对于不可编程电路必须作重新安排,以便于正确应用 PLC 基本指令来进行编程。详情请参考有关资料。

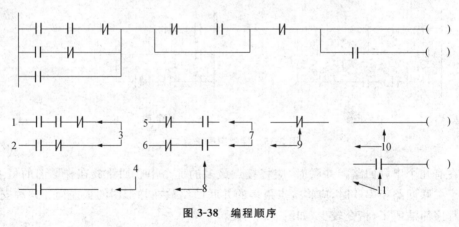

图 3-38 编程顺序

3.5.4 PLC 在食品机械上的应用

3.5.4.1 自动化仪表、变频器等与 PLC 结合在饮料自动化生产线中的应用

PLC 的工作方式循环扫描决定了它作为上位控制时的实时性能不是很高,要受每步扫描时间的限制。如果控制对象对实时性要求比较高,通过 PLC 就很难实现。专用自动化仪表和专用控制板是针对具体控制对象所设计,控制对象比较单一,控制实时性比较强,而且其信号联络线跟大多数品牌的 PLC 具有很好的兼容性,所以,把 PLC 跟专用自动化仪表和

控制板结合起来构成自动化控制系统,就可以发挥各自的优势,完成比较复杂的控制过程。

1. 控制过程及对象

饮料自动化生产线从结构上分为 CIP(在位清洗)系统、超高温灭菌机、无菌包装机、无菌空气发生器四个部分,每部分都要自动完成具体任务。灭菌机主要是把流体原料进行超高温(135~145℃)瞬时灭菌,然后输送给包装机。在这一过程中最重要的是要对加热管的温度进行控制,使其稳定在设定的温度范围内。生产时加热管会结垢,同时供料速度也会因生产要求而不断变化,这些都会引起加热管温度波动,所以,必须保证灭菌温度稳定才能保证灭菌效率,从而保证产品质量。灭菌机控制系统也要对供料的高压泵驱动电机进行速度控制,以满足系统供料变送的要求。包装机系统主要是进行逻辑顺序动作,完成产品无菌包装。在此过程中要对包装整版版面进行辨识,控制步进电机精确传送包材。无菌空气发生器系统主要也是进行逻辑顺序动作,完成自系统预灭菌后向包装机提供高压无菌空气。CIP 系统主要控制电磁阀顺序动作,完成灭菌机、包装机的清洗任务。从自动生产过程来看,可分为三个阶段:预灭菌阶段、生产阶段和清洗阶段,这三个阶段依靠控制系统自动进行切换,以保证不同阶段各个设备有不同的运行状态。

2. 控制系统硬件结构

整个硬件系统从整体上来看比较复杂,开关量输入、输出的点数也比较多,但从功能上来看,可以把它分成中心控制功能部分、灭菌机灭菌温度控制部分、供料电机速度控制部分、包装机热封刀温度控制部分、包装机供包材步进电机控制部分、无菌空气发生器预杀菌温度控制部分等。

(1)中心控制功能部分 在整个系统中起到一个上位控制和联系各部分纽带的作用。系统又分成三块,分别用于灭菌机、包装机和无菌空气发生器的控制,但这三块又通过通信电缆连接在一起,共用一个 CPU,实行统一控制,如图 3-39 所示。

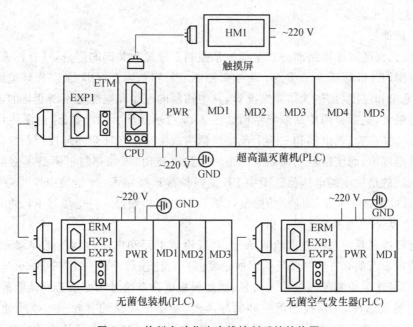

图 3-39 饮料自动化生产线控制系统结构图

HM1为触摸屏,在系统中显示运行状态、参数修改、错误输出、按钮操作等,实现人机间互动。

PLC的各个模块在系统中各有不同的作用,分别说明如下:

• 灭菌机部分。

ETM:PLC通信模块,实现灭菌机PLC部分与包装机PLC部分数据传送。

PWR:电源模块,为CPU和部分模块提供220 V交流电源。

CPU:中央处理模块,系统的控制中心,同时能够与HM1、上位PC进行通信。

MD1:32点24 V直流输入模块,对现场开关量输入采集。

MD2:7通道热电偶模块,与热电偶直接连接,通过此模块对灭菌系统的几处温度进行监测。

MD3:4通道模拟量输出模块,两通道与变频器连接,控制其输出频率,另外两通道连接记录仪。

MD4:32点24 V直流输出模块,通过此模块控制电磁阀及指示灯。

MD5:16点24 V直流继电器输出模块,用于大电流开关量输出控制。

• 包装机部分。

ERM:通信模块。

MD1:32点24 V直流输入模块,对现场开关量输入采集。

MD2:32点24 V直流输出模块,通过此模块控制电磁阀、指示灯、继电器及为计数器提供脉冲。

MD3:高速脉冲计数及脉冲输出模块,主要用来控制步进电机。

• 无菌空气发生器部分。

MD1:24 V直流16点输入16点输出数字量混合模块。

EXP:通信连接端子。

GND:接地线。

(2)灭菌机灭菌温度控制部分 这部分是控制系统最为关键的部分,只有把灭菌温度稳定在一定范围内才能保证产品质量。影响灭菌温度稳定的因素很多,如工作环境温度、系统电压、物料流量和温度、加热管结垢情况等,其中物料的流量和温度是不断变化的,所以它对系统的影响最大,这部分的控制系统结构如图3-40所示。从中可以看出,由温控仪、控制触发板、可控硅、加热管、热电偶和三相电流变换器组成了一个双环全闭环控制系统,热电偶反馈回来的是温度值,而变换器反馈回来的是输出的电流值,因加热管电阻是不变的,所以这个电流值反映的是输出的电压值。图中PE是保护接地线端子,N是接中性线端子,CN表示接插件,后面的数字表示接插件的数量,CT表示电流检测,R3与电位器RP调节端相连,RS表示分流器,SV表示温度设定值。

这种闭环控制系统包括温度检测单元、电压检测单元和电压控制单元等部分。温控仪根据温度设定参考值,与热电偶反馈回的温度值进行比较后发出一个4～20 mA的电流命令信号,此信号作为控制触发板输入信号,触发板根据命令信号和变换器反馈回的电流值产生可控硅的触发脉冲,从而控制可控硅的导通角,使输出线路的有效平均电压处于被控状态,最终达到控制功率输出的目的。温控仪测量的温度值直接以数字量传送给纸带记录仪,以便在出现故障、错误及产品质量等问题时,可以通过记录数据分析原因。温控仪和控制触发板都要与上位控制机连接,以便实现系统的统一控制。

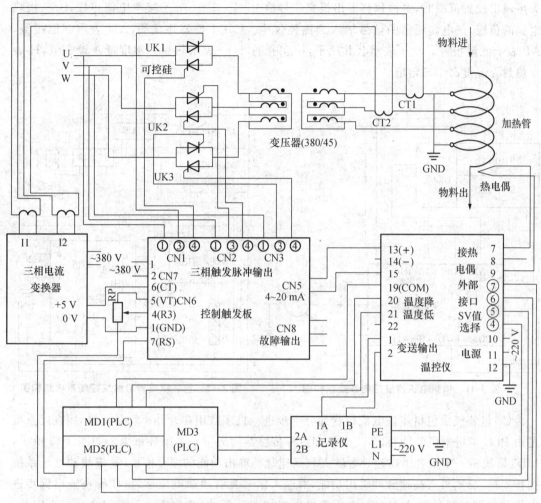

图 3-40　灭菌机灭菌温度控制系统结构图

(3)供料电机速度控制部分　控制系统结构如图 3-41 所示,这是一个开环结构,通过变频器变频对交流电机进行调速。根据生产需要,由 PLC 的 MD3 模块发出一个模拟量控制信号给变频器 A12 端子,变频器根据控制信号把输入的三相电的频率转化为需要的频率,从而调整电机的转速。变频器的启动开关量信号由 MD5 模块给出,FWD 是电机正转的开/停信号,信号为直流电压。变频器有自己的故障诊断系统,不论出现哪种故障,它都会通过报警接线端子 R1A 和 R1C 输出到 MD1 模块通知 PLC,PLC 通过触摸屏输出。

(4)包装机热封刀温度控制部分　热封刀一般需要加热到 150℃ 左右,主要用于封合包装膜,温度波动比较小,控制起来比较容易。如图 3-42 所示,这个温控系统由温控仪、固态继电器、热封刀和热电偶构成一个闭环控制结构,由温控仪发出控制指令控制固态继电器的通断。根据温度波动的情况,可以调整温控仪的 PID 参数,以达到最好的控制效果。

加热启动指令由无菌包装机 PLC 的 MD2 模块给出,由于接触器需要的触发电流比较大,而 PLC 发出的触发电流比较小,所以在 PLC 与接触器之间用一个中间继电器对 PLC

发出的控制信号进行放大。温控仪的报警输出点连接到包装机 PLC 的 MD1 模块,当温度失控超出设置范围时,温控仪将发出报警信号给 PLC。图中 A/＋接热电偶正极,B/－接热电偶的负极,热电偶测量的信号输入到温控仪中。COM 是公共端子,AH 表示超温报警,AL 表示低温报警。C/＋表示公共端子,接高电平,L/－表示热封刀温度低于设定值,H 表示热封刀温度高于设定值。

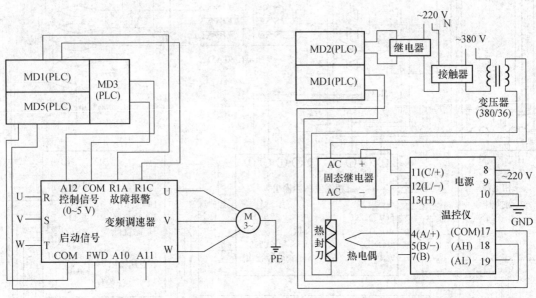

图 3-41　供料电机速度控制系统结构图　　　图 3-42　包装机热封刀温度控制系统结构图

(5)包装机供包材步进电机控制部分　步进电机多数用在开环驱动系统里,而在此系统里由 PLC 步进电机驱动器、步进电机和色标传感器构成了一个闭环系统。如图 3-43 所示,MD3 模块是一个集合了高速计数输入和高速脉冲输出功能的混合模块,此模块独立于系统扫描周期之外,具有高速脉冲输出功能,对输入信号具有快速响应性,由此模块输出到步进电机驱动器的脉冲输入端 CP,产生步进电机的驱动脉冲,脉冲频率不变但个数是不定的。生产时步进电机拖动包装材料向前移动,当色标传感器检测到色标标识时发出脉冲信号到 MD3 的高速计数端口,同时高速脉冲输出停止脉冲输出,步进电机停。到下一个包装周期重复此过程。它的包装误差能控制在 1 mm 以内。图中 AC 是交流电源接线端子。

3. 控制系统软件

系统软件在 PC 机上,通过 PLC 厂商提供的软件界面用梯形图语言编写,采用模块化结构,对某种功能进行改进时只需修改相应模块和重新编译,然后通过 RS232 或 RS485 标准通信电缆传送写入 PLC 即可,因而使软件的编程和维护十分方便。软件分为主程序模块、预杀菌模块、生产模块、中间清洗模块、最终清洗模块、故障报警模块等。

(1)主程序模块　主程序模块主要是完成程序的总体控制,对系统进行初始化,根据运行时序和中断请求调用各个程序模块;当 HM1 对系统有输入时,对其进行处理;对变频器控制信号进行运算,根据需要调整 PID 值。

(2)预杀菌模块　此模块控制预杀菌过程,完成灭菌机和包装机的预杀菌,为生产做准备。此过程对灭菌温度的控制要求比较高,因在预杀菌过程中杀菌介质(水)在管道中的温度有突变,并且管道内的压力也会因某些管道阀的开闭有很大变化,这些都会影响灭菌温度,在这种情况下要把温度控制稳定,温控仪需运行在特定的参数环境下。

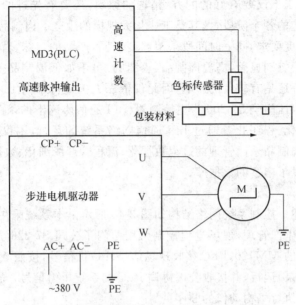

图 3-43 包装机供包材步进电机控制系统结构图

(3)生产模块 此模块控制生产自动进行,使灭菌机稳定地运行在灭菌状态,使包装机对无菌饮料自动包装,同时控制无菌空气发生器向包装机提供有一定压力和流量的无菌空气。

(4)中间清洗模块 在生产过程中,加热管会结垢,而且随生产的进行,结垢会越来越严重,使加热管的通流能力减小,增加灭菌机消耗功率,影响产品质量,所以在生产过程中,如果结垢过于严重就要进行中间清洗,运行中间清洗模块。首先系统将保护生产断点,对灭菌机进行清洗,清洗结束后继续从断点处生产。

(5)最终清洗模块 生产结束后,整个走物料系统都要清洗。管路先循环一遍碱溶液,然后循环酸溶液,最后走水将管路冲洗到中性。在此过程中,程序要控制加热管温度在120℃左右,同时控制酸碱溶液按设定量输送到清洗管路,管道阀依次动作,将整个走物料管路清洗干净。

(6)故障报警模块 生产线在运行过程中要对许多物理量如温度、压力、液位、位置、电压和电流等通过传感器或自动仪表的自诊断系统进行监测,确保其正常运行。通常把异常或故障分成异常情况、一般故障和严重故障三个等级,不同等级的故障系统有不同的处理方式。出现异常情况,系统只是触摸屏提示和闪灯报警。出现一般故障,系统除了触摸屏提示和闪灯报警外还要噪声报警,有些情况还要暂时停止生产,保护生产断点,待处理完故障后继续生产。严重报警一般发生在系统无菌状态被破坏或出现比较危险的情况,系统要将整条生产线停止,要停机断电排除故障。

该控制系统已经在实际生产中应用,性能可靠,运行稳定,达到了预定的控制效果。同时系统具有开放性,随时可以扩展其功能。方便的人机界面便于监控和操作,很容易实现人机互动。自动化仪表与 PLC 结合提高了系统性能,缩短了设计周期,简化了程序编译。此控制系统结构简单有序,具有通用性,稍加改造就可以应用到其他自动化生产领域。

3.5.4.2 西门子可编程序控制器S7-200在肉类工业杀菌工艺自动控制系统中的应用

肉类制品的深加工不仅要有好的配方、精选的原料,还要有先进的杀菌工艺和杀菌设备,能够严格控制工艺的各个阶段,尤其是工业化大规模的生产。肉制品在杀菌过程中不同的时间段有不同的温度要求,同一时间段杀菌温度不同,产品的口味、营养成分的变化也不同,低温肉制品表现得特别显著,高温肉制品(火腿肠)虽不如低温制品受影响那样大,但对成品的口感、破袋率等还是有较大的影响,因此仅依靠人工进行杀菌工艺的操作,难以严格落实。为此,设计出以西门子S7-200为主控制器、PPI通信协议下的杀菌自动控制系统,实现了杀菌工艺的标准化、程序化。通过PPI通信网络系统的运行,不仅实现了杀菌过程的自动化,而且实现了肉制品杀菌管理的过程数据化、流程管理线细化、数据管理信息化,为产品研究、市场反馈提供了丰富的数据库。

1. 控制原理

(1)基本原理概述 控制系统网络结构如图3-44所示。本系统采用PC机作为上位机进行车间级的监控及生产管理,现场过程控制采用西门子公司S7-226为主机控制设备,变频器采用西门子公司的MM420,PLC接收现场信号、PC机信号,按照杀菌工艺程序驱动执行机构(阀门、循环水泵)运行,并接收公用协调PLC的系统压力信号,局部暂时地随机调整相关工艺段的时间及执行机构动作的顺序。

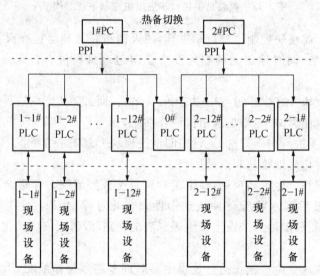

图3-44 肉类工业杀菌工艺自动控制系统结构网络图

PLC与上位机PC采用PPI通信,参数设定可以从PC机输入,也可以从PLC的TP7面板输入,并设定了参数修改权限。

(2)上位机与下位机的通信 S7-200CPU支持多种通信协议,包括PPI点到点协议(point-to-point),MPI多点协议(multi-point),Profibus协议。PPI协议是一个主/从协议,通过令牌环网实现,网络使用RS485标准双绞线,PPI电缆可用于连接PC机的232接口和PLC的485接口,当数据从RS232传送到RS485口时,PC/PPI电缆是发送模式;当数据从RS485传送到RS232口时,PC/PPI电缆是接收模式。允许一个网络段最多32台设备,根据波特率的不同,长度最大 1 200 m,超出这个距离可加 485 中继器,通信距离可再增加 1 200 m。

本系统 24 台杀菌锅分两组,每组 12 台,由 1 台上位机和 12 台 S7-226 CPU 组成两个相对独立的控制系统,每组通信距离最远不超过 500 m,因此不用 485 中继器,通信速率设置为 19.6 Kbit/s,每组第一台和最后一台 PLC 控制器通信口网络连接器终端电阻置 ON 状态,其他中间控制器置 OFF,保证整个网络无回波,通信可靠。

2. 系统的配置选择

(1)上位机系统 上位机选用台湾研华的 IPC-586,组态软件选用 KW51(亚控),每台上位机监控 12 台杀菌锅过程控制 PLC,两台上位机热备切换,共控制 24 台杀菌锅。上位机能够监控每台杀菌锅运行时各工艺段的参数,并对参数进行历史记录,每台杀菌锅每次杀菌进行过程均形成参数报表和曲线。一台上位机一旦故障可以切换到另一台上位机上,并且能够报警、显示故障原因。特别是对于出口产品,能够打印出整个杀菌过程中的运行控制参数,以便于商检产品质量,满足出口国外食品的检验要求,便于食品出口认证。

根据系统的调试来看,一台上位机监控 12 台杀菌锅,上位机的时间扫描周期为 8~10 s,即每隔 8~10 s 上位机刷新采集 1 次现场 12 台杀菌锅的所有数据,杀菌的关键工序是升温与置换冷却,它们的工序段是 540 s、600 s,变化速率为 0.07℃/s、0.13℃/s。因此,每台上位机扫描 24 台杀菌锅的时间为 20 s 以内,能够满足上位机故障情况下扫描周期的要求。

(2)过程控制机(下位机)

控制 PLC:杀菌现场过程控制系统结构如图 3-45 所示。现场控制器采用西门子公司的 S7-200PLC,人机界面采用西门子公司的 TP7,TP7 组态软件提供多种静态和动态图,操作人员通过 TP7 触摸屏可以输入参数,修改参数设置,并能够查看过程控制实时运行数据。

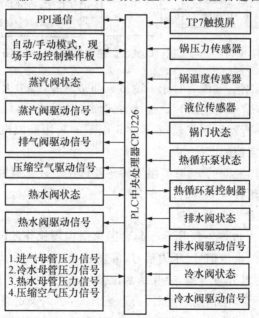

图 3-45 杀菌现场过程控制系统结构图

过程控制器的中央处理器采用 SIMATIC S7-200 的 CPU226 和 1 个 EM231 扩展模块，CPU226 集成 24 输入/16 输出共 40 个数字量 I/O 点，可连接 7 个扩展模块，EM231 为 4 路 AD 模拟量输入模块，本系统用了 2 路，接锅压力和锅温度信号。2 个 RS485 通信/编程口，一个口用于网络通信，另一个口用于 TP7 触摸屏通信。

公用工程协调系统：杀菌公用工程（水、气、汽）协调控制系统结构如图 3-46 所示。公用工程协调系统 PLC 选用 SIMATIC S7-200，中央处理器选用 CPU222，CPU222 集成 8 输入/6 输出共 14 个数字量 I/O 点，可连接 2 个扩展模块，1 个 RS485 通信/编程口，具有 PPI 通信协议，用于接收母管末端冷水压力、热水压力、压缩空气压力等公用工程信号，并把这些信号传输给 PC 机及过程控制级 PLC，同时根据设定参数，自动调节冷、热水变频恒压供水系统，保证杀菌锅系统供水稳定。

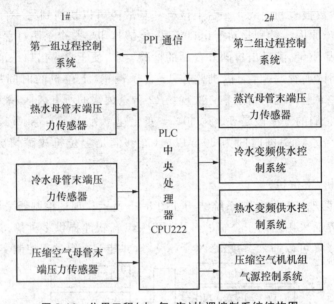

图 3-46　公用工程（水、气、汽）协调控制系统结构图

由于冷热水压力、压缩空气压力对于杀菌过程非常重要，公用工程协调 PLC 与 24 台杀菌锅 PLC 之间的信号传输采用直接 I/O 连接方式而非通信方式，保证信号传输快速、可靠。

执行器及传感器：执行器采用气动阀，DN25 以下的采用高温电动阀，气动阀由先导阀驱动。气动阀选用德国宝德的产品。

压力传感器选用德国宝德的 B8320，温度传感器选用一体化温度变送器 PT100（中德合资产品），液位控制器选用日本 OMRAN 61F-G3。

3. 现场过程控制级控制工作过程

杀菌锅管路连接系统如图 3-47 所示。每台杀菌锅现场操作箱的 PLC 接收锅内的状态信号（锅门关门信号、锅内水位信号、压力信号、温度信号），按照杀菌工艺程序开始运行，热水阀打开注入热水，同时打开排气阀，接收到水位信号后，关闭排气阀、热水阀，打开蒸汽阀升温，同时启动热水循环泵，使锅内温度、压力迅速升高，达到设定温度 T_1、压力 P_1，开始恒温恒压运行，对产品进行杀菌。恒温恒压时间 t_1 到后，PLC 关闭蒸汽阀、补气阀和循环热水泵，注入冷水，同时驱动压缩空气阀进行压力平衡，打开热水回收阀回收热水，对产品进行冷却。当锅内温度达到 T_2 时,进入到火腿浸泡工序,当锅内温度下降到浸泡温度 T_3,浸泡时间到,PLC 驱动排水阀进行排水,排水完成后,PLC 接收到水位信号和锅内压力信号,发出杀菌工艺完成信号并提示。杀菌过程结束,产品出锅。

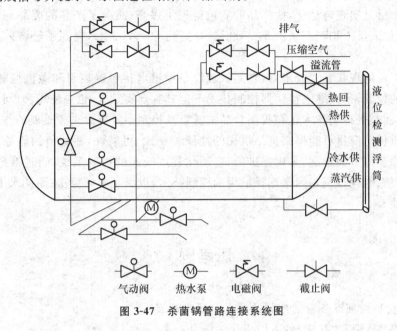

气动阀　　热水泵　　电磁阀　　截止阀

图 3-47　杀菌锅管路连接系统图

4. 杀菌工艺过程技术处理

(1)置换冷却工艺　置换冷却工艺段是本系统的控制难点,也是关系到杀菌工艺自动化系统成败的关键技术,在置换回收阶段,由于火腿肠是在恒温恒压 120℃ 0.25 MPa 的条件下成熟的,在热水回收及冷却置换过程中,由于锅内温度的变化造成锅内压力自然下降,肠体外表压力下降较快,而肠体内的压力变化有一个滞后,当压力的变化速率超过 PVDC 薄膜的极限强度 σ_{max}(N/mm²)时,肠体包装膜会破裂,造成产品破袋、报废。因此在控制系统设计时,在本工艺段建立了满足 PVDC 薄膜的极限强度 σ_{max} 要求的数学模型。通过 PLC 的控制,使压力速率的变化满足了置换冷却阶段数学模型的要求,在温度变化的过程中达到肠体内外压力平衡,提高了产品的成品率。

(2)公用工程协调控制系统的建立　本控制系统在单锅试验过程中,性能稳定、可靠,但在形成系统锅群之后,控制系统出现了短暂的较大随机扰动,超过了过程控制系统自身的平衡能力。这些扰动信号来自于压缩空气、热水系统和冷水系统的压力信号,甚至蒸汽系统压力也有一定的扰动。对于本系统 24 台杀菌锅,为克服扰动,稳定整个系统,设计计算中,在考虑系统管路峰值流量的同时,增加了公用工程协调控制系统,检测系统管路压力信号的变化,并在一定的范围内通过协调控制系统 PLC,调整变频供水控制系统,提高整个管路系统的压力,降低扰动信号幅值,使系统能够依靠自身的平衡能力达到稳定。

(3)水位检测与恒压实现　每台杀菌锅在升温升压后进入恒温恒压阶段,锅内空间的气体基本已排到设定参数,在恒温阶段,整个杀菌锅系统除蒸汽供应外,全部处于密闭状态,以确保恒压。由于饱和蒸汽具有一定的湿度,并且在输送过程有能量的散失,导致管路中出现微量的凝结水,使加热过程中锅内水位出现不同程度的升高,而且不同的锅、不同锅次锅内水位的涨幅均是随机的,因此在系统的设置上,增加了水位检测的精度,并在锅体下部设置小口径排水阀,排水阀接到信号后自动调节水位,使锅内水位始终保持在设定水平,从而使锅内压力的变化仅有趋势,没有升高结果,保证了杀菌工艺的恒温恒压。

火腿杀菌通过实现自动化,使产品的质量得到了提高,减少了产品的废品率,提高了人均产量,使操作人员人均班产量由 5×750 kg 升高到 50×750 kg,提高了经济效益,降低了成本。

从食品工业的现状及发展来看,食品机械设备中继电接触器控制和微机控制技术都占有相当重要的位置,掌握继电接触器控制技术不但具有现实意义,也是使用和设计先进食品机械的基础,而微机控制技术正在我国食品机械自动控制中发挥愈来愈重要的作用。所以,在设计食品机械时应尽可能提高食品机械的性能价格比、可靠性,并从节约能源、降低原料消耗和劳动强度等方面考虑,采用先进的、自动化程度较高的控制系统;同时根据劳动力使用、操作者素质、能耗投资等因素选择适用的控制技术,以满足不同层次、不同水平的食品加工企业的需要。

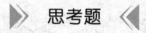

思考题

1. 简述食品机械设备自动控制的意义与研究进展。

2. "点动"、"自锁"、"互锁"各适用于什么场合?

3. 三相笼型异步电动机在什么情况下采用降压启动?几种降压启动方法各有什么优缺点?

4. 如果将异步电动机绕组由三角形接成星形,或由星形接成三角形,在启动时会发生什么现象?

5. 简单说明异步电动机几种电气制动的物理现象与工作原理,并说明各自的特点。

6. 简述变频器的主要组成及其各部分功能。

7. 简述微机控制系统的分类及其应用场合。

8. 试分析单片机在真空包装机中的控制过程。

9. 试说明 PLC 可编程序控制器与其他工业控制系统的异同。各有何优缺点?

第4章

食品机械安全性

➤ **摘要**

食品机械与设备的安全性设计和使用是食品安全生产和食品安全的基本准则。本章以食品安全生产和食品产品安全为主线,介绍食品机械设备安全性概念,生产过程对食品安全的影响,各种法规和标准中食品机械和生产设备安全的相关内容。通过生物被膜理论阐述食品机械设备生物污染的理论、特点和严重性,介绍食品机械安全性设计、使用要素和常见工程措施。

4.1.1 食品机械安全性概念

安全是人类社会生活和生产最基本的需求。现代安全包括社会安全、环境安全、食物安全和生产安全。本章内容涉及食品机械与设备本身安全性、生产过程安全性、所生产食品产品的质量安全以及生产过程对环境安全与保护等。因学科交叉，多类安全问题被边缘化，本教材将食品机械涉及的各种安全性内容集中，总结阐述，以便本专业学生系统掌握。

"民以食为天，食以安为先。"食品是人类生存和发展的基本物质保证，食品安全性是食物选择和生产的前提。虽然食品安全问题从人类寻觅采猎食物起就一直存在，但近年来，全球性的食品安全问题接连出现，成为当今社会的热点之一，是一个非常值得警惕的信号！

显而易见，食品安全问题并非单纯的食品问题，而是诸多因素导致的综合结果。宏观讲，包括人类社会发展过程中造成的生态失衡、农业化学投入物的过度使用、工业化与城市化过程中造成的环境恶化等，甚至包括科技领域的误区，如以食品化学为根据而生产的牛副产品所制饲料导致的疯牛病等，还涉及各国、各地区经济社会发展和卫生条件的不平衡以及经济全球化等。具体讲，食品安全问题也涉及食品全产业链的安全控制体系的滞后、相应食品标准及规范缺失、消费者食品安全知识欠缺以及生产者的职业道德等诸多方面。道德缺失大多为明知违规但故意为之，如中国暴露出的毒胶囊、牛奶的三聚氰胺等事件和最近欧洲的马肉风波等。深层次看，在食品由自给自足的天然属性转变为商品属性的过程中，商业利益驱使使个别人铤而走险是不可避免的。而从原料到消费的食品产业链由多家企业完成，不再是由一个家庭或一个作坊单独完成。产业环节及参与企业的增多使这个本来就积累的问题日益突出！

行内共识，当原料、产品形态和工艺确定之后，食品加工机械设备的性能优劣是决定食品品质和安全性的因素之一。事实上，随着食品工业化程度越来越高及食品对机械的依赖性越来越强，食品机械基于机械安全、生产安全和食品安全的问题越来越多地暴露出来。传统的手工制作、简单机械、作坊式生产难以保证食品卫生安全，多数由于卫生条件难以保证，检查检测手段不足或没有，环境、清洗或杀菌温度难以保证或接触食品零部件的材料不合理导致微生物繁衍、交叉感染超标等造成。在食品工业化发达国家，食品加工基本靠机械实现，自动化、智能化程度很高，并因此保证了食品安全性。食品机械安全性，具体讲，就是从严格食品产品标准和工艺要求出发，通过机械的设计、制造和完善的食品机械技术规范，利用系统化的标准和良好技术规范来组织食品的生产并保证食品安全性。在发达国家，食品机械安全与卫生要求涵盖并统领食品机械的设计与制造、设备选型与配套、设备安装与验证以及使用的全过程，也已成为目前国际上食品机械研究、开发、制造和使用的通行要求。

4.1.2　食品机械安全法规标准和特点

国际标准化组织和欧洲标准化委员会已经制定和发布了一系列有关食品机械的安全卫生标准,并被世界上100多个国家等效采用或协调采用。安全卫生性要求已成为食品机械与国际接轨的重要条件和通行证。食品机械安全卫生标准化、规范化的目的如下:一是减少食品机械作业过程的错误发生,将食品加工过程中人为或机器的差错降低到最低限度;二是防范食品机械在不卫生条件、可能引起污染的环境下作业,避免食品加工中不合格产品的发生;三是确保食品机械可靠运行,实现安全生产和清洁生产。

我国也已经基本建立了主要由三方面基本内容组成的机械安全和食品安全的法律法规和标准体系:一是生产过程安全性,最主要的是《中华人民共和国安全生产法》及其系列配套法规。强调任何生产活动及其过程必须保证人身、设备和环境安全。二是食品机械安全性,由GB 19891《机械安全　机械设计的卫生要求》、GB 16798《食品机械安全卫生》、ISO 14159:2002,MOD《食品企业通用卫生规范》及其配套的安全与卫生标准组成。这些法规和标准要求食品加工机械与设备及其组成的零部件本身在设计寿命内不出现强度、刚度或任何性能问题,能稳定可靠工作。三是食品产品安全性,即《中华人民共和国食品安全法》(以下简称《食品安全法》)及其法规和标准体系。该套法规标准要求利用所设计制造的食品机械生产的食品能够符合产品卫生标准。我国食品安全性法规和标准基本内容涵盖了食品原料、添加物、加工、储存、销售、消费以及食品机械的设计与制造、设备选型与配套、设备安装与验证等环节,基本上已经与国际上食品机械研究、开发、制造的通行要求接轨。

保证食品的安全性涉及面非常广,涉及常说的从农田到餐桌整个过程的各个环节、各种设备和所有参与人员。所以,要生产出优质合格的食品,必须具备以下全部要素:一是合格的管理、技术和操作人员;二是经检验合格且可追溯的原料;三是具有科学先进的工艺配方、工艺流程和符合GAP、良好操作规范(GMP)、危害分析与关键控制点(HACCP)、ISO系列等作业规范、严格的管理制度等;四有设计合理、维护及时、管理良好的生产设备,包括良好的生产环境与生产条件,符合要求的厂房、设备等。对于原料供应保证、工艺成熟的现代食品生产,食品机械或加工生产线对食品质量与安全起着决定性的作用。

2013年6月1日起实施的新修订国家标准GB 14881—2013《食品生产通用卫生规范》中对此有更明确的规定。

目前世界各国普遍推行的"良好操作规范"(good manufacturing practice,GMP)对企业生产过程的合理性、生产设备的适用性和生产操作的精确性、规范性提出强制性要求。全世界几十年的应用实践证明,GMP是确保产品高质量的有效工具。因此,联合国食品法典委员会(CAC)将GMP作为实施HACCP原理的必备程序之一。HACCP是危害分析和关键控制点(hazard analysis critical control point)的英文缩写,是保证食品安全的预防性管理原理。它通过对食品原料在种植/饲养、收获、加工、流通、消费过程中实际存在和潜在的危害进行危险性识别和评价,确定对最终产品质量和食品卫生有重要影响的关键控制点并采取相应的预防措施和纠正措施,从而在危害发生前实施有效的控制,最大限度地保证食品的质量和安全。识别、评价、控制关键控制点是HACCP原理的核心,其他一般控制点只是GMP中的一部分。而GMP是实施HACCP的基础和先决条件之一。企业在实施HACCP原理前应识别和确定适用的 GMP,将 GMP 的要求转化为企业的规定,在厂址选择、生产环境、设备和设施条件等方面均满足 GMP 的要求。在此基础上,按照 HACCP 的七项原理重点控制食品生产的关键控制点。环境和设备是 GMP 的重要内容之一。所以,在各类不同产品的 GMP 中,都有专门章节专门强调对食品机械设备的要求。

目前,食品机械安全性要求分列在不同的法规和标准中,食品加工机械与设备的设计和使用还没有统一的标准和要求。所以在以往的教学中,食品机械学只讲述机械设计本身,不涉及食品;食品安全学类课程只讲食品本身,忽视机械安全。正如 GB 19891—2005《机械安全 机械设计的卫生要求》所指出的:在以往的机械设计中,通常仅考虑安全准则,未考虑隐含的卫生风险;或只考虑卫生风险,未考虑安全准则。特别是,我国食品机械发展起步较晚,仍处于种类少、自动化程度低、相对落后的局面,食品安全问题更加突出。许多中小企业、农户简单的半自动甚至手动装置、工具使用很多,设计不正规,选材、制造一味降低成本,清洗靠手工,很难有效保证安全生产和食品安全。

由于食品机械生产的产品属于食品,事关人民的健康甚至生命,所以安全性要求较其他机械设备更为严格和重要。在机械设备的设计、制造、选购和使用、维护中都必须时刻注意这一要求。要时刻记着食品机械不只是生产出色香味质构合格的产品,还必须能在规定环境中持续生产出安全卫生的、能保证预期货架期的产品。否则,就不是合格的食品机械。安全性也是食品机械课程中必须掌握的基本内容。

本章以食品安全生产和食品安全为主线,总结汇集并阐述各种法规和标准中食品机械和生产设备安全及其生产与卫生的概念、特点和重点内容,并通过生物被膜现象阐述食品机械设备生物污染的理论、特点和严重性,提出了食品机械安全性设计准则及其要素,介绍了以 GMP 为核心的常见食品机械安全性生产的工程措施。

4.2 食品生产过程的安全性

安全生产法规体系适用于"一切从事生产经营活动的企业事业单位和个体经济组织"。《安全生产法》特别强调"安全第一,预防为主"的方针,坚持始终把安全,特别是人身安全放在首要位置的原则。"预防为主",强调对安全生产的管理,着力点强调事先防范,通过建立经常性制度性的设备使用管理规章制度、人员培训、日常防范措施和应急预案等保证,而将发生事故后的组织抢救、事故调查、责任追究、漏洞补堵作为补偿措施。时刻牢记"安全第一,预防为主"的方针,对食品机械设计和使用人员,对食品行业的所有人员来说,不仅是基本的专业知识,也是基本素质。

中国《食品安全法》总则指出:食品生产经营者应当依照法律、法规和食品安全标准从事生产经营活动,对社会和公众负责,保证食品安全,接受社会监督,承担社会责任。《食品安全法》对食品生产过程应符合的卫生要求做了明确的规定。

《食品安全法》第四章"食品安全经营"对厂房布局、设备设施、人员卫生等提出了具体要求,还特别禁止生产经营"用非食品原料生产食品",使用食品添加剂必须严格执行相关标准,严禁使用非食品添加剂的化学物品,不允许使用可能危害人体健康的物质,也不允许生产混有异物、掺杂使假的食品。《食品安全法》还监管用于食品的相关产品,包括食品包装材料、容器、洗涤剂、消毒剂和用于食品生产经营的工具、设备等及其经营。监管设备布局和工艺流程,防止待加工食品与直接入口食品、原料与成品交叉污染,避免食品接触有毒物、不洁物等。还监管保证贮存、运输和装卸食品的容器、工具和设备安全、无害,保持清洁,防止食品污染,并符合保证食品安全所需的温度等特殊要求等。这些内容在 GB 14881—2013《食品生产通用卫生规范》则在《食品安全法》原则下,进一步细化、通用化、先进化。食品产业链上的每个生产者、从业者和监管者都必须从法律高度和社会公德高度学习好这些法规,保证食品生产的安全性。

2009 年《食品安全法》颁布以前,除原卫生部以食品卫生国家标准的形式发布了 20 项卫生规范和良好生产规范外,有关行业主管部门共发布了 400 余项各类良好生产规范、技术操作规范等。这些标准或规范对规范各行业的安全卫生生产起到了有目共睹的巨大作用,但终因标准规范繁多、互不联系甚至互相矛盾以及其他非专业原因执行性不很理想!2013年,国家卫计委在基本完成了现有食品标准清理工作的基础上,拟定了我国食品安全标准体系框架,明确了以《食品生产通用卫生规范》为基础,40 余项涵盖主要食品类别的生产经营规范类食品安全标准体系。该标准根据四个原则修订:①根据《食品安全法》及其实施条例对食品生产过程的规定,对各项要求进一步细化;②立足我国食品行业生产现状,又借鉴国际组织及发达国家食品安全先进做法;③强化了食品生产者是食品安全第一责任人的原则,既落实了责任和可追溯原则,又可发挥食品生产企业的主观能动性;④提高了标准中各要求的通用性,使其适应面更广,也为各类食品专项规范的特定要求规定了基础条件。

新标准强调了对原料、加工、产品贮存和运输等食品生产全过程的食品安全控制要求;制定了控制生物、化学、物理污染的主要措施;修改了生产设备有关内容,从防止生物、化学、物理污染的角度对生产设备布局、材质和设计提出了要求;增加了原料采购、验收、运输和贮存的相关要求;增加了产品追溯与召回的具体要求;增加了记录和文件的管理要求;增加了附录 A"食品加工环境微生物监控程序指南"。《食品生产通用卫生规范》允许各行业主管部门发表的各类标准规范,按照不与国家食品安全标准相抵触的原则,由个归口部门自行管理。《食品生产通用卫生规范》是食品安全生产过程的基础性标准,必须学习熟知。

4.3 食品机械设备的安全性

GB 5083—1999《生产设备安全卫生设计总则》定义生产设备为"生产过程中,为生产、加工、制造、检验、运输、安装、贮存、维修产品而使用的各种机器、设施、装置和器具"。该标准规定了各类生产设备安全卫生设计的基本原则、一般要求和特殊要求,是规范包括食品机械在内的各类生产设备的安全卫生设计的基础标准。该标准要求从设计制造到使用采取相应安全卫生技术措施,保证生产设备在使用过程中始终能够满足有关安全的各项要求,避免因设计、制造缺陷而造成的人员伤害事故以及各种污染危害。

食品机械的基本要求当然主要是优越可靠的工作性能,即有科学、巧妙的原理,能够可靠实现所设计的功能。如分离设备,其工作原理可能是依靠重力筛分、离心力分离或依靠膜等进行分离。工作性能包括许多方面,最基本的指标是生产能力(数量指标)、产品质量指标及环保性能。机械设备的原理和生产能力在食品工程原理课程讲述,本章重点讨论机械设备的安全性要求。

4.3.1　食品机械及其零部件安全性

食品机械及其零部件安全性指食品机械设备本身的机械安全性。一般包括两类：

第一类是食品机械设备本身的安全性，即生产设备及其所有零部件必须有足够的强度、刚度、稳定性和可靠性。这类质量保证是通过机械学强度、刚度和寿命计算、校核，保证设备本身不断裂、不产生过度变形并在一定期限内保证工作性能的设计准则来实现的。食品机械的稳定性是食品容器和塔类设备的重要设计准则。设备的稳定性包括微观和宏观两方面的含义。微观是材料力学中保证设备不产生超过安全极限位移或大变形的指标，如容器的允许变形量等；食品机械材料和结构的稳定性必须通过材料力学有关计算、校核予以保证。宏观含义是整个设备的重心偏离、倾覆方面的稳定性，如食品机械和设备中的塔类设备和高径比较大的罐类设备等的稳定性。若所要求的稳定性必须在安装或使用地点采取特别措施或确定的使用方法才能达到时，则应在生产设计上标出，并在使用说明书中详细说明。

第二类是食品加工过程所使用的属于国家规定的特种设备的安全性，即设备失效会对社会造成重大危害的一类。比如易爆易燃的锅炉、压力容器（含气瓶）、压力管道或一旦失效会造成人身危害的电梯、起重机械设施等。对这类特种机械设备，世界各国都有特别严格的管理规定，包括实行设计、制造、安装、维修的特别许可制度。没有资质的任何单位和个人不得从事，否则属违法行为。我国《特种设备安全技术规范》对这些设备的生产、试验、改造、检测等进行定性的强制性规定，如《简单压力容器安全技术监察规程》、《超高压容器安全技术监察规程》、《医疗器械监督管理条例》以及《起重机械安全技术监察规程》等。从事这类设备的人员，必须经过专门培训，熟悉设备和相关操作规程并获得相关资质，不能随意操作，也不能凭经验操作。比如，一个焊接水平再高的普通焊工，不经过专门培训、考试并取得资质，不能随意焊接煤气罐的裂纹！

4.3.2　食品机械的性能安全性

食品机械的性能安全性主要指设备的工作性能和精度可能产生的影响，并非整机或零部件材料机械性能失效，主要针对设备中涉及的度量衡、传感器、控制系统等。这些零部件的精度和准确性成为最重要的设计准则。这方面所有人都不难理解，但往往容易忽视！世界各个国家对这类设备都有极其严格的管理规定和校对制度体系。从事仪器仪表管理、食品标准、配方、包装计量等领域人员尤其应该有这个意识。负责企业食品机械设备和检测单位设备仪器的工程师，必须熟知《中华人民共和国国家计量检定规程》、《国家计量技术规范》、《国家计量基准副基准技术规范》、《地方计量检定规程》、《部门计量检定规程》、《不确定度分析实例》以及有关计量器具的国家标准等。这类安全性主要从量级上保证食品机械的可靠运行。

4.3.2.1　操纵器、信号和显示器

随着食品加工设备自动化、智能化水平的不断提高，设备和生产线配置的各类传感器、信号、显示器和操纵器越来越多。自动化、智能化在对食品安全生产带来保证的正面效果的

同时,也有隐在的安全性问题。所以《生产设备安全卫生设计总则》一般要求中对操纵器、信号和显示器提出了基本要求。

1. 操纵器

操纵器应与人体操作部位的特性(特别是功能特性)以及控制任务相适应,除应符合GB/T 14775规定外,生产设备关键部位的操纵器应设电气或机械联锁装置;对可能出现误动作或被误操作的操纵器,应采取必要的保护措施。特别对于在生产、调整、检查、维修时需要察看危险区域或人体局部(手或臂)需要伸进危险区域的生产设备,如粉碎机、绞肉机、双螺杆挤出机、冷库以及辐照、极端温度等设备和设施的设计必须采取防止意外启动措施。平时使用时,也要有制度和专人检查、登记。这方面惨痛教训很多,且令人惨不忍睹!

2. 信号和显示器

设计、选用和配置信号与显示器,应适应人的感觉特性,具体要求信号和显示器在安全、清晰、迅速的原则下,信号和显示器的性能、形式、数量、配置位置、颜色易变性都尽可能明确。对机械设备上易发生故障或危险性较大的区域,应配置特殊报警装置,其强度应明显高于生产设备使用现场其他声、光信号的强度,如用到 X 射线、紫外线、极端温度和电压的场所和地点。

4.3.2.2 控制系统

控制系统应保证,即使系统发生故障或损坏时也不致造成危害。要采用各种设计,如自动监控装置、信号报警装置、自动分离、制动或联锁保护装置等,特别要求控制系统内关键元器件、控制阀等均有高的可靠性指标要求等,保证机械设备的控制系统自动、智能的保证安全生产。比如当动力源发生异常时,控制装置应能自动切换到备用动力源和备用设备系统。对于危险区域进行多级、多重安全防护的同时,一旦发生异常,还应能强制切断设备的启动控制和动力源系统。

▶ 4.3.3 材料选用安全性

食品机械设备与工具由不同材料加工制造而成,食品机械各零件的材料选用不仅要科学合理,而且必须保证工作人员健康和食品安全。下面各点是食品机械工程师应该时刻牢记的:

• 对人或食物有危害的材料不宜用来制造生产设备。若必须使用,则应采取可靠的安全卫生技术措施以保障操作人员的安全和健康。特别是明确列入禁用品而使用者不熟悉或有些材料性质不清楚的情况下,一定要先熟悉材料的生物和理化性质,查对国家有关标准,最后判断并决定是否可以使用。食品包装材料的塑化剂事件就是一个很好的教训!

• 禁止使用能与工作介质发生反应而造成危害(爆炸或生成有害物质等)的材料,如使用大容量酒精的场所、易燃易爆制剂、化学试剂或产生大量粉尘等的生产环境。

• 易被腐蚀或空蚀的生产设备及其零部件应选用耐腐蚀或耐空蚀材料制造,并应采取防蚀措施。同时,应规定检查和更换周期。用于制造食品机械设备的材料,常与酸、碱及微生物接触,在规定使用期限内必须能承受在规定使用条件下可能出现的各种物理的、化学的和生物的作用。

• 食品机械要定期清洗消毒,可进行良好的清洗消毒也是食品机械重要的工作性能。

所以,食品机械在设计和制造过程中,要保证被清洗表面的光洁,无死角、不易锈蚀,以便于清洗干净。这部分内容本章将另有阐述。

▶ 4.3.4 环保安全性

保护环境是人类的共同目标,也是大多数国家的基本国策。食品机械环保安全性是指生产设备要保证对环境安全性的要求,即生产设备生产和使用过程中不应产生超过国家标准规定的噪声、振动、辐射和其他污染,能够保证所有排放物都不超过国家标准规定的指标。该要求是新项目上马之前通过环境保护评估实现的。一般来说,没有环评报告或环保部门批复的,一律不准开工。在项目运行和正常生产过程中,也会定期检查、抽查。特别是废弃物的排放,一定要达标。环保安全性从设备选购到使用、检查都不能忽视! 特别是食品加工可能影响环境的项目,一定要重视并建厂时就有解决排污问题的方案和措施!

另一方面,也要注意周边环境对食品厂的影响。一般要求食品加工厂的选址远离或处于上游上风位置,以防有害化学物质或重金属污染,如农药、化肥、水泥、垃圾处理、养殖场或矿产冶炼等。食品加工厂附近有些生物工厂也要注意。作者曾经遇到一食品厂长期微生物超标,多年寻找源头,努力改进工艺无效,后经系统排查原因是隔壁酱醋厂微生物随空气传播而致,安装空气净化系统后,问题立即得以解决。

▶ 4.3.5 操作人员安全性

安全生产,最主要的是操作人员的安全。本条就是保证操作人员安全性及其健康的原则。这条原则既要求在正常工作时不能对操作人员造成任何急性伤害,也要防止和避免慢性伤害。不仅要求设备能保证生产过程不能有可能导致危害操作人员安全的设计缺陷,还要求所设计生产的设备体现人类工效学原则,最大限度地减轻生产设备对操作者造成的体力、脑力消耗以及心理紧张状况。如在面粉加工等粉尘较多的车间,既应配备防爆设施,也应该配备空气清洁系统,防止员工吸入过量粉尘。

我国标准明确机械安全性要求有以下几点:

• 表面和棱角。表面和棱角属于食品机械结构设计的范畴,主要是使用安全性的要求。即在不影响使用功能的情况下,生产设备可能被操作人员接触到的部分的锐角、利棱、凹凸不平的表面和较突出的部位零部件应设计成不易伤人的较大圆角结构形状或有保护措施。美国消费品安全委员会 2008 年曾通报召回一批中美联合生产的冷藏箱和炊具套装,就是由于"冷藏箱锁扣的边缘过于锋利,有划伤使用者的危险"和"不粘锅把柄易断裂,有灼伤使用者的危险"。同年 12 月又通报召回一批 15 件炊具套装,原因是"该不粘锅的把柄易断裂,有灼伤使用者的危险"。2009 年 7 月欧盟通报一批出口波兰的带搪瓷烤盘烧烤架"由于制造技术不合格,无法保证烧烤架的稳定,而且可能出现穿孔现象,因此存在烧伤使用者的危险";同月美国消费品安全委员会通报召回一批中产不锈钢和搪瓷茶壶,不合格原因是"在使用过程中,该茶壶的壶盖易松动,有烫伤使用者的危险"。这些实例就是依据食品机械设备使用安全性的要求提出的。

• 工作位置。一线食品机械操作人员连续重复动作容易疲劳,生产设备上供人员作业的工作位置应舒适,生产设备上设置的座位应适合人体需要和功能的发挥。必要时,座位应能适当进行高度、角度和水平调节。生产设备上的操作位置,宜能保证操作者交替采用坐姿和立姿。通常宜优先设计坐姿。座位结构、尺寸应符合人类工效学原则并应满足工作需要和不易疲劳的要求。

操作室是整台机械设备的重要工作场所,设备操纵室设计除必须安全、可靠、实用外,还应能够防御外界干扰或危害(如噪声、振动、粉尘、毒物、热辐射和落物等);除保证人员操作的安全、方便和舒适外,还要保证操作者在座位上能直接控制全部操作部位及操作件并使其具有良好的视野。在出现紧急状况时,应保证操作人员在事故状态下能安全撤出。

对于高空工作人员,要有制度、措施防滑并加装栏杆、防护网等以防高处坠落等。

• 设备工作位置的照明。生产设备必须保证操作点和操作区域有足够的照度,但要避免各种频闪效应和眩光现象。生产设备内部需要经常观察的部位,应备有照明装置或相应设施。

• 过冷与过热。在食品生产加工中,经常有过冷过热的场合,有的高温并无明显标志,如焙烤盘架等,使用者容易忽视。所以,若生产设备的灼热或过冷部位可能造成危险,则必须配置防接触屏蔽。这种情况对于油炸、焙烤或超低温冷冻(如使用液氮)的地方尤为重要。必须配置防接触屏蔽外,还要明确标示,操作人员要经过专门培训,以免发生人身伤害事故。

• 检查与维修安全。食品机械品种较多,设备工作环境较复杂甚至较差,如过热过冷、酸碱等,检查、维修是不可避免甚至是经常的。所以在食品机械的设计和安装时,必须考虑检查和维修的安全性与方便性。必要时,应随设备配备专用检查、维修工具或装置。

——需要进行检查和维修的部位,必须能处于安全状态。需要定期更换的部件,必须保证其装配和拆卸没有危险。

——需进入内部检查、维修的生产设备,特别是缺氧、含有毒化学品、辐照的设备或冷库,必须设有明显的提示操作人员采用安全措施的标志。

——在检查、维修时,对断开动力源之后仍有可能存在残余能量的生产设备,设计上必须保证其能量可被安全释放或消除。

——动力源切断后再重新接通时会对检查、维修人员构成危险的生产设备,必须设有止动联锁控制装置。在食品加工企业,挤伤、割伤事故多数发生在正在检修或清理时其他人误接电源开机。

4.4 食品产品安全性

▶ 4.4.1 食品污染及其控制

食品的安全性问题源于食品容易遭受危害和污染。人们通常把外界物质对食品的危害按危害源总体分为物理危害、化学危害和生物危害三大类,按危害方式分直接危害和间接危害两类。辐照残留,杂物、毛发、金属屑片等混入食品,机械类危害等属于物理危害,是直接危害;近年报道的因果冻造成食用小孩窒息等也属于物理危害,是间接危害。非法加入非食用的化学品、药品,如瘦肉精、三聚氰胺、塑化剂等以及过量使用食品添加剂等属于化学危害,是直接危害;环境污染(水污染、土壤污染、空气污染)造成的重金属超标,农药、兽药、化肥及其他化学品的过度使用导致的农残、兽残超标等也属于化学危害,是间接危害。生物危害主要指致病性微生物、毒素、寄生虫、有毒动植物的污染,其危害方式可能是直接的,也可能是间接的。

显然,所有食品都不能有超出标准的任何危害。一般工厂都将金属等杂物检查列为HACCP 体系中的一个 CCP 控制点,就是为了避免物理性危害。而一般机械可能产生的化学品危害,如普通机械的润滑油等,都不能混入食品当中,应该有效隔离。国家标准 GB 16798—2009《食品机械安全卫生》明确指出:该标准的主要目标是防止食品在加工过程中受到有害、有毒物质和微生物病菌等物的污染,并由此而引起食品的腐败变质或对人体产生有害作用。标准着重于控制在生产加工过程中与食品可能接触的任何表面的安全、无毒及保持的良好卫生状态,同时也考虑到食品机械的通用安全要求。该版标准比 1997 年版本扩大了适用范围,明确既适用于食品加工机械也适用于具有产品接触表面的液体、半固体和固体等食品包装机械,还增加了如下要求:与产品直接接触的管道应采用不锈钢卫生钢管、管件及阀门,钢管及管件除应符合 QB/T 2467—1999《食品工业用不锈钢管》、QB/T 2468 等有关规定外,管道阀门应采用易于清洗和杀菌的卫生型阀门结构;GB 5083《生产设备安全卫生设计总则》及新修订的 GB 14881—2013《食品生产通用卫生规范》也对生产设备及其零部件的设计、加工、使用、安全卫生要求有相应规定,应该学习和遵守。

GB 5083—1999《生产设备安全卫生设计总则》六大原则中明确强调质量安全优先原则,即机械设备的设计、制造、选购、安装、使用都必须优先保证产品安全卫生要求,并有全面、具体的保证措施。目前国际通用规范要求必须有直接、间接和提示性三级制顺序保证安全卫生的技术措施:

1. 直接安全卫生技术措施

指生产设备本身应具有最基本的安全卫生性能底线,保证机械即使在异常情况下,也不会出现任何危险和产生有害作用。比如一条加工生产线,除从原料到产品全过程利用GAP、GMP、HACCP 以及栅栏技术的全程质量安全控制外,还有可靠的杀菌过程和预案,即使其中某个环节出了问题,也能保证产品安全性和质量。

2. 间接安全卫生技术措施

指若直接安全卫生技术措施不能实现或不能完全实现时,则生产设备总体设计就必须包括效果与主体先进性相当的安全卫生防护装置,即具有补充保证措施。比如冷库为预防突然停电设计的双线路供电或库温与柴油发电机自动连接设计。

3. 提示性安全卫生技术措施

指若直接和间接安全卫生技术措施不能实现或不能完全实现时,则应以说明书或在设备上设置标志等适当方式说明安全使用生产设备的条件。

任何食品机械的设计、使用者,都要记着保证食品安全和安全生产是任何食品机械的宗旨,而且是终身保证。应该有一个非常明确的理念,即一台合格食品机械绝不是仅仅满足本身机械性能(强度、刚度和寿命)和工作性能要求(如完成某一运动或动作),而且必须保证生产的食品是合格的。这比一般机械要求要高,难度要大! GB 14881—2013《食品生产通用卫生规范》对物理化学和微生物污染分别提出了明确要求。

(1)物理污染的控制　首先,应建立防止异物污染的管理制度,分析可能的污染源和污染途径,并制定相应的控制计划和控制程序;其次,应通过采取设备维护、卫生管理、现场管理、外来人员管理及加工过程监督等措施,最大限度地降低食品受到玻璃、金属、塑胶等异物污染的风险;第三,应采取设置筛网、捕集器、磁铁、金属检查器等有效措施降低金属或其他异物污染食品的风险;第四,当进行现场维修、维护及施工等工作时,应采取适当措施避免异物、异味、碎屑等污染食品。

(2)化学污染的控制　同样,首先应建立防止化学污染的管理制度,分析可能的污染源和污染途径,制定适当的控制计划和控制程序。其次,应当建立食品添加剂和食品工业用加工助剂的使用制度,按照 GB 2760 的要求使用食品添加剂。第三,不得在食品加工中添加食品添加剂以外的非食用化学物质和其他可能危害人体健康的物质;这就要求食品工程师一方面熟悉 GB 2760,同时,果断拒绝非食品添加剂的低廉价格或某种更理想的效果的诱惑。任何时候、任何情况下都坚守严格执行国家法规和标准的底线,不做违法和危害消费者健康的事情。第四,食品生产设备可能接触食品的活动部件润滑,应使用食用油脂或能保证食品安全要求的其他油脂。第五,建立清洁剂、消毒剂等化学品的使用制度。第六,食品添加剂、清洁剂、消毒剂等均应采用适宜的容器妥善保存,且应明显标示、分类贮存;领用时应准确计量、做好使用记录,责任到人。第七,关注食品在加工过程中可能产生有害物质的情况,鼓励采取有效措施减低其风险。

(3)生物污染的控制　生物性危害包含内容较多,但在生产加工过程中,主要包括虫害(即由昆虫、鸟类、啮齿类动物等生物造成的不良影响)和有毒有害微生物污染危害。GB 14881—2013 主要包括虫害和微生物控制两部分内容。

虫害控制包括:①保持建筑物完好、环境整洁,防止虫害侵入及滋生。②制定和执行虫害控制措施,并定期检查。生产车间及仓库应采取有效措施防止鼠类、昆虫等侵入。若发现有虫鼠痕迹,应追查来源,消除隐患。③应准确绘制虫害控制平面图,标明捕鼠器、粘鼠板、灭蝇灯、室外诱饵投放点及生化信息素捕杀装置等放置的位置。④厂区应定期进行除虫灭害工作。⑤采用物理、化学或生物制剂进行处理时,不应影响食品安全和食品应有的品质,不应污染食品接触表面、设备、器具及包装材料。除虫灭害工作应有相应的记录。⑥使用各类杀虫剂或其他药剂前,应做好预防措施,避免对人身、食品、设备工具造成污染。不慎污染时,应及时将被污染的设备、工具彻底清洁,消除污染。

微生物是造成食品污染、腐败变质的主要原因。微生物污染原因、形式多变,影响因素多,很难控制。所以新修订的要求更为全面具体。首先要建立相应制度。主要包括:①清洁和消毒:应根据原料、产品和工艺的特点,针对生产设备和环境制定有效的清洁消毒制度,降低微生物污染的风险。②建立并确保实施清洁消毒制度(包括清洁消毒的区域、设备或器具名称;清洁消毒工作的职责;使用的洗涤剂、消毒剂;清洁消毒方法和频率;清洁消毒效果的验证及不符合的处理;如实进行清洁消毒工作及监控记录;及时验证消毒效果,发现问题及时纠正等)。

对于食品加工过程的微生物监控,GB 14881—2013 要求:①根据产品特点确定关键控制环节的微生物监控;必要时建立食品加工过程的微生物监控程序,实施对生产环境微生物和过程产品微生物的监控。②食品加工过程的微生物监控程序应包括微生物监控指标、取样点、监控频率、取样和检测方法、评判原则和整改措施等。③微生物监控应包括致病菌和指示菌监控,食品加工过程的微生物监控结果应能反映食品加工过程中对微生物污染的控制水平。

有毒有害微生物污染是食源性疾病的主要来源,也是食品安全控制的重点、难点和长期任务。因为随着生物农药以及中兽药新技术的快速发展,有毒有害农药兽药的停止生产和使用,目前以农残、兽残为特征的化学危害将会出现逐步下降的趋势,而微生物污染却是一个永远的课题。微生物对人类最重要的影响之一是导致传染病的流行。而传染病的发病率和病死率在所有疾病中占据第一位。食品加工机械系统对食品的二次污染主要是微生物污染。还有,人们对食品机械影响极为重要的微生物被膜认识不多。为此,本章重点予以阐述。

4.4.2 微生物、食品微生物污染及其特征

微生物是指肉眼看不见、只有借助显微设备才能看清楚的微小生物。微生物在地球物质能量循环中起着极其重要的作用。生态学认为,绿色植物及一些原核生物,如深海细菌、根瘤菌等,是生产者,它们能够通过光合作用把太阳能转化为化学能,能利用简单的无机物合成有机物,从而为其他生物提供食物。绝大多数动物为消费者,直接或间接以植物为食。而微生物和少部分动物被称为分解者。它们能够把动植物残体中复杂的有机物,分解成简单的无机物,使之重新成为生产者的养分,从而形成生产者、消费者之间的循环。近年研究发现,人体本身就是一个微生态系统。在该微生态系统中,人的基因仅占10%,90%都是居住在人体的微生物。正是这些微生物菌群的变化、代谢、消长,决定人的身体消化、吸收、代谢及健康状态。

可见,全体微生物体系与自然生态,环境保护,人体代谢与健康,生物基因进化,基因和酶的代谢、调控,生物适应环境的机理,甚至社会科学均有密切的关系。所以,作为生物多样性的重要组成部分,微生物资源和多样性具有重要意义。从这一点看,微生物无好坏之分,存在的都是合理的,必要的!

对人体健康和饮食而言,微生物也是大多数对人类有益,但有一部分能直接致病,还有些微生物在特定条件下也会致病。微生物在自然生态系统中的分解作用,决定了微生物不可避免地引起食品变质腐败。而且食品本身营养丰富,有利于微生物滋生繁衍,就为致病致腐的微生物提供了条件和机会。

所以,无论从理论和实践来看,微生物危害的预防和控制难度很大。首先在于微生物本身的生理生化特性。①微生物个体体积小,比表面积大,其表面积与体积之比值是人体该比值的30万倍。这个特点使得微生物与周围环境的物质交换和能量、信息传递非常高效,无孔不入,显示出难以预料的代谢活力。所以,食品加工常用的工作台面、手、器具或设备清洗、消毒稍不细致,就会导致食品污染!②微生物趋嗜营养,吸收多,转化快,代谢类型也十分多样化,对自然界各种物质的利用和分解能力都很强,极易导致食物污染,天然地增加了危害预测和控制的难度。③微生物生长旺盛、繁殖速度快。在适宜条件下,多数细菌分裂一次仅需时 20～30 min。如适宜条件下大肠杆菌的代时为 20 min 左右。以此计算,8 h 后,1 个细胞可繁殖到 200 万个以上,10 h 后可超过 10 亿个。如果生产中原料细菌群落基数偏大,温度控制不科学,杀菌工艺不规范等,任意一个差池就导致食品中的微生物急剧增长而

严重超标。④微生物种类繁多、分布广泛且易变异，适应性强。无论是在上万米的海底（高压）、火山口（高温），还是高酸、高碱、高盐以及高辐射等普通生命体不能生存的环境，依然存在着各种各样的微生物。科学家发现在高达 350℃ 的火山口、在数万米的高空或在 1 000 m 以下的深海中都广泛存在着嗜酸（pH 3 以下）、嗜碱（pH 10 以上）、嗜盐（25 mol/L 以上）、嗜冷（可达 0℃ 以下）、嗜热（120℃ 以上）、嗜压（500 大气压以上）微生物。这些微生物本身使抗生素束手无策。而那些通常被认为法宝的抗生素的滥用使许多菌株发生变异，导致耐药性的产生，人类健康受到新的威胁。近年来屡屡出现的令科学家和世界震惊的超级细菌，就是例证。⑤人类对微生物认识有限。据粗略估计，地球上的微生物共有几百万种，迄今为止只有不到 10％ 为人们所认识了解，且每年还在不断发现数以千计的新种。这就使预选的清洗液、杀菌剂的针对性和作用大打折扣，增加了微生物污染风险。生物被膜的发现不仅是一个伟大的进步，也是食品保存和安全性的一个严峻的挑战！

4.4.3 生物被膜

4.4.3.1 生物被膜的概念、形成与特点

显微镜的发明使人类看到微生物以及微生物的浮游状态。然而，随着先进的电子聚焦显微技术的出现，科学家发现其实几乎所有的微生物都是以被膜形式群体生存。即不同种属的微生物共同定植于某种载体表面，同时分泌黏性胞外多糖将其自身包裹成微菌落，形成高度组织化、系统化的微菌落膜性聚集物。这种微生物生存状态和结构被称为生物被膜（biofilm，BF）。简单地说，生物被膜是一种由基质包裹的相互黏附或附着于体表或界面的微生物群体。美国科学家最新开发的一种新型荧光标记方法、结合采用超高分辨率光学显微镜，成功解析了细菌生物被膜的结构。新技术使得研究人员能够放大进入这些生物被膜的街道水平视图，从而了解它们如何从单个细胞生长并聚集形成房间和整个建筑物。

图 4-1 为单增李斯特菌浮游状态与被膜的比较。图中 SEM 是 scanning electron microscope（扫描式电子显微镜）的简写。

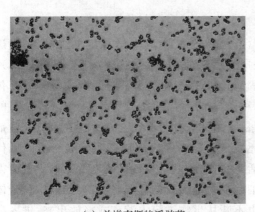

(a) 单增李斯特浮游菌　　　　　　　(b) 单增李斯特菌被膜(SEM×6 400,3 d)

图 4-1　浮游菌与细菌生物被膜

生物被膜的形成过程如图 4-2 所示：浮游状态→可逆附着→不可逆附着→胞外多糖物

质包裹→成熟→老化脱离进入浮游状态或形成新的BF。

细菌等微生物几乎可以附着在任何与其接触的适宜生长的固体表面,某种微生物首先随机黏附在固体表面的一部分,并由可逆附着变为不可逆附着。接着,附着微生物接触环境的可以被分解利用的营养物质,继续生长繁殖并分泌类似凝胶状的胞外聚合物(EPS),并将自己包裹起来。EPS不仅对外界条件变化有缓冲作用,而且在营养不足时微生物能降解EPS来维持自己的生命。不同微生物集合到一起构成形形色色的微生物同生群。自然形成厌氧菌在最里层、好氧菌在最外层的结构,进而形成一个微生态系统。各种微生物通过此系统获得营养物质及排泄废物,提高自己对环境的抵抗力。可以想象BF似乎是类似蜂巢一类的结构,而细菌或微生物就生活在这些巢室中,受到保护。微生物被膜成熟老化以后,则有一部分由于各种原因细菌脱落游离,处于浮游状态或形成新的被膜,周而复始。

食品机械与设备

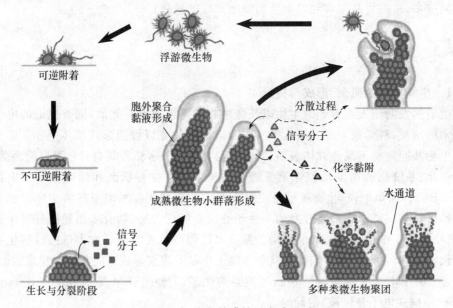

图 4-2 生物被膜的形成过程

4.4.3.2 生物被膜的危害

在食品加工过程中,细菌极易黏附于富含营养物质的原料、产品表面或加工设备、输送管道的某些部位形成微生物附着,并迅速发展成覆盖一定表面区域的生物被膜(图4-3)。有些微生物被膜厚度可能达数毫米,且粘贴牢固。这种生物被膜状态的微生物对环境变化极不敏感。有报道称,被膜状态的微生物对各种化学杀菌剂的敏感程度只有浮游状态的$1/10 \sim 1/1\,000$,耐热性也大幅度增加。有研究揭示,生物被膜具有抵抗各种抗生素、灭菌剂以及机体免疫系统对其的杀灭、吞噬作用等。还发现生物被膜内深层微生物能自身降低代谢率,在外界能量供给不足的情况下可长期存活,保护细胞避免受环境改变的影响。更值得警惕的是,微生物形成生物被膜后就为另外的细胞黏附提供新的位点,使游离的微生物个体不断地黏附在生物被膜上。随后,微生物个体也不断从生物被膜内游离或释放出来,进入宿主系统,使得生物被膜成为慢性感染源。所以说生物被膜比浮游状态的微生物抗性更强,持续时间更长,更难清除,危害更大。一旦形成生物被膜,控制相关感染与危害极其困难。而美国国家卫生研究院统计,80%的人类感染与生物被膜相关。不认识生物被膜及其特性,用对待浮游细菌的防控方法对付 BF,肯定效果不佳或根本无效。必须从设计、清洗等多方面防止微生物被膜的形成,保证食品机械的正常运行和食品产品安全。

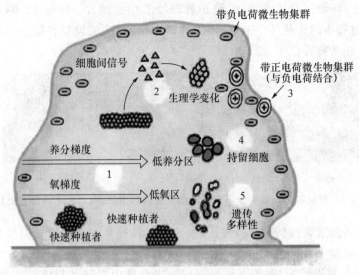

带负电荷微生物集群

细胞间信号

带正电荷微生物集群
(与负电荷结合)

2 生理学变化

3

养分梯度 → 低养分区

4 持留细胞

氧梯度 → 低氧区

1

5 遗传
多样性

快速种植者

快速种植者

图 4-3 生物被膜结构及高抗性原因

生物被膜以不可思议的倍数大幅度提高微生物的抵抗能力,使按一般机械设计准则设计的结构或表面粗糙度等参数不仅不再适应,反而可能成为不可理解的隐性生物危害的源头,导致产品不合格率成批出现,进而成为设备本身的一个固有缺陷,甚至会出现受污染设备因产品质量无法达到要求而处于报废的情况。在我国浓缩苹果汁生产行业,曾发现相当先进的带有 CIP(cleaning in place,在位清洗)系统的果汁加工生产线随着榨期延长,微生物类质量问题越多,最后出现同样一个系统同样生产工艺参数生产的产品出口被退回的实例。也发现人工清洗系统却从未出现此类倾向性问题。经研究发现,原来就是超滤弯头部位形成了细菌生物被膜,导致整个 CIP 系统失效。Heinonen 等研究发现并证实了经巴氏杀菌后能够存活的嗜热链球菌可附着在热交换系统中冷却部分的热交换板上形成生物被膜,在后续生产中导致干酪制品的腐败、产生酵母的味道或者引起过度发酵。也有文献称,如不及时清洗并杀菌,超过某一极限,生物被膜几乎到处都有:抹布、管道、刀具、加工台、灌装嘴、车间墙壁上,此时常规的清洁剂、杀菌剂、CIP 都对它无可奈何。

有报道称,即使在清洁和消毒后食品加工厂的排水管、传送带、墙面、裂缝、连接处以及阀门等处仍有生物被膜存在,成为食品机械加工产品难以消除的污染源。"十一五"国家科技支撑计划项目课题"优质纯生啤酒品质控制体系研究与应用"研究发现,现有啤酒加工设备长期存在的质量和安全问题原因正是灌装生产线灌酒机多个部位清洗不到位,包括进瓶星轮处、灌酒机对中罩以及酒槽突出部分等部位(图 4-4)。通过有效的手动机械和泡沫方式定期清洗得以解决。实际上就是这些部位容易形成生物被膜,使得正常的 CIP 系统难以发挥作用。

微生物被膜还影响食品加工部件或输送管道的传热特性。细菌易黏附于直接或间接触食品的各种管道或设备表面,如加工、包装、切割、灌注设备,输料槽,传送带,管道,板式换热器等表面,在适当条件下可发展为覆盖一定区域的生物被膜。时间较长会覆盖设备相当大的表面,在管道输送系统、换热器、冷却水系统中形成的生物被膜还会引起严重的生物结垢问题,严重的会使管道系统受限制或完全阻断小截面管道流动,减少输送管道的输送容量,改变输送参数,导致运行成本增加、维护管理等工作量加大。同时 BF 隔开热源和加热物料,降低加工过程中的传热传质效率、增加其动力消耗,造成设计性能的改变。有资料称全世界每年因此花费数百亿美元。

(a)灌酒机进瓶星轮处　　　(b)灌酒机对中罩　　　(c)酒槽突出部分

图 4-4　导致啤酒质量安全不稳定的细菌被膜形成部位(均为不易清洗处)

微生物被膜还强烈腐蚀机械设备表面,并形成恶性循环。金属腐蚀对任何机械设备的性能和寿命来说都是一个非常严重的问题。在美国,每年因为腐蚀引起的经济损失超过700 亿美元。据《北京青年报》在第五届全国腐蚀大会暨中国腐蚀与防护学会成立 30 周年庆典获悉,中国每年直接与间接损失近 5 000 亿元人民币。其中微生物腐蚀(microbiological induced corrosion,MIC)是主要原因。生物被膜的胞外分泌物含有带有负电荷的官能团,如羧基、磷酸根、硫酸根、氨基酸等,这些官能团除本身呈酸性、可直接导致金属腐蚀外,还可以和金属离子形成络合物,直接将金属的电子传递给氧或硝酸根离子从而加速金属的腐蚀。微生物被膜可导致不锈钢,碳钢,铜及其合金,铝及其合金,玻璃,混凝土等所有材料的腐蚀。食品机械大多数与液体或潮湿环境有关,极易形成生物被膜。一旦形成,就会加速机械零件表面造成侵蚀;一旦形成侵蚀,又容易导致新的生物被膜附着,从而形成恶性循环。

4.4.3.3　影响生物被膜形成的因素

总结现有的研究文献及实践,发现影响生物被膜形成的因素主要包括:

1. 微生物最常态的生活形态

美国加州大学伯克利分校加州计量生物科学研究所(QB3)及物理学系博士后研究人员发现:在微生物的自然生态环境中,99.9%的细菌会作为群落生存,附着在表面形成生物被膜。所以,食品机械正常运行,就必须定期清洁,预防产生生物被膜。

2. 环境温度

一般而言,环境温度越是接近适合微生物生长的温度,也就越有利于形成生物被膜。可见,在与其他条件不冲突的情况下,生产加工时要注意选用能抑制主要有害微生物生长繁衍的温度,防止或减缓微生物被膜的形成。

3. 微生物种类和数量

研究发现,微生物被膜的形成与环境微生物种类和数量呈正相关。即环境微生物种类和数量越多,越容易形成微生物被膜。所以控制进入加工系统和物料中的原始菌群在任何情况下都不能忽视。

4. 营养物

营养物质的增多有利于促进生物被膜的生长。这就提示在输送、加工或处理高营养物料时,更要注意防止生物被膜的形成。例如,在乳品贮运加工过程中生物被膜的形成就要比矿泉水同样过程中更容易,相应的防治、清除措施也更加困难,应引起更多的重视,采取更为有效的措施。

5. 流体性质与流动状态

在不同的流动状态下,流体的运动规律、流速的分布等都是不同的。流体力学用雷诺数表征黏性流体的流动特性。雷诺数小,意味着流体流动时各质点间的黏性力占主要地位,流体各质点平行于管路内壁有规则地流动,呈层流流动状态。雷诺数大,意味着惯性力占主要地位,流体呈紊流流动状态。有人实验,在彻底清除管道内表面被膜后,雷诺数为 9 500～11 500时,李斯特菌可在 1 d 内又重新覆盖形成被膜;而当雷诺数增加到 13 000～16 500时,1 d 后才可能出现单个细胞,7 d 内才会逐渐形成被膜。该实验证明较低的流速有利于被膜的生长,流体剪切力加大则会引起微生物附着能力的下降和附着生物量的减少。

6. 接触面材料

这方面研究和实验很多。基本结论是:细菌在接触表面的黏附是细菌表面特定的黏附素蛋白(adhesin)识别接触表面受体(receptor)的结果,表明 BF 形成具有选择性和特异性。即同等条件下接触面材料不同,其成膜速度和程度也不相同。PVC 表面和聚丁烯表面有利于生物被膜的生长及再生,中碳钢表面次之,不锈钢表面和 PE 表面则不太容易形成生物被膜,而在含铜、银表面,生物被膜的生长繁殖明显受到抑制。医疗器械工程师发现用表层镀银的合成材料可以防止微生物污染心脏人工瓣膜和导尿管等,而表面镀钛的人工声带则用来防止假丝酵母污染。可见恰当选择食品接触表面材料是阻止微生物黏附从而控制生物被膜的基本措施之一。这些实验结果应成为食品机械设计材料,特别是与食品接触表面材料选择的原则。

Percival 等对自来水中 304 和 316 型不锈钢上生物被膜的产生和形成过程进行了对比研究,发现 304 型不锈钢上比 316 型不锈钢更容易建立生物被膜。马士德的研究结果表明,铜片(包括铜合金)上不能形成生物被膜,其主要原因是由于铜在腐蚀过程中产生有毒的铜离子,不利于多数微生物附着,这说明生物被膜的形成还受金属腐蚀产物的影响。

7. 表面性质

研究和实验都发现,粗糙表面比光滑表面更易于形成微生物被膜。这是因为表面的缝隙、突起、裂纹等有利于微生物的黏附。中国农业大学韩北忠教授的研究发现:食品接触表面粗糙度的差异可引起其表面上金黄色葡萄球菌生物被膜中的活菌数产生显著差异。不锈钢片表面比玻璃片和 PE 塑料表面上的活菌数约多 1 个对数值。上海市口腔病防治院和同济大学口腔医学院通过对不同表面粗糙度的钛合金和钴铬合金试件进行白色念珠菌体外黏附试验,发现各钛合金试件组的细菌黏附量均少于相同表面粗糙度的钴铬合金试件组,而两种金属试件表面的细菌黏附量均随表面粗糙度的增大而增加。

这就是为什么各种不同标准都要求食品加工设备与食品接触表面采用不锈钢材料制造,而且设备的表面应无粗糙焊缝、破裂和凹陷,也要求足够光滑的表面,以减少生物被膜形成的可能性。

8. 物料的 pH

物料接近于中性的 pH 适合大多数微生物的生长并形成被膜,但被膜成熟以后,对 pH 的变化具有一定的适应能力。所以,对于酸碱度近于中性的食品,更要注意和防止生物被膜的形成。

9. 清洗间隔和排空速度

实践发现,设备清洗间隔越短、管道排空速率越快则导致系统中营养物质浓度降低及浮游生物的减少,不易形成微生物被膜。需要注意的是:同一产品相同条件下生物被膜形成往往有一个相对稳定的时间。工程师一定要摸索某一产品和设备形成 BF 的周期,在被膜形成前清洗,可以达到事半功倍的效果;反之,就难多了。比如前述例子中当雷诺数增加为 13 000～16 500,7 d 内会逐渐形成被膜,清洗则应在生物被膜未形成的 7 d 以前,若第 8 天清洗,防止生物被膜形成就相当困难。

4.4.3.4 生物被膜的清除

清洗是工程师对付设备中污染细菌的主要方法,但目前大多数工程师可能还不了解微生物被膜。有的工程师虽然知道微生物被膜,但还没想到微生物形成生物被膜以后抗性提高的程度!事实上对付呈生物被膜状态的细菌有机群体比单个浮游细菌难得多,以至于清除 BF 成为一个专业性工作。

去除生物被膜的常规方法有化学方法,机械清洗等物理方法以及物理化学与生物方法相结合的方法等。化学清理方法需要使用分散剂、表面活性剂、去污剂、酶制剂、灭菌剂等,或使用腐蚀性化学试剂如强酸、强碱等。

1. 化学清洗

生物被膜黏附力强,不易被冲洗掉,纯粹用水冲洗效果非常有限,甚至无效。若配合使用清洗剂使生物被膜胞外聚合物脱落,则效果较好。所以清洗时,建议在清洗液中加入除垢剂或酸、碱、酶等,以减少生物污垢与表面的结合力而容易清洗。一般而言,酸性清洁剂处理的效果较碱性清洁剂差。Mattila 等研究比较后发现:漂白粉能较有效地去除生物被膜,其次为氢氧化钠溶液、过氧乙酸溶液。主要原因就是它们均能彻底溶解微生物的胞外聚合物并杀死微生物。另外,清洁剂的调配温度大于 52℃比小于 40℃清洗效果要好。

2. 强力喷射清洗

利用喷射设备将介质以极高的冲击力喷入换热器、管道中和设备表面等,以达到除垢的目的。常用的介质有水、蒸汽等,但是仅仅依靠冲击力不能去除,必须配合足够的热才能松动生物被膜为主体的污垢。这种方法可避免使用有害或有毒的化合物,还可灭杀有害微生物,但仍可能会残存耐热性细菌。

3. 机械擦洗

主要依靠毛刷、钻头、清洁头等在设备表面或管内的机械运动而去除被膜污垢,可以在挠性轴的端部装上刮刀或钻头,也可以使用棉纱、海绵球、钢丝刷子等来清洗较低硬度的污垢。这种方法操作简单,但效率较低,不利于杂物的迅速排除,清除不够彻底,也可能导致设备、管道内外表面具有保护作用的氧化物膜等涂层的磨损。所以这种情况主要用于局部严重 BF 的前处理工序,在苹果浓缩汁加工生产线上,超滤管道弯头部分采用这种方法往往效果非常明显。

4. 超声波清洗

这种方法是利用超声波的空化效应、活化效应和剪切效应进行除垢。该方法在石油化工、制糖等一些工业行业应用较多,效果也较好。超声波处理可软化生物被膜,但受到对超声波敏感物质的限制。难点在于针对不同物料、不同装置类型和传热面积大小,选择合适的超声波功率和频率等。对不同情况下超声波相关参数的选择很敏感,实际应用参数需要具体研究才能确定。

5. 生物清洗

利用生物方法清洗主要利用相关酶类,比如有实验报道适用于多糖的纤维素酶,对微生物被膜多糖作用明显,可以用来清洗或配合清洗 BF。也有医学研究人员提出基因调控等方法控制生物被膜的形成,其机理主要是以分子生物学方法改变胞外多糖物质的分泌,进而降低微生物对宿主的黏附作用,控制生物被膜的形成。

总而言之,微生物形成生物被膜后抗性显著提高,耐热性也相应增加,对环境变化不敏感,感染部位难以彻底清除,危害更加严重,因此预防食品加工设备生产加工过程中生物被膜的形成往往会比在其形成之后再杀灭它显得更加有效。这就要求在食品机械设备的设计和制造时除满足功能、可靠性、工艺性、经济性和外观造型等多方面要求之外,还需要特别考虑其生物安全性问题,尽可能减少和避免生物被膜的形成。

4.5 食品机械安全性设计及 GMP 为核心的工程措施

鉴于设备上的生物被膜对产品质量安全造成的严重危害,食品机械安全性设计准则应特别考虑其生物安全性问题,重点强调如何避免生物被膜的形成以及形成后的处理措施,制定合理的清洗方法和清洗周期,保证食品机械加工产品的安全性。根据国家安全生产、机械安全卫生和食品安全法规标准,结合微生物被膜的特点和形成规律,食品机械安全设计准则和 GMP 为核心的工程措施必须重视以下方面。

4.5.1 食品机械的安全性规范设计

食品机械属专用机械,除应遵循国家有关机械安全的法律法规和标准外,应该突出《食品安全法》为主体的系列法规和标准。

首先,食品机械的设计、选型、安装、改造和维护必须符合预定用途。应该由选定的产品形态及其工艺决定设备的设计和选型,必须实现所要加工食品的过程及其决定的工艺要求。比如,一套果汁加工生产线,就要保证实现:原料→水道清洗→提升→拣果→鼓泡清洗→喷淋清洗→打浆→酶解→榨汁→分离→杀菌→浓缩→检验→包装→入库等工艺流程及其物料输送功能,保证所需所有设备及管道水电连接。工作性能不能保证,整个机械就失去最基本的意义。其次,机械本身要安全可靠。设计部门和设计师要特别注意精心设计、校核整条生产线的每台设备、每个零部件、每段管道以及整个系统是否安全、稳定、可靠。最后还要符合安全生产,保证生产出来的食品质量和安全。所有与食品接触部分的设计都要保证微生物被膜不易形成,且易于清洗、消毒或灭菌,能防止差错和交叉污染,并便于生产操作和维修保养。设计不合理产生的问题,比如,生产线虽配备有可靠杀菌设备,但不能保证无菌灌装,产品可能被二次污染;或者不能控制杀菌前菌落总数,导致杀菌装置不能保证产品达标;或者输送管道不易清洗,容易形成细菌生物被膜,致使杀菌设施及所设定参数失效等。要始终牢记"任意一个疏漏都可能导致产品质量与安全性不合格"。食品机械安全性事关全局,一定要事先充分分析论证，不能留任何漏洞。

当然食品机械设计应符合标准化、通用化、系列化和机电一体化或智能化的要求。实现生产过程的连续密闭，自动检测。必须强调，GMP 规范要求必须建立并保存设备采购、安装、确认的文件和记录，生产设备应当在确认的参数范围内使用。主要生产和检验设备都应当有明确的使用、清洁、维护和维修的操作规程，并保存相应的操作记录。

▶ 4.5.2　食品机械材料安全性

食品机械设计包括所用材料选择都必须以食品产品安全为前提。《食品安全法》第四章第二十七条(六)指出："贮存、运输和装卸食品的容器、工具和设备应当安全、无害，保持清洁，防止食品污染，并符合保证食品安全所需的温度等特殊要求，不得将食品与有毒、有害物品一同运输"和"避免食品接触有毒物、不洁物"。所以 GMP 规定制造设备的材料不能对食品的性质、纯度、质量产生影响，需具有安全性、可辨别性及使用强度。与食品半成品或成品直接接触的零部件应采用无毒、无腐蚀、不与食品发生化学反应、不释放微粒或吸附食品的材质。不仅"在正常使用环境下，材料对人无危害"，而且要保证或避免材料中的有毒有害物质过量转移到食品中。因而在选用材料时应考虑设备与食物等介质接触，或有腐蚀性、有气味的环境下不发生反应，不释放微粒，不易吸着或吸湿等，减少生产中跑、冒、漏、滴等现象，减少火灾、爆炸等安全事故的发生，以及减少对环境及食物的污染。还应避免微生物被膜的形成。

为此，世界各国都对与食品接触的材料及工具有不同的标准与规定，非常具体细致。我国相关标准对食品机械、刀具、容器、包装材料等所用材料都有明确规定。其中《食品容器、包装材料用添加剂使用卫生标准》(GB 9685—2008)中规定了食品容器、包装材料用 959 种添加剂的使用原则、使用范围、最大使用量、特定迁移量或最大残留量及其他限制性要求。特别应该注意，该标准强调"未在列表中规定的物质不得用于加工食品容器、包装材料"。因此，金属制品生产企业应注意选择所用涂料原料，可要求供应商提供符合相关卫生标准的证明材料，必要时应列出使用物质名称及用量，以保证最终成品的安全符合性和可追溯性。《包装用塑料复合膜、袋干法复合、挤出复合》(GB/T 10004—2008)对溶剂的残留量提出了应小于 $0.01\ \mathrm{mg/m^2}$、苯类溶剂不得检出的严格要求。

在使用金属材料时，凡与食物或腐蚀性介质接触或在潮湿环境下工作的设备，均应选用低碳奥氏体不锈钢材质、钛及钛复合材料等。非上述部位可选用其他金属材料，原则上用这些材料制造的零件均应作表面保护处理。对铁基涂覆耐腐蚀、耐热、耐磨等涂层的材料制造食品机械设备时应谨慎处理。另外，同一部位(部件)所用材料要一致，避免不锈钢配件与普通碳钢螺栓混用。选用这类材料的原则是无毒性、不污染，结构上不易掉渣、掉毛。特殊用途的还应结合所用材料的耐热、耐油、不吸附、不吸湿等性质考虑，密封填料和过滤材质应注意卫生性能的要求。还要注意材料腐蚀及其造成的危害，比如生锈、硫化及氮化等化学腐蚀。

对于出口的食品机械和器具，则要符合出口国的标准、规定和要求。比如不锈钢，虽然目前国际组织对用于食品接触制品的不锈钢无通用的成分限制，但欧盟不少国家则有特殊要求。如法国就有不锈钢食品接触制品铬的最低含量($\geqslant 13\%$)和其他合金元素最高限量(Mo、Ti、Al、Cu：$\leqslant 4\%$，Ta、Nb、Zr：$\leqslant 1\%$)的规定。还对碳、硅、锰、磷、硫、钒、氮、硼等元素的含量有限制,并规定"未经买方同意,未列入的元素不得有意添加到钢的组分当中(预期生产铸件的除外)"。因此出口法国的不锈钢制品生产企业应按这些规定选择材料。在意大利,也有一个用于食品接触的不锈钢牌号"肯定列表",这些牌号必须在特定条件下通过蒸馏水、橄榄油、乙醇水溶液和3‰醋酸溶液中的腐蚀性试验。在英国和其他国家也有相似的法规。欧洲理事会 ResAP(2004)决议规定食品器具表面涂层向食品的迁移量不得超过0.1 mg/cm^2;容积在500 mL~10 L之间的容器或相当制品,或可被填充但无法估算接触食品表面积的制品,或瓶盖、垫片、瓶塞等密封装置,释放迁移到食品中的成分必须小于等于60 mg/kg。

近年来,欧盟通报我国金属制品出口不合格的原因多数是不锈钢或金属镀层制品重金属迁移超标,并呈逐年上升态势。2009 年欧盟 RASFF(食品和饲料快速预警系统)通报我国不合格食品接触材料中,金属制品铬、镍迁移超标的批次占1/3强。有些牌号不锈钢在酸溶液中易析出铬,低质镀镍容易产生镍迁移超标,不少企业为此而被退货。

事实上,近年来国内外不断有新的有毒有害物质被发现,而我国许多食品及有关厂家还不能及时获得信息。如已经发现作为PVC起始物的氯乙烯单体会对人体产生危害,欧盟78/142/EEC指令规定"残留氯乙烯单体在材料中最高含量为1 mg/kg,材料迁移的氯乙烯单体不得达到0.01 mg/kg的可检出水平",而在我国PVC还是罐头金属瓶盖上密封胶的主要原料,还有不少用来制作盛装食品的容器。环氧树脂涂料也被发现其中某些环氧衍生物会迁移到与涂层接触的食品中,引发出安全问题。因此,欧盟委员会2002/16/EC指令对这些环氧衍生物的使用或存在进行限制。但我国在食品容器、包装中仍有大量使用。2011年我国台湾和沿海爆发的塑料包装导致食品中塑化剂过量,就是一个实例,曾引起消费者一片恐慌。

国际组织也有不少防止形成微生物污染的规定。如 ISO 8442—1 除对刀具材料选择作出要求外,还要求刀具设计应能便于进行清洁处理,以避免污染所制备的食物。刀具表面不得有鳞片、裂痕、褶皱及其他可能导致不适于预期用途的疵点。刀具所有边缘应无披缝、毛刺,刀具坯件的边缘粗糙部分应已除去等。

所以,食品机械工程师要熟知微生物被膜在不同特征表面的形成特点,和国内外相关行业规定,在设计选材料时予以重视。比如原料输送管道、生产用水输送管道等应尽量采用不锈钢管,避免使用PVC或其他管材。

4.5.3　与食物接触面结构形状科学合理

食品机械加工离不开水和温度,且产品绝大多数营养丰富,细菌容易滋生繁殖。有害微生物往往容易匿藏在螺纹、沟槽、焊缝、弯角、粗糙表面等不易清洗的地方。所以,食品机械尽可能不设计台、沟及外露的螺栓连接。零部件表面应平整、光滑、无死角,无盲管等结构,易清洗易消毒。加之,食品机械使用过程中,频繁遇到物料品种变化或换批,为避免物料的交叉污染及其成分发生反应,清除设备内外部的粉尘、清洗黏附物等操作与检查是必不可少的,且要求极为严格。所以食品机械对零部件形状有系列特殊要求。

4.5.3.1　外形简单平整,便于清洗

这是为达到易彻底清洁要求对设备整体及必须暴露的局部的总体要求。在GMP观点

下进行形体的简化,可使设备常规设计中的凹凸、槽、台变得平整简洁,可最大限度地减少藏尘、积污,易于清洗,也防止微生物被膜的产生,保证食品安全性。

4.5.3.2 结构形状设计合理

流体流动速度与微生物被膜形成关系极大。所以食品加工设备的结构、产品输送管道和各种连接部分等处应尽量避免存在容易造成低流速、滞留等的凹陷及死角;产品区域需开启方便,处于该区域不能自动清洗的零部件必须可以简单、方便地拆卸和安装,不可拆卸的零部件应可自动清洗,允许不用拆卸进行清洗时,其结构应易于清洗,并达到良好的洗净效果;处于产品区域的槽、角及圆角应利于清洗,表面上所有连接处应平滑,装配后易于自动清洗,永久连接处不应间断焊接,焊口应平滑,无凹坑、针孔,须经磨光或抛光处理,非产品接触表面应无疵点、无裂缝,如有电镀、油漆或其他涂层,镀面、漆面等应与本底结合牢固、不易脱落,形成的表面应光滑、美观、耐久、易于清洁,焊缝应连续焊接,焊口应平滑,无凹坑、针孔等。

对于机械传动等与生产操作无直接关系的机构,应尽可能设计为内置、内藏式或能够很好密封,以防工作人员衣物等卷入或润滑油外露。包覆式结构是食品设备中最多见的,也是简便的手段。将复杂的机体、本体、管线、装置用板材包覆起来密闭,以达到简洁的目的。

4.5.3.3 表面质量

与食物接触部分的构件,均应具有不附着物料的光滑表面。抛光处理是有效的工艺手段。抛光的物件主要是不锈钢板材、铸件、焊件等,且抛光的外部轮廓应力求简洁、抛光到位。相同材料时表面越粗糙越容易形成生物被膜。Stone 与 Zottole 等研究发现:不锈钢台面的光洁度不同形成的生物被膜的量也不同,表面的裂缝及凹坑有助于微生物的吸附,不利于清洗和消毒,更易形成生物被膜。因此机械设备、工具的外表面应尽量避免各种不必要的或装饰性的花纹和浮雕、镂花等,以保证光滑、无棱角、无尖刺,容易流动,容易清洗。在不造成其他危害的情况下可在设备、管道等内外表面喷涂一层抑菌物质以防微生物的黏附和生物被膜的形成。

图 4-5 至图 4-9 是一些结构设计比较举例,供设计、选用和安装食品机械设备时参考。

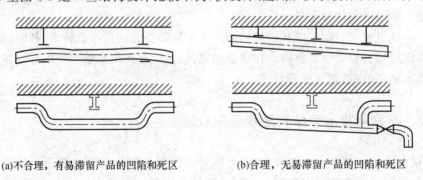

(a)不合理,有易滞留产品的凹陷和死区   (b)合理,无易滞留产品的凹陷和死区

图 4-5   管路布置设计

4.5.3.4 密封隔离,避免污染

食品品种很多,生产工艺及环境复杂,在配料、制造、冷却、灌装和包装等工艺过程中经常要求分隔分离进行,不允许互相接触、混合。这就要求生产过程必须密闭、隔离来保证质量。隔离技术常用在饮料、烘焙食品、休闲食品等对保质期有严格要求的行业。饮料加工行业为避免污染,需在生产工序的加工设备周围设计并建立隔离区,将操作人员隔离在灌装区

以外,最大限度降低操作人员对环境的影响和无菌生产环境中产品被微生物污染的风险。密封则用于防止异物进入食品。如外部零部件伸入到产品区域,必须设置可靠的密封,以免产品受到污染;如产品区域存在润滑型轴承,应对其部件实施封闭并与工作室隔离,润滑剂不得对食品、包装容器等造成污染;如相对运动摩擦产生微量异物时,必须具有可靠的密封装置以防止产品被污染;如原料区域、半成品区和产品区之间的隔离与密闭;如在一些情况下应加防护罩以防止异物落入或害虫侵入;如工作空气过滤装置应保证不得使 5 μm 以上的尘埃通过,并防止和避免微生物以气溶胶形式散播到空气中等。

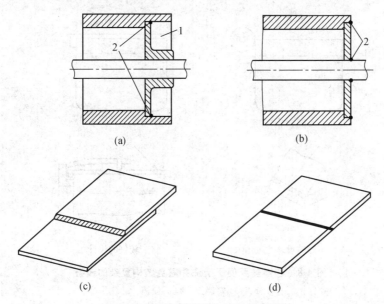

图 4-6 部件焊接部分的结构设计
(a)不合理,存在:1. 滞留产品的死区   2.焊缝不易打磨   (b)合理   2. 焊缝易打磨
(c)不合理,焊缝不易打磨   (d)合理,焊缝易打磨

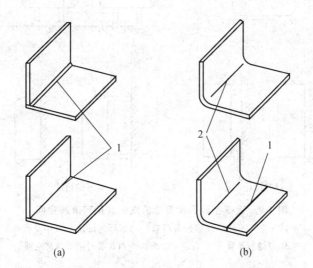

图 4-7 钢板转角部分的结构设计
(a)焊缝设计在转角处,不合理   (b)转角处采用折弯结构,合理
1. 焊缝   2. 折弯

4.5.3.5 以 GMP 为核心的工程措施

1. 车间环境净化

微生物无所不在,食品加工车间是安置设备和加工产品的场所,一般情况下微生物污染不可避免,许多表面还容易形成微生物被膜。所以食品不同车间的科学设计和卫生保证措施必不可少。不同食品加工良好操作规范(GMP)对车间的要求非常具体细致。一般车间卫生要求包括两个方面:一是车间结构和设备;二是空气。

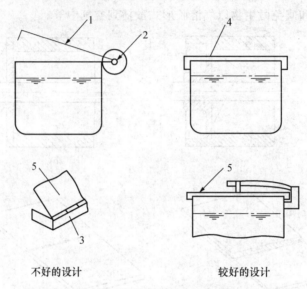

不好的设计　　　　　　　　　较好的设计

图 4-8　容器盖要便于清洗并避免结构复杂的铰链

1、4、5. 容器盖　2、3. 铰链

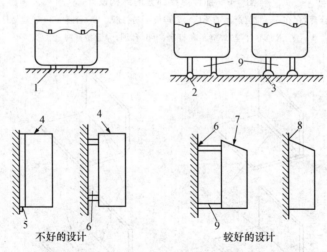

不好的设计　　　　　　　　　较好的设计

图 4-9　设备在地面和墙壁的安装要留有清洗空间

1、5. 清洗空间不足　2. 空间易清洗　3. 无死角设计　4. 不易清洗
6、8. 焊缝容易修平　7. 容易清洗　9. 有足够打磨和清洗空间

对于车间结构,包括地面、墙面、墙脚、窗户窗台、管道、排水等,有多方面的要求。比如,一般生产车间地面应平整且有一定的坡度以保证不积水,易于清洗消毒;墙裙应贴 2 m 以

上白色瓷砖;顶角、墙脚、地角应设计为弧形,窗台为坡形,避免产生不易清洗的死角;车间须通风良好,应考虑安装通风设施,保证及时排出潮湿和污浊的空气;此外车间内应设有清洗、消毒设施,地面要符合规定坡度,而且必须按规定涂不同颜色的油漆等。

对于生产设备,根据不同设备的特性,除一般要求和规定,如要求生产设备和生产线有CIP或有充足的冷、热水源,便于及时清洗、消毒等,还有一些经验做法,都与细菌积累和微生物被膜有关。比如:食品加工设备中的活性炭过滤器,常用来吸附有机物、去除含氯氧化剂等,但却是微生物生长的"温床",所以要特别当心。这类设备的微生物控制措施是保持合适的压力和流速,经常反洗,定期巴氏消毒或定期更换滤芯。超滤装置常用来分离分子质量不同物质、微生物类杂质以及内毒素,其主要元器件耐热、抗氧化,所以可用高至80℃的蒸汽或抗氧化剂杀菌。对于超滤装置中流速较低的弯角死角,则要定期特别清理。反渗透装置常用来去除水中的可溶性有机、无机污染物或有除盐作用,但这类装置对温度、抗氧化剂、消毒剂都比较敏感,所以反渗透装置微生物控制要坚持定期清洁消毒,且须采用温和的消毒剂。储存分配系统的微生物控制是难点,一般以栅栏技术控制、抑菌预防为主,消毒、灭菌为辅,特别强调设计、材质、建造和日常监控。贮罐的基本设计原则一是能完全排空;二是在保证稳定性的前提下,形状高且直径小;三是通气口可控菌、灭菌;四是所有表面都能由流水冲洗。这些经验主要靠熟悉设备构造特点、微生物及其被膜形成规律以及操作工程师的经验积累总结。

良好操作规范(GMP)要求食品加工工作空间有相应洁净度。凡有食物暴露的室区洁净度达不到要求或有人机污染可能的空间原则上均应设计空气净化系统。不同的成品及其工艺所要求的洁净度和净化形式并不相同。通常,使用气体的设备尤其是气体与食品或直接与食品包装材料接触的设备,如泡罩包装机,所用气体需要经终端过滤除菌处理,对于空间或表面,可以紫外照射等。而瓶子、胶塞及包材的清洗,应保证工艺用水的洁净度,一般使用已消毒自来水、纯净水、臭氧水、电解水等。粉碎、制粒、压片等容易产生粉尘的设备应设置除尘或捕尘机构,以防污染环境甚至引起粉尘爆炸。在洁净室或洁净度受控场所,可通过净化空调或通风系统对各功能间净化并保持相对的压差,防止粉尘扩散与交叉污染。

近年来推广的"食品动态空气消毒机"系统是一种简便有效的环境净化设备。该装置一般采用高电压电离子等离子静电场对细菌进行分解与击破,将尘埃炭化并吸附,再组合药物浸渍型活性炭、静电网组件进行二次杀菌、过滤,经处理的洁净空气大量快速循环流动,使食品车间的环境保持在相对的"无菌无尘"状态,使车间空气可达不同等级的净化。该设备的优点是在对车间消毒时,人可同时在车间内工作,所以称作"食品动态空气消毒机"。安装有"食品动态空气消毒机"的车间,食品可在无菌环境下从半成品转至冷却、挑选、内包装及灌装等环节,有效避免空气中的微生物及菌落附着在食品表面繁殖滋生,形成二次污染,也可减少高温、微波灭菌时间,使食品口感更佳,保质期延长。双循环的食品动态空气消毒机送新风可提高车间的舒适度,加大空气对流的速度,加快食品冷却,减少空气菌落污染食品的概率,淡化车间内异味。这种设备无耗材及任何设备维护费用,只需对进风处过滤网进行清洗。但食品动态空气消毒机的造价高于紫外线、臭氧,且只能用于空气消毒,对物体的表面微生物没有灭杀作用,也不可用于水的消毒。

车间空间消毒可将紫外线杀菌、臭氧杀菌、食品动态空气消毒机配套起来使用,益于保障食品安全。即工人工作时,用食品动态空气消毒机对冷却车间、包装车间及灌装车间环境消毒。工人下班或休息时,用臭氧制成的臭氧水对车间地面、工作容器等消毒;成品仓库、原料间、配料间等可采用臭氧空气消毒,并有驱赶老鼠、苍蝇等生物功效。工人下班后,可采用紫外线对冷却车间、包装车间及灌装车间环境消毒,预防工人休息期间空气中微生物滋生与繁衍。当然还有其他灭菌方法,如:利用空调系统配置的等离子体弥漫消毒机对洁净区空气灭菌,能杀死多种致病微生物,有较广的扩散性,无死角,不存在任何有毒残留物,没有二次污染。

2. 设备的科学清洗

在食品生产中,设备的清洗和灭菌是驱除微生物污染的主要手段。GMP 明确规定食品机械与设备要易于清洗。规定更换产品时,对所有设备、管道及容器等必须彻底清洗和灭菌,以消除活性成分及其衍生物、辅料、清洁剂、润滑剂、环境污染物质的交叉污染,也消除冲洗水残留异物及设备运行过程中释放出的异物和不溶性微粒,降低或消除微生物及热源对食品的污染。随着对生物被膜及其特征的不断了解,食品工程师发现生产设备清洁时间和方法对阻止生物被膜形成非常重要。要保持食品加工车间及设备的清洁,特别是无菌设备或直接接触食品的部位和部件的清洁,不仅要认真清洗更要及时清洗。最好配备在位清洗系统(cleaning in place,CIP)及在位灭菌(sterilization in place,SIP)系统,并应标明清洗和灭菌日期,必要时进行无菌效果验证。在采用 CIP 清洗时,以下几点非常重要:一是清洗频率。这主要与细菌的积累和生物被膜的形成速度有关。Mattila 等通过对生物被膜的清洗频率研究认为时间间隔不应超过 8 h。二是有针对性。由于不同种类微生物形成的生物被膜对各种试剂的抵抗能力不同,要采取正确的清洗、消毒方法才能有效地除去生物被膜。Schwach 等为除去吸附在设备表面的沙门氏菌、仙人掌杆菌,采用水洗再以次氯酸钠处理,发现该方法无法去除所吸附的生物被膜,而用 0.5% 的过氧乙酸水溶液处理,效果非常好。一般原料输送管道、生产用水输送管道等设计时应装有用于清洗的蒸汽管,在平时清洗时,利用余热加热清洗较易于清理,同时抑制未形成被膜的微生物。因为生物污染物一般情况下与温度关系极大:80℃ 时,只有孢子和一些极端嗜热菌才能存活;大多数嗜热菌在 73℃、病原菌在 50～60℃、微生物的营养体在 60℃ 以上就停止生长。所以,蒸汽灭菌适合杀灭所有存活的微生物体;而高温、高压(如 121℃ 0.2 MPa)适用于耐压容器和管道,如 WFI 储存分配系统。臭氧(O_3)也常用于食品机械与管道的清洗,臭氧是强氧化剂,不产生副产品和残留物,适用于纯化水管道的消毒。

大型设备和生产线的清洗和杀菌是一个难题,一则体积大,二则装拆工作量大甚至不可能! 于是,在位清洗(CIP)和在位杀菌(SIP)系统应运而生。

CIP 系统是包括设备、管道、操作规程、洗涤剂配方、自动控制和监控要求的一整套技术系统。该系统不用拆开或移动装置,而采用高温、高浓度的洗涤剂等措施,利用受控的洗涤剂的循环流动(不能倒流),对设备装置加以强力作用,清洗污垢,从而把食品的接触面清洗干净。CIP 清洗系统有以下优越性:能保证一定的清洗效果,提高产品的安全性;节约操作时间,提高效率;节约劳动力,保障操作安全;节约水、蒸汽等能源,减少洗涤剂用量;生产设备可实现大型化,自动化水平高;延长生产设备的使用寿命。加入其中的化学试剂是决定 CIP 洗涤效果最主要的因素。一般厂家可根据清洗对象污染性质和程度、构成材质、水质、所选清洗方法、成本和安全性等方面来选用洗涤剂。常用的洗涤剂有酸碱洗涤剂和灭菌洗涤剂。该系统以前常用于对卫生级别要求较严格的生产线或大型设备的清洗与净化。目前应用越来越广泛,一般卫生级别要求但自动化程度较高的设备中也多采用。但这种方式存在需水量大、设计不当时有清洗死角以及洗涤剂残留等问题。清洗死角往往正是微生物被膜的高发地,如不及时发现和清理,会影响 CIP 效果,微生物被膜分布严重时会导致 CIP 系统失效。

微生物的特点是在一定环境条件下会迅速繁殖,数量急剧增加。而且空气中存在的微生物能通过各种途径污染已清洗的设备。所以,食品加工 GMP 明确要求控制生产各步的微生物污染水平满足生产和质量控制的要求。因此,及时、有效地对任一生产过程结束后的设备进行灭菌显得尤为关键。对于大型和整条生产线来说,单体杀菌显然是不可能的。所以,随着食品加工规模化、自动化、智能化的发展,出现了在位杀菌(SIP)。在位杀菌(SIP)指生产线系统或设备在原安装位置拆卸不移动条件下的灭菌。SIP 系统经常和 CIP 联合使用,主要用于食品生产过程的管道输送线、配制釜、过滤系统、灌装系统、水处理系统和冻干机系统等的杀菌清理。SIP 所需的拆装操作很少,容易实现自动化,从而减少人员原因导致的污染及其他不利影响。SIP 系统一般采用蒸汽杀菌,需要特殊的供汽设备、排冷凝水的设备和灭菌程序监控及结果记录的设备。因而在位杀菌系统的应用始于系统的设计。同时,SIP 要求工程师熟悉并及时检测微生物污染状况,及时实施 SIP。

4.5.3.6　在线监测与控制

食品安全需要在生产过程的每个环节全程控制。以往很多制造商会通过非常严格的操作规章制度及要求来控制工人的操作行为,同时通过人工抽检的方式降低污染概率,但是这些措施往往不能从根本上消除食品安全隐患,并且会因检测效率低下而影响生产和产品质量。理论研究和实践都发现,食品生产的连续性容易实现工序传输时间最短,大幅度减少人与食物的接触及食物的暴露时间。所以,成为设备设计与设备改造中的有效措施和重要指导思想。生产实践也证明把前后工艺设备有机地衔接成流水线,有效地克服了由于多次转序而造成的交叉污染。这就要求设备设计能够具有连接、配套以及分析、处理系统,能自动完成几个步骤或工序的功能,连线生产。自动化的在线检测设备成为很多注重产品质量的制造商的首要选择。自动检测通过自动称重、色选、体积大小、含水率、温度、压力、黏度、pH、气味(电子鼻)、滋味(电子舌)等专用传感器、电子设备或计算机实现。新的定性、定量生物传感器和可测定微生物的芯片、试剂盒也不断出现,在线测量和自动控制,甚至智能化生产已经成为可能。食品机械工程师紧紧跟踪这个趋势,可以事半功倍地保证和提高食品机械和产品的质量与科技水平。

4.5.3.7　食品加工机械与设备的认证

好的食品加工企业,都会争取并经过 QS、GAP、GMP、ISO 9000、ISO 22000、HACCP 等各种各样的认证和验证。食品机械与设备无一例外地成为所有认证或验证过程的主要受检硬件和重要指标。认证指根据不同认证要求,对食品加工和检测设备在数量、质量和性能方面的检查和承认过程。生产设备验证是指通过联动试车的方法,考察工艺设备运行的可靠性、主要运行参数的稳定性和运行结果的重现性等一系列活动,故其实际意义即模拟生产。食品企业积极参与这些认证对设备的规范管理、维护和正常运转有重要的促进作用,食品机械与设备工程师,要积极参加。

食品机械是现代食品加工高效和高质量的重要保证,安全性是食品机械的生命。各种食品污染,特别是微生物污染是食品加工长期的挑战。食品机械必须遵循安全性准则,设计、选用和正确使用符合不同食品的 GMP 的食品机械,这是食品安全生产和食品安全性的重要内容和保证。所以从事食品加工的工程技术人员和生产管理人员,不仅必须懂得食品制造加工过程,懂得符合 GMP 要求的生产管理方法,还要熟悉并善于使用食品机械与设备,保证安全生产,保证食品安全,保证环境安全。

▶▶ 思考题 ◀◀

1. 如何认识食品机械与设备在现代食品加工中的作用和意义?
2. 食品机械与设备安全性的重要意义体现在哪几个方面?
3. 食品机械与设备的安全性包括哪些主要内容?
4. 如何认识微生物污染的特点和长期性?
5. 什么是生物被膜? 如何认识生物被膜污染的严重性?
6. 简述食品加工良好操作规范(GMP)。

第 5 章

食品清理和分选机械与设备

➤ **摘要**

本章主要介绍清洗、分选、去皮、去壳、去核、检验和分级等预处理机械的种类、工作原理、基本结构和操作等。要求重点掌握不同类型清洗、分选、去皮、去壳、去核、检验和分级机械的工作原理、基本结构、主要工作部件、性能特点和用途,能够正确选型和操作。

食品原料在收集、运输和贮藏过程中混入了泥砂石草等杂物,在进行产品的加工之前,必须对这些杂物进行清理,否则会影响成品质量,损害人体健康,对后续加工设备造成不利影响。食品原料的清理机械是根据原料中杂物的不同而设计的。杂物多种多样,例如:各种谷物、豆类、咖啡等粉粒料中含有泥土、金属等杂物;甜菜糖厂的加工原料甜菜中不仅含有泥土、沙石、金属等,还有杂草、茎叶等杂物;乳品厂的原料牛乳中可能含有毛屑等。

由于食品原料的种类繁多,故清理方法不尽相同。为了有效地清除各种杂质,就必须先了解各种杂质的特性,然后利用食品原料与杂质在物理特性上的差异,采用相应的机械设备和措施,将混杂在食品原料中的杂质除去。目前,常用的除杂方法有筛选法、风选法、重力分选法、磁选法、过滤法、离心分离法。筛选法和风选法主要用于颗粒状物料的清理与分选,其工作原理将在5.3节讲述。过滤法和离心分离法将在第9章分离机械中讲解。下面重点介绍重力分选法和磁选法。

5.1.1 重力分选技术与设备

重力分选分为干法重力分选和湿法重力分选两种。

干法重力分选是指通过振动和气流对物料的综合作用,按物料的密度不同而产生的流动性差异进行分选的方法,亦称为风振组合分选法。其特点是被分级的物料或被清理的杂质与主体物料在粒度尺寸上是相同的,只是密度和空气动力学性质不同,如并肩石(石子大小类似粮粒)。常用的风振组合分选机械有比重去石机、比重分级机、比重分级去石机、清分机等。

湿法重力分选利用不同密度的颗粒在水中受到的浮力及下降阻力的差异大于在气流中的差异而进行分选。密度小于水的颗粒及杂质上浮而被分离,密度大于水的颗粒下沉,按沉降速度的不同可将不同密度的颗粒分开。常用的湿法重力分选机械有去石洗麦甩干机。

5.1.1.1 比重去石机

比重去石机采用干法重力分选,是一种专门清除密度比粮粒大的"并肩石"等重杂质的机械。比重去石机的往复振动面称为去石板。根据去石板的结构不同,可分为鱼鳞板去石机和编制板去石机两种。鱼鳞板是冲制有很多鱼鳞形通孔的薄钢板,编制去石板是金属丝编制的筛网。根据去石气流的不同,可分为吸式比重去石机和吹式比重去石机。图5-1是吹式比重去石机的结构图。该机由进料装置、筛体、风机、传动机构等部分组成。传动机构常采用曲柄连杆机构或振动电机。进料装置包括进料斗、缓冲匀流板、流量调节装置等。筛体与风机外壳固定连接,风机与偏心传动机构相连,因此,它们是同一振动体。筛体通过吊杆支撑在机架上。

该机工作时,物料不断地进入去石板的中部,在适当的振动和气流作用下,密度较小的谷粒浮在上层,密度较大的石子沉入底层与筛面接触,形成自动分层。由于自下而上穿过物料的气流作用,使物料之间孔隙度增大,降低了料层间的正压力和摩擦力,物料处于流化状态,促进了物料自动分层。因去石板前方略微向下倾斜,上层物料在重力、惯性力和连续进料的推力作用下,以下层物料为滑动面,相对于去石板下滑至出料口。与此同时,石子等杂物逐渐从粮粒中分出进入下层。下层石子及未悬浮的重粮粒在振动及气流作用下沿去石板向高端上滑,上层物料越来越薄,压力减小,下层粮粒又不断进入上层,达到去石板高端时粮粒已经很少。在反吹气流的作用下,少量粮粒又被吹回,石子则从出石口排出。

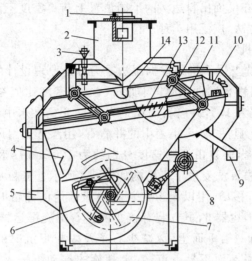

图 5-1　吹式比重去石机的结构

1. 进料口　2. 进料斗　3. 进料调节手轮　4. 导风板　5. 出料口

6. 进风调节装置　7. 风机　8. 偏心调节机构　9. 出石口

10. 精选室　11. 吊杆　12. 匀风板　13. 去石板

14. 缓冲匀流板

5.1.1.2　比重分级机

比重分级机的主要工作部件为振动网面 2 和风机 3(图 5-2)。振动网面由钢丝编制而成,网面呈双向倾斜状,纵向(即 X 向)倾角为 α,横向(即 Y 向)倾角为 β。网面由振动电动机带动作往复振动,振动方向角(振动方向与水平面间的夹角)为 ε。网面同时受到自下而上气流的作用。将物料置于网面上,料层厚度为 δ,在机械振动和上升气流的作用下,物料

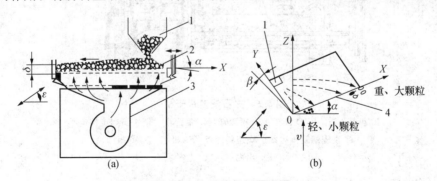

图 5-2　比重分级机原理图

(a)种子按密度分层及上、下层种子的纵向分离　(b)种子在网面上的运动路线

1. 喂料斗　2. 振动网面　3. 风机　4. 出料边

呈半悬浮状态,不同颗粒会按照密度、尺寸、形状等差异沿铅垂方向分层排列。对于形状及尺寸大致相同的颗粒,则按密度不同产生自动分层现象。在适当的振动、气流参数下,下层密度大的颗粒受到网面作用而沿纵向(X向)上滑,上层密度小的颗粒不与网面接触,沿物料层纵向下滑,形成了不同物料的纵向分离。由于网面横向倾斜β角,加之物料不断从高端喂入,使纵向分离的、不同密度的颗粒沿不同轨迹作横向(Y向)流动。不同密度的纵向、横向运动的轨迹不同,结果在网面出料边4的不同位置上获得密度不同的各种颗粒。这是一种较为有效的密度分选方法,广泛用于种子精选。

5.1.1.3　去石洗麦甩干机

面粉加工中的去石洗麦甩干机是根据湿法重力分选原理设计的机型。由于水的密度和黏度比空气大得多,体积相同而密度不同的颗粒,其密度比值在水中比在空气中差别更大。例如,小麦的比重为1.3,并肩石的比重为2.6,它们在水中的比重之比为5.33,在空气中的比重之比为2。显然,分离小麦中的并肩石,用水选比用风选更为有效。如小麦与并肩石在水中同时沉降,其自由沉降速度分别约为100 mm/s和240 mm/s,二者速度之差比在空气中的大。去石洗麦甩干机结构如图5-3所示。麦粒从进料口1落到洗涤槽2内。进料口可沿槽左右移动,用以调节麦粒在洗涤槽内的停留时间。洗涤槽内上方装有直径较大的洗麦螺旋推运器6,下方装有较小的去石螺旋推运器5,两螺旋的输送方向相反,上下螺旋轴不在同一铅垂面上,以减少石子及麦粒下沉时的相互干扰。麦粒进入洗涤槽后受到上螺旋的搅动而不易下沉,在上螺旋的推动下进入甩干机甩干;而石子等杂质密度较大,迅速下沉到螺旋内,下螺旋的转向与上螺旋相反,从而将石子等重杂物从右向左送到集石斗4内。

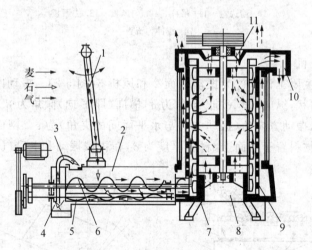

图 5-3　去石洗麦甩干机

1. 小麦入口　2. 洗涤槽　3. 喷砂管　4. 集石斗　5. 去石螺旋推运器
6. 洗麦螺旋推运器　7. 甩料叶板　8. 机座　9. 筛板圆筒
10. 出麦口　11. 上帽

甩干机由筛板圆筒9和搅拌器组成。搅拌器上装有多片具有向上输送角的可旋转的甩料叶板7。进入筒内的小麦由搅拌器向上输送,洗涤水从圆筒上的孔流出。另外,被搅拌器加速后的小麦,在离心力的作用下甩掉附着在表面的水,并从设在上部的出麦口10排出。

此时的甩干能力由搅拌器的形状、速度、圆筒孔的形状决定。

5.1.2　磁力分选技术与设备

食品原料中的铁质磁性杂物,如铁片、铁钉、螺丝等,常用的去除方法是磁选法,即利用磁力作用除去夹杂在食品原料中的铁质杂物。磁选设备的主要工作部件是磁体。每个磁体都有两个磁极,其周围存在磁场。磁体分为电磁式和永磁式两种。电磁式除铁机磁力稳定,性能可靠,但必须保证一定的电流强度;永磁式除铁机结构简单,使用维护方便,不耗电能,但使用方法不当或时间过长磁性会退化。

磁选设备有永磁溜管和永磁滚筒等。

5.1.2.1　永磁溜管

永磁溜管(图 5-4)的永久磁铁装在溜管上边的盖板上。一般在溜管上设置 2~3 个盖板,每个盖板上装有两组前后错开的磁铁。工作时,粮食从溜管上端流下,磁性物质被磁铁吸住。工作一段时间后进行清理,可依次交替取下盖板,除去磁性杂质。溜管可连续进行磁选。永磁溜管结构简单,不占地方。为了提高分离效率,应使流过溜管的物料层薄而均匀。

5.1.2.2　永磁滚筒

永磁滚筒(图 5-5)主要由进料装置、滚筒、磁芯、机壳和传动部分等组成。磁芯由锶钙铁氧体永久磁铁和铁隔板按一定顺序排列成 170° 的圆弧形,安装在固定轴上,形成多极头开放磁路。磁芯圆弧表面与滚筒内表面间隙小而均匀(一般小于 2 mm),滚筒由非磁性材料制成,外表面覆有无毒而耐磨的聚氨酯涂料做保护层,以延长使用寿命。滚筒通过蜗轮蜗杆机构由电动机带动旋转。磁芯固定不动。滚筒重量轻,转动惯量小。永磁滚筒能自动排除磁性杂质,除杂效率高(98% 以上),特别适用于除去粒状物料中的磁性杂质。

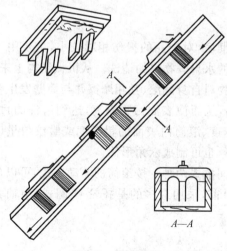

图 5-4　永磁溜管

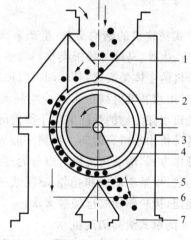

图 5-5　永磁滚筒

1.挡板　2.磁性滚筒　3.磁芯　4.隔板
5.刮刷　6.物料出口　7.磁性杂质出口

为了有效地保障安全生产和产品质量,在粮食、饲料等加工的全过程中,凡是高速运转的机器的前部都应装有磁选设备。为保证磁选效果,永磁溜管的物料速度一般为 0.15～0.25 m/s,永磁滚筒的圆周速度一般为 0.6 m/s 左右。

5.2 原料清洗机械

食品原料在生长、收获、贮藏和运输过程中难免会受到尘埃、沙土、微生物、肥料和包装物的污染。在加工前,如果不将这些污物、杂质及有害物质清除掉,不仅会降低产品质量,甚至造成食品安全问题;或者在加工过程中,影响机械设备的工作效率,污染车间的环境卫生。因此,清洗是加工过程中的重要内容。由于食品原料的物理特性、化学特性及生物学特性的差异,清洗机械的形式繁多。按清洗方法有浸泡、刷洗、喷淋、振动清洗等。具体清洗工艺可采用作业方法中的一种,也可以把其中几种方法组合起来使用。

浸泡是在静止或流动的水或其他液体中浸泡,对数量很少且只是松散地附着在产品表面上的脏物有清洗效果。更多的是使黏结在食物表面且已经干结的污物泡软,容易清洗。所以这种方法通常只作为预清洗而与其他方法联合使用。

喷淋可除掉贴得不很结实的干污物,并可搅动原料,特别是把原料盛放在水槽中喷淋时效果更好。各种喷淋作业,从低压散射到高压的定向喷射,效率都很高。喷淋适用于浸泡后大多数食品原料的清洗,但是必须精心选择喷水强度和水雾的分布形式。

刷洗是在水和毛刷的同时作用下,洗掉清洗物表面的污物。由于毛刷和物料之间的相对运动,加上水的及时分离,去污效果好。常将喷淋和毛刷输送结合起来用。

下面介绍果蔬原料有代表性的几种清洗设备。

▶ 5.2.1 滚筒式清洗机

滚筒式清洗机的结构简单、生产率高、清洗彻底,对产品的损伤相对较小,主要用于甘薯、马铃薯、生姜、马蹄等块根类物料和质地较硬的水果等物料的清洗。从机械结构上来说,这类清洗机的主体是滚筒,其转动可以使筒内的物料自身翻滚、互相摩擦并与筒壁发生摩擦作用,同时用水管喷射高压水来冲洗翻动的原料,从而使表面污物剥离,达到清洗的目的。这种清洗机清除污物的性能取决于滚筒的回转速度、滚筒内表面的粗糙度或皱纹数量以及物料在清洗机中的留存时间。滚筒一般为圆筒形,也可制成六角形筒。

按操作方式,滚筒清洗机可以分为连续式和间歇式两种。按滚筒的驱动方式,可以分为齿轮驱动式、中轴驱动式和托轮-滚圈式三种。目前,采用最多的是托轮-滚圈式,中轴驱动式还有使用,齿轮驱动式已经被淘汰。

5.2.1.1 间歇式滚筒清洗机

间歇操作的滚筒清洗机两端加有挡板,周向开有带盖板的进出料口。料口向上时,可以打开料口盖板向里加料;洗净后,筒体转至料口朝下,打开盖板便可卸料。为了便于物料在筒内翻滚,加料不可太满。一般这种清洗机采用喷水管连续或间歇地向筒内喷水以便使污染物浸润而迅速剥离和排走。

5.2.1.2 连续式滚筒清洗机

连续式滚筒清洗机的滚筒两端为开口式,原料从一端进入,从另一端排出。物料在筒内的轴向运动可以通过筒倾斜安装和在筒体内壁设置螺旋导板或抄板的方式实现。按照清洗方式不同,连续式滚筒清洗机可分为喷淋式滚筒清洗机和浸泡式滚筒清洗机。

1. 喷淋式滚筒清洗机

图5-6为一种喷淋式滚筒清洗机的结构图。它主要由滚筒、传动装置、喷淋装置、机架、水箱、电机、进出料斗等组成。机器工作时,滚筒内的喷管在水泵作用下不断喷水,物料经进料斗进入到旋转的滚筒内,在螺旋导料板的作用下,物料沿滚筒壁向前运动,在运动过程中不断被水冲洗、摩擦、翻转并受到滚筒壁轴向安装的三排毛刷的刷洗,最后从滚筒另一端的出料斗排出,喷淋后的水通过滚筒壁的筛孔回收进入水箱,经过滤循环利用。

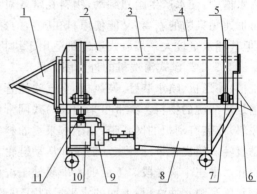

图 5-6 喷淋式滚筒清洗机

1. 进料斗 2. 滚筒(带毛刷) 3. 喷管 4. 机罩
5. 支撑圈 6. 出料斗 7. 小托辊 8. 水箱
9. 水泵 10. 电机 11. 蜗轮蜗杆机构

2. 浸泡式滚筒清洗机

图5-7为一种浸泡式滚筒清洗机的剖面示意图。这是一种通过驱动主轴使滚筒旋转的清洗机。滚筒2的下半部浸在水槽1内。电动机10通过皮带传动蜗轮减速器9及偏心机构11产生前后往复振动,使水槽内的水受到冲击搅动,加强清洗效果。滚筒2的内壁固定有按螺旋线排列的抄板5。物料从进料斗7进入清洗机后落入水槽1内,由抄板5将物料不断地捞起再抛入水中,最后落到出料口3的斜槽上。在斜槽上方安装的喷水装置,将经过浸洗的物料进一步喷洗后卸出。

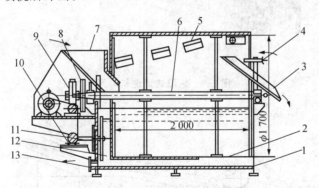

图 5-7 XG-2 型浸泡式滚筒清洗机

1. 水槽 2. 滚筒 3. 出料口 4. 进水管及喷水装置 5. 抄板
6. 主轴 7. 进料斗 8. 齿轮 9. 蜗轮减速器 10. 电动机
11. 偏心机构 12. 振动盘 13. 排水管接口

滚筒式清洗机由于物料在其中翻滚碰撞激烈,除了能使表面污物剥离外,有时还会损伤皮肉,故主要用于柑橘、橙、马铃薯等质地较硬的物料的清洗,对于叶菜和浆果类物料的清洗不适用。

▶ 5.2.2 鼓风式清洗机

鼓风式清洗机也称为鼓泡式、翻浪式和冲浪式清洗机，其清洗原理是利用鼓风机把空气送入水槽中，使水产生剧烈翻动，物料在空气对水的剧烈搅拌下进行清洗。利用空气搅拌，既可加速污染物的剥离，又能使原料在强烈的翻动下不致损伤，有利于保持原料的完整和美观，但其耗水量较大。鼓风式清洗机适用于块状果蔬原料的清洗。

图5-8是鼓风式清洗机的外形图。图5-9是鼓风式清洗机结构图。鼓风式清洗机主要由洗槽、输送机、喷水装置、鼓风机、空气吹泡管、传动系统等组成。该机一般采用链带式装置输送待清洗的物料。链带可采用滚筒式网带（承载番茄等）、金属丝网带（载送块茎、叶菜类原料）或装有刮板的网孔带（用于水果类原料等）作为物料的载体。输送机的主动链轮由电动机经多级皮带带动。主动链轮和从动链轮之间链条的运动方向由压轮改变，分为水平、倾斜和水平三个输送段。下面的水平段处于洗槽水之下，原料在此首先得到鼓风浸洗；中间的倾斜段是喷水冲洗段；上面的水平段则可用于对原料进行拣选和修整。

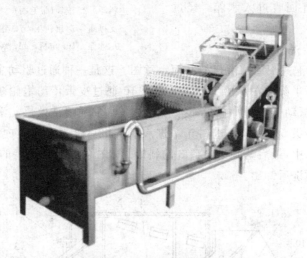

图 5-8　鼓风式清洗机外形

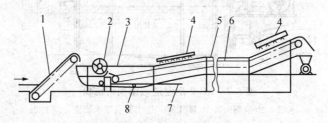

图 5-9　鼓风式清洗机结构图

1. 提升机　2. 翻果轮　3. 洗槽　4. 喷淋管　5. 拣选台
6. 辊子输送机　7. 高压水管　8. 排水口

5.2.3　刷洗机

滚筒式和鼓风式清洗机是主要以流体力学原理达到清洗效果的设备,而对于某些果蔬的清洗则需要增加机械力以提高清洗效果。以下介绍两种以刷洗为主的果蔬清洗设备。

5.2.3.1　XG-2 型洗果机

XG-2 型洗果机是一种具有浸泡、刷洗和喷淋作用的果蔬清洗机,主要由洗槽、刷辊、喷水装置、出料翻斗、机架等构成。其工作原理如图 5-10 所示。原料从进料口 1 进入洗槽 2 内,在两个转动刷辊 3 产生的涡流中得到清洗,同时由于两个刷辊之间间隙较窄,故液流速度较高,压力降低,被清洗的物料在压力差的作用下通过两刷辊间隙时,在刷辊摩擦力的作用下又得到进一步刷洗。而后,物料在出料翻斗 5 中又经过高压水得到进一步喷淋清洗。

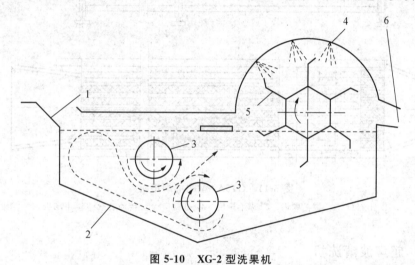

图 5-10　XG-2 型洗果机
1. 进料口　2. 洗槽　3. 刷辊　4. 喷水装置　5. 出料翻斗　6. 出料口

5.2.3.2　GT5A9 型柑橘刷果机

GT5A9 型柑橘刷果机结构如图 5-11 所示,主要由进出料口、纵横毛刷辊、传动装置、机架等部分组成。毛刷辊表面的毛束在辊面上呈螺旋线排列,并且毛束分组长短相同。相邻毛刷辊的转向相反。毛刷辊的轴线与水平方向有 3°～5° 的倾角,物料入口端高、出口端低,这样物料从高端落入辊面后,不但被毛刷带动翻滚,而且做轻微的上下跳动,同时顺着螺旋线和倾斜方向从高端滚向低端。在低端的上方,还有一组直径较大、横向布置的毛刷辊。它除了对物料擦洗外,还可控制物料在机内停留时间。

该机主要用于对柑橘类水果进行表面泥沙污物的刷洗。根据需要,可在毛刷辊上方安装清水喷淋管,增加刷洗效果。

5.2.4　振动清洗机

振动清洗机可进行强有力的振动。清洗机的结构比较复杂、价格较高,它能洗去难以去掉的污物,而且效率较高,但不宜用于表皮已被损坏的原料。这种清洗机通常装有分离筛,以便从物料中洗掉污物、碎叶、茎秆等。振动清洗机工作时,水果喂入筛盘,筛盘与水平面成一倾斜角(可调)。在振动力作用下,筛盘以一定频率振动,水果沿斜面下滑并翻动,被喷淋管喷出的高压水流冲洗,污水从筛孔中排出,达到洗果目的。

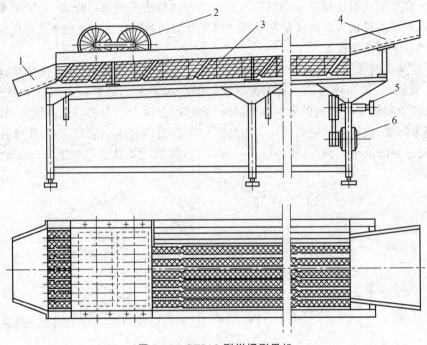

图 5-11　GT5A9 型柑橘刷果机
1. 出料口　2. 横毛刷辊　3. 纵毛刷辊　4. 进料口　5. 传动装置　6. 电动机

▶ 5.2.5　超声波清洗机

在现代工业化大生产中,与传统浸洗、刷洗、压力冲洗、振动清洗等方法比较,超声波清洗机显示出了很大的优越性。由于超声波在介质中传播时产生的穿透性和空化冲击作用,使超声波清洗机具有一般清洗所没有的高效率和高清洁度。无论何种食物原料,如水果、蔬菜、茎叶都能被清洗得干干净净,且只需两三分钟即可完成,清洗速度是毛刷清洗、压力清洗等传统方法的几倍到十几倍。特别在许多对产品表面质量和生产率要求较高的场合,显示了用其他处理方法难以达到或不可取代的效果。

5.3　颗粒状原料分选机械

分选的目的是将原料按要求进行分类,为产品分级和后续加工打好基础。颗粒状原料主要是指谷物、油料等农产品。这类物料由较均匀的颗粒组成,介于固体和液体之间,通常称为散粒体。散粒体在一定限度内能保持其形状,这是其与固体的相同之处;散粒体有流动性,这是它与液体的相同之处。散粒体具有自动分级的性质。由粒度和比重不同的颗粒组成的散粒体,其各种颗粒相互均匀分布,受到振动和某种运动时,散粒体的各种颗粒会按照它们比重、粒度、形状和表面状态的不同而分成不同的层次。物料自动分级现象为分选创造了有利条件。

颗粒状原料的分选机械根据其分选原理不同通常分为以下几种：气流分选机械、筛选机械、重力分选机械和精选机械。

5.3.1 气流分选机械

利用物料的空气动力学特性进行分选的方法叫气流分选。空气动力学特性是指不同尺寸、形状、密度的物料与空气产生相对运动时受到空气的作用力也不同，以致它们在外力(包括空气作用力、重力及浮力)作用下表现出不同的运动状态，从而可利用这种运动状态差异达到分选目的。物料的空气动力学特性常常用悬浮速度表示。

在气流分选设备中，按气流的运动方向可分为垂直气流、水平气流和倾斜气流清选机三种形式。

5.3.1.1 垂直气流分选机

在重力场中，当质量为 m 的物料处于垂直上升的稳定气流中时，将受到其自身重力 G、空气作用力 P 及物料排出同体积空气的浮力 P' 的作用(P' 的作用很小，可以忽略)而运动，当 $P > G$ 时，$dv/dt < 0$，物料向上运动；当 $P < G$ 时，$dv/dt > 0$，物料向下运动；当 $P = G$ 时，$dv/dt = 0$，物料在气流中既不上升也不下降，而呈悬浮状态，这时的气流速度 v 为该物料的悬浮速度(图 5-12)。

$$v_a = \sqrt{\frac{G}{K\rho_a A}}$$

式中：K 为阻力系数，与物料形状、表面性质和雷诺数有关；ρ_a 为空气密度，kg/m^3；A 为物料迎风面积，即物料在气流方向的投影面积，m^2；v_a 为物料的悬浮速度，m/s；G 为物料的重力，N。

物料的悬浮速度是气流分选的主要理论依据。由于谷粒与杂质的密度、大小和阻力系数不同，其悬浮速度也不同，因此，只要控制气流速度大于轻杂质的悬浮速度，小于谷粒的悬浮速度，即可将二者分离。

图 5-13 为垂直气流分选机工作原理示意图。该机常用于谷物中轻杂物的分离。谷物由喂料口喂入，气流在筒体内由下向上流动。因轻杂物的悬浮速度小于气流的上升速度而上升，饱满谷粒则由于悬浮速度大于气流的上升速度而下降，两种物料在设备的上、下两个出口被分别收集，实现轻杂物的清选分离。

5.3.1.2 水平气流分选机

物料在稳定的水平气流中，同样受到重力 G 及气流作用力 P 的作用而朝着合力 R 的方向运动，轨迹为抛物线。合力与重力的夹角 α 越大(图 5-14)，物料被气流带走的距离越远，反之就越近。

常用水平气流作用力与重力的比值表示物料在其中的空气动力学特性，并称其为物料的飞行系数，即

$$\tan\alpha = \frac{P}{G} = \frac{K\rho_a A(v_a - v_x)^2}{G}$$

式中：v_x 为物料的水平分速度。

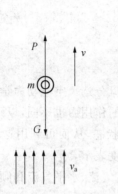

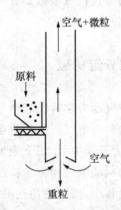

图 5-12　物料在垂直气流中　　　　图 5-13　垂直气流分选机工作原理

飞行系数表征物料在水平气流中的空气动力学特性。由于谷粒和杂质的飞行系数不同，它们在水平气流作用下沿着各自不同的轨迹运动而分离。

图 5-15 为水平气流分选机的工作原理示意图。物料在降落时受到水平气流的作用，大的颗粒受到的气流阻力相对于自身重力较小，即飞行系数较小，落在近处，小的颗粒受到的气流阻力相对于自身重力较大，即飞行系数较大，落在远处，更为细小的颗粒则被气流带走，由旋风分离器、布袋除尘器等作后续的分离。水平气流分选机适用于较粗颗粒（$\geqslant 200\ \mu m$）的分级，不适合具有集聚性的微粉的分级。

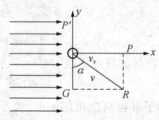

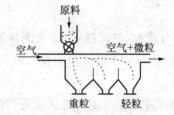

图 5-14　物料在水平气流中　　　　图 5-15　水平气流分选机工作原理

5.3.1.3　倾斜气流分选机

倾斜气流与水平气流的分离原理基本相同，只是物料在与水平成 β 角（通常为 30°）的倾斜气流中运动，其飞行系数比水平气流中的飞行系数大（图 5-16），所以分离效果较水平气流好。气流的作用力与重力的比值为：

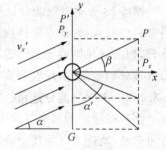

$$\tan\alpha' = \frac{P_x}{G - P_y} = \frac{P\cos\beta}{G - P\sin\beta}$$

式中：P_x 为气流在水平方向的作用力；P_y 为气流在垂直方向的作用力；G 为物料的重力；P 为气流的作用力。

图 5-16　物料在倾斜气流中

5.3.1.4　旋风分选机

旋风分选机是利用作用于气流中的粒子的离心力进行分级的设备,通过作用于粒子的离心力与气流产生的阻力间的平衡进行粗粉、微粉的分级。旋风分选机通常用于微粉的分选,即从粉碎的物料中提取粒度合格的成品。如果将处于这种平衡时的粒子视为球形粒子,则

$$D_p^2 = \frac{18\mu v}{\rho_p r \omega^2}$$

式中:D_p 为粒子的直径;μ 为空气的黏性系数,g/(cm·s);v 为空气的流速,m/s;ρ_p 为粒子的密度,g/cm³;r 为分级场的半径,cm;ω 为转子的旋转速度,1/s。

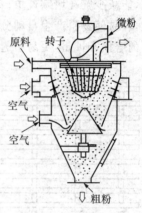

图 5-17　旋风分选机

以 D_p 为分级径,大于 D_p 的大粒子的离心力大,进入粗粉侧,小于 D_p 的小粒子由于空气产生的阻力大,进入细粉侧。若要改变分级径,只要改变转子的旋转速度 ω 或空气的流速 v 即可。作为施加离心力的手段,可以让气流沿分级式的切线方向进入,产生旋转气流,也可以在分级室设置旋转机构。根据回转运动即涡流产生的条件,涡流可以分为自由涡流和强制涡流,其中旋转速度与旋转半径成反比的称为自由涡流,旋转速度与旋转半径成正比的称为强制涡流。在实际应用中,强制涡流型的离心力分级机较多,其分级精度优于自由涡流型,但吸送气流的动力大。图 5-17 所示为一强制涡流分级机,由周边喷入的超音速气流进行往复的分级和分散操作,改善了分级性能。

5.3.2　筛选机械

根据物料粒度的不同,利用一层或数层静止的或运动的筛面对物料进行分选的方法称为筛选。筛选的主要对象是谷物,这类物质由较均匀的颗粒组成,就其性质而言,介于固体和液体之间,因而被称为散粒体。

散粒体能在一定限度内保持其形状,这是其与固体形同之处;散粒体有流动性,保持其原有形状的能力很小,这是它与液体的相同之处。散粒体具有流动性和自动分级性能。由粒度和比重不同的颗粒组成的散粒体,其各种颗粒相互均布,在受到振动或以某种状态运动时,散粒体的各种颗粒会按它们的粒度、比重、形状和表面状态的不同而分成不同的层次。比重小、颗粒大而扁、表面粗糙的颗粒浮于上层;比重大、颗粒小而圆、表面光滑的颗粒趋于最下层;中间层为混合物料。物料颗粒之间的摩擦力越小,空隙度越大,越易形成自动分级;物料的比重、粒度、形状和表面差别越大,分级而形成的层次越清楚;反之,各层界限就不十分明显,特别是中间层。

自动分级的特性为筛选创造了有利的条件。如分离比谷物小而重的细沙石等杂质,它可以使这些杂质沉入下层充分接触筛面,增加穿过筛孔的机会,提高筛分效率。如分离比谷物大而轻的杂质,它可以使这些杂质浮在上层,不接触筛面并容易留在筛面上,而谷物则趋于下层,容易穿过筛孔。同样,分离与谷物颗粒大小相似而比重差别较大的石子或按谷粒轻重分级时,自动分级也起着重要作用。

5.3.2.1 筛面结构

用于筛分操作的筛面按其构造不同分为三种,即栅筛、编织筛和板筛。常见的筛孔形状有圆形、正方形和长方形,筛面材料有金属、蚕丝和锦纶丝等。

栅筛(图5-18)结构简单,通常用于物料的去杂粗筛。

编织筛(图5-19)又称筛网,它是由筛丝编织而成的。编织筛一般由镀锌钢丝或其他金属合金钢丝编织而成。筛孔有长方形、正方形和菱形三种。编织筛孔规格按两钢丝间最小距离(包括长和宽)用毫米表示,正方形筛孔还可以用网目方法表示,即每厘米长度上的筛孔数。编织筛制作方便,造价相对较低,开孔率较高,使用圆形钢丝又较光滑,物料容易滑过筛孔,能减少筛孔堵塞现象。另一方面,由于钢丝相互编织,筛面凹凸不平,对物料摩擦阻力大,容易使物料产生自动分级,更有利于分选。但平织筛网的钢丝容易移动,特别是随着物料的磨损和冲挤,更易引起筛孔变形,影响筛分的准确性。

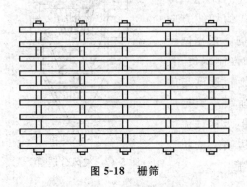

图 5-18 栅筛

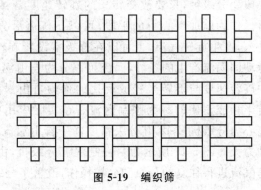

图 5-19 编织筛

板筛(图5-20)有平面形冲孔板筛和波纹形冲孔板筛两种。平面形冲孔板筛多用厚度为0.5~2.5 mm的薄钢板制造,通常按一定规律冲制成圆形、腰圆形、长方形、正方形、三角形、鱼鳞形、鱼眼形等各种形状和大小相同的筛孔。平面形冲孔板筛比较耐磨,筛孔尺寸准确,筛分精度高,但开孔率较低,筛孔易堵塞。波纹形冲孔板筛,整个筛面呈波浪状,冲孔有圆形和腰圆形两种。圆形筛孔冲制成上大下小的圆锥状,像漏斗一样,称为沉孔。对需要直立穿过筛孔的物料可起辅助作用,使之容易穿过筛孔;而且筛孔间距小,各筛孔之间没有使物料滑过去的"通道",可避免物料失去穿过筛子的机会。腰圆形筛孔冲制在上宽下窄的梯形槽中,可对物料沿长轴运动起导向作用,使物料容易穿过。波纹形冲孔板筛制作难度稍大,但刚性好,筛孔尺寸比平面形冲孔板筛做得小些,因而筛分精度高,筛孔不易堵塞,单位流量较大。

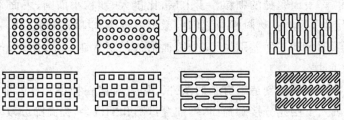

图 5-20 板筛

5.3.2.2　筛面运动形式

常见的筛面有静止倾斜筛面、往复运动筛面、高速振动筛面、平面回转筛面、滚动旋转筛面(图 5-21)。

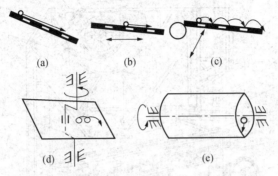

图 5-21　板筛筛面基本运动形式
(a)静止倾斜筛面　(b)往复运动筛面　(c)高速振动筛面
(d)平面回转筛面　(e)滚动旋转筛面

(1)静止倾斜筛面　物料在自重作用下沿筛面做单向平行于筛面的直线滑动,小于筛孔的颗粒穿过筛孔分离出去,筛程短,筛分效率低,但结构简单,无需动力。

(2)往复运动筛面　筛面作往复直线运动,振动频率较低而振幅较大,物料沿筛面作往复滑动。

(3)高速振动筛面　筛面在铅垂面内作圆形、椭圆形或往复直线运动,振动频率高而振幅小,物料在筛面上作微小跳动,不易堵塞筛孔,适用于流动性较差的细颗粒或非球形多面体物料。

(4)平面回转面　筛面在水平面内作回转运动,筛面一般水平或微倾布置,物料在离心力及摩擦力作用下作螺旋运动,筛程长,自动分层效果明显,筛分效率高,需要采用较大的筛面,通常为多层结构,适用于流动性差、自动分层困难物料的筛分。

(5)滚动旋转筛面　筛面呈圆柱面或棱柱面结构,倾斜布置,绕自身轴线转动,物料在筛筒内翻滚而被筛选。因物料不易穿过筛孔,所以筛分效率低,且物料只与部分筛面接触,筛分生产能力低。通常用于物料的初清理。

选择筛分机械时,首先要掌握原料颗粒的形状、粒度分布、水分含量、温度、流动性等物性,据此选择适宜的机型,并根据原料处理量选择机械的容量。

5.3.2.3　典型筛选机械

1. 振动筛

振动筛是由筛机产生高频振动而实现筛分操作的。其功能为清除物料中的轻杂、大杂和小杂。

由于振动筛筛面具有强烈的高频振动,筛孔几乎完全不会被物料堵塞,故筛分效率高,生产能力大,筛面利用率高。振动筛结构也简单,占地面积小,重量轻,动力消耗省,价格低,应用范围较广,特别适用于细粒物料和浆料的筛分操作。应用较多的是惯性振动筛、偏心振动筛和电磁振动筛。

图 5-22 为应用最为广泛的谷物类物料清理设备工作示意图。该机是筛选和风选相结

合的筛选机械,主要由进料装置、筛体、吸风除尘装置和机架等部分组成。

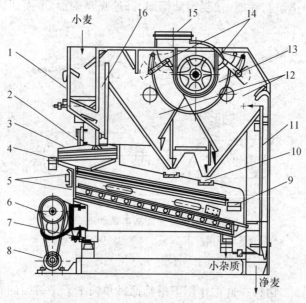

图 5-22 振动筛

1. 进料斗 2. 吊杆 3. 筒体 4. 大杂出料槽 5. 筛格 6. 自衡振动器

7. 弹簧限振器 8. 电动机 9. 中杂出料槽 10. 轻杂出料槽

11. 后吸风道 12. 沉降室 13. 风机 14. 风门

15. 排风口 16. 前吸风道

　　进料装置的作用是保证进入筛面的物料流量稳定并沿筛面均匀分布,提高筛分效率。进料量可以调节。进料装置由进料斗和流量控制活门构成。按其构造有压力辊和压力门进料装置两种结构形式。其中,喂料辊进料装置喂料均匀,但需要配置传动装置,结构较为复杂,一般在筛面较宽时才采用。压力门结构简单,操作方便,能够随着进料的变化自动调节流量,故筛选设备多采用重锤式压力门。

　　筛体是振动筛的主要工作部件,它由筛框、筛面、筛面清理装置、吊杆、限振机构等组成。筛体内装有三个筛面。第一层为接料筛面,筛孔最大,筛上物为大型杂质,筛下物均匀落到第二层筛面的进料端。第二层为大杂筛面,用以清理略大于粮粒的大杂。第三层为小杂筛面,小杂穿过筛孔排出,因筛孔较小而易造成堵塞,为保证筛选效率,设置有筛面清理装置。吊杆是筛体与机架的弹性连接杆,一般用板弹簧制造。限振机构用来降低筛体的振动。筛体的工作频率一般在超共振频率区,在启动和停机过程中需要通过共振区,筛体的振幅会突然增大,容易损坏机件。通过限幅减振可使设备安全通过共振区。常用的限振装置有弹簧式和橡胶缓冲器。

　　这种振动筛的筛面为往复运动筛面,物料在筛面顺序向前、向后滑动而不跳离筛面,且每次向前滑动的距离小于向后滑动的距离。因物料只是在筛面上滑动,故适宜于流动性较好的散粒体物料的分选。对于流动性较差的粉体的筛分宜采用频率较高而振幅较小的高速振动筛,筛选时物料存在有垂直于筛面的运动,物料呈蓬松状态,易于到达并穿过筛孔,同时筛孔不易堵塞。

2. 谷糙分离筛

图 5-23 是 MCT18B 碾米设备中的谷糙分离筛的结构图。该机由进料匀料装置、分料装置、分离箱体、出料装置、支承机构、偏心传动机构、机座七大部分组成。其中分料装置由 5 个料槽组成，下接 5 个分离板，上连 5 个调料板，通过调节调料板，使分离板达到均匀分离的目的。其工作原理是利用稻谷与糙米的相对密度、粒度、摩擦系数等物理特性的差异，在横向往复摇动分离板的作用下，使谷糙混合物逐渐产生自动分级，使相对密度大而粒度小的糙米下沉，又借助双向倾斜的凸点分离板的运送作用，使糙米斜向上移至分离板的上方流出，而相对密度小而粒度大的稻谷则浮于糙米上层，斜向下滑至分离板的下方流出，从而达到依质分离的结果。

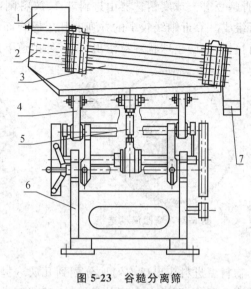

图 5-23　谷糙分离筛
1. 进料匀料装置　2. 分料装置　3. 分离箱体　4. 支承机构
5. 偏心传动机构　6. 机座　7. 出料装置

▶ 5.3.3　精选机械

精选通常在气流分选、筛选和重力分选之后进行，所处理的物料的粒度均匀，但在一些对于物料要求较高的场合，需要依据形状、色泽等进一步分选。

5.3.3.1　形状精选机械

1. 窝眼筒精选机

窝眼筒精选机(图 5-24)的工作部件是窝眼筒，圆筒内壁上有许多均匀分布的圆形窝眼(也称带孔)，工作时窝眼筒绕自身轴线作旋转运动。物料从转动的窝眼筒的一端喂入，其中长度小于窝眼的物料容易进入窝眼，并随窝眼筒旋转至较高的位置后，落入窝眼筒中部的承料槽内，由槽中螺旋输送器推出。而长颗粒不易进入窝眼，某些进入窝眼后，因重心处于窝眼外沿以外，随着窝眼筒的滚动，将从窝眼中掉出回到下部的料流中，由筒底的螺旋输出器从窝眼筒的另一端推出。这种精选机的所有窝眼均在同一半径的圆周上，分选性能稳定一致，但有效面积较小。

2. 碟片筒精选机

如图 5-25 所示，碟片筒精选机工作原理类似于窝眼筒精选机。碟片筒精选机主要由进料装置、碟片组、机壳、输送螺旋和传动部分等组成。碟片由硬质铸铁精密铸造而成，两面均设有窝眼。工作时，物料从进料口流入，在机内堆积到一定的深度。长粒物料依靠碟片轮辐上的叶片向前推进，由进料口送出机外；短粒物料由碟片窝眼带至一定高度后，从窝眼内滑至卸料口排出机外。这种精选机有效作业面积大，结构紧凑，生产能力强，但不同半径上的窝眼性能并不一致。窝眼的形式、大小应根据粮粒与杂质的形状及其粒度分布曲线来选择。

3. 螺旋球度精选器

螺旋球度精选器(图 5-26)多用于从长颗粒中分离出球形颗粒,如从小麦中分离出荞麦、野豌豆等。球度精选器由进料斗 1、放料闸门及 4~5 层围绕在同一垂直轴上的斜螺旋面所组成。靠近轴线较窄的并列的几层螺旋面叫内抛道,较宽的叫外抛道。外抛道的外缘装有挡板,以防止球状颗粒滚出。内、外抛道下边均设有出口。

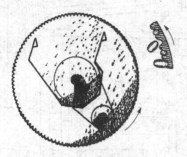

图 5-24 窝眼筒精选机

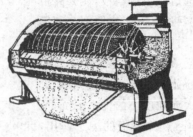

图 5-25 碟片筒精选机

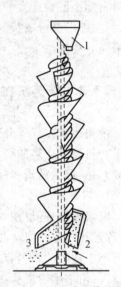

物料由进料斗出口均匀地分配到几层内抛道上,因橄榄形长颗粒滚动困难,而沿螺旋面向下滑动,其速度较低,所受到的离心力小,因而径向移动少,即与垂直轴线的距离近似不变,不会离开内抛道,最后直接落到排料口 3;而球形颗粒在沿螺旋斜面向下滚动时越滚越快,因离心力的作用而越过内抛道外缘被抛至外抛道,从排料口 2 排出,实现与小麦的分离。这种精选器结构简单,如果落差达到 3 m 以上,则不需动力,基本上不发生故障。内抛道螺旋斜面倾角要适当。

图 5-26 螺旋球度精选器
1. 进料斗 2、3. 排料口

5.3.3.2 光学分选设备

光学分选设备可逐个颗粒观测其表面色泽、表面形状、内部结构等获得反射光或透射光信号,然后与标准进行比较,凡超出产品标准者均被剔除。色选机是典型的基于光学分选原理的颗粒状物料分选设备。

色选机是利用食品物料颜色差别进行分选的一种设备。理论上,只要被分选物料具有颜色上的差异,都可以利用比色原理进行分选。与其他分选设备一样,色选机的分选操作也需要两方面的系统配合:一是对食品的颜色进行识别的系统;二是根据识别的信号对具体物料进行分流的操作机构。

食品物料的外表颜色是其对一定照射光线的物理响应信号。从颜色的光学原理来说,这种响应信号既与食品物料对光源光线的吸收、反射、透射特性有关,也与光源特性(波长、光强)、物料被检测时的背景信号有关。因此,为了使色选机的颜色变化响应成为食品颜色品质的单值函数,必须将其他可能的因素排除掉。对此,除了固定背景、光源、被检测物流量和运动角以外,还要求被检测物反光面积的大小必须均匀。一般的光电色选机适用于具有固定性状的食品原料(如枣、大米、花生米、核桃仁、青刀豆、五香豆和栗子等)的分选。

图 5-27 所示的色选机是利用光电原理、从大量散装产品中将不正常或感染病虫害的个

体(球状、块状或颗粒状)或外来杂质检测分离的设备。它主要由供料系统、检测系统、信号处理与控制电路、剔除系统四部分组成。

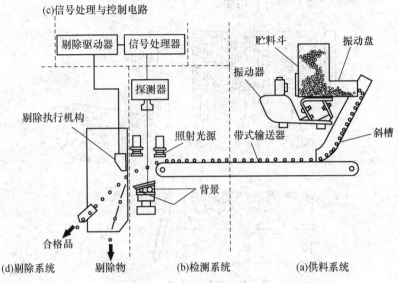

图 5-27　光电色选机系统示意图

光电色选机的工作原理是:贮料斗中的物料由振动喂料器送入通道呈单行排列,依次落入光电检测室,从电子视镜与比色板之间通过。被选颗粒对光的反射及比色板的反射在电子视镜中相比较,颜色的差异使电子视镜内部的电压改变,并经放大。如果信号差别超过自动控制装置的预置值,即被存贮延时,随即驱动气阀,高速喷射气流将物料吹送入旁路通道。而合格品流经光电检测室时,检测信号与标准信号差别微小,信号经处理判断为正常,气流喷嘴不动作,物料进入合格品通道。这种设备造价高,因需要逐个检测,所以生产能力低,适用于价值较高的物料。

5.4　果蔬分选机械

单体尺寸和质量较大的块状物料经常需要逐个测定后进行分选。根据测定项目,块状物料的分选分为尺寸分级、重量分级、色选、图像分选及内部品质分选等。

▶ 5.4.1　尺寸式分选机械

此种机械是果蔬常用的,通过测量物料的某一个方向的尺寸或某一个尺寸(如最小球径)来分级。这种设备简单,易操作,分选速度快,分级后的果蔬外形一致性较好,但分选精度低。常见果蔬尺寸分级机有滚筒式、三辊式等。

5.4.1.1　滚筒式水果分级机

滚筒式水果分级机如图 5-28 所示,在转动的滚筒表面设置有 SS、S、M、L 等不同级别的分级孔,顺序排列。果实流经转动着的滚筒外表面时,比分级孔小的果实落下,然后由输送带沿滚筒轴向从滚筒内部排出。使用时,沿果实移动方向顺序横向排列数个滚筒,每个滚筒上的分级孔有一个规格,沿前进方向按分级径由小到大依次排列。滚筒设计为可自由拆卸式,在实际生产中,可根据需要进行自由组合。

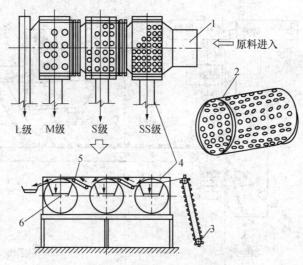

L级　　M级　　S级　　SS级

原料进入

图 5-28　多级滚筒式分级机
1、3. 原料　2. 滚筒　4. 输入输送带　5. 滚子输送带　6. 输出运输带

这种分级结构简单,但由于滚筒的圆周速度低(约 10 m/min),有效分选面积小,所以单位长度滚筒的分选能力较低。在运行中易发生堵塞现象,需时常有人看管。该机落差大,果实易受损,同时果实在分级孔处相对静止的情况下进行检测,分级精度差。

5.4.1.2　三辊式果蔬分级机

这种机械用于苹果、柑橘、桃等球形果蔬的尺寸分级,工作时按果蔬最小球径进行分级。

如图 5-29 所示,整机主要由进料斗 1、理料滚筒 2、辊轴链带、出料输送带 7、升降滑道 9、驱动装置等组成。分级部分为一条由竹节形辊轴通过两侧链条连接构成的链带,辊轴分固定辊和升降辊两种连接形式,其中固定辊与链条连接,位置固定,而升降辊浮动安装于链条连接板 5 的长孔内,升降辊与两侧相邻固定辊形成一系列分级菱形孔(图 5-30)。链条两侧设有升降辊用升降滑道 9。

工作时,链带在链轮的驱动下连续运行,同时各辊轴因两侧的滚轮与滑道间的摩擦作用而连续顺时针自转。果蔬通过进料斗送上辊轴链带,小于菱形孔的果蔬直接穿过而落入集料斗内。较大的果蔬由理料滚筒整理成单层,果蔬进入因升降辊处于低位而菱形孔处形成的凹坑,随后被连续移至分级工作段,此段内的升降滑道呈倾斜状,使得升降辊逐渐上升,所形成的菱形孔逐渐变大。各孔处的果蔬在辊轴摩擦作用下不断滚动而调整与菱形孔间的位置关系,当某方向尺寸小于当时菱形孔尺寸时,即穿过菱形孔落到下面横向输送带的由隔板分割的相应位置上,并被输送带送出。大于孔的果蔬继续随链带前移,在升降辊处于高位时仍不能穿过菱形孔的果蔬将从末端排出。

这种分级机的生产能力强,因在分级作业中,果蔬不断地改变着菱形孔间的位置关系,分级准确,同时果蔬始终保持与辊轴的接触,无冲击现象,果蔬损伤小,但结构复杂、造价较高,适用于大型水果加工厂。

食品机械与设备

5.4.1.3 果蔬光电分级机

这种机器采用光电传感器检测物料的尺寸。当果蔬等速通过光电检测器时,通过检测果实遮挡光束时间或经过光束遮挡的光束数量计算出果高、果径、面积,经与设定值比较后,控制卸料执行机构,使果实落入相应的位置,实现分级。

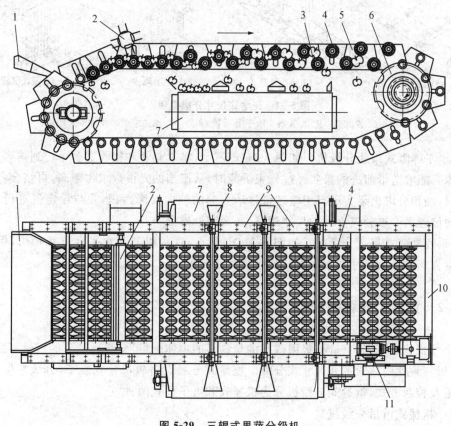

图 5-29　三辊式果蔬分级机

1. 进料斗　2. 理料滚筒　3. 固定辊　4. 升降辊　5. 链条连接板　6. 驱动链轮
7. 出料输送带　8. 隔板　9. 升降滑道　10. 机架　11. 蜗轮减速器

(1)光束遮断式果蔬分级机　图 5-31(a)所示为双单元同时遮断式分选原理图。有两对由发光器(L)与接收器(R)构成的光电单元,平行相对地横装在输送带上方。两个单元间的距离 d 由分级尺寸决定,沿输送带前进方向,单距 d 逐渐变小。果实在输送带上随带前进,经过分级区域时,若果实尺寸大于 d,两条光束同时被遮挡,这时,通过光电元件和控制系统使推板或喷嘴工作,把果实横向排出输送带,分级得到尺寸大于 d 的果实。双单元的数量即为果实的分选规格数。这种分级机适用于单方向尺寸分级。

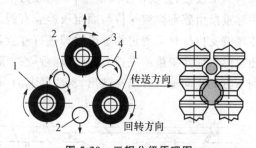

图 5-30　三辊分级原理图

1. 固定辊　2. 物料(小)　3. 升降辊　4. 物料(大)

(2)脉冲计数式果蔬分级机　图 5-31(b)所示为脉冲计数式分选原理图。发光器和接收器分别置于果实输送托盘的上、下方,且对准托盘的中间开口处。每当托盘移动距离为 a 时,发光器发出一个脉冲光束,果实在运行中遮挡脉冲光束次数为 n,则果实的直径 $D=na$,然后通过微处理机,将 D 值与设定值进行比较,分成不同的尺寸规格。

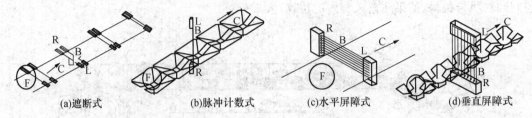

(a)遮断式　　　　(b)脉冲计数式　　　　(c)水平屏障式　　　　(d)垂直屏障式

图 5-31　光学式尺寸分级原理

L. 发光器　R. 接收器　B. 光束　F. 果实　C. 输送带前进方向

(3)水平屏障式果蔬分级机　如图 5-31(c)所示,将发光器和接收器多个一列排列,形成光束屏障。随输送带前进的果实经过光束屏障时,从遮挡的光束数求出果高,再结合各光束遮挡时间,经积分求出果实平行于输送带移动方向的侧向投影面积,并与设定值进行比较,在相应的位置果实被分成不同的尺寸规格,在规定处排出。

(4)垂直屏障式果蔬分级机　如图 5-31(d)所示,这种机器与水平屏障式相仿,但测定物料宽度方向的最大尺寸及水平方向的果蔬横截面积。

5.4.2　重量式分级机

与尺寸式分级不同,重量分级因依据的是物料的单体重量,分级后产品的重量一致性较好,但外形一致性则一般不如尺寸式分级。重量式分级设备较尺寸式复杂,分级精度较高。根据称重及控制方式,重量式分级机分为机械式和电子秤式两种。

5.4.2.1　机械式重量分级机

机械式重量分级按感重原理分为杠杆秤式和弹簧秤式两种。

图 5-32 所示为称重滑道式重量分级机原理图。被称重物料盛放于料斗内,料斗前端与牵引链条铰接,并支撑于滑道上,而尾端自由支撑于滑道上。滑道分为固定段和称重段,其中称重段由感重弹簧保持与固定段形成直线滑道,在牵引链条牵引下料斗连续移动。当料斗尾端支撑杆移至滑道称重段时即进行称重,当因物料而作用于称重段的向下摆动的力矩超过感重弹簧提供的支撑力矩时,称重段被压下,料斗脱离固定滑道水平面,最后物料滑落到下方的横向输送带上被送出,料斗翻下后,称重段在弹簧作用下迅速复位。若物料较小,

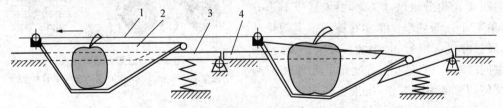

图 5-32　称重滑道式重量分级机原理图

1. 牵引链道　2. 料斗　3. 称重活动滑道与弹簧　4. 固定滑道

作用力矩不足以大于弹簧支持力矩时,料斗将继续载着物料沿滑道前移。称重段滑道设置数量与分级挡位数相同,相应于分级挡位由重到轻,弹簧预紧力也由大到小。根据相应的重量挡位,调节弹簧的预紧力。为提高生产能力,通常并行设置多列料斗,每列料斗对应一组滑道。这种分级机构简单,分级速度快,但分级精度低,要求级差较大。

图 5-33 为机械秤分选原理图,其平面布置如图 5-34 所示,主要由装有果实的进行循环运动的移动秤和固定在分级机机架上的固定秤组成。将果实装载在果盘上,当移动秤进入计量点时,移动秤的测量挂钩从控制滑道进入测量滑道。当测量挂钩向上的力(果实的重量)大于测量滑道向下的力时,测量滑道被抬起,到达落下区域,果盘倾斜,果实被倒出。如果果实重量小于测量侧的设定重量,则移动秤继续前移,经过分离针,进入控制滑道,移向下一个计量点。该机适合苹果、梨、桃、西红柿的分选。

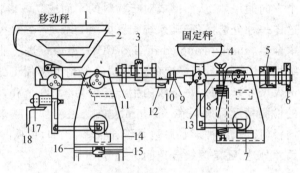

图 5-33　机械秤分选原理

1. 海绵　2. 称重果盘　3. 移动秤调节砝码　4. 砝码盘　5. 固定秤调节砝码

6. 辅助砝码　7. 固定秤支架　8. 弹簧　9. 测量滑道　10. 挂钩

11. 移动秤臂　12. 挂钩弹簧　13. 固定秤臂　14. 移动秤支架

15. 滚链　16. 移动秤安装平台　17. 滚子　18. 导向轨道

5.4.2.2　电子秤式重量分级机

图 5-35 为电子秤分级原理图。该机利用了在左右平衡状态下测量重量的天平原理。工作时,由链传动输送的称量托盘移至测量轨道上时脱离链传动,呈现浮动状态,此时,可以测得果实和托盘的重量。在这种称量装置中,由于重量的增加导致称量轨道从基准位置下

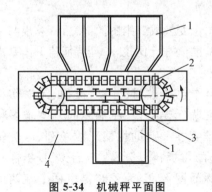

图 5-34　机械秤平面图

1. 接料盘　2. 移动秤　3. 固定秤　4. 喂料台

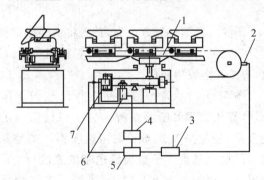

图 5-35　电子秤分级原理

1. 称量轨　2. 旋转编码器　3. 尺寸判断装置　4. 放大
电路　5. 变换电路　6. 差动变压器　7. 负荷线圈

降,使差动变压器产生位移。变位后的差动变压器的输出由放大电路放大后,反馈到负荷线圈产生磁力。磁力使差动变压器的位移复零,也就是称量轨道恢复到基准位置后达到平衡状态。此时负荷线圈中的电流被变换成脉冲信号,作为重量的测量信号进入控制装置。该信号与事先设定的基准值进行比较,大小规格信息被贮存。当托盘被移送到规定的位置时,旋转编码器转动,按照每个尺寸规格进行分选。这种秤的特点是负荷线圈起强力减振器作用,不易受到由称量托盘移动引起的振动影响。

▶ 5.4.3 果蔬图像处理分级机

前述的机械式尺寸分级并非严格依据形状进行分级,而是依据某一个尺寸。依据形状分级需要同时检测多个方向的尺寸,从而形成对于物料的平面或立体形状的测定,计算机图像处理的分级机即为这样一种分选设备,其系统配置如图5-36所示。它与机械式机构的最大不同就是利用电荷耦合器(charge coupled device,CCD)摄像机进行非接触摄像,并进行形状判断。图像式分级机在应用上具有稳定的十分精确的精度和加工处理能力,可用于各种果蔬的分选。当分选大尺寸果实时,每条线的生产能力为3 000个/h,小尺寸时1 000个/h,直径、长度、粗细等的检测精度可确保在±1 mm左右。检测项目越来越细,还可以判断直径、最大径、各种平均径、长度、各种形状系数是否异常等,比如,黄瓜的弯曲程度、粗蒂、细蒂等这些项目不仅是尺寸分选,还是等级分选的一部分。

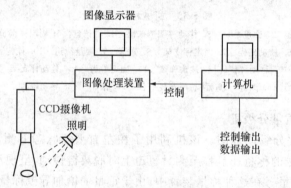

图 5-36　图像处理分级机

图像处理的一般方法为,首先将由摄像机摄取的图像变换成二维图像,然后计算出与果实分选相关的长度、宽度、面积等特征值,再与设定的基准值进行比较,一旦特征值偏离基准值,等级就会发生变化。

图5-37所示为一柑橘品质分级过程。其分级操作包括排列、分离、摄像、无损伤检测、计算机处理判断等过程。为了保证摄取的图像准确无误,避免柑橘之间发生堆摞粘连现象,通过呈V形布置的两速度不同的输送带将堆摞在一起的柑橘形成单列,因辊轴链带的设计速度大于分离输送带的速度,粘连在一起的柑橘得以分离。5台CCD摄像机配置在传送带的上方及周边,可以全方位地摄取柑橘的图像,但为了获得柑橘上下两面的图像,特设柑橘翻转机构。在传送带的两侧安装有无损伤检测装置,可进行糖度、酸度、腐烂损伤程度、有无皱皮现象的检测。当柑橘通过CCD摄像机时,柑橘的颜色、大小、形状、内部质量、糖度和酸度、表面损伤情况等均被记录下来,通过这些信息的计算机处

理即可完成分级作业。

▶ 5.4.4 水果内在品质分选设备

5.4.4.1 利用水果的电学特性进行果品品质检测

水果的内部品质可以借助其介电特性加以判别。不同品质的苹果在介电特性上的差异可通过 LCR 测量仪进行无损检测。试验结果表明,在 $1\sim100$ kHz 频段,坏损苹果的等效电阻小于正常苹果的等效电阻,而坏损苹果的介电常数则大于正常苹果。试验结果还表明,苹果的等效阻抗值将随苹果存储期的延长而下降。虽然等效阻抗的测量值会受到测量频率的影响,但苹果的介电常数和等效电容的测量值基本不受测量频率的影响。因此,苹果的内部品质可以通过介电常数进行无损检测。

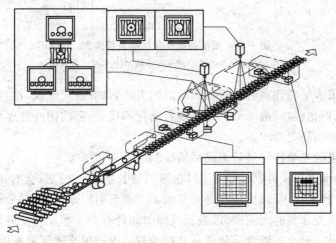

图 5-37 品质分级机

由于电学特性法是利用水果本身在电场中介电参数的变化来反映水果的品质的,测定的是水果的综合品质,而且所用的设备相对简单,信号的获取和处理比较容易,因此有着广阔的应用前景。

5.4.4.2 利用水果的声学特性进行果品品质检测

农产品的声学特性是指农产品在声波作用下的反射特性、散射特性、透射特性、吸收特性、衰减系数、传播速度及其本身的声阻抗与固有频率等,它们反映了声波与农产品相互作用的基本规律。农产品声学特性的检测装置通常由声波发生器、声波传感器、电荷放大器、动态信号分析仪、微型计算机、绘图仪或打印机等组成。检测时,由声波发生器发出的声波连续射向被测物料,从物料透过、反射或散射的声波信号,由声波传感器接收,经放大后送到动态信号分析仪和计算机以进行分析,即可求出农产品的有关声学特性。

图 5-38 是西瓜品质声学特性测试系统,此系统由包裹橡皮的金属小球、压电式加速度传感器、电荷放大器、数据采集卡(PCL-1800)和计算机组成。将包裹橡皮的金属小球从 $30°$ 的位置释放,小球敲击西瓜表面而产生声波,剪贴在样本表面的 6 个压电式加速度传感器同时感应到声波振动信号后,由电荷放大器进行信号处理,处理的信号通过数据采集卡传送到计算机上,经计算机可求出超声波穿过西瓜所需的时间和透射信号的强弱。根据声波信号

与西瓜品质的相关关系判断西瓜的品质优劣。

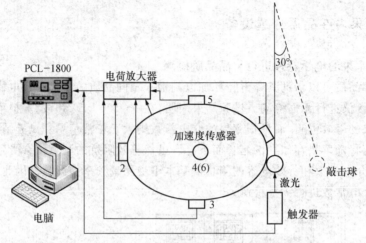

图 5-38 西瓜品质声学检测系统简图

1～6. 贴在西瓜表面的 6 个加速度传感器(6 号在 4 号对侧)

总之,利用水果声学特性对其进行无损检测的方法,具有适应性强、检测灵敏度高、对人体无害、使用灵活、设备轻巧、成本低和易实现自动化等优点,目前国外已逐步进入实际应用阶段,中国对这方面的研究尚不多。

5.4.4.3 利用水果的光学特性进行果品品质检测

由于水果的内部成分及外部特性不同,在不同波长射线照射下,会有不同的吸收或反射。当一束光照射到水果表面时,一部分光从水果表面反射回来,另一部分被水果的不同组织成分吸收,吸收量与水果的组织成分、波长及照射路径有关。水果的反射特性取决于入射光和水果的光学特性,因此可以将待测样品及标准样品的透过光或反射光用光电管等检测,经放大 A/D 转换后输入内置 CPU,计算出反射率或透光率,再进行果实正常部分和损伤部分的灰度对比,从而可检测出水果品质。

图 5-39 为水果和蔬菜糖度无损检测系统示意图。该装置配有相应的不同波段的激光束,并以一定的光强度照射到蔬菜和水果上,从蔬菜和水果出来的光被光检测器接收,实现蔬菜和水果的无损检测。

5.4.4.4 利用核磁共振技术进行果实品质检测

核磁共振技术(NMR)探测浓缩氢核及被测物油水混合团料状态下的响应变化,因此核磁共振方法能被用来检测含油水果的水分。研究发现,核磁共振技术在测定苹果、香蕉的糖度和含油成分方面有潜在价值。核磁共振能产生果实内部组织的高清晰图像,已被应用于农产品品质因素的无损检测,如压伤、虫害、成熟度等。研究还发现,试验中可能产生的偏差如回声、清晰度、切片厚度能对样品特性图像产生深刻的影响。Chen 等(1988)利用 NMR来测定桃和梨,结果在 NMR 图像中,果实的受损伤部分比邻近区域更亮,有虫害的比没有虫害的部分要暗,干枯的部分比正常部分要暗淡,有空隙的部分要显得暗淡,成熟度高的果实比成熟度低的果实显得亮白。试验还表明,改善试验参数将更有利于果实品质的检测,NMR 图像表明了不同的水果或水果的不同部位有不同的强度,这种差异是由于质子的密度和松弛次数造成的。

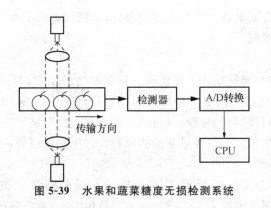

图 5-39　水果和蔬菜糖度无损检测系统

5.5　去皮、去核机械

5.5.1　去皮机械

5.5.1.1　去皮原理

带皮的果蔬在进行加工时首先要去皮,否则会影响后续加工或产品的品质和生产率。例如,用于加工罐头食品的果蔬在加工时也必须先进行脱皮处理。对去皮的要求是:去皮率要高,对果肉的损伤要小。常用的方法有机械法去皮、蒸汽加热法去皮和碱液法去皮。

1. 机械去皮

根据工作部件形式的不同,可分为切削去皮、磨削去皮和摩擦去皮三种。

机械切削去皮是采用锋利的刀片削除表面皮层。去皮速度快,但不完全,果肉损失较多,一般还需要手工辅助修正,难以实现完全机械加工。适用于果大、皮薄、肉质较硬的果蔬,如苹果、梨、柿子等。常采用的为旋皮机,即将水果插在旋轴上,利用刃口弯曲的刀在旋轴旋转时像车床一样将果皮车去。

机械磨削去皮是利用覆有磨料的工作面磨除表面皮层。速度高,易于实现机械化生产,所得碎皮细小,易于清理,去皮后的果蔬表面较粗糙,适于质地坚硬、皮薄、外形整齐的果蔬,如胡萝卜、番茄等。

机械摩擦去皮是利用摩擦系数高、接触面积大的工作部件所产生的摩擦作用使表皮发生撕裂破坏而去除。所得产品质量好,碎皮尺寸大,去皮死角少,但作用强度差,适用于果大、皮薄、皮下组织松散的果蔬。一般需要对果蔬进行必要的预处理来弱化皮下组织。常见的是采用橡胶板作为机械摩擦去皮构件。

2. 碱液去皮及蒸汽去皮

将果蔬在一定温度的碱液中腐蚀处理适当的时间,取出后,立即用清水冲洗或搓擦,洗去碱液并将外皮脱去。适用于桃、李、杏、梨、苹果等去皮和橘瓣脱瓢衣。用碱液去皮时,必须掌握好碱液的浓度、温度和处理时间,否则会导致去皮效果不佳或伤及果肉。

生产上有时将原料先用沸水或蒸汽处理片刻提高温度后,再入碱液处理;或将原料先用碱液冷处理片刻,再用高温处理。这样去皮效果好,无损伤果肉的危险,也节约碱液的用量。

5.5.1.2 典型的去皮机械

1. 离心擦皮机

离心擦皮机是一种小型间歇式去皮机械。依靠旋转的工作构件驱动原料旋转,使得物料在离心力的作用下,在机器内上下翻滚并与机器构件产生摩擦,从而使物料的皮层被擦离。用擦皮机去皮对物料的组织有较大的损伤,而且其表面粗糙不光滑,一般不适宜整只果蔬罐头的生产,只用于加工生产切片或制酱的原料。常用擦皮机处理胡萝卜、马铃薯等块根类蔬菜原料。

离心擦皮机的结构如图 5-40 所示,由脱皮圆筒 5、旋转圆盘 4、进料斗 6、卸料口 11、排污口 13 及传动装置等部分组成。工作圆筒内表面是粗糙的,圆盘表面呈波纹状,波纹角 $\alpha = 20°\sim30°$,二者大多采用金刚砂黏结表面,均为擦皮工作表面。圆盘波纹状表面除兼有擦皮功能外,主要用来抛起物料,当物料从进料斗落到旋转圆盘波纹状表面时,因离心力作用被抛至圆筒壁,与筒壁粗糙表面摩擦而达到去皮的目的。擦皮工作时,水通过喷嘴送入圆筒内部,卸料的闸门由把手锁紧,擦下的皮用水从排污口排去;已去皮的物料靠离心力的作用从打开闸门的卸料口自动排出。

为了保证正常的工作效果,这种擦皮机在工作时,不仅要求物料能够被完全抛起,在擦皮室内呈翻滚状态,不断改变与工作构件间的位置关系和方向关系,便于各块物料的不同部位的表面被均匀擦皮,并且要保证物料能被抛至筒壁。因此,必须保持足够高的圆盘转速,同时,擦皮室内物料不得填充过多,一般选用物料充满系数为 0.50~0.65,依此进行生产率的计算。

在进料和出料时,电动机都在运转,因此,卸料前,必须停止注水,以免舱口打开后水从舱口溅出。

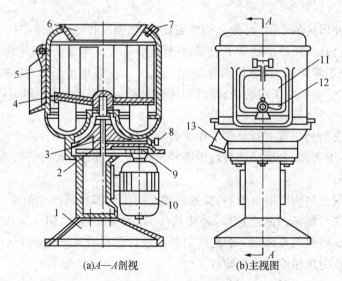

(a)A—A剖视　　(b)主视图

图 5-40　离心擦皮机结构图

1. 铸铁机座　2. 大齿轮　3. 转动轴　4. 旋转圆盘　5. 脱皮圆筒
6. 进料斗　7. 喷嘴　8. 润滑油孔　9. 小齿轮　10. 电动机
11. 卸料口　12. 把手　13. 排污口

2. 连续式番茄擦皮机

大规模番茄制品生产一般需要采用连续式擦皮机。该机的主要工作部件为倾斜布置的长轴上串联安装一系列的偏心轮,总体呈螺杆结构(图 5-41),每两根"螺杆"构成一个 U 形通道。偏心轮外缘涂覆有金刚砂,具有良好的搓擦性能。通道上方配置有喷淋水管。经高温蒸汽预处理后,因皮下组织熟化,表皮易于除掉的番茄从 U 形槽的高端进入后随着长轴的转动,在 U 形通道上以横向滚动为主,辅以左右摆动(图 5-42),同时接受轮缘金刚砂的摩擦力向出口处移动,搓擦作用使得表皮产生撕裂破坏,进行机械搓擦去皮。撕下的碎皮随时被喷淋下的水流冲洗排除。这种连续式擦皮机生产能力强。

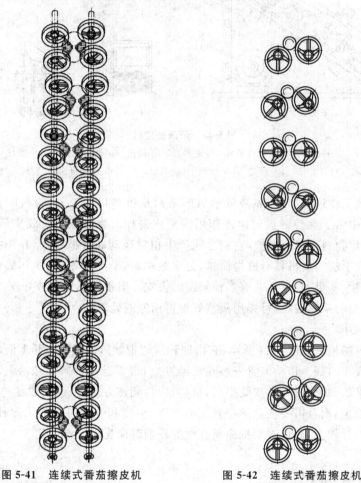

图 5-41　连续式番茄擦皮机
擦皮通道结构示意图

图 5-42　连续式番茄擦皮机
擦皮过程示意图

3. 干法去皮机

水果经碱液处理后其表面松软,用干法去皮机去皮,可以减少用水量,产生以果皮为主的半固体废料,便于干燥作为燃料,避免污染。

图 5-43 为干法去皮机。去皮装置 1 用铰链 17 和支柱 8 安装在底座 18 上,倾角可调。去皮装置包括一对侧板 5,它支承与滑轮 7 键合的轴 6,轴上安装许多橡胶圆盘 15,电动机通过带 11、12 使轴按图示方向旋转。压轮 13 保证带与摩擦轮紧贴。相邻两轴上的橡胶圆

盘 15 要错开,以提高搓擦效果。橡胶圆盘要容易弯曲,不宜过厚,一般为 0.8 mm。橡胶要求柔软富有弹性,表面光滑,避免损伤果肉。装在两侧板 5 上面的是一组桥式构件 2,每一构件上自由悬挂一挠性挡板 3,用橡皮或织物制成。挡板对物料有阻滞作用,强迫物料在圆盘间通过,以提高擦皮效果。

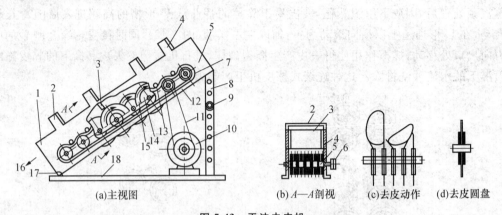

图 5-43 干法去皮机

1. 去皮装置 2. 桥式构件 3. 挠性挡板 4. 进料口 5. 侧板 6. 轴 7. 滑轮 8. 支柱 9. 销轴
10. 电动机 11、12. 带 13. 压轮 14. 支板 15. 橡胶圆盘 16. 出料口 17. 铰链 18. 底座

干法去皮机工作过程如下:碱液处理后的果蔬从进料口 4 进入,物料因自重而向下移动,在移动过程中由于旋转圆盘的搓擦作用而把皮去掉。物料把圆盘胶皮压弯,形成接触面,因圆盘转速比物料下移速度快,它们之间产生相对运动和搓擦作用,在不损伤果肉的情况下把皮去掉。干法去皮机具有机构简单,去皮效率高,节约用水,减少污染和果肉损伤小等优点,适用于桃、苹果、梨及番茄等多种果蔬的去皮。但番茄不用碱液处理,只用蒸汽喷淋即可。而苹果、梨的果皮较厚,可先用蒸汽处理再用碱液处理。

4. 碱液去皮机

碱液去皮机的构造如图 5-44 所示,它由回转式链带输送装置及在其上面的淋碱段 2、腐蚀段 3 和冲洗段 4 组成。传动装置安装在机架 6 上,带动链带回转。碱液去皮机排除碱液蒸汽和隔离碱液的效果较好,去皮效率高,机构紧凑,调速方便,但碱液浓度和温度因未实现自动控制而不稳定,而且需要注意的是碱液的浓度、温度和处理时间随果蔬种类、品种和成熟度的不同而差异较大,所以对每批原料在做处理前都应先做小试。

5.5.2 去核机械

5.5.2.1 去核原理

桃、杏、李、山楂、枣等核果类水果产量较大,这类水果进行加工时,去核是一项十分重要的预处理工序。水果去核机具有加工效率高、劳动强度小、生产卫生安全、产品质量稳定等优点,采用去核机实现去核机械化是水果加工的发展趋势。

去核工作中要求去核后果肉损失率低,如果果肉与果核分离不彻底,果肉去净率不理想必然造成果肉损失率高,同时,要求去核后果肉完整性好,如果去核后果肉呈碎块状,只能用于果汁饮料的加工,不能满足罐头、果脯的生产要求。由于果品形状、成熟度不一,果核形状

食品机械与设备

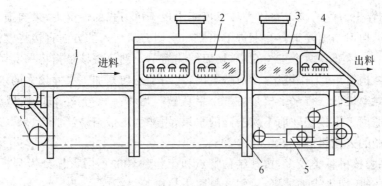

图 5-44　碱液去皮机

1. 输送链带　2. 淋碱段　3. 腐蚀段　4. 冲洗段　5. 传动系统　6. 机架

不一,因此去核机应该具有较广泛的适应性和工作稳定性,通过更换主要工作部件即能适应不同果品去核作业需要,提高去核机的通用性。此外,去核机应自动化程度高,提高去核作业的精确度及工作速度,保证产品质量。

机械去核的方法可按不同标准进行分类。

· 按刀片运动形式[图 5-45(a)]分为冲切法和旋切法。冲切法中切刀做简单的往复运动切除果核,机械结构简单,但作业阻力较大,切口不够整齐,适用于冲切尺寸较小的果品。旋切法中切刀在切除果核时除做往复运动以外,还伴随有自身旋转运动,机械结构复杂,作业阻力小,切口整齐,不会造成果品整体结构的破坏,适用于冲切尺寸较大的果品。

· 按刀片数量[图 5-45(b)]可分为单刀式和双刀式。单刀式只在一个方向设置刀片,去核时直接从一个方向一次完成,所使用的机械结构简单,但出口端切口不整齐,而且作业阻力大,因此一般只适于采用旋切法。双刀式即在两个方向各设置一个刀片,去核作业分两步完成,首先从一个方向切入一定深度,然后再从另一方向切入并将果核捅出一次完成,机械结构复杂,但切口整齐,而且作业阻力小。

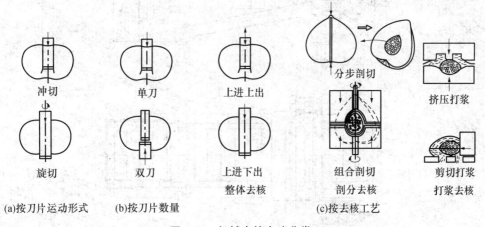

图 5-45　机械去核方法分类

· 按去核工艺[图 5-45(c)]可分为整体去核、剖分去核和打浆去核。整体去核是指在保持果实整体不被破坏的情况下切除果核,生产效率高,但浪费果肉,适用于尺寸较小的水果,如山楂、大枣等。整体去核又分为:①上进上出式——切刀从切入的方向退出并带出核,退出后再排出存于刀内的核。整体去核只可能出现于单刀式的情况下,果肉损失小,作业在一个工位完成,切刀结构复杂。②上进下出式——切刀从切入的方向直接将核推出,果肉损失较大,作业一般需要在两个工位完成,切刀结构简单。剖分去核是指将果实切开之后再分别切除果核,结构简单,工作可靠,不浪费果肉,适用于需切开加工尺寸较大的水果,如苹果、梨等,但生产效率较低。打浆去核是将整个果蔬破碎后将果核分离出来,机械结构简单,果肉损失少,仅适用于果核坚硬而不易击碎的水果,用来生产带肉果汁饮料、果酱、果浆等。

5.5.2.2　典型的去核机械

目前水果去核机种类较多,按其结构特点和工作部件的不同大体分为刮板式打浆去核机、捅杆式去核机、切半式去核机、对辊式打浆去核机等。

1. 刮板式打浆去核机

刮板式打浆去核机的典型代表是 1994 年李恩山、范钢娟报道的 YGBH 1500 型刮板式水果去核机,其结构形式如图 5-46 所示。该机主要由进料斗 1、带凹槽的链板式输送器 3、理料旋转刷 2、去核刀架 4、排核螺旋输送器 6 等组成。原料进入进料斗后直接落在带凹槽的输送板上,输送板由星形轮向前传动,输送板上方有一旋转的理料刷将带上重叠的水果送回进料斗,去核刀架上设有棒形去核刀,去核刀架由曲柄连杆结构带动做垂直运动,黏附在输送带上已去核的水果经推杆由出料口 5 排出,果核与果肉一起由设置在链板式输送器下方的不锈钢螺旋输送器排出。去核机出料口还可以设置振动筛,对产品进一步整理,尤其对成熟度高、软的樱桃可以提高工作效率。

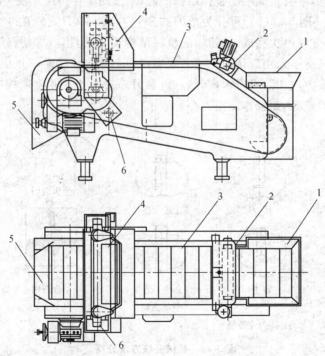

图 5-46　YGBH 1500 型刮板式水果去核机

1. 进料斗　2. 理料旋转刷　3. 链板式输送器

4. 去核刀架　5. 出料口　6. 排核螺旋输送器

该机主要应用于罐头加工厂及果蔬速冻加工厂,进行樱桃、李、杏、枣等水果的去核作业。

2. 捅杆式去核机

捅杆式去核机是通过工作转盘固定水果,捅杆向下运动将果核推出,从而完成果肉与果核的分离。该机适用于果核大小一致、规则且核较易脱离的水果去核,如山楂、红枣、龙眼等。如山楂去核机由旋转工作台、上下工作头、传动机构等组成。工作台的上部装有拨料辊,其作用是拨动成品山楂脱离工作台进入成品收集器。工作台的下部装有下脚料的收集装置。上下工作头结构分别如图5-47、图5-48所示。工作头由夹持块、定位针、切刀及工作构件的复位机构组成。上工作头完成山楂的二次辅助定位、夹持、上切刀的切削与去核等,下工作头完成山楂的初始定位与切削。上下工作头以山楂上下凹点连线作为定位基准,即采用上下定位针分别对准上下凹点中心的定位方式,夹持器使用仿生态结构将山楂夹紧,保证山楂去核时的定位精度,上下切刀相互配合进行切削与去核,完成去核后复位并清刀。上切刀为内收刀刃,下切刀为外收刀刃,确保去核的效率和山楂的完整性。

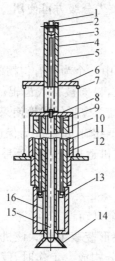 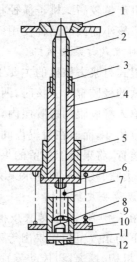

图 5-47　上工作头结构

1. 滚轮　2. 滚轮轴　3. 弹簧调节螺钉　4. 上定位针弹簧
5. 上切刀空心接管　6. 复位弹簧压盘　7. 复位弹簧
8. 定位限止板　9. 夹持弹簧螺母　10. 夹持弹簧
11. 定位套　12. 导向套　13. 夹持头接管
14. 上夹持块　15. 上定位针　16. 上切刀

图 5-48　下工作头结构

1. 下夹持块　2. 下定位针　3. 下切刀
4. 下切刀空心接管　5. 导向套
6. 定位限止板　7. 下定位针弹簧
8. 弹簧调节螺钉　9. 复位弹簧
10. 复位弹簧压盘　11. 滚轮轴
12. 滚轮

山楂去核机的去核工艺过程为:进入,定位,夹持,切削,去核,成品与下脚料的收集。山楂进入工作台定位后,上工作头下行配合下工作头对山楂进行夹持定位,下切刀上切与上切刀一起完成切削去核,最后复位并清刀。工作台上的转辊拨动成品山楂脱离工作台,进入成品收集器。

该机采用了以山楂果实的上下凹点为定位基准的中心定位方式,保证了加工精度,加工过程中山楂的破碎率和残核率大大降低,工作效率大大提高。去核后果肉完整性好、呈灯笼状,但工效低、果肉损失率高。

3. 切半式去核机

体积较大的核果类水果如桃、杏、李等去核,常用切半式去核机,它的主要工作部件是剖分刀,把水果剖分成两半,再通过振动筛或手工辅助脱核,结构简单且工作可靠。

桃子切半去核机主要由机架、进料斗、板式碗形输送器、框架式切半挖核器、振荡出料斗、传动机构等部分组成。其传动机构由电动机通过 V 带,经齿轮及十字槽形间隙机构传动板式碗形输送器,另经链轮、槽凸轮、偏心轮、连杆等传动并控制各机构部分。

当原料由进料斗分六路进入间歇移动输送辊,经旋转的尼龙毛刷将重叠的桃子排除后,随即桃子落入板式碗形输送器继续间歇前进,同时由两边人工拨正位置,在输送器通过有六头做上下往复运动的框架式切半挖核器时,先由模套压住,紧接着切刀与月形挖核刀也同时插入桃肉内,这时的上下月形挖核刀在齿条齿轮的作用下各做旋转半圈的挖核动作,完成后,框架式切半挖核器上升复位,仍由板式碗形输送器送入振荡出料斗内进行桃核分离后输出。

该机产量较高。桃子横径相差 15 mm 以上时,应该先分级方可使用。成熟度在九成以上、肉厚、核小而圆的品种使用效果较好。

4. 对辊式打浆去核机

对辊式打浆去核机的主要工作部件为两个辊子,其中一个为开有沟槽的金属齿辊,另一个为柔软的橡胶辊。去核时,两个辊子对物料进行挤压,果肉被挤入齿辊的齿间,而果核则被挤压陷入橡胶辊的橡胶层内,当橡胶辊转过一定角度后,橡胶的弹性使果核脱离橡胶辊进入果核收集斗,而嵌在齿辊齿间的果肉由挡梳梳出落入果肉收集斗。为保证果肉去净率,增加清核装置,将果核上残留的果肉进一步分离出来。该机适用于芒果等果核坚硬而不易击碎、果肉柔软、核易分离的水果去核。

5. 菠萝去皮捅心机

如图 5-49 所示,菠萝去皮捅心机系菠萝加工工序全自动设备,可完成去皮、切端、捅心及从切下的果皮上挖出果肉等四道工序,得到中空圆柱形菠萝果肉。该机由倾斜式提升装置、切端机构、挖肉器、传动装置、机座和控制装置等部分构成。工作时,菠萝经倾斜式提升机 1 升到预定位置,由安装在链条上的推手,经过弯轨架及定心装置,推入高速旋转的去皮

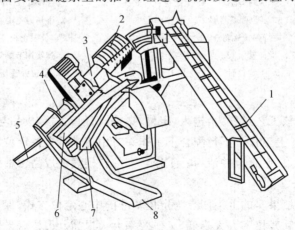

图 5-49 菠萝去皮捅心机
1. 倾斜式提升机 2. 去皮刀筒 3. 挖肉器 4. 六孔转盘 5、8. 滑槽 6、7. 出料槽

刀筒 2,切下的果皮由挖肉器 3 经两次挖肉后,皮和果肉分别从出料槽 6 和 7 溜出,圆柱形果肉则通过导引套进入间歇六孔转盘 4 内,由间歇转盘送至工作位置切除头尾两端、捅心,最后推杆将果筒推出转盘外,经滑槽 8 溜到果筒输送带上。端料和心料从滑槽 5 送出。该设备生产能力强,机构安全可靠,劳动强度低。

6. 葡萄破碎除梗机

葡萄破碎除梗机属于打浆剥离除杂设备,主要用于除去葡萄的果梗。作为酿制葡萄酒的原料,葡萄在采摘下来时往往带有果梗,果梗中含有苹果酸、柠檬酸和苦涩味的树脂等可溶性物质,如不去除,将影响葡萄酒的品质和风味。采用机械方法可以将果梗从葡萄中分离出来,通常采用葡萄破碎除梗机来进行破碎和果梗分离作业(图 5-50)。

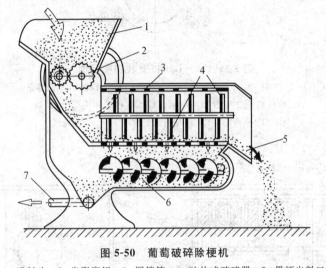

图 5-50　葡萄破碎除梗机

1. 进料斗　2. 齿形磨辊　3. 圆筒筛　4. 叶片式破碎器　5. 果梗出料口
6. 螺旋输送器　7. 果汁果肉出料口

葡萄破碎除梗机由进料斗 1、两个齿形磨辊 2、圆筒筛 3、叶片式破碎器 4、果梗出料口 5、螺旋输送器 6 和果汁果肉出料口 7 等组成。带有果梗的葡萄果实从料斗落到两个齿形磨辊之间稍加挤压破碎,然后进入圆筒筛内,主轴上呈螺旋线配置有打击破碎叶片,在推动破碎葡萄前移的同时进一步破碎,破碎后的果汁、果肉穿过筛孔后由右下方的螺旋输送器从果汁果肉出料口排出,而棒状及枝状果梗作为筛上物被破碎叶片输送到末端经果梗出料口排出,从而实现了果、梗的分离。使用时,需要根据葡萄颗粒的大小、成熟度和带梗情况调整齿辊轧距、破碎叶片安装倾角、主轴转速、筛孔大小。

7. 荔枝剥壳、去核机

荔枝在去核之前首先要脱壳,目前在生产上对荔枝的剥壳去核还是分两道工序由两台机械完成,还没有多工序全自动设备。图 5-51 是荔枝剥壳机的工作原理图。该机模仿人手剥壳的原理,在每两个橡胶环轮组成的一条工作通道上,荔枝由两个橡胶环轮夹持着,在开口区被开口,运转至脱皮区时,荔枝开口的背面受到出料轮的挤压,果肉从裂口处被挤出,从而完成剥壳作业。因多个橡胶环轮可组成多条工作通道,从而达到高生产率的目的。

荔枝的去核分两种形式,生产罐头时,需要果肉保持完整,选用穿孔冲核机(图 5-52),生产果汁、果酒时,可采用刮板打浆机或对辊式打浆机。这里主要介绍穿孔冲核机,其重要工作部件为工作滚筒和除核顶杆。空心圆筒上分布许多可容纳一个荔枝大小的承料孔,其垂直轴线上方安装有带除核顶杆的底板,在凸轮机构作用下,顶杆与承料孔精确定位做上下往复运动。当荔枝由进料口有序地铺放在承料孔中,并位于工作滚筒最上方,经除核顶杆冲核后,随工作滚筒旋转,落入收集槽中,而果核落入斜槽被螺旋输送器从排核口排出。

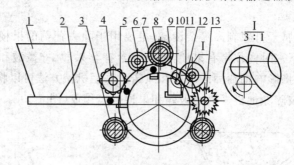

图 5-51　LL - G2000 荔枝剥壳机构

1. 送料斗　2. 振动输送槽　3. 间隔轮　4. 进料轮　5. 诱导条

6. 小间隔轮　7. 刀架　8. 动力辊　9. 橡胶环轮　10. 转轴

11. 出料轮　12. 振动输送出料斗　13. 去皮轮

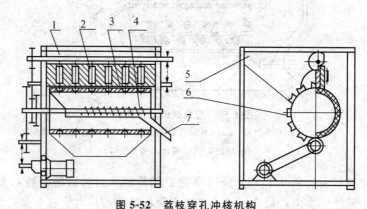

图 5-52　荔枝穿孔冲核机构

1. 凸轮斗　2. 顶杆　3. 工作滚筒　4. 螺旋输送器

5. 周期转动机构　6. 排核口　7. 收集槽

▶▶ 思考题 ◀◀

1. 食品加工为什么要预处理?常见预处理包括哪些内容?
2. 简述常见清洗机械的原理和特点。
3. 简述几种去皮、去壳、去核设备的原理及特点。
4. 简述在线检验和分析设备的原理及特点。

第 6 章

输送机械与设备

➤➤ **摘要**

本章主要介绍食品物料输送机械，重点是固体和液体物料输送机的类型、工作原理、基本结构、主要工作部件、性能特点与用途等。要求熟悉各种不同类型输送机的原理、特点、工作过程及适应性，能够正确选型和操作。

在食品加工过程中,有大量物料(原、辅、废料或成品、半成品)的供、排、送问题。从原料进厂到成品出厂,以及在生产单元各工序间,均有大量的物料需要输送。输送机械与设备就是用来将物料按生产工艺从一个工位传送到另一个工位的装备。有时在传送过程中也会对物料进行其他工艺操作。在采用了先进的技术设备和实现单机自动化后,更需要将单机之间有机地衔接起来,使某一单机加工出半成品后,用输送机械与设备将该半成品输送到另一单机逐步完成以后的加工,形成自动生产流水线。所以,在大工业规模化情况下,输送机械与设备就直接成为生产线的重要组成部分。合理地选择和使用物料输送机械与设备,对保证生产连续性、提高劳动生产率和产品质量、减轻工人劳动强度、改善劳动条件、减少输送中的污染以及缩短生产周期等都有着重要意义。

需要输送的物料种类繁多且物料间性质差异也很大,输送机械与设备的选用必须根据物料来确定。按工作原理,输送机械与设备可分为连续式和间歇式;按输送时的运动方式,可分为直线式和回转式;按驱动方式,可分为机械驱动、液压驱动、气压驱动和电磁驱动等形式;按所输送物料的状态,可分为固体物料输送机械与设备和流体物料输送机械与设备。一般来说,输送固体物料时,可选用各种形式的带式输送机、斗式提升机、螺旋输送机、振动输送机、气力输送装置或流送槽等输送机械与设备;输送流体物料时,可选用各种类型的泵(如离心泵、螺杆泵、齿轮泵、滑片泵等)和真空吸料装置等输送机械与设备。

6.1 固体物料输送机械

6.1.1 带式输送机

带式输送机是食品工厂中使用最广泛的一种固体物料连续输送机械。它常用于在水平方向或倾斜角度不大(<25°)的方向上对物料进行传送,也可兼作选择检查、清洗或预处理、装填、成品包装入库等工段的操作台。它适合于输送密度为$(0.5\sim2.5)\times10^3\ kg/m^3$的块状、颗粒状、粉状物料,也可输送成件物品。

带式输送机具有工作速度范围广(输送速度为0.02~4.00 m/s)、适应性强、输送距离长、运量大、生产效率高、输送中不损伤物料、能耗低、工作连续平稳、结构简单、使用方便、维护检修容易、无噪声、输送路线布置灵活、能够在全机身中任何地方进行装料和卸料等优点。主要缺点是倾斜角度不宜太大,不密闭,轻质粉状物料在输送过程中易飞扬等。

带式输送机的带速视其用途和工艺要求而定,用作输送时一般取0.8~2.5 m/s,用作检查性运送时取0.05~0.1 m/s,在特殊情况可按要求选用。许多带式输送机都配有无级变速传动装置,以适应不同工艺所需的不同输送速度。

6.1.1.1 带式输送机的结构和工作原理

带式输送机如图6-1所示,是由挠性输送带作为物料承载件和牵引件来输送物料的运输机构的一种形式。它用一根闭合环形输送带作牵引及承载构件,将其绕过并张紧于前、后两滚筒上,依靠输送带与驱动滚筒间的摩擦力使输送带产生连续运动,依靠输送带与物料间的摩擦力使物料随输送带一起运行,从而完成输送物料的任务。主要组成部件有张紧滚筒

1、张紧装置 2、装料漏斗 3、改向滚筒 4、支撑托辊 5、环形输送带 6、卸载装置 7、驱动滚筒 8 及驱动装置 9 等。

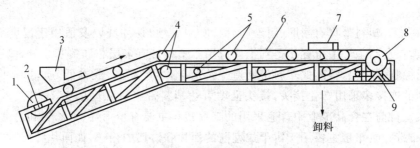

图 6-1　带式输送机
1. 张紧滚筒　2. 张紧装置　3. 装料漏斗　4. 改向滚筒　5. 支撑托辊
6. 环形输送带　7. 卸载装置　8. 驱动滚筒　9. 驱动装置

工作时,在传动机构的作用下,驱动滚筒 8 作顺时针方向旋转,借助驱动滚筒 8 的外表面和环形输送带 6 的内表面之间的摩擦力的作用使环形输送带 6 向前运动,当启动正常后,将待输送物料从装料漏斗 3 加载至环形输送带 6 上,并随带向前运送至工作位置。当需要改变输送方向时,卸载装置 7 即将物料卸至另一方向的输送带上继续输送,如不需要改变输送方向,则无须使用卸载装置 7,物料直接从环形输送带 6 右端卸出。

6.1.1.2　带式输送机的主要结构

1. 输送带

在带式输送机中,输送带既是承载件又是牵引件,它主要用来承放物料和传递牵引力。它是带式输送机中成本最高(约占输送机造价的 40%)、又最易磨损的部件。因此,对所选输送带要求强度高,延伸率小,挠性好,本身重量轻,吸水性小,耐磨、耐腐蚀,同时还必须满足食品卫生要求。

常用的输送带有橡胶带、各种纤维编织带、塑料带、锦纶带、强力锦纶带、帆布带、板式带、钢带和钢丝网带等,其中用得最多的是普通型橡胶带。各种输送带的品种及规格可查阅相关的机械设计手册。

(1)橡胶带　橡胶带是用 2～10 层棉织物、麻织品或化纤织物作为带芯(常称衬布),挂胶后叠成胶布层再经加热、加压、硫化黏合而成。带芯主要承受纵向拉力,使带具有足够的机械强度以传递动力。带外上下两面附有覆盖胶作为保护层称为覆盖层,其作用是连接带芯,防止带受到冲击,防止物料对带芯的摩擦,保护带芯免受潮湿而腐烂,避免外部介质的侵蚀等。

(2)钢带(钢丝网带)　钢带的厚度一般为 0.6～1.5 mm,宽度在 650 mm 以下。钢带的机械强度大,不易伸长,不易损伤,耐高温,因而常用于烘烤设备中。食品生坯可直接放置在钢带之上,节省了烤盘,简化了操作,且因钢带较薄,在炉内吸热量较小,节约了能源,而且便于清洗。但由于钢带的刚度大,故与橡胶带相比,需要采用直径较大的滚筒。钢带容易跑偏,其调偏装置结构复杂,且由于其对冲击负荷很敏感,故要求所有的支撑及导向装置安装准确。钢带采用强度和挠性较好的冷轧低碳钢制成,造价较高,黏着性较大,灼热的物料不能用橡胶带时才考虑使用。钢丝网带用于一边输送物料,一边实行固液分离的场合。油炸食品炉中的物料输送、水果洗涤设备中的水果输送等常采用钢丝网带。钢丝网带也常用于食品烘烤设备中,由于网带的网孔能透气,故烘烤时食品生坯底部的水分容易蒸发,其外形不会因胀发而变得不规则或发生油滩、洼底、粘带及打滑等现象。但因长期烘烤，网带上积累的面屑炭黑不易清洗，致使制品底部粘上黑斑而影响食品质量。此时，可对网带涂镀防粘材料来解决。

(3)塑料带　塑料带具有耐磨、耐酸碱、耐油、耐腐蚀、易冲洗以及适用于温度变化大的场合等特点，在食品工厂中也逐步得到推广应用。塑料带有多层芯和整芯之分，多层芯式塑料带与普通橡胶带相似，整芯式塑料带制造工艺简单，生产率高，成本低，质量好，但挠性较差。塑料带的连接多采用塑化接头，接头强度可达塑料带本身强度的 $75\% \sim 80\%$，很少采用机械接头。目前在食品工业中普遍采用的工程塑料主要有聚丙烯、聚乙烯和乙缩醛等。

(4)帆布带　帆布带主要用于饼干成型前的面片和饼坯的输送，如面片叠层、加酥辊压、饼干成型过程中均采用帆布作为输送带材料。帆布带除抗拉强度大之外，主要特点是柔性好，能经受多次反复折叠而不疲劳。帆布的缝接通常采用棉线和人造纤维缝合，少数情况下用皮带扣连接。

(5)板式带　板式带即链板式输送带，它与带式传动装置的不同之处是：在带式传送装置中，用来传送物料的牵引件为各式输送带，输送带同时又作为被传送物料的承载构件；而在链板式传送装置中，用来传送物料的牵引件为板式关节链，而被传送物料的承载构件则为托板下固定的导板，也就是说，链板是在导板上滑行的。在食品工业中，这种输送带常用来输送装料前后的包装容器，如玻璃瓶、金属罐等。链板式传送装置与带式传送装置相比较，其结构紧凑，作用在轴上的载荷较小，承载能力大，效率高，并能在高温、潮湿等条件差的场合下工作。链板与驱动链轮间没有打滑，因而能保证链板具有稳定的平均速度。但链板的自重较大，制造成本较高，对安装精度的要求亦较高。

2. 驱动装置

驱动装置一般由一个或若干个驱动滚筒、减速器、联轴器等组成。驱动滚筒是传递动力的主要部件，除板式带的驱动滚筒为表面有齿的滚筒外，其他输送带的驱动滚筒通常为直径较大、表面光滑的空心滚筒。滚筒通常用钢板焊接而成，为了增加滚筒和带的摩擦力，有时在表面包上木材、皮革或橡胶。滚筒的宽度比输送带宽 $100 \sim 200$ mm，呈鼓形结构，即中部直径稍大，用于自动纠正输送带的跑偏。驱动滚筒布置方案如图 6-2 所示。

3. 张紧装置

在带式输送机中，由于输送带具有一定的延伸率，在拉力作用下，本身长度会增大。这个增加的长度需要得到补偿，否则带与驱动滚筒间不能紧密接触而打滑，使输送带无法正常运转。张紧装置的作用是保证输送带具有足够的张力，以便使输送带和驱动滚筒间产生必要的摩擦力以保证输送机正常运转。常用的张紧装置有重锤式和螺旋式（拉力螺杆式或压力螺杆式），如图 6-3 所示。对于输送距离较短的输送机，张紧装置可直接装在输送带的从动滚筒的支承轴上，而对于较长的输送机则需设专用的张紧辊。

4. 机架和托辊

带式输送机的机架多用槽钢、角钢和钢板焊接而成。可移式输送机的机架装在滚轮上以便移动。

托辊在输送机中对输送带及其上面的物料起承托的作用，使输送带运行平稳。托辊应尽量做到运动阻力系数小，功率消耗小，结构简单，便于拆装维修，有较高的强度和耐磨性以及良好的密封性能等。

托辊分上托辊(即载运段托辊)和下托辊(即空载段托辊)。托辊的布置有槽形和平形。如图 6-4 所示,槽形托辊是在带的同一横截面方向接连安装 3 条长平形辊,底下一条水平,旁边两条倾斜而组成一个槽形,主要用于输送量大的散状物料。定型的托辊的总长度比带宽宽出部分为 100~200 mm。

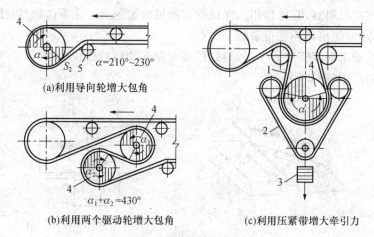

(a)利用导向轮增大包角 $\alpha=210°\sim230°$

(b)利用两个驱动轮增大包角 $\alpha_1+\alpha_2=430°$

(c)利用压紧带增大牵引力

图 6-2　驱动滚筒布置方案

1. 传送带　2. 压紧带　3. 重锤　4. 驱动轮　5. 导向轮

α. 包角　S_2. 松边拉力

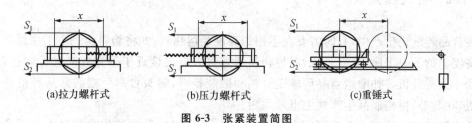

(a)拉力螺杆式　　(b)压力螺杆式　　(c)重锤式

图 6-3　张紧装置简图

S_1. 紧边拉力　S_2. 松边拉力　x. 张紧距离

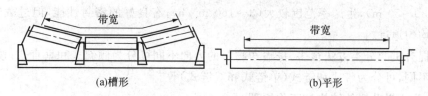

(a)槽形　　　　　　　　　(b)平形

图 6-4　托辊的布置形式

托辊的间距和直径与带的种类、带宽及运送物料的质量等有关。物料重时,间距应小,当物料为大于 20 kg 的成件物品时,间距应小于物品在运输方向的长度的一半,通常取 0.4~0.5 m。

托辊可用铸铁制造,但较常见的是用两端加上凸缘的无缝钢管制造,端部有密封装置及添加润滑剂的沟槽等。

5. 清扫器

清扫器用于清扫黏附在输送带上的食品物料。食品物料多具有黏附性,因此安装可靠的清扫器十分必要。它分为弹簧清扫器与刮板清扫器两种:弹簧清扫器装在头部滚筒处,用以清扫卸料后黏附在输送带承载面上的物料;刮板清扫器装在尾部滚筒前,用以清扫输送带运转面上的物料。

6. 装载和卸料装置

装载装置亦称喂料器,它的作用是保证均匀地供给输送机一定量的物料,使物料在输送带上均匀分布,通常使用料斗进行装载。

卸料装置位于末端滚筒处。中间卸料时,采用犁式卸料挡板,它的构造简单,成本低,但是对输送带磨损严重(图6-5)。

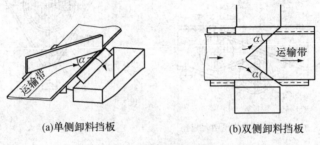

(a)单侧卸料挡板　　　　　　　　(b)双侧卸料挡板

图 6-5　犁式卸料挡板

6.1.2　斗式提升机

在食品连续化生产中,有时需要在不同的高度装运物料,如将物料由一个工序提升到在不同高度上的下一工序,也就是说,需将物料沿垂直方向或接近于垂直方向进行输送,此时常采用斗式提升机。如酿造食品厂输送豆粕和散装粉料,罐头食品厂把蘑菇从料槽升送到预煮机,在番茄、柑橙制品生产线上也常采用。

斗式提升机主要用于在不同高度间升运物料,适合将松散的粉粒状物料由较低位置提升到较高位置上。斗式提升机的主要优点是占地面积小,提升高度大(一般为 7～10 m,最大可达到 30～50 m),生产率范围较大(3～160 m³/h),有良好的密封性能,但过载较敏感,必须连续均匀地进料。

斗式提升机的分类方法很多,按输送物料的方向不同可分为倾斜式和垂直式;按牵引机构的形式不同,可分为带式和链式(单链式和双链式)等。

6.1.2.1　斗式提升机的结构和工作原理

斗式提升机主要由牵引件、滚筒(或链轮)、张紧装置、加料和卸料装置、驱动装置和料斗等组成。在牵引件上装置着一连串的小斗(称料斗),随牵引件向上移动,达到顶端后翻转,将物料卸出。料斗常以背部(后壁)固接在牵引带或链条上,双链式斗式提升机有时也以料斗的侧壁固接在链条上。

图6-6为倾斜式提升机的结构示意图。为了改变物料升送的高度,适应不同生产情况的需要,料斗槽中部有一可拆段,使提升机可以伸长也可以缩短。有时为了移动方便,机架装在活动轮子上。

图6-7为垂直斗式提升机的结构示意图,它主要由料斗、牵引带(或链)、驱动装置、机壳

和进、卸料口组成。工作时被输送物料由进料口 5 均匀喂入，在驱动滚筒的带动下，固定在输送带上的料斗 3 刮起物料后随输送带一起上升，当上升至顶部驱动滚筒的上方时，料斗 3 开始翻转，在离心力或重力的作用下，物料从卸料口卸出，送入下道工序。

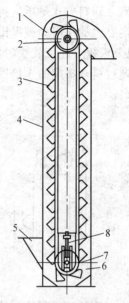

图 6-7　垂直斗式提升机

1. 机头　2. 头轮　3. 料斗
4. 机筒　5. 进料口　6. 机座
7. 底轮　8. 张紧螺杆

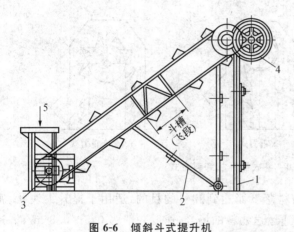

图 6-6　倾斜斗式提升机

1、2. 支架　3. 张紧装置　4. 传动装置　5. 装料口

图 6-8 为料斗在牵引带上的布置形式，它取决于被输送物料的特性、使用场合和料斗装卸料方式。如果是安置在打浆机、预煮机、分级机等前面的斗式提升机，在生产率相同的条件下，适合采用料斗密集型布置形式，这样可以使进料连续均匀，有利于各种机械的控制和使用。

斗式提升机的装料方式分为挖取式和撒入式，如图 6-9 所示。挖取法是指料斗被牵引件带动经过底部物料堆时，挖取物料。这种方法在食品工厂中采用较多，主要用于输送粉状、粒状、小块状等散状物料。料斗上移速度较快，一般为 0.8～2 m/s，料斗布置疏散。撒入法是指物料从加料口均匀加入，直接流入料斗里。这种方法主要用于大块和磨损性大的物料的提升场合，输送速度较低，一般不超过 1 m/s，料斗布置密集。

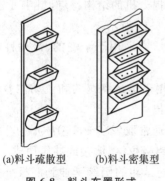

(a)料斗疏散型　　(b)料斗密集型

图 6-8　料斗布置形式

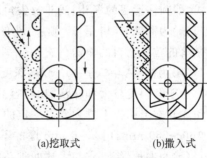

(a)挖取式　　　　(b)撒入式

图 6-9　斗式提升机装料方式

物料装入料斗后，提升到上部进行卸料。卸料方式可分为离心式、重力式和离心重力式三种形式，如图 6-10 所示。

离心卸料方式是指当料斗上升至滚筒处时,由直线运动变为旋转运动,料斗内的物料因受到离心力的作用而被甩出,从而达到卸料的目的。适用于粒度小、磨损性小的干燥松散物料,且要求提升速度较快的场合,一般为 1～2 m/s。料斗与料斗之间要保持一定的距离,一般应超过料斗高度的 1 倍以上,否则甩出的物料会落在前一个料斗的背部,而不能顺利进入卸料口。

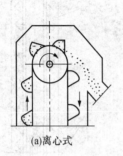 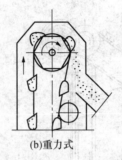 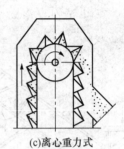

(a)离心式　　　　　　　(b)重力式　　　　　　　(c)离心重力式

图 6-10　斗式提升机卸料方式

重力卸料方式靠物料的重力使物料落下而达到卸料的目的,适用于提升大块状、密度大、磨损性大和易碎的物料,适用于低速运送物料的场合,速度一般为 0.5～0.8 m/s。这种卸料方式又称无定向自流式。当提升黏性较大或较重的物料时,出料滚筒下面常装有导向轮,使胶带略弯曲,料斗运行到此处能完全翻转,因而物料借自重能顺利卸出。

离心重力卸料方式靠重力和离心力的同时作用而达到卸料的目的,也适用于提升速度较低的场合,一般为 0.6～0.8 m/s,适用于流动性不良的散状、纤维状物料或潮湿物料。料斗与料斗之间紧密相连,物料沿前一个料斗的背部落下。这种卸料方式又称定向自流式。

罐头食品厂、果汁饮料厂用斗式提升机运送果蔬物料时,为了尽可能减少对果蔬物料的机械损伤,一般不采用离心卸料方式,因其转速高、离心力大,会将物料抛得很远。或者,当物料还没有从料斗中卸出时,料斗就已转过了驱动滚筒而将物料抛到机架下面,此时也应采用较低的转速,采用自流式卸料方式。

6.1.2.2　斗式提升机的主要结构

1. 料斗

料斗是提升机的盛料构件,根据运送物料的性质和提升机的结构特点,料斗可分为三种不同的形式,即圆柱形底的深斗、浅斗及尖角形斗,如图 6-11 所示。

图 6-11(a)为深斗,斗口呈 65°倾斜,斗的深度较大。它适用于干燥的、流动性能好的、能很好地撒落的粒状物料的输送。

图 6-11(b)为浅斗,斗口呈 45°倾斜,深度小。它适用于运送潮湿的和流动性差的粉末、粒状物料。由于倾斜度较大和斗浅,物料容易从斗中倒出。

深斗和浅斗在牵引件上排列要有一定的间距,斗距通常取(2.3～3.0)h(h 为斗深)。料斗宽度为 160～250 mm,用 2～6 mm 厚的不锈钢板或铝板焊接、铆接或冲压而成。

图 6-11(c)为尖角形斗,它与上述两种斗的不同之处是斗的侧壁延伸到底板外,使之成为挡边。卸料时,物料可沿一个斗的挡边和底板所形成的槽卸料。它适用于黏稠性大和沉重的块状物料的运送,斗间一般没有间隔。

料斗的主要参数是斗宽 B、伸距 A、容积 V 和斗深 h 及斗的形式,这些参数可从有关产品目录中查取。

2. 牵引件

斗式提升机的牵引件可用胶带和链条两种,胶带和带式输送机的相同。料斗用特种头部的螺钉和弹性垫片固接在牵引带上,带宽比料斗的宽度大 35～40 mm。

链条常用套筒链或套筒滚子链,其节距有 150 mm、200 mm、250 mm 等数种。当料斗的宽度较小(160～250 mm)时,用一根链条固接在料斗的后壁上;料斗的宽度较大时,用两条链条固接在料斗两边的侧板上,即借助于角钢把料斗的侧边和外链板相连。

牵引件的选择,取决于提升机的生产率、升送高度和物料的特性。用胶带作牵引件主要用于中小生产能力的工厂及中等提升高度,适合于体积和密度小的粉状、小颗粒等物料的输送。用链条作牵引件则适合于大生产率及升送高度大和较重物料的输送。

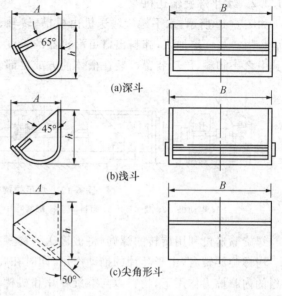

图 6-11　料斗的形式
A. 伸距　B. 斗宽　h. 斗深

6.1.3　螺旋输送机

6.1.3.1　螺旋输送机的原理

螺旋输送机属于没有挠性牵引构件的连续输送机械。根据输送形式,螺旋输送机分为水平螺旋输送机和垂直螺旋输送机两大类。它的某些类型常被用作喂料设备、计量设备、搅拌设备、烘干设备、仁壳分离设备、卸料设备以及连续加压设备等。

螺旋输送机的主要优点:①结构简单、紧凑、横断面尺寸小,可在其他输送设备无法安装时或操作困难的地方使用;②工作可靠,易于维修,成本低廉,仅为斗式提升机的一半;③机槽可以是全封闭的,能实现密闭输送,以减少物料对环境的污染,对输送粉尘大的物料尤为适宜;④输送时,可以多点进料,也可在多点卸料,因而工艺安排灵活;⑤物料的输送方向是可逆的,一台输送机可以同时向两个方向输送物料,即集向中心输送或背离中心输送;⑥在物料输送中还可以同时进行混合、搅拌、松散、加热和冷却等工艺操作。

螺旋输送机的主要缺点:物料在输送过程中,由于与机槽、螺旋体间的摩擦以及物料间的搅拌翻动等原因,使输送功率消耗较大,同时对物料具有一定的破碎作用;物料对机槽和螺旋叶片有强烈的磨损作用;对超载敏感,需要均匀进料,且应空载启动,否则容易产生堵塞现象;不宜输送含长纤维及杂质多的物料。

螺旋输送机用于摩擦性小的粉状、颗粒状及小块状散粒物料的输送;在输送过程中,主要用于距离不太长的水平输送(一般在 30 m 以下),或小倾角的倾斜输送,少数情况也用于大倾角和垂直输送。

6.1.3.2 水平螺旋输送机

如图 6-12 所示,水平螺旋输送机由机槽、转轴、螺旋叶片、轴承及传动装置等主要构件组成。物料从一端加入,卸料出口可沿机器的长度方向设置多个,用平板闸门启闭,一般只有其中之一卸料,传动装置可装在槽体前方或尾部。

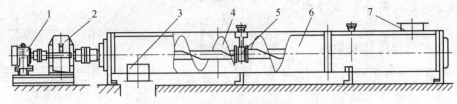

图 6-12 水平螺旋输送机
1. 电动机 2. 减速器 3. 卸料口 4. 螺旋叶片 5. 中间轴承 6. 机槽 7. 进料口

螺旋输送机利用旋转的螺旋,将被输送的物料在封闭的固定槽体内向前推移而进行输送。当螺旋旋转时,由于叶片的推动作用,同时在物料重力、物料与槽内壁间的摩擦力以及物料的内摩擦力作用下,物料以与螺旋叶片和机槽相对滑动的形式在槽体内向前移动。物料的移动方向取决于叶片的旋转方向及转轴的旋转方向。为平稳输送,螺旋转速应小于物料被螺旋叶片抛起的极限转速。

(1)螺旋叶片 螺旋叶片的旋向通常为右旋,必要时可采用左旋,有时在一根螺旋转轴上一端为右旋,另一端为左旋,用以将物料从中间输送到两端或从两端输送到中间。叶片数量通常为单头结构,特殊场合可采用双头或三头结构。如图 6-13 所示,螺旋叶片形状分为实体、带状、桨形和齿形等四种。当运送干燥的小颗粒或粉状物料时,宜采用实体螺旋,这是最常用的形式。运送块状或黏滞性物料时,宜采用带状螺旋。当运送韧性和可压缩性物料时,则用桨叶式或齿形的,这两种螺旋往往在运送物料的同时,还可以进行搅拌、揉捏等工艺操作。

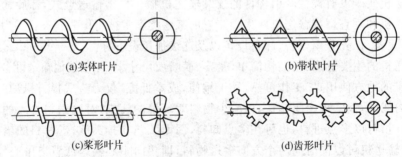

(a)实体叶片　　(b)带状叶片
(c)桨形叶片　　(d)齿形叶片
图 6-13 螺旋叶片形状

(2)转轴 转轴有实心和空心两种结构形式。其中空心轴质量轻,而且连接方便,根据总体长度,一般制造成 2～4 m 长的节段,如图 6-14 所示。

(3)轴承 轴承可分为头部轴承和中间轴承,头部轴承为止推轴承,可承受因推送物料而产生的轴向力。

(4)料槽 料槽是由 3～8 mm 厚的不锈钢或薄钢板制成的 U 形长槽,覆盖以可拆卸的盖板。料槽的内直径稍大于螺旋直径,间隙一般为 6～9 mm。

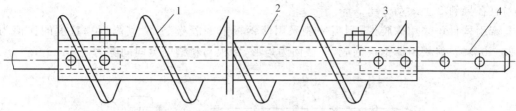

图 6-14   螺旋输送机转轴

1. 螺旋面   2. 空心轴   3. 螺钉连接   4. 连接段

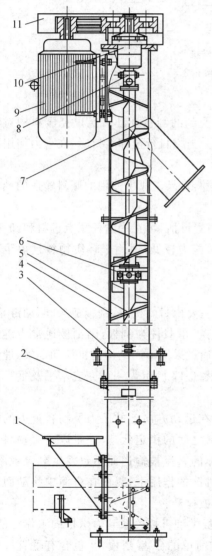

图 6-15   垂直螺旋输送机

1. 进料口   2. 下部机壳   3. 固定圈   4. 中间机壳
5. 螺旋体   6. 中间吊轴承   7. 上部机壳
8. 端部连接法兰   9. 驱动装置
10. 推力轴承装置   11. 带轮护罩

6.1.3.3   垂直螺旋输送机

垂直螺旋输送机依靠螺旋较高的转速向上输送物料,如图 6-15 所示。其输送原理如下:物料在垂直螺旋叶片较高转速的带动下得到很大的离心惯性力,这种力克服了叶片对物料的摩擦力将物料推向螺旋四周并压向机壳,对机壳形成较大的压力,反之,机壳对物料产生较大的摩擦力,足以克服物料因本身重力在螺旋面上所产生的下滑分力。同时,在螺旋叶片的推动下,物料克服了对机壳的摩擦力作螺旋形轨迹上升而达到提升的目的。离心惯性力所形成的机壳对物料的摩擦力是物料得以在垂直螺旋输送机内上升的前提,螺旋的转速越高,其上升也就越快。能使物料上升的螺旋的最低转速称为临界转速,低于此转速时,物料不能上升。

6.1.4   刮板输送机

刮板输送机是借助于牵引构件上刮板的推动力,使散粒物料沿着料槽连续移动的输送机。料槽内料层表面低于刮板上缘的刮板输送机称为普通刮板输送机,而料层表面高于刮板上缘的刮板输送机称为埋刮板输送机。

6.1.4.1   普通刮板输送机

普通刮板输送机的结构如图 6-16 所示。机架上部固定着敞开的料槽 1,牵引链条 3 由驱动链轮 4 驱动,并被张紧链轮 5 张紧。其中驱动链轮由电动机通过减速器带动旋转,张紧链轮处安装有螺杆张紧装置。刮板 2 按一定间距固定安装在链条上,随链条运动而在料槽内移动。链条销轴 7 的两端装有滚轮 8,用来支撑链条及刮板重量且在导轨 9 上滚动。

牵引构件可采用橡胶带,刮板一般采用薄钢板或橡胶板制成,其高度和宽度的比值为
0.25~0.50。料槽由薄钢板制成,横截面为矩形,刮板与料槽的侧向间隙为 3~5 mm。

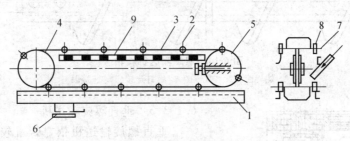

图 6-16　普通刮板输送机

1. 料槽　2. 刮板　3. 牵引链条　4. 驱动链轮　5. 张紧链轮

6. 卸料口　7. 链条销轴　8. 滚轮　9. 导轨

工作时,物料由进料口流入。当物料在运动方向受到的刮板推动力足以克服料槽对物料的摩擦阻力时,物料将随着刮板一起沿着料槽前进。当物料行至卸料口时,在重力作用下由料槽卸出。

该输送机的输送方式有水平、倾斜和水平倾斜三种,食品工业中使用的倾斜输送的倾角小于 35°。

普通刮板输送机的结构简单,占用空间小,工艺布置灵活,可在中途任意点进料和卸料。但物料在料槽内滑行,运动阻力大,机件磨损快,输送能力较低,适用于轻质物料且短距离输送。

6.1.4.2　埋刮板输送机

埋刮板输送机是由普通刮板输送机发展而来的,主要由封闭机筒、刮板链条、驱动链轮、张紧轮、进料口和卸料口等部件组成。其牵引件为链条,承载件为刮板,因刮板通常为链条构件的一部分或为组合结构,故该链条为刮板链条。通过采用不同结构的机筒和刮板,埋刮板输送机可完成散粒物料的水平、倾斜和垂直输送,图 6-17 所示为一可完成水平及垂直输送的埋刮板输送机。

埋刮板输送机在水平输送时,物料受到刮板链条在运动方向上的压力及物料重力的作用,在物料间产生了内摩擦力,这种摩擦力保证了物料之间的稳定状态,并足以克服物料在机筒中移动而产生的外摩擦力,使物料形成连续整体的料流被输送而不致发生翻滚现象。在垂直提升时,物料在内摩擦力、刮板支撑与推动及机筒的作用下,克服在机筒中移动而产生的外摩擦力和物料的重力,形成连续整体的料流而被提升。

常见刮板结构形式如图 6-18 所示。准确选择刮板类型直接关系到输送机的工作性能。对于输送性能较好的物料,在水平输送时可选用结构简单的 T 型刮板,在包含有垂直段的输送时可选用 U 型或 O 型刮板,以保证物料内部产生足够的内摩擦力而形成稳定的料层结构。

机筒的横断面通常为矩形,为使输送机具有良好的自清理性能,有些机筒横断面为 U 形,其刮板形状与机筒相应,下缘为弧形,如图 6-19 所示。

埋刮板输送机结构简单、体积小、密封性好、安装维护方便,能在机身任意位置多点

装料和卸料,工艺布置灵活。它可以输送粉状、粒状、含水量大、含油量大或含有一定易燃易爆溶剂的多种散粒物料,生产率高而稳定,并容易调节。埋刮板链条工作的条件恶劣,滑动摩擦多,容易磨损,满载时启动负荷大,功率消耗大。不适用于输送黏性大的物料,输送速度低。

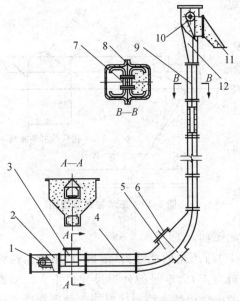

图 6-17　埋刮板输送机结构图

1. 张紧轮　2. 机尾　3. 加料段　4. 水平段
5. 弯曲段　6. 盖板　7. 刮板链条　8. 机筒
9. 垂直段　10. 驱动轮　11. 卸料口　12. 机头

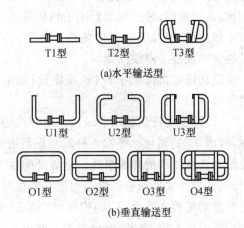

图 6-18　埋刮板输送机常见刮板结构形式

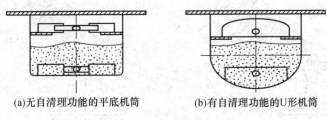

图 6-19　埋刮板输送机机筒

◆ 6.1.5　振动输送机

6.1.5.1　振动输送机的原理

　　振动输送机是一种利用振动技术,对松散态颗粒物料进行中、短距离输送的输送机械。振动输送机工作时,由激振器驱动主振弹簧支承的工作槽体。主振弹簧通常倾斜安装,斜置倾角称为振动角。激振力作用于工作槽体时,工作槽体在主振弹簧的约束下做定向强迫振动。处在工作槽体上的物品,受到槽体振动的作用断续地被输送前进。

　　如图 6-20 所示,当槽体向前振动时,依靠物料与槽体间的摩擦力,槽体把运动能量传递给物料,使物料得到加速运动,此时物料的运动方向与槽体的振动运动方向相同。此后,当槽体按激振运动规律向后振动时,物料因受惯性作用,仍将继续向前运动,槽体则从物料下面往后运动。由于运动中阻力的作用,物料越过一段槽体又落回槽体上,当槽体再次向前振动时,物料又因受到加速而被输送向前,如此重复循环,实现物料的输送。

振动输送具有产量高、能耗低、工作可靠、结构简单、外形尺寸小、便于维修的优点,目前在食品、粮食、饲料等部门获得广泛应用。振动输送机主要用来输送块状、粒状或粉状物料,与其他输送设备相比,其用途广,可以制成封闭的槽体输送物料,改善工作环境;但在无其他措施的条件下,不宜输送黏性大的或过于潮湿的物料。

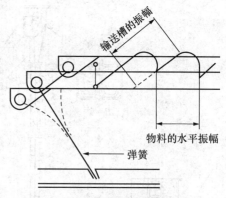

图 6-20 振动输送原理图

振动输送机按激振器(驱动装置)的形式不同可作如下划分:

(1)弹性连杆式振动输送机 由弹性连杆式激振器(图 6-21)驱动。弹性连杆式激振器由偏心轴、连杆和连杆端部的弹簧组成。槽体借弹性连杆激起振动。

(2)惯性式振动输送机 由惯性激振器(图 6-22)所产生的惯性力(激振力)驱动。这种激振器利用偏心质量 m_0 的旋转可产生较大的激振力 F,而本身的外形尺寸也不大。惯性激振器由偏心块、主轴、轴承和轴承座组成。槽体的振动由偏心块回转时产生的周期性变化的惯性离心力所引起。

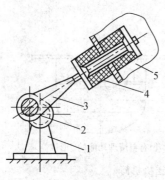

图 6-21 弹性连杆式激振器
1. 基座 2. 偏心轴 3. 连杆
4. 橡胶弹簧 5. 槽体

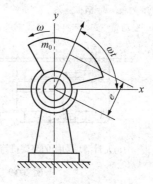

图 6-22 单轴惯性激振器
$e.m_0$ 的偏心距 $\omega.$ 转动的角速度

(3)电磁式振动输送机 由电磁激振器(图 6-23)产生的电磁激振力使槽体受迫振动。在电磁式振动输送机中,机体(包括槽体和激振器)与隔振弹簧组成隔振系统,频率比一般取 4~10;槽体和激振器组成主振系统,其工作频率与主振系统的固有频率之比为 0.85~0.95,即主振系统在低临界近共振的状态下工作。

6.1.5.2 振动输送机的主要结构

振动输送机的结构主要包括激振器、输送槽、平衡底架、主振弹簧、隔振弹簧、导向杆、进料装置、卸料装置等部分,如图 6-24 所示。

（1）激振器 激振器是振动输送机的动力来源及产生周期性变化的激振力，使输送槽与平衡底架产生持续振动的部件，可分为机械式、电磁式、液压式及气动式等类型。其激振力的大小，直接影响着输送槽的振幅。

（2）输送槽（承载体、槽体）与平衡底架（底架） 输送槽和平衡底架是振动输送机系统中的两个主要部件。槽体输送物料，底架主要是平衡槽体的惯性力，并减少传给基础的动载荷。

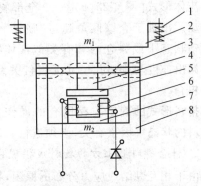

图 6-23 电磁激振器工作原理图

1. 隔振弹簧 2. 槽体 3. 板弹簧 4. 连接叉
5. 衔铁 6. 线圈 7. 铁芯 8. 壳体
m_1. 槽体的质量 m_2. 激振器的质量

（3）主振弹簧与隔振弹簧 主振弹簧与隔振弹簧是振动输送机系统中的弹性元件。主振弹簧（共振弹簧或蓄能弹簧）的作用是使振动输送机有适宜的近共振的工作点（频率比），使系统的动能和位能互相转化，以便更有效地利用振动能量；隔振弹簧的作用是支撑槽体，使槽体沿着某一倾斜方向实现所要求的振动，并能减小传给基础或结构架的动载荷。

弹性元件还包括传递激振力的连杆弹簧。

（4）导向杆 导向杆的作用是使槽体与底架沿垂直于导向杆中心线作相对振动，并通过隔振弹簧支承槽体的重量。导向杆通过橡胶铰链与槽体和底架连接。

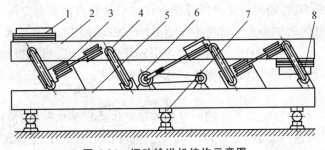

图 6-24 振动输送机结构示意图

1. 进料装置 2. 输送槽 3. 主振弹簧 4. 导向杆
5. 平衡底架 6. 激振器 7. 隔振弹簧 8. 卸料装置

（5）进料装置与卸料装置 进料装置与卸料装置是控制物料流量的构件，通常与槽体采用软连接的方式。

6.1.6 料仓与喂料器

6.1.6.1 料仓

在物料输送过程中，为协调工作和暂时存储物料，需要设置料仓。料仓常见几何形状有锥形、角锥形和带锥底的圆柱形。仓壁的倾角应能保证物料无停歇地卸出，其角度最小值取决于物料对仓壁的摩擦因数，一般比物料对仓壁的静摩擦角大 5°～10°。

料仓的形状、尺寸设计必须满足：足够的强度和刚度且轻便；能最充分利用其有效容积；物料在自重作用下，以流动方式通过料仓排料孔并完全卸出。

1. 物料从料仓卸出过程

不同粒度的散粒物料从料仓排料孔卸出时,会出现两种基本的排料形式:

标准形式[图 6-25(a)]——排料孔上方物料呈柱状运动,物料面呈漏斗状。出现于仓壁倾角较小的料仓,物料卸出的速度随排料孔尺寸的增大而提高。仅用于周期性存料的料仓。

流体形式[图 6-25(b)]——全部物料如流体般向下移动。出现于仓壁倾角超过"临界"值、料仓处于强烈振动状态下或料仓内具有类似液体物料的情况下,物料卸出速度与排料孔尺寸无直接关系。用于连续动作的料仓。

排料形式的确定与存储仓的操作方式、工作条件及物料的状态等因素有关,必须进行具体分析。

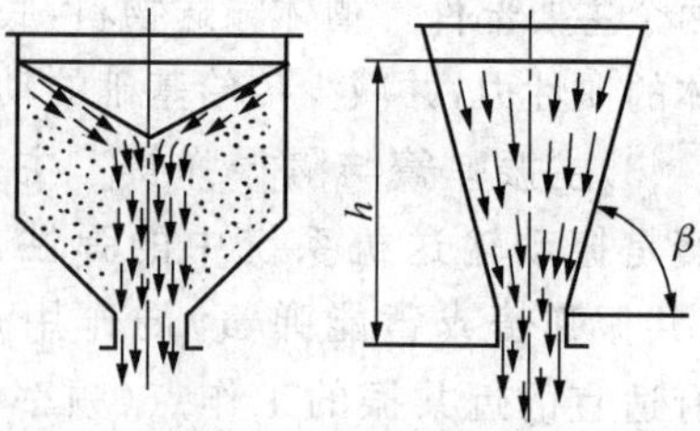

(a)标准形式 (b)流体形式

图 6-25 排料形式

2. 料仓排料孔上方的物料成拱现象及其消除措施

由于相互黏结或应力分布的原因,物料在料仓排料孔上方有时会形成坚固的拱,破坏了料仓工作的可靠性,甚至造成整个系统工作的中断。

通过排料孔附近的料仓结构设计,可避免稳定拱结构的形成。料仓的排料孔尺寸必须大于成拱孔尺寸,对于圆形排料孔,颗粒物料的料仓排料孔最小直径为颗粒最大尺寸的3～6倍。避免成拱的料仓锥部可设计为非对称形状、象鼻形、二次料斗等,还可通过设置减压构件——嵌入体来实现,从而减少排料孔附近物料所受的压力。

为了破除已形成的拱,需要设法消除或削弱已成拱物料自由表面上的压应力,以及物料颗粒相互间和与仓壁间的摩擦力。常见方法有:①机械搅拌法——直接利用机械构件破坏拱结构。②气动法——通过压缩空气的动力作用破坏拱结构。③机械振动法——通过振动料仓壁来防止成拱,振动器有气动式、电磁式或超声波式等。

6.1.6.2 喂料器

喂料器是安装在料仓排料孔下方的一种能够稳定供给后续设备(包括计量充填、计量配料等工艺设备)物料的供料装置,通过改变其工作构件的运动或结构参数可准确调节物料流量。

(1)带式喂料器(图 6-26) 一般长度为 0.9～5 m,速度较低,多为 0.05～0.45 m/s。适用于水平或微倾斜方向供送粉状以至中等块度、干的和潮湿的物料。

(2)螺旋式喂料器(图 6-27) 一般采用变螺距螺旋,可提高排料的精度。通过改变螺旋转速可调节排料量。适用于不怕碎、研磨性小、易流动的粉粒状物料。

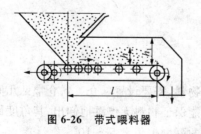

图 6-26 带式喂料器

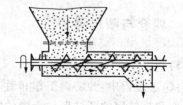

图 6-27 螺旋式喂料器

(3)盘式喂料器(图 6-28) 利用刮板与旋转的圆盘来刮落物料。通过垂直移动装设在料仓排料孔处的套筒圈或改变刮板的位置,可方便地调节排料量。圆盘转速一般为4～

7 r/min。适用于料仓排料孔尺寸大、流动性不好的物料,一般用于粉状到中等粒度的干物料。

(4)滚筒式喂料器(图6-29)　当滚筒旋转时,物料在摩擦力作用下由料仓排料孔均匀地卸出。适用于各种类型的物料。一般的滚筒圆周速度为 0.025~1 m/s。

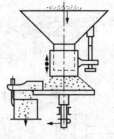 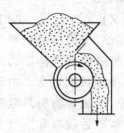

图 6-28　盘式喂料器　　　　　　图 6-29　滚筒式喂料器

(5)叶轮式喂料器(图6-30)　用于粉状、粉粒物料,密封性好,生产率为 10~20 m³/h。

(6)振动式喂料器(图6-31)　因振幅小、频率高,物料在槽中可作一定的跳跃运动,具有较高的生产率。这种喂料器适用于供送块度达到 50~100 mm、研磨性的物料。

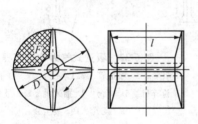 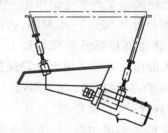

图 6-30　叶轮式喂料器　　　　　　图 6-31　振动式喂料器

▶ 6.1.7　气力输送装置

气力输送又称气流输送,是借助空气在密闭管道内的高速流动,物料在气流中被悬浮输送到目的地的一种运输方式,目前已被广泛应用,如发酵工厂利用气流输送大麦、大米等都收到良好的效果。

气流输送与其他机械输送相比,具有以下一些优点:

· 系统密闭,可以避免粉尘和有害气体对环境的污染。

· 在输送过程中,可以同时进行对输送物料的加热、冷却、混合、粉碎、干燥和分级除尘等操作。

· 占地面积小,可垂直或倾斜地安装管路。

· 设备简单,操作方便,容易实现自动化、连续化,改善了劳动条件。

气流输送也有不足的地方:一般来讲,其所需的动力较大;风机噪声大,要求物料的颗粒尺寸限制在 30 mm 以下;对管道和物料的磨损较大;不适用于输送黏结性和易带静电而有爆炸性的物料;对于输送量少而且是间歇性操作的,不宜采用气流输送。

6.1.7.1 气力输送装置的基本类型

气力输送的形式较多,根据物料流动状态,气力输送可分为悬浮输送和推动输送两大类,目前采用较多的是前者,即使散粒物料呈悬浮状态的输送形式。悬浮输送又可分为吸送式、压送式和吸、压送相组合的综合式三种。

1. 吸送式气力输送装置

吸送式气力输送又称真空输送。如图 6-32 所示,吸送式气流输送装置将风机(真空泵)安装在整个系统的尾部,运用风机从整个管路系统中抽气,使管道内的气体压力低于外界大气压力,即处于负压状态。由于管道内外存在压力差,气流和物料从吸嘴被吸入输料管,经分离器后物料和空气分开,物料从分离器底部的卸料器卸出,含有细小物料和尘埃的空气再进入除尘器净化,然后经风机排入大气。

由于此种装置系统的压力差不大,故输送物料的距离和生产率受到限制。其真空度一般不超过 0.05~0.06 MPa,如果真空度太低,将急剧地降低其携带能力。该装置中的关键部件需要采用无缝焊接技术以保证弯头部位平滑且没有缝隙,这将有利于清洗,在食品(和制药等)行业中尤为重要。由于输送系统为真空,消除了物料的外漏,保持了室内的清洁。

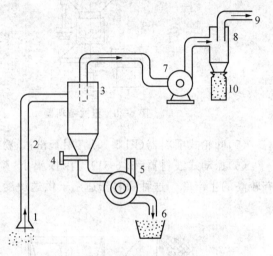

图 6-32　吸送式气力输送流程

1. 吸嘴　2. 输送管　3. 1 号分离器　4. 落料口
5. 粉碎机　6. 料仓　7. 抽风机　8. 2 号分离器
9. 废气　10. 集尘袋

2. 压送式气力输送装置

压送式气力输送装置将风机(压缩机)安装在系统的前端,风机启动后,空气即压送入管路内,管道内压力高于大气压力,即处于正压状态。从供料器下来的物料,通过喉管与空气混合送到分离器,分离出的物料由卸料器卸出,空气则通过除尘器净化后排入大气(图 6-33)。

此装置的特点与吸送式气力输送装置恰恰相反。由于它便于装设分岔管道,故可同时把物料输送至几处,且输送距离较长,生产率较高。此外,容易发现漏气位置,且对空气的除尘要求不高。它的主要缺点是由于必须从低压往高压输料管中供料,故供料器结构较复杂,并且较难从几处同时吸取物料。

3. 综合式气力输送装置

把真空输送与压力输送结合起来,就组成了综合式气流输送系统,如图 6-34 所示。风机一般安装在整个系统的中间。在风机前,物料靠管道内的负压来输送,即吸送段;而在风机后,物料靠空气的正压来输送,即压送段。

此种形式的气力输送装置综合了吸送式和压送式的优点,既可以从几处吸取物料,又可以把物料同时输送到几处,且输送的距离可较长。其主要缺点是中途需将物料从压力较低的吸送段转入压力较高的压送段,含尘的空气要通过鼓风机,使它的工作条件变差,同时整个装置的结构也较复杂。

综上所述,气力输送装置不管采用何种形式,也不管风机以何种方式供应能量,它们总是由能量供应、物料输送和空气净化等几部分组成,只不过是不同场合采用不同形式的装置罢了。

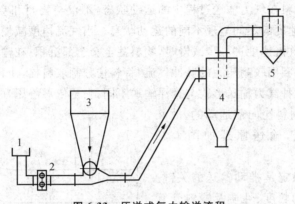

图 6-33 压送式气力输送流程

1. 空气粗滤器　2. 鼓风机　3. 供料器

4. 分离器　5. 除尘器

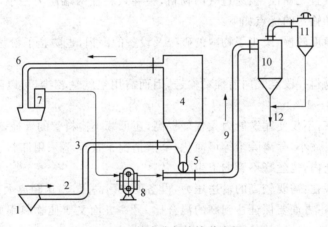

图 6-34 综合式气流输送流程

1. 吸嘴　2. 软管　3. 吸入侧固定管　4. 吸入侧分离器

5. 旋转卸(加)料器　6. 吸出风管　7. 过滤器

8. 风机　9. 压出侧固定管　10. 压出侧分离器

11. 二次分离器　12. 排料口

当从几个不同的地方向一个卸料点送料时,采用吸送式(真空)气流输送系统最适合;而当从一个加料点向几个不同的地方送料时,采用压送式气流输送系统最适合。

真空输送系统的加料处,不需要供料器,而排料处则要装有封闭较好的排料器,以防止在排料时发生物料反吹。与此相反,压送式系统在加料处需装有封闭较好的供料器,以防止在加料处发生物料反吹,而在排料处就不需排料器,可自动卸料。

当输送量相同时,压送式系统较真空输送系统采用较细的管道。

在选用气流输送装置时必须对输送物料的性质、形状、尺寸和输送能力、输送距离等情况进行详细的了解,并与实际经验结合起来,综合考虑。

4. 推动输送

通常使用的气力输送装置的主要缺点是动力消耗大,工作构件磨损较快,干燥易充气的粉状、粒状物料尤甚。目前正在研究一种依靠空气压力来推动物料的新型气力输送形式——推动输送。物料在气力输送过程中的运动状态,不仅与物料和空气的混合比有很大关系,而且根据气流速度的不同呈现不同的运动状态。当气流速度减慢时,物料会逐渐沉积在输料管的管底;当气流速度进一步减慢时,物料甚至会全部沉积,在输料管道中形成料柱。推动输送的原理就是利用较高压力的脉冲气流,将料柱分割成料栓,使料栓和气栓一段一段相间地向前运动。这种气力输送形式与悬浮输送不同,它是依靠静压,即依靠料栓两端的压力差($p_1 - p_2$)来推动料栓向前运动的,故又称柱塞流静压输送,输送原理如图 6-35 所示。

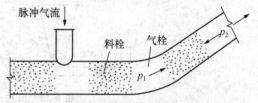

图 6-35　推动输送原理图
p_1、p_2. 料栓两端的压力

料栓的形成和稳定是推动输送的关键。料栓的形成与物料的粒度、性质及输料管管径有很大关系。在保证物料输送量的前提下,由于管径小易形成料栓,故要尽量减小管径;内摩擦小、松散且无黏性、极易透气的物料,会导致料栓两端压力差小,影响输送甚至不能形成料栓。推动输送的优点如下:

• 物料运动速度较慢,减少了物料的破碎及设备的磨损,也防止了粉状物料因静电效应在管壁上的黏附。

• 因是一段物料一段空气向前推动输送,因而需用空气量较少,可以降低能耗(能耗约为悬浮输送的 $1/3 \sim 1/4$)。

• 输送浓度高,不仅使输送能力大幅度提高,还可减小输料管的管径,节约了管材。

• 设备构件尺寸小,分离除尘等可简化,一般情况下甚至不采用卸料、除尘设备而将物料直接输送至料仓内,也丝毫不影响卫生。

主要缺点表现在:需要较高的输送压力,设备要求耐高压,输送距离太短时显得不经济;供料结构较复杂,一方面要保证达到高的混合比,另一方面又要使物料很好地充气和输送;对于粒径大、流动性好的颗粒状物料输送比较困难。

目前国内外已研制并建成了多种形式的推动输送装置,这里以脉冲气刀式推动输送装置(图 6-36)为例介绍其工作原理。它由空气压缩机 1、贮气罐 2(包括油水分离装置)、料罐 5、输料管 12 和脉冲控制系统等组成。工作时,由空气压缩机 1 送出的高压空气经空气净化设备清除掉其中的油水后进入贮气罐 2,然后通过管道、阀门分别进入料罐 5、输料管 12 和控制部件等;当料罐 5 装满物料后就完全密闭,依靠罐内充入的压缩空气加压使物料进入输料管 12;输料管 12 一端与电磁阀 3 连接,压缩空气在脉冲阀(气刀)4 的作用下脉冲进入输料管 12,从而把物料分隔成一段一段的料栓进行输送。

6.1.7.2　气力输送装置的主要结构

气力输送装置主要由供料器、输料管系统、分离器、除尘器、卸料(灰)器、风管及其附件和气源设备等部件组成。

1. 供料器

供料器的作用是把物料供入气力输送装置的输料管中,形成合适的物料和空气的混合比。它是气力输送装置的"咽喉",其性能的好坏将直接影响气力输送装置的生产率和工作稳定性。其结构特点和工作原理取决于被输送物料的物理性质以及气力输送装置的形式。供料器可分为吸送式气力输送供料器和压送式气力输送供料器两大类。

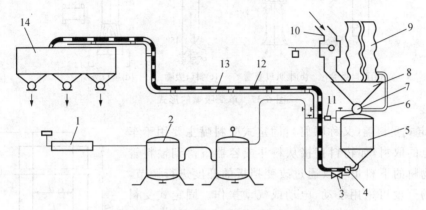

图 6-36　脉冲气刀式推动输送装置

1. 空气压缩机　2. 贮气罐　3. 电磁阀　4. 脉冲阀(气刀)　5. 料罐　6. 放气管　7. 闭风器
8. 贮料斗　9. 滤袋　10. 来粉管　11. 安全阀　12. 输料管　13. 事故管　14. 粉仓

(1)吸送式气力输送供料器　吸送式气力输送供料器的工作原理是利用输料管内的真空度,通过供料器使物料随空气一起被吸进输料管。吸嘴与固定式受料嘴是最常用的吸送式气力输送供料器。

a. 吸嘴:吸嘴主要适用于车船、仓库或场地装卸粉状、粒状及小块状物料。对吸嘴的要求主要是:在进风量一定的情况下,吸料量多且均匀,以提高气力输送装置的输送能力;具有较小的压力损失;轻便、牢固可靠、易于操作;具有补充风量装置及调节机构,以获得物料与空气的最佳混合比;便于插入料堆又易从料堆中拔出,能将各个角落的物料吸引干净。

吸嘴的结构形式很多,可分成单筒吸嘴和双筒吸嘴两类。

单筒吸嘴:进料管口是单管形吸嘴,空气和物料同时从管口吸入。单筒吸嘴结构简单,它是一段圆管,下端做成直口、喇叭口、斜口或扁口,如图 6-37 所示。直口吸嘴结构最简单,但压力损失大,补充空气无保证(因吸嘴插入料堆后,补充空气口易被物料埋住堵死),有时会因物料与空气的混合比过大而造成输料管堵塞;喇叭口吸嘴的阻力和压力损失较直口吸嘴小,也可在 B 处用一个可转动的调节环来调节补充空气量,但从 B 处补充的空气只能使已进入吸嘴的物料获得加速度,而不能像从吸嘴口物料空隙进入的空气那样起到携带物料进入吸嘴的作用;斜口吸嘴对焦炭、煤块等物料的插入性能好,但吸嘴未埋入料堆前,补充空气量太大,而埋入物料堆后又无补充空气;扁口吸嘴适于吸取粉状物料,吸嘴口角上的四个支点使吸嘴与物料间保持一定间隙,以便于补充空气进入。

双筒吸嘴:由两个不同直径的同心圆筒组成,如图 6-38 所示。内筒的上端与输料管相连,下端做成喇叭形,目的是为了减小空气及物料流入时的阻力;外筒可上下移动。双筒吸嘴吸取物料时,物料及大部分空气经吸嘴底部进入内筒。通过调节外筒的上下位置,可改变吸嘴端面间隙 s,从而调节从内外筒间的环形间隙进入吸嘴的补充空气量,以获得物料与空气的最佳混合比,并使物料得到有效的加速,提高输送能力。吸嘴端面间隙 s 在吸送不同物料时的最佳值应由试验确定,例如吸送稻谷时 s 的最佳值为 $2\sim4\ mm$。一般情况下,s 大则物料与空气的混合比小。

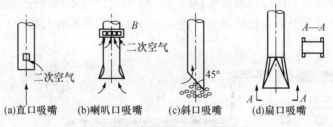

图 6-37 单筒吸嘴的形式

b. 固定式受料嘴(又称喉管):固定式受料嘴主要用于车间固定地点的取料,如物料直接从料斗或容器下落到输料管的场合。物料的下料量可以通过改变挡板的开度进行调节,调节挡板的开度可采用手动、电动或气动操作。固定式受料嘴的主要形式如图 6-39 和图 6-40 所示,分为 Y 形、L 形、γ 形(又称动力型)和诱导式固定受料嘴。

(2)压送式气力输送供料器 在压送式气力输送装置中,供料是在管路中的气体压力高于外界大气压的条件下进行的,为了按所要求的生产率使物料进入输料管,同时又尽量不使管路中的空气漏出,所以对压送式气力输送供料器的密封性要求较高,因而其结构较复杂。根据作用原理的不同,压送式气力输送供料器可分为旋转式、喷射式、螺旋式和容积式等几种形式。

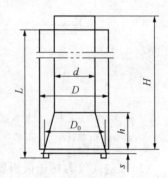

图 6-38 双筒吸嘴

d. 内筒直径　D. 外筒直径
D_0. 吸嘴直径　H. 内筒高度
L. 外筒高度　h. 吸嘴高度

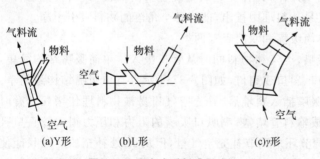

图 6-39 固定式受料嘴形式

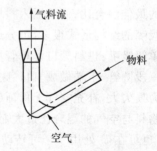

图 6-40 诱导式固定受料嘴

a. 旋转式供料器:旋转式供料器又称星形供料器,在真空输送系统中用作卸料,而在压送式气流输送系统中可用作供料器。因此,旋转式供料器广泛运用于中、低压的压送式气力输送装置中,一般适用于流动性较好、磨琢性较小的粉状、粒状或小块状物料。普遍使用的为绕水平轴旋转的圆柱形叶轮供料器,其结构如图 6-41 所示。在电机和减速传动机构的带动下,叶轮 4 在壳体 5 内旋转,物料从加料斗进入旋转叶轮的格室 3 中,然后随着叶轮的旋转从下部流进输料管中。

为了提高格室 3 中物料的装满程度,设有均压管 1,其作用是当叶轮的格室 3 旋转到装料口之前,格室 3 中的高压气体可从均压管 1 中排出,从而使其中的压力降低,便于物料填装。为防止叶轮 4 的叶片被异物卡死,在进料口还需装设具有弹性的防卡挡板 2。

旋转式供料器的漏气量为叶轮转动时格室容积所引起的漏气量以及叶轮和壳体之间的间隙所引起的漏气量之和。为减少漏气量,每侧应有两片以上的叶片与壳体内壁接触,以形成迷宫式密封腔。同时,叶轮与壳体之间的间隙要尽量小,但间隙太小又会引起安装困难,一般间隙取 0.2~0.5 mm。

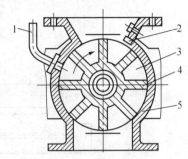

图 6-41　旋转式供料器
1. 均压管　2. 防卡挡板　3. 格室
4. 叶轮　5. 壳体

这种供料器的供料量,在低转速时(旋转叶片的圆周速度为 0.25~0.5 m/s)与速度成正比。但当速度加快时,供料量反而下降,并出现不稳定。这是由于旋转速度太快,叶片会将物料飞溅开,使物料不能充分送入叶片间的格子内,已送入的有可能被甩出来。生产中为调节供量准确,转子的转数应考虑在与供料量成正比例的变化范围内。

旋转式供料器结构紧凑、体积小、运行维修方便,能连续定量供料,有一定程度的气密性。但对加工要求较高,叶轮与壳体磨损后易漏气。

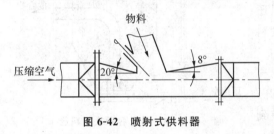

图 6-42　喷射式供料器

b. 喷射式供料器:喷射式供料器主要应用于低压、短距离的压送式气力输送装置中,其结构如图 6-42 所示。喷射式供料器的工作原理为:供料口处管道喷嘴收缩使气流速度增大,从而将部分静压转变为动压,造成供料口处的静压等于或低于大气压力,于是管内空气不仅不会向供料口喷吹,相反会有少量空气随物料一起从料斗进入喷射式供料器。在供料口后有一段渐扩管,渐扩管中气流的速度逐渐减小,静压逐渐增高,达到所需的输送气流速度与静压力,使物料沿着管道正常输送。渐扩管中速度能向静压能的转换不超过 50%,通常为 1/3 左右,因此压力上升的数值有限,故输送能力和输送距离均受到限制。

为保证喷射式供料器能正常供料和输送,喷射式供料器渐缩管的倾角为 20°左右,渐扩管的倾角以 8°左右为宜。喷射式供料器结构简单,尺寸小,不需任何传动机构。但所能达到的混合比小,压缩空气消耗量较大,效率较低。

c. 螺旋式供料器:螺旋式供料器多用于输送粉状物料、工作压力低于 0.25 MPa 的压送式气力输送装置中,结构如图 6-43 所示。在带有衬套的铸铁壳体内安置一根变螺距悬臂螺旋 3,其左端通过弹性联轴器与电动机相连。当螺旋 3 在壳体内快速旋转时,物料从加料斗 2 通过闸门 1 经螺旋 3 而被压入混合室 5,由于螺旋 3 的螺距从左至右逐渐减小,因此进入螺旋的物料被越压越紧,这样可防止混合室 5 内的压缩空气通过螺旋漏出,而且移动杠杆 7 上的配重 6 还可调节阀门 4 对物料的压紧程度。当供料器空载时,阀门 4 在配重的作用下也能防止输送气体漏出。在混合室 5 的下部设有压缩空气喷嘴 9,当物料进入混合室时,压缩空气便将其吹散并使其加速,形成压缩空气与物料的混合物,然后均匀地进入输料管

8中。

螺旋式供料器的优点是高度方向尺寸小,能够连续供料。但动力消耗较大,工作部件磨损较快。

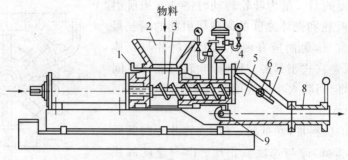

图 6-43　螺旋式供料器
1. 闸门　2. 加料斗　3. 螺旋　4. 阀门　5. 混合室　6. 配重
7. 杠杆　8. 输料管　9. 喷嘴

d. 容积式供料器:容积式供料器又称仓式泵,有单仓和双仓之分。单仓容积式供料器如图6-44所示,主要用于输送粉状、细粒状物料的高压压送式气力输送装置中。无论是顶部排料还是底部排料,其工作原理均是利用压缩空气使仓内的粉状物料流态化后压送入输料管。

容积式供料器是周期性工作的,有装料、充气、排料、放气四个过程。首先将放气阀2打开,使料仓内空气排出,供入粉状物料,使物料装到规定高度,此为装料过程;装料结束后,立即打开压缩空气阀3,使压缩空气吹到料仓内,此为充气过程;压缩空气吹到料仓内后,物料受到搅动

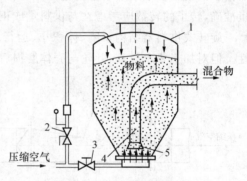

图 6-44　单仓容积式供料器
1. 料仓　2. 放气阀　3. 压缩空气阀
4. 输料管　5. 排料口

而流态化,从排料口5随空气一同排至输料管4中,此为排料过程;物料排尽后,将压缩空气阀3关闭,再打开放气阀2放出料仓内的空气,此为放气过程。至此完成一个周期,接着进行第二个周期。单仓容积式供料器只能间歇供料,周期性工作。双仓容积式供料器系由两个单仓组合在一起,交替工作,达到近似的连续供料。

容积式供料器在工作过程中,料仓内的物料逐渐减少,仓内压力和混合比是变化的。为保证可靠输料,必须选择合适的耗气量与容器的容积比,物料的充填率一般取为75%～80%。

2. 输料管系统

合理地布置和选择输料管系统及其结构尺寸,可有效避免管道系统堵塞和减少磨损、降低压力损失,对提高输送装置的生产率、降低能量消耗和提高装置的使用可靠性等都有很大好处。所以,在设计输料管及其元件时,必须满足接头和焊缝的密封性好、运动阻力小、装卸方便,具有一定的灵活性及尽量缩短管道的总长度等要求。输料管系统由直管、弯管、挠性管、增压器、回转接头和管道连接部件等根据工艺要求配置连接而成。

（1）直管及弯管　直管及弯管一般采用无缝钢管或焊接钢管。对高压压送式或高真空吸送式气力输送装置，因混合比大，多采用表面光滑的无缝钢管；对低压压送式或低真空吸送式气力输送装置，可采用焊接钢管；如物料磨琢性很小，也可用白铁皮或薄钢板制作。通常管内径取 50～300 mm（按空气流量和选取的气流速度进行计算，然后按国家标准选定）。

输料管为易磨损构件，特别是弯管磨损较快，必须采取提高耐磨性的措施。例如，可以采用可锻铸铁、稀土球墨铸铁、陶瓷等耐磨材料制造弯管，同时注意曲率半径的选取。

（2）挠性管　在气力输送装置中，为了使输料管和吸嘴有一定的灵活性，可在吸嘴与垂直管连接处或垂直管与弯管连接处安装一段挠性管（如套筒式软管、金属软管、耐磨橡胶软管和聚氯乙烯管等），但由于挠性管阻力较硬管大（一般为硬管阻力的 2 倍或更大），故尽可能少用。

（3）增压器　由于气流在输送过程中要受到摩擦和转弯等阻力，还可能有接头漏气等压力损失，因此在阻力大、易堵塞处或弯管的前方以及长距离水平输料管上，可安装增压器来补气增压。图 6-45 所示为涡流式增压器的结构，压缩空气从供风管进入通气环道后，经喷嘴沿切线方向吹入输料管，在输料管中压缩空气呈螺旋态前进，并推动物料向前运动。

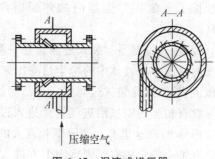

图 6-45　涡流式增压器

3. 分离器

气力输送装置中通常是借助重力、惯性力和离心力使悬浮在气体中的物料沉降分离出来，常用的物料分离器有容积式和离心式两种形式。

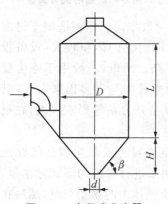

图 6-46　容积式分离器

（1）容积式分离器　容积式分离器的结构如图 6-46 所示。其作用原理是空气和物料的混合物由输料管进入面积突然扩大的容器中，使空气流速降低到远低于悬浮速度 v_f[通常仅为$(0.03\sim0.1)v_f$]。这样，气流失去了对物料颗粒的携带能力，物料颗粒便在重力的作用下从混合物中分离开来，经容器下部的卸料口卸出。容积式分离器结构简单，易制造，工作可靠，但尺寸较大。

（2）离心式分离器　离心式分离器的结构如图 6-47 所示，由切向进风口、内筒、外筒和锥筒体等几部分组成。气料流由切向进风口进入筒体上部，一面作螺旋形旋转运动，一面下降；由于到达圆锥部时，旋转半径减小，旋转速度逐渐增加，气流中的粒子受到更大的离心力，便从气流中分离出来甩到筒壁上，然后在重力及气流的带动下落入底部卸料口排出；气流（其中尚含有少量粉尘）到达锥体下端附近开始转而向上，在中心部作螺旋上升运动，从分离器的内筒排出。

对离心式分离器的分离效率和压力损失影响最大的因素是气流进口流速和分离器的尺寸。同样，这种分离器结构很简单，制作方便。如设计制作得当，可获得很高的分离效率。例如，对小麦、大豆等颗粒物料，分离效率可达 100%，对粉状物料也可达到 98%～99%。而且压力损失小，没有运动部件，经久耐用，除了由于磨琢性强的物料对壁面产生磨损和黏附性的细粉会产生黏附外,几乎没有其他缺点,所以获得了广泛的应用。

4. 除尘器

从分离器排出的气流中尚含有较多5~40 μm粒径的较难分离的粉尘,为防止污染大气和磨损风机,在引入风机前须经各种除尘器进行净化处理,收集粉尘后再引入风机或排至大气。除尘器的形式很多,目前应用较多的是离心式除尘器和袋式过滤器。

(1)离心式除尘器 离心式除尘器又称旋风除尘器,其结构和工作原理与离心式分离器(图6-47)相同,所不同的是离心式除尘器的筒径较小,圆锥部分较长。这样,一方面使得在与分离器同样的气流速度下,物料所受到的离心力增大;另一方面延长了气流在除尘器内的停留时间,有利于除尘效率的提高。

(2)袋式过滤器 袋式过滤器是一种利用有机纤维或无机纤维的过滤布将气体中的粉尘过滤出来的净化设备,因过滤布多做成袋形,故称袋式过滤器。其结构如图6-48所示。

含有粉尘的空气沿进气管1进入过滤器中,首先到达下方的锥形体2,在这里有一部分颗粒较大的粉尘被沉降分离出来,而含有细小粉尘的空气则旋向上方进入袋子3中,粉尘被阻挡和吸附在袋子的内表面,除尘后的空气从布袋内逸出,最后经排气管5排出。经过一定的工作时间后,必须将滤袋上的积灰及时清除(一般采用机械振打、气流反向吹洗等方法),否则将增大压力损失并降低除尘效率。

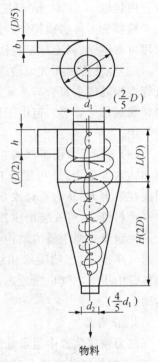

图 6-47 离心式分离器

袋式过滤器的最大优点是除尘效率高。但不适用于过滤含有油雾、凝结水及黏性的粉尘,同时它的体积较大,设备投资、维修费用较高,控制系统较复杂。所以,一般用于除尘要求较高的场合。袋式过滤器的除尘效率与很多因素有关,其中滤布材料、过滤风速、工作条件、清灰方法等影响较大,在设计或选择袋式过滤器时应予考虑。

离心式除尘器和袋式过滤器均属干式除尘器。除此之外,还有利用灰尘与水的黏附作用来进行除尘的湿式除尘器,以及利用高压电场将气体电离,使气体中的粉尘带电,然后在电场内静电引力的作用下,使粉尘与气体分离开来而达到除尘目的的电除尘器等。

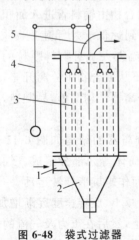

图 6-48 袋式过滤器
1. 进气管 2. 锥形体 3. 袋子
4. 振打机构 5. 排气管

5. 卸料(灰)器

在气力输送装置中,为了把物料从分离器中卸出以及把灰尘从除尘器中排出,并防止大气中的空气跑入气力输送装置内部而造成输送能力降低,必须在分离器和除尘器的下部分别装设卸料器和卸灰器。目前应用最广的是旋转叶轮式卸料(灰)器,有时也采用阀门式卸料(灰)器。

(1)旋转式卸料器 旋转式卸料器的结构与旋转式供料器相似,所不同的是其上部不是与加料斗相连,而是与分离器相通;其下部不是连着输料管,而是和外界相通;其均压管不再是把格室内的高压气体引出,而是当格室在转到接近分离器卸料口时使格室内的压力与分离器中的压力相等,便于分离器中的物料进入格室中。旋转式卸灰器的结构和工作原理与此完全相同。

(2)阀门式卸料器 图6-49所示为阀门式卸料器的结构,它由上下箱两部分组成。进料时打开上阀门,关闭下阀门,使物料落入卸料器上箱中;料时关闭上阀门,打开下阀门,使物料落入卸料器下箱中,从而达到不停车出料的目的。这种卸料器气密性好,结构较简单,但高度尺寸较大。阀门式卸灰器的结构和工作原理与此完全相同。

6.气源设备

气力输送装置多用风机作气源设备,风机是把机械能传给空气形成压力差而产生气流的机械。风机的风量和风压大小直接影响气力输送装置的工作性能,风机运行所需的动力大小关系着气力输送装置的生产成本。因此,正确地选择风机对设计气力输送装置来说是十分重要的。各种形式的风机各有优缺点,排风量和排气压力有一定范围。所以,必须综合考虑各种形式风机的特性、使用场合和维护检修条件,从经济观点出发选择最合适的形式。

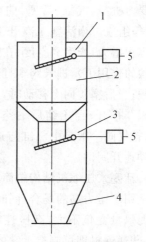

图 6-49 阀门式卸料器
1. 上挡板 2. 上箱 3. 下挡板
4. 下箱 5. 平衡锤

对风机的要求是:效率高;风量、风压满足输送物料要求且风量随风压的变化要小;有一些灰尘通过也不会发生故障;经久耐用,便于维修;用于压送式气力输送装置中的风机,其排气中尽可能不含油分和水分。目前,气力输送装置所采用的气源设备主要有离心式通风机、空气压缩机、罗茨鼓风机和水环式真空泵等。

(1)离心式通风机 低真空吸送式气力输送装置中常采用离心式通风机作为气源设备。其构造如图6-50所示,按其风压大小,可分为低压(小于9.8×10^2 Pa)、中压($9.8 \times 10^2 \sim 2.94 \times 10^3$ Pa)和高压($2.94 \times 10^3 \sim 5.47 \times 10^4$ Pa)三种。

离心式通风机的工作原理是利用离心力的作用,使空气通过风机时的压力和速度都得以增大再被送出去。当风机工作时,叶轮3在蜗壳形机壳4内高速旋转,充满在叶片之间的空气便在离心力的作用下沿着叶片之间的流道被推向叶轮的外缘,使空气受到压缩,压力逐渐增加,并集中到蜗壳形机壳4中。这是一个将原动机的机械能传递给叶轮内的空气使空气静压力(势能)和动压力(动能)增高的过程。这些高速流动的空气,在经过断面逐渐扩大的蜗壳形机壳4时,速度逐渐降低,又有一部分动能转变为静压能,进一步提高了空气的静压力,最后由机壳出风口5压出。与此同时,叶轮中心部分由于空气变得稀薄而形成了比大气压力小的负压,外界空气在内外压差的作用下被吸入进风口7,经叶轮中心而去填补叶片流

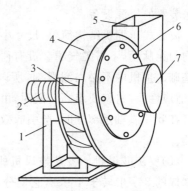

图 6-50 离心式通风机
1. 机架 2. 轴和轴承 3. 叶轮 4. 机壳
5. 出风口 6. 风舌 7. 进风口

道内被排出的空气。由于叶轮旋转是连续的,空气也被不断地吸入和压出,从而完成了输送气体的任务。

(2)空气压缩机　常用空气压缩机有活塞式压缩机和离心式压缩机两种。

a. 活塞式压缩机:活塞式压缩机的构造如图 6-51 所示,它主要由机身、气缸、活塞、曲柄连杆机构及气阀机构(进、排气阀)等组成。当活塞 4 离开上止点向下移动时,活塞上部气缸的容积增大,产生真空度;在气缸内真空度的作用下(或在气阀机构的作用下),进气阀 3 打开,外界空气经进气管充满气缸的容积;当活塞 4 向上移动时,进气阀 3 关闭,空气被压缩直至排气阀 2 打开;经压缩后的空气从气缸经排气管送入贮气罐。进、排气阀一般是由气缸与进、排气管间空气压力差的作用而自动地开闭的。

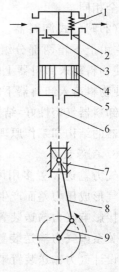

图 6-51　活塞式压缩机
1. 弹簧　2. 排气阀　3. 进气阀
4. 活塞　5. 气缸　6. 活塞杆
7. 十字头　8. 连杆　9. 曲柄

活塞式压缩机结构较简单,操作容易,压力变化范围大,特别适用于压力高的场合;同时它的效率也高,适应性强,压力变化时风量变化不大,高压性能好;材料要求低,因其为低速机械,普通钢材即可制造。它的缺点是:由于排气量较小,具有脉动流现象,需设缓冲装置(如贮气罐);机身有些过重,尺寸过大,加上贮气罐,占地面积就更大;压缩空气由于绝热膨胀要出现冷凝水,因此,在送入输料管之前还需加回水弯管把水分除掉。

b. 离心式压缩机:离心式压缩机的结构如图 6-52 所示,主要由机壳 1、叶轮 5、主轴 4 和轴承等组成。作用原理与离心式通风机相似,只是出口风压较强,如 3~5 级叶轮产生的压力可达 $(2.94\sim4.9)\times10^4$ Pa 左右。离心式压缩机可作为大风量低压压送式及吸送式气力输送装置的气源设备。

离心式压缩机结构简单,尺寸小,重量轻,易损件少,运转率高。气流运动是连续的,输气均匀无脉动,不需贮气罐。没有往复运动,无不平衡的惯性力及力矩,故不需要笨重牢固的基础。主机内不必加润滑剂,所以空气中无油分。其缺点是不适用于高压范围,效率较低,适应性差,材料要求高。同时,由于它的圆周线速度高,有灰尘时易产生磨损,并且灰尘附着在叶片或轴承部分时,会引起效率降低和不平衡,所以在前面应尽可能安装高效率的除尘器。

(3)罗茨鼓风机　罗茨鼓风机的构造如图 6-53 所示,在一个椭圆形机壳 3 内有一对铸铁制成的 8 字形转子 1 和 2,它们分别装在两根平行轴 6 和 7 上,在机壳外的两根轴端装有相同的一对啮合齿轮 4 和 5,在电动机的带动下,两个 8 字形转子等速相对旋转,使进气侧工作室容积增大形成负压而进行吸气,使出口侧工作室容积减小来压缩并输送气体。罗茨鼓风机出口与入口处之静压差谓之风压。工作状态时,它所产生的压力不决定于它本身,而取决于管道中的阻力。为防止管道堵塞或工作超负荷时管内真空度过大造成电机过载损坏,应在连接鼓风机进口的风管上装设安全阀,当真空度超过正常生产的允许数值时,安全阀自动打开,放进外界大气。

罗茨鼓风机的风量随压力变化的数值不大,适应气力输送装置工作时压力损失变化很大而风量变化很小的特点。当压力损失增大时,因风量大幅度减少而使风速降低,会造成管道堵塞。因此,一些为了提高输送浓度、增大输料量的气力输送装置,较多地采用罗茨鼓风机。

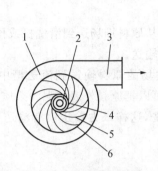

图 6-52 离心式压缩机
1. 机壳 2. 进风口 3. 出风口
4. 主轴 5. 叶轮 6. 叶片

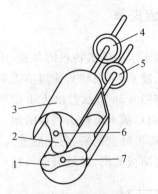

图 6-53 罗茨鼓风机
1、2. 转子 3. 机壳
4、5. 齿轮 6、7. 轴

罗茨鼓风机结构紧凑,管理方便,风压和效率较高。不足之处是气体易从转子与机壳之间的间隙及两转子之间的间隙泄漏;脉冲输气,使得运转时有强烈的噪声,而且噪声随转速增加而增大;要求进入的空气净化程度高,否则易造成转子与机壳很快磨损而降低使用寿命,影响使用效率。

(4)水环式真空泵 水环式真空泵的构造如图 6-54 所示,主要由叶轮(又称转子)1 和圆柱形泵缸 2 所组成。叶轮 1 偏心安装在泵缸 2 中。启动真空泵前泵缸 2 内应灌满水,当叶轮 1 旋转时,水被甩向四周,形成相对于叶轮为偏心的水环,于是在叶轮和水环表面之间构成一个月牙形空间,叶轮的叶片把月牙形空间分成若干个容积不同的格腔。当叶轮按图中箭头方向旋转时,气体由吸气管 7 进入吸气口 3,然后被吸入水环与叶轮之间的月牙形空间(图中叶轮的右侧)。由于旋转,月牙形空间的容积由小变大,因而产生真空;当叶轮继续转动,月牙形空间运行到叶轮左侧时,其容积又逐渐缩小,使气体受到压缩,因而气体被压至排气口

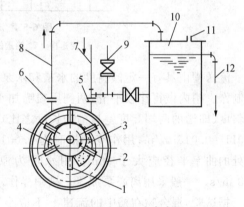

图 6-54 水环式真空泵
1. 叶轮 2. 泵缸 3. 吸气口 4. 排气口 5、6. 接头
7. 吸气管 8. 排气管 9. 注水管 10. 水箱
11. 放气管 12. 溢流管

4,经排气管 8 进入水箱 10(废弃的水与空气一起进入水箱),再由放气管 11 排出。叶轮每转一周,进行一次吸气、一次排气。叶轮不断旋转,泵就可以源源不断地吸气和排气。

水环式真空泵可作为高真空吸送式气力输送装置的气源设备,可用来抽吸空气和其他无腐蚀性、不溶于水的气体。水环式真空泵构造简单、结构紧凑、使用方便、操作可靠,内部不需润滑,但高速旋转的叶片及密封填料磨损严重时,会使真空度下降,故需经常检查和更换。轴承需定期加足润滑脂,以延长使用寿命。

水环式真空泵抽气量不大,但排气较均匀,且能获得高真空度,且压力变化较大时,风量变化较小,因此使用调节性能较好,能获得较高的输送效率。

▶ 6.1.8　流送槽

流送槽属于水力输送物料的装置,用于把原料从原料堆场送到清洗机或预煮机中,适用于番茄、蘑菇、菠萝、苹果和其他块茎类原料的清洗输送。

流送槽如图 6-55 所示。由人工或机械把堆放场的原料输送到流送槽中,由于水的流动,一方面将物料随水流输送到目的地,另一方面可以把原料外表的泥沙杂质等浸泡及预冲洗,再经过滤筛板滤去泥浆、污水后进入清洗机清洗,这样水力输送就有输送和清洗的双重作用。污水经筛板流出,经处理后再循环使用。

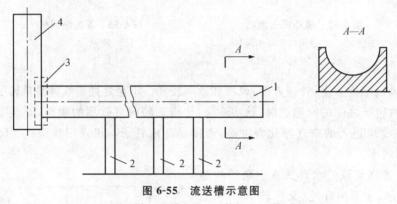

图 6-55　流送槽示意图
1. 流送槽　2. 输送机　3. 筛板　4. 清洗机

流送槽由具有一定倾斜度的水槽和水泵等装置构成,水槽可用钢材、水泥或工程塑料板材制作。槽内做得比较平滑,两侧用喷嘴加水,槽底为半圆形或方形,还有除砂装置。槽的倾斜度(即槽的两端高度差与槽的长度之比),用于输送时为 0.01～0.02 m/m,在转弯处为 0.011～0.015 m/m;用作冷却槽时为 0.001～0.008 m/m。为了避免输送时造成死角,转弯处的曲率半径应大于 3 m。用水量为原料质量的 3～5 倍,水流速度要求在 0.5～0.8 m/s。一般采用离心泵加压。槽中操作水位为槽高的 75%。

据试验,混合物在槽中的流速 v 不应小于一个相当值,即不应小于可能使泥沙沉淀于槽底的速度。因此混合物的流速 v 与自来水的流速 v_0(亦即水的初速)密切相关。

6.2　液体物料输送机械

食品加工厂中被输送的液体物料的性质千差万别,物料可能是低黏度的溶液、油至高黏度的巧克力、糖浆等,许多液体食品具有复杂的流变学特性。另外,酱油、醋及果蔬汁液具有不同程度的腐蚀性,含脂物料易于氧化,营养丰富的液体食品容易滋长微生物等,因此食品卫生问题非常重要,按食品卫生要求,要求输送机械凡与食物接触的部分必须采用无毒、耐腐蚀材料,而且结构上要有完善的密封措施,同时还应易于清洗。这些都是食品液体的特殊性对输送机械提出的特殊要求。

6.2.1 泵

用以输送液体的机械通称为泵。泵的种类很多,按输送物料的不同可分为清水泵、污水泵、耐腐蚀浓浆泵、油泵和奶泵等;按其结构特征和工作原理的不同可分为叶片式、往复式和旋转式三种类型。

(1)叶片式泵 依靠高速旋转的叶轮对被输送液体做功的机械。属于这种类型的泵有各种形式的离心泵、轴流泵、旋涡泵等。

(2)往复式泵 利用泵体内往复运动的活塞或柱塞的推挤对液体做功的机械。属于这种类型的泵有活塞泵、柱塞泵或隔膜泵等。

(3)旋转式泵 依靠作旋转运动的转子的推挤对液体做功的机械。属于这种类型的泵有齿轮泵、罗茨泵、螺杆泵、滑片泵等。

后两类泵又有其原理上的同一性,即均以动件的强制推挤的作用来达到输送液体的目的,又统称为正位移式泵或容积式泵。

6.2.1.1 离心泵

离心泵是目前使用最广泛的流体输送设备,具有结构简单、性能稳定及维护方便等优点。它既能输送低、中黏度的流体,也能输送含悬浮物的流体。

1. 离心泵的结构和工作原理

离心泵的工作原理如图 6-56 所示。泵轴 1 上装有叶轮 2,叶轮上有若干弯曲的叶片。泵轴受外力作用,带动叶轮在泵壳 3 内旋转。液体由入口 4 沿轴向垂直进入叶轮中央,并在叶片之间通过而进入泵壳,最后从泵的液体出口 5 沿切向排出。

泵体内叶轮叶片之间的间隙即为液体的流动空间。离心泵在启动前应先向泵体内注满被输送料液。启动泵后,主轴带动叶轮以及叶轮叶片间的料液一同高速旋转,在离心力的作用下,料液从叶片间沿半径方

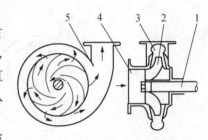

图 6-56 离心泵工作原理简图
1. 泵轴 2. 叶轮 3. 泵壳
4. 液体入口 5. 液体出口

向被甩向叶轮外缘,进入泵体的泵腔内;由于泵腔中料液流道逐渐加宽,使进入其中的料液流速逐渐降低,动能转变为静压能使压强提高后从出料口排出;与此同时,由于料液被甩向叶轮外缘,且主轴转速较高,于是在泵的叶轮中心形成一定的真空,与吸料口处产生压力差,在压力差的作用下,料液就不断地被吸入泵体内;由于叶轮不停地转动,液体会不断地被吸入和排出,保证料液排出的连续性。

离心泵最主要的部件为叶轮和泵壳。

(1)叶轮 叶轮是将原动机的机械能传送给液体的部件,同时提高液体的静压能和动能。如图 6-57 所示,离心泵叶轮内常装有 6～12 片叶片 1。叶轮通常有四种类型:第一种为闭式叶轮,如图 6-57(a)所示,叶片两侧带有前盖板 2 及后盖板 3。液体从叶轮中央的入口进入后,经两盖板与叶片之间的流道流向叶轮外缘。这种叶轮效率较高,应用最广,但只适用于输送清洁液体。第二种为半闭式叶轮,如图 6-57(b)所示,吸入口侧无前盖板。第三种

为开式叶轮,如图 6-57(c)所示,叶轮不装前后盖板。半闭式与开式叶轮适用于输送浆料或含有固体悬浮物的液体,因叶轮不装盖板,液体在叶片间运动时易产生倒流,故效率较低。第四种为双吸叶轮,如图 6-57(d)所示,适用于大流量泵,其抗气蚀性能较好。

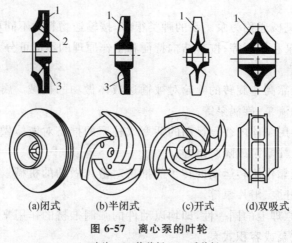

(a)闭式　　(b)半闭式　　(c)开式　　(d)双吸式

图 6-57　离心泵的叶轮

1. 叶片　2. 前盖板　3. 后盖板

(2)泵壳　离心泵的外壳多做成蜗壳形,其中有一个截面逐渐扩大的蜗牛壳形通道,如图 6-58 中 1 所示。

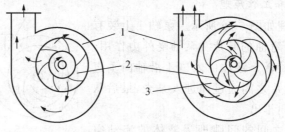

图 6-58　泵壳与导轮

1. 泵壳　2. 叶轮　3. 导轮

叶轮在泵壳内顺蜗形通道逐渐降低流速,减少了能量损失,并使部分动能有效地转化为静压能。所以,泵壳不仅是一个汇集由叶轮抛出液体的部件,又是一个能量转换装置。有的离心泵为了减少液体进入蜗壳时的碰撞,在叶轮与泵壳之间安装了固定的导轮,如图 6-58 所示。由于导轮具有很多转向的扩散流道,故使高速流过的液体能均匀而缓和地将动能转换为静压能,从而减小能量损失。

2. 离心泵的选型

离心泵的选型很重要,应根据所输送物料的性质和工艺要求,选择泵的形式及有关技术参数。安装离心泵时,管道不宜过长,尽量减少弯头,连接处要紧密,以防空气进入。此外,泵在工作前必须保证吸料口、吸料管以及泵体内充满料液。在生产线上安装离心泵时,应使泵的吸料口低于贮液槽的最低位置 100～200 mm(视泵体高度而定),以便工作时泵内能充满料液,排除空气。在工作过程中有时会出现吸不上料的现象,主要原因为:料液温度过高、安装位置不当(如吸料口高于贮液槽的最低位置,使吸料管内含有空气)或料液过于黏稠等。

6.2.1.2 螺杆泵

螺杆泵是一种旋转式容积泵,它利用一根或数根螺杆与螺腔的相互啮合使啮合空间容积发生变化来输送液体。螺杆泵有单螺杆、双螺杆和多螺杆之分,按安装位置的不同又可分卧式和立式两种。在食品工厂中多使用单螺杆卧式泵,用于输送高黏度的黏稠液体或带有固体物料的各种浆液,如番茄酱生产线和果汁榨汁线上常采用这种泵。

螺杆泵的构造如图6-59所示。工作时电动机12将动力传给连杆轴7,螺杆轴4在连杆轴7的带动下旋转;螺杆轴4与螺杆套3(又称为定子)相啮合并形成数个互不相通的封闭的啮合空间;当螺杆轴4转动时,封闭啮合空间内的料液便由吸料口向出料口方向运动;当封闭腔运动至出料口末端时,封闭腔自行消失,料液便由出料口排出;与此同时在吸料口又形成新的封闭腔将料液吸入并向前推进,从而实现连续抽送料液的作用,完成料液的输送。

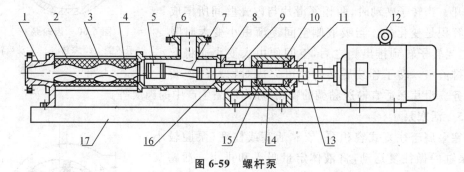

图 6-59　螺杆泵

1. 出料腔　2. 拉杆　3. 螺杆套　4. 螺杆轴　5. 万向节总成　6. 吸入管
7. 连杆轴　8、9. 填料压盖　10. 轴承座　11. 轴承盖　12. 电动机
13. 联轴器　14. 轴套　15. 轴承　16. 传动轴　17. 底座

根据需要改变螺杆的转速,就能改变流量,通常转速为 $750 \sim 1\,500$ r/min;螺杆泵的排出压力与螺杆长度有关,一般螺杆的每个螺距可产生 0.2 MPa 的压力,显然料液被推进的螺距愈多,排出压力(或扬程)愈大。

螺杆泵能连续均匀地输送液体,脉动小,效率比叶轮式离心泵高,且运转平稳,无振动和噪声,排出压力高,自吸性能和排出性能好,结构简单;但螺杆套由橡胶制成,不能断液空转,否则易发热损坏。

6.2.1.3 齿轮泵

齿轮泵也是一种旋转式容积泵。其分类方法较多,按齿轮的啮合方式可分为外啮合式和内啮合式;按齿轮形状可分为正齿轮泵、斜齿轮泵和人字齿轮泵等。在食品工厂中,多采用外啮合(正)齿轮泵,主要用来输送黏稠的液体,如油类、糖浆等。

齿轮泵结构如图6-60所示,主要由泵体2、泵盖(图中未画出)、主动齿轮3和从动齿轮5等部件组成,主动齿轮3和从动齿轮5均由两端轴承支承。泵体2、泵盖和齿轮3或5的各个齿槽间形成密闭的工作空间,齿轮的两端面与泵盖以及齿轮的齿顶圆与泵体的内圆表面依靠配合间隙形成密封。

工作时电动机带动主动齿轮3旋转;当主动齿轮3顺时针高速转动时,带动从动齿轮5逆时针旋转;此时,吸入腔1端两齿轮的啮合轮齿逐渐分开,吸入腔工作空间的容积逐渐增大,形成一定的真空度,于是被输送料液在大气压作用下经吸入管进入吸入腔1,并在两齿轮的齿槽间沿泵体2的内壁被连续挤压推向排出腔4,并进入排出管。由于主、从动齿轮连续旋转,齿轮泵便不断吸入和排出料液。

齿轮泵结构简单,工作可靠,应用范围较广,虽流量较小,但扬程较高。所输送的料液必须具有润滑性,否则齿面极易磨损,甚至发生咬合现象。

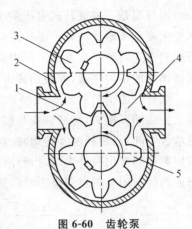

图6-60　齿轮泵
1. 吸入腔　2. 泵体　3. 主动齿轮
4. 排出腔　5. 从动齿轮

6.2.1.4　滑片泵

滑片泵的结构如图6-61所示。主要工作部件是一个带有径向槽而偏心安装在泵壳中的转子1。在转子1的径向槽中装有沿槽自由滑动的滑片2,滑片2靠转动的离心力(也有靠弹簧和导向滚柱的)而伸出,压在泵壳3的内壳面上,并在其上滑动。滑片泵吸入侧和排出侧靠两个密封凸座隔开。当转子转动时,两相邻滑片与内壳壁间所围成的空间容积是变化的。当吸液侧空间逐渐由小变大时吸入液体,当转子转到排出侧之后,空间便由大变小而将液体排入排液室。转子连续旋转时便可完成对物料的连续输送任务。滑片泵适宜输送黏稠的物料,如肉制品生产中的肉糜等。

6.2.1.5　活塞泵

活塞泵属于往复式容积泵,依靠活塞或柱塞(泵腔较小时)在泵缸内做往复运动,将液体定量吸入和排出。活塞泵适用于输送流量较小、压力较高的各种介质,对于流量小、压力大的场合更能显示出较高的效率和良好的运行特性。

活塞泵由液力端和动力端组成。液力端直接输送液体,把机械能转换成液体的压力能,动力端将原动机的能量传给液力端。动力端由曲柄、连杆、十字头、轴承和机架组成。液力端由液缸、活塞(或柱塞)、吸入阀、排出阀、填料涵和缸盖组成。

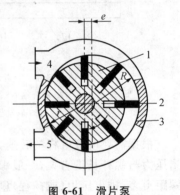

图6-61　滑片泵
1. 转子　2. 滑片　3. 泵壳
4. 吸入口　5. 排出口
R. 泵壳内壁半径　r. 转子半径
e. 偏心距

如图6-62所示,当曲柄7以角速度逆时针旋转时,活塞自左极限位置向右移动,液缸的容积逐渐扩大,压力降低,上方的排出阀2关闭,下方的流体在外界与液缸内压差的作用下,顶开吸入阀1进入液缸填充活塞移动所留出的空间,直至活塞移动到右极限位置为止,此过程为活塞泵的吸入过程。当曲柄转过180°以后,活塞开始自右向左移动,液体被挤压,接受了发动机通过活塞而传递的机械能,压力急剧增高。在该压力作用下,吸入阀1关闭,排出阀2打开,液缸内高压液体便排至排出管,形成活塞泵的压出过程。活塞不断往复运动,吸入和排出液体过程不断地交替循环进行,形成了活塞泵的连续工作。

单缸活塞泵的瞬时流量曲线为半叶正弦曲线,脉动较大,当采用多缸结构时,其瞬时流量为所有缸瞬时流量之总和,脉动减小。液缸越多,合成的瞬时流量越均匀。食品工业常用单缸单作用和三缸单作用泵。高压均质机采用的就是三缸单作用柱塞泵。

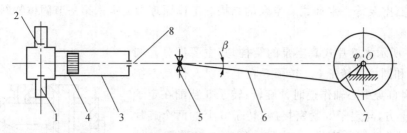

图 6-62　单作用活塞泵

1. 吸入阀　2. 排出阀　3. 液缸　4. 活塞　5. 十字头　6. 连杆　7. 曲柄　8. 填料涵

6.2.2　真空吸料装置

真空吸料装置是一种依靠在系统内建立起一定的真空度而在压差作用下将被输送液料从一处或几处送至几处或一处的简易流体输送设备,只要厂内有真空设备,都可以借助真空吸料装置来实现液体物料的输送或提升。对于果酱、番茄酱等或带有固体块、粒的料液尤为适宜。采用真空吸料装置在输送过程中,液料不通过结构复杂、不易清洗的部件,避免了液料通过泵体而带来的腐蚀、污染、清洗等问题;由于物料处于抽真空的贮罐内,比较卫生,同时把物料组织内的部分空气排除,减少了成品的含气量;可直接利用系统真空作为动力,简化了动力装置。但输送距离近,提升高度有限,效率较低,只适合于黏度较低的液料。

6.2.2.1　真空吸料装置的结构和工作原理

图 6-63 所示为真空吸料装置的组成,主要由输出槽 1、贮料罐 3、分离器 8 和真空设备 5 等部件所组成。用真空设备 5 对贮料罐 3 抽真空,造成一定的真空度,这样贮料罐 3 和与其相连的输出槽 1 之间就产生了一定的压力差,物料在压力差的作用下由输出槽 1 经吸料管 2 流入贮料罐 3,从而完成真空吸料的物料输送工作。在贮料罐 3 的顶部还装有调节阀 7,可以随时调节贮料罐 3 中的真空度从而调节贮料罐 3 内液位的高度;在真空设备 5 与贮料罐 3 之间还设有分离器 8,因对贮料罐 3 抽真空时常会带出液体,故须经分离器 8 分离掉液体后再抽真空,若选用湿式真空设备可省去分离装置。

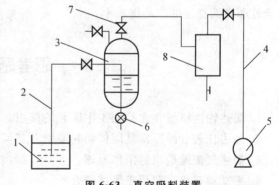

图 6-63　真空吸料装置

1. 输出槽　2. 吸料管　3. 贮料罐　4. 真空管
5. 真空设备　6. 阀门　7. 调节阀　8. 分离器

真空吸料的方式有两种,即间歇法和连续法。间歇法是破坏贮料罐 3 的真空度,便可从贮料罐 3 中通过其下面的阀门 6 放出物料;连续法排出物料是采用旋转式叶片阀门来实现的,要求旋转式叶片阀门的排料量与从吸料管 2 吸进贮料罐 3 的物料量相等。

6.2.2.2　真空设备

在真空吸料装置中,产生真空的动力源为各类真空设备,常用的真空设备有水环式真空泵和旋片式真空泵等。水环式真空泵的结构和工作原理参见本章第一节固体物料输送机械中图6-54。

图6-64所示为旋片式真空泵的结构，其主要部分是圆筒形定子8和圆柱形转子5。转子5在电动机及传动系统的带动下，绕自身中心轴作逆时针旋转；转子5装配在定子8腔壁的正上方，与定子8紧密接触；转子5上的两个旋片7横嵌在转子圆柱体的直径上，它们中间有一根弹簧6，使旋片7紧贴在定子8的腔壁上；旋片7把定子8和转子5之间的空间分隔成两个腔室；当旋片7随着转子5一起旋转时，靠近进气口1一侧的腔室容积逐渐增大，从被抽容器中吸入气体，而在另一腔室中，旋片7对已吸入的气体进行压缩，使气体推开排气阀4，然后气体从排气口2排出；转子5不断转动，过程重复进行，就达到了抽气的目的。为避免漏气，排气阀4以下部分全浸没在真空油3内。

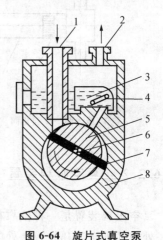

图6-64　旋片式真空泵
1. 进气口　2. 排气口　3. 真空油
4. 排气阀　5. 转子　6. 弹簧
7. 旋片　8. 定子

食品物料输送是完成物料加工工位或产品/半成品存放位置变化的必需环节，是食品机械由单机连接成生产线的主要部件，也是物料各工序之间检测检验的常见位置。另外，实践中发现，许多工厂HACCP质量控制系统常将CCP点选在加工单机中的薄弱环节，而输送部件往往是食品安全性最容易忽视的薄弱环节，管道死角或表面粗糙面往往是生物被膜最容易形成并流向下游工位的地方。所以，食品工程师要在熟悉各种类型输送机械工作原理、主要结构和常用范围的基础上，灵活选用并配套检测单元。同时还要特别注意各单机之间的连接及其不同工位之间质量安全参数的监测监控，做到全程质量控制，保证食品安全性和高而稳定的产品优质率。

▷▷ **思考题** ◁◁

1. 简述输送机械在食品加工中所起的作用。
2. 列表比较食品厂常见固体物料类型及其可采用输送机械设备类型。
3. 简述气流输送机的工作原理。
4. 振动输送机主要用于哪些场合？
5. 简述泵在液体物料输送中的作用。常用的泵有哪几种类型？各用于什么场合？
6. 对输送机与食品接触部件有什么要求？

第7章

粉碎机械

➤➤ **摘要**

　　本章主要介绍粉碎定义以及粉碎机的主要类型、工作原理、性能特点及选型,具体包括固体食物粉碎机械、果蔬切分机械和超微粉碎机械等。要求重点了解不同类型设备的工作原理、基本结构和主要工作部件、性能特点和用途,能够正确选型和操作。

7.1 粉碎机械的分类与选择

粉碎是指一个过程,在不同的领域其内涵不同。广义上讲,粉碎就是利用外力对物料(固体、胶体等)的作用使其几何尺寸减小的过程,而用于粉碎的设备我们称之为粉碎机械。狭义上讲,粉碎或粉碎机械仅针对固体物料。

7.1.1 粉碎机械的分类

按不同的分类方法可以将粉碎机械分为不同的类型。

按用途分:有矿山、冶金、化工、建筑、医药、食品和农产品加工用粉碎机械等。

按粉碎方式分:有挤压、弯曲、劈裂、研磨、剪断和冲击式粉碎机械等。

按结构主要特征分:有辊式、盘式、爪式、锤(片)式和剪式等。

按结构形式分:有卧式、立式。

按物料粉碎程度分:破碎机、粉磨机、超微粉碎机。

按粉碎时物料受力源分:机械式和气流式。

以上是对粉碎机械的第一级分类,依次可以细分到具体各种粉碎机,这里不再详述。到目前为止,关于粉碎机械的分类没有一个统一标准;通常都是根据不同行业约定俗成的习惯叫法称呼各类粉碎机械。习惯上我们所称谓的粉碎机械均是指用于粉碎固体物料的机械,即狭义上的粉碎机械;而用于粉碎胶体物料(使其几何尺寸减小)的机械,则是按用途将其命名,如食品机械中的切片机、打浆机、斩拌机等。本章介绍的粉碎机械主要是按食品物料的性质分类讲述。

7.1.2 粉碎机械的选择

任何选择都要从实际出发,考虑需要和可能。粉碎机选择考虑的实际就是被粉碎物料种类、要求粉碎程度和生产效率。粉碎机械的选择应考虑以下几个方面:

1. 被粉碎物料

如前所述,被粉碎物料有两类,即固体和胶体;但固体和胶体的种类很多,而其类型不同,则其物理特性不同,粉碎机的选择也不相同。如同样是固体,粉碎矿石选用挤压型的颚式破碎机;粉碎玉米则选用冲击型的锤片式粉碎机。对于胶体物料则普遍采用切割型(绞肉机、斩拌机等)或冲击型(打浆机)。

2. 物料粉碎程度

粉碎程度是指将固体物料变为小块、细粉或粉末(不同粒度)的程度。根据物料粉碎后粒度的大小可以将粉碎分成如下级别:

粗破碎:物料被破碎到 200～100 mm;

中破碎:物料被破碎到 70～20 mm;

细破碎:物料被破碎到 10～5 mm;

粗粉碎：物料被破碎到 5～0.7 mm；

细粉碎：物料被破碎到 0.061～0.074 mm（物料中 90％以上粉碎到能通过 200 目标准筛网）；

微粉碎：物料被破碎到 0.038～0.043 mm（物料中 90％以上粉碎到能通过 325 目标准筛网）；

超微粉碎：物料全部粉碎到粒度为微米级尺寸。

食品工业所用的粉碎主要是细粉碎和微粉碎。对于不同的粉碎粒度要求，须选用不同的粉碎机械实现。如面粉须选用辊式磨粉机；而在食品工厂中用于粉碎物料时，则大多使用爪式粉碎机和锤片式粉碎机。

3. 生产率

不同类型的粉碎机械其生产率不同；同一类型、不同型号的粉碎机其生产率也不相同。因此，应根据生产率的大小确定粉碎机的类型和型号。如：爪式粉碎机和锤片式粉碎机均在食品加工厂广泛使用，但锤片式粉碎机应用更为广泛，这主要是因为它的生产率高，且结构简单、适用范围广，可用于红薯、玉米、大豆、咖啡、可可、糖、盐、大米、麦类的粉碎作业。

4. 其他

粉碎机工作的可靠性、操作和维护性能、造价及安全性等也是我们选择粉碎机时应考虑的。

7.2   谷物和干制品粉碎机械

谷物和干制品的粉碎是食品生产中最常用的加工，通常作为食品的初始加工。常用于谷物和干制品粉碎的机器有辊式磨粉机、锤片式粉碎机、爪式粉碎机。

▶ 7.2.1   辊式磨粉机

辊式磨粉机是食品工业上广泛使用的一种粉碎机械，是面粉加工中必备的设备，在其他物料（麦芽、油料、麦片）加工中也经常采用。在面粉加工中，通常将若干台辊式磨粉机按照皮磨、渣磨和心磨依次分别安装在整个工艺流程中；三种磨的不同组合可以生产出不同用途和品质的面粉。辊式磨粉机的磨辊有两种形式，即齿辊和光辊；两种形式的磨辊在磨粉机中不同的组合可以实现不同的加工工艺要求。

典型的 MY 型辊式磨粉机（液压控制磨粉机）如图 7-1 所示。该磨粉机具有两对磨辊（快辊 31、慢辊 32），呈 45°倾斜配置。中间自上而下被隔板隔开分成两个部分，每个部分各有一对磨辊及各自的喂料机构、轧距调节机构、松合闸机构和传动机构等，形成两个相同的独立系统。物料由上部料筒 22 进入，经喂料机构的上喂料辊 21 和下喂料辊 26 使物料连续均匀进入两磨辊区，研磨粉碎后从下部排料斗 35 排出。

磨粉机的机架 1 采用大面板拼装式结构；整个机架由 8 块铸铁板组成，包括侧板、磨顶板、上下撑挡板及中间隔挡板，借助螺栓及定位销连接固定。机架内部与研磨后物料接触的部分均使用木质衬板保温，以防止在加工过程中物料温度升高使内腔壁结露而导致粉料结块霉变。拼装式机架制造方便，成本低，但刚性差。

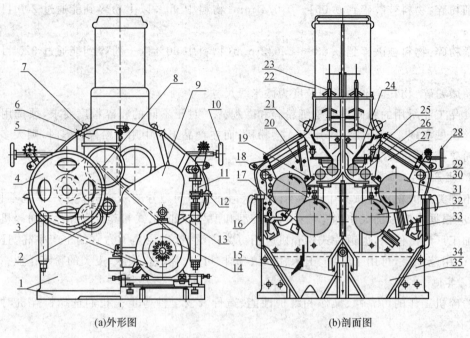

(a)外形图　　　　　　　　　　(b)剖面图

图 7-1　MY 型辊式磨粉机结构示意图

1. 机架　2、32. 慢辊　3、16. 下磨门　4. 快辊皮带轮　5. 上磨门　6. 喂料自动控制装置　7. 指示灯
8. 喂料辊传动皮带轮　9. 链轮箱　10、28. 轧距总调手轮　11. 轧距调节拉杆　12. 辊轮自动控制装置
13. 慢辊轴承座臂　14. 电机　15. 吸风道　17. 光辊清理刮刀　18、27. 挡料板　19. 栅条护栏
20. 料门限位螺钉　21. 上喂料辊　22. 料筒　23. 枝形浮子　24. 扇形喂料门
25. 料门调节螺栓　26. 下喂料辊　29. 磨粉机纵轴　30. 上横挡　31. 快辊
33. 齿辊清理毛刷　34. 下横挡　35. 排料斗

　　磨粉机空载时，电机 14 通过皮带 8 一级减速带动快辊旋转，快辊 31 通过链轮箱 9 带动慢辊 32 旋转；负载时，快辊 31 通过物料与慢辊 32 接触，由于两辊的转速不同造成的速度差，使得通过两辊之间的物料实现粉碎。快、慢辊均由可调心滑动轴承支承，而慢辊轴的两端轴承，一端铰支在机架 1 上，另一端支承在轧距调节拉杆 11 上，调节拉杆的位置，可使慢辊轴绕铰支轴旋转，借以调节快慢辊之间的间隙，即轧距的大小。

　　MY 型磨粉机的喂料机构由上喂料辊 21、下喂料辊 26、料门调节螺栓 25 及喂料自动控制装置 6 等组成。对于不同散落性的物料，采用不同的喂料方式。散落性好的物料易于沿喂料辊长度方向摊开，调节扇形喂料门 24 与上喂料辊 21 之间的间隙，就可以控制入磨的物料量，因此上喂料辊 21 又称为定量辊。下喂料辊 26 起导流、加速、均流和将物料送入磨辊粉碎区的作用，因此下喂料辊 26 又称分流辊。散落性差的物料不易于沿喂料辊长度方向摊开，因此上喂料辊 21 结构为左右各半的桨叶式搅龙，将物料沿整个辊长展开，起匀料作用；扇形喂料门 24 位于下喂料辊 26 旁，下喂料辊既调节入磨流量，又对物料进行均流、加速和导流。

　　扇形喂料门 24 用两个顶尖铰支在墙板上，其中一个顶尖轴有一偏心，用来调节料门与定量辊之间间隙的均匀度，使整个辊长方向喂料量均匀一致，上、下喂料辊同向旋转，中间有一光滑导料板,使物料稳定过渡,不产生冲击,料门调节螺栓 25 用来调节扇形喂料门 24 与定量辊之间的间隙,即喂料量的大小。

磨辊在研磨物料的过程中,辊面总会黏附一些物料,所以每根磨辊下方均设有辊面清理装置。对于齿辊,一般采用硬毛刷清理,齿辊清理毛刷 33 安装在可调的弹簧座上,用弹簧将毛刷压紧在辊面上;对于光辊,一般采用刮刀,光辊清理刮刀 17 安装在铰支的杠杆上,靠配重使刮刀紧贴在辊面上,当磨粉机停车时,用一根金属链将配重拉起,使刮刀离开辊面,以避免接触处的腐蚀。

MY 型磨粉机在工作中产生的粉尘由配置在磨粉机下部的吸风道 15 吸出。通风系工作时,磨膛内始终处于负压状态,空气从上磨门 5 的两条进风缝隙进入磨膛内,绕过磨辊与挡料板 18 之间的间隙,穿过磨下物进入吸风道。通风系起到吸收粉尘、降低粉温和辊温、排除湿气的作用,该装置用于非气力输送物料的磨粉机。

轧距调节机构分单调和总调两个部分。单调是指调节磨辊一端的轧距,通过轧距调节拉杆 11 实现,通过调节使磨辊沿长度方向轧距均匀,磨辊轴两侧分设两套单调机构。总调是指能平行地同时调节磨辊两端的轧距,通过轧距总调机构的轧距总调手轮 10 实现;轧距总调机构通过预压紧弹簧的预压力,使下喂料辊 26 保持平衡,当有较大的异物偶然落入磨粉机的磨辊间时,下喂料辊 26 受力超过弹簧预压力,通过弹簧的压缩,使下喂料辊 26 移动,磨辊间轧距变大,让异物通过,起到保护磨辊的作用。

MY 型磨粉机的进料、合闸及松闸、停料等程序动作是由液压自动控制系统完成的。当磨粉机料筒内无物料或存料很少时,物料的重量不足以使枝形浮子 23 运动,喂料机构处于停止状态;指示灯 7 显示为红色,磨辊处于松闸状态,喂料停止。当料筒 22 内物料量增加时,由于重力作用使枝形浮子 23 运动,完成合闸动作;指示灯 7 显示为绿色,表示磨粉机进入正常工作状态。当料筒 22 内物料量稍有变化时,若物料量增加,则通过调节扇形喂料门 24 与定量辊之间的间隙,相应增加喂料量;若物料量减少,则相反。

7.2.2 锤片式粉碎机

锤片式粉碎机是用于粉碎各类物料的机械中应用最广泛的粉碎机械,在食品加工中应用尤为普遍。该机不但结构简单,使用、维护方便,且其造价低,生产率高,适用范围广,主要应用于各类谷物和干制品的粉碎加工。

典型锤片式粉碎机结构如图 7-2 所示,主要由转子(主轴 7、圆盘 12、锤片 13、圆螺母 6、锤片隔套 5 和锤片销 4)、筛片 8、风机 3 和上下机壳 16、14 组成。

锤片式粉碎机工作时,物料从物料入口 18 进入粉碎室,受到高速旋转的锤片 13 的打击而粉碎;粉碎料以较高的速度飞向上机壳 16(上机壳内装有衬板或齿板),撞击使得物料被进一步粉碎;撞击后,物料又被弹回,再次受到锤片 13 的打击而粉碎。在打击、撞击的同时,物料也受到锤片 13 端部与筛片 8 表面的摩擦、剪切作用而进一步粉碎;在此期间,小于筛孔的颗粒大部分在风机 3 负压作用下,通过风管 1 被排出粉碎室;大于筛孔的颗粒同新入的物料一起,继续进行粉碎。

锤片式粉碎机按进料方式可分为切向进料、径向进料和轴向进料三种结构形式;按粉碎机主轴放置形式可分为卧轴式和立轴式两种。图 7-2 为卧轴式切向进料锤片式粉碎机。各种类型的锤片式粉碎机如图 7-3 所示。

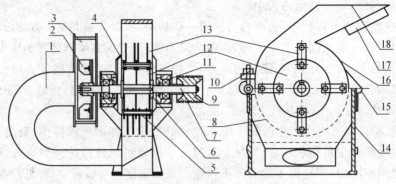

图 7-2　锤片式粉碎机结构简图

1. 风管　2. 风机叶片　3. 风机　4. 锤片销　5. 锤片隔套　6. 圆螺母　7. 主轴
8. 筛片　9. 三角带轮　10. 锁紧螺母　11. 轴承　12. 圆盘　13. 锤片
14. 下机壳　15. 上盖转轴　16. 上机壳　17. 异物识别器　18. 物料入口

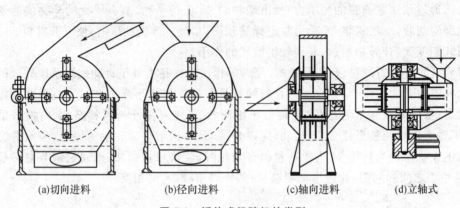

(a)切向进料　　(b)径向进料　　(c)轴向进料　　(d)立轴式

图 7-3　锤片式粉碎机的类型

　　锤片是锤片式粉碎机中最重要的零件,也是易损件。锤片的形状有很多种,图 7-4 是常见的几种锤片的形状,其中最常用的是矩形锤片[图 7-4(a)]。矩形锤片通用性好,形状简单,易制造。矩形锤片两个销孔对称设计,矩形四个角是锤片工作部位,变换锤片两个销孔与锤片销的连接,可以使锤片的不同角参与工作,从而轮换使用锤片的四个角来工作。

　　粉碎机设计时,一般要求转子(主轴 7、圆盘 12、锤片 13、圆螺母 6、锤片隔套 5 和锤片销4)部件静平衡。锤片安装时要求对应于每个销轴上的锤片为一组,且每组锤片的重量差不允许超出规定范围。

　　粉碎机工作时锤片与物料间的打击会使锤片受到很大冲击力,应减少由于这种冲击力对粉碎机锤片销(转子)引入的冲量,减少粉碎机的振动。根据理论力学可知,如果设计的锤片销孔位于撞击中心,则物料对锤片的冲击力对锤片销轴的冲量为零。若能如此,则理论上锤片粉碎机用于粉碎物料的能耗为零;但实际上是不可能的,因为在实际的工作中物料对锤片的冲击是随机量,其大小和方向以及作用点都在变化,而锤片孔的位置不可能随冲量变化作相应变化。

　　在使用和维护锤片式粉碎机时应注意以下几点:

- 当变换锤片两个销孔与锤片销的连接或更换新锤片时,要注意每个锤片销上锤片的排列形式(每个锤片的安装位置),重新安装后不可以改变原安装位置。这是因为,在锤片式粉碎机设计时对于锤片的安装位置,是基于保证锤片旋转时产生的惯性力相互平衡角度考虑的,改变安装位置会造成不平衡,因此,机器会产生强烈震动,影响机器寿命和工作环境。

- 锤片式粉碎机的另一个易损件是筛片,其结构如图 7-5 所示。筛片用冷轧钢板制造,筛片上的孔经冲压加工而成,选择不同孔径的筛片,用来控制粉碎物料粒度。目前筛片的规格已标准化,有各种筛片(筛号)可供选用。由于筛片是易损件,因此在更换筛片时要注意,筛片的毛边要面向粉碎机转子(锤片)。

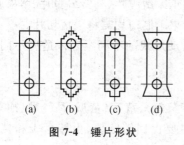

图 7-4　锤片形状

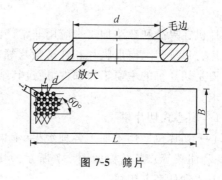

图 7-5　筛片

7.2.3　爪式粉碎机

爪式粉碎机较锤片式粉碎机更早应用于各类干物料的粉碎,其结构如图 7-6 所示。爪式粉碎机的主要部件有动齿盘 9、定齿盘 4、环形筛片 5 和主轴 7。定齿盘上有两圈定齿,齿的断面呈扁矩形,动齿盘上有三圈齿,其横截面为圆形或扁矩形,为了提高粉碎效果,通常定齿盘和动齿盘上的齿要交错排列。

粉碎机工作时,固连于主轴 7 上的动齿盘 9 高速旋转。物料在重力作用下流入动齿盘 9 的中部,此时物料首先受动齿盘 9 上转齿的冲击,同时在离心力的作用下,物料由中心向外扩散,物料相继受到动齿盘转齿及定齿盘定齿的撞击、剪切、摩擦等作用而被粉碎。随转齿的线速度由内圈向外圈逐步增高,物料在向外圈的运动过程中受到越来越强烈的冲击、剪切、摩擦、碰撞等作用而被粉碎得越来越细。达到一定粒度的粉碎物料透过环形筛片 5 排出机外,从而实现粉碎。

爪式粉碎机的易损零件为定齿盘、动齿盘以及环形筛片,动齿盘在设计时要求实现静平衡,但在实际生产中往往忽略,因此粉碎机工作时震动和噪声较大。

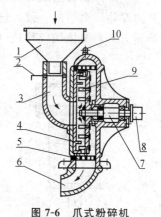

图 7-6　爪式粉碎机

1. 进料斗　2. 流量调节板　3. 入料口
4. 定齿盘　5. 环形筛片　6. 出粉管
7. 主轴　8. 带轮　9. 动齿盘
10. 起吊环

7.3　果品和蔬菜粉碎机械

对于果品和蔬菜的粉碎机械,通常可按其加工后成品的形状将其分为两类:①切分机(切片、切丁、切丝机);②打浆机。

▶ 7.3.1　切片机

切片机在果品和蔬菜加工中应用非常广泛,如加工果蔬脆片(马铃薯脆片、苹果脆片、胡萝卜脆片、刀豆脆片、南瓜脆片和红薯脆片等)以及水果干制前均需将果蔬切片。

切刀是切片机的主要工作部件,通过其结构和运动形式的不同组合来适应不同的果蔬切片要求。

7.3.1.1　离心式切片机

离心式切片机适用于加工各种水果(苹果、梨、草莓等)、蔬菜(黄瓜、马铃薯、胡萝卜、洋葱、大蒜和甜菜等),其结构如图 7-7 所示。切片机主要由回转叶轮(由转盘 1 和挡片 2 组成)、定刀 4 和外壳 5 组成。

当物料由料斗进入回转叶轮时,转盘以一定的角速度旋转,在离心力作用下物料靠向外壳内表面;由挡片带动物料一同旋转;在外壳内表面上对称安装多个定刀 4,将物料切成薄片。调节定刀的位置可以得到不同厚度的切片。

7.3.1.2　定向切片机(蘑菇切片机)

在生产片状蘑菇罐头时,需要对蘑菇进行切片,生产上采用定向切片机加工,使蘑菇的切片薄厚均匀而切向一致。通常蘑菇呈伞形,由菇盖和菇柄组成,所谓定向切片就是沿某一个确定方向将整体切成片状,如图 7-8 所示。

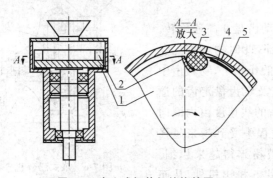

图 7-7　离心式切片机结构简图
1. 转盘　2. 挡片　3. 物料
4. 定刀(切刀)　5. 外壳

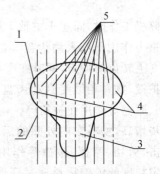

图 7-8　蘑菇切片示意图
1. 菇盖　2. 切刀　3. 菇柄
4. 边片　5. 正片

蘑菇切片机结构如图 7-9 所示。该机在切刀轮 6 上固装有几十把圆形刀,切刀轮 6 由电机 20 驱动回转;圆形刀之间的距离可以调整,以适应切割不同厚度蘑菇片的需要。

定向切片机工作时,蘑菇从提升机送入料斗 14,在料斗 14 的下方设上压板 12,控制蘑菇定量地进入弧槽滑板 11 中,而弧槽滑板 11 在连杆 13 和弧槽滑板驱动轮 17 带动下轻微振动。料斗外面供水管18不断地向弧槽内供水,由于水流和弧槽滑板的作用使蘑菇向下滑动,因为蘑菇菇盖的体积和质量都比菇柄大,在一定条件下,较重的一头应该是向下运动的,在水力作用和轻微振动的情况下更是如此。滑下的蘑菇由下压板8控制进入切刀,使蘑菇定向地切成片状,许可将切后的不同菇片经不同的出料斗排出。

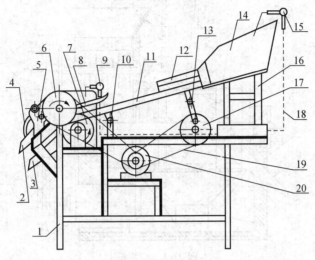

图 7-9 蘑菇切片机

1. 机架 2. 正片出口 3. 边片出口 4. 护罩 5. 挡梳架 6. 切刀轮 7. 垫辊轮
8. 下压板 9、15. 水阀 10. 弧槽滑板固定支座 11. 弧槽滑板 12. 上压板 13. 连杆
14. 料斗 16. 料斗支架 17. 弧槽滑板驱动轮 18. 供水管 19. 皮带 20. 电机

该机操作时,首先开启水阀9、15,向切刀和弧槽供水,然后启动机器运转,最后开启送料机送料。工作时送料量要均匀,因圆盘切刀间的距离很小,切刀本身很薄,因此不能掉进硬物,以免损坏刀片。

定向切片机的切刀组合部件结构如图7-10所示。该组合由四个部件组成:挡梳1、圆盘切刀2、下压板3和垫辊4。挡梳1安装在两圆盘切刀之间,其作用是清理贴附在两圆盘切刀之间的菇片,工作时挡梳1固定不动。圆盘切刀则嵌入垫辊4之中,当圆盘切刀和垫辊转动时即对蘑菇进行切片。

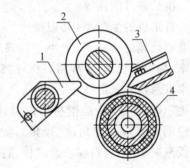

图 7-10 切刀组合部件

1. 挡梳 2. 圆盘切刀
3. 下压板 4. 垫辊

7.3.2 打浆机

打浆机广泛用于苹果、梨和番茄等果蔬物料的打浆操作中,是生产果酱和番茄酱的常用机械。

打浆机的结构如图7-11所示。该机主要由机架7、电机11、传动机构(带传动12、链传动13)、输料部件(进料斗1、切碎刀2、螺旋推进器3和破碎桨4)、打浆部件(刮板5、夹持杆6、筛片9)和出料部分(出渣口8、出浆口10)等部件组成。

打浆机工作时,电机 11 通过传动机构(带传动 12、链传动 13)带动切碎刀 2、螺旋推进器 3、破碎桨 4、刮板 5 和夹持杆 6 转动。物料从进料斗进入后先经切碎刀 2 初步破碎;后经螺旋推进器 3 推进,再经破碎桨 4 进一步破碎;最后在刮板 5 的作用下在筛片 9 表面作螺旋移动并再次破碎;果浆经筛片 9 的孔从出浆口 10 排出,废渣则由出渣口 8 排出。

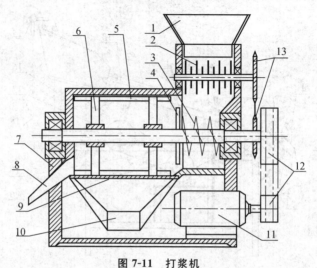

图 7-11　打浆机

1. 进料斗　2. 切碎刀　3. 螺旋推进器　4. 破碎桨　5. 刮板　6. 夹持杆　7. 机架
8. 出渣口　9. 筛片　10. 出浆口　11. 电机　12. 带传动　13. 链传动

打浆机的工作性能与其主要部件的结构关系很大,其主要工作性能包括生产率(处理能力)、出品率及能耗等。

打浆机的生产率(处理能力)是指其在单位时间内能够处理的物料量,取决于筛筒(筛片)的尺寸、开孔率,刮板的转速、导程角。在筛筒(筛片)的尺寸、开孔率以及转速一定情况下,改变刮板的导程角可以改变生产率。导程角是指在结构设计上将刮板与轴向在空间相错成一定角度(锐角),如图 7-12 所示。当导程角减小时,物料移动速度快,打浆时间亦短,生产率高;反之则打浆时间长,生产率低。

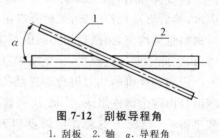

图 7-12　刮板导程角

1. 刮板　2. 轴　α. 导程角

出品率是指在其他相同条件下,打浆机处理物料后所得到的成品占所处理物料的百分比。当然打浆机的出品率越高越好。出品率的多少与机器本身的结构关系很大。打浆机工作时,切碎刀 2、破碎桨 4、刮板 5 的转速,刮板 5 的导程角,刮板 5 与筛片 9 的间隙,筛片 9 的尺寸、开孔率等都影响出品率的高低。

打浆机在使用和维护时应注意:

• 开机前要检查各运动部件的运转是否灵活,有无相互挂碰情况。紧固件有无松动现象,切碎刀 2 和刮板 5 应特别注意检查。

• 刮板的导程角以及与筛片的间隙对生产率和出品率影响很大。因此,在新机器使用前应充分调整,保证达到最佳效果。平时要经常检查其参数是否改变。

• 物料在打浆前应经筛选处理,严防金属、泥土混入,以免污染物料和损坏零件。

- 停机前应先停止进料，待运转至物料卸空时方能停机。

7.4 肉类粉碎机(切碎机)

7.4.1 绞肉机

绞肉机用于畜、禽肉和鱼肉的挤压绞碎(切碎)，以生产肉糜、鱼糜、鱼酱和午餐肉等。绞肉机的结构如图7-13所示。该机的主要工作部件为螺旋供料器5、十字形切刀1、筛板2和固紧螺母3，由电机9和带轮7实现传动。

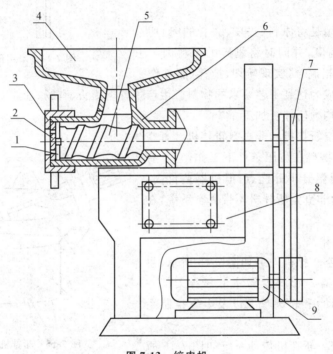

图7-13 绞肉机

1.十字形切刀 2.筛板 3.固紧螺母 4.料斗
5.螺旋供料器 6.机壳 7.带轮 8.机架 9.电机

工作时，先开机后放料。由于原料肉(块状)本身重力作用落到机筒内(螺旋供料器5表面上)，在螺旋供料器5的推送作用下，把原料连续地送往十字形切刀1处进行切碎。螺旋供料器5是变螺距、变根径的螺旋，其进料部位的螺距大、根径小；而出料部位的螺距小、根径大。因此，螺旋供料器5在推送原料过程中对原料就产生了一定的挤压力，一方面推动原料肉向十字形切刀1处移动，另一方面迫使已切碎的肉糜从筛板2的孔眼中排出。

当生产中需要将不同的原料加工为不同粒度时，如：肥肉需要粒度大，称为粗绞；瘦肉需要粒度小，称为细绞；这时可以采用两台绞肉机分别加工。当然也可使用同一台绞肉机，调换不同孔眼的筛板，以达到粗绞和细绞的目的。需要注意的是，采用不同孔眼的筛板应采用不同的电机(螺旋供料器)转速,细绞时,转速要低;粗绞时,转速要相对高一些。但无论是粗绞还是细绞,转速都不能任意加快;因为筛板上孔眼的总面积一定,即排料量一定,若螺旋供料器太快,原料肉会在十字形切刀附近发生堵塞,致使工作阻力增加,迫使螺旋供料器停转,可能造成电机因过载而损坏。

绞肉机常用的切刀为十字形,如图7-14所示。十字形切刀有四个刃口,其材料为碳素工具钢。要求刃口锋利,使用一段时间后,刃口变钝,应及时调换新刀或重新磨刀,否则将影响切割质量。

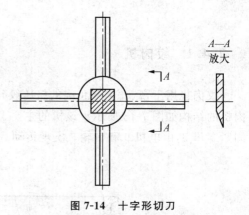

图7-14 十字形切刀

▷ 7.4.2 斩拌机

斩拌机的作用是将原料(去皮、去骨的肉)切割、剁(斩)碎成肉糜,并同时将剁碎的原料肉与添加的各种辅料相混合,实现斩切、搅拌(故称作斩拌机),使原料成为达到工艺要求的物料。生产午餐肉罐头、香肠、油炸丸子、肉饼、包子等产品所用的内料均须斩拌机加工。

斩拌机分真空斩拌机和非真空斩拌机。真空斩拌机是指斩拌物料在负压条件下工作,它具有卫生条件好、物料温升小等优点,但机器造价高,操作要求较高;而非真空斩拌机不带真空系统,在常压下工作。

1. 非真空斩拌机

典型的非真空斩拌机外形如图7-15所示,主要由机架1、出料槽2、出料盘部件3、斩拌刀部件4(由传动系统驱动)和斩肉盘5以及电气控制系统等组成。

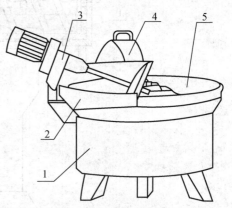

图7-15 斩拌机外形图

1. 机架　2. 出料槽　3. 出料盘部件
4. 斩拌刀部件　5. 斩肉盘

(1)传动系统　斩拌机传动系统如图7-16所示,由3台电机分别带动斩肉盘6、斩拌刀部件1和出料盘部件4。电机D_1通过带传动驱动斩拌刀部件1的刀轴高速旋转,数把斩拌刀按一定顺序安装在刀轴上,以实现对物料的斩拌。电机D_2通过带传动和一对蜗轮蜗杆传动(蜗轮7、蜗杆8)并通过棘轮机构2使斩肉盘6单向回转。整个出料盘部件4由电机D_3驱动,电机D_3通过两对齿轮减速后带动出料盘5回转。斩拌肉时出料盘部件4抬起,出料转盘不转;出料时,将出料盘部件4放下,通过定位块使其和斩肉盘之间保持适当的间隙,此时出料盘回转,将已斩拌好的肉料带上、经出料槽装入运料车。

(2)斩拌刀部件及斩拌刀　斩拌刀部件结构如图7-17所示。数把斩拌刀4按一定顺序安装在刀轴9上,由于斩拌刀在刀轴上要占据一定的长度,而刀轴的轴线只能与环形斩肉盘的某一径向平面垂直,因此,各斩拌刀上的顶点与斩肉盘内壁的间隙各异。为了防止斩拌刀与斩肉盘的内壁发生干扰,在安装斩拌刀时要调整其相对刀轴的径向的位置,以保证斩拌刀与斩肉盘内壁之间的间隙。该间隙一般为 5 mm 左右。

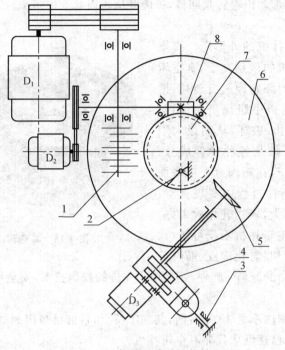

图 7-16 斩拌机传动结构简图
1.斩拌刀部件 2.棘轮机构 3.固定支座 4.出料盘部件
5.出料盘 6.斩肉盘 7.蜗轮 8.蜗杆

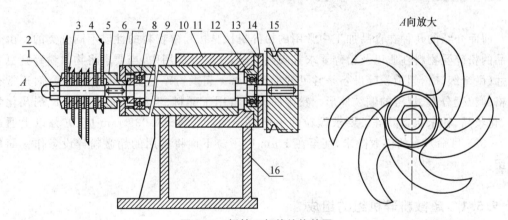

图 7-17 斩拌刀部件结构简图
1.螺母 2.压垫 3.调整垫片 4.斩拌刀 5.挡块 6.前轴承压盖 7.圆螺母 8.双列短滚子轴承
9.刀轴 10.轴套 11.轴套座 12.向心轴承 13.轴承套 14.后轴承压盖 15.皮带轮 16.支架

为了保证安全,斩肉时用刀盖把斩拌刀盖起来,同时也可防止肉糜飞溅。刀盖上装有水银保护开关,当揭开刀盖时,水银开关便将电路切断(电动机不能启动)。

(3)出料盘部件 斩拌结束后,出料盘部件 4 开始工作,其作用是将斩拌好的肉糜从斩肉盘 6 内带出。出料盘部件可绕固定支座 3 转动(图 7-16)。整个装置通过固定支座 3 搁置在机架外壳上,使之能作上下、左右的空间运动。其工作过程为:欲出料时,拉下出料转盘,使出料转盘置于斩肉盘环形挡内。此时,支座上的水银开关导通电路,电机 D_3 运转,经减速器驱动出料转盘轴,带动出料转盘回转,将肉糜从斩肉盘 6 内带出。

2. 真空斩拌机

图 7-18 为真空斩拌机的外形图。真空斩拌机与非真空斩拌机的区别在于,真空斩拌机可在真空状态下对原料肉进行斩切、搅拌和乳化,可防止原料肉中肌红蛋白、脂肪及其他营养成分被氧化、破坏,从而最大限度地保留原有色、香、味及各种营养成分。真空斩拌机的特点在于,在斩肉盘上部增加一个真空罩,以保证斩拌过程中实现真空;斩拌刀轴转速高,功率大,斩切乳化效果好,处理原料范围广。真空斩拌机不仅可斩切、乳化各种肉类,也可斩切、乳化肉皮、筋腱等

图 7-18　真空斩拌机外形图

粗纤维和富含胶原蛋白的原料。此外,还采用了先进的控制技术,安全可靠,维修方便,显示控制功能完备。

真空斩拌机引入国内不足 10 年时间,其加工特点,目前已被肉制品厂家所认识,在加工高品质肉制品时,该机已逐渐取代非真空斩拌机。

7.5　超微粉碎设备简介

前面介绍的几种在食品加工中常用的粉碎机械是按粉碎物料的性质不同分类的。由于食品的粉碎受物料性质以及粉碎要求等限制较多,在实际应用中,当要求将物料粉碎到更小尺寸(微米级)时,超微粉碎设备是常见的粉碎机械。超微粉碎生产颗粒的粒度极细,通常有严格的粒度分布、规整的颗粒外形。粉碎的物料常用于颜料、染料、医药、农药、试剂及化学品、化妆品、粉末状食品等。要求颗粒的平均粒径为:0.074～0.038 mm 应(90% 以上通过200～325 目筛),有的仅数微米,甚至在 1 μm 以下。下面将常用的超微粉碎设备作一简单介绍。

▶ 7.5.1　超微粉碎机组的组成

超微粉碎不同于其他粉碎:由于经其粉碎后的物料粒度很小,一方面,采用前述的粉碎机械很难实现;另一方面,粉碎后成品的收集需采用专门的装置实现。超微粉碎机组通常由多台设备组成,一般由超微粉碎机、气流分级机、收集器、除尘器、引风机、进料和出料装置等七部分组成(图 7-19)。

超微粉碎机组整体是一个半封闭的系统,其进料和出料将系统与外部封闭,而载运物料的气流则与外部相接。预粉碎的物料由进料装置 1 送入超微粉碎机 2 内粉碎;粉碎后的物

料经气流分级机 3 分离,其中达到粉碎要求的物料送入收集器 4,未达到粉碎要求的物料被回送到超微粉碎机 2 内再次粉碎;经收集器 4 的物料由出料装置 6 排出;未收集到的物料进入除尘器 5,经除尘器 5 分离的物料由出料装置 7 排出;洁净气流则经引风机 8 排出。

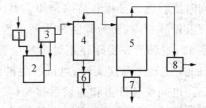

图 7-19　超微粉碎机组组成示意图

1. 进料装置　2. 超微粉碎机　3. 气流分级机
4. 收集器　5. 除尘器　6、7. 出料装置
8. 引风机

进料装置通常采用螺旋式结构实现物料的封闭喂入。气流分级机的工作原理是在分级机中形成强大的离心力;进入到分级机中的气、粉混合物在离心力的作用下,大或重的颗粒受离心作用力大被甩至分级机的边壁后,自然下落到粉碎主机内继续粉碎;小或轻的物料则受引风力的作用被带出,从而实现物料的分级。

收集器即旋风分离器和除尘器的作用是将粉碎分级后的物料进一步分离;而引风机的作用是通过风力实现物料的流动。出料装置的作用是实现出料操作与外部的封闭,其原理是通过旋转转子的分隔空间装载分离的物料,装载的物料在随转子旋转过程中,一方面实现系统内、外部的封闭,另一方面实现装载物料的排出。出料装置的结构如图 7-20 所示。

7.5.2　超微粉碎机的工作原理

按超微粉碎的原理,超微粉碎机有两种类型,一为机械冲击式,二为气流粉碎式。下面分别作一简单介绍。

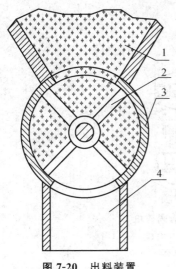

图 7-20　出料装置

1. 物料(内部)　2. 转子
3. 外壳　4. 物料出口

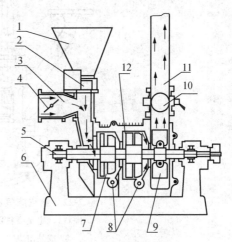

图 7-21　卧式超微粉碎机

1. 喂料斗　2. 定量喂料系统　3. 进风口
4. 风量调节阀　5. 主轴　6. 机架
7. 第一粉碎室　8. 螺旋卸料器　9. 风机
10. 出料调节阀　11. 出料管　12. 第二粉碎室

7.5.2.1　冲击式超微粉碎机

图 7-21 所示为冲击式超微粉碎机的结构简图,由于该机主轴为水平放置,又称其为卧

式超微粉碎机。这是一种卧轴、双室、气流分级式粉碎机，主要依靠冲击粉碎原理工作，在粉碎同时能够进行分级和清除杂质。其工作原理是：物料从喂料斗1由定量喂料系统2随气流带入粉碎腔内，而粉碎腔分为两个粉碎室，沿轴向排列，分别称为第一粉碎室7和第二粉碎室12；主轴5在粉碎腔相对应的位置上装有粉碎部件和分级部件，同时在轴的末端装有风机9。主轴5高速旋转，风机产生的气流带动物料在高速旋转的转子与装有齿衬的定子（机壳）之间受到冲击和剪切后被粉碎。在两个粉碎室的下面，各设有一个卸料口，并与机身下方的螺旋卸料器8相通。在粉碎过程中，高硬度、大比重的粗粒可以从气流中分离出来，靠离心力甩到粉碎室外围，进入卸料口，通过螺旋卸料器送出机外。微粉产品经出料管11排出后，通过收集器收集，最后由除尘器过滤，符合粒度要求的排出；较粗粒子返回粉碎机的喂料斗重新粉碎。该机工作时，喂入的原料应先经过粗碎后成为粒径5 mm以下的物料。

7.5.2.2 气流式超微粉碎机

气流式超微粉碎机的工作原理是将经过净化和干燥的压缩空气通过一定形状的特制喷嘴喷出，形成每小时3 600 km速度的气流，通过其巨大的动能带动物料在密闭粉碎腔中互相碰撞以及气流对物料的冲击剪切作用使物料粉碎。粉碎所需微粒的大小可以通过调节气流的速度来进行有效控制。

图7-22所示为流化床气流式超微粉碎机结构。该机由喂料口1、流化床系统2、成品出口3和分离转轮4组成。物料喂入部分可控制物料的喂入量，将预粉碎物料送入流化床系统，进入流化床的物料在高速气流的作用下粉碎；粉碎后的物料经分离转轮分离，成品由成品出口排出，未达到粉碎要求的物料继续在流化床内粉碎，直至达到粉碎要求。

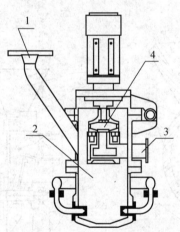

图7-22　流化床气流式超微粉碎机
1. 喂料口（定量喂料）　2. 流化床系统
3. 成品出口　4. 分离转轮

图7-23所示为蜗壳室式气流超微粉碎机结构。该机的粉碎室6为蜗壳形，工作时，物料通过喂入气流通道2的高速气流导入粉碎室，粉碎气流由粉碎气流喷嘴5进入粉碎室，在高速气流的作用下，使颗粒间，颗粒与构件间产生相互冲击、碰撞、摩擦而粉碎。粗粒在离心力作用下甩向粉碎室周壁进行循环粉碎，而细粒在气流带动下由成品出口7排出。

7.5.2.3 高精密湿法超细粉碎机

高精密湿法超细粉碎机是采用受控切割技术理念开发的专门针对含水率高、具有流动

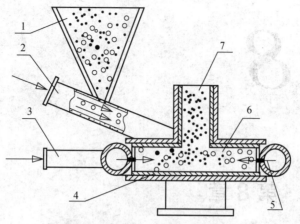

图 7-23　蜗壳室式气流超微粉碎机
1. 喂料斗　2. 物料喂入气流通道　3. 粉碎气流总通道　4. 粉碎室内衬板
5. 粉碎气流喷嘴　6. 粉碎室　7. 成品(微粉)出口

性的农副产品(如果蔬皮渣、谷物皮渣、水产物料皮渣等韧性物料)的超细粉碎设计的,解决了传统湿法粉碎设备(如砂轮磨、胶体磨和高压均质机)无法对纤维类韧性物料进行湿法微细粉碎的难题。该设备有如下特点:采用模块化设计,粉碎头可方便更换,满足客户对粗、中、细三级粉碎细度的要求;物料快速经过刀头,减少停留时间,发热量明显降低,防止物料变性;刀头由上百片特制材料组成,在粉碎中磨损量低,降低生产成本。

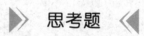
思考题

1. 常见粉碎机有哪些类型？各种类型的原理如何？如何选用？
2. 谷物粉碎常用什么原理和机型？
3. 果蔬切分机械有哪些类型？果蔬打浆主要用在哪些场合？打浆有哪些注意事项？
4. 肉类切分有哪些机械？各有何特点？如何选用？
5. 何为超微粉碎？都用在哪些场合？上网搜索国内先进超微粉碎机类型及特点。

第 8 章

搅拌、混合及均质
机械与设备

➤ **摘要**

　　本章主要介绍食品加工过程中的搅拌、混合与均质单元操作的概念、作用和设备。要求重点了解搅拌机中不同类型搅拌器的工作原理、性能特点和用途,混合机工作原理和主要机型的结构、选用,胶体磨与均质机的工作原理和常见机型的结构、特点及选型原则。

8.1　混合及均质机械的分类与选择要求

食品物料混合是食品加工中重要的单元操作过程之一。广义的混合是指两种或两种以上食品物料在外力的作用下运动速度和方向发生改变,由不均匀状态达到相对均匀分散状态的过程。混合在食品加工中的作用大致有三个方面:

(1)加强传质,促进浮游在液体内的气、液、固体粒子的溶解。

(2)加强传质,使两种以上不均一食品物料均一化。

(3)加强传质、传热,促进化学及其他作用的发生。

混合过程往往根据物料混合前后的物相形态进行分类。搅拌往往是指气态、液态或者固态溶质均匀分散到液态溶剂中,形成溶液的过程(如 CO_2、乙醇、糖、盐等物料在水中的溶解);狭义的混合多是指散粒体形态的固体物料之间相互分散(比如五香粉、咖喱粉等混合香料的配制);调和、捏合、揉合则多是指固、液体物料之间相互混合而形成非牛顿流体形态物料的过程(比如和面、配制色拉酱等)。此外,还有一种与混合过程极为近似的食品加工过程,即为均质。从概念上说,它是指对乳浊液、悬浊液等非均相流体物系进行边破碎、边混合的过程,其目的在于既使得产品的颗粒破碎至细微尺寸,又要将细微颗粒与主体溶剂之间充分分散,获得均匀的、不易产生离析的混合物,以提高食品的质量和档次。

需要注意的是,涉及混合设备时一般属于狭义的混合范畴,而涉及原理、分类等场合多属于广义混合的范畴。

▶ 8.1.1　食品行业对混合和均质机械的一般要求

- 混合物的混合均匀度高。
- 物料在容器内的残留量少。
- 均质物的颗粒细小,质地细腻。
- 设备结构简单,坚固耐用,操作方便,便于检视、取样和清理。
- 机械设备要防锈、耐腐蚀,容器表面光滑,工作部件能拆卸清洗。
- 电机设备和电控装置应能防爆、防湿、防尘,符合环境保护和安全运行的要求。

▶ 8.1.2　食品混合机械的分类方式

- 按被搅拌物料性质分:搅拌机、捏合机、混合机。
- 按搅拌容器轴线安装位置分:立式搅拌机与卧式搅拌机。
- 按搅拌机械的转速分:低速搅拌机、高速搅拌机。
- 按搅拌机械工作情况分:间歇式搅拌机、连续式搅拌机。
- 按乳化或破碎微粒的原理分:高压均质机、离心式均质机、立式或卧式胶体磨、超声波均质机、喷射式均质机、高剪切均质机(含高剪切均质泵)等。

8.2 搅拌设备

在食品加工中,液体搅拌设备主要用于三方面:①促进物料传热,使物料温度均匀;②促进溶解、结晶、浸出、凝聚、吸附等过程的进行;③促进酶反应以及化学乃至生物反应过程的进行。

搅拌设备内起搅拌作用的装置称为搅拌器,食品工业中典型的带搅拌器的设备有发酵罐、酶解罐、溶糖罐、沉淀罐等。这些设备虽然名称不同,甚至结构上也有些差别,但基本构造均属于液体搅拌设备。

8.2.1 搅拌器的类型

液体搅拌器有机械式、喷流式、喷气式等。其中机械式搅拌器最多,根据桨叶构造的特征,机械式主要分为桨叶式搅拌器、涡轮式搅拌器、旋桨式搅拌器(或称推进式搅拌器)、特种式(如行星式、鼠笼式等)搅拌器等。喷流式、喷气式使用不多,在此不予赘述。

8.2.2 基本结构

搅拌机械的种类虽多,但其基本结构是一致的(图 8-1),主要由搅拌装置、轴封和搅拌罐三大部分组成。

(1)搅拌装置 包括传动装置 2、搅拌轴、搅拌器 7。其中搅拌器 7(或称搅拌桨)为核心部件。搅拌轴带动搅拌桨,其主要作用是通过自身的运动使搅拌容器中的物料按某种特定的方式流动,从而达到某种工艺要求。特定方式的流动(流型)是衡量搅拌装置性能最直观的重要指标。

搅拌器传动装置 2 则是赋予搅拌轴、搅拌器及其他附件运动的传动件组合体,包括电机 1、传动齿轮及支架。传动装置分立式和卧式两种,立式搅拌又分为同轴传动和倾斜安装传动两种。

(2)搅拌罐 也称搅拌槽或搅拌容器,包括罐体 3 和装焊在其上的各种附件。对于食品搅拌容器,除保证具体的运转条件外,还要满足无污染、易清洗、耐腐蚀等食品加工方面特有的专业技术要求。

罐体大多为立式圆筒形,而方形或带棱角的容器在拐角处易形成死角,应避免采用。罐体由顶盖、筒体和罐底三部分组成。顶部有开放或密闭两种形式,底部从有利于流线型流动和减小功耗考虑,大多做成碟形、椭球形、球形,以避免出现搅拌死角,同时利于料液完全排空。底部一般应避免采用锥形底,会促使液流形成停滞区,使悬浮的固体积聚起来。

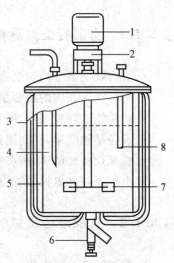

图 8-1 搅拌设备结构图
1. 电机 2. 传动装置 3. 罐体
4. 料管 5. 挡板 6. 出料管
7. 搅拌器 8. 温度计插孔

食品机械与设备

(3)轴封　是指搅拌轴及搅拌容器转轴处的密封装置,作用是防止容器内物料与轴承润滑剂或外界相互泄漏,造成污染。常用轴封有填料密封和机械密封两种。

8.2.3　桨叶式搅拌器

桨叶式搅拌器是一种桨叶由平板构成的搅拌器,故而得名。该搅拌器叶轮结构最为简单,常用于低黏度液态食品原料的混合。

根据用途不同,桨叶式搅拌器的桨叶形式也较为多样(图 8-2):最常用的是普通型(a),多层平板型(b)用于油脂的脱酸、脱色和脱臭等,效果最佳;锚型桨叶(d)可促进热传递,消除液体在容器壁上的沉淀、焦化或结晶析出。此外,格子型桨叶用于黏度较高的液体食品原料,对置型桨叶在容器壁和底面处的切断作用效果较好,马蹄型桨叶适用于蛋黄制的调味汁、果子酱、巧克力等黏度为 $0.1 \sim 1\ Pa \cdot s$ 范围的液体食品。

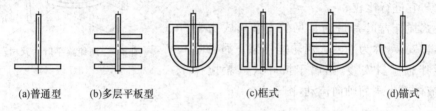

(a)普通型　　(b)多层平板型　　　　(c)框式　　　　(d)锚式

图 8-2　桨叶的形式

桨叶式搅拌器叶轮一般有 2~6 个叶片。多数情况下,桨叶以平行于搅拌轴的方式安装,称之为平桨式搅拌器,它主要使液流产生径向速度和切向速度。也有些情况下将桨叶与搅拌轴以一定的角度安装,则称之为折叶桨式搅拌器,在促进液流轴向流动方面有较强的作用,多见于长径比较大、相对较高的搅拌设备,如通用发酵罐等。

桨叶尺寸与桨叶形式、容器大小、液层高度、桨叶与容器底的距离等有关。一般有如下规定:桨叶的直径约为容器直径的 $50\% \sim 80\%$,桨叶的幅宽应为桨叶直径的 $1/10 \sim 1/6$。桨叶式搅拌器的转速一般为 $20 \sim 150\ r/min$,桨叶尖端的圆周速度约 $3\ m/s$。桨叶多由扁钢制造,考虑到与食品接触,常用不锈钢材质。

桨叶在轴上的固定方法有:①焊接法。制造方便,强度低,难拆卸,常用于直径小的容器。②螺钉连接法。桨叶与轴间有垫片,螺钉将桨叶固定在圆轴上。易拆卸,但易滑动,适于功率小的时候。③螺钉连接,但轴为方轴。防滑,固定较麻烦,方轴加工不便。④键连接。克服了前三种的缺点,故广泛采用。

桨叶式搅拌器主要特点:结构简单,桨叶易制造及更换,但混合效率差,局部剪切效应有限,不易发生乳化作用,因而主要适用于搅拌低黏度液料。例如,对固体的溶解、避免结晶或沉淀等简单操作;在液层较浅或需排放液体时也常需要桨叶式搅拌器的辅助。

8.2.4　涡轮式搅拌器

这类搅拌器对黏度为 $50\ mPa \cdot s$ 以下的液体搅拌效果良好,特别适于不互溶液体的混合、气体溶解、液体悬浮和溶液热交换等。在原料糖浆、油水混合等操作过程中常用。

原理类似于离心泵。从涡轮轴向吸液,径向高速甩出,以高速沿容器壁上升流动。

涡轮式搅拌器由一个与搅拌轴垂直的水平圆盘和若干个连接在水平圆盘上的叶片组成,它适于叶片高速回转的工况。由于叶片的高速回转,流体沿径向流动,上部的液体沿驱动轴向涡轮叶片吸入,而沿容器壁向上流动。在搅拌板间,流体做类似于圆周的运动。

涡轮式搅拌器结构类似于桨叶式,但叶片多而短,属高速回转径向流动式搅拌机。可制成开式、半封闭式或外周套扩散环式等,叶片有平直、弯曲、垂直、倾斜等多种。

涡轮叶片的个数为 4 枚以上,一般 6 枚叶片的居多。涡轮式的叶片比桨式的直径小,等于容器直径的 30%～50%,转速为 50～500 r/min,叶片末端线速度为 4～8 m/s。它的桨叶几何尺寸间的比例关系如图 8-3 所示。图中把叶片的直径看作 1,其他尺寸均与它进行比较。

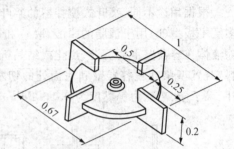

图 8-3 涡轮桨平叶片尺寸

涡轮式搅拌器叶片最为常见的安装形式为平行于搅拌轴安装,称为平叶式涡轮搅拌桨。涡轮叶片相对搅拌轴倾斜安装,则属于折叶式涡轮搅拌桨,可使液体产生剧烈轴向流动(图 8-4)。

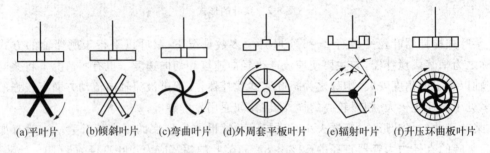

(a)平叶片　(b)倾斜叶片　(c)弯曲叶片　(d)外周套平板叶片　(e)辐射叶片　(f)升压环曲板叶片

图 8-4 涡轮式搅拌器叶片

特点:①适于搅拌多种物料,对黏度为 50 mPa·s 以下的液体搅拌效果良好;②效率高,能耗少;③有较高的局部剪切效应;④易清洗;⑤制造成本比桨叶式要高。

8.2.5 旋桨式搅拌器

该搅拌器叶片类似于船舶的螺旋桨,搅拌器和桨叶常见形式见图 8-5 和图 8-6,属高速搅拌(最大 1 500 r/min)装置,主要用于两种不相混合的液体混合制备乳浊液(如油和水),不适合黏稠液体搅拌。

叶片的枚数、倾斜角度、转速等须根据使用的目的来选择。桨叶一般安装在搅拌轴末端,工艺需要时也可在其上附加多层桨叶。每层桨叶由 2～3 个桨叶组成。叶片直径为容器直径的 1/4～1/3。小型的搅拌器一般转速为 1 000 r/min,甚至可与电机直联,转速可高达 1 500 r/min。大型搅拌器中这种搅拌桨转速也可达 400～800 r/min。这种叶片的缺点是:在旋转时易产生气泡。因此,在安装桨叶时应使它稍许偏离中心或者相对垂直方向倾斜一

食品机械与设备

定的角度,可以防止气泡的混入。

　　特点:构造简单,安装比较容易,功率消耗较小,搅拌效果较好,生产能力较高。即使用于直径较大的容器,其搅拌效果也比较好。因液体流动非常激烈,故适用于大容器低黏度的液体搅拌,如牛乳、果汁和发酵产品等。过高黏稠度的物料则不适于使用该型搅拌器。制备中、低黏度的乳浊液或悬浮液也可采用此种搅拌器,但在混合互不相溶液体制备乳浊液时,液滴的直径范围相对较大,混合效率受到一定限制。

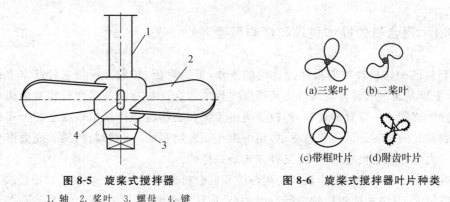

图 8-5　旋桨式搅拌器
1. 轴　2. 桨叶　3. 螺母　4. 键

图 8-6　旋桨式搅拌器叶片种类

(a)三桨叶　(b)二桨叶

(c)带框叶片　(d)附齿叶片

　　注意:①螺母拧紧方向应与转向相反,以防松脱;②安装位置不同,液体的流动状态也不同。

▶ 8.2.6　行星搅拌器

　　这类搅拌器通过公转和自转形成复杂的涡流搅拌,得到较高的传热系数,在果酱制造和砂糖溶解时常装在夹层锅上,转速一般 $20\sim80$ r/min(图 8-7)。

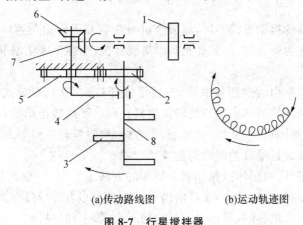

(a)传动路线图　　　　(b)运动轨迹图

图 8-7　行星搅拌器
1. 皮带轮　2. 动齿轮　3. 桨叶　4. 横杆　5. 定齿轮　6. 锥齿轮传动　7、8. 轴

8.3　混合机

　　混合机主要是针对散粒状固体特别是干燥颗粒之间的混合要求而设计的一种搅拌、混合设备。在食品加工中,普遍应用于谷物混配、面粉中加入添加剂、调味料生产等混合操作。

▶ 8.3.1　混合机的操作机理和影响因素

　　混合机的操作机理类似液体搅拌机的操作,即为对流、扩散及剪切三种基本方式的混合,混合主要是通过散粒体物料的流动得以实现的。在这里对流是指颗粒物料的团或块从一个位置转移到另一位置的过程;扩散是指由于颗粒在物料整体新生表面上的分布作用而引起个别颗粒的位置分散迁移过程;剪切则指在颗粒物料团内开辟新的滑移面而产生的混合作用。大部分混合机在运转时,三种方式是并存的。

　　影响混合的因素主要是物料的物理性质和混合机的搅拌方式。物料的物理性质对混合效果影响较大,其中主要包括物料颗粒的大小、形状及密度。其他因素如物料颗粒的表面粗糙程度、流动特性、附着力、含水量及结块或成团的倾向等也起一定的作用。实验分析表明,颗粒小的、形状近似圆球形的或密度大的物料容易沉降于容器底部;而附着力大、含水量高的物料颗粒则容易结块或成团,不易均匀分散。由此可知,被混物料间的主要物理性质越接近,其分离倾向越小,混合操作越容易,混合效果越佳。而颗粒形状、密度不同的若干散粒状物料混合时,若设备选型和操作不当容易出现自动分级现象,影响混合的效果。

▶ 8.3.2　混合机的类别

　　通常按混合容器的运动方式不同,将混合机分为容器回转型与容器固定型。容器回转型混合机的操作通常为间歇式,即装卸物料时需要停机,而容器固定型混合机则有间歇与连续两种操作形式。

　　容器固定型靠容器内的搅拌器混合,包括卧式环带式、立式螺旋式、卧式螺旋式、叶片式、双螺旋式等;容器回转型靠容器的旋转使物料在自重下翻转运动混合,速度不快,以免离心沾壁现象出现,包括圆筒型、V 型、对锥型、正方体型、斜置转筒型等。

　　若按混合操作形式还可分为间歇与连续操作式。

　　除使用上述设备外,对固体散粒体混合操作的方法还有很多,根据具体工艺,有时也可以使用后文所介绍的捏合机;此外,还可借助于气流或离心力进行混合操作。

　　混合机在混合固体散料时,其动力消耗普遍不大,属于轻型机械。

▶ 8.3.3　容器回转型混合机

　　容器回转型混合机(又称旋转容器式、辊筒式或转鼓式混合机)工作时容器呈旋转状态。通过混合容器的旋转运动,使被混物料随着容器旋转方向依靠自身的重力流动,在其内部上下团滚,不断进行扩散,从而完成混合。该设备是以扩散混合为主的混合机械设备。

容器回转型混合机通常由旋转容器及驱动转轴、机架、减速传动机构和电机等组成。这种混合机最主要的构件是容器,它的形状决定了混合操作的效果。对容器内表面一般要求光滑平整,这样可避免或减少容器壁对物料的吸附、摩擦及流动的影响,容器应根据食品机械的特点采用无毒、耐腐蚀材料制造。混合机的驱动转轴水平布置。

容器回转型混合机的混合量,即一次混合所投入容器的物料量,通常取容器体积的30%~50%,一般不超过60%。如果混合量过大,则混合空间减少,物料会因重力带来的自动分级现象而出现分离,混合效果不理想。混合机的混合时间与被混物料的性质、混合机形式等有关,多数操作时间约为10 min。

容器回转型混合机的旋转速度不能太高,否则较大的离心力会使物料紧贴容器内壁固定不动。这个转速有个临界值,容器的工作转速低于临界转速时则不会出现上述现象而达到良好的混合效果。以物料颗粒在容器内壁处所受离心力与重力平衡时为条件,可以推导出机器的临界转速 n:

$$n = \frac{30}{\pi}\sqrt{\frac{g}{R}} \approx \frac{30}{\sqrt{R}}$$

式中:g 为重力加速度;R 为容器半径;π 为圆周率。

由上式可知,旋转容器的临界转速主要与容器结构有关。容器的实际转速一般选用临界转速的80%左右。容器回转型混合机最适合于混合具有相近物理性质的粉粒体物料。

8.3.3.1　圆筒型混合机

如图 8-8 所示,圆筒型混合机按其回转轴线位置可分为水平型及倾斜型两种。其工作转速在 40~100 r/min 范围内,常用于啤酒麦芽粉、调味料等物料的混合操作。

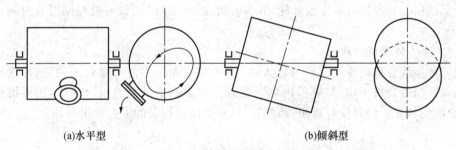

(a)水平型　　　　　　　　　　　　(b)倾斜型

图 8-8　圆筒型容器回转式混合机

水平圆筒混合机操作时,物料流动流型简单。其装料量一般选为 30%,过高则混合效果不好。它缺乏沿水平轴线的横向运动,容器内两端位置都有混合死角,且卸料不便,故混合效果不够理想,故不常用。倾斜圆筒混合机,由于容器与水平轴线间存有一定的角度,克服了物料在水平型容器内运动的缺点,而使流型复杂化,混合能力提高,装料量可达 60%。

8.3.3.2　V 型混合机

V 型混合机的回转容器如图 8-9、图 8-10 所示,由两个倾斜圆筒组成,两筒轴线夹角为 60°~90°,容器与回转轴非对称布置。其工作转速很低,一般为 6~25 r/min。混合量最适范围为容器体积的 10%~30%。混合时间约为 4 min。适用于各种干粉类食品物料的混合,常用来混合多种粉料。

V型混合机操作过程与双锥型混合机类似,只是由于V型容器的非对称使得被混物料时紧时散,其混合效果和混合时间比双锥型混合机更好更短。有些V型混合机容器内部还设有搅拌叶轮,而且搅拌桨还可以与容器做反向旋转。这样对混合流动性不好(乃至有一定凝聚性)的散粒体物料,则可通过搅拌桨将其打散,使其强制扩散,即使是对颗粒很小、吸水量较高、易结块或成团的粉料,也可由搅拌桨的剪切作用破坏其凝聚的结构,从而较快地实现物料的充分混合。

图 8-9　V型混合机外形

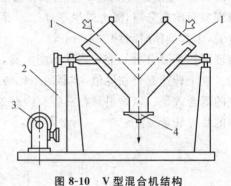

图 8-10　V型混合机结构

1. 原料入口　2. 链轮　3. 减速器　4. 出料口

8.3.3.3 双锥型混合机

双锥型混合机的容器由两个锥筒和一段短圆柱筒焊接而成(图 8-11),其锥角根据被混散料的逆止角来确定,通常有 90°和 60°锥角两种。转速较低,一般为 5～20 r/min,混合量占容器体积的 50%～60%。双锥型混合机转动时,被混物料翻滚强烈,能够产生良好的横流效应,对流动性好的物料混合较快,且功率消耗较低。圆锥体两端分别设有进出料口,以保证卸料无残留。若容器内未安装叶轮,混合时间在 5～20 min;设有叶轮则混合时间可以缩短 2 min 左右。

8.3.3.4 正方体型混合机

正方体型混合机的容器形状为正方体(图 8-12),而正方体对角线的位置,即为回转容器的轴线。当混合机工作时,容器内物料受到三维方向上的重叠混合作用,因而混合速度快,混合时间较短。同时没有死角,卸料容易,对咖啡等物料的混合效果很好。

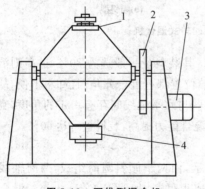

图 8-11　双锥型混合机

1. 原料入口　2. 齿轮　3. 电动机　4. 出料口

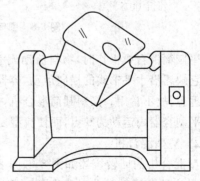

图 8-12　正方体型混合机

8.3.4 容器固定型混合机

容器固定型混合机工作时,容器固定而物料装于容器内部随搅拌器旋转。搅拌器一般为螺旋结构,设备内部一般以对流混合为主。它主要适用于物理性质及配比差别较大的散粒体物料的混合操作。

8.3.4.1 卧式螺旋带式混合机

卧式螺旋带式混合机通常简称卧式混合机,是最常见的间歇式容器固定型混合机。其搅拌部件为带式螺旋,属强制受力式,多用于饲料生产,如制作微量元素添加剂预混料和配合饲料。

该混合机结构如图 8-13 所示,主要由搅拌器(含主轴和转向相反的左右带状螺旋)、混合容器(底部为 U 形槽)、传动机构、机架及电机等组成。其中搅拌器为装设在容器中心的螺旋带。对于简单的混合操作,只要一条或两条螺旋带就够了,而且容器上只有一对进排料口。当物料性质差别较大或混合产量较高及混合要求较严时,则搅拌器的螺旋带大多为两条以上,而且按不同旋向分别布置。混合机工作时,反向螺旋带能够使被混物料不断地重复分散和集聚,从而达到较好的混合效果。

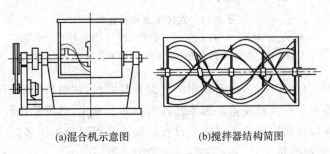

(a)混合机示意图　　　　(b)搅拌器结构简图

图 8-13　卧式螺旋带式混合机

卧式混合机容器一般为 U 形结构,长度为其宽度的 3~10 倍,搅拌器工作转速在 20~60 r/min 之间,混合机的混合容量最适合值为 30%~40%,最大不超过容器体积的 60%。外层螺旋带与壳底之间的间隙一般为 2~5 mm,预混机的间隙小于 2 mm,以尽量减少腔内物料的残留量。为了加快转轴附近物料的流动,有些机型在转轴处安装有小直径实体螺旋叶片。一般沿壳体全长或者在壳体中段 1/3~1/2 部分位置开设多个卸料门,可迅速卸料。对于残留量要求高的混合操作,可采用倾翻式机体结构。

卧式混合机不仅适用于易分离的物料,而且对稀浆体和流动性较差的物料也具有良好的混合效果,但不适于易破损物料。原因是混合机的螺旋带与器壁的间隙较小,对被混物料有一定的打断、磨碎作用,而且物料在容器两端位置流动困难,有死角。

该机混合时间短,混合质量高,排料迅速,物料残留少,但配套动力和占地面积相对较大。

8.3.4.2 立式螺旋式混合机

立式螺旋式混合机结构如图 8-14 所示,由圆锥形筒体、螺旋、减速机构、电机、进出料口等组成。混合机的主体为圆柱形,内置一垂直螺旋输送器。料筒的高径比一般为 2~5,螺旋直径为料筒直径的 1/4～1/3。主轴转速为 200～300 r/min,混合时间一般为 10～15 min。

工作原理:靠垂直螺旋反复将主辅料向上输送,向下抛撒而进行混合。工作时物料由下部料斗 1 进入,被垂直螺旋 4 向上提升,达到内套筒 3 顶部出口后,在离心力作用下向料筒四周抛撒下落的物料可以被循环提升、抛撒、混合,至混合均匀,从下部出料口 6 排出。

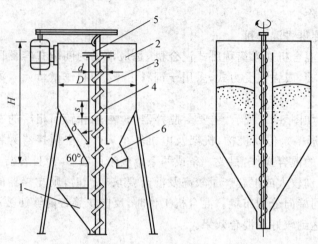

图 8-14 立式螺旋式混合机

1. 料斗 2. 料筒 3. 内套筒 4. 垂直螺旋 5. 甩料板 6. 出料口
D. 料筒直径 d. 内套筒直径 s. 螺距 H. 料筒高度 δ. 间隙大小

该设备特点:动力消耗小,占地面积小。但混合时间长,物料残留多,且混合效果会因不同物料的物理性质差异较大而变差。因为在物料抛落过程中,重颗粒比轻颗粒抛得远,从而造成混合物料的重新分离现象。所以这类设备一般以小型混合机居多。

8.3.4.3 行星锥形混合机

如图 8-15 所示,混合机的容器为圆锥形,而螺旋式搅拌器沿容器壁母线布置。混合操作时,螺旋搅拌器作行星式运转,即搅拌轴沿某一中心作公转运动,同时搅拌螺旋作自转运动。

该设备也是间歇式操作。物料按配比装入锥形容器后,开动电源工作,处于锥筒顶部中心的驱动装置驱动摇臂以 2～6 r/min 的转速绕锥筒中心线作公转,同时摇臂末端的混合螺旋又以 60～100 r/min 自转。工作时物料既能产生垂直方向的流动又能产生水平方向的位移,而且搅拌器还能清除靠近容器内壁附近的泄流层。因此,混合速度快、混合效果好。小容量混合时间 2～4 min,大容量 8～10 min。混合完成后,物料通过锥筒底部出料。

该混合机既适用于高流动性物料,也适用于黏滞性物料的混合,但不适于易破损物料。在食品工业中广泛用于专用面粉如营养自发粉或多维粉等物料的混合操作。

8.3.4.4 倾斜式螺旋带连续混合机

将卧式混合机设备适当延长,将出口适当抬高,即成倾斜式连续混合机,结构如图 8-16 所示。整体倾斜,进料口设置于混合机低端,出料口设置在高端底部。

工作时,由进料口连续送入的物料在进料段被螺旋推送进入混合段。在混合段内,物料被螺旋带及螺旋轴上的实体桨叶向前推动的同时形成径向的混合,同时被螺旋带抄起的物料受自身重力下落、返混形成轴向混合。调整主轴的转速即可控制物料在机内的停留时间和返混程度,从而影响混合效果。

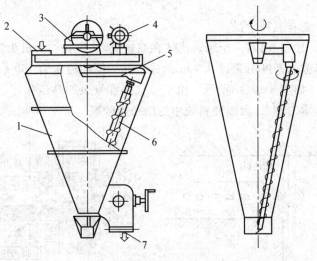

图 8-15　行星锥形混合机
1. 锥形筒体　2. 进料口　3. 减速机构　4. 电动机
5. 摇臂　6. 倾斜混合螺旋　7. 出料口

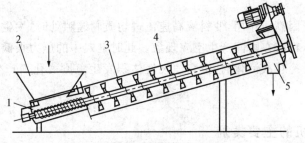

图 8-16　倾斜式螺旋带连续混合机
1. 进料螺杆　2. 进料斗　3. 螺旋带　4. 混合室　5. 出料口

　　该混合机由于存在返混,会造成物料停留时间分布较大,混合质量相对较差。由于是连续混合,因而要求各组分物料均应连续计量喂料。因此,该设备一般用于对混合度要求不高的场合。

8.4　胶体磨与均质机

　　均质(也称匀浆),如前所述,是指对乳浊液、悬浊液等非均相流体物系进行边破碎、边混合的过程。其目的在于降低分散物尺寸,破碎液滴或颗粒,从而减少沉淀或上浮,提高分散物分布均匀性,改善口感,帮助消化。

8.4.1　均质原理与方法

均质的原理主要有三种学说：

（1）剪切学说　如图8-17(a)所示。流体在高速流动时，在均质机头缝隙处，产生剪切作用而均质。阀门缝隙的高度不超过 0.1 mm，通过此缝隙的流速为 150～200 m/s。

（2）撞击学说　如图8-17(b)所示。由于三柱塞往复泵的高压作用，使液流中的脂肪球和均质阀发生高速撞击现象，因而使料波中的脂肪球碎裂。

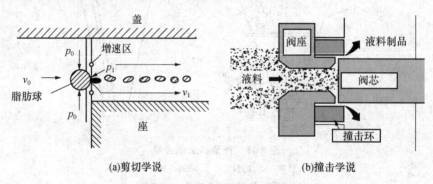

(a)剪切学说　　　　　　　　　　　　(b)撞击学说

图 8-17　高压均质机原理示意图

p_0. 均质前压强　　p_1. 均质后压强　　v_0. 均质前流速　　v_1. 均质后流速

（3）空穴学说　因高压作用，使料液高速流过均质阀缝隙处时，发生涡流运动，造成相当于高频振动的作用，料液在瞬间产生空穴现象。此时空穴中的压力很低，使物料中的水迅速汽化，当汽化的水受冷再次液化时，空穴消失使体积发生急剧变化而产生强大的震动，使料液或颗粒碎裂。

8.4.2　均质机的主要类别

根据使用的能量类型和均质机械的特点，可将均质机械分为压力型、旋转型两大类。压力型均质设备首先向料液附加高压能，并将静压能转变为动能，使料液中的分散物受到剪切作用、空穴作用或撞击作用而发生碎裂。这类设备常见的有高压均质机、超声波乳化机等。旋转型均质设备一般由转子和定子系统构成，直接将机械动能传递给分散物料，以高剪切为主要作用使其破碎，达到均质目的，胶体磨即该型设备的典型代表。

均质机的主要类别有高压式、离心式、喷射式、超声波式、液力式、微射流式、陈氏均质机（泵）及胶体磨等。

8.4.3　高压均质机

8.4.3.1　结构

高压均质机(图8-18)由高压泵和双级均质阀两部分组成。此外还配有其他部件，如冷却系统(防止泵体过热)、压力表和过滤器等。过滤可避免将一些物质(如硬度过高的固体物

食品机械与设备

质等)输入高压系统而缩短均质机的寿命,甚至带来意外损伤。过滤系统一般装在均质机的进料口处。

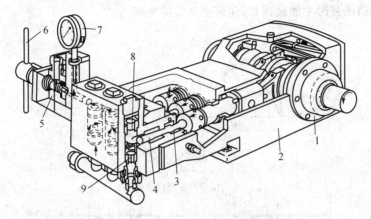

图 8-18　高压均质机泵体组合图

1. 联杆　2. 机架　3. 活塞环封　4. 活塞　5. 均质阀　6. 调压杆　7. 压力表　8. 上阀门　9. 下阀门

高压均质和喷雾干燥生产果汁粉、奶粉时都采用这种高压泵,二者是同一类型的三柱塞往复泵。喷雾干燥生产时在泵排出口安装有安全阀,使泵保持恒定的压力和流量;高压均质时则在该机的料液排出口上安装双级均质阀。

8.4.3.2　高压柱塞泵

柱塞式往复泵,可分为单柱塞泵和多柱塞泵。由于单柱塞泵输出压力波动大,多用于实验型小型高压均质机。食品厂采用的均质机高压泵多是三柱塞往复泵。也有些高端高压均质机采用多达6～7柱塞的高压柱塞泵,压力和流量输出更为稳定。

单柱塞泵的压力波动大,对压力喷雾和均质效果都有影响。采用三柱塞泵时,三个柱塞泵在曲轴上互成120°角配置,每个柱塞各自按正弦曲线规律工作,排出液汇集在同一个管道内,使排液量比单柱塞泵均匀(图8-19)。

8.4.3.3　均质阀

高压泵[图 8-20(a)]的输出端与均质阀相连。液体被附加高静压能后,在此处发生复杂的流体力学变化,从而达到均质目的。高压流体进入均质阀后冲向阀芯,阀芯和阀座之间有个狭小的环形缝隙,液体在较高的压差下通过这一缝隙,分散质被拉伸和延展,同时又受到液流通过均质阀时的涡动作用,使延展部分被剪切为更细小的微粒。通过的缝隙为0.1 mm时,液流的流速高达150～200 m/s。在缝隙出口处,流体以高速撞击均质环(也称撞击环),涡动作用更加剧烈,对分散质的破碎更为彻底并进一步混合。

一级均质阀往往仅能使乳液中的分散质破碎成小微粒或小液滴,这些小液滴在表面张力作用下有进一步聚合成大液滴的可能。如果再加一道均质阀,进一步进行混合、分散,乳液稳定性则能得到大大提高。

工业上往往采用双级均质阀甚至多级均质阀。双级均质阀,如图8-20(b)所示,是由两个单级均质阀串联而成。阀杆和阀座都是采用钨、铬、钴等耐磨合金钢制造的。第一级和第二级的结构相似,都是通过旋转调节手柄改变弹簧对阀杆的压力,从而调整流体的压强。

各级压强的分配，一般将绝大部分分配在第一级上，其上压降为总压降的85％～90％。压降分配的调节靠调节与阀芯相连的弹簧来实现。弹簧力作用下的阀芯只有当接受到足够高的来自流体的压强时才能被顶开，使流体从缝隙中通过。

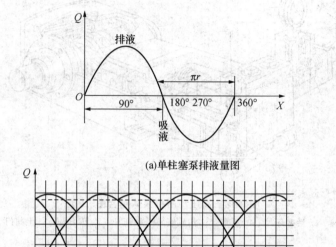

(a)单柱塞泵排液量图

(b)三柱塞泵排液量图

图8-19 高压均质机排液量图

X. 行程 *Q*. 排液量

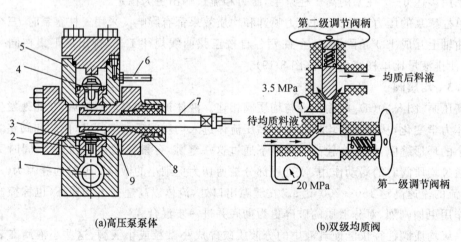

(a)高压泵泵体

(b)双级均质阀

图8-20 高压泵泵体和双级均质阀

1. 进料腔 2. 吸入活门 3. 活门座 4. 排出活门
5. 泵体 6. 冷却水管 7. 柱塞 8. 垫料 9. 垫片

8.4.3.4 高压均质机使用注意事项

高压均质机应用过程中还应注意以下两个问题：一是柱塞泵属于正位移泵，要保证进料端有一定正压头，如附加离心泵作为启动泵等，否则可能出现断料，带来不稳定的高压冲击载荷。二是物料中带有过多气体时同样会引起高压冲击载荷效应,因此产品均质前应先进行脱气处理。

8.4.4　离心式均质机

8.4.4.1　工作原理

离心式均质机(图8-21)主要是利用空穴作用而均质的,多用于牛奶均质。由于离心机的高速旋转,产生很大的离心力,使流入的料液很快分成三部分。密度最大的杂质被甩到四周,脱脂乳从上面排出,稀奶油被引入稀奶油室。

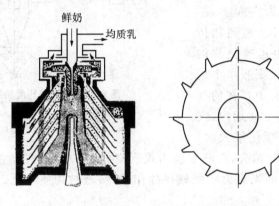

(a)离心均质机的转鼓　　　(b)双级均质阀齿盘

图8-21　离心式均质机的转鼓和齿盘

稀奶油在此与一特殊的圆盘相遇,盘上有12个左右的尖齿,齿的前端边缘呈流线型,后端边缘削平。此圆盘在稀奶油室中固定旋转,而稀奶油则以高速绕它旋转,在齿尖处不断出现紊流漩涡,产生一种空穴作用,在稀奶油室中脂肪球被打碎与脱脂乳一起流出。当脂肪球被打碎的程度未达到要求时,可再回稀奶油室作进一步打碎。当流出的均质乳中脂肪含量与流入的原乳中的脂肪含量相等时,说明离心式均质机已正常工作。由于工作中能使杂质分离,亦称净化均质机。

操作过程可自动控制,在乳出口装一个单独的控制阀,即可掌握整个机器的均质质量。用它均质后的乳化液非常均匀一致,又不必像高压均质机需要精密的阀头,故已被多国采用。

8.4.4.2　特点

离心式均质机具有如下特点:①一台机器可以完成净化和均质,投资少;②均质度非常均匀;③可以用同样流程分离稀奶油,不要求精密的均质阀头;④保养简单,控制方便。

8.4.5　喷射式均质机

阀式均质机的生产能力有一定限制,活阀缝隙易堵塞,均质机头易磨损,卫生处理不方便。喷射式均质机(图8-22)能改善阀式均质机的缺点。

操作原理:利用蒸汽或压缩空气流来供给物料均质的能量,借高速运动的物料颗粒间相互碰撞或使颗粒与金属表面高速撞击,使颗粒粉碎成更细小的粒子,达到均质的目的。

8.4.6 超声波均质机

超声波是频率比人耳能听到的声波频率更高的声波,即频率大于 16 kHz 的声波。超声波均质机是将频率为 $20\sim25$ kHz 的超声波发生器放入料液中,或者使料液在高速流动过程中冲击机械元件产生超声波进行均质。

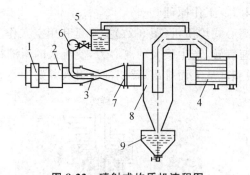

图 8-22　喷射式均质机流程图
1. 过滤器　2. 蒸汽加热器　3. 喷嘴　4. 预热器　5、9. 贮槽
6. 泵　7. 混合室　8. 旋风分离器

超声波的均质原理为空穴学说。声波和超声波都属于纵波,遇到物体时产生驻波,使料液产生迅速交替的压缩和膨胀作用。当处在膨胀半个周期内,料液受到张力,料液中存在的气泡也将膨胀;而在压缩半个周期内,气泡将受到压缩。当压力变化很大时,被压缩的气泡就急速崩溃、消失,料液中就出现真空的"空穴"现象。空穴对周围产生巨大的复杂应力,起到复杂而强有力的机械搅拌作用,料液被均质乳化。乳化液滴大小可达 $1.2\ \mu m$。

超声波均质机的核心部件为超声波发生器,按其发生形式可分为机械式、磁控式和压电晶体式。

机械式超声波均质机的超声波由高速液流和高弹性簧片相互作用而产生。如图 8-23 所示,该均质机超声波发生器主要由喷嘴和簧片组成。簧片处于喷嘴前方。当料液在 $0.4\sim1.4$ MPa 的泵压下经喷嘴高速射向簧片时,簧片发生振荡,频率在 $18\sim30$ kHz 范围内。这里产生的超声波立即传回给料液,实现破碎和混合的功能。机械式超声波均质机主要适用于牛奶、花生油、乳化油和冰激凌等食品的加工。

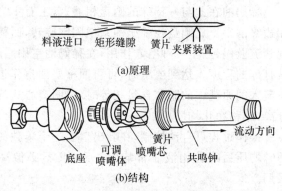

图 8-23　机械式超声波发生器工作原理和结构示意图

机械式超声波均质机中的超声波是由高速液流中的动能振动簧片而被动发生的超声波,其强度往往有限。而磁控式超声波均质机和压电晶体式超声波均质机中的超声波发生器则完全是由外部能量输入而主动发生的超声波,进而传入料液中,实现均质。

磁控式超声波发生器利用镍粒铁等的磁控振荡而产生超声波,并将其传入料液实现均质作用。压电晶体式超声波发生器则利用钛酸钡或水晶振荡子实现超声波的发生。

8.4.7 胶体磨

胶体磨属于微粒化加工机械,具有粉碎、分散、混合、乳化和均质功能,适合流体、半流体的加工,如果汁、果酱、乳品(再制奶、蔬菜酸奶)等。

胶体磨按结构和安装方式分立式、卧式两种,其中立式较常见。

8.4.7.1 立式胶体磨

工作主轴与地面垂直,其一般构造如图8-24所示,主要由进料斗、定磨盘、动磨盘、调整机构、密封装置、冷却系统、排料口、电动机和壳体等组成。

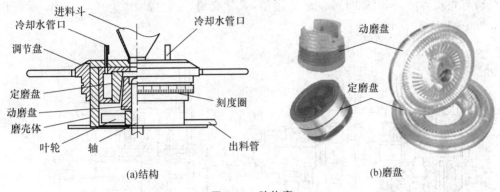

(a)结构　　　　　　　　　　　　　　　　　(b)磨盘

图8-24　胶体磨

由动磨盘和定磨盘组成的磨盘是胶体磨的关键部件。工作时电机带动动磨盘旋转,分散质则在两个相对运动的磨盘之间经强剪切作用而被破碎和分散,并在离心力作用下,从转盘四周抛出。磨盘可以是平的、有槽的或锥形的。快速旋转的动磨盘的转速为3 000～15 000 r/min,粒度小于0.2 mm的物料以料浆形式从圆盘上部或从一个空心轴的中心给入机内。

动磨盘整体呈锥柱形,安装在轴上。锥形的外面有纵向的齿槽,由上到下分粗、中、细三个环带,材质可选用不锈钢、不锈工具钢或硬质合金。定磨盘通过水套、顶盖和螺钉与壳体固定在一起,它呈倒锥状与动磨盘相对应。为加工方便,磨盘粗、中、细齿槽分成三个零件加工,组装成一整体。定磨盘用不锈钢制成,经热处理后保证齿面具有适当的硬度。动、定磨盘制成后,要经过配对研磨。

一般用电动机轴直接传动时,主轴转速为2 800～2 950 r/min;经变速机构变速时最高可达12 000 r/min。磨后物料的细度一般为5～20 μm,最细者可达1 μm。

工作原理:动、定磨盘两表面间有可调节的微小间隙,形成粗、中、细三个环形带的三道粉碎区。当物料通过间隙时,由于动磨盘的高速旋转,附着于旋转面上的物料获得极大速度,而附着在定磨盘表面的物料速度为零,其间产生急剧的速度梯度变化,使物料受到强烈的剪切力、摩擦力、挤压力、冲击力和湍动骚扰,对物料产生破碎、分散、混合和乳化均质作用。经动、定磨盘均质后的物料沿齿槽沟落入底腔,在与主轴固定一起旋转的叶轮作用下,从出料口排出。一般胶体磨在出料管处设有三通管,如果出来的物料达到加工的细度要求,则调在直接排出位置,否则转换到接通入料位置,再次进行加工。

间隙调整——定磨盘与动磨盘间的间距是对于胶体磨均质效果有重要影响的参数,一般在 $50\sim150\,\mu m$ 范围,可通过调节装置上的手柄进行调节。顺时针拧紧手柄时,调整盖沿螺纹向下移动,带动定磨盘向下,间隙变小;反之,则间隙增加。间隙小,细度高,生产率低;间隙大,颗粒大,生产率高。调节后再用手柄将调整盖固定住。

水循环冷却——由于动、定磨盘工作时一部分能量转变为热量,使物料与磨盘温度升高。因此,在胶体磨的水套中注入冷却水循环冷却,将热量带走。一般使用自来水接在胶体磨进水口,另一端接排出管,不必另设水泵。

8.4.7.2 卧式胶体磨

卧式胶体磨由壳体、电机、动定磨盘、调节装置、密封装置组成(图 8-25)。但动、定磨盘的结构与立式不同,采用平面同心的 V 形槽,犬牙交错,盘间隙 $0.05\sim0.15\,mm$,动磨盘转速 $3\,000\sim15\,000\,r/min$。

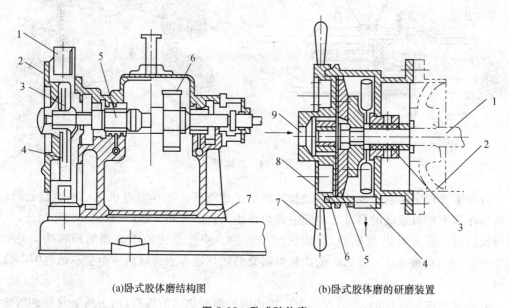

(a)卧式胶体磨结构图　　　　　　(b)卧式胶体磨的研磨装置

图 8-25　卧式胶体磨

(a)1. 进料口　2. 前机壳　3. 动磨盘　4. 定磨盘　5. 调节装置　6. 传动机构　7. 机座

(b)1. 工作主轴　2. 壳体　3. 密封装置　4. 出料口　5. 动磨盘

6. 定磨盘　7. 调整手柄　8. 挡盖　9. 进料口

原理与立式胶体磨相同。料液进入后受到磨盘的磨削和强烈的剪切作用而破碎,细度达 $2\,\mu m$ 以下。

8.4.8　高剪切乳化机械设备

这类设备的工作原理和胶体磨类似,是以剪切作用为主的均质设备,属于剪切式均质机类别的一种。是利用转子和定子间高相对速度旋转时产生的剪切作用使料液得以乳化,或使悬浮液进一步微粒化、分散化,由于转速很快,且主要用于均质乳化作业,所以称为高剪切乳化机。其设备形式多样,名称也较多,如涡轮均质机、涡轮乳化机、高剪切乳化机、管线式乳化机(高剪切均质泵)、搅拌分散罐等。在此,主要介绍高剪切乳化机的结构。高剪切乳化机一般安装在容器内,对料液进行乳化均质作业,核心部件为高速剪切均质头。

图 8-26 为搅拌分散罐。搅拌分散罐的容器一般为罐体。搅拌分散罐的核心部件为高速剪切均质头(图 8-27),由外圈定子和内圈转子组成,它们是两个相互配合的齿环。转子和定子的形式较多,差异主要在于齿形、齿圈数及配合方式等方面。

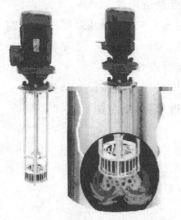
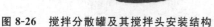

图 8-26　搅拌分散罐及其搅拌头安装结构　　　　**图 8-27　高速剪切均质头实物图**

高速剪切均质头在结构上与胶体磨磨盘的区别在于:均质头的转子和定子之间有一个或多个圆柱面相切,而胶体磨磨盘的强剪切面为磨盘中间的圆盘面;前者有齿、槽结构,后者没有;前者转子和定子之间间距不可调,后者磨盘间距可调(图 8-28)。

(a)剪切式均质机定子结构示意图

(b)剪切式均质机转子结构示意图

定子　　　　　　转子　　　　　定-转子组合（两级）

(c)剪切式均质机定-转子结构组合示意图

图 8-28　剪切式均质机的定子与转子

1. 简单比较平桨式、涡轮式和旋桨式搅拌桨的特点及适用性。
2. 针对某有搅拌需求的食品加工工艺进行设备的选择时,需要注意哪些问题?
3. 试比较容器回转型混合设备各种容器的优缺点。
4. 试比较四种代表性容器固定型混合设备的结构特点和适用性。
5. 结合设计某具体食品的均质加工工艺,简述均质过程和均质设备选择。
6. 试述搅拌、混合设备中搅拌机作行星式运动的过程(可结合图)。
7. 圆筒式容器回转混合设备的优、缺点有哪些?
8. 高压均质机中如何控制均质阀的压力降?
9. 简述高压均质机使用过程中应注意的问题。

第9章

分离机械

➤ **摘要**

本章介绍食品物料分离的基本概念,不同类型分离机械的工作原理、主要工作部件、基本结构及用途等。重点介绍压榨、过滤、离心、膜分离、分子蒸馏、萃取等主要分离技术的特点和用途等。要求了解主要分离方法的基本原理、特点和适用性,能够合理选型和操作。

分离操作是将混合物中不同物理、化学等属性的物质,根据其颗粒大小、相、密度、溶解性、沸点等表现出的不同特点而将物质分开的一种操作过程。进行物质分离操作的机械设备称为分离机械。分离在食品加工最终产品生产或中间工艺中都经常应用。有资料称,食品生产中用于分离操作的投资占到生产过程总投资的 50% 以上。

9.1 概述

分离是食品加工最传统最常见的工艺,但成为一种精细分离工艺研究,却是化学工业以后才有的。随着食品深加工技术的发展,食品工业越来越多地移植、套用化工单元操作,并形成了适应食品加工特殊要求的新的单元操作。食品工业中的分离技术与装备要求更高,如保证产品食用安全、卫生、高效、节能,并实现环境友好等。

9.1.1 物料分离特性

分离操作中处理的混合物分两大类:均相物系(homogenous system)和非均相物系(non-homogenous system)。均相物系内部各处物料的组成和性质均匀,内部不存在相界面,如溶液和混合气体都是均相混合物。非均相混合物内部有界面存在以隔开两相,界面两侧的物料性质截然不同。食品加工中典型的非均相混合物包括以下几种:

* 悬浮液。连续相为液体,分散相为固体,即固-液系统,如果汁、淀粉乳、啤酒酵母混合液等。
* 乳状液。连续相为液体,分散相为液体,即液-液系统,如全脂牛奶、油水混合物等。
* 泡沫液。连续相为液体,分散相为气体,即气-液系统,如蛋白泡沫液等。
* 连续相为气体,分散相为固体,即固-气系统,如烟、尘等,气力输送中物料分离、空气除尘等。
* 连续相为气体,分散相为液体,即液-气系统,如水雾、抽真空系统中空气中水蒸气的分离等。

9.1.2 分离形式

根据物系的不同,采用的分离方法主要有机械式分离和扩散式分离两种形式。

9.1.2.1 机械式分离

机械式分离用于被分离的混合物由多于一相的物料所组成,利用分离设备将混合物进行相分离,它属于非均相体系的分离。主要包括:①过滤、压榨;②沉降;③磁分离;④静电分离;⑤超声波分离。

在以上机械分离方法中,过滤、压榨是依据截留性或流动性进行分离;沉降是依据密度或粒度差进行分离,分为重力沉降和离心沉降,后者包括离心分离和旋流分离。过滤、离心分离和旋流分离并称为食品分离中的三大主要机械分离方法。

9.1.2.2 扩散式分离

依靠组分的扩散和传质进行分离,适用于多组分的均相体系和非均相体系的分离。主要包括:①蒸发、蒸馏、干燥等;②结晶;③吸收、萃取、沥取等;④沉淀;⑤吸附;⑥离子交换;⑦等电位聚集;⑧气体扩散、热扩散、渗析、超滤、反渗透等。

9.2 压榨机械与设备

压榨机是利用压力将固体中包含的液体压榨出来的固-液分离机械。在食品工业中压榨机主要用来从新鲜水果、蔬菜中榨取果汁、蔬菜汁;从种子、果仁、皮壳中榨取油料;实现糟粕、滤饼、污泥的固液分离等。压榨过程主要包括加料、压榨、卸渣等工序。

9.2.1 榨汁机

9.2.1.1 榨汁机概述

果蔬汁液的提取和分离多用机械法。机械法榨汁设备主要有以下类型。

(1)裹包榨汁机 将糊状果浆包于滤布内并多包裹叠,对其施加机械压力(气力、液力、机械力),使汁液通过滤布孔隙排出。该机型结构简单、工作可靠。压榨力达 2 MPa,常用于出汁困难的果蔬榨汁(苹果、梨、生姜、芹菜),排汁面积大、出汁率高。但工作不连续,装料、卸料手工作业,生产率低(3 t/h 以下),卫生条件差。

(2)双锥盘式榨汁机(图 9-1) 利用两个母线重合的伞状锥体的啮合滚动,使进入啮合区域的果糊受压,果汁通过锥体表面的滤孔排出。该机型对果糊的压榨力较大,但作用时间短,对浆状物料的夹持能力差,排汁孔大,排汁面积小。适用于高纤维、质硬原料。

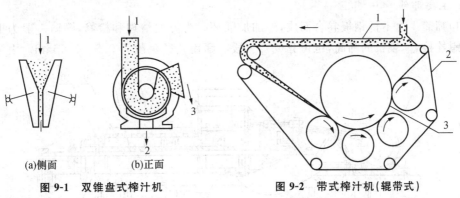

(a)侧面	(b)正面	

图 9-1 双锥盘式榨汁机
1. 入料 2. 果汁 3. 渣

图 9-2 带式榨汁机(辊带式)
1. 果糊 2. 压榨槽 3. 主动辊

(3)带式榨汁机(图 9-2) 利用两条张紧的环状网带夹持果糊后绕过多级直径不等的榨辊,采用多级折向辊加压和多级气动辊加压,使果汁穿过网带排出。该机型能自动进出料,连续工作,通用性强,压滤充分,操作维修方便,出汁率高达 75%～78%。最大压榨力 0.3 MPa,处理能力达 22 t/h。该机型的代表为德国的 Flottweg GmbH,是目前国际果汁行业的主力机型。该机型的缺点是开放作业，果汁易褐变，加工环节卫生条件要求高。

（4）爪杯式榨汁机（图9-3）　专门用于柑、橘、橙的榨汁。压榨对象为各个原料单体，整体压榨，压榨与果汁以外成分的回收同步进行，工作性能好。球状原料进入压榨工位，由上下爪状夹持器包围、挤紧原料，同时，一滤排汁管插入原料内，果汁通过滤排汁管排出。

（5）螺旋榨汁机（图9-4）　是最早使用的连续榨汁设备。压榨压力大，可用于质地较硬的果蔬榨汁。但排汁面积小，筛孔粗大，出汁率低（60%左右），果汁中果肉多，一般用于纤维含量高或出汁容易的果蔬品种，以及带肉果汁的生产。

（6）活塞式榨汁机（图9-5）　是目前最先进的榨汁设备，批式作业，生产率高，可编程实现自动化生产。作业密闭进行，必要时可在筒内充氮，果汁氧化程度低。最大压榨力1 MPa，最大机型生产能力15 t/h。

榨汁机种类多，性能各异，下面重点介绍螺旋榨汁机和活塞式榨汁机。

9.2.1.2　螺旋榨汁机

1. 结构及工作原理

螺旋榨汁机（图9-4）主要由螺杆、筛筒、锥形阀、进料斗、汁液收集器、机架及传动装置组成。工作时，原料（经预破碎）由进料斗进入螺杆，在螺杆的挤压下榨出汁液，汁液从筛筒的筛孔中流入收集器，果渣则通过螺杆锥形部分与筛筒之间的环状空隙排出。

2. 主要部件

（1）筛筒　由不锈钢板卷合而成，外加加强环。为方便清理和检修，筛筒一般为上下两半，由螺栓接合，较长的筛筒，也可分成二三段。筛筒孔径一般为0.3～0.8 mm。因为压榨

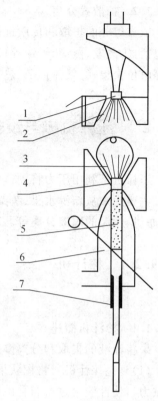

图9-3　爪杯式榨汁机

1. 上切割器　2. 上压杯　3. 下压杯
4. 下切割器　5. 预过滤器
6. 果汁收集器　7. 通孔管

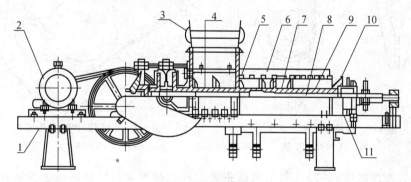

图9-4　螺旋榨汁机

1. 机架　2. 电动机　3. 进料斗　4. 外空心轴　5. 送料螺旋　6. 筛筒
7. 压榨螺旋　8. 内轴　9. 冲孔套筒　10. 锥形阀　11. 排出管

力达到 1.2 MPa 以上,筛筒的开孔率既要满足滤汁的要求,也要考虑筛筒的强度。

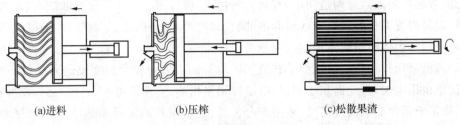

(a)进料　　　　　　　　(b)压榨　　　　　　　　(c)松散果渣

图 9-5　活塞式榨汁机

（2）压榨螺杆　国产 GT6G5 螺旋榨汁机的螺杆设计成两段。第一段称为喂料螺旋,其直径不变而螺距逐渐变小,主要作用是输送物料并进行初步挤压。第二段为压榨螺旋,其根茎为锥形,且螺距渐小,因而挤压力不断增加,压缩比达到 20：1。喂料螺旋与压榨螺旋之间的螺旋是断开的,使物料经过第一段挤压后发生松散,再进入第二段螺旋受到更大压力的挤压。两段螺旋转速相同但转向相反,使物料经松散后进入第二段螺旋时翻了个身,再受到第二段压榨,提高了出汁率。结构上,两段螺杆分别连接于内外轴上,外轴为空心轴,与第一段螺杆连接;内轴从外轴空心中通过,连接第二段螺杆。动力通过行星减速机构,获得两个转速相同而方向相反的动力输出。

（3）调压装置　螺旋榨汁机的工作压力与螺杆的压缩比相关,而出渣口顶锥和筛筒之间的间隙对榨汁机的工作压力会产生更大的影响。间隙的大小用手轮调节,使螺杆沿轴线方向运动而获得。环状空隙变大,工作压力减小,出汁率小;空隙小,则工作压力增大,出汁率高,但汁液变浊。该机型出汁率大多数情况下为 40%～60%,浑浊物＞3%。

9.2.1.3　活塞式榨汁机

活塞式榨汁机(图 9-5)又称为液力通用榨汁机,它由连接板、筒体、活塞、集汁-排渣装置、液压系统及传动机构组成。在筒体内,连接板与活塞用挠性导汁芯连接起来,导汁芯外包裹滤网。工作过程分四个步骤,即进料、压榨、松渣、排渣。预处理后水果以果糊状经连接板中心孔进入筒体内;活塞压向连接板,果汁穿过滤网经导汁芯进入集汁装置,压榨过程中筒体处于回转状态,保证填充均匀和压榨力分布平衡;完成榨汁后,活塞后退,弯曲的导汁芯被拉直,果渣被松散;然后,活塞压向连接板,外筒后移,排出果渣。

活塞式榨汁机压榨过程柔和缓慢,可多次松渣,排汁彻底。导汁芯外套的针织多丝滤网厚密,压榨过程孔隙不会变大,果汁中果肉含量低。活塞式榨汁机最有名的是瑞士 BUCHER 榨机,具有出汁率高、污染少的优点。该机型密封性好、果汁氧化程度低,出汁率高达 80%。特殊机型还配有充氮机构,用于容易氧化物料的榨汁。

▶ 9.2.2　榨油机

9.2.2.1　榨油机类型

榨油机就是指借助于机械外力的作用,将油脂从油料中挤压出来并初步分离的设备。目前,榨油机的工作方法主要有螺旋压榨和液压压榨两种原理。机型有液压榨油机、新型液压榨油机、螺旋榨油机与高效精滤榨油机等。

（1）液压榨油机　属静态压榨制油，出油率低，单机动力小，现在已基本被螺旋榨油机所取代。但液压机制油具有构造简单、省动力的优点，可应用于一些零星分散油料（如米糠、野生油料）以及需要保持特殊风味或营养的油料（如可可豆、油橄榄、芝麻等）的磨浆液压制油。此外，还可用于固体脂肪或蜡糠的压榨分离。

（2）新型液压榨油机　该机型是在液压机的基础上进行较大幅度改进而成的一种新机型，不仅单机用电少，占地面积小，且与电脑控制器相连，实现了生产的自动化。该种榨油机继续保持了液压榨油机构造简单、使用寿命长的优点，所产的油品香味浓于一般榨油机，且在食用中不起沫。

（3）螺旋榨油机　是目前小型地方榨油厂应用较多的一种压榨制油设备。它具有连续化处理量大、动态压榨时间短、出油率高、劳动强度低等优点。

（4）高效精滤榨油机　属于螺旋榨油机，由不同螺距的榨螺组成螺旋总程，采用多级推进、渐进加压的原理，增大了榨膛压力，最大限度地挤压、榨取油脂；为了避免挤出的油脂再次回浸到干枯的饼渣之中，该设备的榨膛内侧设计了导油槽，使油、饼迅速分离，大幅提高出油率。采用多层精滤，使用高密度滤布油品更清亮。有的机型还增设内置红外加热系统，根据油料品种对温度的不同要求，可自定最佳压榨温度，满足最好的压榨条件。

9.2.2.2　螺旋榨油机

榨膛由榨笼和旋转的螺旋轴组成。有单螺旋和双螺旋之分，图9-6为双螺旋榨油机的结构组成。油料进入榨膛，榨螺旋转使料胚不断向里推进，进行压榨。榨膛高压条件使料胚和榨螺、料胚和榨膛之间产生了很大的摩擦阻力，使料胚相对运动。另一方面，由于榨螺的根圆直径逐渐增粗，螺距逐渐减小，当榨螺转动时，螺纹使料胚既能向前推进，又能向外翻转，同时靠近榨螺螺纹表面的料层还随着榨轴转动。在榨膛内的每个料胚微粒都不是等速度、同方向运动，而是在微粒之间也存在着相对运动。由摩擦产生的热量又满足了榨油工艺

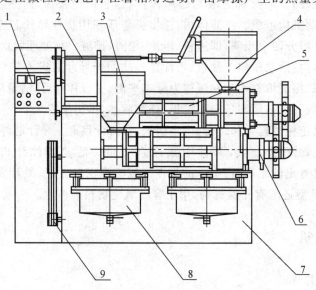

图9-6　双螺旋榨油机
1.数字显示柜　2.送料机构　3.饼粕料斗　4.油料料斗　5.电加热元件
6.双榨膛　7.机架及底座　8.真空过滤器　9.传动装置

操作所需的热量,有助于促使料胚中蛋白质热变性,破坏了胶体,增加了塑性,同时也降低了油的黏性、容易析出油来,提高了榨油机的出油率。榨出的油从圆排缝隙和条排缝隙流出,同时将残渣压成屑状饼片,从榨轴末端不断排出。

该机型操作要点是调整转速、喂入速度以及饼坯出口间隙。

9.3 过滤设备

9.3.1 过滤分离概述

使含固体颗粒的非均匀混合物(悬浮液、乳浊液)通过布、网等多孔性材料分离出固体颗粒的单元操作,称为过滤。过滤是利用混合物内各相的截留性差异进行分离的操作,适应的粒度和浓度范围较广。

9.3.1.1 过滤分离的过程

过滤操作一般包括过滤、洗涤、干燥、卸料四个阶段。

(1)过滤 悬浮液在推动力作用下,克服过滤介质的阻力进行固液分离,固体颗粒被截留,逐渐在过滤介质表面形成滤饼并不断增厚,使过滤阻力不断增加,过滤速度随即降低。

(2)洗涤 停止过滤后,滤饼的孔隙中含有许多滤液,当需要回收滤液且避免其质量损失,或回收固体颗粒且避免受到滤液污染时,须用清水或其他液体洗涤滤饼。

(3)干燥 用压缩空气吹或真空吸,排走滤饼中存留的洗涤液,得到较干燥的滤饼。

(4)卸料 从过滤介质上卸下滤饼,将过滤介质洗净,以备重新进行过滤。

9.3.1.2 助滤剂

为降低过滤阻力、增大过滤速率或得到高度澄清的滤液所加入的一种辅助性的粉粒状物质,称为助滤剂。助滤剂能提高过滤效率,防止滤渣堆积过于密实。常用的助滤剂有硅藻土、珍珠岩、纤维素、石棉、石墨粉、锯屑、氧化镁、石膏、活性炭、酸性白土等。助滤剂的使用方法:一是将助滤剂按一定比例与待滤的悬浮液混,然后一起过滤;二是制备只含助滤剂的悬浮液,先行过滤,在过滤介质上形成预涂层,然后再过滤滤浆。助滤剂预涂层能承受一定压力而不变形,又可防止滤布因堵塞而增加阻力。

9.3.1.3 过滤机的分类

• 按过滤推动力,分为重力过滤机、加压过滤机、真空过滤机。

• 按过滤介质性质,分为粒状介质(如砂、砾石、木炭和硅藻土等)过滤机、滤布介质(纤维、金属丝等编织的滤布和滤网)过滤机、多孔介质(素瓷、烧结金属或玻璃、多孔性塑料管)过滤机、半透膜介质(高分子多孔膜)过滤机。其中滤布介质过滤机应用最为广泛。

• 按操作方式,分为间歇式过滤机、连续式过滤机。间歇式过滤机的特点是滤浆的进入和滤饼的卸出均为间歇进行。虽然在粒状介质过滤机中,滤浆的进入和滤液的排出通常是连续的,但滤渣的卸出却是间歇的。连续式过滤机中所有的操作环节均是连续不断且同时进行,包括进料、过滤、洗涤及滤饼卸出等。

9.3.1.4 过滤机的选择

- 液相属易挥发性或易引起爆炸和易燃性物料时，不能用真空过滤，且要求密闭防爆。
- 腐蚀性较强的物料，对分离机械材料的选择有特殊要求。
- 固相颗粒硬度较大时，则要求所选分离机械材料的耐磨性好。
- 被分离物料，无论是固相或液相，若属于贵重物料，则要求回收率高。
- 固相物料为结晶产品时，要求分离时结晶的破损程度低。这对分离机械的结构及卸料方式、方法都有特殊要求。

9.3.2 板框压滤设备

板框压滤机是间歇式过滤机中最常用的一种，用以实现料浆固液分离。其原理是利用滤板支撑过滤介质，滤浆在加压下强制进入滤板之间的空间内，并形成滤饼。

9.3.2.1 板框压滤机的结构组成

板框压滤机（图9-7）由滤板、液压系统、滤框、滤板传输系统和电气系统等五大部分组成。多块滤板和滤框交替排列，用支耳架在一对横梁上，通过螺旋推进或液压系统压紧装置压紧或拉开。滤板和滤框数目一般为10～60个，可根据生产能力和悬浮液的情况而定。图9-8所示为正方形滤板和滤框，其边长在1 m以下，框的厚度为20～75 mm。滤框和滤板的角端均开有小孔，组装时，因为框和板用过滤布隔开且交替排列，就构成了供滤浆和洗涤水流通的孔道，空框和滤布围成了容纳滤浆及滤饼的空间。滤板的作用是支撑滤布且提供滤液流出的通道，滤板板面制成各种凹凸纹路。滤板分为过滤板和洗涤板两种，常在板和框的外侧铸有标志以示区别。每台板框压滤机有一定的总框数，无需所有板框时，可取一盲板插入，即切断了盲板后的板框通道。

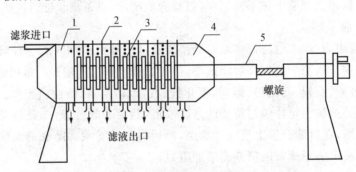

图9-7 板框压滤机装置

1. 固定端板　2. 滤布　3. 板框支座　4. 可动端板　5. 支承横梁

9.3.2.2 板框压滤机的工作过程

板框压滤机的工作过程包括：压紧滤板、进料、滤饼压榨、滤饼洗涤、滤饼吹扫、卸料。

滤浆由滤框上方通孔进入滤框空间，固体颗粒被滤布截留，形成滤饼；滤液则穿过滤饼和滤布流向两侧的滤板，沿滤板沟槽向下流动，由滤板下方的通孔排出。排出口处装有旋塞，可观察流出滤液的澄清情况。如有滤布破损，则流出的滤液必然浑浊，可关闭旋塞，待操作结束时更换。这种滤液排出的方式称为明流式。另一种暗流式的压滤机滤液是由板框通孔组成的密闭滤液通道集中流出，可减少滤液与空气的接触。

当滤框内充满滤饼时,导致过滤速率大大降低,此时应停止进料,进入洗涤阶段。洗涤板左上角的小孔有一与之相通的暗孔,洗涤水由此输入。过滤板无此暗孔,组装时,过滤板和洗涤板必须按顺序交替排列,即滤板—滤框—洗涤板—滤框—滤板……过滤操作时,洗涤板一样起滤板的作用,但洗涤时,其下端出口被关闭,洗涤水充分通过滤布和板框的全部向过滤板流动,最终从过滤板下部排出。洗涤速率为过滤终了时过滤速率的1/4。

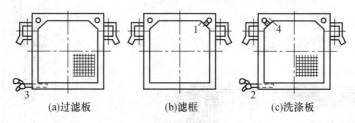

(a)过滤板　　　　　(b)滤框　　　　　(c)洗涤板

图9-8　滤板与滤框构造

1. 料液通道　2. 滤液流出口　3. 滤液和洗涤水流出口　4. 洗涤水孔道

洗涤完毕,除去滤饼,进行清理,重新组装,进入下一循环操作。

9.3.2.3　板框压滤机的使用特点

板框压滤机结构简单,制造方便,造价低;辅助设备少,操作管理方便;动力消耗低,过滤推动力大(一般为 0.3～0.5 MPa,最大 1 MPa);过滤面积大,可根据需要调整滤板数量;密闭性好,便于洗涤,对料浆适应性强。因而它能在水处理、食品、医药、化工等行业得到广泛的应用,特别适用于低浓度悬浮液、胶体悬浮液、分离液相黏度大或接近饱和状态的悬浮液。在食品中的应用主要有糖、盐、碱、味精、豆浆、酵母、葡萄糖粉、小麦淀粉、面粉、米粉、脱脂奶粉、果汁、脱水蔬菜、粗砂糖、凤梨汁、玉米淀粉等。

9.3.3　加压叶滤设备

9.3.3.1　加压叶滤机

1. 加压叶滤机工作原理

加压叶滤机(图9-9)由一组并联滤叶装在密闭耐压机壳内组成。当输料泵向机壳内输入一定量悬浮液时,会在密闭容器内产生一定的压力,悬浮液中的液体在压力的作用下通过滤网,流入滤叶内腔,经出液管,流出清液。而悬浮液中固体则截留在滤网表面,形成初始滤饼,为初滤期。短暂的初滤期后,由颗粒在滤网空隙上方形成架桥。当滤饼形成到一定的厚度时,产生一定的过滤阻力,形成内外压差。随着溶液中的固体颗粒越来越多地吸附在滤叶表面,滤饼层达到一定厚度时,过滤不能继续进行。此时,停止进料。叶滤机内的残液在压缩气体的作用下,通过底部的进液管压回原液罐。所有过滤操作完成后,通过振荡装置气锤振打进行卸料,手动打开机器底部碟阀,排出料渣。

2. 滤叶

滤叶是加压叶滤机的重要过滤元件(图9-10),一般由里层的支撑网、边框和覆在外层的细金属丝网或编制滤布组成;也有的滤叶由配置了支撑条的中空薄壳外面覆盖滤网组成。滤叶的一端装有短管,供滤液流出,同时可作悬挂滤叶之用。过滤时将多数滤叶置于密闭槽中,滤浆压于滤叶的周围,滤液透过滤布,沿金属网至出口短管,滤渣积于滤布上成为滤饼,厚度根据滤渣的性质和操作情况达到5～35 mm。

滤叶的形状有方形、长方形、梯形、圆形、弓形和椭圆形等；滤叶可以是固定的，也可以是旋转的；滤叶在压滤机里的安装位置可以是垂直的或水平的。

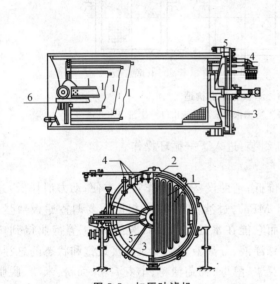

图9-9　加压叶滤机

1. 滤叶　2. 圆筒　3. 可移机盖　4. 轨道
5. 锁紧杆　6. 滤液排出口

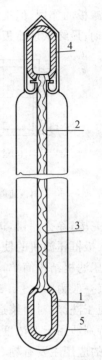

图9-10　滤叶的构造

1. 空框　2. 金属网　3. 滤布
4. 顶盖　5. 滤饼

3. 加压叶滤机的类型

根据滤槽轴线所处位置，有卧式加压叶滤机和立式加压叶滤机两种。根据滤叶安装位置，有垂直叶滤型和水平叶滤型。根据卸料方式，有湿法卸料和干法卸料。湿法卸料是用固定的或旋转的、摆动的喷头喷淋洗液将滤渣冲掉；或者喷头不动，滤叶旋转卸料。干法卸料可以用人工或机械方法进行，如冲击、振动、空气反吹，离心力等。也可以使滤叶缓慢旋转，用刷子帮助卸料。水平槽水平滤叶过滤机可以在过滤之后，将滤叶或滤槽旋转90°后卸料。

加压叶滤机机组可用于油脂、饮料等工业液体过滤工艺过程或液体脱色工艺过程，也可用于其他采用助滤剂或不采用助滤剂的液体过滤过程。当作为预敷层过滤机使用时，悬浮液含固体量少，需要保留的是液体，如啤酒、果汁、矿泉水、各种油类的净化等。

9.3.3.2　振打卸料垂直槽垂直滤叶型加压叶滤机

该过滤机主要由机壳、滤叶、起盖机构、快开结构、气锤、输液泵等组成，采用密封加压、多滤叶、微孔精密过滤的方法来实现较理想的分离效果（图9-11）。在一个密闭的机壳内，垂直装有多片不锈钢滤叶，用来支承和贴附，起主要过滤作用，底部平法兰上装有不锈钢平面滤网，其作用使壳体内液体完全过滤，无残液。过滤时，先循环过滤进行预涂，使滤叶表面形成一层预涂层，待滤液清亮后（通过视镜观察），即可进行正常过滤。

该机型主要适用于制药、生物工程、油脂、化工等液体脱色工艺过程。一般采用活性炭粉末、活性白土粉末进行脱色,脱色完毕后,将活性炭粉末或活性白土粉末滤除。该机也可用于其他液体的过滤工艺过程。

9.3.3.3 卧式圆形滤叶加压叶滤机

卧式圆形滤叶加压叶滤机(图 9-12)的机壳由上下两个半圆组成,上半固定,下半用铰链连接借以开闭,操作时上下两半用活节螺钉紧密连接。多片圆形滤叶悬挂于圆筒机壳内,过滤通过滤叶来进行。滤浆泵入机壳后,滤液穿过滤布,沿排出管至汇集管排出,滤渣在滤布表面形成滤饼。过滤终了,滤饼阻碍过滤进行,残留于机筒内的原液即由出口排出,此时停止进料,泵入清洗水进行洗涤,而后开启机壳的下半部,于是滤叶及滤饼暴露,可用压缩空气、蒸汽或清水卸除滤饼。

该机在去除滤饼时,滤叶固定不动,较省人工,用少量洗净液即能洗净,滤布损耗小;单位面积地面上所具有的过滤面积很大,洗涤效率高。但容易出现滤饼不均匀现象,即滤渣分别积聚,粗大的积于滤饼的底部,细小的积于上部,致使洗涤不均匀。采用回转式的滤叶可避免这种缺点,但构造和操作均较复杂。

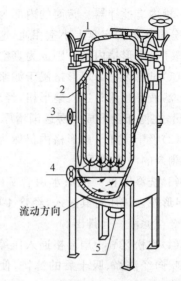

图 9-11 垂直槽垂直滤叶型加压叶滤机
1. 快开顶盖 2. 滤叶 3. 滤浆入口
4. 滤液排出口 5. 滤饼排出口

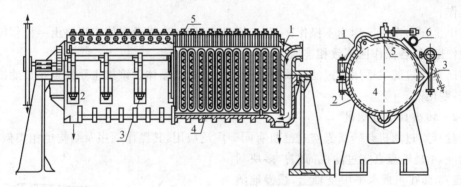

图 9-12 卧式圆形滤叶加压叶滤机
1、2. 机壳上、下半部 3. 活节螺钉 4. 滤叶 5. 滤液排出管 6. 滤液汇集管

9.3.4 真空过滤机

真空过滤机是一种机械化程度较高的连续性过滤生产设备,其过滤介质的上游压力约为 0.101 3 MPa,通过抽真空使下游为负压,压差为推动力。一般采用连续式回转装置使过滤、洗涤、去饼等各项操作周期性地完成,主要形式有转筒真空过滤机和转盘真空过滤机两种。

9.3.4.1 转筒真空过滤机

图 9-13 是转筒真空过滤机的操作原理图。回转圆筒直径 0.3~4.5 m,长度 0.3~6 m

不等。筒的周围包有帆布或金属制成的滤布,滤布下有多条吸管,各吸管与吸气机相连,以保证滤布内侧的真空。过滤时将圆筒置于滤浆槽中,转筒的下半部浸于滤浆内,上半部露于槽外,槽内有搅拌器。转筒的内部为若干彼此不相通的扇形格,这些扇形格经过空心轴内通道与分配头的固定盘上小室相通,这些小室又分别与减压管路和压缩空气管路相通。当转筒回转时,扇形格就分别成为真空或加压区,借分配头的作用,可控制过滤操作的进行。

(1)过滤区Ⅰ 扇形格浸于滤浆内,格内为减压,滤液穿过滤布进入扇形格,经分配头及管3排出,在滤布上形成一层逐渐增厚的滤饼。

(2)吸干区Ⅱ 扇形格内仍然为减压,将滤饼中剩余的滤液吸干。

(3)洗涤区Ⅳ 洗涤水由管7喷洒于滤饼上,扇形格内减压将其吸入,经管4单独排出或由管3与滤液一起排出。

(4)吹松区Ⅵ 扇形格通入压缩空气,压缩空气吹向经洗涤、吸干后的滤饼,使其松动,便于卸除。

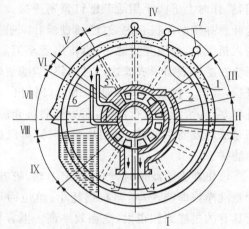

图 9-13 转筒真空过滤机操作原理图
1. 转筒 2. 分配头 3、4. 与减压管相接的管
5、6. 与压缩空气相接的管 7. 喷水管

(5)卸料区Ⅶ 刮刀伸向过滤表面将滤饼剥落。滤饼清除后,可用水或由扇形格内部通入空气或蒸汽,在区Ⅷ内将滤布洗净复原,重新开始操作。

图中Ⅲ、Ⅴ、Ⅸ三区称为不操作区,位于操作区之间,这样设置使扇形格由一操作区转向另一操作区时,各操作区不致相连通。

转筒真空过滤机适用于过滤胶质物料及各类盐的结晶体。该机主要缺点是过滤推动力小,设备费用高。

9.3.4.2 转盘真空过滤机

转盘真空过滤机与转筒真空过滤机有同等广泛应用,其操作顺序及结构也相类似。

图 9-14 是转盘真空过滤机简图。多块圆盘(滤盘)3套在一根水平中空轴上,缓慢地随轴在滤浆槽1中转动,转速不超过 3 r/min。圆盘的外面覆以滤布,内部则分为许多扇形格室,各扇形格室借分配头的作用分别与减压管和压缩空气管相通,操作情况与转筒真空过滤机一样。操作时,滤液穿过滤布进入圆盘中,而后沿空心轴排出;滤渣附着于滤布上称为滤饼,由刮刀2剥落;洗涤滤饼时,将洗涤液喷洒于滤饼上,由减压管吸走。

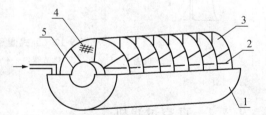

图 9-14 转盘真空过滤机
1. 滤浆槽 2. 刮刀 3. 转盘
4. 金属丝网 5. 控制阀

与转筒真空过滤机相比,转盘真空过滤机过滤面积较大,可达到 85 m² ,且装置紧凑,消耗能量少,滤布损坏时可以只更换一个扇形格的滤布。

9.4　离心分离

⊙ 9.4.1　离心分离原理

9.4.1.1　离心分离的概念

离心分离是利用离心力场实现对物料的分离。非均相物系在重力场中可以实现沉降分离,但对于具有细小悬浮颗粒的气溶胶、悬浮液和乳状液,其重力沉降速度十分缓慢,借用比重力场更强的离心力场的作用可加快沉降分离的速度。利用惯性离心力的作用使连续介质中的分散相产生沉降运动的分离称为离心沉降(centrifugal settling)。同理,对于过滤操作,可借用惯性离心力作为过滤的推动力来强化过滤过程,这种使滤液在惯性离心力作用下迅速穿过滤饼或滤布而固体颗粒被截留的操作称为离心过滤(centrifugal filtration)。离心沉降和离心过滤统称为离心分离(centrifugation)。

9.4.1.2　离心分离因数

离心机是利用惯性离心力进行固-液、液-液、液-液-固或固-固相分离的机械。用分离因数(separation factor)来表示离心机的分离性能,其定义是一定质量(m)的物料所受离心力与重力的比值,表明了离心分离与静置分离的速度之比。

$$K_c = r\omega^2/g \tag{9-1}$$

式中:K_c 为分离因数;r 为旋转半径;ω 为旋转角速度;g 为重力加速度。

通常用提高转速的方法增大分离因数。离心机的分离因数由几百到几万。

9.4.1.3　离心机的分类

1. 按离心分离因数

分为常速离心机($K_c \leqslant 3\ 500$)、高速离心机($K_c = 3\ 500 \sim 50\ 000$)和超高速离心机($K_c > 50\ 000$)。

2. 按操作方式

分为间隙式离心机、连续式离心机。

3. 按卸渣方式

分为刮刀卸料离心机、活塞推料离心机、螺旋卸料离心机、离心力卸料离心机、振动卸料离心机和颠动卸料离心机。

4. 按工艺用途

(1)过滤式离心机　鼓壁上有孔,鼓内壁面覆以滤布,转速 1 000～1 500 r/min,适用于易过滤的晶体悬浮液和较大颗粒悬浮液的分离和物料脱水。

(2)沉降式离心机　鼓壁上无孔,利用离心力使密度较大的颗粒沉于鼓壁,而密度较小的流体集于中央不断引出,常用于分离不易过滤的悬浮液。

(3)分离式离心机　鼓壁上无孔,但转速极大(4 000 r/min 以上),主要用于乳浊液和悬浮液的增浓或澄清。

5. 按安装方式

分为立式、卧式、倾斜式、上悬式和三足式等。

▶ 9.4.2 过滤式离心机

过滤式离心机(filtering centrifuge)的构造和操作方式多样,但都是以离心力作推动力用过滤方式分离悬浮液的机械,分离因数不大,在食品加工中用于冷冻浓缩中冰晶的分离、糖类结晶食品的精制、淀粉脱水和干制果蔬的预脱水等。

9.4.2.1 卧式往复卸料过滤离心机

往复卸料过滤离心机的结构如图9-15所示。悬浮液由进料管2引入锥形进料斗3的狭窄部位。随着速度的增加,悬浮液沿进料斗的内壁流至转鼓4的滤网7上,滤液穿过鼓壁,流入外壳6内,经滤液出口5连续排出,滤渣沉积于滤网上,由卸料器8推出。卸料器在鼓壁上作往复运动,周期为12~16次/min,冲程40~50 mm,当其向右运行一段距离时,将右端的滤饼卸除,当回程向左时,另一批滤饼又开始积聚。在出口途中装有洗涤水喷管1,洗涤液则由机壳内的出口9排出。

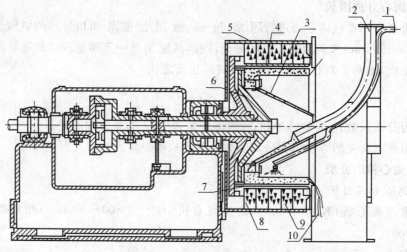

图9-15 往复卸料过滤离心机

1. 洗涤水喷管 2. 进料管 3. 锥形进料斗 4. 转鼓 5. 滤液出口
6. 外壳 7. 滤网 8. 卸料器 9. 洗涤液出口 10. 滤饼卸出管

9.4.2.2 卧式螺旋卸料过滤离心机

卧式螺旋卸料过滤离心机结构如图9-16所示。圆锥转鼓9和螺旋推料器10分别与驱动差速器7轴端连接,两者同向旋转,但保持微小的转速差。悬浮液由进料管11输入螺旋推料器10内腔,并通过内腔料口喷涂在转鼓9内衬筛网板上。在离心力作用下,液相通过筛网孔隙收集在机壳内,从排液口2排出机外;滤饼被筛网滞留,在差速器7的作用下,滤饼由小直径处滑向大端,离心力递增,滤饼加快脱水,直至推出转鼓。

该机型运转平稳,噪声低。利用差速器控制螺旋推料器的转速,卸料速度可控,并设有过载保护装置,可实现无人安全操作。

9.4.2.3 卧式离心卸料过滤离心机

卧式离心卸料过滤离心机连续进行生产,分离效率高,生产能力大,其结构如图 9-17 所示。锥形转鼓高速旋转,悬浮液由进料管引入,在转鼓底部经加速后均布于转鼓小端滤网上,液体经滤网和鼓壁小孔排出,固体颗粒在滤网上形成滤渣,滤渣受离心力在锥面分力作用下,向转鼓大端滑动,最后排出鼓外。

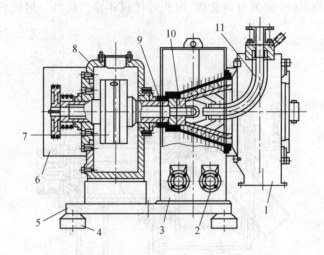

图 9-16 卧式螺旋卸料过滤离心机

1. 出料斗 2. 排液口 3. 壳体 4. 防振垫 5. 机座 6. 防护罩
7. 差速器 8. 箱体 9. 圆锥转鼓 10. 螺旋推料器 11. 进料管

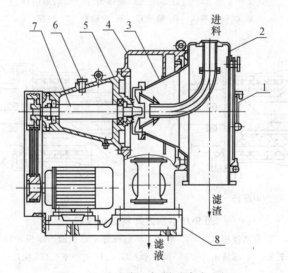

图 9-17 卧式离心卸料过滤离心机

1. 视镜 2. 机壳 3. 转鼓 4. 中间机座
5. 轴承座 6. 注油孔 7. 主轴 8. 底座

该机型适合分离含固相(结晶状、无定形或短纤维状)浓度 40%～80%、粒度范围 0.25～10 mm 的悬浮液。

9.4.2.4　刮刀卸料过滤离心机

　　刮刀卸料过滤离心机各工序能实现全自动或半自动控制,其结构如图 9-18 所示,工作原理如图 9-19 所示。启动控制,转鼓全速运转,进料阀自动开启,悬浮液从进料管进入转鼓。在离心力作用下,大部分液体经滤网、衬网及鼓壁上的小孔被甩出,经排液阀排出机外,固体则滞留在转鼓内。进料阀经一定时间自动关闭,进料停止,固相在转鼓内被甩干。需要洗涤的物料可进行洗涤。刮刀自动旋转,固相经接料斗排出机外。然后自动洗网,进入下一个循环。

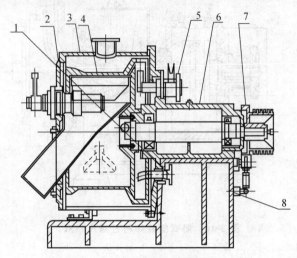

图 9-18　刮刀卸料过滤离心机
1. 反冲装置　2. 门盖组件　3. 集体组件　4. 转鼓组件
5. 虹吸管机构　6. 轴承箱　7. 制动器　8. 机座

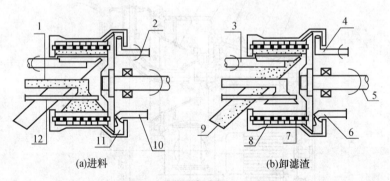

(a)进料　　　　　　　　　　　(b)卸滤渣

图 9-19　刮刀卸料工作原理
1. 料液入口　2. 分离液相出口　3. 刮刀　4. 虹吸管　5. 主轴　6. 反冲管　7. 内转鼓
8. 外转鼓　9. 滤渣出口　10. 反冲水入口　11. 虹吸室　12. 洗涤液入口

9.4.2.5　三足式过滤离心机

　　三足式离心机因其机壳和转鼓是支持在一个三足架上而得名。三足式过滤离心机根据滤渣卸除方式,有吊袋上卸料和刮刀下卸料两种。

　　图 9-20 所示为三足式吊袋上卸料离心机。物料经进料管 1 进入高速旋转的离心机转鼓 4 内,在离心力的作用下,液相通过滤布经出液管 5 排出,固相则截留在转鼓内,待滤饼达

到机器规定的装料量时,停止进料,对滤饼进行洗涤,同时滤除洗涤液。达到分离要求后,停机。用专用的吊具吊出滤袋3,将滤饼卸出,然后将滤袋复位,进入待机状态。

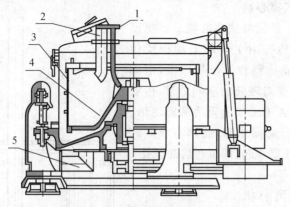

图 9-20　三足式吊袋上卸料离心机
1. 进料管　2. 洗涤液管　3. 滤袋　4. 转鼓　5. 出液管

● 9.4.3　沉降式离心机

沉降式离心机鼓壁无孔,液体自鼓边溢流至外壳,由导管排出,滤渣附于鼓壁,可人工或自动卸除。

9.4.3.1　卧式螺旋卸料沉降离心机

卧式螺旋卸料沉降离心机结构如图 9-21 所示。在无孔转鼓内,同心安装一输料螺旋,二者以一定的差速同向旋转。悬浮液经中心的进料管加入螺旋内筒,初步加速后进入转鼓,受离心力的影响,固相沉积在转鼓壁上形成沉渣层,由螺旋推至转鼓锥段,进一步脱水后经小端出渣口排出;液相形成内层液环由大端溢流口排出。

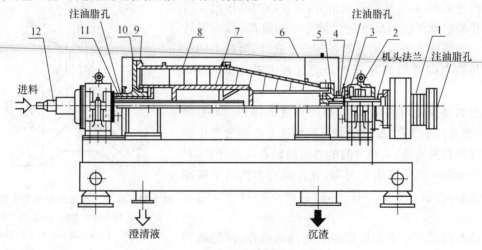

图 9-21　卧式螺旋卸料沉降离心机
1. 差速器　2、10. 主轴承　3、5、9、11. 轴封　4. 轴瓦
6. 外壳　7. 螺旋　8. 转鼓　12. 进料管

该机型在全速运转下连续工作,处理能力大,单位耗电量小,结构紧凑,维修方便,适用于浓度、粒度变化范围较大的悬浮液的分离,固相粒度 0.005~2 mm,固相浓度 2%~40%。

9.4.3.2　上悬沉降式离心机

图 9-22 所示为上悬沉降式离心机。该机型的特点是鼓壁无孔,转鼓由上置的电动机所传动。当转鼓旋转时,固体颗粒沉于鼓壁上,液体经过鼓边而溢流至外壳与转鼓的空间地带,由底端排出。停车后依靠人工或借助重力卸除滤渣。主轴上设有锥形罩,分离操作时,此罩将鼓底卸料孔封盖,卸料时将此罩举起,即可开启卸料孔。

▶ 9.4.4　分离式离心机

9.4.4.1　碟片式离心分离机

碟片式离心分离机具有一密闭的转鼓,内有数十个至上百个形状和尺寸相同、锥角为 60°~120°的锥形碟片,碟片之间的间隙用碟片背面的狭条来控制,一般为 0.5~2.5 mm。用于液-液-固分离的碟片上开有几个对称分布的圆孔,许多的碟片叠置起来时,对应的圆孔就形成垂直的通

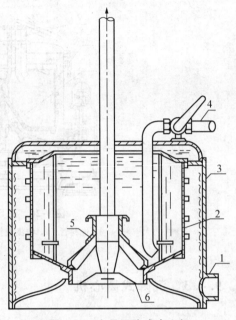

图 9-22　上悬沉降式离心机

1. 外壳　2. 滤液导出管　3. 转鼓
4. 加料管　5. 锥形罩　6. 滤渣排出口

道。当具有一定压力和流速的两种不同重度液体的混合液进入离心分离机,由于碟片组高速旋转(4 000~8 000 r/min),混合液通过碟片上圆孔形成的垂直通道进入碟片间的隙道后也高速旋转,具有了离心力。不同重度液体获得的离心沉降速度不同,重度大的液体获得的离心沉降速度大于后续液体的流速,则有向外运动的趋势,就从垂直圆孔通道在碟片间的隙道内向外运动,并连续向鼓壁沉降;重度小的液体则在后续液体的推动下被迫反方向向轴心方向流动,移动至转鼓中心的进液管周围,并连续被排出。这样,两种不同重度液体就在碟片间的隙道流动的过程中被分开(图 9-23)。

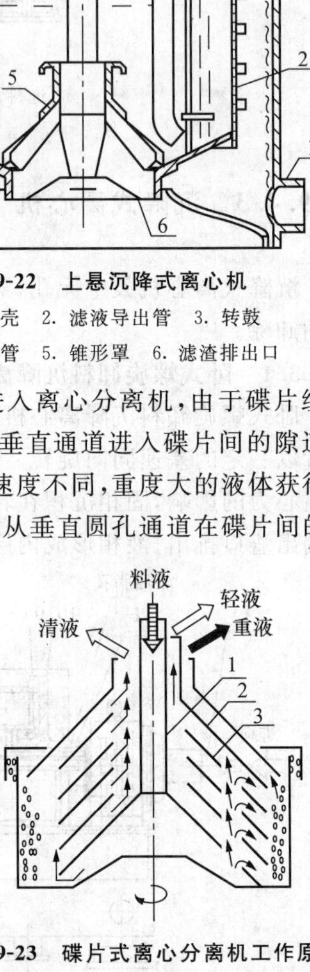

分离操作使用的碟片,如果用于澄清操作,即液-固分离,则碟片上无孔,底部的分配板将从中心套管流出的料液导向转鼓边缘,从碟片间的通道向轴心流动,固体颗粒逐渐向每一碟片下表面沉降,并在离心力作用下向碟片外缘移动,沉积在转鼓壁上,澄清液由轻液出口连续排出。

图 9-23　碟片式离心分离机工作原理

左侧:液-固分离　右侧:液-液-固分离
1. 进料管　2. 重轻液分隔板　3. 碟片

简单的碟片式离心机排渣只能间歇操作,待沉渣积累到一定厚度后,停机打开转鼓清除沉渣。因此,要求悬浮液中固体含量不超过 1% 为好,以免经常拆卸除渣。

自动除渣碟片式离心机有两种形式:喷嘴型和自动分批排渣型。

食品机械与设备

碟片式离心机用于牛奶分离时,转鼓的转速、碟片结构参数、牛奶的预热温度、牛奶清洁度、进料量的控制等因素可对分离效果产生影响。

9.4.4.2 高速管式离心机

管式离心机的转鼓直径一般为 70～160 mm,长径比 4～8,转速 8 000～50 000 r/min,在不过度增加鼓壁应力的情况下可获得很大的离心力,分离因数可达 8 000～60 000。

管式离心机主要由转鼓、机架、机头、压带轮、滑动轴承组和驱动体等部分组成(图 9-24)。管状转鼓形状狭长,壁面无通孔,竖直地支撑于一对轴承之间。转鼓及主轴以挠性连接悬挂于主轴皮带轮上,电动机装在机架上部,带动压带轮及平皮带转动而使转鼓旋转。转鼓底盖带有空心轴,与加料入口相连。转鼓内沿轴向装有十字形翅片,使进入转鼓的液体能很快达到转鼓的转动角速度。

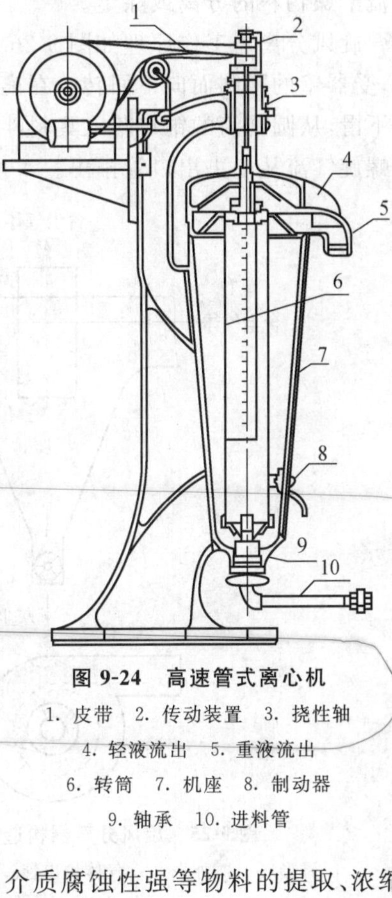

物料由底部进液口进入,离心力迫使料液沿转鼓内壁向上流动,因料液不同组分的密度差而分层。用于液-液分离时,密度大的液相形成外环,密度小的液相形成内环,由转鼓上部各自的排液口排出。用于液-固分离时,将重液出口关闭,密度较大的固体微粒向外沉积在转鼓内壁形成沉渣,可停机后人工卸出,而澄清液相由内周流动到转鼓上部的排液口引出。这类离心机分两种,一种是 GF 型,用于处理乳浊液而进行液-液分离操作,另一种是 GQ 型,用于处理悬浮液而进行液-固分离的澄清操作。用于液-液分离操作是连续的,而用于澄清操作是间歇的。

高速管式离心机主要用于生物医学、中药制备、食品加工、化工等行业。最小分离颗粒达到 1 μm,特别对于液固相密度差异小,固体颗粒粒径微细、含量低,介质腐蚀性强等物料的提取、浓缩、澄清较为适用。

图 9-24 高速管式离心机

1.皮带 2.传动装置 3.挠性轴
4.轻液流出 5.重液流出
6.转筒 7.机座 8.制动器
9.轴承 10.进料管

9.4.5 旋流分离器

旋流分离是一种高效节能的分离技术。旋流分离中,将高速流动的非均相物系切向导入圆筒形容器内,使其变为在筒内的高速旋流运动而产生惯性离心力,从而加速颗粒沉降,非均相物系在分离器内形成向下的外旋流和向上的内旋流,实现不同密度相或不同粒度颗粒的分离。

旋流分离设备结构简单紧凑,无传动部分,占地面积小,使用维护方便;物料在机器内停留时间短,生产率高;能在密闭的条件下加工,产品质量高;环境卫生和劳动条件较好;便于连续作业和生产过程的自动控制。在使用维护中应注意其管子内壁易磨损。

9.4.5.1 旋风分离器

旋风分离器(cyclone separator)主体结构(图 9-25)为上部一段圆柱筒下接一段圆锥筒，混合气进口管以切线方向与圆柱筒上部相连接，气体出口管安装于圆柱筒顶部并有部分伸入圆柱筒内，圆锥筒下部接集料斗。旋风分离器结构简单，制造方便，分离效率高，适用温度范围大，在食品工业中主要用于奶粉、蛋粉等喷雾干燥制品的回收分离，也用于气流输送和气流干燥物料的分离或除尘。

旋风分离器工作原理如图 9-26 所示。混合气以一定速度从切向进口管进入旋风分离器，受器壁的限制而向下回转。在离心力的作用下，密度较大的颗粒粉末向器壁沉降，沿器壁下滑，从圆锥筒的锥口落入集料斗，而密度较小的气流下旋到锥底附近时转变为上升的内层螺旋气流从中央出口管排出。

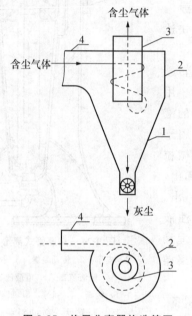

图 9-25　旋风分离器构造简图
1. 锥形底　2. 外壳　3. 气体排出管　4. 气体进入管

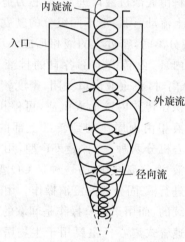

图 9-26　旋风分离器工作原理图

9.4.5.2 旋液分离器

旋液分离器(cyclone hydraulic separator)利用离心力进行湿法分离，是用于液-液、液-固分离的旋流分离设备。基本结构同旋风分离器。具有密度差的液-液或液-固混合物以一定方式及速度从入口进入旋液器后，在离心力场的作用下，密度大的相被甩向四周，并顺着壁面向下沉降，作为底流排出；密度小的相向中间迁移，形成向上的旋流，作为溢流排出。

旋液分离器在食品工业多用于淀粉加工中分离胚芽、纤维及蛋白质，也可用于洗涤淀粉和除砂等。其分级作业的分级粒度为 0.003～0.25 mm，浓缩或澄清的分级粒度小于 15 μm。

全旋流分离系统工艺流程见图 9-27。以淀粉制备为例，多个旋流器按一定工艺原理连接起来，形成一套完整、封闭的分离系统。旋流器 A～F 为前半区，主要将薯渣和汁液从马铃薯糊浆中分离出去，提高淀粉提取率；旋流器 1～9 为后半区，主要是分离蛋白质和洗涤淀粉，以提高淀粉质量。

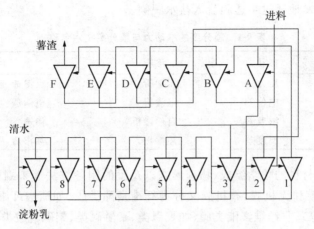

图 9-27　全旋流分离工艺流程

9.5　膜分离

▶ 9.5.1　膜分离技术的基本概念

膜分离(membrane separation)是在 20 世纪 60 年代后迅速崛起的一门分离新技术。膜分离是利用具有选择透过性能的薄膜,在外力推动下对混合物进行分离、提纯、浓缩的一种方法。这种半透膜具有使原料中的一个或几个组分比另一个或另一些组分更快地通过的特性。膜可以是固相、液相或气相。目前使用的分离膜绝大多数是固相膜,分离过程如图 9-28 所示,在此原料混合物被分离成渗余物和渗透物两部分。

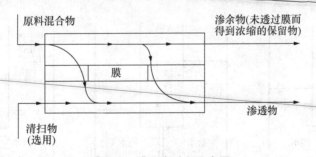

图 9-28　膜分离过程示意图

膜分离的推动力有压力和电力之分,微滤(MF)、超滤(UF)和反渗透(RO)均是利用压力。根据膜分离时所施加的外界能量的形式不同,将渗析和渗透的膜分离方法加以分类,如表 9-1 所示。渗析是利用小分子和小离子能透过半透膜,但胶体粒子不能透过半透膜的性质,从溶胶中除掉作为杂质的小分子或离子的过程。渗析时将胶体溶液置于由半透膜构成的渗析器内,器外则定期更换胶体溶液的分散介质(通常是水),即可达到纯化胶体的目的。而渗透的原理是当纯水和盐水被半透膜隔开时,半透膜只允许水通过而阻止盐通过,此时膜的纯水侧的水会自发地通过半透膜流入盐水一侧。

表 9-1　膜分离的推动力与膜分离技术名称

能量形式	推动力	渗析	渗透
力学能	压力差	压渗析	反渗透、超滤、微滤
电能	电位差	电渗析	电渗透
化学能	浓度差	自然渗析	渗透
热能	温度差	热渗析	热渗透、膜蒸馏

膜通常依据膜材料的化学组成、物理形态以及膜的制备方法等来划分。依据膜的化学组成，可分为有机膜和无机膜，有机膜又分为纤维素酯类膜（如醋酸纤维素类、硝酸纤维素类、乙基纤维素类等）、非纤维素酯类膜（如聚砜类、聚醚砜类、聚砜酰胺类、聚碳酸酯类等）两类；无机膜分为陶瓷膜、不锈钢膜等。依据膜断面的物理形态，分为对称膜、不对称膜、复合膜（通常是用两种不同的膜材料，分别制成表面性层和多孔支撑层）。依据膜的形状，分为平板膜、管式膜和中空纤维膜。

膜分离过程属于速率控制的传质过程，具有设备简单、可在室温或低温下操作、无相变、处理效率高、节能等优点，适用于反应促进过程（把化学反应或生化反应的产物连续取出，能提高反应速率或提高产品质量）及热敏性的生物工程产物的分离、浓缩与纯化。目前，膜分离在水处理、工业分离、废水处理、食品和发酵工业等方面的应用都取得了重大突破。

▶ 9.5.2　膜分离的方法和原理

9.5.2.1　反渗透的基本原理

反渗透是利用反渗透膜只能选择性透过溶剂（通常是水）的性质，对溶液施加压力以克服溶液的渗透压，使溶剂通过反渗透膜而从溶液中分离出来的过程。其原理如图 9-29 所示。

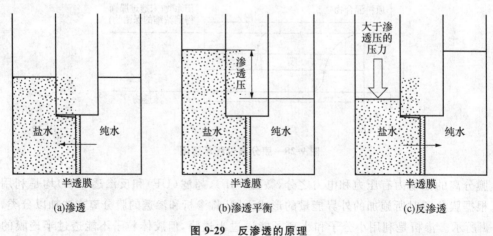

图 9-29　反渗透的原理

当纯水与溶液（如盐水）用一张能透过水的半透膜隔开时，纯水将自发地向溶液侧渗透。水分子的这种流动推动力，即是半透膜两侧水的化学势的差值，这种现象称为渗透。渗透要一直进行到溶液侧的压力高到足以使水分子不再流动为止。平衡时,此压力即为溶液的渗透压。如果往溶液侧加压,使溶液侧与纯水侧的压差大于渗透压,则溶液中的水将通过半透膜流向纯水侧,此即反渗透过程。反渗透的最大特点就是能截留绝大部分和溶剂分子大小同一数量级的溶质,而获得相当纯净的溶剂(如水)。

9.5.2.2　超滤膜的透过机理

超过滤简称超滤。它分离物质的基本原理是:被分离的溶液借助外界压力的作用,以一定的流速沿着具有一定孔径的超滤膜面流动,让溶液中的无机离子、低相对分子质量物质透过膜表面,把溶液中高分子、大分子物质如胶体、蛋白质等及细菌、微生物等截留下来,从而实现分离与浓缩的目的。超滤的原理如图 9-30 所示。

超滤与反渗透相比,其分离的物理因素要比物化因素更为重要。超滤介于反渗透与微滤之间,超滤膜在小孔径范围内与反渗透膜相重叠,在大孔径范围内与微滤膜相重叠,其孔径范围大致在 5～1 000 nm。在阐明超滤透过机理时,既应考虑到溶液中溶质粒子的大小、形状和膜孔径之间的关系,同时还应考虑到膜和溶质粒子间的相互作用。综合起来,超滤之所以能截留大分子和微粒,在于膜表面孔径机械筛分机理、膜孔阻塞的阻滞机理和膜表面及膜孔对粒子的吸附机理。由于理想的分离是筛分,因此要尽量避免吸附和阻塞的发生。

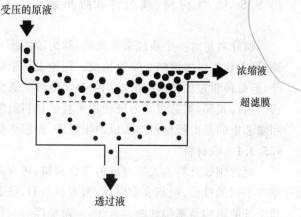

图 9-30　超滤原理示意图

超滤的用途主要有:①浓缩(乳液、动物胶、全蛋产品及胶体等的浓缩作业);②成分调整(牛奶、动物血液、淀粉、酵母、蛋白质、葡萄糖、氨基酸等产品的成分调整);③澄清(果汁、葡萄糖、醋等澄清成品的获得);④污染控制(油脂、乳剂、漂白污水、色料废液、纯化后的废液等的过滤)。

9.5.2.3　电渗析的原理与应用

通常所称的电渗析是指使用具有选择透过性能的离子交换膜,在直流电场作用下,溶液中的离子有选择地透过离子交换膜所进行的定向迁移过程,如图 9-31 所示。离子交换膜是由高分子物质构成的薄膜,可以理解为薄膜状的离子交换树脂。离子交换膜按解离子的电荷性质,可分成阳离子交换膜(简称阳膜)和阴离子交换膜(简称阴膜)两种。在电解质溶液中,阳膜允许阳离子透过而排斥阻挡阴离子,阴膜允许阴离子透过而排斥阻挡阳离子,这就是离子交换膜的选择透过性。

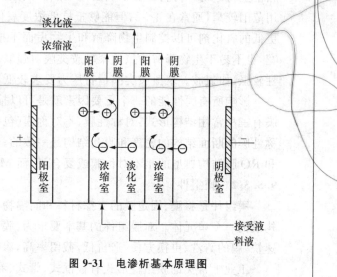

图 9-31　电渗析基本原理图

在电渗析操作单元中,在阳极和阴极之间,阳膜和阴膜交替排列,在相邻的阳膜和阴膜之间形成隔室。通直流电之后,水溶液中离子定向迁移。溶液中阴离子可以在小隔室穿过阴膜,阳离子穿过阳膜。这样在相邻的两个隔室里分别进行浓缩和稀释,分别冲洗电极就可避免产生气体。如果膜是致密的,电中性物质仍然留在原来的小隔室的溶液里。由于已研制出多价离子与单价离子的选择透过膜,因此,电渗析还可分离单价离子与多价离子物质。

电渗析主要用于咸水淡化,也用于其他方面,如将牛奶除盐使接近人乳,从海带浸泡液中回收甘露醇,用于糖液精制、葡萄糖精制、酒及果汁的精制,氨基酸的分离与精制及溶菌酶、淀粉酶、肽、维生素 C、甘油、血清的提纯等。

▶ 9.5.3 膜材料、膜组件和膜系统

膜分离是由一个系统来完成的,称为膜系统。通常膜系统又是由膜组件、液料的传输系统、压力和流量的控制系统等构成。理论上一个膜过滤系统可以采用多种不同类型的膜组件,但每种膜过滤技术一般都用一种膜组件。通常超滤和微滤用中空纤维膜,而纳滤和反渗透使用卷式膜,滤芯过滤系统使用平板膜材料组装成一个筒式过滤器。中空纤维膜、卷式膜和滤芯指的是由膜材料加工成的膜组件,而膜组件的核心是膜材料。

9.5.3.1 膜材料

通常制膜材料为人工合成的聚合材料,还有陶瓷、金属或其他类型的膜。因为每种材料都有不同的性质,包括表面电荷、憎水性、pH、抗氧化性、强度和柔韧性等,所以膜材料对过滤系统的影响是基础性的。首先,应避免能够与物料产生化学反应的膜材料;其次膜的机械强度要高,以承受较高的跨膜压差(TMP),从而有较高的运行通量;还有膜的截留性能好和抗污性能强等。膜材料的性能、价格各不相同,用户可根据不同需要选用。

微滤(MF)和超滤(UF)的制膜材料非常广泛,包括醋酸纤维(CA)、聚偏氟乙烯(PVDF)、聚丙烯腈(PAN)、聚丙烯(PP)、聚砜(PS)、聚醚砜(PES)或其他聚合物。纳滤(NF)和反渗透(RO)的制膜材料主要是醋酸纤维类或聚酰胺类材料,以及醋酸纤维或聚酰胺衍生物。每种材料都有不同的优缺点。醋酸纤维类膜的抗生化降解性较差,对 pH 的使用范围较窄,通常在 4~8,但能够抵抗低浓度氧化剂的连续暴露,一般来说,0.5 mg/L 或者更低的氧化剂可以控制生物降解和生物垢而不损伤膜。相反,聚酰胺类膜使用 pH 范围较宽,也不易于生物降解。虽然聚酰胺类膜对强氧化剂的耐受性很差,但是对弱氧化剂的适应性较强,如氯胺。聚酰胺类膜运行压力要求较低,现在是纳滤膜和反渗透膜的主流材料。

影响所有膜性能的一个重要因素就是可以描述膜横断面均匀水平质量的膜壁对称性。膜有三种常用结构形式:对称性膜、不对称膜(包括表皮层和密度梯度变化层)和复合膜。对称性膜的断面结构的密度和膜孔结构是一致的;非对称膜在横断面上的密度是变化的。NF和 RO 膜结构典型的是不对称膜或复合膜,而 MF 和 UF 膜可以是对称膜或不对称膜。

9.5.3.2 膜组件

膜组件是将膜、固定膜的支撑材料和间隔物或管式外壳等通过一定方式的联合或组装构成的一个单元体。对膜组件的基本要求为:膜的装填密度高,膜表面的溶液分布均匀、流速快,膜的清洗、更换方便,造价低,截留率高,渗透速率大等。

工业上常见的膜组件形式有板框式、管式、卷式、中空纤维式、普通筒式及折叠筒式等。

板框式、卷式膜组件均使用平板膜。板框式膜组件又可细分为圆形板式和长方形板式等,根据具体需要,还可以组装成旋转式、振动式等动态或静态装置。管式膜、中空纤维膜和毛细管式膜组件均使用管式膜。管式膜分为内压式和外压式两种。根据操作方式又可分为高位静压过滤、减压过滤和加压过滤。

1. 平板式膜及其膜组件

平板式膜组件要组装不同数量的膜,原理如图 9-32(b)所示。由于隔板 1 的存在,原液流通截面积较大,使用时不易堵塞,因而对原液的预处理要求相对较低,压力损失较小,原液的流速可高达 $1\sim5$ m/s。为了提高流体的湍流速度,减少浓差极化现象,隔板被设计成各种形状的凸凹波纹。常用平板式膜有板框式膜组件、卷式膜组件等。

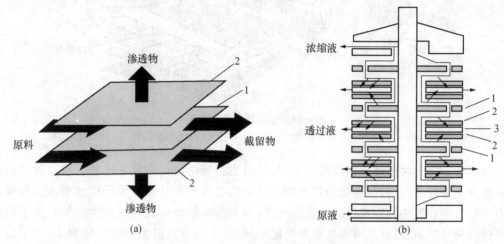

图 9-32 平板式膜分离装置结构原理图
1. 隔板 2. 膜 3. 支撑板

(1)板框式膜组件 板框式膜组件是最早使用的一种膜组件,使用平板式膜,这类膜组件的结构与常用的板框压滤机类似,由导流板、膜、支撑板交替重叠组成(图 9-33)。其中支撑板相当于过滤板,它的两侧表面有窄缝。其内腔有供透过液通过的通道,支撑板的表面与膜相贴,对膜起支撑作用。导流板相当于滤框,但与板框压滤机不同,由导流板导流流过膜面,透过液通过膜,经支撑板面上的窄缝流入支撑板的内腔,然后从支撑板外侧的出口流出。料液沿导流板上的流道与孔道一层层往上流,从膜组件上部的出口流出,即为浓缩液。导流板面上设有不同形状的流道,以使料液在膜面上流动时保持一定的流速与湍动,没有死角,减少浓差极化和防止微粒、胶体等的沉积。

板框式膜组件的优点是组装方便,膜的清洗更换比较容易,料液流通截面较大,不易堵塞,同一设备可视生产需要而组装不同数量的膜。但其缺点是需密封的边界线长,为保证膜两侧的密封,对板框及起密封作用的部件的加工精度要求高。每块板上料液的流程短,通过板面一次的透过液相对量少,所以为了使料液达到一定的

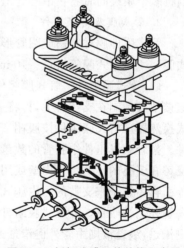

图 9-33 板框式膜组件结构示意图

浓缩度,需经过板面多次,或者料液需多次循环。

（2）螺旋卷式膜组件 螺旋卷式膜组件是平板膜的另一种使用形式,主要是由中间多孔支撑材料、膜及渗透物侧间隔器的三个边被密封而黏结成膜袋状,另一个开放边与一根多孔中心产品收集管密封连接,在膜袋外部的原料侧再垫一层网眼型间隔材料,即把膜-多孔支撑体-膜-原料侧间隔材料依次叠合,绕中心产品收集管紧密地卷起来形成一个膜卷,再装进圆柱形压力容器内,就成为一个卷式组件(图9-34)。

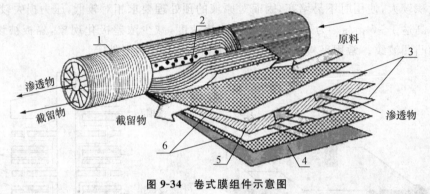

图 9-34 卷式膜组件示意图
1. 膜组件外壳 2. 中央渗透物管 3. 膜 4. 外壳 5. 多孔渗透物侧间隔器 6. 膜原料侧间隔器

间隔器5介于两张膜原料侧皮层之间,同时也起到湍流促进器的作用。通过改变料液和渗透液流动通道的形式,这类膜组件的内部结构也可被设计成多种不同的形式。原料液沿着平行于中心管的轴向流过圆柱状膜组件,而渗透液沿径向旋转流向中心管。为了减少膜组件的持液空间,料液通道高度应尽可能小,但由此会导致沿流道的压降增大;为了减少透过侧的压降,膜袋不宜太长。由于狭窄的流道与料液通道网的存在,料液中的微粒或悬浮物会导致膜组件流道的阻塞,因而必须对料液进行预处理。当需要增加膜组件的面积时,可以将多个膜袋同时卷在中心管上,这样形成的单元可多个串联于一压力容器内。

2. 管式膜及其膜组件

管式膜即膜材料制成圆管形式,其壁上布满微孔。管式、中空纤维式和毛细管式都属管式膜。一般管式膜管直径>10 mm,毛细管式0.5~10.0 mm,中空纤维式<0.5 mm。

（1）管式膜组件 管式膜组件(图9-35)的膜和支撑体均制成管状,二者装在一起,或者直接把膜刮制在支撑管上,再将一定数量的管以一定方式连成一体而组成,其外形类似列管式换热器。管式膜组件按膜附着在支撑管的内侧或外侧而分为内压管式和外压管式膜组件。按管式膜组件中膜管的数量又可分为单管式和列管式两种。内压式膜组件的膜被直接浇铸在多孔的不锈钢管内壁或用玻璃纤维增强的塑料管内,也有的将膜先浇铸在多孔纸上,外面再用管子来支持的。内压式膜组件工作时,加压的料液流从管内流过,通过膜的渗透液在管外侧被收集。外压式膜组件的膜则被浇铸在多孔支撑管外侧面,加压的料液流从管外侧流过,渗透液则由管外侧渗透通过膜进入多孔支撑管内。无论是内压式还是外压式,都可以根据需要设计成串联或并联装置。

管式膜装置的优点是对料液的预处理要求不高,可用于处理高浓度悬浮液。料液流速可以在很宽范围内进行调节,流速易控制,适当控制流速可防止或减少浓差极化;安装、拆卸、换膜和维修均较方便。由于支撑管的管径相对较大(一般在0.6~2.5 cm),所以能处理

食品机械与设备

含悬浮团体的溶液,不易堵塞。膜面上生成污垢时,不需要将组件或装置拆开,可以很方便地进行清洗。其缺点是投资和操作费用都相当高,同时单位体积内的装填密度较低,管口的密封也较困难。

目前,商品化的无机膜组件多采用管式,包括单管、管束型及多通道式(蜂窝型)等形式。多通道蜂窝型结构是单管和管束型结构的改进,每支蜂窝型管膜元件的流道数可以为7个、19个及37个不等。这种多通道结构膜组件,具有单位体积内膜面积装填密度大、组件强度较高、设备紧凑、更换成本低、可在高温下连续运行等优点,在生产、安装、清洗、灭菌、维修等方面也比较方便,更适合于组装成各种用途的分离装置和膜反应器。

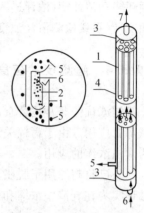

图 9-35　内压管束式膜组件

1. 玻璃纤维管　2. 反渗透膜
3. 末端配件　4. PVC 淡化
水搜集外套　5. 淡化水
6. 供给水　7. 浓缩水

(2)中空纤维膜组件　又称多孔中空纤维膜,纤维外径为 $50\sim200\ \mu m$,内径为 $25\sim42\ \mu m$,其特点是非对称膜结构,具有较高强度和刚度的自支撑作用,可承受约 6 MPa 的静压力。中空纤维壁上具有纳米至微米级微孔。组装时几十万至数百万根以上中空纤维如图 9-36 中那样弯成 U 形(或将众多中空纤维与中心进料管捆在一起,两端均用环氧树脂密封固定)而装入耐压容器内,纤维膜的开口端密封在管板中。

纤维束的中心处安置一个原料分配管,使原料径向流过纤维束。料液进入中心进料管,并经其上微孔均匀分配,透过液进入中空纤维管内从左端流出,浓缩液从中空纤维间隙流出后,沿纤维束与外壳间的环隙从右端流出。这类膜组件的特点是设备紧凑,单位设备体积内的膜面积大($16\,000\sim30\,000\ m^2/m^3$)。因中空纤维内径小,阻力大,易堵塞,所以料液走管间,渗透液走管内,透过液侧流动损失大,压降可达数个大气压,膜污染难以除去,因此对料液处理要求高。毛细管膜组件与中空纤维膜组件的形式相同,其差异仅在于膜的规格不同。

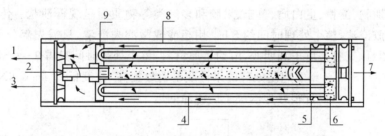

图 9-36　Dupont B-9 中空纤维膜组件剖面图(Dupont 公司)

1. 透过液　2. 进料　3. 取样　4. 中空纤维膜　5. 环氧树脂管板
6. 多孔支撑板　7. 浓缩液　8. 外壳　9. 环氧树脂块

9.5.3.3　膜系统

通常通过膜组件的不同配置方式来满足不同分离要求。把不同的膜组件及其他附属设备组合在一起形成一个完整的操作单元,这个操作单元称为膜系统。膜系统首先必须保证分离的要求,其次是膜元件的使用寿命长且各部位匹配。膜系统一般主要包括以下几部分(以用于果汁清汁生产的膜系统为例):①循环泵(使循环罐的果汁以一定的速度进入系统);

②膜组件(通常采用管式膜组件,视过滤面积不同,一般有 80～120 个);③程(passes,通常每个程由 12～16 个膜组件串联而成,一般系统包括 5～8 个程);④冷却器(外形结构与膜组件相似,安装在每个程,用以控制循环果汁的温度);⑤温度和压力控制;⑥清汁(透过液)泵;⑦循环罐和清汁罐(浓汁进入循环罐,清汁进入清汁罐,清汁罐同时兼 CIP 清洗液循环罐);⑧浊度计(在线检测清汁浊度);⑨控制柜。

9.5.4 超滤技术在食品工业中的应用

膜过滤优势非常适合食品行业,所以应用越来越广泛。在微滤、超滤、纳滤和反渗透等领域都有应用。由于篇幅关系,本章仅介绍超滤在食品工业的应用,而将反渗透放在下一章作为常温浓缩的应用。

国外已将超滤用于脱脂乳的浓缩,可制取含蛋白质高达 50%～80% 的脱脂浓乳。超滤已被证实为在乳清中浓缩和回收蛋白质的有效方法,图 9-37 所示为乳清的超滤。

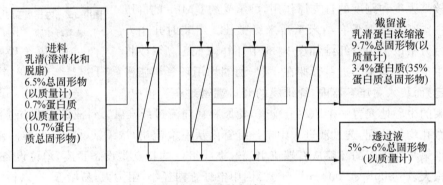

图 9-37　乳清的超滤

图 9-38 所示为苹果汁膜分离工艺。新鲜的苹果汁由于含有固体悬浮物、无定形沉淀物、微生物代谢物、淀粉、蛋白质、单宁、果胶和多酚类等物质而呈现浑浊状。传统方法采用酶、皂土和明胶澄清,整个处理时间约 8 h。用超滤或微滤来澄清,只需先部分脱除果胶,既减少了酶的用量,又省去皂土和明胶,节约了原材料,整个处理时间只需 3～4 h,同时果汁回收率提高到 98%～99%。经超滤处理的果汁质量明显提高,浊度仅 0.4～0.6NTU(传统工艺为 1.5～3.0NTU),而且很好地解决了后浑浊问题。

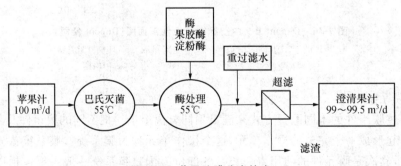

图 9-38　苹果汁膜分离技术

随着膜技术的不断发展和工程师对膜技术越来越熟悉，为了获得最佳的效益，人们越来越多地将几种膜分离过程组合起来用，或者将膜分离与其他分离方法结合起来用，将不同的分离技术分别用在最合适的条件下，发挥其最大效率，组成最合理的工艺流程，一般称为集成膜分离过程或组合膜分离过程。例如：MF＋UF＋RO；膜蒸馏：膜技术与蒸发过程结合的膜分离过程；膜萃取：膜分离与液-液萃取技术相结合的膜分离过程；亲和膜分离：膜分离与色谱技术相结合的新型膜分离过程；膜吸收：将膜与普通吸收/解吸相结合的一种膜分离过程；膜分离与离子交换法相结合；膜反应器：膜分离与反应过程相结合的膜反应器等。这是一种值得留意的集成创新。

9.6　分子蒸馏

分子蒸馏(molecular distillation)技术是一种特殊的液-液分离技术，它产生于 20 世纪 20 年代，是伴随着真空技术及真空蒸馏技术的发展而发展的。目前，它已成为分离技术中的一个重要分支。

分子蒸馏技术的原理不同于常规蒸馏，它突破了常规蒸馏靠沸点差分离物质的原理，而是依靠不同物质分子运动平均自由程(一个分子在相邻两次分子碰撞之间所经过的路程称为分子运动自由程，平均自由程是指在某时间间隔内自由程的平均值)的差别实现物质的分离，因此，它具有常规蒸馏不可比拟的优点，如蒸馏压力低、受热时间短、操作温度低和分离程度高等。

◉ **9.6.1　分子蒸馏的原理**

根据分子运动理论，液体混合物受热后分子运动加剧。当接受到足够的能量时，就会从液面逸出成为气体分子。随着液面上方气体分子的增加，有一部分气体分子就会返回液体。在外界条件如温度、压力等保持恒定的情况下，分子运动最终会达到动态平衡，即尽管不断仍有液体分子从液面逸出和气体分子返回液面，但它们的数值是相等的，从宏观上来看达到了平衡。此外，根据分子平均自由程公式(9-2)可知，不同种类的分子，由于其分子有效直径不同，平均自由程也不相同，也就是说不同种类的分子逸出液面后自由飞行距离是不相同的。分子蒸馏技术的分离作用就是利用不同种类液体分子受热从液面逸出后其平均自由程不同这一性质来实现的。轻分子的平均自由程大，重分子的平均自由程小，若在离液面小于轻分子平均自由程而大于重分子平均自由程处设置一冷凝面，使得轻分子落在冷凝面上被冷凝，从而破坏了轻分子的动态平衡，使得轻分子继续不断逸出，而重分子因达不到冷凝面，很快趋于动态平衡，从而将混合物分离。由于轻分子只走很短的距离就被冷凝，所以分子蒸馏也称短程蒸馏(short path distillation)。

分子平均自由程公式：

$$\lambda_m = \frac{kT}{\pi d^2 p \sqrt{2}} \tag{9-2}$$

式中：λ_m 为分子平均自由程；d 为分子有效直径；p 为分子所处空间压力；T 为分子所处环境温度；k 为波尔兹曼常数。

9.6.2　分子蒸馏设备的应用特性

9.6.2.1　分子蒸馏设备的优点

（1）操作温度低　常规蒸馏法需在沸腾状态下操作，而分子蒸馏中混合物的分离是由于受热分子逸出液面的结果，并不需要达到沸点。所以分子蒸馏是在远低于沸点的温度下进行操作的。

（2）蒸馏压强低　由于分子蒸馏装置独特的结构形式，其内部压强极小，可获得很高的真空度。常规真空蒸馏装置一般真空度仅达 5 kPa，而分子蒸馏真空度可达 0.1～100 Pa。所以后者使得蒸馏温度大幅度降低，有效地避免和减少了对物料的热损伤。

（3）物料受热时间短　分子蒸馏装置中加热面与冷凝面的间距小于轻分子的平均自由程，液面逸出的轻分子几乎未经碰撞就到达冷凝面，所以受热时间很短，被分离物质可避免热损伤。

（4）无鼓泡现象　常规蒸馏有鼓泡、沸腾现象，而分子蒸馏是在极高的真空度下进行的液层表面上的自由蒸发，由于液体中缺乏溶解的空气，因此在蒸馏过程中不能使整个液体沸腾，没有鼓泡现象。

（5）分离程度及产品收率高　分子蒸馏的分离程度更高，常用来分离常规蒸馏难以分离的物质。分子蒸馏的挥发度一般用下式表示：

$$\alpha_\tau = \frac{p_1}{p_2} \sqrt{\frac{M_2}{M_1}} \tag{9-3}$$

式中：M_1 为轻组分相对分子质量；M_2 为重组分相对分子质量；p_1 为轻组分饱和蒸气压，Pa；p_2 为重组分饱和蒸气压，Pa；α_τ 为相对挥发度。

而常规蒸馏的相对挥发度为：

$$\alpha = \frac{p_1}{p_2} \tag{9-4}$$

通过对比式(9-3)、式(9-4)可以看出，由于 $\sqrt{M_2/M_1}$ 项中 $M_2 > M_1$，因此 $\sqrt{M_2/M_1} > 1$，即 $\alpha_\tau > \alpha$。

这就表明分子蒸馏较常规蒸馏更易分离物质，且组分分子质量的差别越大，则分离程度越高。另外，在分子蒸馏分离过程中，由于液膜很薄，加之在非平衡状态下操作，所以传热、传质阻力的影响较常规蒸馏小得多，其分离的效率远远高于常规蒸馏。

由于分子蒸馏具有上述优点，所以特别适合一些高沸点、热敏性及易氧化物料的分离提纯。它不仅可以避免或减少常规蒸馏操作由于温度高、受热时间长所造成的物料组分分解或聚合的现象发生，而且还可以提高产品收率、分离程度及分离效率等。

9.6.2.2 影响分子蒸馏的因素

影响分子蒸馏的因素主要有温度、真空度、分子的有效直径及投料速率,其中根据分子运动自由程的分布规律方程可知,前三项又是影响分子运动平均自由程的主要因素。所以在物料一定的情况下,分子蒸馏主要受温度、压力及投料速率的影响。

1. 温度的影响

当压力和投料速率一定时,一定物质的分子运动平均自由程随温度的增加而增加,蒸馏速度则随着平均自由程的增加而加快。

2. 压力的影响

当温度和投料速率一定时,平均自由程与压力成反比,压力越小(真空度越小),平均自由程越大,即分子间碰撞机会越少,即在一定条件下,蒸馏速度随真空度的下降而加快。

3. 投料速率的影响

当温度和压力固定不变时,投料速率的变化直接影响物料的分离效果,因为随着投料速率的增大,分子蒸馏器内的液膜厚度随之增加,物料的成分还未得到充分分离即被排出。

9.6.3 分子蒸馏设备

分子蒸馏过程包括脱气、预热、蒸馏和冷却等环节,分子蒸馏技术的核心是分子蒸馏设备,分子蒸馏设备的关键是高真空度的产生和膜的形成过程。

9.6.3.1 泵的组合

分子蒸馏过程中常用的真空泵类型有液环真空泵、旋片真空泵、蒸汽喷射泵、罗茨泵及扩散泵等。在选用真空泵时,根据工艺对真空度的要求,可采用单个或多个泵的组合。泵的组合及其达到的真空度如图 9-39 所示。

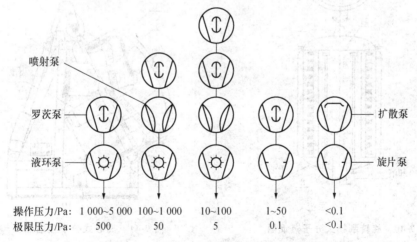

图 9-39 泵的组合及其达到的真空度范围

9.6.3.2 膜的形成

分子蒸馏设备的开发多围绕膜的形成方式的不同而进行,目前分子蒸馏设备的种类很多,应用较广的为旋转刮膜式(又称降膜式)和机械离心式。这两种形式的分子蒸馏设备也在不断改进和完善,特别是针对不同的物料,其装置结构和配套设备也有不同的特点。

1. 旋转刮膜式

图 9-40 为旋转刮膜式(又称降膜式)分子蒸馏器的一种形式。这种分离器在自由降膜的基础上增加了刮膜装置。混合液沿进料口进入,经旋转气液分离器(或导向盘)将液体均匀分布在塔壁上,在塔壁上形成薄而均匀的液膜,大大减少了液膜的传热、传质阻力,提高了蒸发速率,相应地提高了分离效率。液膜的厚度一般可达到 0.1～0.5 mm,物料停留时间 5～15 s。旋转刮膜式分子蒸馏器的关键技术是高真空下的动密封问题,目前,随着相关技术的不断发展,该类型分子蒸馏器已发展得比较成熟,加之其具有结构简单、加工制造容易、操作参数容易控制、维修方便、相应的投资较低及应用面广等优点,已成为工业化应用最为广泛的形式。

2. 机械离心式

图 9-41 为一种离心式分子蒸馏器的示意图。物料送至高速旋转的转盘中央,并在旋转面扩展形成薄膜,同时加热蒸发,使之在对面的冷凝面中凝缩。离心式分子蒸馏器的最大特点是蒸发面与冷凝面间距可调,即可以随分离物系的不同(分子运动自由程不同)进行板间距调节,增加了适用性。另外,由于该装置靠离心力形成液膜,液膜分布均匀,而且很薄,效率很高,物料在加热面上的停留时间很短,发生分解或聚合的危险性极少,其停留时间 0.05～1.5 s,薄膜厚度 0.01～0.1 mm,特别适用于对热极其敏感的物料。不足之处是它的结构比较复杂,有较高速度的运转结构,需要高真空密封技术,维修较难,投资相对较大。

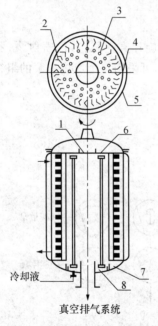

图 9-40　旋转刮膜式分子蒸馏器

1. 供给液　2. 旋转气液分离器
3. 冷凝器(多管或盘管)　4. 旋转刷
5. 加热夹套　6. 溶液旋转分散器
7. 残留液　8. 馏出物

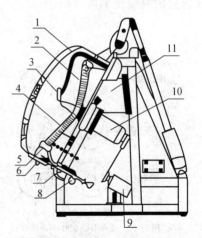

图 9-41　离心式分子蒸馏器

1. 加热器　2. 蒸发器　3. 冷凝器　4. 进料管
5. 残液收集槽　6. 蒸馏液　7. 蒸馏液出口
8. 残液出口　9. 驱动电动机
10. 密封轴承　11. 真空泵

图 9-42 为美国 CVC 公司生产的 LAB-3 型离心式分子蒸馏器工作流程图。原料贮罐 1

中的物料由针形阀 2 控制速度,均匀进入蒸发室转盘(蒸发面)3 的中心。转盘的转速为 1 400 r/min,并预热到所要求的温度。物料在转盘上因离心力的作用形成厚度 0.01～0.02 mm 的薄膜,其中沸点较低的组分因受热和高真空的作用迅速蒸发,并在与转盘 3 平行的冷凝面 4 上冷凝,进入馏出物收集罐 5,沸点较高的组分则进入残留物收集罐 6。

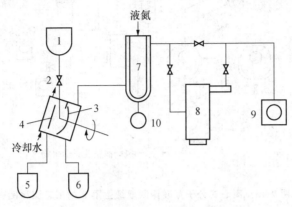

图 9-42　离心式分子蒸馏器工作流程图

1. 原料贮罐　2. 针形阀　3. 转盘(蒸发面)　4. 冷凝面　5. 馏出物收集罐
6. 残留物收集罐　7. 冷阱　8. 扩散泵　9. 真空泵　10. 收集瓶

9.6.4　分子蒸馏的应用

分子蒸馏技术是一种温和的蒸馏分离手段,克服了常规蒸馏操作的缺点,在工业化应用中具有独特的、多方面的优越性,具有广阔的应用前景。目前工业化应用的品种已达百余种,从实验室到工业化生产规模的分子蒸馏系列装置(处理量从 1 L/h 到 1 000 L/h)已基本能够满足应用的需要。

1. 脱臭、脱酸、脱溶及脱单体

许多工业产品中存在气味不纯正、溶剂或杂质(单体)残存的问题。这类问题可通过分子蒸馏技术来解决。分子蒸馏技术可有效地脱除热敏性物质中的轻分子物质,提高产品质量。目前成功应用的案例有产品脱臭(如香精香料脱臭、大蒜油脱臭、姜油脱臭、油脂脱臭等)、脱酸(鱼油甘三酯脱酸、小麦胚芽油脱酸、米糠油脱酸、椰子油脱酸、大豆油脱酸等)、脱溶(如辣椒红色素脱溶剂)及脱单体(如酚醛树脂中单体酚的脱除)等方面。图 9-43 为从油脂精炼脱臭馏出物中分离维生素 E 的离心式分子蒸馏系统。

2. 脱杂质及颜色

产品中的杂质除轻分子物质外,还有重分子物质。一般来说,产品色泽多为重分子物质所致。分子蒸馏可被用作有效的脱色及提纯手段,使产品纯度更高,色泽更好。

3. 分离产品与催化剂

在许多合成反应中,催化剂与产品需要分离开来。一方面是产品质量的要求,另一方面是一些价值昂贵的催化剂必须循环使用。对于热敏性物质与催化剂来说,采用分子蒸馏技术不仅可以保证高质量的产品,同时也保护了可循环利用的催化剂活性。

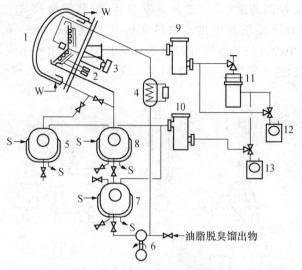

图 9-43　离心式分子蒸馏器制取维生素 E 的工艺流程图

1. 离心式分子蒸馏器主体　2. 加热器　3. 轴封装置　4. 预热器

5. 馏出罐　6. 进料泵　7. 原料罐　8. 残渣罐　9、10. 冷阱

11. 油扩散泵　12、13. 油旋转泵　W. 冷却　S. 蒸汽

9.7　萃取设备

溶剂与物料充分接触,将物料中的组分溶出使之与物料分离的过程,称为萃取(extraction)。萃取操作中的物料是固体时,称为固-液萃取;用液体溶剂萃取与之不互溶的液体中的组分,称为液-液萃取;用超临界流体作为萃取溶剂分离物料中的组分,则称为超临界流体萃取(supercritical fluid extraction)。在萃取操作中,还可利用超声波、微波等辅助手段。

▶ 9.7.1　溶剂萃取设备

根据物料和溶剂接触和流动方向,可将溶剂萃取设备分为单级萃取设备和多级萃取设备。单级萃取设备组成简单,操作方便;多级萃取设备(错流接触、逆流接触)分离效率高、产品回收率高,溶剂消耗量少,在工业生产中广泛采用,混合澄清器、筛板萃取塔、填料萃取塔等都属于多级萃取设备。

根据操作方式,可将溶剂萃取设备分为间歇萃取设备和连续萃取设备。

根据分离物料的不同,可将溶剂萃取设备分为液-液萃取设备和液-固萃取设备。

9.7.1.1　液-液萃取设备

液-液萃取设备按照两相接触的方式不同,可分为逐级式和微分式两类。图 9-44 所示为常用的液-液萃取设备。在逐级接触式设备中,每一级均进行两相的混合与分离,故两液相的组成在级间发生阶跃式变化;而在微分接触式设备中,两相逆流连续接触传质,两液相的组成则发生连续变化。

1. 混合澄清器

混合澄清器是使用最早，目前仍广泛应用的一种萃取设备，由混合器与澄清器组成。在混合器中，原料液与萃取剂借助搅拌装置的作用使其中一相破碎成液滴而分散于另一相中，以加大相际接触面积并提高传质速率。两相分散体系在混合器内停留一定时间后，流入澄清器。在澄清器中，轻、重两相依靠密度差进行重力沉降（或升浮），并在界面张力的作用下凝聚分层，形成萃取相和萃余相。混合澄清器可以单级使用，也可以多级串联使用。

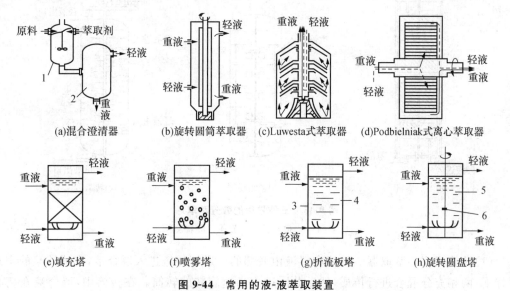

图9-44 常用的液-液萃取装置
1. 混合器 2. 沉降器 3. 圆环 4. 圆盘 5. 导叶 6. 转盘

混合澄清器具有如下优点：①处理量大，传质效率高，一般单级效率可达80%以上；②两液相流量比范围大，流量比达到1/10时仍能正常操作；③设备结构简单，易于放大，操作方便，运转稳定可靠，适应性强；④易实现多级连续操作，便于调节级数。

混合澄清器的缺点是水平排列的设备占地面积大，溶剂储量大，每级内都设有搅拌装置，液体在级间流动需输送泵，设备费和操作费都较高。

2. 萃取塔

微分萃取设备主要是一个萃取塔，通常将高径比较大的萃取装置统称为塔式萃取设备，简称萃取塔。为了获得满意的萃取效果，萃取塔应具有分散装置，以提供两相间良好的接触条件；同时，塔顶、塔底均应有足够的分离空间，以便两相的分层。两相混合和分散所采用的措施不同，萃取塔的结构形式也多种多样，其分类为：①喷洒塔；②填料萃取塔；③筛板萃取塔；④脉冲筛板塔；⑤往复筛板萃取塔；⑥转盘萃取塔（RDC塔）。

图9-45为常见的三种萃取塔的结构示意图。对于填料萃取塔，宜选用不易被分散相润湿的填料，使分散相更好地分散成液滴，有利于和连续相接触传质。搅拌器的作用是使轻液、重液两相在每层丝网之间更均匀地分散。转盘萃取塔因为转盘的搅拌增大了两相传质面积，使萃取过程得到强化，其分离效率与转盘转速、直径及隔板的几何尺寸等结构参数有关。

3. 离心萃取器

离心萃取器是利用离心力的作用使两相快速混合、分离的萃取装置。离心萃取器的类型较多,在逐级接触式萃取器中,两相的作用过程与混合澄清器类似。而在微分接触式萃取器中,两相接触方式则与连续逆流萃取塔类似。离心萃取器的优点是结构紧凑,生产强度高,物料停留时间短,分离效果好,特别适用于两相密度差小、易乳化、难分相及要求接触时间短、处理量小的场合。缺点是结构复杂、制造困难、操作费高。

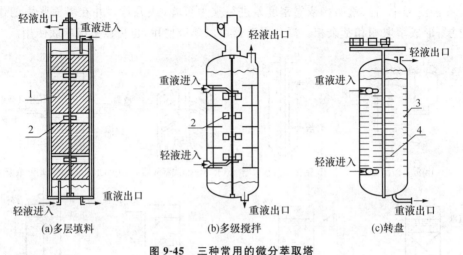

图 9-45 三种常用的微分萃取塔
1. 丝网 2. 搅拌器 3. 静环 4. 转动环

(1)转筒式离心萃取器 重液和轻液由底部的三通管并流进入混合室,在搅拌桨的剧烈搅拌下,两相充分混合进行传质,然后共同进入高速旋转的转筒。在转筒中,混合液在离心力的作用下,重相被甩向转鼓外缘,而轻相则被挤向转鼓的中心,两相分别经轻、重堰流至相应的收集室,并经各自的排出口排出。转筒式离心萃取器结构简单,效率高,易于控制,运行可靠。

(2)芦威(Luwesta)式离心萃取器 芦威式离心萃取器简称 LUWE 离心萃取器,是立式逐级接触式离心萃取器的一种。其主体是固定在壳体上并随之作高速旋转的环形盘。壳体中央有固定不动的垂直空心轴,轴上也装有圆形盘,盘上开有若干个喷出孔。

(3)波德(Podbielniak)式离心萃取器 亦称离心薄膜萃取器,简称 POD 离心萃取器,是一种微接触式的萃取设备,波德式离心萃取器由一水平转轴、随其高速旋转的圆形转鼓以及固定的外壳组成。

9.7.1.2 固-液萃取设备

固-液萃取起源于欧洲的油脂浸出制油技术,从 1856 年法国人迪斯(Diss)浸出试验研究开始至今,浸出器的结构和制造技术日趋完善。固-液萃取设备按照操作方式有间歇式、多级逆流式和连续式;按照固体物料的处理方法有固定床式、移动床式和分散接触式;按照溶剂和固体物料接触的方式有多级接触式和微分接触式。

1. 单级间歇式浸出器

图 9-46(a)是一种简单的浸出器,图 9-46(b)是溶剂可循环浸出器。固体物料在 A 处完成浸出操作后,浸出液经滤板流至 B 处,由加热器加热,其中溶剂蒸发,上行至冷凝器经冷凝后循环使用。反复几次后,最后以蒸汽进行喷淋直接排代溶剂,得到残渣,浸出液蒸发溶剂后可得到浸出物。

2. 多级逆流式浸出器

单罐间歇萃取存在诸多不足,多级逆流式浸出工艺流程在工业生产中应用广泛。一般由6个浸出罐组合而成,罐体结构见图9-47,其浸出流程见图9-48。

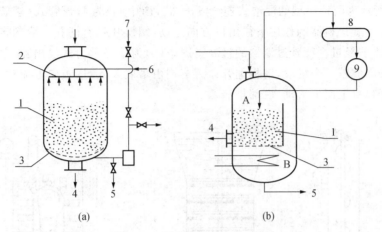

(a)　　　　　　(b)

图 9-46　单级间歇式浸出设备

1. 原料　2. 溶剂分配器　3. 滤板　4. 滤渣　5. 浸出物
6. 溶剂入口　7. 洗液入口　8. 冷凝器　9. 溶剂槽

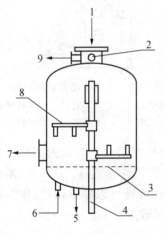

图 9-47　浸出罐

1. 原料进口　2. 溶剂进口　3. 滤板
4. 转轴　5. 浸出液　6. 蒸汽进口
7. 残渣　8. 搅拌器　9. 蒸汽出口

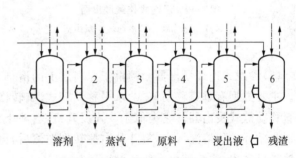

图 9-48　多级逆流式浸出流程图

── 溶剂　--- 蒸汽　══ 原料　─·─ 浸出液　◁ 残渣

图9-48中各罐操作的起始状态为:1、2、3罐(浸出操作);4罐(加料操作);5罐(排渣操作);6罐(通蒸汽除去溶剂)。

先将溶剂泵进1罐进行浸出,1、2、3罐组成一组浸出系列,浸出液逐步进入2罐、3罐,由3罐流出的浸出液浓度较高,送往蒸发塔回收浸出物。当1罐完成浸出操作后,与此浸出系列隔开,同时4罐进入浸出操作,而形成2、3、4罐新的浸出系列,此时的状态为:1罐(通蒸汽除去溶剂);2、3、4罐(浸出操作);5罐(加料操作);6罐(排渣操作)。如此连续类推,则可得到浸出物与残渣。在生产中,应选择适当的溶剂比、浸出时间及浸出罐的组合数。

3. 连续式浸出器

连续式浸出操作有三种形式：①浸泡式；②渗滤式；③浸泡和渗滤相结合的方式。

（1）浸泡式连续浸出器　原料完全浸没于溶剂之中进行连续浸出。

图 9-49 所示为两种典型的浸泡式连续浸出器。图中（a）为 L 形管式（螺旋式）浸出器。原料进入后在螺旋送料器的作用下往出口方向运动，螺旋片带有滤孔。溶剂走向与原料相反，浸出液排出前经过一特殊过滤器的过滤。图中（b）为单塔重力式浸出器，单一立式塔内部由水平板分隔成若干个塔段，塔板上开口。溶剂由塔底泵入，逐板向上流动，物料受桨叶推动经塔板开口自上而下流动，底部排渣。

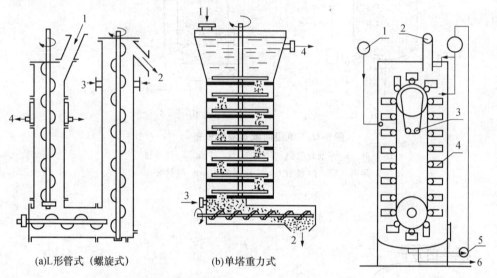

(a)L 形管式（螺旋式）　　(b)单塔重力式	
图 9-49　浸泡式连续浸出器	图 9-50　垂直移动篮式浸出器
1. 原料　2. 残渣　3. 溶剂　4. 浸出液	1. 溶剂入口　2. 原料进口　3. 卸料螺旋
	4. 料斗　5. 循环泵　6. 浸出物

（2）渗滤式连续浸出器　喷淋于原料层上的溶剂在通过原料层向下流动的同时进行浸出。主要类型有垂直移动篮式、水平移动篮式、旋转格室式、皮带输送式等。图 9-50 所示为垂直移动篮式浸出器。它类似于斗式提升机，料斗上钻孔，使溶液可以穿流而过，物料首先由回收循环的稀溶液浸出，料斗从右侧转到左侧后，再由新鲜溶剂自上而下进行浸出。残渣由输送机送出，浓缩液由右侧渗滤而下。

▶ 9.7.2　超临界流体萃取设备

超临界流体萃取（supercritical fluid extraction，SFE）是以超临界状态的流体为溶媒，对物料中的目标组分进行提取分离的过程。超临界流体是指物质高于其临界点，即高于其临界温度和临界压力时的一种物态。它既不是液体，也不是气体，但它同时具有液体的高密度和气体的低黏度，以及介入气液态之间的扩散系数的特征。一方面超临界流体的密度通常比气体密度高两个数量级，因此具有较高的溶解能力；另一方面，它表面张力几近为零，因此具有较高的扩散性能，可以和样品充分地混合、接触，最大限度地发挥其溶解能力。

超临界流体萃取技术是 20 世纪 70 年代兴起的一种新型分离提取技术，目前被用作超临界流体的溶剂有乙烷、乙烯、丙烷、丙烯、甲醇、乙醇、水、二氧化碳等多种物质,其中二氧化碳是首选的萃取剂。这是因为二氧化碳的临界条件易达到($t_c = 31.1℃$,$p_c = 7.38$ MPa),且无毒、无味、不燃、价廉、易精制,这些特性对热敏性和易氧化的产物更具有吸引力。

超临界 CO_2 的极性小,适宜非极性或极性较小物质的提取,若要提取极性较大的成分,则可以加入合适的夹带剂,以提高超临界流体对萃取组分的选择性和溶解性,从而改善萃取效果。目前常用的夹带剂有甲醇、乙醇和水等。

超临界 CO_2 萃取的主要特点是:①CO_2 的 t_c 接近室温,不会破坏生物活性物质,并能有效地防止热敏性物质的氧化和逸散,特别适合于分离、精制低挥发性和热敏性的物质;②具有良好的选择性,可通过改变温度和压力来改变密度,达到提取分离的目的,操作方便,过程调节灵活;③超临界流体 CO_2 具有极高的扩散系数和较强的溶解能力,有利于快速萃取和分离;④萃取的产品纯度高,适当的温度、压力或夹带剂,可提取高纯度产品,尤其适用于中草药和生理活性物质的提取浓缩;⑤溶剂和溶质分离方便,只通过改变温度和压力就可达到溶质和溶剂的分离,操作简便;⑥萃取工艺中一般没有相变的过程,从而节省能源;⑦没有残留溶剂,同时也不会对操作者造成毒害和对环境造成污染。

目前世界上的超临界萃取设备可分为两大类,一类为中试—工业规模的设备,另一类为实验室分析研究型的。研究和应用领域包括:

(1)分析测试行业 土壤中农残、多环芳烃,石油中总烃类化合物,兽药残留等样品前处理。

(2)食品行业 天然活性物质、农药残留,脂肪萃取。

(3)制药行业 中草药、香精香料中有效目标成分提取,天然产物中药用成分的提取。

(4)烟草行业 烟草中的精油提取,成分(烟碱等)分析检测。

9.7.2.1 超临界流体萃取的流程

$SC-CO_2$ 萃取工艺流程由萃取和分离两大部分组成。在特定的温度和压力下,使原料同 $SC-CO_2$ 流体充分接触,达到平衡后,再通过温度和压力的变化,使萃取物同溶剂 $SC-CO_2$ 分离,CO_2 循环使用。整个工艺过程可以是连续的、半连续的或间歇的。图 9-51 所示 SCFE 技术基本工艺流程为:①原料经除杂、粉碎或轧片等一系列预处理后装入萃取釜中;②系统充入超临界流体并加压;③物料可溶成分进入 SCF 相;④流出萃取釜的 SCF 相携带物料可溶成分进入分离釜经减压、调温或吸附作用,选择性地从 SCF 相分离出萃取物的各组分;⑤SCF 再经调温和压缩回到萃取釜循环使用。

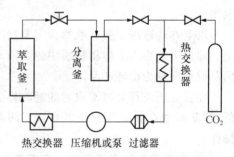

图 9-51 超临界流体萃取的基本流程

9.7.2.2 超临界流体萃取系统分类

超临界萃取系统从功能上大体可分为八部分:萃取剂供应系统、低温系统、高压系统、萃取系统、分离系统、改性剂供应系统、循环系统和计算机控制系统,包括 CO_2 加压泵、萃取釜、分离釜、压缩机、CO_2 储罐以及冷水机等设备。超临界流体萃取系统有多种类型。

(1)按分离方法分类 有吸附法、变温法、变压法、变温变压法等(图 9-52)。

吸附萃取流程是在分离器中加能吸附被萃取物的吸附剂,负载着被萃取物的超临界流体进入分离器后,被萃取物被吸附剂吸附分离,超临界流体经适当加压,再送回萃取器进行循环操作。

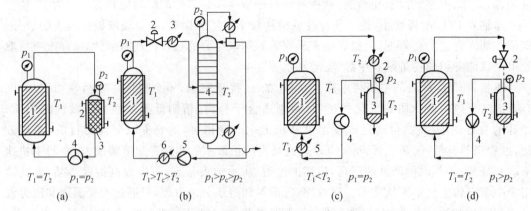

图 9-52 超临界流体萃取的分离流程
(a)吸附萃取流程 1.萃取器 2.分离器 3.吸附剂 4.泵
(b)变温变压流程 1.萃取器 2.减压阀 3.冷却器 4.分离器 5.压缩机 6.加热器
(c)变温萃取流程 1.萃取器 2.加热器 3.分离器 4.泵 5.冷却器
(d)变压萃取流程 1.萃取器 2.减压阀 3.分离器 4.压缩机

变温萃取流程通常是萃取后的超临界流体经加热使之温度升高,溶解度降低,被萃取物在分离器中分离并从下部放出;气体则经压缩(膜泵)加压以克服阻力,经冷却恢复超临界状态后再循环操作。

变压萃取流程较为简便。超临界流体进入萃取器萃取。萃取后的超临界流体经膨胀阀降压变成气体,其溶解度下降,被萃取物析出,经分离器分离从底部取出。经过分离器分离的气体又被压缩机压缩成为超临界流体,再进入萃取器。如此循环,从而得到被分离的萃取物。

以上方法适用于被萃取物为需要精制的产品。吸附萃取流程适用于萃取除去杂质的情况。即采用超临界流体将物质中的杂质萃取,然后将被吸附剂吸附除去,于是萃取器中留下的萃取剩余物为提纯产品。

变温变压流程是将萃取后的超临界流体同时降温、降压,使之成为气态 CO_2,溶解度降低,被萃取物在分离器中分离并从下部取出;气体经升温、加压,恢复超临界状态后再循环操作。

(2)按萃取器的形状分类 有容器型、柱型两种。

容器型——萃取器的高径比较小,适用于固体物料的萃取。

柱型——萃取器的高径比较大,适用于固体物料、液体物料的萃取。

(3)按操作方式 连续式、半连续式、间歇式。

9.7.2.3 典型的超临界流体萃取系统

1. 间歇式萃取系统

对于固体物料,多数采用容器型萃取器,进行间歇式萃取。图 9-53(a)、(b)所示为普通间歇式萃取系统,其结构简单,由 1 只萃取釜、1~2 只分离釜组成。萃取釜的压力越高,越有利于萃取率的提高,但同时应考虑设备承压能力和经济性,目前工业萃取设备的萃取压力一般在 32 MPa 以内。分离釜的压力越低,萃取物分离越彻底,分离效率也越高,由于分离压力受 CO_2 液化压力的限制,一般控制在 $5\sim6$ MPa 之间。根据不同的萃取要求,系统可设置多个分离釜,且分离压力依次递减,可分步收集不同溶解度的组分。图 9-53(c) 为带有精馏塔的萃取系统。多级分离中每个分离釜的产品仍然是一种混合物,为获得高纯度目标物,可在萃取釜后安装一只精馏塔,萃取物可按照其性质和沸点分成不同的产品。高压精馏塔内装有多孔不锈钢填料,沿精馏塔高度有不同温度控制段,解析时,塔中的温度梯度改变了 CO_2 的溶解度,使较重组分凝析而形成内回流,产品各馏分沿塔高进行气-液平衡交换,分馏成不同性质和沸程的化合物。这种萃取-精馏连用技术主要应用于香辛料的萃取分离,可大大提高分离效率。

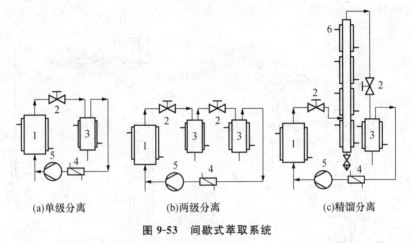

(a)单级分离　　　　　(b)两级分离　　　　　(c)精馏分离

图 9-53　间歇式萃取系统

1. 萃取釜　2. 减压阀　3. 分离釜　4. 换热器　5. 压缩机　6. 精馏塔

2. 半连续萃取系统

图 9-54 所示为一种半连续超临界萃取系统,用于咖啡豆中脱除咖啡因的操作。萃取器(长径比 5∶1)的上下方分别装有吹扬器,利用该过渡容器周期性地对萃取器装入或卸出咖啡豆;分离器中的吸附水为流动状态,实现连续生产。

鲜咖啡豆预先经水处理,含水量达 $30\%\sim40\%$,装入萃取器中;SC-CO_2 连续不断地从萃取器底部送入,压力 25 MPa,温度 130℃;SC-CO_2 向上移动穿过萃取器,从咖啡豆中提取出咖啡因和部分其他物质,从萃取器顶部排出,并送入装有填料的细长形吸收器;每隔 19 min,萃取器中约 10% 体积的脱除咖啡因的咖啡豆从底部排至吹扬器内,同时预装在顶部吹扬器内的咖啡豆从顶部补充进入。咖啡豆在萃取器中总停留时间为 3 h。

3. 连续萃取系统

连续萃取系统主要用于液体物料的萃取分离。超临界流体萃取技术在液体物料的萃取

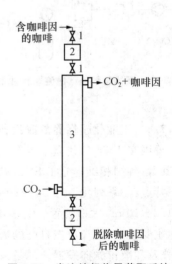

图 9-54　半连续超临界萃取系统

1. 阀门　2. 吹扬器　3. 萃取器

分离上具有很好的优势,因为液体物料更易实现连续操作,可大大减小操作难度,提高萃取效率,降低生产成本。

按照溶剂和溶质的流向,液体物料的超临界萃取流程有顺流萃取和逆流萃取之分;按照操作温度的不同,有等温柱操作和非等温柱操作之分;按照萃取釜内部结构,有填料柱和塔板(盘)柱之分。图 9-55 所示为变温连续逆流填料柱萃取系统。液体物料经泵连续进入填料塔中间进料口,CO_2 经加压调温后连续从填料塔底部进入。填料塔由多段构成,内装高效填料,各塔段温度从塔顶至塔底由高至低分布。$SC-CO_2$ 与液体物料在塔内逆流接触,被溶解组分随 CO_2 流体上升,由于塔温升高形成内回流,提高了回流液的效率。携带被溶解组分的 CO_2 流体在塔顶流出,经降压解析出萃取物,而萃取后残液从塔底排出。图 9-56 为多孔塔盘液体物料萃取系统。

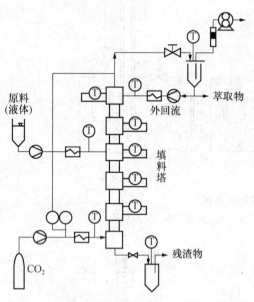

图 9-55 液体物料连续逆流填料柱萃取系统
T. 测温元件

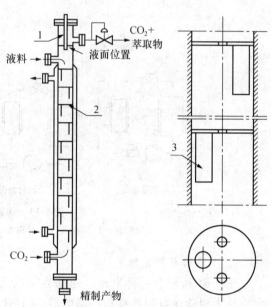

图 9-56 多孔塔盘液体物料萃取系统
1. 电容传感器 2. 塔盘 3. 降液柱

9.7.2.4 工业化超临界萃取设备

德国在 1978 年建立了世界上第一套工业化超临界萃取装置,用于脱除咖啡豆中的咖啡因,其后,各国相继建立了 SFE 实用装置。历经几十年的发展,超临界流体萃取设备呈现出如下特点:①系列化。有 25～1 000 mL 试验设备,4～50 L 小型装置,100～500 L 中型装置,1.2～10 m^3 大型装置。②多功能化。超临界萃取设备与快速分析装置相结合,设备上标示主要参数,用户可按自己的需要进行选择。既可用于生产,又可用于软件开发。③向适用、普及和廉价方向发展。尽量采用先进技术,制造壁厚更薄、材料更省的超临界流体萃取装置。下面介绍两套典型的超临界萃取设备。

1. 美国 Supercritical Processing Inc 工业化超临界萃取设备

Supercritical Processing Inc 是美国一家规模较大的超临界萃取设备制造企业。图 9-57 为该公司 1 m^3 超临界流体萃取装置的流程。原料装入原料筐中并放入萃取釜,CO_2 流体经泵进入萃取釜,萃取有关成分后经过滤器、热交换器,降压进入分离釜,分离出被萃取成分。采用两级分离,循环 CO_2 流体经低压过滤、冷却器和冷凝器,冷凝成液态 CO_2 进入溶剂贮罐,以循环利用。流程中设置了一个分子筛干燥器以脱除循环 CO_2 中的水分,真空泵的作用是减少不凝性气体。

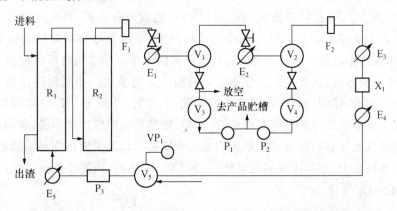

图 9-57　美国 Supercritical Processing Inc 工业化超临界萃取设备流程

R_1、R_2. 萃取釜　E_1. 一级分离预热器　V_1. 一级分离釜　V_3. 一级产品罐　P_1. 一号产品泵

E_2. 二级分离预热器　V_2. 二级分离釜　V_4. 二级产品罐　P_2. 二号产品泵　F_1. 高压过滤器

F_2. 低压过滤器　E_3. 循环溶剂冷却器　X_1. 循环溶剂干燥器　E_4. 循环溶剂冷凝器

V_5. 溶剂贮罐　VP_1. 真空泵　P_3. 溶剂循环泵　E_5. 溶剂预热器

2. 意大利 Fedegari 公司成套萃取装置

意大利 Fedegari 公司自 1992 年开始超临界流体萃取工艺及设备的研发和制造,在技术水平、制造能力上处于世界领先位置。图 9-58 为该公司成套萃取装置流程。由 CO_2 萃取循环系统、夹带剂添加系统、液体精馏系统、多级减压分离系统、CO_2 再压缩回收系统等组成,装置基本参数:萃取釜容积 $2×300$ L;萃取压力 <40 MPa;萃取温度 $20\sim70℃$;CO_2 泵最大流量 2 600 kg/h;液体精馏柱 $\phi200$ mm$×5 000$ mm。

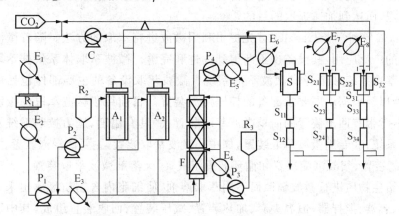

图 9-58　意大利 Fedegari 公司成套萃取装置流程

A_1、A_2. 萃取釜　C. 尾气回收压缩机　E_1、E_2. 冷却器　$E_3\sim E_8$. 加热器　F. 精馏柱

P_1. CO_2 泵　P_2. 夹带剂泵　P_3. 液体物料泵　P_4. 回流泵　R_1. CO_2 储罐

R_2. 夹带剂储罐　R_3. 液体物料储罐　R_4. 回流罐　S. 分离器　S_{xx}. 旋风分离器

装置在设计上具有如下特点:①萃取釜的快开盖结构设计巧妙,采用楔块式结构,釜盖

的锁紧与松动采用气动控制,由置于釜盖上的汽缸通过传动机构带动 4 个锁块沿径向运动,使锁块嵌入釜体的法兰的槽中来完成锁紧操作。气动控制回路通过计算机与测压系统连锁,以保证安全。②采用三级串联分离系统,可将萃取产物分成三部分。第一级分离器 S 容积 150 L,第二级 S_{21}、S_{22} 及第三级 S_{31}、S_{32} 均为 15 L 的旋风分离器,其余 6 个分离器容积均为 3 L。每一组分离釜均采用三级减压连续排料系统,系统通过逐级减压连续地排出液体物料并释放出液体中溶解的 CO_2 气体,有效防止雾沫夹带。③系统自动化控制程度高。采用工业化集中控制系统,正常生产过程中所有的阀门无需手动。控制软件包括了生产过程所需要的检测、调节、控制、报警、记录等全部功能,共设置 10 多个 PID 自动调节回路,包括萃取器、各级分离器的压力控制调节回路,冷却器、加热器的温度控制回路,泵的流量控制回路,自控仪表的仪表控制回路等。④系统构成比较完善。设置了液体物料精馏系统,以提高制品的纯度;通过泵 P_4 增加了外回流系统;配备 CO_2 压缩机,在萃取釜放空时,有效回收萃取釜内残留的 CO_2 气体。

◆ 9.7.3 微波-超声波辅助萃取

9.7.3.1 微波辅助萃取

微波辅助萃取(microwave-assisted extraction)是一种新型高效的提取分离技术。微波是波长介于 1 mm～1 m(频率介于 $3 \times 10^6 \sim 3 \times 10^9$ Hz)的电磁波,具有反射、穿透、吸收等特性,不同物质的介电常数、比热容、形状及含水量不同将导致各种物质吸收微波能的能力不同。微波能是一种能量形式,它在传输过程中能对许多由极性分子组成的物质产生作用(大部分有机物都是极性分子),微波电磁场使物质的分子产生瞬时极化。在微波场下,极性分子以及极化分子以每秒数十亿次高频旋转而产生热效应,与此同时,高速运动的分子其溶解、扩散、迁移运动也相应加速,上述在传统提取中依靠加热来推动的过程,在微波推动下得以迅速完成,从而达到加速提取的目的。

1968 年,匈牙利学者 Ganzler 首先提出利用微波进行萃取的方法。随着微波萃取技术在众多领域的广泛应用,其设备也不断得到改进和完善。微波萃取体系根据萃取罐可分为密闭式微波萃取系统和敞开式微波萃取系统。微波萃取设备的主要部件包括微波加热装置、萃取容器以及根据不同要求配备的控压控温装置。目前用于微波萃取的微波系统主要有以下类型:①带有回流装置的简单微波萃取装置;②具有温度、压力控制系统及回流装置的微波萃取系统;③专用微波萃取装置,如中药微波萃取装置,主要由浸泡装置、微波加热装置、固-液分离装置、絮凝沉淀装置和循环装置组成;④无溶剂微波萃取装置。无溶剂微波萃取装置在于给生物质进行微波辐照而不用萃取溶剂,使细胞内含物质释放出来。该装置由微波发生器、容器、搅拌器、恒温夹套、加热装置、减压装置、回收装置组成,其中回收装置是对萃取物的水蒸气进行冷冻的装置。此外,无溶剂微波萃取装置在萃取过程中没有使用溶剂,因而解决了萃取物中溶剂残留的问题。目前该装置已成功地用于萃取薄荷的香精油和鼠尾草的香精油。意大利 Milestone 公司作为微波技术的引领者,最新推出的 DryDIST 微波快速无溶剂萃取实验站采用独特的无溶剂微波萃取(solvent-free microwave extraction)技术,建立快速萃取香精油的技术平台。

9.7.3.2　超声波辅助萃取

超声波辅助萃取(ultrasonic-assisted extraction)的原理:超声波是指频率在 20 kHz～50 MHz 之间的机械波,超声波能产生机械效应、空化效应及热效应,超声波发生器产生高于 20 kHz 的超音频电信号,通过浸入式换能器转成同频率的机械振荡而传播到提取液介质中,并以超音频纵波的形式在提取液中疏密相间地向前辐射,使提取液振荡而产生许多的微小气泡。由于超音频纵波传播的负压和正压区交替作用产生超过 1 013 MPa(10 000 标准大气压)的微小气泡并随即爆破,形成对物料表面的细微局部撞击,使物料迅速击碎、分解。这种"空化"效应连续不断地作用于溶质,使中药材及其他天然物在溶液中产生"湍动"效应,使边界层减薄,产生界面效应,增大了固液两相的传质面积,产生聚能效应活化了分离物质。在超声波的空化、粉碎等特殊作用下,使细胞在溶媒中瞬时产生的空化泡崩溃而破裂,以便溶媒渗透到细胞内部,从而使细胞中的成分溶于溶剂之中,以加速相互渗透、溶解。细胞的破裂为成分向溶媒的扩散提供了条件,因而在超声振动的作用下,促进了成分向溶媒中溶解,以提高有效成分的提出率,从而达到加速提取有效成分的目的。

超声-微波协同萃取装置:超声-微波连续逆流提取装置综合超声波及微波提取的优点于一体,在连续逆流提取机组上有机地整合超声波及微波技术。工作原理:待提取的固体物料从送料器上部料斗加入,通过螺旋定量控制加料速度,并将物料不断地送至浸出舱顶端;在浸出舱中,一套特制的螺旋推进器将物料平稳均匀地由一端推向另一端,在此过程中有效成分被逆向流动的溶媒连续地浸出,残渣由出渣口排渣器排出。同时,在浸出舱内底部置有超声波换能器,并在另一部分置有微波发生器,其功率相对单一机型而言功率低。溶媒从浸出舱进液口定量加入,在重力的作用下,并通过机械波与电磁波的双重作用,溶媒渗透固体物料并在流向出液口的过程中浓度不断加大。固液两相始终保持逆流相对运动和理想的料液浓度差(梯度),并不断更新接触界面,提取液经浸出舱一端的固液分离机构导出。同时,浸出舱具有加热夹套,可通过蒸汽、热水等热媒对系统进行加热、保温。

9.7.4　超高压萃取

超高压技术:压力超过 100 MPa 时,即可称为超高压,在国内的发展源于 20 世纪 80 年代中期,最早仅局限于切割技术,20 世纪 90 年代后期至今国内相继开发了超高压技术应用于医学、医药领域及灭菌、灭毒、催陈、保鲜等项目的研究实验,且获得了惊人的效果。

超高压萃取(high-pressure extraction)是在常温下,将物料粉碎至一定粒度,加入一定比例的溶剂,置于超高压反应釜中,进行受压处理。当压力升到设定值时,瞬间卸压,利用细胞壁内外巨大的压力反差将细胞组织破裂粉碎,使其有效成分全部溶出。由于操作在常温进行,有效地保护了热敏性物料的活性成分。

超高压萃取技术特点:①同常规方法比萃取效率高、时间短;②由于超高压萃取是在常温状态下进行的,因此适合热敏性物质的萃取;③杂质含量少,常规萃取的萃取液浑浊、黏度高,超高压萃取的萃取液澄清;④能耗低,超高压萃取只是在升压阶段消耗能量,在保压、卸压过程并没有能量的消耗,超高压萃取的运行成本远低于常规萃取方法和超临界 CO_2 萃取技术;⑤绿色环保,超高压萃取过程在封闭系统下进行,没有溶剂的挥发,绿色环保。

但由于超高压萃取整个反应过程是间断的,不能连续工作,特别是超高压系统对管道、接头、阀门等零部件的材料、加工精度以及密封技术与密封件的要求都超出常规,超高压系统的寿命也较离散,所以在工业化生产中还存在一定困难。另外,超高压对于具有坚硬外壳和特殊结构的物料处理不够理想,例如灵芝孢子粉。目前主要将超高压技术、超临界萃取技术以及撞击流技术相结合用于分离。

分离机械种类较多,各有技术或成本等优势,其用途、特点差异也较大,如单机生产还是配套生产线,分离精度要求等,所以,使用者要在熟悉设备原理和机型特点的基础上,根据需要比较选用。非机械专业的食品工程师,要向机械工程师提出自己的具体要求,共同协商做好选型或改进,以选用或设计理想的分离机械设备。

▶ 9.7.5 亚临界流体萃取

9.7.5.1 亚临界流体萃取原理

亚临界流体是指某些化合物在温度高于其沸点但低于临界温度,且压力低于其临界压力的条件下,以流体形式存在的该物质。当丙烷、丁烷、异丁烷(R600a)、四氟乙烷(R134a)、二甲醚(DME)、液化石油气(LPG)和六氟化硫等以亚临界流体状态存在时,其分子的扩散性能增强,传质速度加快,对天然产物中弱极性以及非极性物质的渗透性和溶解能力显著提高。

亚临界流体萃取(sub-critical fluid extraction)就是利用亚临界流体作为萃取剂,将萃取罐内注入亚临界流体浸泡物料,在一定的料溶比、萃取温度、萃取时间、萃取压力,萃取剂、夹带剂及搅拌、超声波的辅助下进行的萃取过程。萃取混合液经过固液分离后进入蒸发系统,在压缩机和真空泵的作用下,根据减压蒸发的原理将萃取剂由液态转为气态从而得到目标提取物。

1939 年,美国的 Henry Rosenthal 首创将压缩后液化的低级气态烷烃用于油料浸出。加压状态下,溶剂以液态形式浸出油脂,混合油和湿粕中含的溶剂在减压的状态下自然挥发。整个加工过程在低温状态下进行,油料中组分不氧化,粕中蛋白不变性,且生产成本低。国内也有关于亚临界液化石油气萃取除虫菊酯、亚临界二甲醚流体提取天然除虫菊素、液态六氟化硫萃取溶剂及萃取方法的发明专利。

9.7.5.2 亚临界流体萃取的应用

亚临界流体萃取相比其他分离方法具有许多优点:无毒、无害,环保、无污染,非热加工、保留提取物的活性成分不破坏、不氧化,产能大、可进行工业化大规模生产,节能、运行成本低,易于和产物分离。因此,亚临界流体萃取与分离技术在天然动植物有效成分的提取,中药(含复方)活性成分的提取,有害脂溶性成分的分离,昆虫提取物、动物提取物、天然色素、特种油脂的提取,各种植物粉的脱脂等领域,具有广阔的应用实践。主要包括以下几方面。

(1)天然产物成分提取 在常温或较低温度下对热敏性物料做到萃取和分离。如栾树籽、无患子果、青刺果、沙棘、黄连木果、虎坚果、玫瑰花、熏衣草、银杏叶、青蒿等脂溶性成分的萃取。

(2)在食品工业中的应用 应用于食用植物粉的脱脂环节及副产物油脂方面。如大豆、花生、核桃、杏仁、小麦胚芽、咖啡豆、南瓜子等物料的脱脂生产,同时萃取得到相应的植物油。处理物料量一般在 30~100 t/d,萃取时间短、成本低。另外,在全脂奶粉中奶油的提取中,提取率在 20% 以上,所提取奶油味道纯正,是奶粉中提取奶油的最佳生产工艺。

（3）中药活性成分提取　中药及复方中药有效成分的提取已实现工业化生产,如五味子、红花、川芎、灵芝孢子、水飞蓟、栝楼籽、当归、刺五加等中药脂溶性活性成分的亚临界流体提取。

（4）动物油脂提取　从林蛙卵中提取林蛙卵油,从黄粉虫中提取黄粉虫油,从蚕蛹中提取蚕蛹油,从蝎子中提取蝎子油,从羊蹄中提取羊蹄子油。

（5）天然色素提取　我国拥有十余条亚临界流体萃取生产线,主要从事辣椒红色素、万寿菊黄色素、番茄红色素、姜黄色素、蚕米绿色素的生产。

（6）天然香料生产　已提取出玫瑰浸膏、十香菜浸膏、薄荷浸膏、桂花浸膏、茉莉浸膏、可可脂等产品。

（7）特种油脂生产　已经涉及小麦胚芽油、葡萄籽油、杏仁油、南瓜子油、亚麻子油、石榴籽油、橘子籽油、樱桃籽油、沙棘油、花椒油、葵花籽油、胡麻油、青刺果仁油、松子油、大蒜油、洋葱油、生姜油等几十种特种油脂。

20 世纪 90 年代,我国成功开发出低温大豆蛋白粉、贵重油脂、万寿菊黄色素和辣椒红色素等产品的亚临界萃取关键装备,此项技术在国际上处于领先水平。但存在结构复杂、制造成本高且局限于某一种亚临界流体的缺陷。亚临界萃取设备经过 20 年的发展,不仅使亚临界萃取技术有了较大的提高和发展,而且较 CO_2 超临界萃取技术在溶剂的使用上扩大了选择的范围,既可单独萃取,也可夹带其他溶剂或混合溶剂进行萃取,萃取压力属于低压,萃取装置单罐可以设计为大容积压力容器,单批及日处理原料可达到 80 t。亚临界萃取实验室设备 CBE-5/10 L 的设计更加精细,比如,引入 PLC 电脑控制技术,设置物料萃取装置的快开结构,用程序自动控制料溶比、萃取时间、温度、压力次数等参数,使操作非常简便,数据更加科学。

9.7.5.3　离子液体在萃取中的应用

由于单纯亚临界萃取所能使用的流体种类较少,性质单一,在一定程度上限制了其萃取技术的扩展应用。近年,离子液体合成及应用技术在萃取中的应用受到人们的关注。离子液体(ionic liquids),是由有机阳离子和无机或有机阴离子构成的,在室温或稍高于室温的温度下呈液态的离子体系,或者说离子液体是仅由离子所组成的液体,又称室温离子液体或室温熔融盐。它作为一种对环境友好的溶剂,正在被人们认识和接受,有望代替传统的有机溶剂和有机催化剂,实现绿色化学。离子液体种类繁多,目前主要有吡啶类、吡咯类、季鏻类、多胺类及双咪唑类,改变阳离子、阴离子的不同组合,可以设计合成出不同的离子液体。随着阳离子和阴离子的变化,离子液体的物理和化学特性会在很大范围内相应改变。

离子液体由于具有独特的理化性能,非常适合作为分离提纯的溶剂。离子液体能溶解某些有机化合物、无机化合物和有机金属化合物,同时与多数有机溶剂不混溶,非常适合作为液-液萃取的新的介质。目前的研究都是用离子液体从水溶液中萃取有机或无机物,萃取物不同,所选离子液体也不同。

离子液体萃取在挥发性有机物的富集中具有优势。因离子液体蒸气压低,用离子液体萃取挥发性有机物时,物料热稳定性好,萃取完成后将萃取相加热,即可把萃取物赶出,实现高效分离,且离子液体易于循环使用,节约萃取分离的成本。

20 世纪 80 年代早期 K. R. Seddon、英国 BP 公司和法国 FIP 等研究者和研究机构开始较系统地探索离子液体作为溶剂和催化剂的可能性。1992 年 Wilkes 等合成了第一个对水和空气都稳定的离子液体,此后离子液体蓬勃发展。与传统的有机溶剂相比,离子液体具有一系列突出的优点:①几乎无蒸气压,不挥发、不燃不爆,可彻底消除因挥发而产生的环境污染问题;②熔点低,呈液态的温度范围广,化学和热稳定性较好;③溶解性很好,能溶解许多有机物、无机金属、有机化合物和高分子材料;④后处理简单,可循环使用;⑤制备简单,价格相对便宜。

离子液体在电化学方面、分离工程方面和化学反应方面显示出了良好的效果和应用前景。作为新型溶剂,离子液体的应用会使自然界大量存在的可再生资源得到充分利用并简化工艺流程。例如传统黏胶法溶解纤维素生产工艺冗长,投资和耗能高,有一定的环境污染,而氯代-1-烯丙基-3-甲基咪唑离子液体对纤维素具有较大的溶解度和较快的溶解速率,可大大简化纤维素生产工艺。随着离子液体稳定性、再生利用技术以及适合反应器设计技术的发展,离子液体在萃取分离方面的应用会更为广阔。

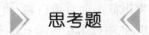

思考题

1. 物料分离的两类方法分别是什么?三大主要机械分离方法是什么?
2. 简述螺旋榨汁机的螺旋结构特点及工作原理。
3. 过滤操作的四个步骤是什么?板框式压滤机有什么使用特点?
4. 简述离心分离的原理。
5. 碟片式离心分离机工作原理怎样?两相分离及三相分离的碟片形式有何不同?
6. 简述膜分离的概念、分类、原理及膜组件形式。
7. 分子蒸馏设备的使用特性是什么?
8. 简述溶剂提取设备的分类形式。
9. 简述超临界流体萃取的概念及设备应用形式。
10. 新型萃取技术有哪些?

第 10 章

浓缩设备

➤ **摘要**

　　本章介绍食品加工过程浓缩设备的类型、工作原理、主要结构、性能特点及用途。重点了解真空浓缩、多效浓缩、反渗透和冷冻浓缩等设备的工作原理、基本构造、工作过程、选用原则和性能特点，能够正确选型和操作。

10.1.1　浓缩的基本原理

在食品加工中，一些液态原料或半成品，如牛奶和果汁液等，都含有大量的水分（75%～90%），在生产中为了便于贮藏运输，延长贮藏时间或作为其他工序的预处理，往往将食品溶液中的部分水分去除，提高其浓度，同时又尽可能地保存食品溶液中的色、香、味和营养物质。随着科学技术的发展，食品工业中的浓缩设备朝着低温、快速、高效和节能的方向发展。真空技术的成功应用，使加工产品的有效成分得以尽可能地保存。冷冻浓缩和膜技术的工业应用使浓缩加工发生重大变化，实现了负温度和常温操作，这些都是极好的浓缩方法。

蒸发浓缩是食品工厂中使用最广泛的浓缩方法，采用浓缩设备把物料加热，使物料的易挥发部分水分在其沸点温度时不断地由液态变为气态，并将汽化时所产生的二次蒸汽不断排除，从而使制品的浓度不断提高，直至达到浓度要求。常用的蒸发浓缩方法有常压浓缩和真空浓缩。

常压浓缩是在常压下使溶液进行蒸发，如果溶剂为有机溶剂，常常进行冷凝回收，以便回收利用并防止空气污染。

真空浓缩是目前食品工厂广泛采用的蒸发浓缩方法之一，是在 8～18 kPa 的低压状态下，以蒸汽间接加热方式，对料液加热，使其在较低的温度下沸腾蒸发。真空浓缩过程中物料处于低温状态下蒸发，加热蒸汽与沸腾液体之间的温度差可以增大，可利用压强较低的蒸汽作为加热蒸汽，同时设备的热损失减少，有利于热敏性物料的加热蒸发。但由于真空浓缩，须有抽真空系统，从而增加附属机械设备及动力；由于蒸发潜热随沸点降低而增大，所以热量消耗大。

冷冻浓缩是利用冰与水溶液之间固液相平衡原理的一种浓缩方法。当溶液中所含溶质浓度低于低共熔浓度时，在冷却过程中溶剂（水分）结成晶体（冰晶）析出，随着溶剂晶体的析出，溶液中的溶质浓度不断地提高，此即冷冻浓缩的基本原理。采用冷冻浓缩方法，溶液在浓度上是有限度的。冷冻浓缩方法特别适用于热敏食品的浓缩。

10.1.2　浓缩设备的分类

食品工厂中的浓缩设备随着生产发展的需要，不断改进及更新，同时由于溶液的性质不同，蒸发要求的条件差别很大等原因，使得浓缩设备的形式很多，按不同的分类方法可以分成不同的类型。

1. 按蒸发面上的压力分类

（1）常压浓缩设备　常压浓缩在常压下使溶液进行蒸发。常压浓缩设备比较简单，一般由加热器、蒸发器组成，如煮沸锅等，操作方便，溶剂汽化后直接排入大气，蒸发温度高，能耗较大，蒸发速率低。

（2）真空浓缩设备　真空浓缩是在蒸发液面上方的压力低于大气压下进行蒸发的。真空浓缩设备比较复杂，一般由加热器、蒸发室、抽真空装置、冷凝器等部分组成，如升膜式浓缩设备、中央循环式浓缩设备等，其蒸发温度低，速率高。

2. 按加热蒸汽被利用的次数分类

（1）单效浓缩设备　指用于加热物料的加热蒸汽仅利用一次。设备所需热量除用于设备加热，散热等损失外，还有物料升温所需的热量和物料中的水分蒸发所需的热量，蒸汽耗用大，电耗量小。

（2）多效浓缩设备　指用于加热物料的加热蒸汽被多次利用，其所需热量为单效除去重复利用所回收的热量，蒸汽耗用量随重复利用的次数增加而减少，占地面积大，体积大，电耗增加。

（3）带有热泵的浓缩设备　热泵的作用是使二次蒸汽重复利用。

食品工厂的多效浓缩设备，现在常用的有双效、三效及五效等，随效数增多，节约热能效果越好，但设备的投资费用提高，因此效数的确定必须综合分析，细致考虑。

3. 按料液的流程分类

（1）单程式　料液只经过一次浓缩达到所需浓度为单程式。

（2）循环式　有自然循环式与强制循环式之分。自然循环分为外循环和内循环，是物料按加热上升规律进行的循环，用于结构较简单的浓缩设备。强制循环是借助于泵的动力强制物料在设备内循环，用于结构复杂的浓缩设备。

一般循环式比单程式热利用率高。

4. 按加热器内料液的状态分类

（1）非膜式　料液在浓缩设备内聚集在一起，只是翻滚或在管中流动形成大蒸发面，如中央循环管式浓缩锅、盘管式浓缩锅。

（2）薄膜式　料液在加热器内表面被分散成薄膜状，蒸发面大，热利用率高，如升膜式浓缩设备、降膜式浓缩设备、刮板式浓缩设备等。

5. 按加热器结构形式分类

盘管式浓缩锅、中央循环管式浓缩锅、升膜式浓缩器、降膜式浓缩器、刮板式浓缩器等。

10.1.3　浓缩设备的选择与要求

10.1.3.1　浓缩设备的选择原则

食品加工业中用于食品溶液浓缩的设备类型很多，在进行浓缩操作时，必须分析溶液的性质，按照不同的需要选择合适的浓缩设备：

（1）结垢性　有些溶液在加热浓缩时，会在加热面上生成垢层，从而增加热阻，降低传热系数，严重影响设备，生产能力下降，甚至因此停产。因此，对于容易产生垢层的溶液要采取有效的防垢措施，可选用流速较大的强制循环型的浓缩器或升膜式浓缩设备，减少料液在加热层面的停留时间，也可选用电磁防垢、化学防垢的方法。

（2）结晶性　有些溶液在浓度增加时，会有晶粒形成，大量晶粒沉积于加热面上会影响传热效果，严重时会堵塞加热管。这类液体在浓缩时，应防止晶粒在加热面的沉积，可选用强制循环型的浓缩器，刮板式或降膜式浓缩器等。

（3）热敏性　食品加工中的物料多由蛋白质、脂肪、糖类及其他色、香、味等成分组成,这些物质在高温下或长期受热时要受到破坏、变性、氧化等作用,从而影响产品质量。这一现象即为食品的热敏性。热敏性物料应采用停留时间短、蒸发温度低的设备,一般选用各种膜式或真空度较高的浓缩器。

（4）黏滞性　有些溶液随着浓度的增加,黏度也随着增加,流动性变差,传热系数随之减小,生产能力下降。对黏度较高的料液或经加热过程黏度会增加的料液,宜选用强制循环型、刮板式或降膜式薄膜浓缩器等。

（5）发泡性　有些料液在浓缩过程中会产生大量气泡,易被二次蒸汽带走,造成溶液的损失,同时进入其他加热设备,污染其他设备的表面,严重时会造成不能操作。所以,发泡性溶液蒸发时,要降低其真空度,防止二次蒸汽的产生速度过快,带出料液,或在浓缩器的结构上考虑消除发泡可能性,或在蒸发室上安装捕沫装置。

（6）腐蚀性　有些溶液对设备材料具有腐蚀性,如柠檬酸液,应选用防腐蚀材料制成的设备或是结构上易更换的形式。

（7）挥发性　食品料液中含有的芳香物质和风味物质成分,易随蒸汽一起逸出,影响产品品质。在浓缩时可采用低温浓缩同时加以回收混入水蒸气中的芳香和风味成分的装置,回收后再掺回制品中,将损失量最大限度地降到最低。

10.1.3.2　浓缩设备的选择要求

以上溶液的性质除作为选择浓缩设备的依据外,还作为设计浓缩设备的依据,在选择时要全面衡量,还应满足以下要求:

• 设备性能满足工艺要求,符合生产工艺要求和食品卫生。

• 传热效果好,传热系数高,热能利用率高。

• 设备结构合理紧凑,易于加工制造,操作清洗方便。

• 具有足够的机械强度,节省材料,耐腐蚀。

• 动力消耗小。

10.2　常压浓缩设备

常压浓缩设备因工艺用途不同结构有很大的差异,但总体上来说结构简单,操作方便,技术要求较低,但由于蒸发温度高,能耗较大,尤其在浓缩后期,溶液浓度升高,沸点进一步上升,溶液中的许多成分容易在高温条件下焦化、分解、氧化,使产品质量下降。常压浓缩设备在工业中的应用已逐渐减少,在食品工业中的应用实例之一为啤酒厂的麦芽汁煮沸锅。

麦芽汁煮沸锅主要是将糊化、糖化、过滤后麦芽汁煮沸、浓缩到一定的发酵糖度。麦芽汁总体的蒸发量较小,但卫生要求较高,设备需要便于清洗。麦芽汁煮沸锅主要有两种结构形式:夹套加热式和内置加热式。

传统的夹套加热式麦芽汁煮沸锅为圆筒形锅身,底部为球形,如图 10-1 所示。

麦芽汁煮沸锅锅体是一个近似球形的设备,因为球形可以用比较薄的材料做成体积比较大、又具有足够机械强度的容器,同时清洗方便,搅拌功率消耗比较小。

小型的煮沸锅,通常是在整个锅底装置加热夹套,但对于大型的煮沸锅,由于锅的直径大,若采用整体加热夹套,受力较差,同时容量大,物料自然对流循环差,传热系数低,且加热面积也不能满足工艺加热速度的要求,因而大多做成向内凸出,以增大加热面积,促进物料循环,改善受热情况。这样的结构可以分别装置内外两个加热区,中心加热区能承受较高的压力,可获得较高的加热温度;外围加热区因圆周直径大,受热差,只能采用较低的工作压力。有些设计为增加加热夹套的操作压力,提高传热温度差,在夹层内焊上加强棒,使夹套内外两边拉紧,提高设备受压能力。每个加热区分别装有进蒸汽管、排冷凝水管和排不凝性气体管。进蒸汽管的位置约在夹层中上部,使进入的蒸汽分布均匀,同时不直冲锅底,造成设备损坏。冷凝水排出管要在夹套的最低位置,使冷凝水能排除干净,避免冷凝水的积存而降低传热系数。排不凝性气体管应在夹套的较高位置才能排除干净。

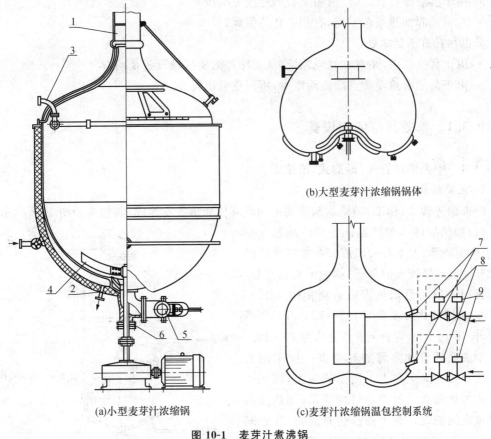

(a)小型麦芽汁浓缩锅   (b)大型麦芽汁浓缩锅锅体   (c)麦芽汁浓缩锅温包控制系统

图 10-1　麦芽汁煮沸锅

1. 二次蒸汽排出管　2. 冷凝水排出管　3. 进料管　4. 搅拌器
5. 排料管　6. 填料轴封　7. 温包　8. 压力调节器　9. 温度调节器

　　由于大型设备夹套加热未能满足工艺需要,近年来国内外都有采用中心加热式的自然循环麦芽汁煮沸锅的。

　　圆形麦芽汁煮沸锅容积小,其加热夹套布置在锅的底部,以紫铜制作,锅内部的搅拌器、锅体及上封头均由紫铜板或不锈钢板制作。

10.3 真空浓缩设备

真空浓缩设备是食品生产过程中的主要设备之一,它利用真空蒸发的原理,在低温下去除食品中的水分,达到食品浓缩的目的。由于采用真空蒸发,真空浓缩具有很多优点:

- 加热蒸汽与沸腾液体之间的温度差可以增大。
- 可利用压强较低的蒸汽作为加热蒸汽。
- 由于低温浓缩,有利于食品溶液进行浓缩,减少体积及重量,便于运输及贮存。
- 由于溶液沸点较低,使浓缩设备的热损失减少。
- 对料液起加热杀菌作用,有利于食品保藏。

但也存在着不足之处:

- 由于真空浓缩,须有抽真空系统,从而增加附属机械设备及动力。
- 由于蒸发潜热随沸点降低而增大,所以热量消耗大。

10.3.1 单效真空浓缩设备

10.3.1.1 中央循环管式(标准式)浓缩锅

1. 主要结构

中央循环管式(标准式)浓缩锅主要由加热器体和蒸发室组成,其结构如图 10-2 所示。

(1)加热器体　加热器体主要由沸腾加热管、中央循环管、上下管板组成。在加热器体的中央有一根直径较大的管子,称为中央循环管,其截面积一般为总加热管束截面积的 40%~100%。沸腾加热管多采用 ϕ25~75 mm 的不锈钢管,长 0.6~2 m,管长与管径之比为 20~40。

中央循环管和沸腾加热管束一般采用胀管法或焊接法固定在上下两个管板上,构成一组竖式加热管束。料液在管内流动,加热蒸汽在管束之间流动。为了提高传热效果,在管间用若干挡板或抽去几排加热管,形成蒸汽通道,同时配合不凝结气体排出管的合理分布,有利于加热蒸汽均匀分配。加热器体外侧有不凝结气体排出管、加热蒸汽管、冷凝水排出管等,从而提高传热及冷凝效果。

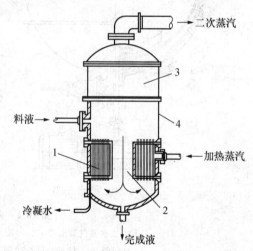

图 10-2　中央循环管式(标准式)浓缩锅
1. 沸腾加热管　2. 中央循环管　3. 蒸发室　4. 外壳

(2)蒸发室　蒸发室为圆筒体,溶液加热后汽化,因此必须具备一定的高度和空间,使气液分离,其高度根据防止料液被二次蒸汽夹带的上升速度所决定,同时考虑清洗、维修加热管的需要,一般为加热管长度的 1.1~1.5 倍;顶部有捕集器,主要对二次蒸汽可能夹带的汁液进行分离,保证二次蒸汽的洁净,有利于提高下一效浓缩锅的传热效果,也减少料液的损失,顶部与二次蒸汽排出管相连。

蒸发室的外部有视镜、人孔、洗水、照明、仪表、取样等装置。

2. 物料的循环加热

物料由蒸发室处的料液进口进入管束中,加热蒸汽在管束间流动,由于中央循环管单位体积溶液所占有的传热面积相比于沸腾管束中单位溶液所占有的传热面积要小,因此,料液在中央循环管和沸腾管束中时受热程度不同,产生重度差。起初细小液流在沸腾管中向下流动时,在很大加热强度下,其中水分立即被蒸发,产生大量的二次蒸汽迅速向上流动,在每根沸腾管下部出现了负压,产生向上的抽吸作用,而中央循环管中物料多,受热面少,产生的二次蒸汽不足以带动物料上升,从而形成了中央循环管中的物料下降,沸腾管中的上升的不断自然循环流动。在反复循环过程中,将水分蒸发掉,达到浓缩的目的。浓缩后的制品由底部卸出。

3. 特点

中央循环管式浓缩锅具有结构简单、操作方便、传热系数大等优点,但清洗检修较麻烦,整体循环速度低,一般在 0.5 m/s 以下,液料黏度大时循环效果差。

10.3.1.2 盘管式浓缩锅

盘管式浓缩锅是乳品厂较早采用的一种真空单效浓缩设备,罐内有盘管,管中走蒸汽,对周围空间的料液加热浓缩。

1. 主要结构

盘管式浓缩锅主要由加热盘管、蒸发室、冷凝器、抽真空装置、雾沫分离器、进料阀及各种控制仪表所组成,其结构如图 10-3 所示。

该设备的锅体为长圆筒形,两端为椭圆形盖,外焊加强圈,分上下两段,用法兰连接。锅体上部空间为蒸发室,下部空间为加热室,加热室底部装有加热盘管,4～5 盘分层排列,每盘 1～3 圈,每盘有单独的蒸汽进口和水进出口,可单独操作,布置有两种,如图 10-4 所示。因管段较短,盘管中的温度较均匀,冷凝水能及时排出,传热面利用率较高,盘管截面过去为圆形,影响料液自然对流,目前多采用扁平椭圆形截面,如图 10-5 所示,这种截面使料液的自然对流阻力较小,便于清洗。盘管总高度约占蒸发室高度的 40%。

锅体上部外侧安装有离心式雾沫分离装置,有蒸汽管与分离器相连接,分离器中心装有立管与水力喷射器连接,工作时借泵的动力,将水压入水力喷射器的喷嘴,由于喷嘴面积缩小,在喷嘴出口处形成真空,不断吸入的二次蒸汽与冷却水混合,以保证锅体内的真空度。

2. 物料的循环加热

料液由锅体中部切线方向进入锅内,加热蒸汽在盘管内对管外的物料进行加热,由于物料受热,体积膨胀,在盘管壁面处的物料先达到沸点,产生的二次蒸汽高速上升,带动密度小的物料上升,离管壁较远的物料受热少,密度相对较大而呈下降趋势,这样便形成了料液自锅壁及盘管处上升,又沿盘管中心向下的反复循环状态。浓缩液由底部排出,二次蒸汽由顶部排出,通入冷凝系统。

使用多层盘管的作用,在于可随罐内料液面高低而调节加热面,正常操作应控制进料量,使其蒸发速度与进料量相等,保持一定液位。操作时应注意,待料液浸没盘管后,才能开蒸汽阀门,顺序为从下而上将已浸没的盘管蒸汽阀先后拧开,液面降低,盘管露出时,应立即关闭该层蒸汽阀,关闭顺序为从上而下依次关闭。

3. 特点

中央循环管式浓缩锅的优点是结构简单,可根据料液液位的高低开启或关闭任一盘管的加热蒸汽,适合黏度高的物料生产。其缺点为传热面积小,料液循环差,盘管表面易结垢,生产能力有限,不能连续操作,二次蒸汽未能很好利用,仅适用于中小型工厂。

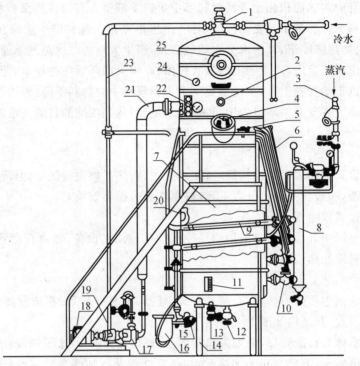

图 10-3　盘管式浓缩锅

1. 冷水分配头　2. 视镜　3. 加热蒸汽总管　4. 人孔　5. 放空旋塞　6. 蒸汽阀门操纵杆
7. 浓缩罐　8. 蒸汽分配管　9. 加热盘管　10. 蒸汽阀门　11. 温度计　12. 放料旋塞
13. 取样旋塞　14. 罐体支架　15. 汽水分离器　16. 排水锅　17. 冷却水排水泵
18. 电动机　19. 真空泵　20. 料液进口旋塞　21. 冷却水排水管
22. 蒸汽压力表　23. 不凝气体排出管　24. 真空表　25. 观察孔

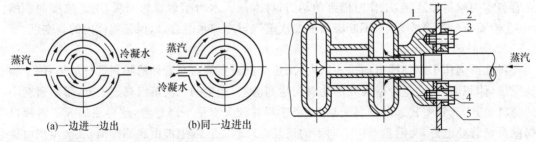

(a)一边进一边出　　　(b)同一边进出

图 10-4　短形盘管进出口布置

图 10-5　扁平椭圆形盘管剖视图

1. 盘管　2. 浓缩锅壁　3. 螺栓　4. 填料　5. 法兰

10.3.1.3　带搅拌的夹套式真空浓缩锅

1. 主要结构

带搅拌的夹套式真空浓缩锅主要由上下锅体、分离器、抽真空装置等组成,其结构如图

10-6 所示。

浓缩锅由上锅体和下锅体组成,下锅体外壁有一夹套,其间通入加热蒸汽,对锅内物料进行浓缩,锅内有横轴式搅拌器置于下锅体。转速 10～20 r/min,有四个桨叶,与加热面的距离为 5～10 mm。上锅体设有人孔、视镜、照明、仪表及气液分离器,二次蒸汽由水力喷射器抽出,保证浓缩锅内达到预定的真空度。

2. 工作过程

操作开始时,先通入加热蒸汽于锅内赶出空气,再开动离心泵或多级离心水泵,使水力喷射器工作,造成锅内真空,当物料被吸入锅内,达到容量后,再开启蒸汽阀门和搅拌器,取样达到所需浓度,解除真空即可出料。

10.3.2 液膜式浓缩设备

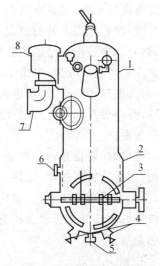

图 10-6　带搅拌夹套式蒸发器
1. 上锅体　2. 下锅体　3. 搅拌器
4. 冷凝水出口　5. 进出料口
6. 蒸汽进口　7. 二次蒸汽
出口　8. 分离室

液膜式浓缩设备使料液在管壁或器壁上分散成液膜的形式流动,从而使蒸发面积大大增加,提高蒸发效率。液膜式浓缩设备按照液膜形成的方式可以分为自然循环和强制循环液膜式浓缩设备,按液膜运动方向可分为升膜式、降膜式和升降膜式浓缩设备。

10.3.2.1　单效升膜式浓缩设备

1. 主要结构

升膜式浓缩设备的主要结构如图 10-7 所示,主要由加热器体、蒸发分离室和循环管等组成。

加热器体是由许多直径相同的管子,采用胀管法或焊接法固定在上下两个管板上,构成一组竖式加热管束,管板两头装有活动盖,便于浓缩结束时打开加热器体进行清洗。料液在管内流动,加热蒸汽在管束间流动。管子直径一般采用 30～50 mm,管长与管径之比为 100～150,长管式的管子长 6～8 m,短管式 3～4 m,传热系数可达 1 744.5 W/(m² · K)。

蒸发分离室在加热器上部侧面,由进料管相连接,进料管沿分离器切线方向,分离室顶部有二次蒸汽出口,中间带有泡沫分离器,其作用是分离自加热器中来的料液与二次蒸汽,使二次蒸汽能够被真空装置抽出,而物料则由循环管连续循环,达到一定浓度时从出料口连续出料。

2. 工作过程

物料自加热器体的底部进入管内,加热蒸汽

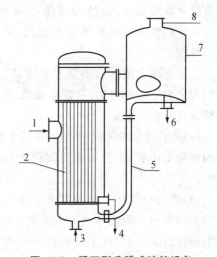

图 10-7　循环型升膜式浓缩设备
1. 加热蒸汽进口　2. 加热器管束　3. 料液进口
4. 冷凝水出口　5. 循环管　6. 浓缩液出口
7. 蒸发分离室　8. 二次蒸汽出口

在管间传热及冷凝,将热量传给管内料液,料液被加热沸腾迅速汽化,所产生的二次蒸汽在管束内高速上升,在真空状态下可达 $100\sim160$ m/s,料液被二次蒸汽带动上升的同时被挤向管壁,沿着管道上升的过程不断被加热,二次蒸汽的数量逐渐增多,料液不断地形成薄膜状,然后二次蒸汽与已加浓的料液,在二次蒸汽的诱导及蒸发分离室的真空吸力下,以高速沿切线方向进入分离室,由于离心力和泡沫捕集器的作用,使气液分离,浓缩液沿循环管下降,回入加热器底部,与新进入的料液混合后,一并进入加热管内,再度受热蒸发,如此往复循环,经一段时间后,一部分已达要求的浓缩液,由出料泵抽出,另一部分未达到要求的继续循环蒸发。

操作时,要很好地控制进料量,一般经过一次浓缩的蒸发水分量,不能大于进料量的80%,如果进料量过多,加热蒸汽不足,则管的下部积液过多,会形成液柱上升而不能形成液膜,失去液膜蒸发的特点,使传热效果大大降低。如果进料量过少,则会发生管壁结焦现象。料液最好预热到接近沸点状态时进入加热器,这样会增加液膜在管内的比例,从而提高沸腾传热系数。

3. 特点

优点:①设备占地面积小;②传热效率高;③受热时间短,在加热管中停留时间 $10\sim20$ s,可减少热敏性料液分解的危险;④料液在管内速度较高,适于易起泡沫的料液,还能防止结垢及黏性料液的沉淀。

缺点:①管子较长,清洗较不方便;②需控制好进料液量;③生产需要连续进行,避免中途停车,否则易使加热管内表面结垢,甚至结焦。

10.3.2.2 单效降膜式浓缩设备

1. 主要结构

降膜式浓缩设备的构造与升膜式相近,都属于自然循环的液膜式浓缩设备,其结构如图 10-8 所示,与升膜式的主要区别在于料液由加热器体顶部加入,蒸发分离室在加热器的下部外侧。

要使降膜式浓缩设备蒸发效率高,最关键的问题是使料液均匀分布于各加热管,不发生偏流,工业中一般在管内部或顶部安装降膜分配器。

(1)锯齿形溢流口 管口周边呈锯齿形结构,液流被均匀分割成数个小液流,然后在表面张力作用下形成均匀的环形液膜。

(2)锥形导流杆 导流管的下部为圆锥体,底部内凹,以免沿锥体面流下的液体再向中央聚集成液滴。在每根加热管的上端管口插入后,其下部锥底外圆与管壁间设有一定的均匀间距,料液通过后在加热管内壁形成薄膜下降。

(3)螺纹导流杆 导流杆呈圆柱形结构,表面开有数条螺旋形沟槽,料液通过沟槽后沿管壁周边旋转流下,不同沟槽内的料液呈厚度均匀的管形薄膜下降,并且因流动速度高,可部分破除边界层。料液通过沟槽

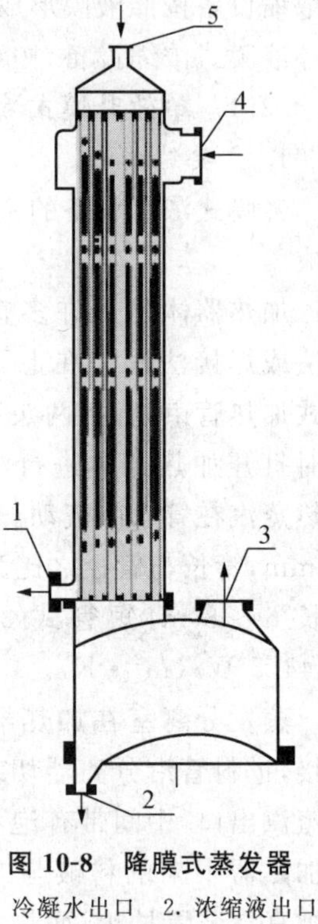

图 10-8 降膜式蒸发器
1. 冷凝水出口 2. 浓缩液出口
3. 二次蒸汽出口 4. 蒸汽进口
5. 料液进口

的阻力较大,要求通过速度较高,因此适宜于黏度较低的料液。

(4)旋流导流器 呈圆筒形结构,进液口沿其切线方向开设,料液进入后,在离心力作用下沿内壁旋转流下而形成薄膜。料液通过阻力小。

(5)分配板 为多孔平板结构,各孔的位置正好交错于加热器列管之间,料液通过孔后,沿加热管呈液膜状流下。

降膜分配器对提高物料的传热效果有很大的作用,但也增加了清洗管子的困难(图10-9)。

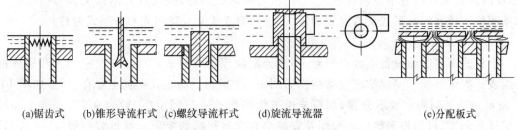

(a)锯齿式 (b)锥形导流杆式 (c)螺纹导流杆式 (d)旋流导流器 (e)分配板式

图 10-9　降膜式浓缩设备分配器

降膜式浓缩设备一般为单流型,即料液一次通过加热管蒸发就基本达到所需浓度,故管子要有足够的长度才能保证传热效果,其长径比一般为100～250。在食品工业中降膜式浓缩设备大多组成双效、多效及热泵式的蒸发设备。

2. 工作过程

物料自加热器的顶部进入,经料液分配器均匀分布在每根加热管加热,在二次蒸汽及重力作用下,沿管内壁呈液膜状向下流动。由于向下加速,克服加速压头比升膜式小,沸点升高也小,整个管壁形成液膜,传热系数大,热损失小,加热蒸汽与料液温差大,传热效率高。浓缩液及二次蒸汽以切线方向进入分离室,二次蒸汽经捕集器分离出其中的液滴后,由分离室顶部排出,浓缩液则由底部卸出。

3. 特点

降膜式浓缩设备属于自然循环液膜式浓缩设备,传热效率高,受热时间短,所需管子较长,以薄膜状进行,可避免泡沫的形成。

10.3.2.3　升降膜式浓缩设备

升降膜式浓缩设备内安装两组加热管束,一组为升膜式,另一组为降膜式,相当于两个浓缩设备串联,如图10-10所示。料液先进入升膜式加热管,沸腾蒸发后,气液混合物上升至顶部,然后转入另一组加热管,再进行降膜蒸发。升降膜式浓缩设备能获得较高的蒸发速率,加热管高径比小,压降小。

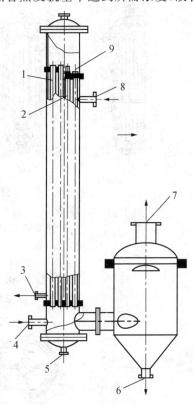

图 10-10　升降膜式蒸发器
1.升膜管　2.降膜管　3.冷凝水出口
4.进料管　5.排净管　6.浓缩液出口
7.二次蒸汽出口　8.蒸汽管　9.布料器

升降膜式浓缩设备的特点:符合料液蒸发浓缩规律,即初始进入浓缩设备时,物料浓度低,蒸发速度较快,在二次蒸汽作用下易于成膜,物料经初步浓缩后,在降膜式蒸发中液膜借助重力作用易于沿管壁下降;降膜蒸发段料液由升膜段控制,进料均匀,有利于降膜段的均匀成膜;将两种浓缩过程串联于一器内,可以提高浓缩比,结构紧凑,降低设备的高度,减少围护结构,降低热耗,但结构复杂,不便于两组加热管的单独控制。

10.3.2.4 刮板式薄膜浓缩设备

刮板式薄膜浓缩设备有固定刮板式和活动刮板式两种。固定刮板主要用于不刮壁蒸发,而活动式刮板则应用于刮壁蒸发,因刮板与筒内壁接触,因此这类刮板又称为扫叶片或拭壁刮板。按其安装形式又有立式和卧式之分,而立式又分降膜式和升膜式两种。

1. 主要结构

刮板式薄膜浓缩设备主要由转轴、料液分配盘、刮板、轴承、轴封、蒸发室和夹套加热室等组成。固定刮板式薄膜浓缩设备结构如图 10-11 所示。固定式刮板主要有三种,如图 10-12 所示。这类刮板一般不分段,刮板末端与筒内壁有一定间距(一般为 0.75~2.5 mm)。为保证其间距,对刮板和筒体的圆度及安装垂直度有较高的要求。刮板数一般 4~8 块,其线速度为 5~12 m/s。

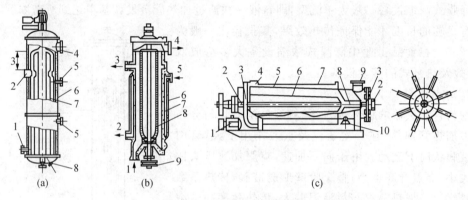

图 10-11　固定刮板式浓缩器

(a)立式降膜式　1. 冷凝水出口　2. 原料入口　3. 捕沫段　4. 二次蒸汽出口

5. 不凝结气体出口　6. 冷凝水　7. 刮板　8. 浓缩液出口

(b)立式升膜式　1. 原料入口　2. 冷凝水　3. 浓缩液　4. 二次蒸汽

5. 加热蒸汽　6. 夹套　7. 传热面　8. 叶片　9. 带轮

(c)卧式　1. 电动机　2. 轴承　3. 填料箱　4. 料液出口　5. 加热面

6. 刮板　7. 夹套　8. 转轴　9. 蒸汽出口　10. 浓缩液出口

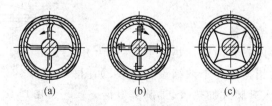

图 10-12　固定式刮板

活动刮板式薄膜蒸发器采用可双向活动的刮板,其结构如图 10-13 所示。它借助于旋转轴所产生的离心力,将刮板紧贴于筒内壁,因而其液膜厚小于固定式刮板的液膜厚,加之不断地搅拌使液膜表面不断更新,并使筒内壁保持不结晶、难积垢,所以其传热系数比不刮壁形式的高。刮壁的刮板材料有聚四氟乙烯、石墨、木材等。活动式刮板一般分为几段。因它是靠离心力紧贴于筒壁,故对筒体圆度及安装垂直度等的要求不严格。活动式刮板末端的圆周速度较低,一般为 1.5~5 m/s。图 10-14 所示为常见的几种活动式刮板。

刮板式薄膜浓缩设备的筒体对于立式一般为圆柱形,其长径比为 3~6。同样料液在筒体的加热室为夹套,蒸汽在夹套内流动均匀,防止局部过热和短路。转轴由电机及变速调节器控制。轴应有足够的机械强度和刚度,且多采用空心轴。转轴两端装有良好的机械密封,一般采用不透性石墨与不锈钢的端面轴封。

2. 工作原理

料液由进料口沿切线方向进入浓缩设备内或经器内固定在旋转轴上的料液分配盘,将料液均布内壁四周。由于重力和刮板离心力的作用,料液在内壁形成螺旋下降或上升的薄膜(立式),或螺旋向前推进的薄膜

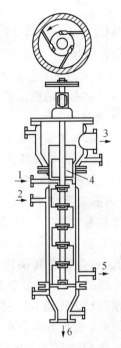

图 10-13　活动刮板式薄膜蒸发器
1. 蒸汽入口　2. 料液入口
3. 二次蒸汽出口　4. 液滴分离器
5. 冷凝水出口　6. 浓缩液出口

(卧式)。二次蒸汽经顶部(立式)或浓缩液出口端的气液分离器后至冷凝器中冷凝排出。

3. 特点

• 由于料液在浓缩时形成液膜状态,而且不断地更新,所以总传热系数较高,一般可达 1 163~3 489 W/(m² · K)。

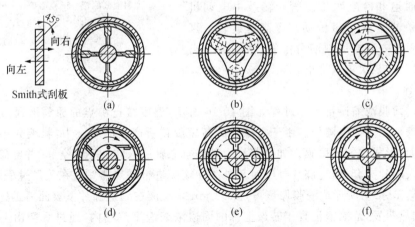

图 10-14　常见的几种活动式刮板

• 该设备适合于浓缩高浓度的果汁、蜂蜜或含有悬浮颗粒的料液。
• 料液在加热区停留的时间,随浓缩器的高度和刮板的导向角、转速等因素而变化,一

般在 2~45 s。

• 刮板式浓缩器的消耗动力较大，一般传热系数在 1.5~3 kW/(m² · K)，且随料液浓度的增大而增加。

• 由于加热室直径较小，清洗不方便。

10.3.2.5 离心式薄膜浓缩设备

1. 主要结构

离心式薄膜浓缩设备是一种利用料液自身高速旋转产生的离心力成膜状流动的高效蒸发设备，它的构造与碟片式分离机相似，其结构如图 10-15 所示。真空室内设置一高速旋转的转鼓，转鼓内叠装有锥形空心碟片，碟片间保持有一定的加热蒸发空间。锥形碟片的小端封闭，大端则与一环箍相连。环箍上钻有若干个径向和轴向小孔，径向孔通向碟片的中空夹层，轴向孔在若干个碟片组装后，由于上下对准而形成一个由底到顶的轴向孔道，沿环箍的周围分布有许多箍条。同时，在上下两个相邻的碟片的环箍间，又构成一个端面为"匚"形的环形沟槽，该环形沟槽与轴向孔道连通。这样，使装配体形成碟片内外两个空间，碟片内空间通入热蒸汽，碟片外空间通入被处理物料。碟片的下侧壁即传热工作壁，上侧壁只相当于容器的壳壁。

转鼓上部为浓缩液聚集槽，插有浓缩液引出管。碟片为中空结构，供料液、清洗水进入和二次蒸汽的排出。转鼓轴为空心结构，内部设置有加热蒸汽通道和冷凝水排出管。转鼓由电动机通过液力联轴器和 V 带传动装置高速旋转。真空室壁上固定安装有原料液分配管、浓缩液引出管、清洗水管和二次蒸汽排出管。

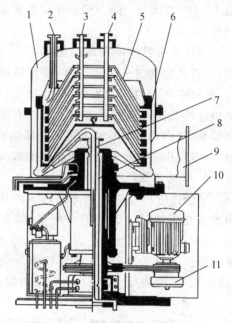

图 10-15　离心薄膜蒸发器结构

1. 蒸发室　2. 浓缩液引出管　3. 洗涤水管

4. 原料液分配管　5. 空心碟片　6. 转鼓

7. 冷凝水排出管　8. 加热蒸汽通道

9. 二次蒸汽排出管　10. 电动机

11. 液力联轴器

2. 工作过程

离心式薄膜浓缩设备工作过程如图 10-16 所示，温度接近沸点的原料液通过分配管喷至各空心碟片下表面内圆处。由于空碟片的高速旋转所产生的离心力，料液分布于空心碟片的外表面，形成均匀的薄膜。加热蒸汽由转鼓空心轴进入转鼓下部空间，并经碟片外缘的径向孔进入碟片夹套，通过碟片外壁对其外表面液膜进行加热蒸发。在蒸发过程中，料液受热时间延续 1~2 s，所形成液膜厚度可达 0.1 mm。料液在到达碟片下表面后迅速向周边移动，进行加热蒸发，浓缩液汇集于转鼓上部的周边浓缩液聚焦槽内，通过真空由上部的浓缩液引出管吸出。二次蒸汽经离心盘中央孔汇集上升，通过二次蒸汽排出口进入冷凝器。料液的蒸发温度由蒸发室的真空度来控制，浓缩液的浓度由调节供料泵的流量来控制。蒸汽放热后的冷凝水在离心力作用下，经碟片径向孔甩到夹套的下边缘周边汇集，由空心轴内的引出管排出，保持加热面较高的传热系数。

3. 特点

离心式薄膜浓缩设备的结构紧凑、传热效率高、蒸发面积大、料液受热时间很短、具有很强的蒸发能力,特别适合热敏性液体食品的浓缩。由于料液呈极薄的膜状流动,流动阻力大,而流动的推动力仅为离心力,故不适用于黏度大、易结晶、易结垢的物料。设备结构比较复杂,造价较高,传动系统的密封易泄漏,影响真空度。

10.3.3 多效浓缩设备

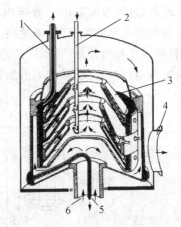

图 10-16　离心式薄膜浓缩设备工作过程
1. 浓缩液引出管　2. 原料液分配管
3. 空心碟片　4. 二次蒸汽出口
5. 冷凝水引出管　6. 加热蒸汽进口

在单效真空浓缩系统流程中,含有大量汽化潜热的二次低压蒸汽没有充分利用就直接排出,经济性差。根据低压蒸发原理,在真空浓缩过程中可以用它再加热温度低的料液,再生低温度的二次蒸汽,依此类推,使热能得到充分利用,利用这种原理即制双效、三效等多效真空浓缩装置。多效蒸发因可减少加热蒸汽的消耗量,降低了运行费用,浓缩效果好等优点而被食品工厂广泛采用。

真空浓缩设备操作流程:

• 单效真空浓缩装置流程:由浓缩锅、冷凝器及抽真空装置组合而成,如图 10-17 所示。

料液在浓缩锅内加热,可间歇式或连续排出,二次蒸汽直接进入冷凝器冷凝,不凝性气体由真空装置抽出,整个系统处于真空状态。

• 多效真空浓缩装置流程:将两个或两个以上浓缩设备相连接,以生蒸汽加热的浓缩设备称为第一效,利用第一效所产生的二次蒸汽作为加热源的浓缩设备称为二效,之后依此类推,配以冷凝器及抽真空装置等,称为多效真空浓缩装置。根据原料加入方法的不同,多效真空浓缩装置流程可分为并流法、逆流法、平流法和混流法。

(a)并流法:并流法又称顺流法,其流程如图 10-18所示,溶液与加热蒸汽的流动方向相同,由第一效顺序至末效,浓缩液由最后一效流出。由于蒸发室内的压力依效序递减,而料液的沸点依效序也递降,因此料液在顺序流动时不需要泵,物料进入后一效时,呈过热状态而立即蒸发,产生更多的二次蒸汽,增加浓缩设备的蒸发量,这是顺序法的优点。其缺点为料液浓度依效序递增,黏度增大,流动性差,使末效蒸发增加了困难,但有利于热敏性物料的浓缩。

(b)逆流法:蒸汽与溶液进入浓缩器的流向相反,如图 10-19 所示,原料由末效进入,用

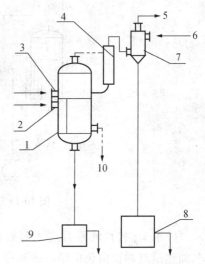

图 10-17　单效真空浓缩装置
1. 浓缩器　2. 蒸汽进口　3. 料液进口
4. 气液分离器　5. 不凝性气体排出口
6. 冷水进口　7. 冷凝器　8. 水箱
9. 浓缩液　10. 冷凝水出口

泵打入前效,最终浓缩液由一效排出,加热蒸汽从第一效通入,二效蒸汽顺序通入至末效。随着料液向前效流动,浓度越来越高,而蒸发温度也越来越高,故黏度的增加没有顺流法的显著,有利于改善循环条件,提高传热系数。同顺流相比,料液的流动需要用泵来输送,水分蒸发量稍减,料液在高温操作的浓缩器内的停留时间较长。

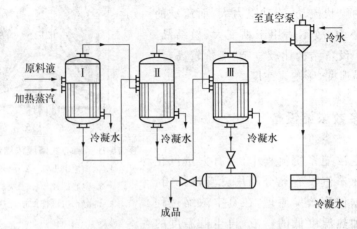

图 10-18　并流多效真空浓缩设备流程图

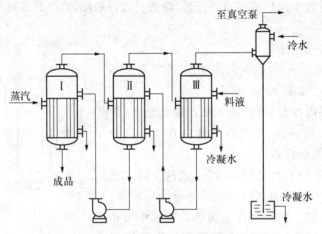

图 10-19　逆流多效真空浓缩设备流程图

（c）平流法:料液平行进入每效和排出成品,如图 10-20 所示,溶液在各效的浓度均相同,加热蒸汽的流向仍由第一效顺序至末效。

（d）混流法:对于效数多的蒸发浓缩操作顺流和逆流并用,有些效间用顺流,有些效间用逆流。此法起协调顺流和逆流优缺点的作用,对黏度极高的料液很有用处,特别是在料液的黏度随浓度而显著增加的场合下,可以采用此法。

除此还可根据工艺要求,采用其他操作流程,如:在末效采用单效浓缩锅与前几效组成新流程,克服末效溶液黏度大、流动性差的缺点,末效采用生蒸汽或热泵加热,提高其温度差,强化传热效果。

10.3.3.1　顺流式双效降膜真空浓缩设备

图 10-21 和图 10-22 为顺流式双效降膜真空浓缩设备流程图,是比较典型的降膜式浓

食品机械与设备

缩设备。它包括了物料的预热、杀菌和浓缩三个工艺过程,主要由一、二效蒸发器,热压泵,水力喷射器(蒸汽喷射器),预热器,液料泵等构成。一、二效蒸发器结构相同,内部除蒸发管束外,在加热管束上端盘有预热盘管。

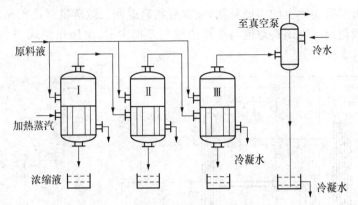

图 10-20　平流多效真空浓缩设备流程图

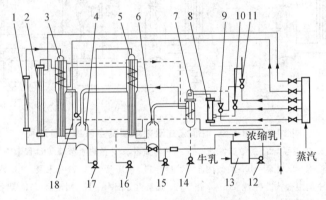

图 10-21　双效降膜真空浓缩设备

1. 保温管　2. 杀菌器　3. 第一效加热器　4. 第一效分离器　5. 第二效加热器　6. 第二效分离器
7. 冷凝器　8. 中间冷凝器　9. 一级气泵　10. 二级气泵　11. 蒸汽泵　12. 进料泵
13. 平衡槽　14. 冷却水泵　15. 出料泵　16. 冷凝水泵　17. 物料泵　18. 热压泵

1. 浓缩工艺流程

(1)物料的浓缩　以鲜乳的浓缩为例(图 10-21)。

预热杀菌:采用经标准化后(干物质 11.6％)的合格鲜乳,首先进入由浮球阀控制液面的平衡槽,然后经离心式乳泵抽出,送入中间混合冷凝器的预热盘管,出口温度约为 42℃。再进入二效蒸发器上部壳层内的预热盘管,出口温度约 64℃,然后至一效蒸发器上部壳层内的预热盘管再进入杀菌盘管(生蒸汽加热段),物料由此入保温管时温度已达 95~98℃,其流速由 1.1 m/s 降至 0.1 m/s,流经时间约 24 s,到此完成物料的预热杀菌。物料流经的全程管路约 90 m,其中预热盘管总长约 80 m。

蒸发浓缩:物料首先进入一效蒸发器顶部的分配盘,均匀分布于蒸发管内,物料沿管壁呈膜状下降,蒸发产生的二次蒸汽与物料同至底部,再与物料一起进入离心式分离器。此时一效蒸发器加热壳层的加热温度为 83~85℃,管内蒸发温度为 70~72℃。经分离器与二次蒸汽分离的物料浓度约24%(干物质),然后由中间离心式物料泵送至二效,重复上述过程。二效加热器加热温度为70～72℃,蒸发温度为45～50℃。由二效分离器出来的物料浓度达到48%左右。最后由离心式出料泵送至喷雾工段,当出料浓度与要求浓度相差不太大时,调节出料阀与出料管支路上的再循环阀,使部分物料返回二效蒸发器再次循环(小循环),此阀可视为浓度微调阀。当出料浓度与要求浓度相差很大时,关闭出料阀,打开回流阀,物料回到平衡槽进行大循环。

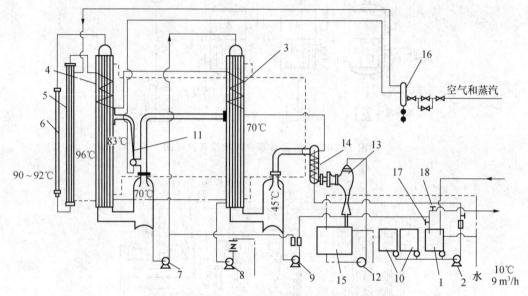

图 10-22　RP₆K₇型顺流式双效降膜真空浓缩设备流程

1. 平衡槽　2. 进料泵　3. 二效蒸发器　4. 一效蒸发器　5. 预热杀菌器　6. 保温管　7. 料液泵
8. 冷凝水泵　9. 出料泵　10. 酸碱洗涤液贮槽　11. 热压泵　12. 冷却水泵　13. 水力喷射器
14. 中间混合式冷凝器　15. 水箱　16. 加蒸汽分配阀　17. 回流阀　18. 出料阀

(2)加热蒸汽与冷凝水　一效蒸发与其预热盘管内物料的热能,由蒸汽喷射式热压泵供给,这部分热能由热压泵的动力蒸汽(锅炉供给的一次蒸汽)和抽吸的一部分一效二次蒸汽组成,比例约为1∶1。二效蒸发和预热盘管内物料的热能全部为一效的二次蒸汽供给。二效二次蒸汽全部进入混合冷凝器,首先用于预热盘管内的物料,其余被冷却水冷凝。杀菌管内的加热蒸汽由锅炉的一次蒸汽供给,其冷凝水靠压差进入一效蒸发器壳层,汇集一效蒸发器加热蒸汽冷凝水,再靠压差进入二效蒸发器壳层,最后与二效蒸发器的加热蒸汽冷凝水一起由离心式冷凝水泵排出。

(3)真空的形成　采用二级蒸汽喷射泵中间串联列管式冷凝器,冷凝二次蒸汽采用低位混合式冷凝器。为开机时迅速达到真空度,配有启动蒸汽喷射泵。使用的一次蒸汽均为861 kPa的饱和蒸汽。

物料、冷却水、一次蒸汽所含的不凝性气体和由设备漏入的不凝性气体及小量没有被混合冷凝器冷凝的二次蒸汽均由蒸汽喷射泵抽出,以维持设备的真空。

正常操作时,混合冷凝器内的真空度约101.3 kPa (760 mmHg)(即混合冷凝器内的压力接近于零)。一、二效分离器内的真空度分别为69.32 kPa、91.32 kPa(520 mmHg、685 mmHg)(即一、二效分离器内的压力分别为32 kPa、9.9kPa)。一、二效蒸发器高层有上下两条不凝性气体管与混合冷凝器相连,由于出口装有不同孔径的流量控制板,分别形成46.6 kPa、68.65 kPa(350 mmHg、515 mmHg)的真空度。

(4)冷却水 由中间冷凝器(列管式冷凝器)下端进入其冷凝管内,由上端排出进入混合冷凝器上部洒水盘,由上而下经两道伞式折流板分散,把由上而下的二次蒸汽冷凝。冷凝水与冷却水一起由冷却水泵排出。

2. 流程的特点

• 顺流进料,减少了物料热敏性成分的破坏率。物料首先进入一效蒸发,然后进二效。物料在二效的浓度高于一效,但加热与蒸发温度均低于一效,这是由于物料浓度高时,黏度大,热传导差,如果加热、蒸发的温度过高会产生过热现象,影响产品的质量。

• 物料受热时间短。由于物料连续进出,在设备内停留时间约 3 min,这样对保护热敏性物料则优于升膜式,这是因为升膜式浓缩设备不可能使全部先进入设备的物料首先排出,总是有部分先进入的物料在设备内反复受热。对间歇式浓缩设备来说,降膜式浓缩设备就显得更优越了。

• 物料预热温差小。物料经四段预热盘管逐渐升温,最高温差 35℃,而且是在加热温度只有 50℃ 的低温阶段,这比管式、片式、转鼓式换热器的温度差要小 1/2～1/3,对于防止结焦具有重要的作用。

• 有利于保证产品的质量。由于温度较低,可有效保护食品中有效成分,使有效成分的破坏率降到最低。

• 热效率高。一次蒸汽的总耗量与蒸发的比值为蒸发系数,该设备为 0.416,如扣除物料预热杀菌和设备抽真空耗用的一次蒸汽,其净比值为 0.32,即 1 kg 水耗用一次蒸汽 0.32 kg。单效盘管式真空浓缩锅,一次蒸汽的耗量(不包括抽真空和预热物料用汽)与蒸发量比值为 1∶1 以上。因此,就目前乳品工业应用的浓缩设备来看,该设备的热效率最高。

其热效率之所以高,不仅是因为双效蒸发,同时还由于配置了回收利用一效二次蒸汽的高效率的热压泵,从而使一效二次蒸汽约 50% 用于一效蒸发和预热物料。此外,二效二次蒸汽的 25% 也用于预热物料。由此可见,充分利用二次蒸汽是该设备的主要特点之一。

• 冷却水耗量低。由于二次蒸汽的充分利用,使冷却水的消耗大大降低。当进水温度为 20℃ 时,冷却水耗量仅为 12 m³/h,蒸发量与冷却水耗量的比值为 1∶1,而在同样条件下,双效升膜浓缩设备的比值为 1∶14,单效盘管式真空浓缩锅为 1∶29。

3. 双效降膜真空浓缩设备流程节能措施

(1)冷凝水显热的利用

• 列管式杀菌器壳程内 98℃ 的凝结水,进入一效壳程时,降温＝98℃－83℃＝15℃,这部分凝结水(200 kg/h)放出的显热,使部分水分汽化,进入到加热蒸汽的行列里。

• 同理一效加热壳程内 83℃ 的凝结水(800 kg/h)进入到二效壳程内时,降温 13℃,这部分显热同样产生部分蒸汽而被利用。

(2)热压泵的应用 400 kg/h 的生蒸汽在热压泵的作用下,与一效被蒸发出来 800 kg/h 二次蒸汽的一半混合成为 800 kg/h 的加热蒸汽作为一效的热源。

(3)多效的应用 二效的加热蒸汽无需生蒸汽,而是利用一效的 70℃ 400 kg/h 的二次蒸汽作为热源。

因此,双效浓缩设备蒸发量为 1 200 kg/h 时,仅需要 400 kg/h 的生蒸汽,即每蒸发1 kg水分需 0.333 kg 的蒸汽,再加上显热的利用,其实仅用 0.32 kg 生蒸汽。所以,该设备是节能的。

(4)物料预热器内的牛乳预热盘管起着冷凝二效二次蒸汽的作用。这样,不仅节能,而且节约冷却水。

(5)节约冷却水 在整个系统中,二效是一效的冷凝器,而一效又是半个冷凝器。对单效而言,其二次蒸汽的冷凝全部靠冷却水,如蒸发水分量为 1 000 kg/h,则必须把 1 000 kg/h 的二次蒸汽及时冷凝下来,与之配套的多级水泵的流量为 39 t/h,即每小时耗 39 t 水才能把 1 000 kg 的二次蒸汽冷凝下来(39 t 是个变量,与进出水温度有关)。而对于双效就不完全是这样了。从一效出来的 800 kg/h 二次蒸汽,分两路,一路在热压泵的作用下进入一效而被冷凝,此时无需冷却水,而管内被加热的牛乳起着与冷却水相同的作用。同理,另一路进入二效的二次蒸汽(400 kg/h)亦被冷凝下来。此刻,水力喷射器冷却水的任务,只是把二效蒸发出来的 400 kg/h 的二次蒸汽冷凝下来就行了(预热器亦是冷凝器)。显然,如果单效用一份冷却水,对于双效只用 1/3 份就可以了。

(6)增加冷凝水 对于单效,使用一份生蒸汽,排一份凝结水(1∶1),而对于双效,使用 400 kg/h 的生蒸汽,就有 1 200 kg/h 的凝结水排出,其比例为 1∶3。可见增加了两份凝结水,这部分凝结水是牛乳中的水分。

10.3.3.2 混流式三效降膜真空浓缩设备

图 10-23 所示为混流式三效降膜真空浓缩设备,主要包括一、二、三效蒸发器,混合式冷凝器,料液平衡槽,热压泵,物料泵,双级水环式真空泵等,其中二效蒸发器为组合蒸发器。

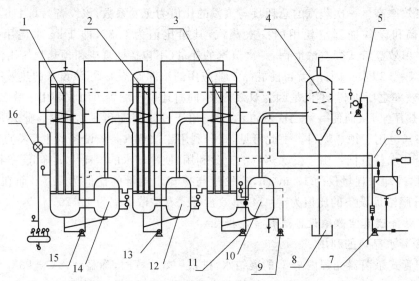

图 10-23 混流式三效降膜真空浓缩设备

1. 一效蒸发器 2. 二效蒸发器 3. 三效蒸发器 4. 冷凝器 5. 真空泵 6. 平衡罐 7. 进料泵
8. 水箱 9. 冷凝水泵 10. 三效分离器 11. 出料泵 12. 二效分离器
13. 二效循环泵 14. 一效分离器 15. 一效循环泵 16. 热泵

平衡槽内的料液(固形物含量 12%)由泵抽吸供料,经预热器预热后,先进入一效蒸发器,通过降膜受热蒸发,进入一效分离器(蒸发温度 70℃),分离的初步浓缩料液,由循环液料泵送入三效蒸发器(蒸发温度 57℃)。从三效分离器出来的浓缩液由循环泵送入二效蒸

食品机械与设备

发器(蒸发温度 44℃),最后由出料泵从二效分离器将浓缩液(固形物含量 48%)抽吸排出,其中不合格产品送回平衡槽。

生蒸汽首先被引入一效蒸发器和与一效蒸发器连通的预热器,第一效蒸发器产生的二次蒸汽,一部分通过(与生蒸汽混合的)热压泵增压后作为一效蒸发器和预热器的加热蒸汽使用,二效分离器所产生的二次蒸汽,被引入三效蒸发器作为热源蒸发,三效分离器处的二次蒸汽导入冷凝器,经与冷却水混合冷凝后由冷凝水泵排出。各效产生的不凝气体均进入冷凝器,由水环式真空泵抽出。

该套设备适用于牛乳等热敏性料液的浓缩,料液受热时间短,蒸发温度低,处理量大,蒸汽消耗量低。

10.3.3.3 混流式四效降膜真空浓缩设备

图 10-24 所示为混流式四效降膜真空浓缩设备流程,用于牛乳的杀菌与浓缩。牛乳首先经预热后进行杀菌,然后顺序经由第四效、第一效、第二效和第三效蒸发器进行浓缩。其中采用了多个蒸发器夹套内的预热器,并增设闪蒸冷却罐用于牛乳杀菌后的降温,二次蒸汽的冷凝采用效率较高的混合式冷凝器。

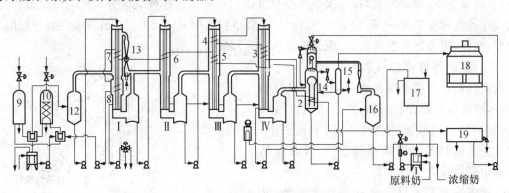

图 10-24　混流式四效降膜真空浓缩设备流程

1. 平衡槽　2～7. 预热器　8. 直接加热式预热器　9、10. 高效加热器　11. 高效冷却器
12. 闪蒸罐　13. 热压泵　14. 两段式混合换热冷凝器　15. 真空罐
16. 浓缩液闪蒸冷却罐　17. 冷却罐　18. 冷却塔　19. 冷水池

10.3.4　真空浓缩设备的附属设备

真空浓缩设备的附属设备主要包括捕集器、冷凝器、水力喷射器、热压泵、蒸汽喷射器及真空装置等。

10.3.4.1　捕集器(捕沫器)

它一般安装在浓缩装置的蒸发分离室顶部或侧面。其主要作用是防止蒸发过程中形成的细微液滴被二次蒸汽夹带逸出,对气液进行分离,可减少物料损失,同时防止污染管道及其他浓缩器的加热面。

捕集器的类型较多,但可归纳为惯性型、离心型及表面型三类,如图 10-25 所示。

(1)惯性型捕集器[图 10-25(a)、(b)]　它是在二次蒸汽流经的通道上,设置若干挡板,使带有液滴的二次蒸汽多次突然改变方向,同时与挡板碰撞。由于液滴惯性较大,在突然改变流向时,便从气流中甩出去,从而与气体分离。为了提高其分离效果,一般容器的直径比二次蒸汽入口直径大 2.5～3 倍。正常操作效果尚好,但阻力损失较大。

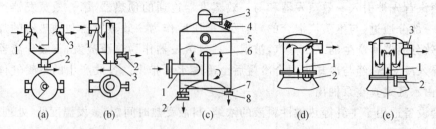

图 10-25　泡沫捕集器构造示意图
1. 二次蒸汽进口　2. 料液回流口　3. 二次蒸汽出口　4. 真空解除阀
5. 视孔　6. 折流板　7. 排液口　8. 挡板

(2)离心型捕集器[图 10-25(c)]　形状与旋风分离器相似。带有液滴的二次蒸汽沿分离器的内壁成切线方向导入,使气流产生回转运动,液滴在离心力作用下被甩到分离器的内壁,并沿壁流下,回蒸发室内,二次蒸汽由顶部出口管排出。这种气液分离器与惯性型相似,只有在蒸汽速度很大(一般为 12～30 m/s,在真空状态时可达 60～70 m/s)时,操作性能才较好,因此,阻力损失也较大(一般为 5.3～13.3 kPa)。

(3)表面型捕集器[图 10-25(d)、(e)]
二次蒸汽通过多层金属网或磁圈所构成的捕集器,液滴被黏附在其表面,而二次蒸汽则通过,它的特点是气流速度较小,阻力损失小。但是由于填料及金属圈不易清洗,故在食品工业中应用较少。

捕集器既要求具有良好的分离效果,又要求尽量减少阻力,保证液体继续流回蒸发室内。同时,应易于拆洗,没有死角,结构简单,尺寸小,消耗金属少。

10.3.4.2　冷凝器

冷凝器的主要作用是将真空浓缩所产生的二次蒸汽进行冷凝,并将其中的不凝性气体(如 CO_2、空气等)分离,以减轻真空系统的体积负荷,同时保证达到所需的真空度。

(1)混合式冷凝器(图 10-26)　它为单效、低位、逆流式,特点是体积小,效率高,与普通筛板式混合冷凝器比较,其参数选择和结构区别在于:二次蒸汽入口的空塔速度约 60 m/s,比筛板式混合冷凝器空塔速度(15～20 m/s)高 3 倍以上。而冷凝器直径是按空塔速度计算的。当筛板式混合冷凝器直径也

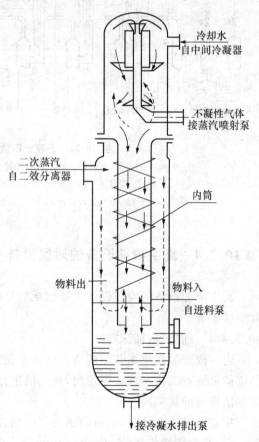

冷却水
自中间冷凝器

不凝性气体
接蒸汽喷射泵

二次蒸汽
自二效分离器

内筒

物料出

物料入

自进料泵

接冷凝水排出泵

图 10-26　混合式冷凝器

为 0.5 m 时,最小有效高度为 2.8 m,比混合式冷凝器高 0.4 m。在其中部装有"隔筒",物料预热盘管固定在上面。二次蒸汽进入混合冷凝器时首先由上而下经"隔筒"外表面和物料预热盘管后冷凝,然后再由"隔筒"下口上升与下落的冷却水混合,冷凝。"隔筒"和物料预热盘管相当于一个表面冷凝器。其总冷凝传热面积 3.5 m²,被冷凝的二次蒸汽约 35%。因此,确切地说,这种冷凝器称为表面混合组合式冷凝器更为恰当,其有效高度虽然小于同能力的筛板式冷凝器,但二次蒸汽走的路程要比筛板式冷凝器的长,这是主要区别。

(2)大气式冷凝器[图 10-27(a)] 二次蒸汽由冷凝器下侧进入,向上通过隔板间隙,与从冷凝器上部进入的冷水逆流接触,达到冷凝从气压管排出,不凝结性气体由上端排出,进入气液分离器,将液滴分离后,再被抽真空装置吸出排入大气。因被抽进真空装置的不凝结性气体是没有液滴的,故也称之为干式高位逆流冷凝器。

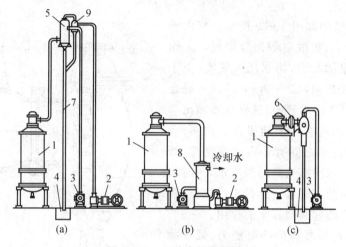

图 10-27 几种冷凝器装置

(a)大气式 (b)表面式 (c)喷射式

1. 真空浓缩锅 2. 干式真空泵 3. 给水泵 4. 热水池
5. 大气式冷凝器 6. 水力喷射器 7. 气压式真空腿
8. 表面式冷凝器 9. 气液分离器

冷凝器体是一个用钢板制成的圆筒,直径为 400~2 000 mm,高度 1 200~5 000 mm,内部装有淋水板。常见的如图 10-28 所示,板数一般为 3~8 块,板上有孔眼或无孔眼,孔眼直径为 2~5 mm,每块淋水板的面积为冷凝器断面积的 60%~70%。

(3)表面式冷凝器[图 10-27(b)] 其工作原理与管壳式热交换器相同,由于它是通过一层管壁间接传热,加上壁垢的生成,两边温差较大,一般情况下二次蒸汽的温度与冷却水的温度相差达 10~20℃。除非冷凝液有回收价值,否则冷却水的使用是不经济的,故其使用较少。

(4)低水位冷凝器 为了降低大气式冷凝器的高度,其冷凝水的排出,要依靠抽水泵来完成,抽吸压头相当于气压真空腿降低的高度。有时,在它的顶端连接真空泵或蒸汽喷射泵。这种冷凝器由于降低了安装高度,故可装置在室内,具有大气式冷凝器的优点,又避免了其缺点。它要求配置的抽水泵具备较高的允许真空吸头,管路要严密,以免发生冷却水倒吸入浓缩设备的事故。由于需多配一套抽水泵,故投资费用增加。

(5)喷射式冷凝器[图 10-27(c)] 它由水力喷射器及离心泵组成,操作时兼有冷凝及抽真空两种作用。

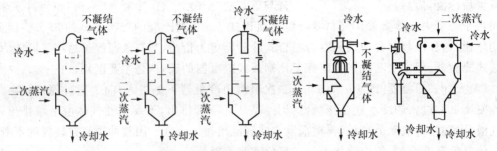

图 10-28　逆流式冷凝器结构示意图

水力喷射器结构如图 10-29 所示。它由喷嘴、吸气室、混合室、扩散室等部分组成。工作时,借助离心水泵的动力,将水压入喷嘴,由于喷嘴断面积小,以高速(15～30 m/s)射入混合室及扩散室,后进入排水管中,这样在喷嘴出口处,形成低压区,因此会不断地吸入二次蒸汽,由于二次蒸汽和冷水之间有一定的温度差,两者进行热交换后,二次蒸汽凝结为冷水,同时夹带不凝结性气体,随冷却水一起排出。这样,既达到冷凝作用,又能起到抽真空的作用。

喷嘴的大小与冷凝器的冷凝能力、吸入冷水的水质有关。喷嘴排列是否恰当,对抽气效能影响很大。当水质较好,冷凝能力较小时,可采用直径较小的喷嘴,一般以 $\phi16～20$ mm 为宜,喷嘴以一定倾斜角度按同心圆排列,一般为 1～3 圈。

喉管直径的大小与操作要求的真空度有关,当在 79.99～93.32 kPa(600～700 mmHg) 时,喉管截面积之比在 3～4 间。当安装在一定楼层的喷射式冷凝器排水管考虑水封时,喉管的长度一般可用 50～70 mm。如果喷射冷凝器安装在底层,由于尾管不能水封,可适当增加喉管部长度,可用 70～100 mm。

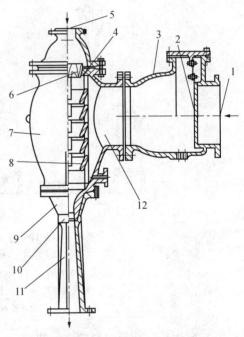

图 10-29　喷射式冷凝器

1.二次蒸汽进口　2.阀板　3.止逆阀体
4.喷嘴阀板　5.冷凝水进口　6.喷嘴
7.器壁　8.圆锥形导向挡板　9.混合室
10.喉管　11.扩散室　12.吸气室

为了防止高速水流的冲击作用,在吸气室内安装有流体导向板,对水流起缓冲及分配作用。

操作时,要求供水泵压力稳定。操作停止时,先破坏浓缩锅内的真空,然后关闭水泵,避免冷水倒回浓缩锅内。

水力喷射器相比于其他冷凝器具备以下的特点:兼有冷凝器及抽真空作用,故不必再配置真空装置;结构简单,造价低廉,冷凝器本身没有运行部分,不需要经常检修;适应于水、腐

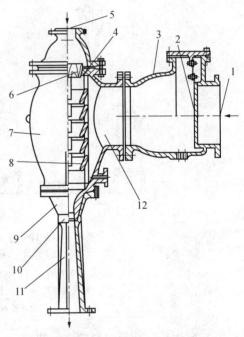

食品机械与设备

蚀性气体的冷凝;安装高度较低,与浓缩锅的二次蒸汽排出管水平方向直接连接即可;整个冷凝装置的功率消耗小;不能获得较高的真空度,并随温度的高低而变化;水泵运转时实际功率消耗较大。

10.3.4.3 真空装置

真空装置在系统中主要是保证整个浓缩装置处于真空状态并降低浓缩锅内压力,从而使料液在低温下沸腾,有利于提高食品的质量,其主要作用是抽取不凝结气体。目前采用的主要有机械式泵及喷射式泵两类。

浓缩装置中不凝结气体主要来自溶解在冷却水中的空气;料液受热后分解出来的气体;设备泄漏进来的气体等。

1. 往复式真空泵

它由机身、气缸、活塞、曲轴、连杆、滑块、进排气阀门等组成。一般往复式真空泵分湿式与干式两种,其结构如图 10-30 所示。

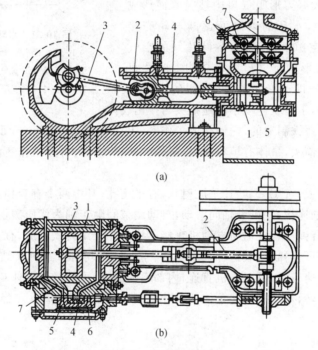

图 10-30　往复式真空泵

(a)湿式　1.活塞　2.滑块　3.连杆　4.连接杆　5.汽缸　6.吸入阀门　7.排出阀门

(b)干式　1.汽缸　2.连杆　3.活塞　4.通道　5、7.阀门　6.滑动阀门

(1)湿式真空泵　常与并流式冷凝器配套使用,它通过活塞往复运动,把冷凝器内的冷却水及不凝结气体一起同时排出,以保证系统的真空。由于机体笨重,真空度较低,效率差,功率消耗大,经常维护费高,目前已较少使用。

(2)干式真空泵　与干式逆流冷凝器配套使用,它仅仅把冷凝器中的不凝结气体抽出,效果较湿式真空泵好,使用较广泛,但占地面积大,维护费用较多。

这种真空泵在电机的驱动下,通过曲轴连杆的作用,使气缸内的活塞做往复运动,活塞的一端由真空系统吸入气体,并由另一端将吸入气缸内的气体,通过气阀箱,再由排气管排入大气中去,在整个吸气及排气循环过程中,活塞起驱动作用,进排气阀片起逆止作用,这样当活塞不断做往复运动时,真空系统中的气体不断被抽除,而达到所需的真空度。

2. 水环式真空泵

它主要是由泵体和泵壳组成的工作室,其结构如图 10-31 所示。泵体是由呈放射状均匀分布的叶片和轮壳组成的。叶轮偏心地安装在圆形的工作室内。

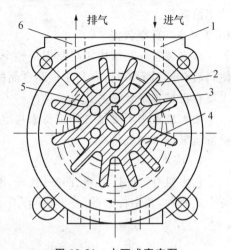

图 10-31　水环式真空泵

1. 进气管　2. 叶轮　3. 水环
4. 吸气口　5. 排气口　6. 排气管

泵启动前,在工作室内灌水至半满,当电动机带动叶轮旋转时,由于离心力的作用将水甩至工作壁形成一个旋转水环,水环上部内表面与轮壳相切,沿顺时针方向旋转的叶轮在前半转中,水环的内表面逐渐与轮壳离开,因此各片之间的空隙逐渐扩大,被抽气体从大镰刀形吸气口中被吸入而形成真空。在后半转中,水环的内表面逐渐与轮壳接近,因此叶片间的空隙逐渐缩小,各叶片间的空气被压缩并从小镰刀形的排气口中被排出。叶片每转一周,叶片间体积即改变一次,叶片间的水就像活塞一样反复运动,于是就连续不断地抽吸与排出气体。

泵体与泵壳是铸铁制造的,它们构成工作室,上面有进、排气室,下面有放水螺栓,盖上有指示旋转方向的箭头,泵体有填料密封,泵体侧面螺丝孔为补充工作室内因蒸发和其他消耗的水用。

叶轮为铸铁制成,有 12 个叶片呈放射状,有平衡孔(其中两个有套扣,供拆卸用)平衡轴向力,叶轮靠键与轴连接,并可沿轴向滑动,自动调节间隙。轴为优质碳钢制成,支撑在两个滚珠轴承上,右端有弹性联轴器与电动机直接连接。托架用铸铁制成,有止口保证与泵体连接。轴承间有空腔可存稀油,故这种泵用稀油、干油润滑均可。这种泵结构简单紧凑,易于制造,操作可靠,转速较高,可与电机直连,内部不需润滑,可使排出气体免受油污,排气量较均匀。但因高速运转,水的冲击使泵体及泵叶磨损造成真空降低,并需经常更换,功率消耗较大。

3. 蒸汽喷射泵

(1)工作原理与结构　它与水力喷射器相似,主要不同点是采用较高压力的水蒸气作动力源。它由喷嘴、混合室和扩散器组成,如图 10-32 所示。喷嘴结构为不锈钢。工作蒸汽通过喷嘴后,势能转化为动能,以超音速度喷入混合室,被抽气体和高速气流混合,并从气流中获得部分动能。混合后的气流进入扩散室,动能再转化为势能。即流动速度沿轴线流向逐渐降低,而温度与压强沿轴线流向逐渐升高,直至升高到排至大气或排至下一级泵所需的压强。

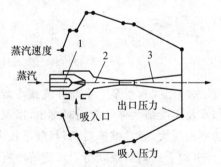

图 10-32　蒸汽喷射泵工作原理

1. 喷嘴　2. 混合室　3. 扩散室

由于被抽真空室压力比混合室压力稍高,从而使真空室内处于一定真空度下的被抽介质连续地被送至大气或下一级泵。

为了得到更高的真空度,可采用各级串联组合的蒸汽喷射泵。为提高效率,减少蒸汽耗量,在各级泵之间配置冷凝器(一般为混合式冷凝器),以减少后一级泵的负荷。一般单级蒸汽喷射泵最高真空度为 86.65~95.99 Pa,双级可达 97.33~99.99 Pa,最好在两级之间设置中间冷凝器。三级蒸汽喷射装置可达到 100.66~101.06 Pa。

(2)各级蒸汽喷射泵的操作注意事项   首先打开中间冷凝器的冷却水阀门;然后启动最后级蒸汽喷射泵(即吸入真空度最低的泵),再往前逐级启动。停车时先关闭第一级蒸汽喷射泵(即吸入真空度最高的泵),然后往后逐级关闭;停车时先破坏浓缩罐内的真空,然后慢慢关闭各级蒸汽喷射泵,以免冷水倒入罐内;操作时,注意冷凝器内冷却水的排出速度,适当加减水量。

(3)优缺点   它具有抽气量大、真空度高、安装运行简便、价格便宜、占地面积小等优点。其缺点是:要求蒸汽压力较高及蒸汽量要稳定,需要较长时间的运转才能达到所需的真空度(约 30 min),排出的气体还有微小压力(约 0.01 MPa 表压),只能排入大气中。

10.4 冷冻浓缩

10.4.1 概述

冷冻浓缩是利用冰与水溶液之间的固液相平衡原理,将水以固态方式从溶液中去除的一种浓缩方法。图 10-33 为表示水溶液与冰之间固液平衡关系的示意图,图中物系组成以质量分数表示。冷冻浓缩的共晶点 E(溶液组成 w_E)以左的部分,DE 为溶液组成和冰点关系的冻结线,曲线上侧是溶液状态,下侧是冰和溶液的共存状态。

如图 10-33 所示,冷却溶液到 T_A 时,开始有冰晶析出,继续冷却至 B 点,残留溶液的组成增加为 w_B,凝固温度降为 T_E,理论上讲最终浓缩至 w_E,这就是冷冻浓缩的原理。

采用冷冻浓缩方法时,需要注意溶液的浓度。当溶液中溶质浓度高于低共熔浓度时,过饱和溶液冷却的结果表现为溶质转化成晶体析出的结晶操作过程,这种操作,不但不会提高溶液中溶质的浓度,相反却会降低溶质的浓度。当溶液中所含溶质浓度低于低共熔浓度时,冷却结果表现为溶剂(水分)成晶体(冰晶)析出。溶剂成晶体析出的同时,余下溶液中的溶质浓度显然就提高了,再利用分离方法去除溶剂就达到浓缩的目的。

冷冻浓缩的操作包括两个步骤:首先是部分水分从水溶液中结晶析出,其次是将冰晶与

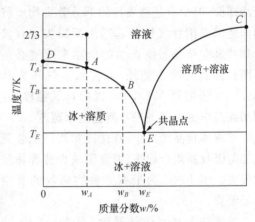

图 10-33 水溶液与冰之间的固液
平衡关系示意图

浓缩液加以分离。结晶和分离两步操作可在同一设备或在不同的设备中进行。

冷冻浓缩方法特别适用于热敏性食品的浓缩。由于溶液中水分的排除不是用加热蒸发的方法,而是靠从溶液到冰晶的相间传递,所以可以避免芳香物质因加热所造成的挥发损失。为了更好地使操作时形成的冰晶不混有溶质,分离时又不致使冰晶夹带溶质,防止造成过多的溶质损失,结晶操作要尽量避免局部过冷,分离操作要很好地加以控制。在这种情况下,冷冻浓缩就可以充分显示出它独特的优越性。将这种方法应用于含挥发性芳香物质的食品浓缩,除成本外,就制品质量而言,要比蒸发浓缩好。

冷冻浓缩的主要缺点是:①因为加工过程中,细菌和酶的活性得不到抑制,所以制品还必须再经热处理或加以冷冻保藏。②采用这种方法,不仅受到溶液浓度的限制,而且还取决于冰晶与浓缩液可能分离的程度。一般来说,溶液黏度愈高,分离就愈困难。③浓缩过程中会造成不可避免的溶质损失。④成本高。所以,这项新技术还不能充分地发挥其独特的优势。

▷ 10.4.2　冷冻浓缩装置系统

冷冻浓缩装置系统主要由结晶设备和分离设备两部分构成。

1. 冷冻浓缩的结晶装置

冷冻浓缩用的结晶器有直接冷却式和间接冷却式两种。直接冷却式可利用水分部分蒸发的方法,也可利用辅助冷媒(如丁烷)蒸发的方法。间接冷却式是利用间壁将冷媒与被加工料液隔开的方法。食品工业上所用的间接冷却式设备又可分内冷式和外冷式两种。

(1)直接冷却式真空结晶器　在这种结晶器中,溶液在绝对压力 266.6 Pa 下沸腾,液温为 $-3℃$。在此情况下,欲得 1 t 冰晶,必须蒸去 140 kg 水分。直接冷却法的优点是不必设置冷却面,但缺点是蒸发掉的部分芳香物质将随同蒸汽或惰性气体一起逸出而损失。直接冷却式真空结晶器所产生的低温水蒸气必须不断排除。为减小能耗,可将水蒸气压力从 266.6 Pa 压缩至 933.1 Pa,以提高其温度,并利用冰晶作为冷却剂来冷凝这些水蒸气。

在液体食品加工中,直接冷却法结晶装置往往与吸收器组合起来,以显著减少芳香物质的损失。图 10-34 为带有芳香物回收的真空结晶装置。

料液进入真空结晶器后,于 266.6 Pa 的绝对压力下蒸发冷却,部分水分即转化为冰晶。从结晶器出来的冰晶悬浮液经分离器分

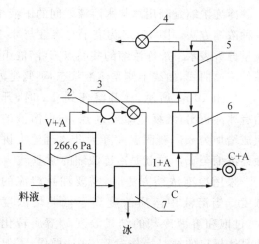

图 10-34　带有芳香物回收的真空结晶装置流程
1. 真空结晶器　2. 冷凝器　3. 干式真空泵
4. 湿式真空泵　5. 吸收器Ⅱ　6. 吸收器Ⅰ
7. 冰晶分离器
A. 芳香物　C. 浓缩液　I. 惰性气体　V. 蒸汽

离后,浓缩液从吸收器上部进入,并从吸收器下部作为制品排出。另外,从结晶器出来的带芳香物的水蒸气先经冷凝器除去水分后,从下部进入吸收器,并从上部将惰性气体抽出。在

吸收器内,浓缩液与含芳香物的惰性气体呈逆流流动。若冷凝器温度并不过低,为进一步减少芳香物损失,可将离开吸收器Ⅰ的部分惰性气体返回冷凝器作再循环处理。

(2)内冷式结晶器　内冷式结晶器可分两种:一种是产生固化或近于固化悬浮液的结晶器,另一种是产生可泵送的浆液的结晶器。

第一种结晶器的结晶原理属于层状冻结。用于预期厚度的晶层的固化,晶层可在原地进行洗涤,或作为整个板晶或片晶移出后在别处加以分离。此法的优点是,因为部分固化,所以即使稀溶液也可浓缩到40%以上,此外尚具有洗涤简单、方便的优点。

第二种结晶器采用结晶操作和分离操作分开的方法。它由一个大型内冷却不锈钢转鼓和一个料槽组成,转鼓在料槽内转动,固化晶层由刮刀除去。因冰晶很细,故冰晶和浓缩液分离很困难。此法工业上常用于橙汁的生产。此法的一种变型是将料液以喷雾形式喷溅到旋转缓慢的内冷却转鼓式转盘上,并且作为片冰而排出。

冷冻浓缩所采用的大多数内冷式结晶器属于第二种结晶器,即产生可以泵送的悬浮液。在比较典型的设备中,晶体悬浮液停留时间只有几分钟。由于停留时间短,故晶体粒度小,一般小于$50\,\mu m$。作为内冷式结晶器,刮板式换热器是第二种结晶器的典型运用之一。

(3)外冷式结晶器　外冷式结晶器主要有以下三种形式。

第一种形式要将料液先经过外部冷却器作过冷处理,过冷度可高达$6\,^\circ C$,然后此过冷而不含晶体的料液在结晶器内将其"冷量"放出。为了减小冷却器内晶核形成和晶体成长发生变化,避免因此引起液体流动的堵塞,冷却器传热壁接触液体的部分必须高度抛光。使用这种形式的设备,可以制止结晶器内的局部过冷现象。从结晶器出来的液体可利用泵使之在换热器和结晶器之间进行循环,而泵的吸入管线上可装过滤机将晶体截留在结晶器内。

第二种外冷式结晶器的特点是全部悬浮液在结晶器和换热器之间进行再循环。晶体在换热器内的停留时间比在结晶器中短,故晶体主要是在结晶器内长大。

第三种外冷式结晶器如图10-35所示。料液在外部换热器中生产亚临界晶体;部分不含晶体的料液在结晶器与换热器之间进行再循环。换热器形式为刮板式。因热流大,故晶核形成非常剧烈。而且由于浆料在换热器中停留时间甚短,通常只有几秒钟时间,故所产生的晶体极小。当其进入结晶器后,即与结晶器内含大晶体的悬浮液均匀混合,在器内的停留时间至少有30 min,故小晶体溶解,其溶解热就消耗于供大晶体成长。

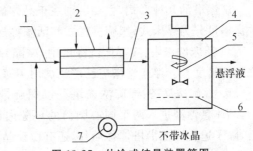

图10-35　外冷式结晶装置简图

1. 料液　2. 刮板式换热器　3. 带亚临界晶体的料液
4. 结晶器　5. 搅拌器　6. 滤板　7. 循环泵

2. 冷冻浓缩的分离设备

冷冻浓缩操作的分离设备有压榨机、离心机和洗涤塔等。

(1)压榨机　通常采用的压榨机有水力活塞压榨机和螺旋压榨机。采用压榨法时,溶质损失决定于被压缩冰饼中夹带的溶液量。冰饼经压缩后,夹带的液体被紧紧地吸住,以致不能采用洗涤方法将它洗净。但压力高,压缩时间长时,可降低溶液的吸留量。由于残留液量高,考虑到溶质损失率,压榨机只适用于浓缩比接近1的情况。

(2)离心机　采用离心机时,所得冰床的空隙率为$0.4\sim0.7$。球形晶体冰床的空隙率最低,而树枝状晶体冰床的空隙率较高。与压榨机不同,在离心力场中,部分空隙是干空的,冰饼中残液以两种形式被吸留:一种是晶体和晶体之间,因黏性力和毛细力而吸住液体;另一种只是因黏性力使液体黏附于晶体表面。

采用离心机的方法,可以用洗涤水或将冰熔化后来洗涤冰饼,因此,分离效果比用压榨法好。但洗涤水将稀释浓缩液。溶质损失率决定于晶体的大小和液体的黏度。即使采用冰饼洗涤,仍可高达10%。采用离心机有一个严重缺点,就是挥发性芳香物的损失。这是因为液体因旋转而被甩出来时,要与大量空气密切接触的缘故。

(3)洗涤塔　分离操作也可以在洗涤塔内进行。在洗涤塔内,分离比较完全,而且没有稀释现象。因为操作时完全密闭且无顶部空隙,故可完全避免芳香物质的损失。洗涤塔的分离原理主要是利用纯冰熔解的水分来排冰晶间残留的浓液,方法可用连续法或间歇法。间歇法只用于管内或板间生成的晶体进行原地洗涤。在连续式洗涤塔中,晶体相和液相做逆向移动,进行密切接触。如图10-36所示,从结晶器出来的晶体悬浮液从塔的下端进入,浓缩液从同一端经过滤器排出。因冰晶密度比浓缩液小,故冰晶逐渐上浮到顶端。塔顶设有熔化器(加热器),使部分冰晶熔解。熔化后的水分即返行下流,与上浮冰晶逆流接触,洗去冰晶间浓缩液。这样晶体就沿着液相溶质浓度逐渐降低的方向移动,因而晶体随浮随洗,残留溶质愈来愈少。

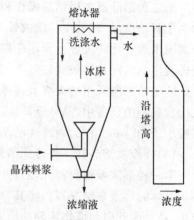

图10-36　连续式洗涤塔工作原理

洗涤塔的几种形式,主要区别在于晶体被迫沿塔移动的推动力不同。按推动力的不同,洗涤塔可分为浮床式、螺旋推送式和活塞推送式三种形式。

a. 浮床洗涤塔:在浮床洗涤塔中,冰晶和液体做逆向相对运动的推动力是晶体和液体之间的密度差。浮床洗涤塔已广泛试用于海水脱盐,工业盐水和冰的分离。

b. 螺旋洗涤塔:螺旋洗涤塔是以螺旋推送为两相相对运动的推动力。如图10-37所示,晶体悬浮液进入两个同心圆筒的环隙内部,环隙内有螺旋在旋转。螺旋具有棱镜状断面,除了迫使冰晶沿塔体移动外,还有搅动晶体的作用。螺旋洗涤塔已广泛用于有机物系统的分离。

c. 活塞床洗涤塔:这种洗涤塔是以活塞的往复运动迫使冰床移动为推动力。如图10-38所示,晶体悬浮液从塔的下端进入,由于挤压作用使晶体压紧成为结实而多孔的冰床。浓缩液离塔时经过滤器。利用活塞的往复运动,冰床被迫移向塔的顶端,同时与洗涤液逆流接触。这种洗涤塔国外已用于液体食品的冷冻浓缩。在活塞床洗涤塔中,浓缩液未被稀释的床层区域和晶体已被洗净的床层区域之间的距离只有几厘米。浓缩时,如排冰稳定,离塔的冰晶熔化液中溶质浓度低于0.01%。

(4)压榨机和洗涤塔的组合　将压榨机和洗涤塔组合起来作为冷冻浓缩的分离设备是一种最经济的办法。图10-39所示为这种组合的一个典型例子。结晶器的晶体悬浮液首先在压榨机中进行部分分离。分离出来还含有大量浓缩液的冰饼,在混合器内和料液混合进行稀释后,送入洗涤塔进行完全的分离。在洗涤塔中,从混合冰晶悬浮液中分离出纯冰和液体,液体进入结晶器中和来自压榨机的循环浓缩液进行混合。

食品机械与设备

压榨机和洗涤塔相结合可以用比较简单的洗涤塔代替复杂的洗涤塔,从而降低了成本;进洗涤塔的液体黏度由于浓度降低而显著降低,故洗涤塔的生产能力大大提高;若离开结晶器的晶体悬浮液中晶体平均直径过小,或液体黏度过高,不能满足浓缩的要求时,采用组合设备仍能获得完全的分离。

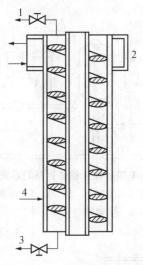
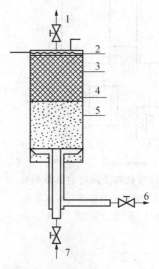

图 10-37　螺旋洗涤塔示意图　　　　图 10-38　活塞床洗涤塔示意图
1. 熔化水　2. 熔冰器　3. 浓缩液　4. 料浆　　　1. 水　2. 熔化器　3. 冰晶在熔水中　4. 洗涤前沿

5. 冰晶在浓缩液中　6. 浓缩液　7. 来自结晶器的悬浮液

3. 冷冻浓缩装置系统

(1)单级冷冻浓缩装置　图 10-40 为采用洗涤塔分离方式的单级果汁冷冻浓缩设备。主要由刮板式结晶器、混合罐、洗涤塔、熔冰装置、储罐、泵等组成。工作时料液由泵 7 进入旋转刮板式结晶器 1,冷却至冰晶出现并达到要求后进入带搅拌器的混合罐 2,在混合罐中,冰晶可继续成长,然后大部分浓缩液作为成品从成品罐 6 中排出,部分与来自储罐 5 的液料混合后再进入结晶器 1 进行再循环,其目的是使进入结晶器的料液浓度均匀一致。从混合罐 2 中出来的冰晶夹带部分浓缩液,经洗涤塔 3 洗涤,洗下来具有一定浓度的洗液进入储罐 5,与原料液混合后再进入结晶器,如此循环。洗涤塔的洗涤水是利用熔冰装置 4 将冰晶熔化后再使用,多余的水被排走。

(2)多级冷冻浓缩装置　多级冷冻浓缩是指将上一级浓缩得到的浓缩液作为下一级的原料进行再次浓缩。图 10-41 所示为二级冷冻浓缩装置流程图。原料由管 6 进入储料罐 1,被泵 4 送至一级结晶器 8,然后冰晶和一次浓缩液的混合液进入一级分离机 9 进行离心分离,由此得到的浓缩液由管道进入储料罐 7,再由泵 12 送入二级结晶器 2,经二级结晶后的冰晶和浓缩液的混合液进入二级分离机 3 进行离心分离,所得浓缩液作为产品从成品管排出。为了减少冰晶夹带浓缩液的损失,离心分离机 3 和 9 内的冰晶需洗涤,可采用熔冰水洗涤,洗涤下来的稀料液分别通过管道,进入储料罐 1,可见储料罐 1 中的料液浓度实际上低于最初进料液浓度。为了控制冰晶量,结晶器 8 中的进料浓度需维持一定值,这可利用浓缩液的分支管路 16,用调节阀 13 控制流量进行调节,也可以通过管路 17 和泵 10 来调节。但通过管路 17 与浓缩液分支管 16 的调节应该是平衡控制的,以使结晶器 8 中的进料浓度处于结晶过程。

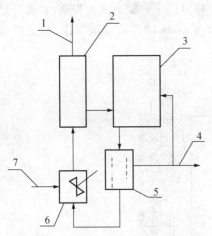

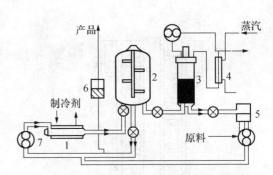

图 10-39　压榨机和洗涤塔的典型组合
1. 冰　2. 洗涤塔　3. 结晶器　4. 浓缩液
5. 压榨机　6. 混合器　7. 料液

图 10-40　单级冷冻浓缩装置系统示意图
1. 旋转刮板式结晶器　2. 混合罐　3. 洗涤塔
4. 熔冰装置　5. 储罐　6. 成品罐　7. 泵

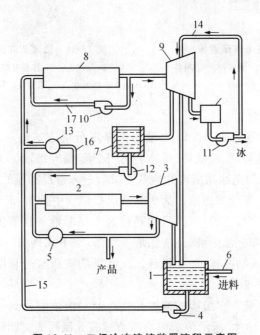

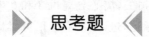

图 10-41　二级冷冻浓缩装置流程示意图
1、7. 储料罐　2、8. 结晶器　3、9. 分离机　4、10、11、12. 泵　5、13. 调节阀
6. 进料管　14. 熔冰水进料管　15、17. 管　16. 浓缩液分支管

▷▷ **思考题** ◁◁

1. 简述浓缩的基本原理。

2. 真空浓缩设备选型的依据有哪几项？

3. 单效真空浓缩系统由哪几部分组成？说明其工作过程。

4. 多效浓缩设备相比于单效浓缩设备的优越性体现在哪些方面？

5. 双效浓缩装置节能体现在哪几个方面？

6. 真空浓缩设备中所采用的捕集器、冷凝器、真空装置各有何作用？常见的有哪几种？

7. 水力喷射器主要由哪几部分组成？有何作用？试说明其工作过程及优缺点。

8. 分析离心薄膜浓缩设备的结构特点,简述其工作原理以及浓缩装置流程系统各部分的功能。

9. 简述冷冻浓缩的基本原理和特点。

第 11 章

食品干燥机械

▶ **摘要**

　　本章介绍主要干燥机械的类型、工作原理、基本结构、性能特点和工作过程等。要求重点熟悉主要类型干燥设备(带式干燥、滚筒干燥、流化床干燥、喷雾干燥、真空冷冻干燥以及新型干燥设备)的工作原理、基本结构、特点和用途,掌握选型原则和方法。

食品含水量高,不仅寄生其中的微生物容易繁衍,引起食品腐败变质,而且重量和体积较大。在食品保存和加工过程中,经常需要减少食品中的水分。干燥就是一种去除食品中水分的操作过程,常用于需要长期保藏食品、水分特殊要求食品或中间品的处理。食品物料被干燥后,重要特征是水分含量很低,其形态呈固体特性。干燥可以有效地防止微生物在食品产品中的繁殖,便于食品的安全贮存。另外,干燥减少了食品的体积和重量,以便运输或减少运输费用。

11.1.1 食品干燥机械的分类

食品生产中,需要通过干燥操作的物料的种类和品种相当多。同时,食品物料在干燥过程中会发生一系列的变化,影响食品的质量。例如,食品体积会收缩,表面会硬化,会呈多孔性、疏松性以及复原不可逆性等物理和化学变化。干燥方法往往影响食品的形状和品质。因而,根据物料的特性施以不同干燥操作的方法就成为必然。由于被干燥的食品其形状、含水量、热敏特性等千差万别,使得干燥所需要的时间、温度、水汽化量、传热量等变化很大,且在经济措施上也各自不同,因此,相应地食品干燥机械与设备的种类很多。食品干燥设备可分为外热性干燥装备和内热性干燥装备两大类。

所谓外热性干燥主要指用蒸汽、热空气等介质对物料的热交换从外到内进行的干燥方法,外热性干燥再细分为:
- 间歇式和连续式类型,此分类是以干燥操作的方法分类;
- 常压式和真空式干燥,此分类方法是以干燥条件分类;
- 直接加热式和间接加热式,此分类是以加热干燥的热源与物料接触的形式分类。

内热干燥是指在整个干燥过程中,不是施予物料热量,而是把物料置于能量场中,使被干燥的物料在能量场的作用下产生分子运动而达到干燥的目的,如微波干燥、红外线干燥等。

11.1.2 干燥机械的选择

确定合理的干燥方法,选择适宜的干燥设备应以所处理物料的化学物理性质、生物化学性能及其生产工艺为依据。例如,物料的黏稠性、分散性、热敏性、失活性能等。就热敏性而言,食品加工行业常用设备有以下几种类型:①瞬时快速干燥设备,如滚筒干燥设备、喷雾干燥设备、气流干燥设备等,这类设备干燥时间短,气流温度高,但被干燥的物料温度不会太高。②低温干燥设备,如真空干燥设备、冷冻干燥设备,其特点是在真空低温下进行,更适用于高热敏性物料的干燥,但干燥时间较长。另外还有其他类型的干燥设备,如远红外干燥器、微波干燥器等。

11.1.2.1　选型的原则

（1）产品的质量要求　不同的食品对于加工质量要求不尽相同，干燥设备的选型首先应满足产品的质量要求。比如对于一些生物制品都要求保持一定的生物活性，避免高温分解和严重失活，则必须选择真空干燥或冷冻干燥设备。

（2）产品的纯度　对于食品特别是相关生物产品大都要求有一定的纯度，且无杂质或杂菌污染，则干燥设备应能在无菌和密闭的条件下操作，且应具有灭菌设施，以保证产品的微生物指标和纯度要求。

（3）物料的特性　对于不同的物料特性，如颗粒状、滤饼状、浆状、水分的性质等应选择不同的干燥设备。例如颗粒状物料的干燥可考虑选择气流干燥，结晶状物料则应选择固定床干燥，浆状物料可选滚筒干燥或喷雾干燥等。

（4）产量及劳动条件　依据产量大小可选择不同的干燥方式和干燥设备。如浆状物料的干燥，产量大且料浆均匀时，可选择喷雾干燥设备，黏稠较难雾化时可采用离心喷雾或气流喷雾干燥设备，产量小时可用滚筒干燥设备。另外，应考虑劳动强度小，连续化、自动化程度高，投资费用小，便于维修、操作等。

11.1.2.2　选型的步骤

• 按湿物料的形态、物理特性和对产品形态、水分等要求，初选干燥器的类型。

• 按投资能力和处理量的大小，确定设备规模，操作方法（连续作业或间歇作业），自动化程度。

• 根据物料的干燥特性和对产品品质的要求，确定采用常压干燥或真空干燥；单温区干燥或多温区干燥。

• 根据热源条件和干燥方法，确定加热装置。

• 按处理量估算出干燥器的容积，其计算方法见后述。

• 按原料、设备及作业等费用，估算产品成本。

11.2　箱式与带式干燥器

箱式与带式干燥器均有常压对流式干燥和真空接触式干燥两种形式。但不论何种形式，均是以物料堆积于容器或置于框架、小车等其他支承物上的方式进行干燥的。

▶ 11.2.1　常压对流式箱式干燥器

箱式干燥器又称为烘箱，可以单机操作，也可以将多台单机组合成多室式烘箱。

11.2.1.1　箱式干燥器的结构

图 11-1 所示的是轴流（水平流）式烘箱，由箱体、料盘、保温层、电加热器、风机等组成。

箱体是一个内藏保温层的箱式结构，材料为金属板材，内设多层框架，其上放置料盘。有的形式箱体只为一个空间，湿物料放在框架小车上推入箱内（图 11-2）。箱内夹层的保温层材料为耐火、耐潮的材料，如层压板、硬纤维、石棉等。加热器有电热（一般小型烘箱采用）、翅片式水蒸气排管和煤气加热等。风机为轴流式或离心式风机。

11.2.1.2 箱式干燥器的设计

1. 热风速度

为获得较大的传热系数,热风速度必须小于带出物料的速度。传热系数与空气速度的关系为:

$$h = 0.205 \cdot G^{0.8} \quad (2\,500 < G < 25\,000) \tag{11-1}$$

式中:h 为空气对物料的传热系数,W/(m²·℃);G 为空气速度,kg/(h·m²)。

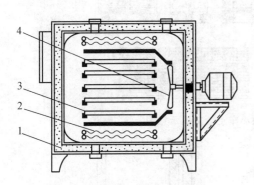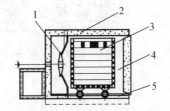

图 11-1　使用轴流风扇的箱式干燥器　　**图 11-2　带小车的箱式干燥器**
1. 保温层　2. 电加热器　3. 料盘　4. 风扇　　　1. 风机　2. 保温层　3. 框架小车　4. 箱体　5. 地轨

据资料介绍,小型平行气流式烘箱,用于干燥果蔬,空气流速以 120～130 m³/min 为好。在干燥器中用挡板造成穿流接触,以保证每平方米料盘面积有 30～75 m³/min 为宜。

2. 框架的层数

在干燥箱内有多层框架,其上又放置有物料的料盘,这就形成了空气通道,空气通道的大小,决定于框架层数的多少。而空气通道的大小又对干燥介质的速度影响甚大。同时热风流动方向、热风在物料层间的分配又与速度有较大的关系。所以,框架层数的决定应依上述关系统筹考虑。根据经验,加热器对干燥器料盘供应的热量在开始干燥时应以12 000～16 000 kJ/m³ 为宜。

3. 物料的厚度

为了保证干燥物料的质量,控制物料层的厚度是一个措施。一般厚度为 10～100 mm,但通常以实验确定。

4. 风机的风量

可由下式求取:

$$W = 3\,600\,\frac{vA}{\rho} \tag{11-2}$$

式中:W 为风量,kg/h;v 为风速,m/s;A 为干燥器截面积,m²;ρ 为空气湿比容,m³/kg 干空气。

此风量为理论计算值,设计时还要考虑如泄漏等因素,对所设计风量适当加大。同时还要考虑箱内均风的问题。

5. 干燥器小车

用以放置被干燥物料的小车,可以根据被干燥物料的外形和干燥介质的循环方向设计成不同的结构和尺寸。小车的结构如图 11-3 所示。小车的车轮可制成有凸缘的和平滑的两种。为了方便小车的进出,可以在箱底设导轨,其结构如图 11-4 所示,沟槽的间距见表 11-1。

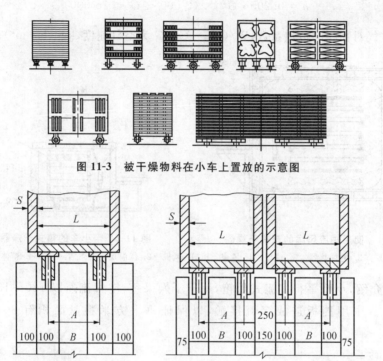

图 11-3　被干燥物料在小车上置放的示意图

(a)一台小车的沟槽间距　　(b)两台小车大沟槽距离

图 11-4　小车导轨结构图

表 11-1　小车沟槽间距表　　　　　　　　　　　mm

车数	型号	尺寸			
		B	A	L	S
一台小车	1	600	700	800	30
	2	1 100	1 200	1 300	30
	3	1 600	1 700	1 800	30
两台小车	1	400	500	800	30
	2	650	700	800	30

▶ 11.2.2　微波炉

微波炉是一个矩形的箱体,所以又称微波箱,属于微波干燥设备,结构见图 11-5。它是利用驻波场的微波干燥器,主要由矩形谐振腔、反射板和搅拌器等组成。箱体通常用不锈钢或铝制成。

谐振腔腔体形状为矩形,其空间每边长度都大于 1/2 波长时,从不同的方向都有微波反射,同时,微波能在箱壁的损失极小。这样,使被干燥物料在谐振腔内各方向都可以受热,而又可将没有吸收到的能量在反射中重新吸收,有效地利用能量进行干燥。

箱体中设有搅拌器,作用是通过搅拌不断改变腔内场的分布,达到干燥均匀的目的。而箱内水蒸气的排除,则由箱内的排湿孔送入经过预热的空气或较大的送风量来解决。

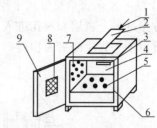

图 11-5 微波炉

1. 微波输入 2. 波导管 3. 横式搅拌器
4. 腔体 5. 加工产品 6. 低损耗介质板
7. 排湿孔 8. 观察窗 9. 门

微波炉是一种间歇式干燥器。连续操作的微波干燥器如图 11-6 所示。需要注意的是,由于腔体的入、出口会造成微波的泄漏,因此,要在传送带上安装金属挡板或采用其他使微波能在入、出口处形成短路的措施,防止微波泄漏。图 11-7 所示为扼流结构的防漏微波炉门。

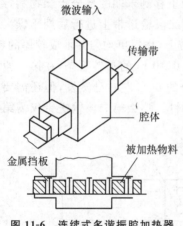

图 11-6 连续式多谐振腔加热器

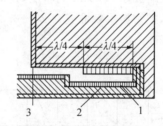

图 11-7 扼流结构的炉门

1. 金属挡板 2. 微波炉 3. 炉门 λ. 炉门厚度

11.2.3 带式干燥器

带式干燥器亦有常压式和真空式两种。常压式以对流的方式进行热传导,真空式以接触的方式进行热传导,它们均以输送带承载物料在干燥室内移动,与热风接触干燥。

常压带式干燥器以热风的流动方式又分为水平气流式和穿流气流式两种。水平气流式一般用于处理不带黏性的物料。对于微黏性物料,则要设布料器。输送带上可以两侧密封,让热风在物料上通过;也可以不采用密封,让热风通过整个输送空间。穿流式是采用有网眼的输送带,干燥介质以穿流通过的方式进行干燥,对于茶叶的干燥,蔬菜的脱水,水果、蜜饯的烘干等,在效果上比水平气流式带式干燥器要好,故在食品工业上应用愈来愈广泛。

带式干燥器由干燥室、输送带、风机、加热器、提升机和卸料机组成。输送带常用的材料有帆布带、橡胶带、涂胶带、钢带和钢丝网等。但只有网带才适用于穿流式带式干燥器。带的形式有单层(单段)、多层(多段)和复合型。

图 11-8 所示为单层带式干燥器,使用的输送带为钢丝网带或多孔铰接的链板带。热风从上方穿过带上料层和网孔进入下方,达到穿流接触的目的。该形式的干燥器输送带较短,只适宜用于干燥时间短的物料。

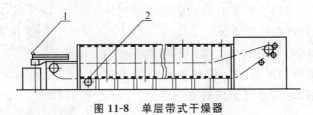

图 11-8　单层带式干燥器
1. 分配器　2. 冲洗系统

图 11-9 所示为双段带式干燥器,输送带形式与单层式相同。若采用多孔板式,则每块多孔板的长与输送机的宽相同,一般不超过 0.15~0.20 m。湿物料从图中左方的布料器进入。布料器将其散布在缓慢移动的输送带上,料层以均匀散布、厚 0.07~0.18 m 为宜。第一段带工作面长 9~18 m,宽 1.8~3.0 m。第一段带上移到末端的部分干燥物料,经卸出、翻料并重新布置成较厚的料层(0.25~0.30 m),在第二段输送带上进行后期干燥。通过了第一段带的输送以及段末将物料翻滚而落到第二段带上,物料更均匀并堆成较厚的料层,这样就节约了设备的面积。例如,原来堆在输送带上厚 0.10 m 的马铃薯条,在第一段带上干燥结束时,将收缩成厚 0.05 m 的料层,这时原来水分的 90% 左右已蒸发,但还需要继续干燥。如按上述,把物料重新堆成 0.25~0.30 m 厚的料层,那么第二段输送带仅需第一段输送带面积的 1/5。

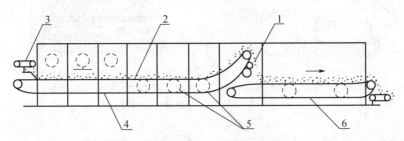

图 11-9　双段带式干燥器示意图
1. 卸料辊和轧碎辊　2. 料床　3. 布料器　4. 第一段环带　5. 风机　6. 第二段环带

由于第一段输送带需干燥大量的水分,要求带上物料干燥的均匀性,则可将此段分成两个或几个区域,干燥介质上下穿流的方向可交叉进行。其优点为使不同区域内空气的温度、湿度和速度都可以单独进行控制,如图 11-10 中两段输送带分三个区域。第一个区域内可以使用温度高、湿度中等的空气,使湿物料水分蒸发得快,而料温又不致过分升高;而第三区域可用温度、湿度均低的空气,以免影响制品质量。

用于食品干燥的三层穿流带式干燥器(图 11-10)的原理与上述相同,多层的设置目的为减少干燥器的长度,节约设备的占地面积,充分利用物料自重装料的优点和方便控制干燥过程中的湿度、温度和速度。

带式干燥器也有微波加热形式,选用时可联系有关微波干燥设备厂家。

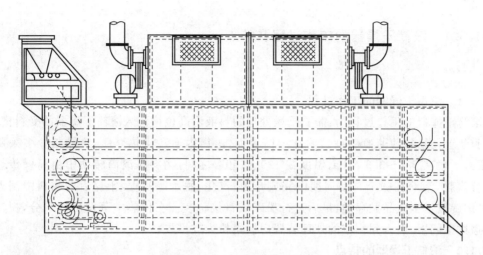

图 11-10 三层穿流带式干燥器

11.3 滚筒干燥机

滚筒干燥机（又称转鼓干燥器、回转干燥器等）是一种接触式内加热传导型的干燥机械。滚筒干燥机是一种连续式干燥的生产机械。在干燥过程中，热量由滚筒的内壁传到其外壁，穿过附在滚筒外壁面上被干燥的食品物料，把物料上的水分蒸发。

滚筒干燥器若按滚筒的数量分，可分为单滚筒、双滚筒、多滚筒干燥器；若按操作压力分，又可分为常压式和真空式两种；若按布膜形式分，又可分为顶部进料、浸液式、喷溅式等。滚筒干燥器在食品生产上广泛用于膏状和高黏度物料的干燥，特别是预糊化食品的干燥，图11-11 是滚筒干燥器的生产流程示意图。

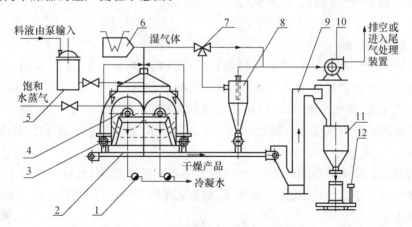

图 11-11 滚筒干燥器的生产流程示意图
1. 疏水器 2. 皮带运输器 3. 螺旋输送器 4. 滚筒干燥器 5. 料液高位槽
6. 湿空气加热器 7. 切换阀 8. 捕集器 9. 提升机 10. 引风机
11. 干燥成品贮存槽 12. 包装机

11.3.1 滚筒干燥器的工作过程及特点

11.3.1.1 滚筒干燥器的工作过程

滚筒干燥器的工作过程为:需要干燥处理的料液由高位槽流入滚筒干燥器的受料槽内,由布膜装置使物料薄薄地(膜状)附在滚筒表面,滚筒内通有供热介质,食品工业多采用蒸汽,压力一般在 0.2~0.6 MPa,温度在 120~150℃之间,物料在滚筒转动中由筒壁传热使其湿分汽化,滚筒在一个转动周期中完成布膜、汽化、脱水等过程,干燥后的物料由刮刀刮下,经螺旋输送至成品贮存槽,最后进行粉碎或直接包装。在传热中蒸发出的水分,视其性质可通过密闭罩,引入到相应的处理装置内捕集粉尘或排放。

11.3.1.2 滚筒干燥器的特点

1. 优点

• 热效率高。由于干燥器为热传导,传热方向在整个传热周期中基本保持一致,所以,滚筒内供给的热量,大部分用于物料的湿分汽化,热效率达 80%~90%。

• 干燥速率大。筒壁上湿料膜的传热和传质过程,由里至外,方向一致,温度梯度较大,使料膜表面保持较高的蒸发强度,一般可达 30~70 kg/(m²·h)。

• 产品的干燥质量稳定。由于供热方式便于控制,筒内温度和内壁的传热速率能保持相对稳定,使料膜处于传热状态下干燥,产品的质量可保证。

2. 缺点

主要有:由于滚筒的表面湿度较高,因而对一些制品会因过热而有损风味或呈不正常的颜色。另外,若使用真空干燥器,成本较高,仅适用于热敏性非常高的物料的处理。

11.3.2 滚筒干燥器的干燥机理

11.3.2.1 料膜的形成

滚筒干燥器对物料的干燥,是物料以膜状形式附于滚筒上为前提的。因而,物料能否附着于滚筒成膜以及所成的膜能否有利于干燥,与物料性质(形态、表面张力、黏附力、黏度等)、滚筒的线速度、筒壁温度、筒壁材料及布膜方式等因素有关。

料液的黏附力是料液与金属筒之间的引力,只有黏附力大于表面张力时,料液才能附于滚筒上成膜。

料液的黏度是液体流动的内摩擦力,与料液的流动性成反比,故对于黏度大的料液,应以提高温度的方法使其黏度降低,一般来说,料液黏度处于 $(1~20) \times 10^{-3} Pa·s$ 范围内,对成膜影响不大。

另外,筒壁温度对吸附力也有影响,温度低易附料。滚筒线速度的高低对吸附力也有影响,转速快、转速高也易附料。

据文献介绍,在筒壁温度处于 150~160℃ 时,液态膜的厚度与料液的黏附力、筒壁的线速度、物料的性质等因素,呈以下关系:

$$\delta_{\mathrm{L}} = \frac{\alpha \left(\sigma_{\mathrm{L}} \cos\varphi\right)^{3/2}}{\left(\omega_{\mathrm{d}}\right)^{1/3}} \qquad (11\text{-}3)$$

式中:δ_{L} 为筒壁上料膜的厚度,mm;α 为系数(与料液性质等有关),由实验确定;σ_{L} 为料液表面张力,N;ω_{d} 为筒壁处的线速度,m/s;φ 为料液与滚筒接触的角度,(°)。

在已知液料的处理量和转速时,可由下式计算平均膜厚:

$$\delta_{\mathrm{L}} = \frac{G}{\rho_{\mathrm{L}} A n \cdot 60} \qquad (11\text{-}4)$$

式中:G 为物料处理量,kg/h;ρ_{L} 为料液密度,kg/m³;A 为滚筒有效面积,m²;n 为滚筒转速,r/min。

$$A = \frac{\pi D L \varphi_{\mathrm{c}}}{360} \qquad (11\text{-}5)$$

式中:D 为滚筒直径,m;L 为筒体实际附料长度,m;φ_{c} 为料膜在筒壁上的弧中的夹角,(°)。

以上公式为理论计算值,实际生产中常以布膜器或膜厚控制器来控制膜的厚度。

料膜在滚筒上的干燥时间一般由实验得出,但作为计算或设计的依据,可按下式估算:

$$t = \frac{\varphi_{\mathrm{c}}}{60 \cdot n} \qquad (11\text{-}6)$$

式中:t 为料膜在滚筒上的有效干燥时间,s;其余符号同式(11-4)和式(11-5)。

11.3.2.2 料膜在干燥中的传热与传质

当物料以膜状形式附于滚筒上后,滚筒对料膜进行传热、干燥。干燥过程分为预热、等速和降速三个阶段。料液成膜和滚筒内的加热介质对流传热时,蒸发作用不明显,此为预热阶段。料液得到热量,温度升高,料液中的湿分子获得能量,分子运动加快,当湿分子所具的动能大到足以克服它们之间的引力和湿分子与固态物料湿分子之间的引力时,湿分子向环境扩散,并由物料层中向外迁移,蒸发作用即开始,膜表面汽化,出现传热和传质,料液的湿分子传热和传质方向一致,传热速度越大,传质速度也越大,并维持恒定的汽化速度,这时,干燥过程表现为等速阶段。当膜内扩散速度小于表面汽化速度时,进入降速阶段的干燥,这时,随着料膜内湿度含量的降低,汽化速度大幅度降低,降速阶段的干燥时间为总停留时间的 80%~98%,但这个阶段的临界点,往往难以确定。工程上常用初始和终点时的温度、湿度及滚筒转速等为参数,作为计算干燥器平均传热与传质速率的依据。

◈ 11.3.3 滚筒干燥器的形式

滚筒干燥器主要由一只或多只滚筒组成,食品工业一般采用单滚筒或双滚筒的形式。但不论何种形式,其结构包括下列部分:
- 滚筒,含筒体、端盖、端轴及轴承。
- 布膜装置,含料槽、喷淋器、搅拌器、膜厚控制器。

- 刮料装置,含刮刀支承架、压力调节器。
- 传动装置,含电机、减速装置及传动件。
- 设备支架及抽气罩或密封装置。
- 产品输送及最后干燥器。

11.3.3.1 单滚筒干燥器

单滚筒干燥器是指干燥器由一只滚筒完成干燥操作的机械,其组成如上所述,如图11-12所示。干燥器的重要组成部分是滚筒。滚筒为一中空的金属圆筒,滚筒筒体用铸铁或钢板焊制,用于食品生产的滚筒一般用不锈钢钢板焊制。滚筒直径在0.6～1.6 m范围,长径比$(L/D)=0.8～2$。布料形式可视物料的物性而使用顶部入料或用浸液式、喷溅式上料等方法,附在滚筒上的料膜厚度为0.5～1.5 mm。加热的介质大部分采用蒸汽,蒸汽的压力为200～600 kPa,滚筒外壁的温度为120～150℃。驱动滚筒运转的传动机构为无级调速机构,滚筒的转速一般在4～10 r/min。物料被干燥后,由刮料装置将其从滚筒刮下,刮刀的位置视物料的进口位置而定,一般在滚筒断面的Ⅲ、Ⅳ象限,与水平轴线交角30°～45°范围内。滚筒内供热介质的进出口,采用聚四氟乙烯密封圈密封。滚筒内的冷凝水,采取虹吸管并利用滚筒蒸汽的压力与疏水阀之间的压差,使之连续地排出筒外。图11-12所示的为常压式,还可以根据操作条件的要求,设置全密封罩,进行真空操作。

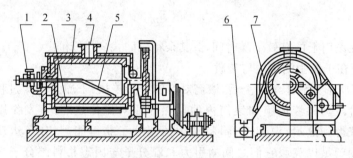

图 11-12　单滚筒干燥器

1. 进气头　2. 料液槽　3. 滚筒　4. 排气管
5. 排液虹吸管　6. 螺旋输送器　7. 刮刀

11.3.3.2 双滚筒干燥器

双滚筒干燥器是指干燥器由两只滚筒同时完成干燥操作的机械。干燥器的两个滚筒由同一套减速传动装置,经相同模数和齿数的一对齿轮啮合,使两组相同直径的滚筒相对转动而操作的。双滚筒干燥器按布料位置的不同,可以分为对滚式和同槽式两类。

图11-13所示为对滚式双滚筒干燥器,料液存在于两滚筒中部的凹槽区域内,四周设有堰板挡料。两筒的间隙,由一对节圆直径与筒体外径一致或相近的啮合轮控制,一般在0.5～1 mm范围,不允许料液泄漏。对滚的转动方向,可根据料液的实际和装置布置的要求确定。滚筒转动时咬入角位于料液端时,料膜的厚度由两筒之间的空隙控制。咬入角处于反向时,两筒之间的料膜厚度,由设置在筒体长度方向上的堰板与筒体之间的间隙控制。该形式的干燥器,适用于有沉淀的浆状物料或黏度大物料的干燥。

图11-14所示为同槽式双滚筒干燥器。两组滚筒之间的间隙较大,相对啮合的齿轮的

食品机械与设备

节圆直径大于筒体外径。上料时,两筒在同一料槽中浸液布膜,相对转动,互不干扰。适用于溶液、乳浊液等物料干燥。

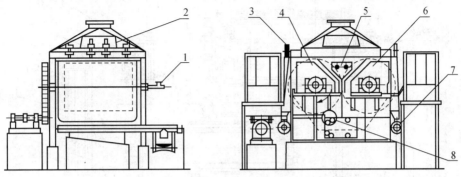

图 11-13　对滚式双滚筒干燥器

1. 进气头　2. 密闭罩　3. 刮料器　4. 主动滚筒　5. 料堰

6. 从动滚筒　7. 螺旋输送器　8. 传动小齿轮

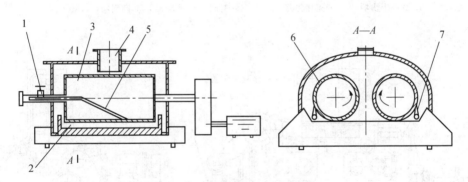

图 11-14　同槽式双滚筒干燥器

1. 进气头　2. 料液槽　3、6. 主动滚筒　4. 排气管

5. 排液虹吸管　7. 螺旋输送器

双滚筒干燥器的滚筒直径一般为 $0.5 \sim 2$ m,长径比 $(L/D) = 1.5 \sim 2$。转速、滚筒内蒸汽压力等操作条件与单滚筒干燥器的设计相同,但传动功率为单滚筒的 2 倍左右。双滚筒干燥器的进料方式与单滚筒干燥器有所不同,若为上部进料,由料堰控制料膜厚度的双滚筒干燥器,可在干燥器底部的中间位置设置一台螺旋输送器,集中出料。下部进料的对滚式双滚筒干燥器,则分别在两组滚筒的侧面单独设置出料装置。

11.3.3.3　真空式滚筒干燥器

真空式滚筒干燥器将滚筒全密封在真空室内,采取储斗料封的形式间歇出料。滚筒干燥器在真空状态下,可大大提高传热系数,例如在滚筒内温度为 121℃(即 0.2 MPa 蒸气压)、870 kPa 的真空条件下操作,传热系数是在常压操作下的 $2 \sim 2.5$ 倍。但由于真空式滚筒干燥器的结构较复杂,干燥成本高,故一般只限用于如果汁、酵母、婴儿食品之类热敏性非常高的物料的干燥。图 11-15 为真空干燥器的干燥流程。图 11-16 为真空双滚筒干燥器的示意图。

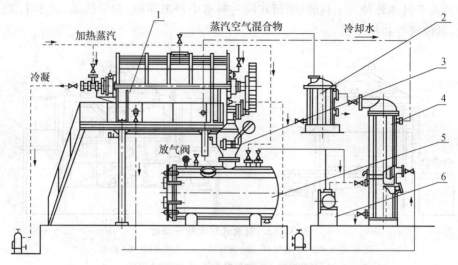

图 11-15　真空干燥器的干燥流程

1.真空干燥器　2.分离捕集器　3.真空放料阀　4.冷凝器　5.卸料箱　6.真空泵

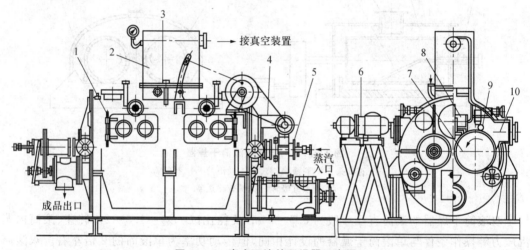

图 11-16　真空双滚筒干燥器示意图

1.密闭罩　2.蒸汽集水器　3.搅拌装置　4.调节器　5.进气头　6.主传动装置
7.滚筒　8.料液槽　9.刮料器　10.螺旋输送器

11.4　流化床干燥器

　　流化床干燥(也称沸腾干燥)是利用流态化技术,即利用热空气流使置于筛板上的粉粒状湿物料呈沸腾状态的干燥过程。流化床干燥中,热空气的流速与颗粒的自由沉降速度相等,当压力降近似等于流动层单位面积的质量时,床层便由固定态变为流化态,床层开始膨胀,颗粒悬浮于气流中,并在气流中呈沸腾状翻动,但仍保持一个明确的床界面,颗粒不会被气流带走。

▶ 11.4.1　流化床干燥的基本原理及特点

11.4.1.1　流化床干燥的基本原理

流化床干燥是粉粒状物料受热风作用,通过多孔板,在流态化过程中干燥。流化床干燥器处理物料的粒度范围为 $30\ \mu m \sim 5\ mm$,用来进行干燥的农产品和食品有:果汁饮料、速溶乳粉、砂糖、葡萄糖、汤粉与颗粒饲料等。对粒度大于 $30\ \mu m$、表面粗糙的物料,亦在热风作用下,呈喷动状态而干燥,称为喷动床干燥,也是流态化干燥,用于干制玉米胚芽、豆类等产品。由物理学可知,流化过程是气—液两相流动的现象,物料颗粒在多孔分布板的支承下,气体自下而上通过床层时,随流速的逐渐增加,将出现下列三种情况:

1. 第一阶段——固定床阶段

湿物料进入干燥器,先落在如图 11-17 所示的设备底部,此处一般设有金属制的多孔板(又称为分布板),在热气流速度未足以使其运动时,物料颗粒虽与气流接触,但不发生相对位置的变动,此时称为固定床阶段。

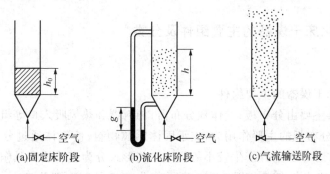

(a)固定床阶段　　(b)流化床阶段　　(c)气流输送阶段

图 11-17　固体颗粒与流通气体后的变化图

h_0. 湿物料初始高度　g. 气压高度　h. 膨胀高度

2. 第二阶段——流化床阶段

通入的气流速度进一步增大,增大到足以把物料颗粒吹起,使颗粒悬浮在气流中自由运动,物料颗粒间相互碰撞、混合,床层高度上升,整个床层呈现出类似液体般的流态,如图 11-18 BC 段所示。当颗粒悬浮起来时(即床层升高),这时再增加流速,床层压力降则保持不变,原因是物料的颗粒间空隙率增

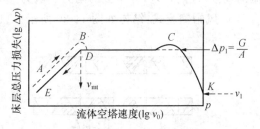

图 11-18　流体通过固体颗粒层的关系

加了,流体的压力降只是消耗在对抗颗粒的重量,把它托起来不让床层高度下降。说明了床层的压力降与流速增大无关,大致等于单位面积床层的实际重量,这时称为流化床阶段。

在流化床阶段,当气流速度(v)大于临界流化速度(v_0)时,任何额外的流化气体均将作为气泡通过物料颗粒的床层,这些气泡在分布板上起初是小气泡,但它们很快合并,向上穿越物料颗粒的床层,引起流化床粒子的强烈混合。这种描述气体流化粒子层的理论概念被称为两相理论:①散粒相是具有空隙度 ε_0 和气流速度 v_0 的均匀物质。②气泡相包含所有过量气体且几乎不含粒子,这些气泡迅速穿过粒子相,因此,它们对流化床行为有很大的影响,是粒子相混合的主要原因。

3. 第三阶段——气流输送阶段

若在上述基础上,气流流速继续增加,当增大到超过图 11-18 的 C 点,即气流速度大于固体颗粒的沉降速度,这时,床层高度大于容器高度,固体颗粒被气流带走,床层物料减少,空隙度增加,床层压力减少。这种当流速增加到某一数值,使流速对物料的阻力和物料的实际重量相平衡的流速,称为"悬浮速度"、"最大流化速度"、"带出速度",当气流速度稍高于"带出速度",被干燥的物料被气流带走,这一阶段为气流输送阶段。

11.4.1.2　流化床干燥的特点

- 物料与热风的接触面积大,体积传热系数较高,一般在 $8.36\sim25.08$ MJ/(m² · h · ℃)。
- 由于气固相对激烈地运动,热传递迅速,处理能力大;温度分布均匀,且易调节和控制。
- 物料受热时间的调节范围大,可使产品的终水分达较低程度。
- 所用设备结构简单,造价低廉,运转稳定,操作维修方便。

▶ 11.4.2　流化床干燥器的主要组件及分类

11.4.2.1　流化床干燥器的主要组件

流化床干燥器主要由分布板、气体预分布器、加料器和热风吸入口等组件组成。

(1)分布板　分布板的主要作用为:支承固体颗粒物料;使气体通过分布板时得以均匀分布;分散气流;在分布板上方产生较小的气泡。其形式分为直流式和风帽侧流式两种。

a. 直流式:直流式分布板如图 11-19 所示。分布板厚度一般为 20 mm,孔道长,刚度大,结构简单,制造容易。但因气流方向正对床层,易产生小沟流,也易堵塞,停车时易产生泄漏现象,性能较差,分布板的阻力一般为 $500\sim1\,500$ Pa。

b. 风帽侧流式:结构如图 11-20 所示。风帽式分布板为一般流化床干燥器所使用。风帽

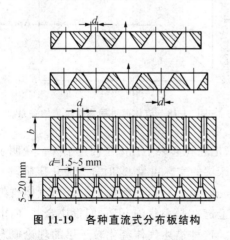

图 11-19　各种直流式分布板结构

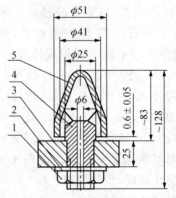

图 11-20　风帽侧流式分布板

1. 螺帽　2. 垫片　3. 分布板
4. 中心管　5. 风帽

上一般开有4~8个小孔,气体从小孔流出呈水平方向,故在合适的孔速和风帽间距下,气体可以扫过整个分布板面,消除死床。同时由于风帽群占去部分空间,所以风帽群气速较高,形成一个良好的起始流化条件,且不易堵塞气孔和泄漏物料。但风帽结构复杂,制造较为困难。

（2）气体预分布器 气体预分布器的作用为避免气体进入流化床时流速过高而设置,它通过把进入流化床的气体先分布一次,使其均匀进入流化床（图11-21）。

（3）加料器 可在如图11-22（a）、（b）、（c）所示的三种形式中选取。

（4）热风吸入口 图11-22（d）所示为热风吸入口结构示意图。

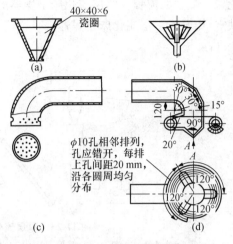

图11-21 气体预分布器

11.4.2.2 流化床干燥器的分类

按结构形式分为立式和卧式,按附加装置分为带振动器和间接加热器的,按作业方式分为连续式和间歇式。

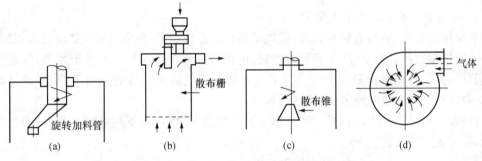

图11-22 加料器结构和热风吸入口结构示意图
(a)(b)(c)三种形式加料器 (d)热风吸入口

● 11.4.3 流化床干燥器的结构及工作过程

流化床干燥器可分为单层和多层两类。多层流化床干燥器由于控制要求很严格,且流动阻力大,生产中较少应用。单层流化床干燥器又分单室、多室两种。单层单室流化床干燥器结构简单,操作方便,但物料在流化床中停留时间差异较大。这里着重介绍单层卧式多室流化床干燥器。

11.4.3.1 单层流化床干燥器

这是流化床干燥器中结构最为简单的,因其结构简单,操作方便,生产能力大,故在食品工业中应用广泛。

单层流化床干燥器一般于床层颗粒静止高度较低（300~400 mm）情况下使用。根据被干燥物料的不同,生产能力可达每平方米分布板从物料中干燥水分500~1 000 kg/h,空气消耗量为 3～12 kg/h。适宜于较易干燥或要求不严格的湿粒状物料。图 11-23 所示为单层流化床干燥器的流程。单层流化床干燥器的缺点是干燥后的产品湿度不均匀,因此,针对这个缺点,出现了多层流化床干燥器。

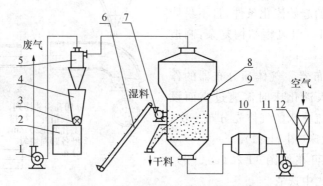

图 11-23　单层流化床干燥器流程示意图

1. 抽风机　2. 料仓　3. 星形下料器　4. 集灰斗　5. 旋风除尘器(4 只)　6. 皮带输送机
7. 抛料机　8. 卸料管　9. 流化床　10. 加热器　11. 鼓风机　12. 空气过滤器

11.4.3.2　多层流化床干燥器

多层流化床干燥器流程如图 11-24 所示。干燥器的结构分为溢流管式和穿流板式,国内目前以溢流管式为多。

1. 溢流管式多层流化床干燥器

其操作过程为:物料由料斗送入,有规律地自上溢流而下,热空气则由底部进入,自下而上运动而将湿物料沸腾干燥,干燥后的物料,由出料管卸出。这种形式的干燥器,溢流管为主要部件,其设计和操作最为关键。为了防止堵塞或气体穿孔造成下料不稳定,破坏沸腾床,一般溢流管下面装有调节装置,其结构有:

(1)菱形堵头[图 11-25(a)]　调节堵头上下位置,可以改变下料孔截面积,从而控制下料量,但需人工调节。

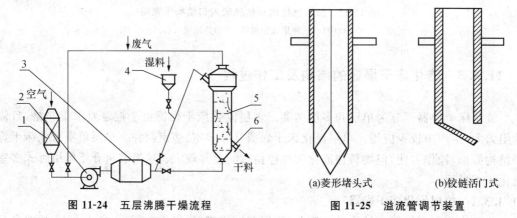

图 11-24　五层沸腾干燥流程

1. 空气过滤器　2. 鼓风机　3. 电加热器
4. 料斗　5. 干燥器　6. 出料管

(a)菱形堵头式　　　(b)铰链活门式

图 11-25　溢流管调节装置

(2)铰链活门式[图 11-25(b)]　根据溢流量的多少,可自动开大或关小活门,但需注意

食品机械与设备

活门轧死而失灵。

(3)自封闭式溢流管(图 11-26) 溢流管采用侧向溢流口,其空间位置设于空床气流速度较低的床壁处,再加上侧向溢流口的附加阻力,使气体倒窜的可能性大为降低。同时,溢流管采用不对称方锥管,既可防止颗粒架桥,又可因截面自下而上不断扩大而气流速度不断降低,减少喷料的可能性。若在溢流管侧壁上开一串侧风孔,由床底层内自动引入少量气体作为松动风,也可起到松动物料的作用。

2. 穿流板式多层流化床干燥器

如图 11-27 所示,其操作过程为:物料直接从筛板孔由上而下流动,气体则通过筛孔由下而上运动,在每块板上形成沸腾床。结构简单,但操作控制严格。

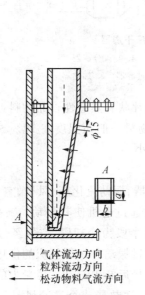

气体流动方向
粒料流动方向
松动物料气流方向

图 11-26 自封闭式溢流管

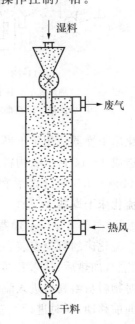

图 11-27 穿流板式多层流化床干燥器

为使物料能顺利通过筛孔流下来,筛板孔径应比物料粒径大 5~30 倍,一般孔径为 10~12 mm,开孔率为 30%~45%,气体通过筛板的速度和物料颗粒带出速度的比值,上限为 2,下限为 1.1~1.2,颗粒的直径在 0.5~5 mm 内。干燥能力为每平方米床层截面可干燥 1 000~10 000 kg/h 的物料。

11.4.3.3 卧式多室流化床干燥器

卧式多室流化床干燥器是针对多室流化床干燥器结构复杂、床层阻力大和操作不易控制的缺点而发展起来的多室流化床干燥器的一种形式。

如图 11-28 所示,干燥器为一矩形箱式流化床,在长度方向用垂直挡板将器内分隔成多室,一般 4~8 室;底部为多孔筛板,筛板的开孔率一般为 4%~13%,孔径 1.5~2.0 mm,筛板上方设有竖向的挡板,筛板与挡板下沿有一定的间隙,大小可由挡板的上下移动来调节,并以挡板分隔成小室,其下部均有一进气支管,支管上有调节气体流量的阀门。

湿颗粒由加料器加入干燥器的第一小室中,由小室下部的支管供给热风进行流化干燥,然后逐渐依次进入其他小室进行干燥,干燥后卸出。在干燥过程中,由于热空气分别通入各小室,所以不同小室中热空气的流量可以控制,例如在第一小室,因物料的湿度大,可以通入量大些的热空气,而在最后一室亦可通过冷空气进行冷却,便于出料后进行包装。热空气经过与湿物料热交换后,废气经干燥器的顶部排出,再经旋风分离器或袋滤器分离后排出。

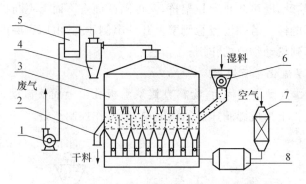

图 11-28　卧式多室流化床干燥器
1. 抽风机　2. 卸料管　3. 干燥器　4. 旋风分离器
5. 袋滤器　6. 摇摆颗粒机　7. 空气过滤器　8. 加热器

卧式多室流化床干燥器适用于干燥各种颗粒状、片状和热敏性食品物料,对于粉状物料则要先用造粒机造成 4～14 目散状物料。所处理的物料一般初湿度在 10％～30％,而干燥后的终湿度为 0.02％～0.3％,干燥后颗粒直径会变小。

11.4.3.4　振动流化床干燥器

如图 11-29 所示,振动流化床干燥器由振动给料器、振动流化床、风机、空气加热过滤器和集尘器等组成。流化床的机壳安装在弹簧上,可以通过电机使其振动。流化床的前半段为干燥段,空气用蒸汽加热后,从床底部进入床内,后半段为冷却段,空气经过滤器、用风机送入床内。工作时物料从给料器进入流化床前端,通过振动和床下气流的作用,使物料以均匀的速度沿床面向前移动,同时进行干燥,而后冷却,最后卸出产品。带粉尘的气体,经集尘器回收物料并排出废气。根据需要整个床内可变成全送热风或全送冷风,以达到物料干燥或冷却的目的。制作速溶乳粉时,流化床与喷雾干燥室的底部装置相接,串联作业。

11.4.3.5　喷动床干燥器

如图 11-30 所示,喷动床干燥器的底部为圆锥形,上部为圆筒形。干燥操作时,热气流以高速从锥底进入,夹带一部分固体颗粒向上运动,形成中心通道,这股夹带了固体颗粒的气流在床层顶部使颗粒好似喷泉一样,从中心喷出向四周散落,然后沿周围向下移动,到锥底又被上升的气流喷射向上,如此循环,达到干燥的要求。这种形式的干燥对粗颗粒和易黏结的物料干燥极为有利,适宜干燥谷物、玉米胚芽等物料。

11.4.3.6　脉冲流化床干燥器

脉冲流化床是流化床技术的一种改型,其流化气体按周期性的方式输入。在一个大的矩形流化床内,脉冲流化区可以随气流的周期性易位而在某有利条件范围内进行变化。脉冲流化床干燥器结构如图 11-31 所示。在干燥器的下部均布安装几根热风进口管,每根管又装有快开阀门,这些阀门按一定的时间程序开与关,当气体突然进入时则产生脉冲,脉冲又很快在物料颗粒间传递能量,使热气流与待干燥的物料以流化状态在床内扩散和向上运动,在短时间内形成一股剧烈的流化状态,使气体和物料进行强烈的传质,但当阀门关闭时,

食品机械与设备

流化状态在同一方向逐渐消失,物料又回到固定状态,如此循环,直到物料干燥。脉冲流化床适用于不易干燥或有特殊要求的物料。

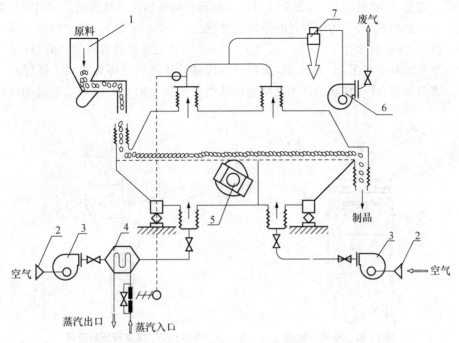

图 11-29　振动流化床干燥器
1. 振动给料器　2. 空气过滤器　3. 送风机　4. 加热器
5. 电机　6. 引风机　7. 集尘器

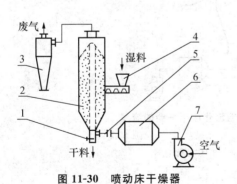

图 11-30　喷动床干燥器
1. 放料阀　2. 喷动床　3. 旋风分离器　4. 加料器
5. 蝶阀　6. 加热炉　7. 鼓风机

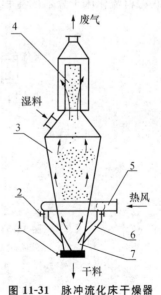

图 11-31　脉冲流化床干燥器
1. 插板阀　2. 快动阀门　3. 干燥室
4. 过滤器　5. 环状总管
6. 进风管　7. 导向板

11.4.3.7 膏状物料流化床干燥器

该形式的干燥器同单层流化床干燥器一样,设置了一个使物料进入流化床前就能加以分散、均匀、定量、连续的加料器,该干燥器的加料器有振动加料和螺旋挤压加料两种形式。

振动加料器如图 11-32 所示,它由振动装置、加料斗和底板组成。其加料量由振动的频率和振幅决定,底板为多孔板,孔径一般为 6～8 mm。适宜处理具有可塑性的物料。

螺旋挤压加料器如图 11-33 所示,加料器由搅拌叶片和挤压螺旋组成。搅拌叶片的作用是防止物料架桥;挤压螺旋的作用是将物料通过挤料板上的小孔以条状形式把物料压入流化床。

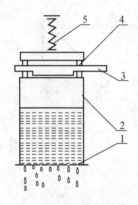

图 11-32　振动加料器

1. 多孔板　2. 加料斗　3. 不平衡体
4. 轴承　5. 弹簧

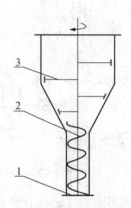

图 11-33　螺旋挤压加料器

1. 挤压板　2. 挤压螺旋
3. 搅拌叶片

膏状物料流化床干燥器的流程如图 11-34 所示。

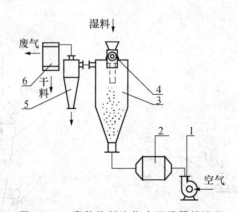

图 11-34　膏状物料流化床干燥器的流程

1. 鼓风机　2. 加热器　3. 干燥室　4. 振动加料器
5. 旋风分离器　6. 袋式除尘器

11.5 喷雾干燥器

喷雾干燥器是将溶液、乳浊液、悬浮液或膏糊状液料,利用雾化器喷洒成极细的雾状液滴,并与热风均匀混合,进行传热传质,而制成粉体、颗粒或团粒的干燥设备,广泛用于乳、蛋、果蔬和饮料等粉末状产品的制作。

11.5.1 喷雾干燥的基本原理及特点

11.5.1.1 喷雾干燥的基本原理

喷雾干燥的原理如图 11-35 所示。在干燥塔顶部导入热风,同时将料液泵送至塔顶,经过雾化器喷成雾状的液滴,这些液滴群的表面积很大,与高温热风接触后水分迅速蒸发,在极短的时间内便成为干燥产品,从干燥塔底部排出。热风与液滴接触后温度显著降低,湿度增大,作为废气由排风机抽出,废气中夹带的微粉用分离装置回收。

物料干燥过程分为等速阶段和减速阶段两个部分进行。在等速阶段,水分蒸发在液滴表面发生,蒸发速度由蒸汽通过周围气膜的扩散速度所控制。主要的推动力是周围热风和液滴的温度差,温度差越大,蒸发速度越快,水分通过颗粒的扩散速度大于蒸发速度。当扩散速度降低而不能再维持颗粒表面的饱和时,蒸发速度开始减慢,干燥进入减速阶段。在减速阶段中,颗粒温度开始上升,干燥结束时,物料的温度接近于周围空气的温度。

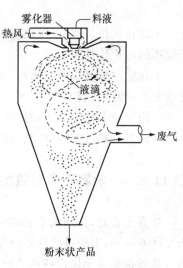

图 11-35　喷雾干燥示意图

11.5.1.2 喷雾干燥的特点

1. 优点

• 干燥迅速。料液经喷雾后,表面积很大,例如将 1 L 料液雾化成直径为 50 μm 的液滴,其表面可增大至 120 m²。在热风气流中热交换迅速,水分蒸发极快,瞬间就可蒸发 95%~98% 的水分,完成干燥的时间一般仅需 5~40 s。

• 干燥过程中液滴的温度不高,产品质量较好。喷雾干燥使用的温度范围非常广(80~800℃),即使采用高温热风,其排风温度仍不会很高。在干燥初期,物料温度不超过周围热空气的温度 50~60℃,干燥产品质量较好,不容易发生蛋白质变化、维生素损失、氧化等缺陷。对热敏性物料和产品的质量,基本上接近在真空下干燥的标准,防止物料过热变质。

• 产品具有良好的分散性、流动性和溶解性。由于干燥过程是在空气中完成的,产品基本上能保持与液滴相近似的中空球状或疏松团粒的粉末状,具有良好的分散性、流动性和溶解性。

• 特殊浆料即使湿含量高达 90%,也可不经浓缩,同样能一次干燥成粉状产品。大部

323

分产品干燥后不需要再进行粉碎和筛选,从而减少了生产工序,简化了生产工艺流程。产品的粒径、松密度、水分,在一定范围内,可通过改变操作条件进行调整,控制管理都很方便。

• 防止发生公害,改善生产环境。由于喷雾干燥是在密闭的干燥塔内进行的,避免了干燥产品在车间里飞扬。

• 适宜于连续化大规模生产。喷雾干燥能适应工业上大规模生产的要求,干燥产品经连续排料,在后处理上可结合冷却器和风力输送,组成连续生产作业线。现国内中小型乳粉厂,喷雾干燥设备的蒸发量为 $50\sim500$ kg/h,大、中型乳品厂乳粉生产,每小时可处理 $1\,000\sim5\,000$ kg 鲜乳。

• 容易改变操作条件,控制或调节产品的质量指标。改变原料的浓度、热风温度等喷雾条件,可获得不同水分和粒度的产品。

• 可以满足对产品的各种要求。增加某些措施或运用操作上的灵活性,能制成不同形状(球形、粉末、疏松团粒)、性质(流动性、速溶性)、色、香、味的产品。

2. 缺点

• 设备比较复杂,一次投资大。当热风温度低于 150℃ 时,热容量系数低,蒸发强度小,干燥塔的体积比较大。

• 在生产粒径小的产品时,废气中约夹带有 20% 的微粉,需选用高效的分离装置,结构比较复杂,费用较贵。

• 由于设备体积庞大,对生产卫生要求高的产品,设备的清扫工作量大。

• 设备的热效率不高,热消耗大,热效率一般为 30%~40%,动力消耗大。

▶ 11.5.2　喷雾干燥装置的主要组件

喷雾干燥时,雾滴大小和均匀程度对产品质量和技术经济指标影响很大,雾滴平均直径为 $20\sim60$ μm,雾滴过大达不到干燥要求,过小则会干燥过度而变质,因此使料液雾化所用的雾化器是喷雾干燥设备的关键部件。用于食品和农产品加工业的雾化器主要有三类,即压力式、离心式和气流式,常用的为前两类。

11.5.2.1　压力式雾化器

1. 压力式雾化器的雾化机理

利用高压泵使料液获得很高的压力($2\sim2.5$ MPa),从切线方向进入喷嘴的旋转室,或者通过具有螺旋槽的喷嘴芯进入喷嘴的旋转室。这时,液体的部分静压能转化为动能,使液体产生强烈的旋转运动,如图 11-36 所示。根据旋转动量矩守恒定律,旋转速度与旋涡半径成反比。因此,越靠近轴心,旋转速度越大,其静压力越小,结果在喷嘴中央形成一股压力等于大气压的空气旋流,而液体则形成旋转的环形薄膜,液体静压能在喷嘴处转变为向前运动的液膜的动能,从喷嘴喷出。液膜伸长变薄,最后分裂为小雾滴。这样形成的液雾为空心圆锥形,又称空心锥喷雾。

常用的压力式雾化器(喷嘴)有 M 型和 S 型两种,如图

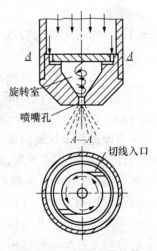

旋转室

喷嘴孔

$A-A$

切线入口

图 11-36　料液在雾化器内的流动示意图

11-37 所示。M 型喷嘴,亦称旋转型压力喷嘴,这种结构在孔板下形成一旋转室,孔板上导沟的轴线与水平面垂直,喷头用人造宝石或碳化钨材料制成。S 型喷嘴亦称离心型压力喷嘴,结构特点是在喷嘴上装一芯子,其上导沟的轴线与水平面成一定的角度,以增加料液的湍流度,提高雾化效果。

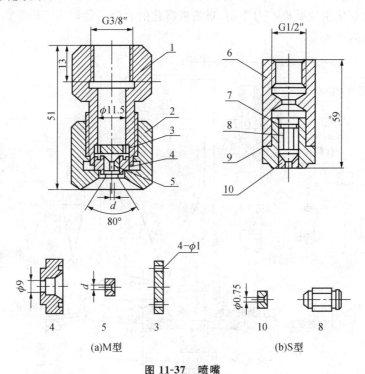

图 11-37　喷嘴

1、6. 管接头　2. 螺帽　3. 孔板　4、7. 喷头座　5、10. 喷头　8. 芯子　9. 垫片

2. 压力式雾化器的特点

压力式雾化器的优点是:①结构简单,制造成本低,维修、更换方便;②动力消耗较小;③改变了喷嘴的内部结构,容易得到所需要的喷炬形状。其缺点是:①生产中,流量难以调节;②喷嘴孔径小于 1 mm 时,易产生堵塞;③不适宜用于黏度高的食品物料。

3. 压力喷雾干燥设备的组成

压力喷雾干燥设备有卧式和立式两大类。卧式喷雾干燥设备由于连续出料时干燥室的清洁较为困难及其他结构上的原因,在现代化的企业中较少应用,故只以立式喷雾干燥设备为例,加以叙述。

立式喷雾干燥设备基本设置如图 11-38 所示。系统中包括:①送风系统,由空气过滤器、空气除湿器、鼓风机、空气加热器(以蒸汽为热源)、空气分配器等组成;②送料系统,由平衡槽、料液过滤器、三柱塞高压泵等组成;③雾化器,使用压力式雾化器;④干燥室,为立式干燥塔;⑤排料系统,由鼓形阀(又称旋转阀、显形阀、锁气排料阀、隔仓卸料器等)、碎粉器、吹粉器、罗茨鼓风机、流化床和筛粉机组成;⑥排风系统,由旋风分离器、引风机等组成。

11.5.2.2　离心式雾化器

1. 离心式雾化器的雾化机理

离心喷雾是在水平方向作高速旋转运动的圆盘上注入料液,使料液在离心力的作用下以高速甩出,形成薄膜、细丝或液滴。被甩出的料液,受到因圆盘高速转动而带动旋转的空气的摩擦、阻碍和撕裂等作用而被分散成微小的液滴。离心喷雾液滴在离心盘上的运动轨迹如图 11-39 所示。由于料液雾化过程中,在离心力和重力加速度的作用下和与周围空气的摩擦而产生雾化,故雾化情况与料液的物性、流量,离心圆盘直径、转速有关。当料液流量很少时,料液的雾化主要受离心力作用,料液被雾化的直(粒)径取决于所受的离心力和料液的黏度、表面张力的关系。

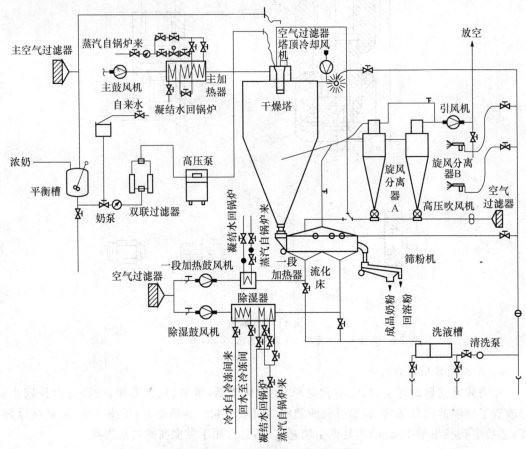

图 11-38　立式喷雾干燥设备基本设置

当离心力大于表面张力时,圆盘周边的球状液滴即被抛出而分裂雾化,液滴中伴有少量大液滴,如图 11-40(a)所示;当料液流量增加,转速加快时,球状料液则被拉成丝状射流,被抛出的液丝极不稳定,在离圆盘周边不远处即被分裂雾化成小液滴,如图 11-40(b)所示;若料液流量继续增加,则液丝间互相并成薄膜,抛出的液膜离圆盘周边一定距离后,被分裂成分布较广的液滴,若料液在圆盘上的滑动能减到最小,则可使液体以高速喷出,在圆盘周边与空气发生摩擦而被雾化,如图 11-40(c)所示。根据以上分析,为了使料液在圆盘边缘成薄膜状喷出,以获得均匀一致的液滴,离心喷雾必须满足以下条件:①圆盘要加工精密,动平衡好,旋转时无振动;②旋转时产生的离心力必须大于物料的重力;③给料必须均匀且圆盘表面均被料液所润湿;④圆盘及沟槽必须平滑;⑤保证雾化均匀,圆盘的圆周速度应取 60 m/s以上,一般为 90~120 m/s。

2. 离心喷雾干燥的特点

• 调整转速,可以调整雾化料液的粒径,转速高则液滴细,液相的比表面积就大,从而可以提高干燥的传热、传质效率。

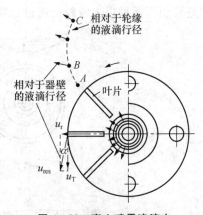

图 11-39 离心喷雾液滴在离心盘上的运动轨迹

• 物料黏度的适应性比压力喷雾干燥广。既可以处理低黏度的料液,对高黏度浓缩料液进行雾化干燥的效果也较好,因此,可以提高雾化料液的浓缩程度。

• 喷雾器的材料要求具有质轻强度高的性能,对材质的要求高。

• 工艺上应用的高速旋转雾化器的转速一般为10 000～40 000 r/min,转速高,对轴系及传动系统的选材、制造精度、安装精度的要求高且严格。

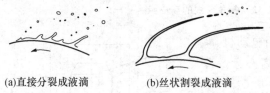

(a)直接分裂成液滴　　　(b)丝状割裂成液滴　　　

(c)膜状分裂成液滴

图 11-40 离心喷雾原理

3. 离心喷雾干燥设备的组成

离心喷雾干燥与压力喷雾干燥的生产流程没有本质上的区别,其区别在于雾化装置和干燥塔塔径、塔高的设计。

离心盘是雾化器的主要部件,如图 11-41 所示,当液料被送到高速旋转的离心盘上时,在离心力的作用下,液体物料向外流动形成薄膜;液膜离开圆盘边缘时,具有径向速度与切向速度,以合速度在圆盘上运动。液体自圆盘抛出后,分散为微小的液滴,沿接近盘切线的方向运动,同时液滴在重力作用下降落。液滴的大小和喷雾均匀性,主要取决于离心

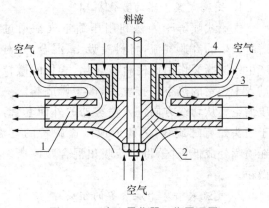

图 11-41 离心雾化器工作原理图
1. 叶片　2. 盘壳体　3. 盘顶盖　4. 罩

盘的圆周速度和薄膜厚度,液膜厚度又与液料的处理量有关,当离心盘圆周速度大于60 m/s 时,可获得均匀的雾滴。

离心盘的类型很多。优良的离心盘要求具有较高的离心力,喷雾均匀,结构简单,容易维修,生产率高。图 11-42(a)为碟式,具有较大的润湿周边,使液料形成扁平的薄膜,有利于雾化,结构简单,但表面平滑,液体有较大滑动,得不到较高的离心力,影响雾化效果。图11-42(b)为叶轮式,有较好的润湿周边,液料滑动不大,可通过增加叶轮高度来提高生产率,喷雾效果较好。图 11-42(c)为单层喷枪式,即在圆盘周边嵌入许多喷管,可获得较高离心力,液膜较薄,目前这种离心盘多用于中型乳粉厂。图 11-42(d)为多层喷枪式,它的生产率

高,且可用于两种以上液料同时进行喷雾作业。

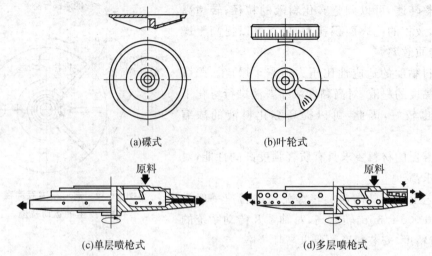

(a)碟式   (b)叶轮式

(c)单层喷枪式   (d)多层喷枪式

图 11-42 各式形式的离心盘

离心式雾化器如图 11-43 所示,由电动机、摩擦离合器、变速齿轮、主轴、分配器、离心盘及冷却装置组成。

11.5.2.3 气流式雾化器

1. 气流式雾化器的雾化机理

气流式喷雾干燥是利用压缩空气在通过喷嘴时产生的高速气流,将料液吸出、混合,并对之产生摩擦撕裂作用而使料液雾化,雾化的微粒与进入干燥室的热空气接触后,被干燥成粉。一般压缩空气从切线方向进入喷雾器的外面套管,由于喷头处有螺旋线,因此形成高速旋转的气流,在喷嘴处成低压区,将料液吸出混合摩擦撕裂成微粒。

2. 气流式喷雾干燥装备的组成

气流式雾化器的结构按粗液与气流接触方式可分为内部混合式、外部混合式和内外混合式三种,一般采用外部混合式和内外混合式两种形式。外部混合式[图 11-44(a)]是压缩空气与料液在喷嘴出口喷出的同时混合被分散成细雾。

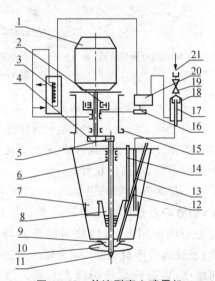

图 11-43 并流型离心喷雾机

1. 电动机 2. 摩擦离合器 3. 冷却器 4. 大齿轮 5. 小齿轮 6. 主轴 7. 油槽 8. 回油器 9. 分配器 10. 离心盘 11. 盖形螺母 12. 吸油管 13. 进料管 14. 油标尺插入管 15. 透气管 16. 油泵皮带轮 17. 充油器吸油管 18. 过滤网 19. 旋塞 20. 油泵 21. 油杯

外部混合式的料液和压缩空气可以分别控制调节,容易掌握雾化操作条件,工作较稳定,故在工业上应用较广。内外混合式[图 11-44(b)]又称为三流式,它如同内部混合式和外部混合式的组合,即一部分空气与料液在内喷嘴混合,此混合后的气液流又在外喷嘴口喷出时与空气作用。所以它既有内混合能量转化的优点,又有外混合易于控制喷雾特性的特点。料液与空气间有较大的相对速度,能够更好地分散成细雾,常用于高黏度液体的喷雾。

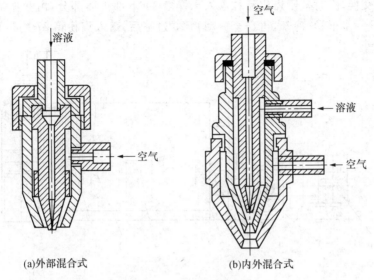

(a)外部混合式   (b)内外混合式

图 11-44 气流式喷雾器

▶ 11.5.3 喷雾干燥器的类型、结构及工作过程

喷雾干燥器的类型很多。按干燥室内雾滴与热风的流动方向可分为并流、逆流和混流三类。按干燥室的形状分为箱式和塔式两种,其中大型设备多为塔式喷雾干燥器,并附有冷却器和振动流化床等装置。以下只介绍几种喷雾干燥成套设备的工作过程和技术参数。

11.5.3.1 箱式平底型喷雾干燥器

如图 11-45 所示,由空气过滤器 1、进风机 2、空气加热器 3、喷雾器(喷嘴)、干燥室 7、布袋过滤器 11、排风机 14 等组成。经空气过滤器过滤的洁净空气,由进风机吸入空气加热器加热至高温,在热风分风箱内分成几股气流,使热风均匀地分配进入干燥室。当与从喷嘴中喷出的分散成雾状的浓乳微粒接触时,使微粒干燥,成品落入箱底,由人工出粉。废气通过布袋过滤器回收夹带的粉尘后,经风机排入大气。干燥室上装灯光照明,可显示温度,以便控制产品质量。这种设备的特点是干燥过程在密闭状态下进行,室内具有一定的负压,既保证生产卫生条件,又可避免粉尘外逸。结构简单,造价低廉,采用平底,有利于人进入清理,但出粉比较困难。除用于乳制品的喷雾干燥外,尚可用于其他热敏性物料的喷雾干燥。

主要技术参数:水分蒸发量 150 kg/h,喷嘴四只,加热蒸汽压力 600 kPa(表压),电机总功率 17.5 kW。

11.5.3.2 带冷却器的塔式喷雾干燥器

如图 11-46 所示,由高压泵 3、采用蒸汽加热的空气预热器 7、干燥室 13、旋风分离器 16、消音器 19 和冷却室 26 等组成。浓缩液料从贮料罐 2 通过高压泵和雾化器喷入,空气经两侧的蒸汽间接加热,形成热风亦送入干燥室,干燥成品至干燥室下部用冷风冷却,然后从底部卸出。废气中夹带的粉末经分离器重进入干燥室。废气经消音器排入大气。

11.5.3.3 离心喷雾干燥器

如图 11-47 所示,工作过程是浓乳从物料平衡槽 1,经双联空气过滤器 2 滤去浓乳中的杂质后,由螺杆泵 4 泵至塔顶离心喷雾器 9,将浓乳喷成雾状,与经蜗壳式热风盘 10 送入的热空气进行热交换,瞬时被干燥成粉粒落入干燥塔 11 下部锥体部分,由激振器 3 输送到沸腾冷却床 31 进一步干燥、冷却,再送至振动筛 29 过筛后,落入集粉箱 27 贮存。

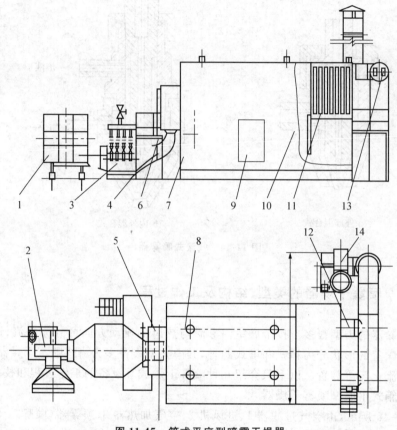

图 11-45 箱式平底型喷雾干燥器

1. 空气过滤器 2. 进风机 3. 空气加热器 4. 进风管 5. 分风箱 6. 高压进乳管 7. 干燥室
8. 灯孔 9. 门 10. 窥视镜 11. 布袋过滤器 12. 排风阀 13. 排风管 14. 排风机

新鲜空气经空气过滤器 20 过滤后,由燃油热风炉进风机 21 送入燃油热风炉 18 加热,使温度提高到 220℃ 左右,输入蜗壳式热风盘 10 进入干燥塔 11,与雾状浓乳热交换后,由主旋风分离器 14 回收夹带的粉尘,废气则由排风机 19 排入大气。

沸腾冷却床 31 所用冷空气,先经空气过滤器 25 过滤,由通风机 26 送入减湿冷却器 30 降低所含水分后进入沸腾冷却床 31。从干燥塔 11 来的粉粒在床上呈沸腾状态得到进一步的干燥和冷却,排出的废气由细粉回收旋风分离器 15 回收夹带的细粉后经排风机 19 排入大气。主旋风分离器 14 和细粉回收旋风分离器 15 回收的细粉,分别经鼓形阀 24 和 23 卸出,落入细粉回收管道中,被通风机 12 吹入干燥塔 11 内与离心喷雾器 9 喷成雾状的浓乳雾滴进行聚合,重新干燥,形成大颗粒乳粉。这种乳粉颗粒大、容重小、速溶性好。

我国已由丹麦"尼罗"公司引进这种设备。生产能力:水分蒸发量为 250 kg/h。热风炉耗油量为 28～30 kg/h,热风温度为 220℃,排风温度为 88℃。干燥塔直径 3 m,总高 6.9 m,电机总功率为 29.5 kW。

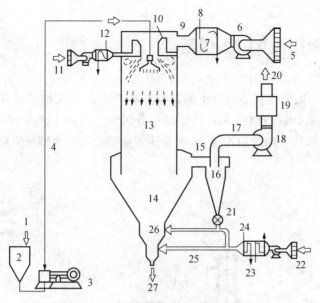

图 11-46　带冷却器的塔式喷雾干燥器

1. 浓缩液　2. 贮料罐　3. 高压泵　4. 高压管　5、11、22. 空气　6. 风机　7. 空气预热器

8. 蒸汽　9. 热风管　10. 充气室　12、24. 蒸汽　13. 干燥室　14. 分离室　15、17. 管道

16. 旋风分离器　18. 排风机　19. 消音器　20. 出风口　21. 阀门　23. 冷水

25. 冷风　26. 冷却室　27. 成品

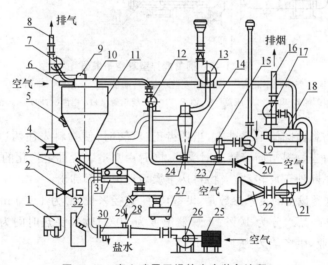

图 11-47　离心喷雾干燥的生产装备流程

1. 物料平衡槽　2. 五通阀双联过滤器　3. 激振器　4. 螺杆泵　5. 振荡器　6. 冷却风圈进风管

7. 冷却风圈排风机　8. 冷却风圈排风管　9. 离心喷雾器　10. 蜗壳式热风盘　11. 干燥塔

12、26. 通风机　13、27. 集粉箱　14. 主旋风分离器　15. 细粉回收旋风分离器　16. 排烟管

17. 燃油炉排气机　18. 燃油热风炉　19. 排风机　20、22、25. 空气过滤器　21. 燃油热风

炉进风机　23、24. 鼓形阀　28. 冷盐水管　29. 振动筛　30. 减湿冷却器

31. 沸腾冷却床　32. 仪表控制台

11.6 圆筒搅拌型真空干燥器

图 11-48 所示为圆筒搅拌型真空干燥器的主要工作部分,又称耙式真空干燥器,由卧式圆筒、传动轴、搅拌桨(或称耙齿)和各管道接口等组成。筒壁为夹层,内通蒸汽、热水或热油。搅拌桨是向左和向右的两组耙齿,分别装在传动轴上。传动轴与圆筒壳体间,采用石棉作填料进行密封。

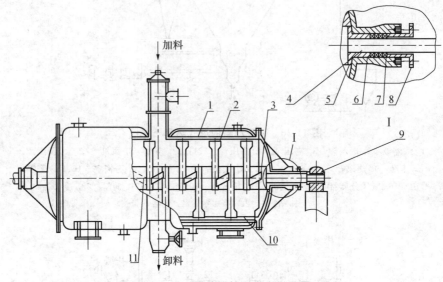

图 11-48 圆筒搅拌型真空干燥器

1. 壳体 2. 耙齿 3. 耙齿(左向) 4. 传动轴 5. 压紧圈 6. 封头
7. 填料 8. 压盖 9. 轴承 10. 无缝钢管 11. 耙齿(右向)

工作过程是物料由圆筒上部进入,当耙齿正、反转时,使物料先往两边而后又往中间移动,受到均匀搅拌;当物料与筒壁接触时受热,同时由真空装置抽走汽化的水蒸气,促进干燥进程。如此耙齿不断地正反转动,当物料达干燥后即由下部卸出。

制作淀粉的这类设备的技术参数是:设备尺寸(直径×长度)为 1 100 mm×2 140 mm;湿物料水分为 35%;产品水分为 10%;干燥器温度为 50℃;物料受热时间为 1.5 h;真空度为 78.0 kPa;间歇作业,生产能力为 1.4 t/h。

11.7 冷冻干燥设备

食品冷冻干燥技术,又称为真空冷冻干燥,简称冻干技术。该技术起源较早,最初用于医药工业,最原始的真空冷冻干燥食品的设备于 1943 年出现在丹麦。随着科学技术的发展和人们对高品质食品的追求,在现代,冷冻干燥技术已列入高新技术的行列。冷冻干燥设备是一个集真空、制冷、干燥及清洁消毒于一体的设备。目前,冷冻干燥技术与设备在食品工业上也有很大的发展。

11.7.1 冷冻干燥的基本原理及特点

11.7.1.1 冷冻干燥的基本原理

冷冻干燥是将湿物料(或溶液)在较低温度下(−10～−50℃)冻结成固态,然后在高度真空(130～0.1 Pa)下,将其中固态水分直接升华为气态而除去的干燥过程,也称升华干燥。冷冻干燥是真空干燥的一种特例。

根据热力学中的相平衡理论,水的三种相态(固态、液态和气态)之间达到平衡要有一定的条件。由实验可知,随着压力的不断降低,冰点变化不大,而沸点则越来越低。靠近冰点,当压力下降到某一值时,沸点即与冰点相重合,冰就可不经液态而直接转化为气态,这时的压力称为三相点压力,其相应的温度称为三相点温度,实验测得水的三相点压力为609.3 Pa,三相点温度 0.009 8℃。

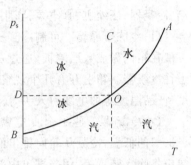

图 11-49 水的物态三相图

图 11-49 是水的物态三相图。从图中可以看出,当干燥过程的压力控制在 OD 线以上(即 609.3 Pa 以上)时,冰需先转化为水,水再转化成汽,即先融化、后蒸发。当压力控制在 OD 线以下时,冰将由固态直接升华为气态。OB 线称为升华曲线,OA 线称为汽化曲线,OC 线则称为融化曲线。因此,干燥过程的工艺参数控制在 OD 线以上时,属于真空蒸发干燥,反之,当工艺参数控制在 OD 线以下时,则为真空冷冻干燥。或者说,实现真空冷冻干燥的必要条件是干燥过程的压力低于操作温度下冰的饱和蒸气压,常控制在相应温度下冰的饱和蒸气压的 1/2～1/4,如−40℃时干燥,操作压力应为 2.7～6.7 Pa。

冷冻干燥湿物料也可不预冻,而是利用高度真空时水分汽化吸热而将物料自行冻结。这种冻结能量消耗小,但对液体物料易产生泡沫或飞溅现象而导致损失,同时也不易获得多孔性的均匀干燥物。冷冻干燥中升华温度一般为−35～−5℃,其抽出的水分可在冷凝器上冷冻聚集或直接为真空泵排出。若升华时需要的热量直接由所干燥的物料供给,这种情况下,物料温度降低很快,以至于冰的蒸气压很低而使升华速率降低。一般情况下,热量由加热介质通过干燥室的内壁供给,因此,既要供给湿物料的热量以保证一定的干燥速率,又要避免冰的融化。

11.7.1.2 冷冻干燥的特点

• 干燥温度低,特别适合于高热敏性物料的干燥,如抗生素类、生物制品等活性物质的干燥。又系在真空下操作,氧气极少,物料中易氧化物质得到了保护,因此,制品中的有效物质及营养成分损失很少。

• 能保持原物料的外观形状。物料在升华脱水前先进行预冻,形成稳定的固体骨架。干燥后体积形状基本不变,不失原有的固体结构,无干缩现象。

• 冻干制品具有多孔结构,因而有理想的速溶性和快速复水性。干燥过程中,物料中溶于水的溶质就地析出,避免了一般干燥方法中因物料水分向表面转移而将无机盐和其他有效成分带到物料表面,产生表面硬化现象。

• 冷冻干燥脱水彻底(一般低于 2‰～5‰),产品质量轻、保存期长,若采用真空密封包装,常温下即可运输、保存,十分简便。

• 冷冻干燥需要较昂贵的专用设备,干燥周期长,能耗较大,产量小,加工成本高。

11.7.2 冷冻干燥设备的主要组件、分类及应用

11.7.2.1 冷冻干燥设备的主要组件

按冷冻干燥系统可分为制冷系统、自控系统、加热系统和控制系统等。主要由冷冻干燥箱、冷凝器、压缩机、真空泵、膨胀阀、控制元件和仪表等组成,如图 11-50 所示。

(1)冷冻干燥箱　可制冷到－40℃或更低温度,又能加热到50℃左右,能被抽成真空。一般在箱内做成数层隔板,通过一个装有真空阀门的管道与冷凝器相连,排出的水汽由该管道往冷凝器。箱上开有几个观察孔,箱上还装有测量真空和冷冻干燥结束时温度和搁板温度、产品温度等的电线引入头等。

(2)冷凝器　是一个真空密封的容器,内有很大的金属管路表面,被制冷到－40～－80℃的低温,冷凝从箱内排出的大量水蒸气,降低箱内水蒸气压力,有除霜装置、排出阀、热空气吹入装置等,用来排出内部冰霜并吹干内部。

(3)真空泵及真空测量仪表　由冷冻干燥箱,冷凝器,真空阀门和管道,真空泵和真空仪表构成冷冻干燥设备的真空系统,要求密封性能好。真空泵采用旋片式或滑阀式油封机械泵,亦可与机械增压泵或油增压泵联用。真空测量仪表可采用旋转式水银压缩真空计或电阻和热偶真空计。

(4)制冷系统与加热系统　由冷冻机组、冷冻干燥箱、冷凝器内部的管道等组成制冷系统,冷冻机可以是互相独立的两套,即一套制冷冷冻干燥箱,一套制冷冷凝器,也可合用一套冷冻机。制冷法有直接法和间接法两种,直接法把制冷剂直接通入冷冻干燥箱或冷凝器。冷冻机可根据所需要的不同低温,采用单级压缩、双级压缩或者复叠式制冷机。制冷压缩机可采用氨压缩机或氟利昂压缩机。

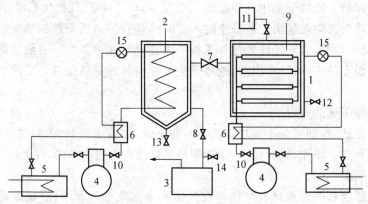

图 11-50　箱式升华干燥设备组成示意图

1.冷冻干燥箱　2.冷凝器　3.真空泵　4.压缩机　5.水冷却器　6.热交换器
7.冷冻干燥箱冷凝器阀门　8.冷凝器真空泵阀门　9.板温指示　10.膨胀阀
11.真空计　12.冷冻干燥箱放气阀门　13.冷凝器放出阀
14.真空泵放气阀　15.冷凝温度指示

食品机械与设备

加热系统的作用是加热冷冻干燥箱内的搁板,促使产品升华,可分直接和间接加热法。直接法利用电直接在箱内加热;间接法利用电或其他热源加热传热介质,再将其通入搁板。

(5)控制系统　各种开关、安全装置以及一些自动化元件和仪表组成一般自动化程度较高的冷冻干燥设备,其控制系统较为复杂。

11.7.2.2　圆柱型升华干燥设备

适合大型企业生产,原理与上述相同,过程也基本一致,仅设备类型有所不同。

1. 预冻

最好与抽真空分开处理,冻后再放入真空室进行升华。预冻型式如下:颗粒状物料,最好用流动床冷冻设备。块状物料,如鱼、肉、蔬菜等在冻前切成均匀薄片,采用一般冷冻机。液体物料,采用平板冻结机为好。

2. 真空室

即升华干燥设备的升华室。老式的用长方形,需用较厚钢板制成,才能承受101.325 kPa 的压力,目前多采用圆柱形;缺点是空间利用率不高,故有的将冷凝器放在里面。从形式上分,有圆柱形桶体固定和可移动的两种;比较多的是一端可移动,亦有两端可移动的,便于物料的装入和卸出,也便于管理和清洁工作。从使用情况可分为间歇式和连续式。连续式需要在物料进出口处设平衡室,生产过程中发现问题时不易处理。间歇式也有缺点,因干燥前期抽去80%水分,后半期抽20%,在后半期内升华量显著减少,而真空度提高。综上所述,从结构、强度和操作各方面考虑,还是采用圆柱形间歇式为好。

3. 加热部分

有几种不同方法,如用物料与加热面直接接触或辐射加热的方法等,其设备简单,加热板是固定的,无需复杂的液压机械设备,只需在固定的加热面上涂上粗糙黑色涂料。热源有热水强制循环的,有用油加热的,也有的采用混合式喷射加热器代替列管式热交换器,并用水泵作动力。

4. 抽真空

真空泵必须使室内真空度降至 67 Pa(0.5 mmHg)以下,同时不断抽去漏入空气及升华时产生的大量水汽,目前真空设备及其组合有三种:

第一种是罗茨泵,经二级增压后通入冷凝器再用机械泵排不凝气体。设备投资大,耗电多,难以配套,后级泵内易进水,影响真空,很少采用。

第二种为低温冷凝器(-5℃),将水蒸气冷凝成冰霜,再用机械泵抽不凝气体。总的耗电大,投资大,电源充足的条件下,尚能选用。

第三种为多级蒸汽喷射泵串联,抽除大部分可凝性气体,由前级增压后用冷凝器冷凝,后面几级以排除空气为主。通常需要 4～5 级的蒸汽喷射泵。为了起步快,在一级冷凝器处专门有一级或二级真空泵帮助启动。蒸汽喷射泵有很多优点,结构简单,检修方便,不易发生故障,材料要求不高。缺点是蒸汽和水耗量大,并要求蒸汽压力稳定。

11.7.2.3　冷冻干燥设备的分类

食品冷冻干燥器的形式主要分间歇式和连续式两类。

1. 间歇式冷冻干燥器

间歇式冷冻干燥设备是一种可单机操作的冷冻干燥设备,这种形式的设备适应多品种、小批量的生产;能满足季节性强的食品生产需要;便于控制食品物料干燥时不同阶段的加热温度和真空度的要求。因此,这种形式的设备在食品厂被广泛地使用。该设备典型的干燥机有接触导热式和辐射传热式两种。

(1)接触导热式真空冷冻干燥器　如图11-51所示,这是一种箱式接触导热设备,其最大的特征是干燥箱内设有多层隔板,隔板既是被干燥食品物料的支撑板,又是为干燥食品物料提供升华热量和解吸热量的接触导热板。箱式接触导热式冷冻干燥设备的运行过程为:

第一阶段为预冻,再抽真空。预冻操作在箱外进行。由于物料内部含有大量水分,若先抽真空,会使溶解在水中的气体,因外界压力降低而很快地溢出,形成气泡呈"沸腾"状。在气泡蒸发成蒸汽时又吸收自身热量而结成冰,冰再汽化,则产品发泡气鼓,内部有较多气孔,故需预冻。预冻的温度选择是低于物料的共熔点5℃左右。若温度达不到要求,则冻结不彻底,其缺点如上所述。预冻时间约 2 h,因每块隔板

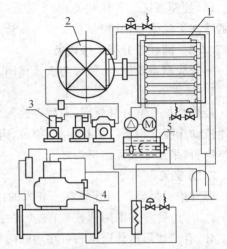

图 11-51　接触导热式间歇式冷冻干燥器简图
1. 干燥箱　2. 冷阱　3. 真空系统
4. 制冷系统　5. 加热系统

温度不同,需给予充分时间,从低于共熔点温度算起,预冻速度控制在每分钟 1～4℃,过高或过低对产品不利,不同的产品预冻速度由试验决定。这个过程为降温、降速过程。

第二阶段为升华过程。预冻后接着抽真空,进入第二阶段,这时,温度几乎不变,排除冻结水分,是恒速过程。由冰直接汽化也需要吸收热量,此时开始给予加热,保持温度在接近而又低于共熔点温度。若不给予热量,物料本身温度下降,则干燥速度下降,延长时间,产品水分不合格。若加热太多或过量,则物料本身温度上升,超过共熔点,局部熔化,体积缩小和起泡。由于 1 kg 冰在 13.3 Pa 时产生 9 500 L 水汽,体积大,用普通机械泵来排除是不可能的,而用蒸汽喷射泵需高压蒸汽和多级串联,会使成本增加,故采用冷凝器,用冷却的表面来凝结水蒸气使其成冰霜,保持在−40℃或更低,冷凝器中蒸气压降低在某一水平上,干燥箱内蒸气压升高形成压差,故大量水汽不断地进入冷凝器。

第三阶段为加热蒸发剩余水分阶段。由于冻结水分已全蒸发,产品已定型,所以加热速度可以加快。蒸发尚未冻结的水分时,干燥速度下降,水分不断排除,温度逐渐升高到30～35℃后(一般不超过 40℃),停留 2～3 h,干燥结束。此时可破坏真空,取出成品。同时,在大气压下对冷凝器进行加热,将冰霜熔化成水排除。

(2)辐射传热式真空冷冻干燥器　这种冷冻干燥器的主体结构如图 11-52 所示,所谓辐射传热式是指装有待干燥食品物料的料盘悬于上下两块加热板之间,料盘与加热板不直接接触,通过小推车或吊车将料盘快速移入圆筒形干燥箱中,箱内的多层加热板分排于干燥箱内两侧。

图 11-52(a)所示的形式为吊车导轨移动式。吊车沿导轨移动,从食品清洗、预处理开始,再经过装盘、预冻后,最后将物料和小车一起快速移入干燥箱中。上述过程若用小推车代替吊车,则在干燥箱内的下方装置地轨,箱外使用升降叉车把预冻后物料及料车快速送到干燥箱前,通过升降叉车与干燥箱内的地轨衔接,再将料车沿地轨推入干燥箱内。

图 11-52(b)所示的形式为托盘滑移式。外部吊车将盛有待干燥食品物料的料盘送到干燥箱的右端,在一专门推送机构的作用下,料盘被推入干燥箱中,同时从左端将已干燥的食品物料盘推出。

图 11-52(c)所示的形式为专用车把待干燥物料推入干燥箱内,干燥箱的壳体可在导轨上沿轴向移动,这种方式有利于干燥机的清洗。

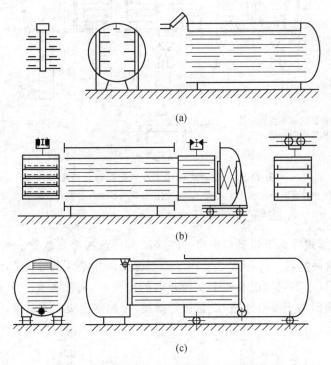

(a)

(b)

(c)

图 11-52　辐射传热式间歇式冷冻干燥器简图

2. 连续式冷冻干燥器

连续式冷冻干燥器从进料到出料为连续进行,相对间歇式的箱式干燥器,处理量大,设备利用率高;适宜于对单品种大批量的生产;适用于浆状或颗粒状食品物料的干燥;便于实现生产的自动化。但是这种类型的设备不适宜多品种、小批量的生产;在连续生产中,能根据干燥过程实现干燥的不同阶段控制不同的温度区域,但不能控制不同的真空度。

用于食品干燥的连续式冷冻干燥器的典型形式有:

(1)隧道式连续式冷冻干燥器(图 11-53)　该机一般为水平放置,图示的干燥器由可隔离的前后级真空抽气室、冷冻干燥隧道、干燥加热板、冷凝室等装置组成。

冻干过程为:在机外的预冻间冻结后的食品物料用料盘送入前级真空抽气室,当前级真空抽气室的真空度达到隧道干燥室的真空度时,打开隔离闸阀,使料盘进入干燥室。关闭隔离闸阀,破坏抽气室的真空度,另一批物料进入。进入干燥室后的物料被加热干燥,干燥后从干燥机的另一端进入后级真空抽气室,这时,后级真空抽气室已被抽空到隧道干燥室的真空度,当关闭隔离闸阀后,后级真空抽气室的真空被破坏,移出物料到下一工序。如此反复,在机器正常操作后,每一次真空抽气室隔离闸阀的开启,将有一批物料进出,形成连续操作。

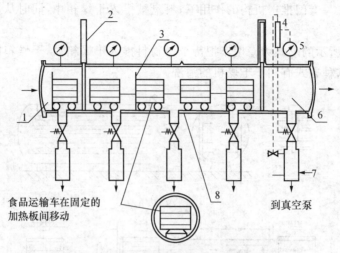

图 11-53　隧道式连续式冷冻干燥器示意图

1. 前级真空抽气室　2. 闸阀　3. 蒸汽压缩板　4. 电子控制器　5. 真空表
6. 后级真空抽气室　7. 冷凝室　8. 真空连接(管道部分)

(2)螺旋式连续式冷冻干燥器(图 11-54)　该机一般为垂直放置。这种干燥器特别适合冷冻颗粒状的食品物料。螺旋式连续式冷冻干燥器的中心干燥室上部设有两个密封的、交替开启的进料口,下部同样设有两个交替开启的出料口,两侧各有一个相互独立的冷阱,通过大型的开关阀门与干燥室连通,交替进行融霜,干燥室中央立式放置的主轴上装有带铲的搅拌器。

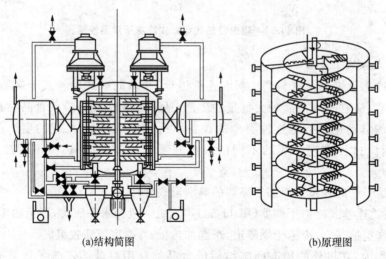

(a)结构简图　　　　　　　　　　　　　　　(b)原理图

图 11-54　垂直螺旋式连续式冷冻干燥器

冻干过程为:预冻后的颗粒物料,因顶部的两个进料口交替地开启交替地进入到顶部圆形加热盘上,位于干燥室中央主轴上带铲的搅拌器转动,使物料在铲子的铲动下向加热盘外缘移动,从边缘落到直径较大的下一块加热盘上,在这块加热盘上,物料在铲子的作用下向干燥室中央移动,从加热盘的内边缘落入其下的一块直径与第一块板直径相同的加热板上。

物料如此逐盘移动,在移动中逐渐干燥,直到最后的底板后落下,从交替开启的出料口中卸出,完成整个螺旋运动的干燥过程。

11.7.2.4 冷冻干燥设备的应用

产品适合特殊场合使用,如地质勘探、边疆海岛等地区,品种有肉类、蔬菜、汤粉、饮料等,但价格比热烘、喷雾产品贵一倍到几倍。

• 由于在低温下操作,能最大限度地保存食品的色、香、味,如蔬菜的天然色素保持不变,各种芳香物质的损失可减少到最低限度,升华干燥对保存含蛋白质食品要比冷冻的好,因为冷冻要降低食品的持水性。

• 因低温操作,对热敏感性物质特别适合,能保存食品中的各种营养成分,尤其对维生素C,能保存90%以上。在真空和低温下操作,微生物的生长和酶的作用受到抑制。

• 升华干制品重量轻、体积小、贮藏时占地面积少、运输方便,各种升华干燥的蔬菜经压块,重量减少十几倍,体积缩小几十倍。以冷藏食品重量为100%,罐头为110%,升华干制品为5%。包装费用方面,比罐头低得多,在贮藏费用方面比冷藏低得多。同时,在贮藏和运输过程中,损失率也较少。

• 复水快,食用方便。因为被干燥物料含有的水分是在结冰状态下直接蒸发的,故在干燥过程中,水汽不带动可溶性物质移向物料表面,不会在物料表面沉积盐类,即在物料表面不会形成硬质薄皮,亦不存在因中心水分移向物料表面对细胞或纤维产生可察的张力,不会使物料干燥后因收缩引起变形,故极易吸水恢复原状。

• 因在真空下操作,氧气极少,因此一些易氧化的物质(如油脂类)得到了保护。

• 冷冻升华干燥法,能排除95%～99%以上的水分,产品能长期保存而不变质。

11.8 新型食品干燥机简介

传统的真空干燥装置加热速度慢且不够均匀,近年来将真空技术与微波加热技术及其他干燥技术相结合,研发出了一些新的真空干燥装置类型。

▶ 11.8.1 真空带式连续干燥机

真空带式连续干燥机亦有单层输送带和多层输送带之分。图11-55所示为单层输送带的带式真空干燥机。该机由一连续的不锈钢带、加热滚筒、冷却滚筒、辐射元件及真空系统和加料闭风装置等组成。

干燥机的供料机位于下方钢带上,靠一个供料滚筒不断将物料涂布在钢带的表面,由钢带在移动中带动料层进入下方的红外线加热区,使料层因其内部产生的水蒸气而蓬松成多孔状态,使之与加热滚筒接触前已具有膨松骨架。经过滚筒加热后,再一次由位于上方的红外线进行干燥,达到水分含量要求后,绕过冷却滚筒骤冷,使料层变脆,再由刮刀刮下排出。

干燥机内的真空维持靠进、排料口设有的闭风器密封,而真空的获得由真空系统实现。

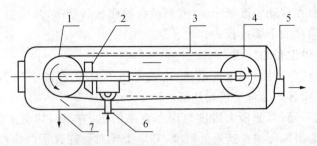

图 11-55　带式真空干燥机

1. 冷却滚筒　2. 脱气器　3. 辐射元件　4. 加热滚筒
5. 接真空系统　6. 加料闭风装置　7. 出口

　　这种带式真空干燥机适用于橙汁、番茄汁、牛奶、速溶茶和速溶咖啡等物料的干燥。若在被干燥物料中加入碳酸铵之类的膨松剂或在高压下充入氮气,干燥时物料会形成气泡而蓬松,可以制取高膨化制品。

　　图 11-56 所示为多层带式真空干燥机,由干燥室、加热与冷却系统、原料供给与输送系统等部分组成。其操作过程为:经预热的液状或浆状物料,经供料泵均匀地置于干燥室内的输送带上,带下有加热装置,加热装置以不同的温度状态组成三个区,即蒸汽加热、热水加热区和冷却区。在加热区上又分为四段或五段,第一、二段用蒸汽加热。各段的温度可以按需要加以调节。原料在带上边移动边蒸发水分,干燥后形成泡沫片状物料,然后通过冷却区,再进入粉碎机粉碎成颗粒制品,由排出装置卸出。干燥室内的水蒸气用冷凝器凝缩成冰,再间歇加热成水排出。

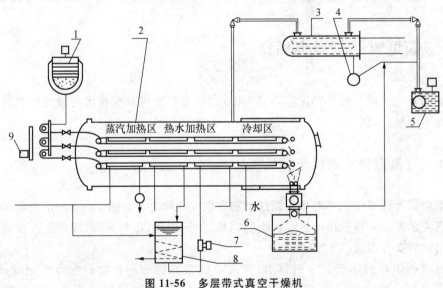

图 11-56　多层带式真空干燥机

1. 溶液箱　2. 干燥机本体　3. 冷凝器　4. 溶剂回收装置　5. 真空泵
6. 成品回收装置　7. 泵　8. 热水箱　9. 溶液供给泵

　　这种干燥机的特点是:干燥时间短,约 5～40 min;能形成多孔状制品;在干燥过程中,能避免混入异物而防止制品被污染;可以直接干燥高浓度、高黏度的物料;简化工序,节约热能。

带式真空干燥机在国外发展比较普遍,在我国尚属空白,尚未有投产产品,其原因是基础真空部件,如定量泵、真空定量单向卸料阀、耐高温输送网带等制造较困难。而单板机制造系统的传感元件等电子器件,寿命较短、耗损费用大,故本节仅作原理上的介绍。

11.8.2　声波场干燥

声波场干燥可用于干燥不宜高温干燥的物料。声波可使干燥过程加速1~2倍,大大缩短干燥时间。例如,使用转筒式声波场干燥器干燥葡萄糖酸钙,干燥时间仅用20~30 min,仅为现行传统干燥方法时间的1/24~1/16。声波场的干燥机理是通过声波或超声波,使物料内部产生振动,水分以气态和液态两种形式脱离,而部分结合水与物料分离,同时,所传播的能量被多孔性的物料吸收转化成热能,从而使物料中的水分迁移,蒸发后与物料脱离而达到干燥的目的。在喷雾干燥器和流化床干燥器上都可以产生声波声源,成为声助喷雾干燥器(图11-57)或声助流化床干燥器(图11-58)。声波(含超声波)场干燥应用上的主要问题是产生声能所需要的压缩空气量大,费用较高。

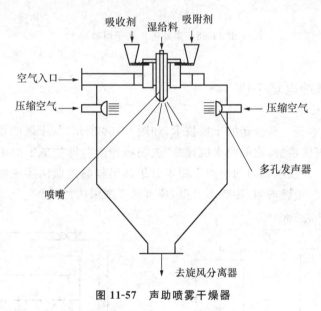

图 11-57　声助喷雾干燥器

11.8.3　热泵干燥装置

热泵干燥装置主要由热泵和干燥器(对流或传导干燥设备)两大部分组成,其工作原理如图11-59所示。热泵是指由压缩机、蒸发器、冷凝器和膨胀阀等组成的闭路循环系统,系统内的工作介质首先在蒸发器吸收来自干燥过程排放废气中的热量,由液体蒸发为蒸汽后经压缩机压缩后送到冷凝器中;在高压下,热泵工作介质冷凝液化,放出高温的冷凝热去加热来自蒸发器的降温去湿的低温干空气,把低温干空气加热到要求的范围后进入干燥室内作为介质循环使用;液化后的热泵介质经膨胀阀再次返回到蒸发器中,反复循环;废气中的大部分水蒸气在蒸发器中被冷凝下来直接排走。

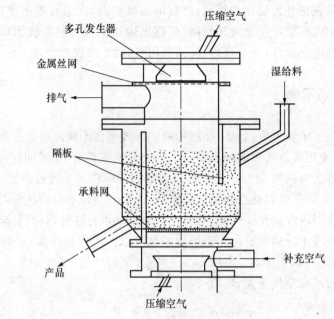

图 11-58　声助流化床干燥器

▶ 11.8.4　高压静电场干燥

静电场干燥技术是一种全新的干燥技术,如图 11-60 所示,待干燥的物料处于高压电场中,但并不与电极直接接触,它的脱水机理是"电场能传质",即物料中的水分子在强电场作用下产生定向运动,并在电场力的作用下使水分子逸出物料表面而实现物料干燥。它具有能耗低、不污染空气、干燥均匀、物料不升温,还可杀灭细菌的特点。

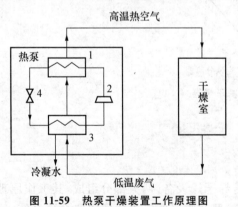

图 11-59　热泵干燥装置工作原理图

1. 蒸发器　2. 压缩机　3. 冷凝器　4. 膨胀阀

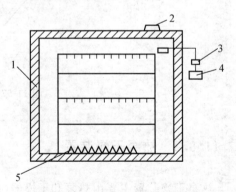

图 11-60　高压静电场干燥示意图

1. 金属保温箱　2. 通风装置　3. 高压装置
4. 控制系统　5. 加热装置

1. 简述干燥设备的选择与物料物性（液、胶态；固湿态；生物组织）的关系。
2. 总结、归类各种气流干燥设备的特点及用途。
3. 比较滚筒干燥与流化床干燥设备的特点及用途。
4. 沸腾干燥的优缺点是什么？沸腾干燥设备有哪些类型？如何选择其参数？
5. 简述喷雾干燥的原理、特点、用途及主要参数选择。
6. 简述真空干燥、冷冻真空干燥的优势与用途。
7. 简述微波干燥的原理、特点及应用注意事项。

chapter *12*

第12章

食品杀菌设备

➤ 摘要

　　本章介绍食品杀菌设备的用途、工作原理、分类及性能特点。要求重点熟悉直接加热杀菌设备、釜式杀菌设备、板式杀菌设备、管式杀菌设备的基本结构、性能特点、选型原则和方法以及应用领域,了解几类新型杀菌技术的杀菌机理和设备特点。

食品腐败的主要原因一是微生物分解利用食品,导致有机高分子物质降解为低分子物质及其他代谢产物;二是内外源酶的催化加速成熟转化过程;三是氧化、光催化作用引起食物中化学不稳定物质的酸败等。食品产品要较长时间保存,必须杀菌灭酶等。所以,杀菌是食品加工的一个极其重要的甚至必需的环节。

食品杀菌的方法概括讲可分为物理杀菌和化学杀菌两大类。化学杀菌法是使用过氧化氢、环氧乙烷、次氯酸钠等杀菌剂杀灭微生物。由于化学杀菌存在化学残留物,对人体健康和环境会造成影响,所以,当代食品的杀菌方法趋于物理杀菌法。

物理杀菌方法主要包括加热(热力)杀菌和冷(非热力)杀菌。在加热杀菌中,有巴氏杀菌、高温短时杀菌、超高温瞬时杀菌和新近出现的微波杀菌、射频波杀菌等。巴氏杀菌采用低温长时间的杀菌方法,杀菌温度一般在 60~90℃,保持较长时间。高温短时(HTST)杀菌法的杀菌温度在 100℃ 以下,保持较短的时间。超高温瞬时(UHT)杀菌法的温度在120℃以上,仅保持几秒钟。HTST 和 UHT 杀菌法不但效率高,而且能较好地保存食品的组织、外观、营养和风味。热杀菌技术相对可靠有效,但容易引起食品营养、活性保健成分或风味的劣变。随着食品工业化比例迅速增大,长期主要食用热杀菌食品,会造成营养偏失、活性功能成分缺乏,导致营养不均衡产生的肥胖、免疫力下降或不可预测的健康问题。所以,冷杀菌或降低热处理强度、同时达到杀菌目的的冷杀菌成为人类食品保藏的迫切任务和热门话题。

食品杀菌在原料加工过程中或在产品包装后进行。前者主要是对牛奶、果汁之类液体食品杀菌,要求杀菌后必须无菌包装,通常采用管式或板式杀菌设备,且多采用高温短时或超高温瞬时杀菌方式;后者主要是对灌装后的固体或半液态包装食品进行杀菌。

(1)常见杀菌技术与设备　食品工业中的杀菌设备种类较多:

• 根据杀菌温度的不同,可分为常压杀菌设备和加压杀菌设备。常压杀菌设备的温度在 100℃ 以下,用于酸性食品杀菌。加压杀菌温度在 100℃ 以上,压力高于 0.1 MPa,用于肉类等罐头的高温杀菌和牛奶、果汁等液体食品的超高温杀菌。

• 根据操作方式不同,可分为间歇操作和连续操作杀菌设备。前者有立式、卧式杀菌锅和间歇式回转杀菌锅等;后者有常压连续式杀菌设备等。

• 根据杀菌设备所用热源不同,可分为蒸汽加热杀菌设备、微波加热杀菌设备、射频波加热杀菌设备、欧姆杀菌设备和远红外线杀菌设备等。

• 根据设备的结构不同,可分为板式杀菌设备、管式杀菌设备和釜式杀菌设备。

(2)新型热杀菌技术与设备　主要是传统热杀菌与其他物理作用相结合的杀菌技术及设备,主要有:热水＋微波杀菌、热风＋射频波加热杀菌、热水＋超声波杀菌等。这些技术设备的优越性主要体现在以下几方面:

• 杀菌设备的工作温度和压力能满足高温短时(HTST)杀菌工艺的要求。

• 传热效率大幅提高,热能得到充分利用。

• 设备功能大大提高,实现了一机多能,可满足不同物料、品种、罐型的杀菌。

● 实现了杀菌过程操作和数据记录的电脑控制。

随着科学技术的飞速发展,现有的食品杀菌技术会日益完善,新的杀菌技术也会不断出现。

(3)非热杀菌技术与设备 冷杀菌是利用非热力因素(如压力、电场、强光甚至过滤等),使食品达到商业无菌的同时破坏食品中的酶活性的一种杀菌方法。根据不同的非热力因素可分为:高压杀菌、脉冲电场杀菌、脉冲强光杀菌、磁场杀菌和辐照杀菌等。

12.2 直接加热杀菌设备

12.2.1 蒸汽喷射式真空瞬时加热杀菌装置(VTIS)

12.2.1.1 结构和运行

真空瞬时加热杀菌装置的基本结构和操作,如图 12-1 所示。该装置采用直接加热方式杀菌,蒸汽和食品物料直接混合。工作时,原乳或乳制品从储槽抽到有一定液位高度的平衡槽 1,再由离心泵 2 输送到两台片式预热器 3 和 5,预热到 75℃ 左右。在预热器 3 中,牛乳由来自真空罐 10 或 13 的过热蒸汽加热,在预热器 5 中,则由生蒸汽(直接由锅炉运送来的蒸汽)加热。调节器 C_1、C_2 为喷射器补充蒸汽,保证牛乳的温度。然后,用高压离心泵 6 继续把牛乳抽送到喷射器 7 中,在不到 1 s 的时间内牛乳即由喷入的蒸汽加热到 140℃,其中一部分蒸汽冷凝,它的潜热传递给牛乳,几乎在瞬间就把牛乳加热到杀菌温度。牛乳通过保温管 8 约 4 s 后,经转向阀 9 进入保持着一定真空度的真空罐 10。在此罐内,牛乳的压力突然

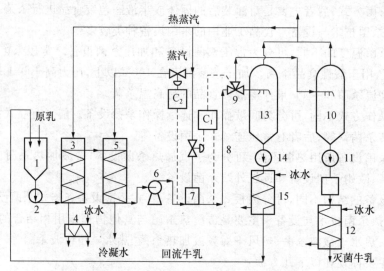

图 12-1 真空瞬时加热杀菌装置流程图

1. 平衡槽 2. 离心泵 3、5. 预热器 4、12、15. 冷凝器 6. 高压离心泵
7. 喷射器 8. 保温管 9. 转向阀 10、13. 真空罐 11、14. 无菌泵

降低,体积迅速增大,结果温度瞬间下降到大约 77℃,同时喷射器 7 中的水蒸气也被急剧蒸发放出,该蒸汽经真空罐 10 顶部进入片式预热器 3 中经冷牛乳冷却被冷凝成水而排出。接着经过超高温处理的灭菌牛乳用无菌泵 11 从真空罐 10 中抽出,进入无菌均质机。均质机中的压力一般约为 20 MPa。最后,牛乳在无菌乳冷凝器 12 中冷却到 20℃,必要时可冷却到比 20℃更低的温度。至此,处理过程结束,灭菌牛乳可以进行无菌包装,也可以储存在无菌储槽中。

若由于某种原因,牛乳在转向阀 9 处没有达到 140℃这一杀菌温度,则自动转向进入另一真空罐 13 中,先在真空情况下冷却,而后在片式热交换器 15 中进一步冷却。这些杀菌不充分的冷牛乳,最后返回到平衡槽 1 重新进行处理。上述自动转向装置,保证杀菌有足够的可靠性。

12.2.1.2 蒸汽喷射器

蒸汽喷射器(图 12-2)要保证牛乳能在一很短时间内加热到杀菌温度,使高温处理沉积物保持在一最低限度。对于喷射器的材料以及喷射工艺,人们已经通过各种试验进行了广泛深入的研究。试验证明,不锈钢是制作喷射头最合适的材料。喷射器的外形是一不对称的 T 形三通,内管管壁四周加工了许多直径小于 1 mm 的细孔。蒸汽就是通过这些细孔并与牛乳流动方向成直角的方位强制喷射到牛乳中去的。喷射过程中,牛乳和蒸汽均处于一定压力之下。牛乳在进入喷射器前的压力,一般保持在 0.4 MPa 左右,蒸汽压力在 0.48~0.5 MPa。为了防止牛乳在喷射器内发生沸腾,必须使牛乳保持一定压力。

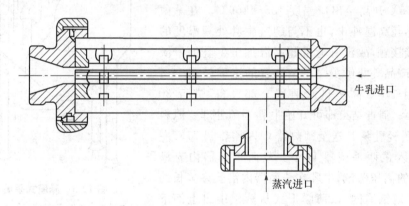

牛乳进口

蒸汽进口

图 12-2　蒸汽喷射器

喷射蒸汽必须是高纯度的。为了提高蒸汽纯度,通常让蒸汽通过一离心式的过滤器,以除去任何可能存在的固体颗粒和溶解的盐类。

12.2.1.3 装置清洗与消毒

整个真空瞬时加热杀菌装置的清洗和消毒,完全按照预先编制的程序实行自动操作和自动控制,不需任何人工处理,然而程序却可以根据需要加以更换或修正。

洗涤剂最好使用 1.0% 硝酸和 2% 混合碱性清洗剂(商品名 Portil,这种洗涤剂含有90% 氢氧化钠、9% 多磷酸盐、1% 润湿剂)。清洗时,洗涤剂温度宜取 65℃,洗涤和冲洗时间一般为 1.5 h,但经过长时间运行后,时间要加长些。

设备的消毒必须在产品进行处理之后迅速完成。蒸汽必须通过喷射器,再经各个管路到灌装器。蒸汽温度为130~135℃,喷射器中的压力大约为0.28~0.3 MPa。整个消毒处理过程大约持续40 min。

12.2.2 自由降落薄膜式杀菌器

自由降落薄膜式杀菌器简称降膜式杀菌器。该装置采用一种较新的超高温杀菌工艺,也称戴西法。主要优点是所加工的牛乳优于前种设备生产的产品,尤其在口感和乳色方面与经过巴氏杀菌的牛乳没有什么差别。目前所用的直接加热法,是将高压蒸汽流通过原料乳,引起超高温情况下的突然冲击,或在经过间接加热法的金属换热器时,牛乳与超过处理温度的金属表面接触,无论何种情况,都会使牛乳变味,多少带点焦煳味。这正是目前的超高温灭菌牛乳品质最大的不足之处,但是戴西法没有这种缺点。

降膜式杀菌器的主要结构是一只特殊的杀菌器,如图12-3所示。这种杀菌器内部充满了一定温度的高压清洁蒸汽,牛乳及其他热敏感性强的液体食品物料从原乳进口1通过流量调节阀2供给筛网5,在重力作用下形成连续性层流(5 mm厚)沿着筛网自由下降,同时与来自4的过热蒸汽(最高压力为446.2 kPa)相接触,液体物料薄膜降落的时间仅为3 s,温度可从57~66℃升高至出口温度135~166℃。在杀菌器内牛乳不经高温冲击,也不与超过牛乳处理温度的金属面直接接触,故没有通常超高温加工牛乳的淡淡的焦煳味,产品乳味鲜美。杀菌装置的流程如图12-4所示。先用140℃高压热水通过全部设备,进行30 min的消毒。消毒结束即可开始牛乳杀菌处理。原料乳从乳槽A经乳泵B送至预热器C内预热到71℃左右,随即进入戴西杀菌器D中。戴西杀菌器内充满149℃左右的高压蒸汽,牛乳在杀菌器内沿着许多长约10 cm的不锈钢筛网,以薄膜形式从蒸汽中自上而下自由降落至底部,整个降落过程为1/3 s。此时高温高压的牛乳吸收有少量水分,在经过一定长度的保温管E保持3 s后,进入真空罐F的压力急剧下降,从蒸汽中吸收的少量水分汽化即可排除。同时牛乳的温度从149℃下降到71℃左右,与进入杀菌器前的温度相同,牛乳中的水分也恢复到正常的数值。

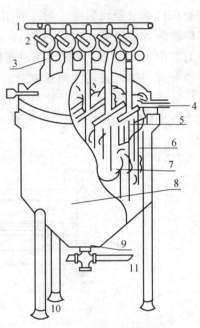

图12-3 降膜式杀菌器

1. 原乳进口 2. 流量调节阀 3. 压力表
4. 蒸汽进口 5. 不锈钢筛网 6. 自由降落薄膜 7. 饱和清洁蒸汽 8. 杀菌器外壳 9. 液封 10. 液面调节器 11. 产品出口

全部运行过程均由电脑自动控制调节。此后,灭菌牛乳流经无菌均质机G和无菌冷却器H,最后进入无菌贮槽中等待无菌包装。从戴西杀菌器之后,各种设备管道的接头都装有蒸汽密封元件。

食品机械与设备

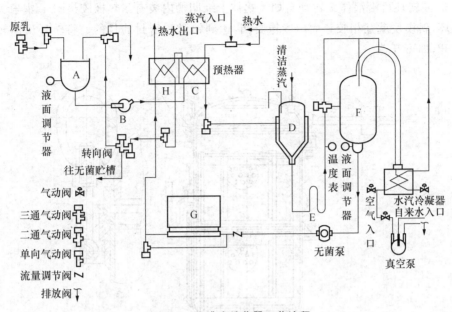

图 12-4 降膜式杀菌器工艺流程
A. 乳槽 B. 乳泵 C. 预热器 D. 戴西杀菌器 E. 保温管
F. 真空罐 G. 无菌均质机 H. 无菌冷却器

气动阀
三通气动阀
二通气动阀
单向气动阀
流量调节阀
排放阀

12.3 釜式杀菌设备

12.3.1 立式杀菌设备

立式杀菌设备亦称为立式杀菌锅,可用于常压或加压杀菌。由于品种多、批量小的生产中较实用,加之设备价格较低,因此在中小型罐头厂使用较普遍。从机械化、自动化、连续化生产来看,不是发展方向。与立式杀菌锅配套的设备有杀菌篮、电动葫芦、空气压缩机等。

图 12-5 所示为具有两个杀菌篮的立式杀菌锅。其球形上盖 4 铰接于后部上缘,上盖周边均布 6～8 个槽孔,锅体的上周边铰接与上盖槽孔相对应的螺栓 6,以密封上盖与锅体,密封垫片 7 嵌入锅口边缘凹槽内,锅盖可借助平衡锤 3 使开启轻便。锅的底部装有十字形蒸汽分布管 10 以送入蒸汽,9 为蒸汽入口,喷气小孔开在分布管的两侧和底部,以避免蒸汽直接吹向罐头。锅内放有装罐头用的杀菌篮 2,杀菌篮与罐头一起由电动葫芦吊进吊出。冷却水由装于上盖内的盘管 5 的小孔喷淋,此处小孔不能直接对着罐头,以免冷却时冲击罐头。锅盖上装有排气阀、安全阀、压力表及温度计等。锅体底部装有排水管 11。

上盖与锅体的密封广泛采用如图 12-6 所示的自锁斜楔锁紧装置。这种装置密封性能好,操作时省力。装置有 10 组自锁斜楔块 2 均布在锅盖边缘与转环 3 上,转环配有几组滚轮装置5,使转环可沿锅体7转动自如。锅体上缘凹槽内装有耐热橡胶垫圈4,锅盖关闭时,转动转环,斜楔块就互相咬紧而压紧橡胶圈,达到锁紧和密封的目的。将转环反向转动,斜楔块分开,即可开盖。

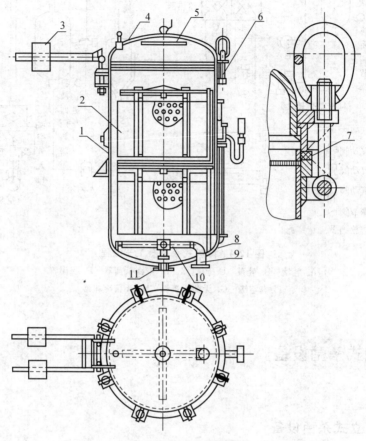

图 12-5 立式杀菌锅

1. 锅体 2. 杀菌篮 3. 平衡锤 4. 上盖 5. 盘管 6. 螺栓
7. 密封垫片 8. 锅底 9. 蒸汽入口 10. 蒸汽分布管 11. 排水管

▶ 12.3.2 卧式杀菌设备

卧式杀菌锅只用于高压杀菌,而且容量较立式杀菌锅大,因此多用于以生产肉类和蔬菜罐头为主的大中型罐头厂。

卧式杀菌设备如图12-7所示。锅体与锅门(盖)的闭合方式与立式杀菌锅相似。锅内底部装有两根平行的轨道,供装载罐头的杀菌车进出之用。蒸汽从底部进入到锅内两根平行的开

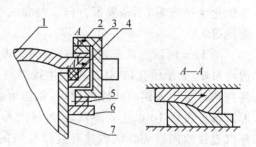

图 12-6 自锁斜楔锁紧装置

1. 上盖 2. 自锁斜楔块 3. 转环
4. 垫圈 5. 滚轮 6. 托板 7. 锅体

有若干小孔的蒸汽分布管,对锅内进行加热。蒸汽管在轨道下面。当轨道与地平面成水平时,才能使杀菌车顺利地推进推出,因此有一部分锅体处于车间地平面以下。为了便于杀菌

食品机械与设备

锅的排水,开设一地槽。

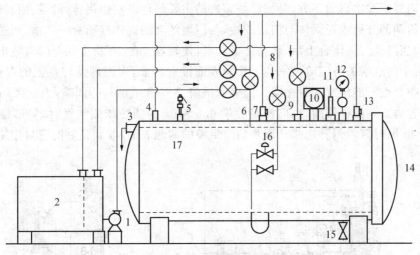

图 12-7 卧式杀菌锅装置图

1. 水泵 2. 水箱 3. 溢流管 4、7、13. 放空气管 5. 安全阀 6. 进水管 8. 进气管
9. 进压缩空气管 10. 温度记录仪 11. 温度计 12. 压力表 14. 锅门
15. 排水管 16. 薄膜阀门 17. 锅体

　　锅体上装有各种仪表和阀门。由于采用反压杀菌,压力表所指示的压力包括锅内蒸汽和压缩空气的压力,使温度和压力不能对应,因此还要装设温度计。

　　上述以蒸汽为加热介质的杀菌锅,在操作过程中,因锅内存在着空气,使锅内温度分布不均,故影响产品的杀菌效果和质量。为了避免因空气造成的温度"冷点"而影响杀菌效果,杀菌操作过程采用排气的方法,通过安装在锅体顶部的排气阀排放蒸汽挤出锅内空气和通过增加锅内蒸汽的流动来提高传热杀菌效果来解决。但此过程要浪费大量的热量,一般占全杀菌热量的 $1/4 \sim 1/3$,并给操作环境造成噪声和湿热污染。

▶ 12.3.3　回转式杀菌设备

　　全水式回转杀菌机是高温短时卧式杀菌设备,它采用高压过热蒸汽进行杀菌,完全解决了蒸汽式杀菌锅出现的杀菌不均匀、假压等问题。在杀菌过程中罐头始终浸泡在水里,同时罐头处于回转状态,以提高加热介质对杀菌罐头的传热速率,从而缩短了杀菌时间,节省了能源。目前是蒸汽式杀菌锅较好的替代产品。国产机型有全自动、半自动、静止式、旋转式、全不锈钢和碳钢制造之分。该机杀菌的全过程由程序控制系统自动控制。杀菌过程的主要参数如压力、温度和回转速度等均可自动调节与控制。但这种杀菌设备属于间歇式杀菌设备,不能连续进罐和出罐。

12.3.3.1　全水式回转杀菌机的结构

　　全水式回转杀菌机如图 12-8 所示。全机主要由贮水锅(亦称上锅)、杀菌锅(亦称下锅)、管路系统、杀菌篮和控制箱组成。

　　贮水锅为一密闭的卧式贮罐,供应过热水和回收热水。为减轻锅体的腐蚀,锅内采用阴极保护。为降低蒸汽加热水时的噪声并使锅内水温一致,蒸汽经喷射式混流器后才注入水中。

杀菌锅置于贮水锅的下方,是回转杀菌机的主要部件。它由锅体、门盖、回转体、压紧装置、托轮、传动部分组成。锅体与门盖铰接,与门盖结合的锅体端面有一凹槽,凹槽内嵌有 Y 形密封圈,当门盖与锅体合上后,转动夹紧转盘,使转盘上的 16 块卡铁与门盖突出的楔块完全对准,由于转盘卡铁与门盖及锅体上接触表面没有斜面,因而即使转盘上的卡铁使门盖、锅身完全吻合也不能压紧密封垫圈。门盖和锅身之间有 1 mm 的间隙,因此关闭与开启门盖时方便省力。杀菌操作前,当向密封腔供 0.5 MPa 的洁净压缩空气时,Y 形密封圈便紧紧压住门盖,同时其两侧唇边张开而紧贴密封腔的两侧表面,起到良好的密封作用。

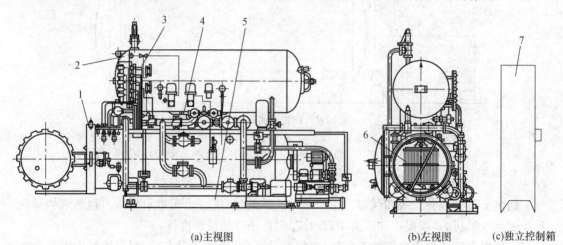

(a)主视图　　　　　　(b)左视图　(c)独立控制箱

图 12-8　全水式回转杀菌机

1. 杀菌锅　2. 贮水锅　3. 控制管路　4. 水汽管路　5. 底盘　6. 杀菌篮　7. 控制箱

回转体是杀菌锅的回转部件,装满罐头的杀菌篮置于回转体的两根带有滚轮的轨道上,通过压紧装置可将杀菌篮内的罐头压紧。回转体是由 4 只滚圈和 4 根角钢组成的一个焊接的框架,其中一个滚圈由一对托轮支承,而托轮轴则固定在锅身下部。回转体在传动装置的驱动下携带装满罐头的杀菌篮回转。

驱动回转体旋转的传动装置主要由电动机、P 形齿链式无级变速器和齿轮组成。回转体的转速可在 6~36 r/min 内作无级调速。回转轴的轴向密封采用单端面单弹簧内装式机械密封。在传动装置上设有定位装置,从而保证了回转体停止转动时,能停留在某一特定位置,使得回转体的轨道与运送杀菌篮小车的轨道接合,从杀菌锅内取出杀菌篮。全水式回转杀菌机的工艺流程如图 12-9 所示。

贮水锅与杀菌锅之间用连接阀 V_3 的管路连通。蒸汽管、进水管、排水管和空压管等分别连接在两锅的适当位置,在这些管路上根据不同使用目的安装了不同形式的阀门。循环泵使杀菌锅中的水强烈循环,以提高杀菌效率并使锅内的水温均匀扩散。冷水泵用来向贮水锅注入冷水和向杀菌锅注入冷却水。

全水式回转杀菌机的整个杀菌过程分为以下 8 个操作工序。

(1)制备过热水　第一次操作时,由冷水泵供水,以后当贮水锅的水位到达一定位置时液位控制器自动打开贮水锅加热阀 V_1,0.5 MPa 的蒸汽直接进入贮水锅,将水加热到预定温度后停止加热。一旦贮水锅水温下降到低于预定的温度,则会自动供汽,以维持预定温度。

(2)向杀菌锅送水 当杀菌篮装入杀菌锅、门盖完全关好,向门盖密封腔通入压缩空气后才允许向杀菌锅送水。为安全起见,用手按动按钮才能从第一工序转到第二工序。全机进入自动程序操作,连接阀 V_3 立即自动打开,贮水锅的过热水由于落差及压差而迅速由杀菌锅锅底送入。当杀菌锅内水位达到液位控制器位置时,连接阀立即关闭。

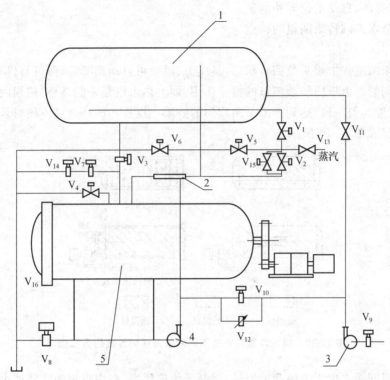

图 12-9　全水式回转杀菌机工艺流程图

1. 贮水锅　2. 混合加热管　3. 冷水泵　4. 热水循环泵　5. 杀菌锅

V_1. 贮水锅加热阀　V_2. 杀菌锅加热阀　V_3. 连接阀　V_4. 溢出阀

V_5. 增压阀　V_6. 减压阀　V_7. 降压阀　V_8. 排水阀　V_9. 冷水阀

V_{10}. 置换阀　V_{11}. 上水阀　V_{12}. 节流阀　V_{13}. 蒸汽总阀

V_{14}. 截止阀　V_{15}. 小加热阀　V_{16}. 安全旋塞

(3)杀菌锅升温 送入杀菌锅里的过热水与罐头换热,水温下降。加热蒸汽送入混合器对循环水加热后再送入杀菌锅。当温度升到预定的杀菌温度,升温过程结束。

(4)杀菌 罐头在预定的杀菌温度下保持一定的时间,小加热阀 V_{15} 根据需要自动向杀菌锅供汽以维持预定的杀菌温度,工艺上需要的杀菌时间则由杀菌定时钟确定。

(5)热水回收 杀菌工序一结束,冷水泵即自行启动,冷水经置换阀 V_{10},进入杀菌锅的水循环系统,将热水(混合水)顶到贮水锅,直到贮水锅内液位达到一定位置,液位控制器发出指令,连接阀关闭,将转入冷却工序。此时贮水锅加热阀自动打开,通入蒸汽以重新制备过热水。

(6)冷却 根据产品的不同要求,冷却工序有三种操作方式:①热水回收后直接进入降压冷却;②热水回收后,反压冷却+降压冷却;③热水回收后,降压冷却+常压冷却。每种冷却方式均可通过调节冷却定时器来获得。

（7）排水 冷却定时器的时间到达后，排水阀 V_8 和溢出阀 V_4 打开。

（8）启锅 拉出杀菌篮，全过程结束。

全水式回转杀菌机是自动控制的，由计算机发出指令，根据时间或条件按程序动作，杀菌过程中的温度、压力、时间、液位、转速等由计算机和仪表自动调节，并具有记录、显示、无级调速、低速启动、自动定位等功能。

12.3.3.2 全水式回转杀菌机的特点

1. 优点

由于在杀菌过程中罐头呈回转状态，且压力、温度可自动调节，因而具有以下特点：

• 杀菌均匀。由于回转杀菌篮的搅拌作用，加上热水由泵强制循环，使锅内热水形成强烈的涡流，水温均匀一致，达到产品杀菌均匀的效果。搅拌与循环方式不同时杀菌锅呈现的温度分布情况如图 12-10 所示。

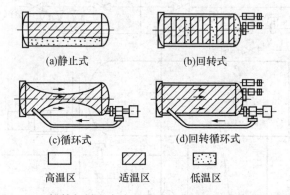

(a)静止式　　　　(b)回转式

(c)循环式　　　　(d)回转循环式

■ 高温区　　▨ 适温区　　⬚ 低温区

图 12-10　搅拌与循环方式不同时杀菌锅内温度的分布情况

• 杀菌时间短。由于杀菌篮的回转，提高了传热效率，对内容物为流体或半流体的罐头尤为显著。罐头的回转速度与杀菌时间的关系如图 12-11 所示。随着转速的增加，杀菌时间缩短。当转速增加到一定限度时，反而使杀菌时间延长。其原因是随着转速的增加，离心力达到一定程度，罐头内容物被抛向罐底，使顶隙位置始终不变，失去了内容物摇动而产生的搅拌作用，如图 12-12 所示。另外每种产品都有它的合适转速范围，当超过这一范围时，就会失去内容物的均质性，出现热传导反而变差的现象。

在全水式回转杀菌设备中，罐头的顶隙度对热传导率有一定的影响。顶隙大，内容物的搅拌效果好，热传导快，然而过大又会使罐头内形成气袋，产生假胖听，因此顶隙要适中。另外，罐头在杀菌篮里的排列方式对杀菌效果也有一定的影响。

• 有利于产品质量的提高。由于罐头回转，可防止肉类罐头油脂和胶冻的析出，对高黏度、半流体和热敏性的食品，不会产生因罐壁部分过热形成黏结等现象，可以改善产品的色、香、味，减少营养成分的损失。

• 由于过热水重复利用，节省了蒸汽。

• 杀菌与冷却压力自动调节，可防止包装容器的变形和破损。

2. 缺点

设备较复杂，设备投资较大，杀菌准备时间较长，杀菌过程热冲击较大。

12.3.4 淋水式杀菌设备

淋水式杀菌机具有结构简单、温度分布均匀、适用范围广等特点,因而受到各国的普遍重视。我国也引进了这种杀菌机,并进行了改进提高。

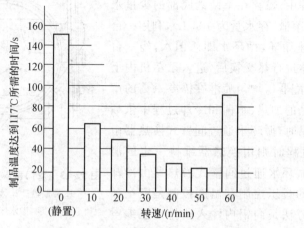

图 12-11 罐头回转速度与杀菌时间的关系

内容物:条状腊肠

罐头尺寸:ϕ99 mm×119 mm,加热到中心温度 117℃

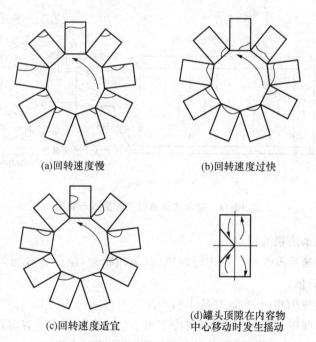

(a)回转速度慢

(b)回转速度过快

(c)回转速度适宜

(d)罐头顶隙在内容物
中心移动时发生摇动

图 12-12 罐头在回转过程中内容物的搅拌情况

淋水式杀菌机是以封闭的循环水为工作介质,用高流速喷淋方法对罐头进行加热、杀菌及冷却的卧式高压杀菌设备。其杀菌过程的工作温度 20~145℃,工作压力 0~0.5 MPa。

淋水式杀菌机可用于果蔬类、肉类、鱼类、蘑菇和方便食品等的高温杀菌,其包装容器可以是马口铁罐、铝罐、玻璃瓶和蒸煮袋等形式。

12.3.4.1 淋水式杀菌机的工作原理

双门型淋水式杀菌机外形简图、淋水式杀菌机工作原理示意图分别如图 12-13、图 12-14 所示。

在整个杀菌过程中,贮存在杀菌锅底部的少量水(一般可容纳 4 个杀菌篮,存水量为 400 L),利用一台热水离心泵进行高速循环,循环水即杀菌水,经一台焊制的板式热交换器进行热交换后,进入杀菌机内上部的分水系统(水分配器),均匀喷淋在需要杀菌的产品上。循环水在产品的加热、杀菌和冷却过程中依顺序使用。在加热产品时,循环水通过间壁式换热器由蒸汽加热,在杀菌过程时则由换热器维持一定的温度,在产品冷却时,循环水通过间壁式换热器由冷却水降低温度。该机的过压控制和温度控制是完全独立的。调节压力的方法是向锅内注入或排出压缩空

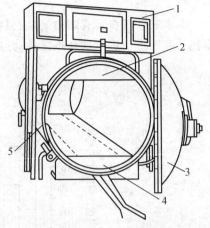

图 12-13 双门型淋水式杀菌机外形简图
1. 控制盘 2. 水分配器 3. 门盖
4. 贮水区 5. 锅体

气。淋水式杀菌机的操作过程是完全自动化的,温度、压力和时间由一个程序控制器控制。程序控制器是一种能储存多种程序的微处理机,根据产品不同,每一个程序可分成若干步骤。这种微处理机能与中央计算机相连,实现集中控制。

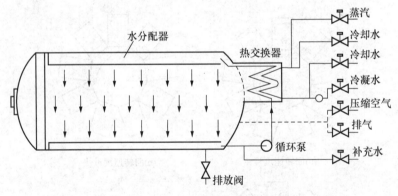

图 12-14 淋水式杀菌机工作原理示意图

12.3.4.2 淋水式杀菌机的特点

• 由于采用高速喷淋水对产品进行加热、杀菌和冷却,温度分布均匀稳定,提高了杀菌效果,改善了产品质量。

• 杀菌与冷却使用相同的水(循环水),产品没有再受污染的危险。

• 由于采用了间壁式换热器,蒸汽或冷却水不会与进行杀菌的容器相接触,消除了热冲击,尤其适用于玻璃容器,可以避免冷却阶段开始时的玻璃容器破碎。

• 温度和压力控制是完全独立的,容易准确地控制过压,因为控制过压而注入的压缩空气,不影响温度分布的均匀性。

• 水消耗量低,动力消耗小。工作中,循环水量小,冷却水通过冷却塔可循环使用。整

个设备配用一台热水泵,动力消耗小。

• 设备结构简单,维修方便。

12.4 板式杀菌设备

12.4.1 板式杀菌设备的结构特点

板式杀菌设备的核心部件是板式换热器,它由许多冲压成形的不锈钢薄板叠压组合而成,广泛应用于乳品、果汁饮料、清凉饮料以及啤酒、冰淇淋生产中的高温短时(HTST)和超高温瞬时(UHT)杀菌。板式换热器如图12-15所示。传热板1悬挂在导杆9上,前端为固定板13,旋紧后支架7上的压紧螺杆6后,可使压紧板8与各传热板1叠合在一起。板与板之间有橡胶垫圈3,以保证密封并使两板间有一定空隙。压紧后所有板块上的角孔形成流体的通道,冷流体与热流体在传热板两边流动,进行热交换。拆卸时仅需松开压紧螺杆6,使压紧板8与传热板1沿着导杆9移动,即可进行清洗或维修。

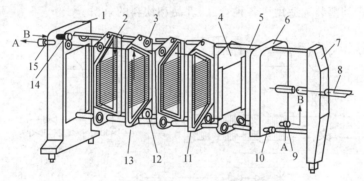

图 12-15　板式换热器组合结构示意图

A. 加热介质　B. 物料

1. 传热板　2. 下角孔　3. 橡胶垫圈　4、5、14、15. 连接管　6. 压紧螺杆　7. 后支架

8. 压紧板　9. 导杆　10. 分界板　11. 圆环橡胶垫圈

12. 上角孔　13. 前支架(固定板)

1. 优点

• 传热效率高。由于板与板之间的空隙小,换热流体可获得较高的流速,且传热板上压有一定形状的凸凹沟纹,流体通过时形成急剧的湍流现象,因而获得较高的传热系数 K。一般 K 可达 $3\,500\sim4\,000$ W/(m²·K),而其他换热设备的传热系数一般在 $2\,300$ W/(m²·K)左右。

• 结构紧凑,占地面积小。与其他换热设备比较,相同的占地面积,它可以有大几倍的传热面积或充填系数。

• 适宜于热敏性物料的杀菌。由于热流体以高速在薄层通过,实现高温或超高温瞬时杀菌,因而对热敏性物料如牛奶、果汁等食品的杀菌尤为理想,不会产生过热现象。

• 有较大的适应性。只要改变传热板的片数或改变板间的排列和组合,就可满足多种不同工艺的要求和实现自动控制,故在乳品、饮料工业中广泛使用。

• 操作安全,卫生,容易清洗。在完全密闭的条件下操作,能防止污染,结构上的特点又保证了两种流体不会相混,即使发生泄漏也只会外泄,易于发现。板式换热器直观性强,装拆简单,便于清洗。

• 节约热能。新式的结构多采用将加热和冷却组合在一套换热器中,这样,只要把受热后的物料作为热源即可对刚进入的流体进行预热,一方面受热后的物料可以冷却,另一方面刚进入的物料被加热,一举两得,节约热能。

2. 缺点

主要是:由于传热板之间的密封圈结构,使板式换热器承压较低,杀菌温度受限。密封圈易脱落、变形、老化,造成运行成本增高。

▶ 12.4.2 板式杀菌设备的操作与应用

12.4.2.1 高温短时(HTST)板式杀菌装置

图 12-16 为 HTST 板式杀菌装置的流程图,图 12-17 为 HTST 平板杀菌机立体示意图。HTST 板式杀菌装置适用于各种食品、乳品和饮料的杀菌。

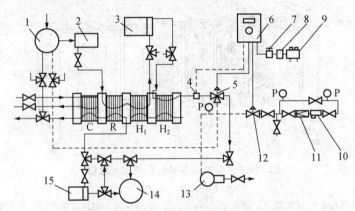

图 12-16 高温短时板式杀菌装置系统图

1. 平衡槽 2. 乳泵 3. 均质机 4. 测温系统 5. 三相自动切换阀 6. 控制器

7. 减压阀 8. 空气过滤器 9. 空气压缩机 10. 粗滤器 11. 减压阀

12. 自动调节阀 13. 真空泵 14. 保温缸 15. 出料泵

HTST 板式杀菌装置的结构由下面几部分组成:

(1)热交换部 用于液料与液体制品之间的热交换,图 12-16 中 R 段。

(2)加热部 用热水或蒸汽加热杀菌,图 12-16 中 H 段,H_1 为预热段,H_2 为杀菌段。

(3)冷却部 用水或冷水冷却成品,图 12-16 中 C 段。

(4)保持槽 保持槽的形式有多种,槽内有特殊装置。液料可以滞留在槽内一定的时间。也有使用槽内真空来提高脱腥、脱气效果的方式。

(5)分流阀 设在加热杀菌后物料的出口部。液料达到杀菌温度后,经分流阀从成品流路流出,未达到杀菌温度的液料,则被分流阀切向(由切换器控制)回流流路送至平衡槽。

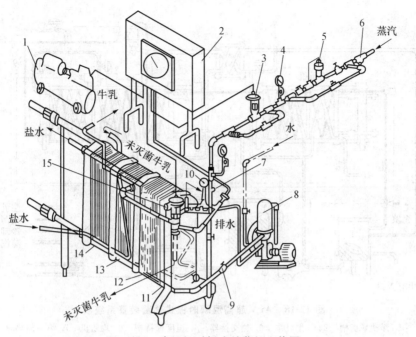

图 12-17　高温短时板式杀菌机立体图

1. 空气压缩机　2. 仪表盘及操作台　3. 调量阀　4. 压力计　5. 减压阀　6. 粗滤器
7. 送水喷嘴　8. 真空泵　9. 真空调节阀　10. 温度计　11. 15 s 维持头
12. 加热器　13. 热交换器　14. 冷却器　15. 分流器阀

以牛奶为例介绍高温短时(HTST)板式杀菌装置的工艺流程(图 12-17)。

•5℃的原料奶从贮奶罐流入平衡槽。

•由泵 1 将牛奶送到热交换段 R,使 5℃的牛奶与刚受热杀菌后的牛奶进行热交换到 60℃左右。杀菌后的牛奶被冷却,同时得到预热后的牛奶,通过过滤器、预热器 H_1,加热到 65℃左右,通过均质机后,进入加热杀菌段 H_2,被蒸汽或热水加热到杀菌温度。

•杀菌后的牛奶通过温度保持槽。在 85℃的环境中保持 15~16 s,然后流到分流阀 (切换阀)。若牛奶已达到杀菌温度,分流阀则将其送到热交换段。若未达到杀菌温度,分流阀则将其送回平衡槽。

•杀菌后的牛奶经热回收后,温度约为 20~25℃,再进入冷水冷却段 C,使其温度降到 10℃左右,成为产品流出。在此阶段中,也可以用 5℃的原料牛奶代替盐水或冰水与 20~25℃的产品牛奶进行传热冷却,则更有利于热回收。

12.4.2.2　超高温瞬时(UHT)板式杀菌装置

图 12-18 所示为英国的 APV 超高温瞬时式杀菌装置,其组成与 HTST 装置相似,区别之处为杀菌温度不同,即 130~150℃加热 0.4~4 s,能杀灭耐热性芽孢、细菌。

其流程如下:

•由在位清洗系统(CIP)自动清洗全机。

•原料牛奶自贮奶罐流入浮动平衡槽 1。

•通过牛乳泵 2 将原料奶送至热交换器 3,与杀菌后的产品进行热交换,使其温度加热到 85℃左右,进入温度保持槽 4 内,稳定约 5 min,使牛奶对热产生稳定作用以及除腥。

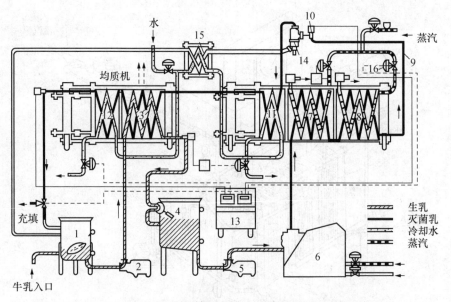

图 12-18　APV 超高温瞬时板式杀菌装置系统图

1. 浮动平衡槽　2、5. 牛乳泵　3. 热交换器　4. 温度保持槽　6. 均质机　7. 第一加热段
8. 第二加热段　9. 贮液管　10. 温度计　11. 速冷却段　12. 终冷却段　13. 控制盘
14. 分流阀　15. 水冷却器　16. 灭菌温度调节阀

- 由牛乳泵 5 将牛奶送入均质机 6 进行均质。其后进入第一加热段 7、第二加热段 8 进行杀菌。杀菌加热第一段蒸气压为 20～30 kPa，加热到 85℃，第二段蒸气压为 250～450 kPa，牛奶瞬时可达 135～150℃，保持 2 s 后，被送至分流阀 14。

- 由仪表自动控制的分流阀，将已达到杀菌温度的产品送到第一速冷却段 11，将未达到杀菌温度的牛奶送至水冷却器 15，将其降温后回流到平衡槽 1 中。

- 产品奶在第一冷却段再流入热交换器 3，在冷水或冰水的终冷却段 12 中冷却，使温度降至 4℃流出灌装。

12.5　管式杀菌设备

　　管式杀菌机的核心部件是管式热交换器，是间接加热杀菌设备，由加热管、前后盖、器体、旋塞、高压泵、压力表、安全阀等部件组成，如图 12-19 所示。管式杀菌机基本的结构为：壳体内装有不锈钢加热管，形成加热管束；壳体与加热管通过管板连接。管式杀菌机的工作过程为：液料用高压送入加热管内，蒸汽通入壳体空间后将管内流动的液料加热，液料在管内往返数次后达到杀菌所需的温度和保持时间后成产品排出。若达不到要求，则经回流管回流重新进行杀菌的操作。

12.5.1 管式杀菌机的结构特点

• 加热器由无缝不锈钢环形管制成,没有密封圈和死角,因而可以承受较高的压力。

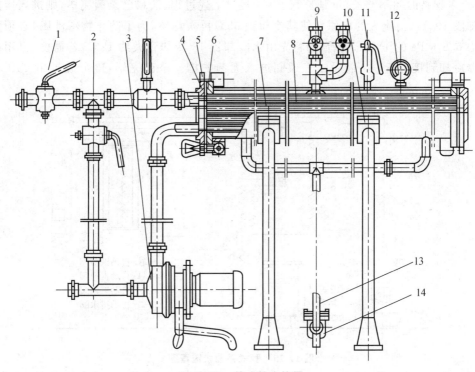

图 12-19 管式热交换器

1. 旋塞 2. 回流管 3. 离心式奶泵 4. 两端封盖 5. 密封圈 6. 管板 7. 加热管 8. 壳体
9. 蒸汽截止阀 10. 支脚 11. 弹簧安全阀 12. 压力表 13. 冷凝水排出管 14. 疏水器

• 在较高的压力下可产生强烈的湍流,保证制品的均匀性和具有较长的运行周期。

• 在密封的情况下操作,可以减少杀菌产品受污染的可能性。

• 换热器内管内外温度不同,以致管束与壳体的热膨胀程度有差别,产生的应力易使管子弯曲变形。

管式杀菌机适用于高黏度液体如番茄酱、果汁、咖啡饮料、人造奶油、冰激凌等。

12.5.2 管式杀菌机的操作与应用

目前,国内食品加工厂所用的管式杀菌设备多为国外进口或引进技术制造的。现以此类设备中较为典型的荷兰斯托克-阿姆斯特丹公司生产的管式杀菌机为例(图 12-20),对管式杀菌机的结构和操作情况作一介绍。

1. 工艺流程

离心泵 2 从平衡槽 1 抽出物料,将其送至高压泵 3(高压泵 3 有两种作用:一是作为输送泵,经各种管道把液料送到系统的各个部分;二是用作均质泵,用来驱动热交换器之间的两个均质阀 6 和 12），经循环消毒器 4（该消毒器在产品杀菌期内不起作用，只视为管道），进入第一换热器 5 中，与管外流动的杀菌后热液料进行换热，被加热到大约 65℃。压力约 20 MPa 下通过均质阀 6 进行均质。均质后进入第二换热器 7，液料温度升至约 120℃，最后进入环形套管，液料在内管流动，蒸汽在环形空间内逆向流动，由蒸汽间接加热到 135～150℃。若保持时间不够长，可延长管道 9。经过上述过程，液料已杀菌完毕，则进入换热器的冷却段 10、11，由流入的冷原料使其冷却到 65℃再次均质，为了防止物料沸腾，必须保持最低为 0.5 MPa 的压力。此后，物料先由水冷却器 13 冷却到大约 15℃，若需要，再用冰水冷却器冷却到接近 5℃。最后经三通阀进入无菌贮槽。杀菌完毕，整个装置由 CIP 清洗消毒。

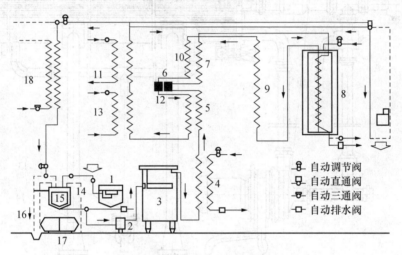

图 12-20 管式杀菌机流程图

1. 平衡槽 2. 离心泵 3. 高压泵 4. 循环消毒器 5、7. 换热器 6、12. 均质阀
8. 超高温加热器 9. 管道 10、11. 冷却段 13. 冷却器 14. 排水管
15. 清洗缸 16. 排气管 17. 贮缸 18. 加热器

2. 主要部件

管式杀菌机的主要部件有：

（1）循环消毒器 4 它是一盘用不锈钢管弯成的环形套管，用于加热装置的清洗、消毒用水。加热时，饱和蒸汽在外管逆向流过。在产品杀菌时，它只作管道用。

（2）预热换热器 5、7 它是循环消毒器引出的套管，同样弯成环形。管内的冷原料与管外的热产品在此进行热交换，它们中间装有均质阀 6。

（3）清洗装置 清洗装置由加热器 18、清洗缸 15、贮缸 17、排水管 14 和排气管 16 等组成。

（4）超高温加热器 8 超高温加热器是一个安装有环形管的蒸汽罐。制品在内管流动，蒸汽在外管逆向通过。整个加热段分成几段，每一分段都装有一个自动冷凝水排出阀，如图 12-21 所示。当达到最大操作限度时，蒸汽通过整个加热环形管，冷凝水在最后一个阀门排出。加工能力一旦减小时只需要使用部分加热环形管，这时其余加热环形管正好被

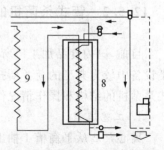

图 12-21 超高温加热器流程图

冷凝水充满而不起加热作用;一旦加工能力再增,增加自动阀流出的冷凝水,超高温段的加热面就会自动进行调整。因此,由于流过加热段整个长度制品减少所引起的过热现象不致发生,这一设计使得加热面能适用于各种不同黏度的制品,具有较大的适应性。

(5)均质阀 整个系统有两套均质阀,一套在加热器之前,压力约为 20 MPa,一套在加热器之后,压力为 0.5~5 MPa。两套均质阀共有 5 只阀门,主要是用较低的平均压力来减少压力的波动和机件振动。

◆ 12.5.3　旋转刮板式杀菌器

如果待杀菌物料的黏度太大或流动太慢,或者物料在加热器表面易形成焦化膜,则采用旋转刮板式超高温杀菌设备是较为合适的。这种杀菌设备主要由旋转刮板式换热器构成,另有辅助设备:泵、预热器、保温器、控制仪表、阀门、贮槽等。旋转刮板式换热器的结构如图 12-22 所示。

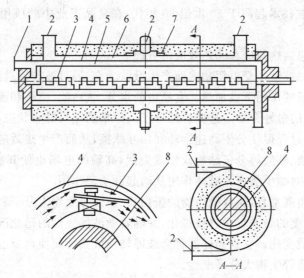

图 12-22　旋转刮板式换热器剖视图
1. 料液进、出口　2. 冷热媒进、出口　3. 刮板　4. 传热壁
5. 料液通道　6. 冷热媒通道　7. 保温层　8. 转轴

加热介质在传热圆筒外侧的夹套中流动,传热介质根据使用目的不同可选用:蒸汽、水、介质油等(用于冷却时,可选用盐水、氨、氟利昂等介质)。被处理的物料在圆筒内流动,传热圆筒内有旋转轴,流体的通道为筒径的 10%~15%,刮板自由地固定在旋转轴上,由于旋转的离心力和流体的阻力,使其与传热面紧密接触连续地刮掉与传热面接触的流体覆盖膜,露出清洁的传热面,刮掉的部分沿刮片卷向旋转轴附近,而轴附近的液体被吸入到叶片刮过后露出的传热面。这种换热器中,刮片的设计非常重要,刮片的设计有多种形式。刮片和传热面之间的接触压力,必须能克服流体的附着力,但过大则会损坏传热面或刮片。刮片通常采用自由支持法安装。

该设备可用于禽蛋、婴儿食品、果泥、番茄泥、奶油、奶酪等的超高温杀菌。适用条件在 138~143℃,时间选择精度可达 10 s。由于刮板的旋转不断将接触到传热面的食品刮去,对物料起到充分混合作用,使装置具有很好的导热性,对于高黏度的食品物料,其总的传热系数可达 $1\,162\sim3\,372\ \mathrm{W}/(\mathrm{m}^2 \cdot \mathrm{K})$。

12.6 新型杀菌技术及设备

12.6.1 微波杀菌

微波是频率在 $300\sim300\,000\ \mathrm{MHz}$ 的电磁波(波长 1 m~1 mm),通常是作为信息传递而用于雷达、通信技术中,而近代应用中又将它扩展为一种新能源,在工农业上用于加热、干燥。微波可由磁控管产生,磁控管将 $50\sim60\ \mathrm{Hz}$ 的低频电能转化成为电磁场,场中形成许多正负电荷中心,其方向每秒可变化数十亿次。食品工业中所使用的微波频率多为 915 MHz 和 2 450 MHz。微波技术起源于 20 世纪 30 年代,在食品工业中的应用始于 20 世纪 40 年代中期。

微波杀菌机理包括热效应和非热效应两方面。

微波发生器的磁控管接受电源功率而产生微波功率,通过波导输送到微波加热器,需要加热的物料在微波场的作用下被加热。食品中的水分、蛋白质、脂肪和碳水化合物等都属于电介质,是吸收微波的最好介质。这些极性分子从原来的随机分布状态,转变为依照电场的极性排列取向,这一过程促使分子高速运动和相互摩擦,从而产生热效应。这种热效应也使得微生物内的蛋白质、核酸等分子结构改性或失活,高频的电场也使其膜电位、极性分子结构发生改变;这些都对微生物产生破坏作用从而起到杀菌作用。

从生物物理学角度来看,组成微生物的蛋白质、核酸等生物大分子和作为极性分子的水在高频率、强电场强度的微波场中将被极化,并随着微波场极性的迅速改变而引起蛋白质等极性分子集团电性质变化。它们同样能将微波能转换成热能而使自身温度升高,电性、能量的变化将引起蛋白质等生物大分子变性。

从能量角度考虑,尽管微波量子能量不能破坏生物体内的共价键,但对氢键、范德华力、疏水相互作用、盐键等赖以维持核酸、蛋白质等生物大分子高级结构的次级键具有一定的破坏作用,这些次级键是维持核酸、蛋白质空间构象、生物膜结构的作用力。这些次级键一旦遭到破坏,将危及生物大分子的空间结构,影响其正常生理功能。

从细胞生物学角度分析,微波对微生物(以细菌为例)具有生物学效应,可分别从细菌的细胞壁、细胞膜、细胞内的酶及遗传物质等方面来分析,这里不再赘述。

现在用得较普遍的微波杀菌设备主要包括以下几个部分:

• 产生微波部分,主要有电源、微波管或微波发生器、微波导管等。

• 炉体或炉腔部分,用可反射微波的材料制成,能产生微波谐振,炉内还有微波搅动或分散装置。

• 密封门部分,可防止微波泄漏。

• 操作控制部分,包括安全连锁装置。

在食品工业中目前具体使用的微波杀菌设备可分为驻波场谐振腔型、行波场波导型、辐射型和慢波型等几大类。为适应连续生产的需要,工业微波加热设备应是连续式的,将物品由一端传送带送入,中间经过微波区域,然后由另一端输出,这种装置称为隧道式工业微波杀菌设备。隧道式箱型最常用。

箱型微波设备可由几个箱体(即微波加热区)串联而成,每个箱体为一独立的均匀微波加热区。该装置结构方案的长处是几个箱体串联可以增加微波加热区域,功率总容量较大。

图 12-23 为微波热水杀菌设备示意图。这套系统由 5 kW 915 MHz 微波发生器、循环器、T 型连接器、微波导管、微波加热箱体、装卸箱、样品托盘输送机系统、水循环系统、控制和数据采集系统组成。微波发生器产生的微波功率通过微波导管传送到微波加热箱体。装料箱用于把食品装载到样品盘,也作为一个预热箱,卸料箱是已杀菌食品的卸下托盘,同时也作为一个冷却箱。水的循环系统,由两个板热交换器、一个储罐和一个引入压缩空气产生压力水的设备组成。在微波杀菌过程中,水的循环系统可提供具有一定温度和压力的水,对欲杀菌的食品起到辅助加热、保温、冷却等作用。控制和数据采集系统由一个控制板、传感器、数据记录仪和一台带有特定软件的电脑组成,用于监测和记录运行参数如微波功率、食品和水的温度、水压和流量,同时也用于控制系统的操作。光纤传感器与数据监测仪用于监测食品杀菌过程中的温度。在灭菌过程中,该系统按预先设定的程序进行,每个加工过程包括预热、微波加热、保温和冷却 4 个环节。为了使系统稳定,在微波加热前,用 80℃水预热系统约 10 min。

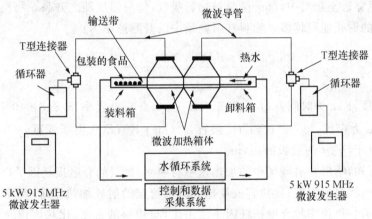

图 12-23　微波热水杀菌设备示意图

12.6.2　射频波杀菌

射频(radio frequency,RF)就是射频电流,频率从 300 kHz 到 30 GHz 之间,是一种高频交流变化电磁波的简称。射频波杀菌机理主要表现为热效应方面,如同微波热效应,如本章 12.6.1 所述。

农产品和食品加工领域的射频波杀菌设备多采用平行极板式射频加热杀菌,可以简化为由上、下两极板构成的平行板电容器,杀菌设备原理和电路示意图如图 12-24、图 12-25 所示。图 12-26 为射频波热风杀菌设备示意图。如图 12-26 所示,被加热物料置于两极板间,交变电磁场通过极板作用于物料,射频能量(极板边缘杂散电场的作用可忽略)沿垂直极板方向作用于物料。

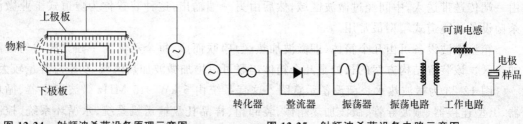

图 12-24　射频波杀菌设备原理示意图　　　　图 12-25　射频波杀菌设备电路示意图

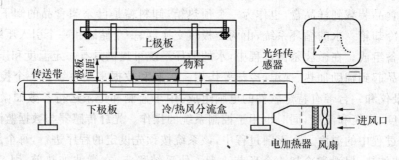

图 12-26　射频波热风杀菌设备示意图

射频能量穿透至物料中,部分能量被物料吸收,物料温度随之升高。物料介电损耗因子越大,其吸收的射频能量越多。物料在射频场中的升温速率为:

$$\frac{\partial T}{\partial t} = \frac{2\pi f \varepsilon_0 \varepsilon'' E^2}{\rho c_p} = \frac{5.56 \times 10^{-11} f \varepsilon'' E^2}{\rho c_p}$$

式中:T 为温度,K;t 为时间,s;f 为频率,Hz;ε_0 为真空电容率,8.845×10^{-12} F/m;ε''为介电损耗因子;ρ 为密度,kg/m³;c_p 为比热容,J/(kg·K);E 为电场强度,V/m,$E = U/d$,U 为两极板间电压,V;d 为极板间距,m。

由公式可知,物料在射频场中的加热速率与频率、物料的介电损耗因子以及电场强度的平方成正比,与物料的密度、比热容成反比。对于给定的射频加热系统,频率和电压是固定的,因此物料的加热速率与介电损耗因子成正比,与物料的密度、比热容以及极板间距的平方成反比。

12.6.3　超高压杀菌

高压导致微生物的形态结构、生物化学反应、基因机制等多方面的变化,从而影响微生物原有的生理活动机能,甚至使原有功能破坏或发生不可逆变化,在食品工业上,超高压杀菌技术就是利用这一原理,使高压处理后的食品得以安全长期保存。

超高压处理装置主要由超高压容器、加压装置及辅助装置构成。

超高压容器:通常为圆筒形,材料为高强度不锈钢。

辅助装置:主要包括高压泵(用油压装置产生高压)、恒温装置、测量仪器、物料的输入输出装置。

食品机械与设备

目前固态食品超高压灭菌主要采用复合罐式超高压设备,如图 12-27 所示。液态食品的超高压灭菌设备由液态食品代替压力介质(压媒)直接超高压处理,如图 12-28 所示。

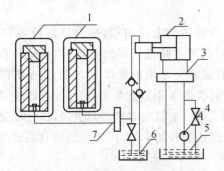

图 12-27　复合罐式超高压装置示意图
1. 超高压容器　2. 超高压泵　3、7. 换向阀
4. 油泵　5. 油槽　6. 压媒槽

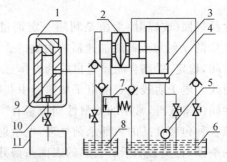

图 12-28　连续作业式超高压装置
1. 超高压容器　2. 膜片　3. 超高压泵　4. 换向阀
5. 油压泵　6. 油槽　7. 溢流阀　8. 原料槽
9. 进口　10. 出口　11. 无菌接收器

12.6.4　高压脉冲电场杀菌

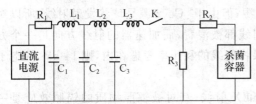

图 12-29　矩形脉冲发生电路原理

高压脉冲电场(PEF)杀菌技术是利用高压脉冲发生器产生的脉冲电场,作用于食品,以达到杀菌的目的。其基本过程就是利用瞬时高压处理放置在两极间的食品。杀菌设备常采用矩形脉冲发生电路,其电路原理如图 12-29 所示。

高压脉冲电场的杀菌机理,有多种理论:细胞膜穿孔效应、电磁机制模型、黏弹性形成模型、电解物效应和臭氧效应等。多数学者认可细胞膜穿孔效应机理。细胞膜穿孔效应认为细胞膜由镶嵌蛋白质的磷脂双分子层构成,它带有一定的电荷,具有一定的通透性和强度,膜的外表面与内表面之间具有一定的电势差,当细胞膜上加上一个外加电场时,膜内外的电势增大,此时,细胞膜的通透性增加。当电场强度增大到某一临界值时,细胞膜的通透性剧增,膜上出现许多小孔,膜的强度降低。此外所加为脉冲电场时,电压瞬间剧烈波动在膜上产生振荡效应,孔的加大和振荡效应的共同作用使细胞发生崩溃。

良好的高压脉冲处理系统是高压脉冲电场杀菌技术得以应用的前提。高压脉冲处理系统设计的关键是脉冲发生器和处理腔的设计。

高压脉冲处理系统的脉冲可以采用方波、指数波、交变波 3 种形式,这 3 种处理系统的作用效果以方波最好,指数波次之,交变波处理系统最差。但是方波脉冲发生电路价格过于昂贵,以此为基础的处理系统尚不适于工业化应用。相对来讲,指数脉冲发生电路价格比较便宜,适合于工业化应用。

处理腔不仅能够保持腔内电场的均匀分布,而且能够保证被处理食品的稳定流动,才能具有较大的工业应用价值。为此,人们设计了各种连续式处理腔,主要有平行盘式、线圈绕柱式、柱-柱式、柱-盘式、同心轴式。其中,平行盘式和同心轴式处理腔结构被广泛应用。

12.6.5　辐照杀菌

食品辐照(或辐射)杀菌是利用一定剂量的波长极短的电离射线,放射性同位素^{60}Co、^{137}Cs产生的γ射线或低能加速器放射出的β射线对包装食品进行辐照处理,达到延长食品保藏时间,稳定、提高食品质量目的的操作过程。食品杀菌常用的射线有X射线、γ射线和电子射线。电子射线主要由电子加速器中获得,X射线由X射线发生器产生,γ射线主要由放射性同位素获得,常用的放射性同位素有^{60}Co和^{137}Cs。γ射线的穿透力很强,适合于完整食品及各种包装食品的内部杀菌处理,电子射线的穿透力较弱,一般用于小包装食品或冷冻食品的杀菌,特别适用于对食品的表面杀菌处理。

射线辐射对食品的作用分为初级和次级,初级是微生物细胞间质受高能电子射线照射后发生的电离作用和化学作用,次级是水分经辐射和发生电离作用而产生各种游离基和过氧化氢再与细胞内其他物质作用。这两种作用会阻碍微生物细胞内的一切活动,从而导致微生物细胞死亡。食品辐照杀菌的目的不同,采用的辐照剂量也不同。完全杀菌的辐照剂量为25～50 kGy,其目的是杀死除芽孢杆菌以外的所有微生物。消毒杀菌的辐照剂量为1～10 kGy,其目的是杀死食品中不产生芽孢的病原体和减少微生物污染,延长保藏期。总之,对于不同的微生物,需要控制不同的辐射剂量和电子能量。

辐照杀菌装置主要部件是^{60}Co-γ源或者加速器。两者相比,从射线的发射功率上来讲,14 kW的加速器,相当于100万Ci的^{60}Co放射源;但由于^{60}Co-γ源呈球状发射射线,所以对射线的利用率低,大约只有20%,其他方向的射线都被浪费,而加速器的射线方向是一个方向,对射线的利用率高,达93%以上。所以如果将射线的利用率考虑在内,则14 kW的电子加速器相当于460万～470万Ci的放射源。

加速器可以发射两种不同的粒子:电子束和X射线;其对被辐照物质的辐照效应是一样的。X射线的物理性质和γ射线的完全一样。

辐照杀菌是目前研究投资最多、效率最高且杀菌效果可靠的冷杀菌技术。与其他杀菌方法相比,辐照杀菌有许多其他杀菌方法不具有的突出优点。首先它可在常温下进行,基本不改变样品的温度,适用于不能作高温处理的物品的消毒。其次,它穿透性强、适应面广、杀菌均匀彻底且迅速。第三,辐照杀菌效率高、速度快。第四,安全性高、无残留。联合国粮农组织/世界卫生组织/国际原子能机构(FAO/WHO/IAEA)的联合专家委员会于1980年10月份宣布,吸收剂量在10 kGy以下的任何辐照食品都是安全的,无需做毒理学试验。有的研究显示,任何剂量的辐照食品安全性都无问题。第五,辐照可处理密封包装的物品,操作简便,可连续作业,适于大规模加工。第六,节约能源,成本低。1991年,第一个商业食品辐照工厂在美国佛罗里达州Tampa开业。目前世界上已有38个国家正式批准224种辐照食品的标准。我国1998年颁布批准了六大类辐照食品的卫生标准,到2007年底已建在建电子辐照加速器133台,30万Ci以上^{60}Co辐射装置107座,食品辐照规模位居世界首位。目前辐照杀菌在食品、药品杀菌方面应用很多,全球性钴源供不应求。但也有一部分人对辐照杀菌不放心,许多国家也有各种各样限制。大多数国家都要求专门标注,以尊重消费者的知情权。我国《标签法》和《辐照食品卫生管理办法》都规定,辐照食品必须在外包装明显标注国家卫生部统一制定的辐照食品标识,否则不允许上市。

12.6.6　磁场杀菌

磁场的杀菌机理,有细胞跨膜电位影响效应、回旋谐振效应、感应电流效应和洛仑兹力效应。这些理论均有独到之处,但都不十分完善,要想真正完整清晰地描述磁场对细胞的杀灭作用还有许多工作要做。

脉冲磁场杀菌设备包括电容蓄能模块和能量转换模块两大模块和壳体。

电容蓄能模块包括充电可控硅、变压器、电容器、限流电阻、整流电路、电能采样电路和电压比较电路。变压器将市电升到 2 200～2 400 V,充电可控硅将升压后的电流通过整流电路转变为脉动电流,脉动电流再通过限流电阻对电容器充电,电能采样电路与电容器并联。

能量转换模块包括放电可控硅、线圈和二极管,放电可控硅、电容器和线圈构成正向电流的发电回路,二极管与电容器构成反向电流的泻放回路。

设备原理如图 12-30 所示。这是一个典型的 RLC 放电电路。当开关接通 A 时,高压直流电源通过 R_0 限流电阻对电容器 C 充电,直到电容器两端的电压达到限定电压 V 时,然后将开关 K 接通 B,则电容 C 通过线圈 L 和电阻 R 放电;由于线圈 L 和回路中的电阻很小,放电回路中便有强大的电流,线圈 L 中就会产生很强的磁场。接着,开关 K 接通 A,高压直流电源又向电容器 C 充电直至接近 V 值,如此循环,便在线圈中得到了周期性脉冲磁场。被处理的食品放置在线圈 L 中。

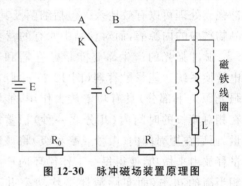

图 12-30　脉冲磁场装置原理图

目前,磁场杀菌设备还处于实验室研究阶段,没有工业化生产。

12.6.7　超声波杀菌

超声波是频率范围在 20 kHz～10 MHz 的声波,属高频振动的弹性机械波,在介质中主要产生两种形式的振荡,即横向振荡(横波)和纵向振荡(纵波),前者只能于固体中产生,而后者可在固、液、气体中产生。

超声波的杀菌原理是基于超声波的空化效应。空化产生的微射流、冲击波和声冲流等机械效应,引起液流的宏观湍动以及固体粒子的高速碰撞,使涡流扩散加强,促进物质传递作用,有效地破坏微生物细胞壁,甚至会使细菌破裂和溶解。另外,物质接受超声波辐射所产生的局部绝热的高温,对微生物也有杀伤作用。

超声波杀菌设备由三部分组成:超声波发生器(又称超声波电源)、换能器及其他的辅助系统。

超声波发生器将工频电转变成 28 kHz 以上的高频电信号,通过电缆输送到换能器上。一般超声波换能器固定在清洗槽的底板上,清洗槽内装满液体,当换能器被加上高频电压后,它的压电陶瓷元件在电场作用下便产生纵向振动。

超声波换能器(又称声头)是一种高效率的换能元件,能将电能转换成强有力的超声波振动,在产生超声波振动时,仿佛是一个小的活塞,振幅很小,只有几微米,但这个振动加速度很大(几十至几千个);槽上具有许多个换能器,施加相同的频率及相位的电能时,就合成了一个巨大的活塞进行往复振动,这种振动的现象就是超声波。

只宜用于液态食品的杀菌,常见的主要有 2 种:清洗槽式超声发生系统和变幅杆式超声发生系统。

12.6.8 脉冲强光杀菌

脉冲强光杀菌是一种新型冷杀菌技术,这种技术采用强烈白光闪照的方法进行灭菌,其光强度是太阳光强的数千倍至数万倍。美国 Joseph Dunn 等对该项技术进行了研究,结果表明它能杀灭大多数微生物,且比传统的紫外灯杀菌具有更高的效率。

脉冲强光因处在长波范围内,不会引起被照射物料(体)的小分子化合物发生电离。脉冲强光处理可以有效地杀灭包括细菌及其芽孢、真菌及其孢子、病毒等在内的微生物以及食品物料中的内源酶,而对食品中原有的营养成分破坏较少,且残留少。

脉冲强光的产生需要能量贮存器和光电转换系统。能量贮存器(图 12-31 除脉冲强光源余下部分)具有功率放大作用,能够在相对较长的时间内(几分之一秒)积蓄能量,而后在短时间内(微秒或毫秒级)将该能量释放出来做功,使得每一工作循环内产生相当高的功率(而实际消耗平均功率并不高),从而起到功率放大的作用;光电转换系统(图 12-31 脉冲强光源部分)将产生的脉冲能量贮存在惰性气体灯中,由电离作用即可产生高强度的瞬时脉冲强光。

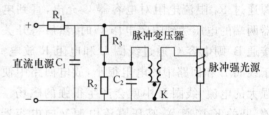

图 12-31 脉冲强光产生电路原理图

脉冲强光是可见光、红外线和紫外线协同作用于微生物,能破坏微生物的细胞壁和核酸结构,从而杀死微生物,主要表现光化和光热作用。

由于细菌的细胞中含有细菌的遗传信息核酸,当核酸被脉冲强光照射时会大量吸收紫外光,从而在体内形成一部分间二氮杂苯和间二氮杂苯的异构体。这种物质会使细菌自身的新陈代谢机能出现障碍,并且会导致细菌的遗传性出现问题,直至死亡。脉冲强光中的 $200 \sim 280$ nm 部分最易被吸收,光化作用主要是短波长紫外光(UVC)。

虽然光化作用主要来自于 UVC,但脉冲强光的长波长紫外光(UVA)和中波长紫外光(UVB)部分也起一定的杀菌作用。当辐射剂量达到一定的水平,UVA 和 UVB 可以使细胞的表面温度迅速升高至 130℃,从而破坏细菌的细胞壁,使细胞液蒸发,彻底破坏细胞结构,导致死亡。

12.6.9 膜过滤除菌简述

膜分离技术用于食醋、酱油、果蔬汁、茶汁、果酒、纯生啤酒等生产中,在分离导致浑浊组分的同时达到澄清以及浓缩的目的,这在前面章节中已经讲过。膜分离设备的过滤膜或过滤膜组件的孔径达到分子级甚至纳米级,就可以在分离、浓缩、纯化、精制的同时达到除菌的目的。

反渗透膜分离技术中的纳米级微滤膜足以阻止微生物通过,从而在分离的同时达到"冷杀菌"的效果。在谷氨酸发酵液的除菌过程中,采用微孔陶瓷膜过滤器过滤,实现除菌、洗菌、浓缩连续操作,除菌完全,浓缩倍数高,膜平均通量大,谷氨酸收率高。鲜啤酒生产过程中,采用反渗透膜技术常温下处理用水,有效脱除水中的各类细菌。反渗透膜分离过程无相变,不需要加热,可防止热敏性物质的失活,不改变食品口感,集除菌、分离、浓缩、纯化为一体,分离效率高、操作简单,特别适合果酒、纯生啤酒、果蔬汁、食醋、酱油等食品工业应用。

膜过滤除菌设备的结构与前面讲的膜过滤浓缩设备是相同的,不同的是过滤膜或过滤膜组件的孔径达到分子级甚至纳米级。

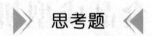

思考题

1. 简述直接加热杀菌设备的工作原理。
2. 简述釜式杀菌设备的类型及应用领域。
3. 简述板式杀菌设备的结构特点。
4. 简述旋转刮板式杀菌器的结构及应用领域。
5. 简述几种新型杀菌技术可能的杀菌机理。

chapter **13**

第13章

食品成型机械

工作原理。重点介绍最常见的冲印成型设
备、辊压切割成型设备、搓圆成型设备、包馅
成型设备及挤出成型设备的结构、主要工作
部件、工作过程、主要特点、应用场合和参数
选择等。要求熟悉各主要机型的工作原理和
特点，能够正确选型和操作。

13.1　成型设备的特点和分类

在食品生产中,有许多食品,尤其是各种面食、糕点和糖果,常需要将其制成具有一定形状和规格的单个成品或生坯,通常将这一操作过程称为食品成型。完成该操作所用的设备称为成型设备,是食品机械中的专用机械。

由于食品形状与规格的多样性,食品成型设备种类较多。目前对食品成型设备的分类方法主要有两种:一种是按成型加工的对象分为饼干成型机、面包成型机、糕点成型机、饮食成型机(如馒头成型机、水饺成型机、馄饨成型机等)、软糖成型机、硬糖成型机、巧克力制品成型机等。另一种按成型设备的成型原理分类,主要有以下几种:

(1)冲印和辊印成型设备　如饼干和桃酥的加工设备。主要有冲印式饼干成型机、辊印式饼干成型机和辊切式饼干成型机等。

(2)辊压切割成型设备　如饼干坯料压片,面条、方便面和软料糕点等的加工成型设备。代表性的有面片辊压机、面条机、软料糕点钢丝切割成型机等。

(3)搓圆成型设备　如面包、馒头和元宵等的制作成型设备。主要有面包面团搓圆机、馒头机和元宵机等。

(4)包馅成型设备　如豆包、馅饼、饺子、馄饨和春卷等的制作设备。例如豆包机、饺子机、馅饼机、馄饨机和春卷机等,将这些设备统称为包馅机械。

(5)挤压成型设备　如膨化食品、某些颗粒状食品以及颗粒饲料等的加工设备。典型的有通心粉机、挤压膨化机、环模式压粒机、平模压粒机等,将其统称为挤压成型机。

(6)卷绕成型设备　如蛋卷和其他卷筒糕点的制作设备。例如卷筒式糕点成型机。

实际中有的食品成型需多个操作步骤,各个操作的工作原理可能不同。对于一台设备上完成多个操作步骤并且各操作原理又不相同的成型机来说,分类比较困难,通常根据其最具特征的操作的工作原理进行分类。

本章将基本按照后一种分类方法介绍各类中典型的成型机。挤压成型是很重要的内容,但属于挤压喷爆处理的部分内容,本章不再讲述。

13.2　冲印成型设备

冲印成型是一种将面团辊轧成连续的面带后,用印模直接将面带冲切成饼坯和余料的成型方法。通常设置在食品生产线上,分工序顺次完成面团的压片、冲印成型、料头分离以及摆盘等操作。与后述的辊切、辊印成型等相比,冲印成型动作最接近于手工冲印动作,制品成型质量好。该法适用范围广、优势明显,可用于粗饼干、韧性饼干、苏打饼干等的生产,也常用于生产半发酵饼干和部分酥性饼干和桃酥类点心。缺点是冲击载荷较大,噪声大,不适宜放在楼层高的厂房内使用。另外,生产效率较辊印式和辊切式成型机要差一些。下面以冲印式饼干成型机(简称冲印饼干机)为例来介绍其结构和工作原理。

◐ 13.2.1　冲印成型的工作原理

图 13-1 为常见冲印饼干机结构简图。工作时,首先将调制好的面团由输送带 1 引入冲印饼干机的压片部分,经过三道轧辊 2、3、4 的连续辊压,使面团形成厚薄均匀、结构致密的面带;然后由帆布输送带送入机器的成型部分 6,通过冲印成型,把面带冲印成带有花纹形状的饼干生坯和余料(俗称头子);然后饼干生坯和余料随输送带继续前进,经过捡分机构 7 使生坯与余料分离,饼坯由输送带 8 排列整齐地送到烘烤炉内输送带 9 上进行烘烤;余料则由回头机 5 送回饼干机前端的料斗内,与新投入的面团一起再次进行辊压制片操作。

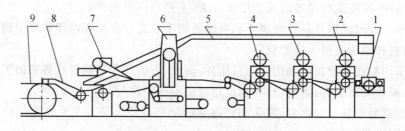

图 13-1　冲印饼干机结构简图
1、8. 输送带　2、3、4. 轧辊　5. 回头机　6. 成型部分
7. 捡分机构　9. 烘烤炉内输送带

◐ 13.2.2　冲印饼干机的结构

各种冲印饼干机由于性能及规格的不同,其结构形式也有所不同。但配合完成成型操作的要求,基本都设有压片机构、冲印成型机构、捡分机构和输送带机构等。

13.2.2.1　压片机构

压片是饼干生产中冲印成型的准备阶段,要求压出致密连续、厚度均匀、表面光滑的面带。此部分一般由三对轧辊及两段可调速的帆布输送带组成。轧辊通常分别称为第一对辊、第二对辊和第三对辊。第一对辊筒直径必须大于第二、三对辊筒,一般为 160～300 mm,这样才能保证面团进入辊压时的摩擦角大于导入角,有利于将厚度较大的面团逐渐压延,并保持面带平整完好。第二、三对辊筒的直径一般为 120～220 mm。当然,所生产的产品不同,面团的特性不同,辊筒的直径会有变化。但不论何种情况,随着压延的进行,面带厚度越来越薄,变化越来越小,所需压延力也逐渐减小,因此,轧辊的直径依次减小,轧辊间的间隙依次减小,轧辊转速依次增加,否则面带可能被拉长或皱起。若拉长,会使面带断裂或内部应力增强,成型后易于收缩变形,表面易出现微小裂纹;若皱起,则会使面带堆积变厚,压力加大,容易粘辊,且定量不准。各轧辊参数见表 13-1。

轧辊的布置分为卧式和立式两种。卧式布置的轧辊之间要靠输送带来连接,操作简便,易于控制轧辊间面带的质量;立式布置的轧辊之间不需设置输送带,而且占地面积小,结构紧凑,机器成本低,布置较为合理。

表 13-1   冲印饼干机轧辊参数

轧辊名称	直径/mm	转速变化范围/(r/min)	间隙变化范围/mm
第一对辊	160～300	0.8～8	20～30
第二对辊	120～220	2～15	5～15
第三对辊	120～220	4～30	2～5

13.2.2.2   冲印成型机构

冲印成型机构的作用是印制饼干花纹并切块,完成饼干制坯、成饼的制作。该机构主要由动作执行机构和印模组件两部分组成。根据其运动规律的不同,动作执行机构又可分为间歇式冲印成型机构和连续式冲印成型机构。

1. 间歇式冲印成型机构

早期的冲印成型机构是间歇式的,即在冲印饼干生坯时,印模通过曲柄滑块机构来实现对饼干生坯的直线冲印,面带通过由一组棘轮棘爪机构驱动的帆布输送带间歇供给。冲印时,帆布带的运动处在间歇状态,冲头向下完成一次冲印、分切,然后帆布带再向前移动一段距离,再停下来冲印。如此反复,完成间歇式生产。这类饼干机冲印速度受到坯料间歇送进的限制,最高冲印速度不超过 70 次/min,所以生产能力较低。提高输送速度将会产生惯性冲击,引起机身振动,以致使加工的面带厚薄不均、边缘破裂,影响饼干的质量。因此这种饼干机不适于与连续烘烤炉配套形成生产线,目前已基本被淘汰。常用的为连续式冲印成型机构。

2. 连续式冲印成型机构

指印模随面坯输送带连续动作,完成同步摇摆冲印作业,故也称摇摆式冲印。连续式冲印饼干机冲印速度可达 120 次/min,生产能力高,运行平稳,饼干生坯成型质量较好,且便于与连续式烤炉配套组成饼干生产线。

连续式饼干冲印机构(图 13-2)主要由两组四杆机构(曲柄摇杆机构 *ABCD* 和双摇杆机构 *DEFG*)串联且由另一五杆机构(摆动滑块机构 *GHKA*)封闭组成。该机构由 8 个构件组成。工作时,经过压片机构形成的面带,由面坯输送带 8 送入机器的冲压成型部分,由原动件(曲柄)1 驱动的连杆机构,带动冲头(印模)6 作平面运动完成冲印动作。

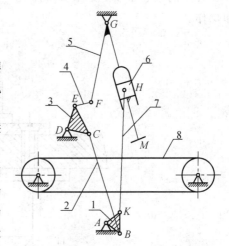

图 13-2   连续式饼干冲印机构原理图
1. 原动件(曲柄)   2、4、7. 连杆   3、5. 摆杆
6. 冲头(印模)   8. 面坯输送带

3. 印模组件

冲印饼干坯的印花和分切是靠印模进行的。根据饼干品种的不同,有两种印模:轻型印模与重型印模(图 13-3)。

(1)轻型印模   主要用于生产凹花有针孔的韧性饼干。苏打饼干印模也属于轻型印模,但通常只有针柱及简单的文字图案或无花纹。

轻型印模冲头上的凸起图案较低,弹簧压力较弱,印制饼坯的花纹较浅,冲印阻力也较小,操作时比较平稳。

(a)轻型印模   (b)重型印模   (c)苏打印模

图 13-3　饼干生产中的主要印模

(2)重型印模　主要用于生产凸花无针孔的低油酥性饼干。重型印模冲头上的凹下图案较深,弹簧压力较强,印制饼坯的花纹清晰,冲印阻力也较大。

不管哪种印模,基本都是由印模支架、冲头滑块、切刀、印模和余料推板等组成(图13-4)。冲印成型动作通常由若干个印模组件来完成。工作时,在执行机构的冲头滑块 6 的带动下,印模组件一起上下往复运动。当带有饼干图案的印模被推向面带时,即将图案压印在其表面上。然后,印模不动,印模支架 5 继续下行,压缩弹簧 4 并且迫使切刀 8 沿印模外围将面带切断,然后,印模支架 5 随连杆回升,切刀 8 首先上提,余料推板 11 将粘在切刀上的余料推下,接着压缩弹簧 4 复原。印模上升与成型的饼坯分离,完成一次冲印操作。

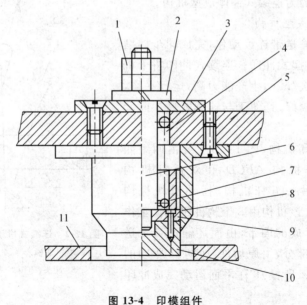

图 13-4　印模组件

1.螺帽　2.垫圈　3.固定垫圈　4.压缩弹簧　5.印模支架　6.冲头滑块
7.限位套筒　8.切刀　9.连接板　10.印模　11.余料推板

13.2.2.3　捡分机构

冲印饼干机的捡分是指将冲印成型后的饼干生坯与余料在面坯输送带尾端分离开来的

操作。捡分操作主要由余料输送带完成(图 13-5)。在面带通过冲印成型部分以后,头子与饼坯分离,并被引上倾角约为 20°的斜帆布头子输送带 4,而后经回头机回到第一轧辊再次接受辊轧,实现余料回收。长帆布带下面的支承托辊 2 和鸭嘴形扁铁 3,可使中断的头子能向上微翘,使得分离容易进行。

由于各种冲印饼干机结构形式的差异,其头子输送带 4 的位置也各有不同,但大都是由几段倾斜帆布带组成,而倾角受饼干面带的特性限制。例如韧性与苏打饼干面带结合力强,捡分操作容易完成,其倾角可在 40°以内;酥性饼干面带结合力很弱,而且余料较窄、极易断裂,倾角通常为 20°左右。鸭嘴形扁铁 3 在不损坏帆布的条件下要尽量薄些,这样有利于头子与饼坯分离。

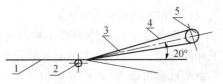

图 13-5　捡分机构示意图

1. 长帆布带　2. 支撑托辊　3. 鸭嘴形扁铁
4. 斜帆布头子输送带　5. 木辊筒

13.3　辊制成型机

辊制成型机是指以转辊为成型构件的成型机械,由于转辊可连续循环作业,因此此类设备应用广泛。常见的辊制成型机械有辊印成型机、辊轧成型机和辊切成型机等。

13.3.1　辊印成型机

辊印成型是生产油脂含量高的酥性饼干的主要成型方法之一。因此以辊印式饼干成型机(图 13-6)为例介绍。

图 13-6　辊印式饼干成型机

辊印式饼干成型机(简称辊印饼干机)主要适用于加工高油脂酥性饼干,更换该机印模辊后,通常还可以加工桃酥类糕点,所以也称为饼干桃酥两用机。与冲印式饼干成型机相比,有如下特点:

• 用冲印成型方法生产高油脂饼干时,常因酥性面团韧性差、结合力小,而在面带辊轧和头子分离时产生断裂及粘饼现象;而辊印成型方法无该问题,制得的饼干花纹图案更加清晰,口感更好,尤其是生产桃酥、米饼干等品种更为适宜。

- 冲印成型中要产生头子,需要专门的头子分离捡收机构,而辊印成型方法没有头子,无需回收头子,从而简化了机械结构,减少了机械制造、维修费用及操作人员。

- 与冲印成型设备相比,辊印设备占地面积小、产量高、运行平稳、噪声低、运转时无冲击震动、印花模辊易更换、便于增加花色品种,尤其适用于带果仁等颗粒添加物的食品生产。因此,目前在中小企业应用非常广泛。

- 辊印成型的局限性表现在对进料面带的厚度、硬度有较为严格的要求,不适用于韧性饼干和苏打饼干的生产,即使是酥性低脂品种的生产亦十分勉强。此外要求印模的材质具有一定的抗黏着能力,否则易粘辊。

13.3.1.1 辊印成型原理

无论哪种辊印饼干机,其成型原理是完全相同的,如图 13-7 所示。辊印成型机的上方为料斗 1,工作时,酥性面团 2 依靠自重落入料斗底部的喂料槽辊 15 和印花模辊 3 表面的饼干凹模中,喂料槽辊 15 和印花模辊 3 由齿轮驱动相对回转,带动面料下行,同时位于两辊下面的分离刮刀 14 将凹模外多余的面料沿印花模辊切线方向刮落到面屑接盘中。印花模辊继续旋转,使含有饼坯的凹模进入脱模阶段。此时橡胶脱模辊 12 依靠自身形变,将帆布脱模带 6 紧压在饼坯底面上,并使其接触面间产生的吸附作用大于凹模光滑内表面与饼坯之间的接触结合力,从而使饼坯由凹模中脱落,并由帆布带转入生坯输送带上。

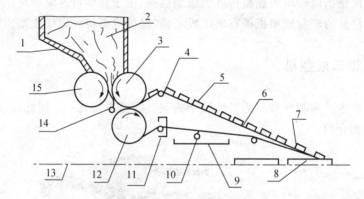

图 13-7　辊印饼干成型原理图

1. 料斗　2. 面团　3. 印花模辊　4. 帆布带辊　5. 饼干生坯　6. 帆布脱模带
7. 落盘铲刀　8. 烤盘或钢带　9. 残料盘　10. 残料铲刀　11. 张紧装置
12. 橡胶脱模辊　13. 送盘链条　14. 分离刮刀　15. 喂料槽辊

13.3.1.2 影响辊印成型的因素

1. 喂料槽辊与印花模辊的间隙

喂料槽辊与印花模辊之间的间隙随被加工物料及饼干品种而改变,加工饼干的间隙约在 3～4 mm 间,加工桃酥类糕点时需作适当的放大,否则会出现返料现象。

2. 分离刮刀的位置

由实践得知,分离刮刀 14 的位置直接影响饼干生坯的重量:当刮刀刃口位置较高时,凹模内切除面屑后的饼坯面略高于印花模辊表面,从而使得单块饼干重量增加;当刮刀刃口位置较低时,饼干重量会有所减少。据有关资料介绍,刮刀刃口合适的位置应在印花模辊中心线以下 3～8 mm 处。我国 SB 242—85 标准规定为 2～5 mm。

3. 橡胶脱模辊的压力

橡胶脱模辊与印花模辊之间的压力大小也对饼干生坯的成型质量有一定影响。若该压力过小,则可出现坯料粘模现象;若压力过大,又会使成型后的饼坯变成后薄前厚的楔形,严重时还可能在生坯后侧边缘产生薄片状面尾。因此,对橡胶脱模辊调整要以在顺利脱模的前提下,尽量减小压力为原则。

▶▶ 13.3.2 辊轧成型机

辊轧成型又称辊压或压延成型,是指利用表面光滑或加工成一定形状的旋转轧辊对原料进行压延,制得一定形状产品的操作。辊轧操作广泛应用于各种食品成型的前段工序里。如饼干、水饺、馄饨生产中的轧片,糖果拉条,挂面和方便面生产中的轧片等。在面类食品加工过程中,辊轧的目的是使面团形成厚薄均匀、表面光滑、质地细腻、内聚性和塑性适中的面带;在糖果加工过程中,辊轧的目的是使糖膏成为具有一定形状规格的糖条,又能排除糖条中的气泡,以利操作,且成型后的糖块定量准确。

辊轧成型机利用一对或多对相对旋转的辊对面类或糖类食品进行辊轧操作。根据轧辊的运动方式,辊轧机可分为固定辊式与运动辊式。固定辊式是指轧辊轴线在辊轧过程中的位置不变;运动辊式是指轧辊轴线在辊轧过程中作平动。根据其工作性质又分为间歇式与连续式辊轧机两种。间歇式一般需由人工送料,辊轧操作在一对轧辊间反复辊轧完成。而连续式则无需人工送料,辊轧机常由几对(又称几道)轧辊组成,面带经几道辊连续辊轧,自动进入下一工序。一般来说,小型食品厂采用间歇式辊轧机即可,大、中型食品厂,特别是生产苏打饼干进行辊轧夹酥时,宜采用连续式辊轧机。根据轧辊的形式不同,辊轧机可分为对辊式与辊-面式两种形式。对辊式是指辊与辊间的辊轧;辊-面式是指辊与平面之间的辊轧。根据物料通过轧辊时的运动位置不同,辊轧机大致可分为卧式辊轧机与立式辊轧机两种。卧式辊轧机的特点是两只轧辊的轴线在垂直平面内互相平行,而面带在辊轧过程中呈水平直线运动状态。立式辊轧机的轧辊轴线在水平平面内互相平行,而面带在辊轧过程中呈竖直直线运动状态。

影响辊轧成型操作的主要参数有:

• 轧辊直径和压力。开始压片时,轧辊的直径应选大些,可获得较大的喂料角,进料容易,并可以使面片组织得更紧密,不易折断。在压延阶段,随着面片厚度逐渐变薄,轧辊作用于面片的压力逐渐降低,轧辊直径也要不断减小。

• 压延比。辊轧后面片的压下量(辊轧前物料厚度与辊轧后物料厚度之差)与辊轧前物料厚度之比称为压延比,或称作相对压下量,其大小是影响压片效果的重要因素。因为对面坯一次过度的加压延展会破坏面带中的面筋网状组织,所以压延比一般不大于0.5。在多道压片情况下,压延比应逐渐减小,轧辊的线速度与之相适应,即压延比大时,轧辊的线速度较低;反之,线速度应该高。

• 压片道数。压片道数少时,压延比必然要大,压片道数多,压延比可以小些。但道数过多,辊轧过度会使面片组织过密、表面发硬,不但降低压片质量,而且增加了动力消耗。

13.3.2.1 卧式辊轧机

图13-8所示为间歇式辊轧机的传动系统结构图。电动机1通过一级皮带轮2、3驱动

一级齿轮 4、5 实现减速，并将动力传至下轧辊 14，再经与之连接的齿轮 12、13 带动上轧辊 6 旋转，从而实现上、下轧辊的转动压片操作。上、下轧辊 6 和 14 安装在机架上，工作转速一般在 0.8～30 r/min 范围以内。

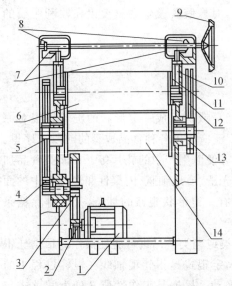

图 13-8　间歇式辊轧机的传动系统结构图

1. 电动机　2、3. 一级皮带轮　4、5. 一级齿轮
6. 上轧辊　7、8. 锥齿轮　9. 调节手轮
10. 升降螺杆　11. 轴承座螺母
12、13. 齿轮　14. 下轧辊

轧辊之间的间隙通过调节手轮 9 可随时任意调整，以适应轧制不同厚度面片的需要。调整时，转动手轮 9，经一对锥齿轮 7、8 啮合传动，使升降螺杆 10 旋转，带动上轧辊轴承座螺母 11 作直线升降运动，从而完成轧辊间距调节的操作。通常间距调节范围为 0～20 mm。由于上下轧辊接触线处的线速度应相等，实际中常常是两轧辊直径相等，转速相等，即齿轮 12、13 的传动比为 1。但是随着间隙的调节，使两轧辊的主、被动齿轮的啮合中心距发生变化，为了保证正确啮合，合理的方案应选用渐开线长齿形齿轮或大模数齿轮。另外，当需要调节的间隙很大时，还可选择不同安装位置的两对齿轮。间歇式辊轧机工作时，面片的前后移动、折叠及转向均需人工操作。如果只采用单向辊轧，则可以多台间歇式辊轧机组合，中间由输送装置连接，这样即可与成型机联合组成自动生产线。

上轧辊 6 的一侧设有刮刀，以清除粘在辊筒上面的少量面屑。较先进的辊轧机上设置有自动撒粉装置，它可以避免面团与轧辊粘连。

13.3.2.2　立式辊轧机

与卧式辊轧机相比，立式辊轧机具有占地面积小，工艺范围较宽，轧制面带厚度较均匀、层次分明，机器构造较复杂的特点。

立式辊轧机的结构如图 13-9 所示，主要由料斗、轧辊、计量辊、折叠器等组成。

工作时面团放入料斗 1 内，首先由轧辊 2 进行辊轧，然后面带被引入计量辊 3 和 4。计量辊由间距可随面带厚度自动改变的相同直径的轧辊组成，其作用是控制辊轧成型后的面带厚度，使之均匀一致。通常立式辊轧机设有 2～3 对计量辊。生产苏打饼干时，立式辊轧机还要设有油酥料斗（图中未显示）和折叠器 5，用以折叠辊轧后的面带，并在折叠过程中在面带层间撒入油酥，使成型后的制品具有多层次的结构。

立式辊轧机常用的为两辊压片机。该压片机一般用于预压片，将物料压成一定厚度（一般在 15～45 mm 之间）和宽度的坯料，再送至下道压片机或最终辊轧机。该压片机通常由可拆式进料斗和两个旋转的进料辊构成，每个轧辊配有一个刮料器，用于清洁轧辊的工作表面。有些压片机的进料斗里

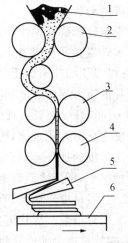

图 13-9　立式辊轧机结构简图

1. 料斗　2. 轧辊　3、4. 计量辊
5. 折叠器　6. 操作台

配有刮料器,用于清洁轧辊的工作表面。有些压片机的进料斗里配置有搅拌器,防止物料在两轧辊间发生"搭桥"现象。该机可与拉延机、接面盘共同组成面坯制备机组。

四辊压片机作为预压成型机,为位于饼干生产线入口处的轧辊提供半成品原料,其产品更光滑、更细致,最终轧制出来的面带精度更高。在四辊压片机中,成型辊的表面通常开有轴向沟槽,具有良好的抓取性能。

13.3.3 辊切成型机

辊切成型即辊压切割成型,通常指物料在一对或几对相向旋转的辊子挤压下变形,成为面带或面条的操作过程。辊切式饼干成型机(简称辊切饼干机)(图 13-10)是综合了冲印饼干机与辊印饼干机的优点发展起来的一种饼干成型机,占地面积小,生产效率高,振动噪声低,对面团有广泛的适应性,适用于多种食品的生产,如糖果加工中的辊压切条,各种饼干生产中的坯料压片,实心面条和方便面生产中的压片成型等,是目前较为理想的一种饼干成型设备,也是目前国际上较为流行的一种成型设备。下面主要以饼干辊切成型机为例说明其结构和工作原理。

图 13-10 辊切饼干机外观

它主要由压片机构、辊切成型机构、余料提头机构(捡分机构)、传动系统及机架等组成。其中压片机构、捡分机构与冲印饼干机的对应机构大致相同,只是在压片机构末道辊与辊切成型机构间设有一段中间缓冲输送带。辊切成型机构与辊印饼干机的成型机构类似。它基本有两种形式:一种是将印花和切块制成类似冲印饼干机印模形式的复合模具嵌在一个轧辊上;另一种则是将印花模与切块模分别安在两个轧辊上。下面以后者为例简单介绍一下辊切成型机构及其成型原理。

如图 13-11 所示,辊切成型机主要由印花模辊、切块辊、脱模辊(图中未画出)、帆布脱模带、撒粉器和机架等组成。

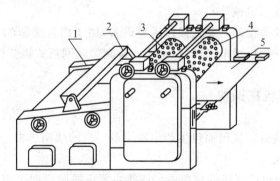

图 13-11 饼干辊切成型机示意图

1. 机架　2. 撒粉器　3. 印花模辊　4. 切块辊　5. 帆布脱模带

辊切成型原理如图13-12所示。面团经定量辊1（压片部分）辊轧后，形成光滑、平整、均匀一致的面带。为消除面带的残余应力，避免成型后的饼干生坯收缩变形，通常在成型机构前设置一段缓冲输送带2，然后面带进入辊切成型机构。

面带首先经印花模辊3辊印出饼坯花纹，然后在前进中经与印花模辊3同步运转的切块辊4切出带花纹的饼干坯。在印花模辊与切块辊下方设有直径较大的橡胶脱模辊9，在印花切块过程中，它起着弹性垫板和脱模的作用。成型的饼干生坯7由水平输送带8送上烘烤炉网带（钢带）。余料5由余料分离装置的倾斜输送带6分离，经回头机回收，送回压片机料斗，供重新辊轧用。

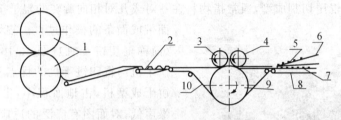

图 13-12　辊切成型原理示意图

1. 定量辊　2. 缓冲输送带　3. 印花模辊　4. 切块辊　5. 余料　6. 倾斜输送带
7. 饼干生坯　8. 水平输送带　9. 脱模辊　10. 帆布脱模带

与辊印成型不同，辊切成型的成型过程包括印花和切断两个工步，这一点与冲印成型过程相似，即面带首先经印花模辊压印出花纹，随后再经同步转动的切块辊切出带花纹的饼干生坯。因此要求印花模辊和切块辊的转动严格保持相位相同、速度一致，否则，切出的饼干生坯将与图案的位置不相吻合，影响饼干产品的外观质量。

13.4　搓圆成型机械与设备

搓圆成型（也称揉制成型）是指通过物料与载体接触并随其运动，在载体揉搓作用下逐步形成一定的外部形状和组织结构的操作。在食品加工中，需要搓圆操作的有很多，常见的如面包坯料、馒头、元宵、糕点、汤丸的搓圆及糖果的搓圆等。本节主要以面类食品为例分析介绍几种典型的搓圆成型机械。

在面类食品中比较典型的是面包揉搓成型设备，用于面包搓圆的方法与成型设备主要有伞形搓圆机、锥形搓圆机、桶形搓圆机、水平式搓圆机及网格式搓圆机。

13.4.1　伞形面包搓圆机

伞形面包搓圆机是目前我国面包生产中应用最广泛的揉制机械。

13.4.1.1　结构与组成

图13-13为伞形面包搓圆机结构简图。该机主要由搓圆成型机构、撒粉机构、传动系统及机架等组成。

搓圆成型机构由转体17、主轴4和螺旋导板21、支撑架22构成。转体17随主轴4转动,螺旋导板 21 固定在支撑架 22 上,转体 17 表面与螺旋导板 21 弧形凹面配合构成面团运动的螺旋导槽。

撒粉机构由连杆 15、撒粉盒 13 和轴 14 等组成。转体顶盖 16 上有一偏心孔,连杆 15 与此偏心孔球铰接,使撒粉盒 13 作径向摆动,实现撒粉操作。

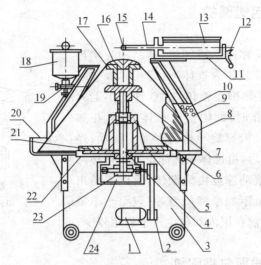

图 13-13 伞形面包搓圆机结构简图

1. 电机 2. 皮带轮 3. 机架 4. 主轴 5. 轴承座 6. 轴承 7. 法兰盘
8. 支撑架 9. 调节螺钉 10. 固定螺钉 11. 控制板 12. 开放式楔形螺栓
13. 撒粉盒 14. 轴 15. 连杆 16. 顶盖 17. 转体 18. 贮液桶
19. 放液嘴 20. 托盘 21. 螺旋导板 22. 主轴支撑架
23. 蜗轮 24. 蜗轮箱

13.4.1.2 搓圆成型原理

搓圆成型原理如图 13-14 所示。成型工作时,面块由伞形转体 4 底部进入螺旋导板 1,在转体带动下沿着圆弧形状的螺旋导板旋转,在三者摩擦力及由于面团旋转而产生的离心力作用下,面块以螺旋形向上运动,同时改变形状,形成球形。

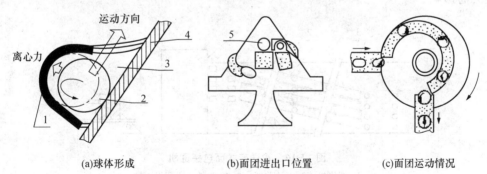

(a)球体形成   (b)面团进出口位置   (c)面团运动情况

图 13-14 搓圆机工作原理简图

1. 螺旋导板 2、5. 面团 3. 螺旋导槽 4. 伞形转体

伞形搓圆机面块的入口设在转体的底部,出口在伞体的上部。由于转体上下直径不同,使得面团从底部进入导槽首先受到最为强烈的揉搓,而出口速度低,有利于面团的成型。但随着面团运动速度逐渐降低,前后面团距离减小,有时会出现"双生面团"的现象。为了避免

双生面团进入醒发机,在正常出口上部装有一横挡,阻隔体积庞大的双生面团进入醒发机,并使之由大口排出进入回收箱。揉圆完毕的球形面包坯由伞形转体的顶部离开机体,由输送带送至醒发工序。

13.4.2 锥形面包搓圆机

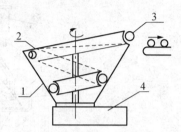

图 13-15 锥形面包搓圆机工作简图
1. 回转锥体   2. 螺旋导板
3. 面团   4. 机架

锥形面包搓圆机,又称碗形搓圆机,其结构与伞形搓圆机类似,只是其回转载体为锥体形,螺旋导板 2 与回转锥体 1 构成的螺旋导槽在锥体内侧,且下小上大(图 13-15)。搓圆机工作时,面团落入锥体底部,在离心力及摩擦力的作用下,沿螺旋导槽自下而上滚动;经揉搓感应形成球状生坯后,由锥体顶部卸出。锥形搓圆机在操作过程中,面团滚动速度由慢渐快,所以不易出现双生面团,但成型质量不如伞形机型,一般用于小型面包的生产。该机型目前在国内面包生产上使用较少。

13.4.3 输送带式面包搓圆机

输送带式面包搓圆机,又称水平搓圆机,其结构与伞形、锥形搓圆机不同,没有转体,也没有螺旋形导槽,主要由帆布输送带、长直导板构成(图 13-16)。长直导板 2 固定在水平帆布输送带 3 上方,从而构成三面封闭的斜直线搓圆导槽,导槽倾角可调。工作时,输送带水平移动,切块机 1 输出的定量面团落于输送带 3 上并随之前进;当遇到导板 2 凹弧面后,面团侧面受压变形,同时由于输送带对面团底面的剪切力与导板对其侧面的摩擦力所组成的力矩作用,导槽内的面团沿导槽斜向滚动,从而逐渐被揉搓成为球状生坯,并由输送带输送至醒发工序 4。其中长直导板的长度、凹弧面的几何尺寸会对搓圆的质量产生很大的影响。

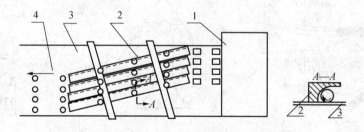

图 13-16 输送带式面包搓圆机
1. 切块机   2. 长直导板   3. 输送带   4. 醒发工序

该搓圆机具有输送生坯和搓圆操作双重作用,并可与数台切块机组合,同时搓制多个面团,故生产能力较高。但因受结构限制,搓圆效果及生坯表面致密程度稍差;此外占地面积较大,主要适合于搓制糕点生坯,适合于小型点心面包生产线使用。

13.4.4 网格式搓圆机

网格式搓圆机是一次完成切块搓圆操作的小型间歇式面包成型机械,因此也被称为网格式面包成型机。

13.4.4.1 主要结构

网格式搓圆机的结构主要包括压头、工作台、模板及传动系统等(图 13-17)。

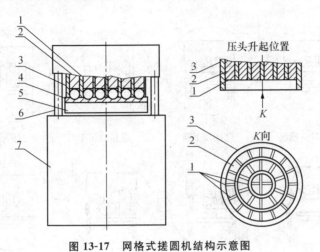

图 13-17 网格式搓圆机结构示意图
1. 切刀 2. 压块 3. 围墙 4. 模板 5. 工作台 6. 导柱 7. 机座

压头包括压块 2、切刀 1、围墙 3 及导柱 6 等四组构件。在围墙 3 围起的内部空间安装有切刀 1,并在其分隔下形成网格,在每个网格内均安置有压块 2,而围墙 3、切刀 1、压块 2 均可沿导柱 6 作上下运动,以方便压块 2 进行压制面片的操作,并可顺利实现切刀 1 对面坯进行切割的操作。

工作台主要由工作台板、锁紧架、曲柄组及模板等组成。模板放置在工作台板上,由软质材料制造,如无毒耐油橡胶或工程塑料。曲柄组主要由安装在工作台中心处的传动偏心轴与设置在边缘处的辅助偏心轴组成。两轴偏心距相等,其目的在于实现工作台的平面运动。

网格式搓圆机的传动装置主要包括电动机、离合器与模板、压头的驱动机构。为减缓工作台平动时因交变载荷作用而引起的振动冲击现象,通常可选用锥盘式摩擦离合器。由于该离合器锥盘接触点处的法线方向与偏心轴动载荷方向垂直,故可以将振动能量与传动系统隔离,从而减小冲击,使搓圆机的运动趋于平稳。网格式搓圆机模板的驱动机构通常采用曲柄滑块机构。压头下降的动作则有两种驱动方式:一种是在机架上安装一根杠杆,一端置于压头之上,压头下压操作可通过手动或机动拉下杠杆另一端来实现。另一种是在机体内部安装一套曲柄滑块机构,压头的动作通过驱动回转曲柄来实现。

13.4.4.2 成型原理

如图 13-18 所示,网格式搓圆机的成型原理可简化为 8 个工步来实现:①将一定量的面团摊放在工作台的模板上;②围墙下降落在模板上,将摊放在其上的面团包围起来;③压块与切刀同时下降,将摊放在模板上的面团压成厚度均匀一致的面片;④切刀继续下行直至与模板接触,此刻即可将整体面片切割成若干等份的面块;同时压块上升约 3 mm 的距离,留出切刀切入面片时而产生的膨胀量;⑤压块继续上升一段距离,围墙与切刀稍微抬起约 1 mm 的距离,留出揉搓面团所需要的空间;⑥摩擦离合器结合,回转曲柄组带动工作台上的模板运动,由于压头不动,切刀腔内的面团在模板与其之间产生的摩擦力及切刀腔四壁对其产生的阻力作用下产生滚动,并被不断地揉搓,从而形成球形面包生坯;⑦摩擦离合器断开,工作台及模板停止运动,围墙、压块及切刀等复位;⑧更换模板,网格式搓圆机的一次工作循环结束。

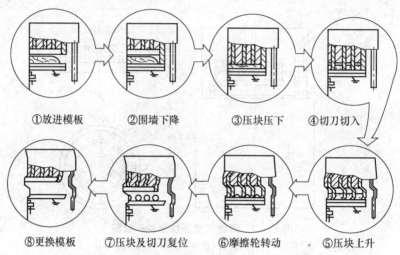

①放进模板　　②围墙下降　　③压块压下　　④切刀切入

⑧更换模板　　⑦压块及切刀复位　　⑥摩擦轮转动　　⑤压块上升

图 13-18　网格式面包成型机成型工艺示意图

13.4.5　馒头搓圆机

馒头搓圆机有对辊式、盘式及辊筒式 3 种。应用较多的是对辊式和盘式。下面以对辊式馒头搓圆机的结构与工作原理为例进行简单介绍。

13.4.5.1　结构与组成

对辊式馒头搓圆机主要由定量切块机构、对辊搓圆机构、撒粉装置及传动系统等构成(图 13-19)。其中定量切块机构由拨面叶片 7、供料螺杆 8、锥形出面嘴 9 及切刀等组成;搓圆成型机构由成型辊 14、15 组成,成型辊上开设半圆形螺旋槽。

13.4.5.2　工作原理

工作时,拨面叶片 7 将面斗 6 内的面团拨给供料螺杆 8,供料螺杆 8 将面团向前输送,经过锥形出面嘴 9 面团在出口处被挤压成具有致密组织结构的连续面柱,出口处的切刀将其定量切成面块,面块大小可通过调节手柄 19 改变出口口径大小来控制。面块落入成型辊 14、15 的螺旋槽中,在沿螺旋槽向出口处滚动的过程中,受成型辊的挤压、摩擦搓揉作用,被逐渐搓揉成球状,完成成型过程。

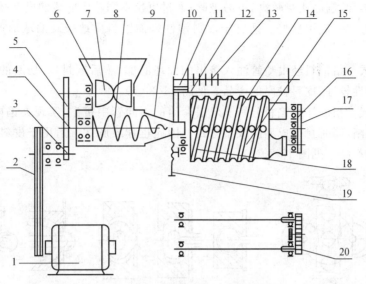

图 13-19 对辊式馒头搓圆机结构原理图

1. 电机 2. 皮带传动 3、4、5、11、12、16、17、20. 齿轮传动组 6. 面斗
7. 拨面叶片 8. 供料螺杆 9. 锥形出面嘴 10. 支架 13. 供干料毛刷
14、15. 成型辊 18. 轴承 19. 面团尺寸调节手柄

13.5 包馅成型设备(饺子机、汤圆机)

含馅食品种类繁多,例如月饼、包子、汤圆、馄饨、馅饼等,在食品中所占比例相当大。专门用于生产各种带馅食品的机械称为包馅成型设备。包馅食品一般由外皮和内馅组成。含馅食品的外皮通常是由面粉或米粉与水、油、糖和蛋液等组成的混合物,内馅的种类很多,如枣泥、果酱、豆沙、五仁、菜、肉制品等。由于充填的物料不同以及外皮制作和成型方法各异,包馅机械的种类甚多,其结构形式也非常复杂。目前绝大多数的含馅食品均有各自专用的包馅成型机。因此包馅成型机数量庞大,种类繁多,对其分类比较困难。目前常用的分类方法有两种:一种是按加工对象进行分类,分为饺子成型机、馄饨成型机、汤圆成型机等。一种是按照成型的工作原理分类。综合分析各类包馅成型机的工作原理后,可将其主要归结为转盘式、共挤式、注入式、剪切式及折叠式五种。对应的包馅成型机就主要分为五大类。本节主要分析介绍包馅机、馄饨成型机、饺子成型机三种最典型的包馅成型机的结构和工作原理。

13.5.1 包馅成型原理

根据包馅成型过程中面坯和馅料的成型方式及运动规律,可将包馅成型原理分为如下五种:

(1)转盘式 也称感应式、回转式,是指先将面坯制成凹型,将馅料放入其中,然后由一对半径逐渐增大的圆盘形状回转成型器将其搓制、封口,逐渐成型。成型过程中含馅食品生坯受力稳定、柔和,制品质量较高,不易破碎;通过更换不同轮廓曲线的成型圆盘可制成不同规格和形状的产品,通用性好。适宜于皮料塑性好而馅料质地较硬的球形产品。见图 13-20(a)。

(2)注入式　指馅料经由喷管注入挤出的面坯心部,然后被封口、切断的成型方法。适用于馅料流动性较好、皮料较厚的产品。见图 13-20(b)。

(3)共挤式　指面坯和馅料分别从双层套筒的不同管中挤出,实现夹馅操作;待达到一定长度时被切断,同时封口成型的成型方式。因此也称灌肠式。适用于皮料和馅料塑性及流动性相近的产品。见图 13-20(c)。

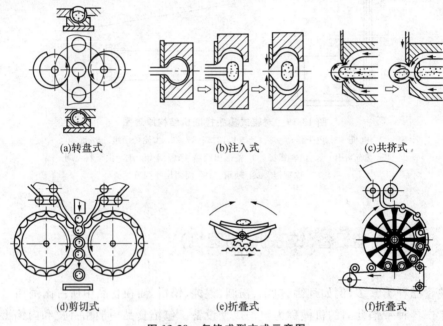

(a)转盘式　　　　　　(b)注入式　　　　　　(c)共挤式

(d)剪切式　　　　　　(e)折叠式　　　　　　(f)折叠式

图 13-20　包馅成型方式示意图

(4)剪切式　指压延后的两条面带从两侧连续供送,进入一对表面有凹穴、同步相向旋转的辊式成型器,与此同时,先制成球形的馅料,从中间管道掉落在两面带之间的凹模对应处,随转辊的转动,在两辊的挤压作用下依次完成封口、成型和切断的成型操作。适用于馅料塑性低于皮料的产品。见图 13-20(d)。

(5)折叠式　即先将压延后的面坯按照规定的形状冲切,然后放入馅料,再折叠、封口、成型。适用于结构和形状较为复杂的产品。根据传动方式,又可分为三种:①齿轮齿条传动折叠式包馅成型(对开式折叠模),见图 13-20(e);②辊筒传动折叠式包馅成型,即馅料落入面坯后,一对辊筒立即回转自动折叠、封口成型,见图 13-20(f);③带式传动折叠式包馅成型。

在上述成型方法中,转盘式与共挤式为间歇式生产。

▶ 13.5.2　饺子成型机

饺子属于一种皮薄馅大的产品,其成型要求面皮薄而均匀,皮馅贴合密实,封口可靠,封口处无夹馅现象。饺子机的常见成型方法有折叠成型和共挤成型。其中折叠成型采用预制片型坯料,经冲切制皮、加馅后,利用专用折叠模具对折挤压封口成型,参看图 13-20(e)。共挤成型则由成型装置直接制出管形面皮,冲入馅料后,经挤压封口成型并切断完成。共挤辊切式饺子机是早期机械制作饺子的设备,由于设备结构简单、操作方便、成本低、制作的饺子质量较好,直至现在仍被很多食品加工厂广泛采用,其基本工作方式为共挤式包馅和辊切式成型。

13.5.2.1 共挤辊切饺子机

共挤辊切饺子机主要由输面机构(面料供送与制皮机构)、输馅机构(馅料供送机构)、辊切成型机构和传动机构等组成(图 13-21)。

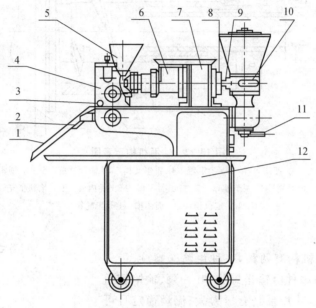

图 13-21 共挤辊切饺子机外形图

1. 滑板 2. 振杆 3. 定位销 4. 成型机构 5. 干面斗 6. 输面机构
7. 传动机构 8. 调节螺母 9. 馅管 10. 输馅机构
11. 离合手柄 12. 机架

1. 输面机构

图 13-22 为输面机构示意图。它主要由面盘 1、锥形套筒 4、输面螺旋 5、锁紧螺母 6 及 13、内面嘴 7、挤出嘴 9、挤出嘴内套 10 及调节螺母 8 等组成。

输面螺旋 5 为一个前面带有 1:10 锥度的弹头螺旋,其目的是使螺旋槽容积逐渐减小,从而逐渐增大对面团的输送压力,以利制成连续均匀的面管。

在靠近输面螺旋 5 的输出端安置内面嘴 7,它的大端输面盘上开有里外两圈各三个沿圆周方向对称均匀交错分布的腰形孔。被输面螺旋 5 推送输出的面团通过内面嘴 7 时,腰形孔既可阻止面团的旋转,又可使得穿过孔的六条面棒均匀交错地搭接,汇集成较厚的环状面柱(管)。该面管在后续面柱的推动下,从挤出嘴与内套间的环状狭缝中挤出形成所需厚度的面管。经验表明:内面嘴 7 的长度对面管的温升影响较大。过长的内面嘴会使面管的温升过高甚至产生糊化变性。

面管厚度决定了饺子皮的厚度,其大小可以通过拧动调节螺母8,改变输面螺旋5与锥形套筒4之间的间隙大小来调节面团的流量改变,也可以通过改变挤出嘴内套10与挤出嘴9的间隙来调节。

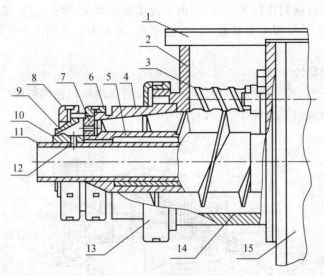

图 13-22 输面机构示意图

1. 面盘 2. 面团料斗 3. 稳定辊 4. 锥形套筒 5. 输面螺旋 6、13. 锁紧螺母
7. 内面嘴 8. 调节螺母 9. 挤出嘴 10. 挤出嘴内套 11. 馅料填充管
12. 定位销 14. 面团槽 15. 齿轮箱

2. 输馅机构

饺子机的输馅机构有两种,一种由输送螺旋、齿轮泵、输馅管组成,另一种由输送螺旋、叶片泵、输馅管组成。与齿轮泵相比,叶片泵具有压力大、流量稳定且可调、计量准确、结构简单、适应性强等优点,更有利于保持馅料原有的色、香、味,而且清洗容易,维护方便,价格便宜,所以大多数饺子机采用后一种输馅形式。

图 13-23 为采用叶片泵的输馅机构示意图。由图可以看出,输馅机构主要由输馅螺旋 2、馅斗 3、叶片泵等组成。

输馅螺旋 2 通常设在叶片泵的入口处,以便将物料强制压向入料口,使物料充满吸入腔,以弥补由于松散物料流动性差或泵的吸力不足而造成充填能力低等问题。通过调节手柄 9 可以改变定子 7 与馅管 13 相通部分的截面积,从而调节馅料的流速。

工作时,转子 5 带动叶片 6 转动,叶片 6 同时在定子 7 内壁的推动下沿转子上的导槽滑动,使吸入腔不断增大,腔内产生负压,在该真空和输馅螺旋 2 挤压的双重作用下,馅料被送入吸入腔;随着转子和叶片的进一

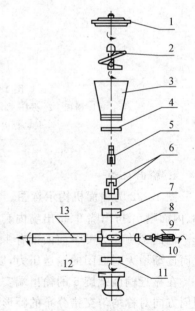

图 13-23 输馅机构示意图

1. 斗盖 2. 输馅螺旋 3. 馅斗 4. 上活板
5. 转子 6. 叶片 7. 定子 8. 泵体
9. 调节手柄 10. 垫板 11. 底板
12. 螺母 13. 馅管

步旋转,吸入腔达到最大,进馅过程结束。此后,叶片作纯转动,经封闭腔后,将馅料带入排压腔,此时,叶片在转子内向反向滑动,于是排压腔容积逐渐减小,压力渐增,馅料被压向出料口,离开泵体。

3. 辊切成型机构

见图 13-24。辊切成型机构主要由底辊 1、成型辊 2、粉刷 4 和干面料斗 5 组成,其中成型辊 2 上开设有多个饺子凹模 3,凹模刀口与底辊 1 相切。为了防止饺子生坯与成型辊和底辊之间发生粘连,设有干面料斗 5 和粉刷 4,可向成型辊和底辊上连续撒粉。

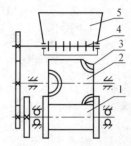

图 13-24　辊切成型机构简图
1. 底辊　2. 成型辊　3. 饺子凹模
4. 粉刷　5. 干面料斗

工作时,面团由输面螺旋输送,经过腰形孔、内外面嘴被挤出形成所需厚度的面管;与此同时,馅料经输馅螺旋、叶片泵的作用,沿馅管进入面管内孔中,形成含馅面柱。含馅面柱随即进入辊切成型机构。当其从成型辊 2 和底辊 1 中间通过时,面柱内的馅料先是在饺子凹模感应作用下逐步被推挤到饺子坯中心位置,然后在回转中,在成型辊圆周刀口与底辊的辊切作用下被切断,成型为连续单个约 14～20 g 的饺子生坯,完成饺子成型过程。

13.5.2.2　全自动饺子成型机

全自动饺子成型机自动化程度高,节省人力,提高生产率和生产效率,降低产品成本,如今在大型冷冻食品生产厂广为使用。其中比较典型的有日本生产的 NF-12 全自动饺子成型机。该机模拟人工包制饺子的动作过程,制作的饺子有仿人工捏合的饺边折褶形状,与人工包制的饺子非常相似,并且饺子皮薄,口感好。可坐立平放,既可用水煮,也可用于煎饺,克服了共挤辊切饺子成型机制品存在的饺子皮厚、口感不很理想等缺陷。下面就其结构及工作原理进行简单介绍。

图 13-25 为全自动饺子成型机的整机结构简图。整机主要由制皮与输皮机构、供填馅机构、捏合成型机构、饺子生坯输送机构、传动系统及机架等组成。各机构间的运动关联性全部由机械控制,机构运动的准确性和可靠性较高。

1. 制皮与输皮机构

饺子皮的制作与输送机构由链轮 1,成型孔板 2,切辊 3,连杆 4、9、10,滑块 5、11、13,凸轮 6,曲柄 7、8,冲杆 19、23 等组成,成型孔板上安装有圆形切刀。

饺子成型机前面连接制皮机,制皮机通过挤压和辊压作用将面团制成满足要求的连续面带,输送至饺子成型机上的成型孔板 2 上,随输送链轮 1 运动至切辊 3 处,由其与成型孔板配合将面带切成圆形饺子皮。

当切辊 3 切完 4 个圆形饺子皮,并将其送至冲杆 23 的下方时,输送链轮 1 停止运动。凸轮 6、连杆 4 和滑块 5 驱动冲杆 23 向下运动,带动饺子皮穿过成型孔板,变成筒状;随后曲柄 8、连杆 10 和滑块 11 驱动冲杆 19 下冲,进一步完成筒状成型,并将筒状饺子皮带至饺子生坯输送带 25 上。

为了使饺子皮能准确定位在冲杆的正下方,本机设置了初始相位调节装置,用来调节输送链上成型孔板的起始位置。

2. 供填馅机构

供填馅机构主要由曲柄 8、连杆 10、滑块 13 和柱塞泵（图中未画出）、供馅绞龙 14、联轴器 15、电机 16、馅斗 17、填馅杆 18 等组成。填馅杆为空心杆件，上端接气管。

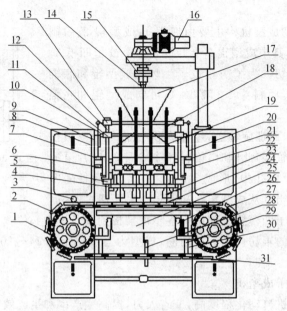

图 13-25 全自动饺子成型机

1. 链轮 2. 成型孔板 3. 切辊 4、9、10. 连杆 5、11、13. 滑块 6. 凸轮 7、8. 曲柄
12. 导杆 14. 供馅绞龙 15. 联轴器 16. 电机 17. 馅斗 18. 填馅杆 19、23. 冲杆
20、21、22. 轴 24. 成型模 25. 输送带 26. 轴承座 27. 链轮 28、29. 凸轮
30. 槽轮和拨盘 31. 传动轴

工作时，电机 16 通过联轴器 15 驱动供馅绞龙 14，使之将馅料从馅斗 17 中向下输送至柱塞泵，由柱塞泵将馅料泵入馅管（冲杆 19 的内腔）。曲柄 8、连杆 10 和滑块 13 则联合驱动填馅杆 18 向下运动，将馅管内馅料冲至馅管下端，最后由空压机提供的气流经填馅杆内腔喷入馅管，将馅管下端的馅料喷至筒状饺子皮内。

3. 捏合成型机构

饺子的捏合成型机构主要由凸轮 29、成型模 24 等组成。成型模包括两部分，通常称为成型模Ⅰ、Ⅱ。成型模Ⅰ、Ⅱ由凸轮 29 驱动，向含馅筒状饺子坯运动，将筒状饺子坯挤压成饺子状，并完成饺子边的黏结捏合。

4. 饺子生坯输送机构

饺子生坯输送机构主要由输送带 25、链轮 27、凸轮 28、槽轮和拨盘 30 及轴承座 26、传动轴 31 等组成。其中轴承座分前后两个，前轴承座为固定式，后轴承座为浮动式，可作上下摆动。

工作时，成型模 24 向两边运动，离开饺子生坯，同时凸轮 28 驱动浮动轴承座带动输送带向下摆动，随后链轮 27 由槽轮和拨盘 30 间歇驱动，通过带轮使输送带向前运动，将饺子生坯间歇输出。

13.5.3　馄饨成型机

馄饨成型机是将预先压成的面带和馅料加工成方皮馄饨生坯的小型设备,是另一种典型的拟人动作成型机。其成型操作多为间歇操作,主要包括制皮、冲压、供馅及折叠成型等。相应的馄饨成型机主要由制皮机构、供馅机构、折叠成型机构及传动装置等组成。馄饨成型机原理如图 13-26 所示。

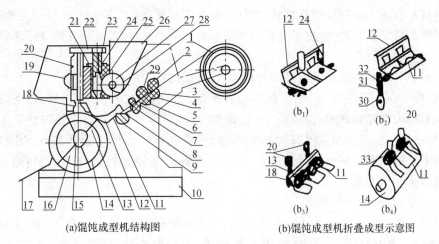

图 13-26　馄饨成型机原理图

(a)馄饨成型机结构图　　　(b)馄饨成型机折叠成型示意图

1. 面带　2. 上浮动平整辊　3. 下浮动平整辊　4. 导板　5. 纵向底辊　6. 横切辊　7. 横切底辊
8. 浮动轧辊　9. 加速辊　10. 机身　11. 翻板　12. 盲型板　13. 浮动盲型顶杆　14. 盲型辊筒
15、30. 凸轮　16. 弹簧　17. 刮板　18. 盲型导辊　19、32. 齿轮　20. 搭角冲杆(齿条)
21. 调馅齿条　22. 连接板　23. 下馅冲杆　24. 馅管　25. 进馅口　26. 馅斗
27. 左右螺旋叶片　28. 刮刀　29. 纵切辊　31. 齿条　33. 馄饨

13.5.3.1　制皮机构

制皮机构主要由上、下浮动平整辊 2、3,导板 4,纵切辊组 5、29,横切辊组 6、7,浮动轧辊 8,加速辊 9 等组成。其中,纵切辊 29 上安装有三把圆盘切刀,各切刀间距为 90 mm。纵切底辊 5 在与切刀对应的位置开设有三条凹槽。横切辊 6 上沿轴向装有一把切刀,刃口处圆周长为 80 mm。刀片采用耐锈蚀工具钢制造,一般选用 Cr13 不锈钢。为保证运行的可靠性,切刀需进行热处理和表面不粘处理;各辊表面应光滑平整且能与面带间产生足够的摩擦,防止输送过程中打滑,其表面粗糙度一般取 1.6～3.2;纵、横切辊组安装时要注意使纵、横切刀的安装位置及移动轨迹相互垂直,移动速度基本相同,以保证馄饨面皮的成型质量;整个制片机构位置按倾斜直线排布,倾角为 30°左右。

工作时,面带 1 经间隙为 0.8 mm 的平整辊组 2、3 进入制皮机构,由纵切辊组 5、29 和横切辊组 6、7 进行切割,将其切成两块 80 mm×90 mm 的馄饨面皮。而后经加速辊 9 的加速输送,面皮被快速输送到盲型板 12 上定位待用。

采用加速辊快速送皮的目的在于:在连续制皮与后续的间歇供馅间产生一段缓冲时间,以避免两者间出现干扰现象。一般而言,送皮速度越快,时间间隔越长,生产节拍越容易掌握和调整;但送皮的线速度越快,惯性冲击越大,面皮变形损坏或定位不准的可能性也越大。

因此应合理设计选择加速辊的直径与转速,取得速度与冲击之间的平衡。

13.5.3.2 供馅机构

供馅机构主要由齿轮齿条 19、20,调馅齿条 21,连接板 22,下馅冲杆 23,馅管 24,进馅口 25,馅斗 26,左右螺旋叶片 27,刮刀 28 和简易柱塞气泵等组成。其中,调馅齿条 21 通过连接板 22 与下馅冲杆 23 固接成一体;馅管 24 侧表面铣有梯形或矩形通槽;柱塞泵的往复行程通过曲柄连杆机构实现,并可用缸径为 100 mm、行程为 200 mm 的汽缸替代。

供馅剂量的准确与否是馄饨质量误差大小的关键。采用半封闭式螺杆供馅的结构,每一个供馅口都有两个左右旋螺杆供馅,螺杆上的半密封使进馅口外始终保持一定的压力,从而确保供馅的稳定性。此外,也可根据馅的黏度调节曲柄长度,改变供气量来保证供馅的准确性。

工作时,馅斗 26 内的馅料由螺旋叶片 27 以与制皮机构同步的速度(约 40 r/min),在刮刀 28 的配合下压入进馅口 25,继而被压入馅管 24。当馅料进入馅管 24 后,为克服馅料黏滞性所引起的内外黏结现象,由齿轮 19、齿条 20 带动下馅冲杆 23,将定量馅料下压至出馅口,再由柱塞泵产生的压缩空气瞬时喷入馅管 24,将馅料吹落在盲型板 12 上的面皮中,至此一次间歇供馅结束。压入馅量的多少,由调馅齿条 21 带动馅管 24 转位,即可通过改变进馅口的开口大小来实现。

13.5.3.3 折叠成型

折叠成型机构主要由翻板 11,盲型板 12,浮动盲型顶杆 13,盲型辊筒 14,凸轮 15、30,弹簧 16,刮板 17,盲型导辊 18,齿轮 19,搭角冲杆 20,齿轮齿条 32、31 等组成。凸轮 15 与辊筒 14 安装在同一轴线上。辊筒导槽内的浮动盲型顶杆 13 上装有复位弹簧 16。翻板 11 与齿轮 32 同轴安装,并铰接在盲型板 12 的进料端上。

折叠成型操作由定位、一次对折、二次对折、U 形(90°)折弯及搭角冲合等五个工步完成。

(1)定位　来自加速辊的面皮,前半段稍长部分位于盲型板 12 上,后半段稍短部分位于翻板 11 上,面皮依靠盲型板 12 中部的折角圆弧限位,馅料从馅管 24 注入。见图 13-26(b₁)。

(2)一次对折　供馅完成后,凸轮 30 转入升程,通过齿条 31、齿轮 32 驱动翻板 11 转动,将其上的后半段面皮向内翻折覆盖到馅料上。稍许停顿待面皮被馅料粘住后,凸轮转入回程,翻板 11 外翻复位。通过改变凸轮 30 的外廓曲线可得到不同的翻板运动规律、停顿时间,从而改变生产速率。见图 13-26(b₂)。

(3)二次对折　一次对折结束后,处在间歇状态的盲型辊筒 14 逆转 90°,在辊筒内均匀分布的浮动盲型顶杆 13 随之转动的同时,受到和盲型辊筒同轴固结的凸轮 15 的推动而沿辊筒径向向外移动。这种平面复合运动相当于翻板的作用,即将上一次对折的夹馅面皮沿盲型板斜面向上翻折,使馅料被包在里面,形成条状生坯,完成第二次对折成型。见图 13-26(b₃)。

(4)U 形折弯　二次对折后,条状生坯由浮动盲型顶杆 13 推动继续向前运动。穿过盲型板 12 上的盲型孔时,生坯被初步折弯,接着又被固定在盲型板前的间距为一个馄饨宽的两只浮动盲型导辊 18 进一步折弯,从而使生坯外形转化成 U 形轮廓。见图 13-26(b₄)。

(5)搭角冲合　折弯结束后,盲型辊筒 14 进入转位间歇状态。这时,两只 U 形生坯位于搭角冲杆 20 的下方。冲杆 20 在齿轮 19 的驱动下,在下馅冲杆 23 进行冲馅的同时快速向下运动,将 U 形生坯内侧两角搭接冲合成一体。然后,搭角冲杆 20 复位,盲型辊筒 14 继续转动 90°,将成型后的馄饨生坯沿刮板 17 送入接料盘中。至此,馄饨成型机完成一次完整的馄饨成型操作。

13.5.3.4 传动系统

馄饨成型机的整个成型动作可以分解为:纵切辊、横切辊和整形送皮辊的连续转动,下馅冲杆和搭角冲杆的间歇性上下运动,翻板的间歇摆动,浮动盲型顶杆的间歇平面运动以及柱塞泵的间歇供气吹馅等。其中,纵切辊、横切辊和整形辊均采用一般的齿轮传动来驱动回转;下馅冲杆 23、搭角冲杆 20 采用曲柄带动齿轮 19、齿条 20 完成间歇的上下往复运动;翻板 11 由凸轮 30 带动齿条 31、齿轮 32 完成,保证了其周期性地摆动;浮动盲型顶杆 13 的间歇平面运动由与盲型辊筒同轴固结的凸轮 15 和不完全齿轮机构实现;盲型辊筒 14 采用同一不完全齿轮机构驱动,保证其周期性间歇转动;柱塞泵由旋转曲柄机构驱动。

13.5.3.5 馄饨成型机选用及设计时的注意事项

(1)面带的供给　可采用成卷面带放在面带支架上连续供给,也可由压面机与馄饨成型机组成流水线,以适应大批量生产的需求。为了满足各种生产需求,面带机的速度应是无级可调的。

(2)上下平整辊组的设计　面带在压缩后往往有一定程度的收缩,且收缩量受到前对辊子的压缩量及环境温度的影响。所以一般把上平整辊设计成浮动辊,在下平整辊表面加工出网纹,以部分克服面带收缩引起的问题,尽可能保证送面与纵切的协调一致。

(3)面皮的尺寸　可根据所需馄饨的大小而定,纵横切刀的尺寸也随之而定,其大小并不影响成型过程。

(4)加速辊的直径　应是横切切刀刃口所在圆周直径的 2.5~3 倍,这样才能保证连续制皮与下一步间歇供馅之间有足够的缓冲时间,同时也不至于因加速过快而使面坯变形损坏。

(5)其他　馄饨皮的含水量大小、馅料的黏度对馄饨的成型率也有一定影响。试验表明,面皮的面水比在 1:0.25 左右时,成型率最高,同时对于纯肉馅要适量加入一些水以增大其流动性。

13.6　挤出成型设备(饺子机、汤圆机)

食品挤出成型加工技术属于高温高压食品加工技术,是指疏松的食品原料从加料斗进入机筒内时随着螺杆的转动,沿着螺槽方向向前输送,在此过程中受到螺杆和机筒的挤压,通过压力、剪切力、摩擦力、高温等作用,使食品物料得到蒸煮,出现淀粉糊化和脂肪、蛋白质变性等一系列复杂的生化反应,完成对食品原料的破碎、捏合、混炼、熟化、杀菌、预干燥、成型等加工处理,最后食品物料在机械作用下强制通过一定形状的孔口(模具),得到特定形状和组织状态的产品。对于大多数食品挤压过程而言,食品物料从机筒内被挤压出模头的瞬间,压力突然降低,过热的食品物料中的水分急剧汽化喷射出来,致使食品内部爆裂出现许多微孔,体积立即膨胀若干倍并成为膨化食品。该技术还可以生产非膨化的产品,例如片状和条状产品。挤出成型加工技术最早应用于塑料制品加工,目前被广泛用于各种方便食品、即食食品、小吃食品、断奶食品、儿童营养米粉等小食品的生产,其应用领域由单纯生产谷物食品,已发展到大豆组织蛋白、变性淀粉、淀粉糖浆、膳食纤维等领域。

传统的食品加工工艺中,一般粉碎、混合、成型、烘烤或油炸、杀菌、干燥等生产工序分开进行,每道工序都需配备相应的设备,生产流程长,占地面积大,设备种类多。与之相比,挤出成型加工技术具有如下优点:

· 便于连续化生产。原料经初步粉碎和混合后,一台挤压机一次便可连续完成破碎、混合、挤压、成型、烘烤等诸多加工工序,生产出成品或半成品。与传统工艺相比,更易于实现连续化生产。

· 生产工艺简单。生产流水线短,多种加工工艺集合于一体,便于操作和管理。与传统生产工艺相比,简化了膨化、组织化食品的加工工艺过程。

· 物耗少、能耗低。加工过程产生的头子、余料少,原料利用率高,生产能力可在较大范围内调整,能耗仅是传统生产方法的 $60\%\sim80\%$。

· 应用范围广,产品花色多。食品挤出成型加工适合于小吃食品、即食谷物食品、方便食品、乳制品、肉类制品、水产制品、调味品、糖制品、巧克力制品等的加工。通过简单地更换模具,即可方便地改变产品的造型和形状,生产出不同外形和花样的产品,有利于提高产销灵活性。

· 投资少。挤出成型加工技术生产流程短,设备种类和数量少,减少了设备投资和维护费用。

· 产品品质好。挤压熟化食品不易产生"回生"现象,产品营养成分损失少,口感细腻,风味好,食用方便,易消化吸收,且封闭式生产,产品卫生水平高,保存性能好。

挤出成型设备根据其结构和工作原理分为如下三类:①螺杆式挤压成型机,如通心粉机,单、双螺杆膨化机。②辊压式挤压成型机,如生产硬颗粒饲料的环模式压粒机和平模式压粒机。③冲压式挤压成型机,如制片机等。

13.6.1　螺杆式挤压成型机

螺杆式挤压成型机是一种装在卧式圆筒状机筒里的螺旋输送机,因出料模孔的开口截面比机筒和螺杆横截面之间的空隙小得多,物料在出口处受阻而产生阻力,使物料在进入成型机后的输送过程中始终处于被压缩状态。有的挤压成型机在机筒内设有轴向凸棱,可限制物料的运动,增强螺杆对物料的剪切效果。多数挤压成型机的机筒被设计成夹套式,夹套内通入蒸汽或液态加热介质,以控制机内物料的温度。

螺杆式挤压成型机最常用的分类方法是按照螺杆数量分类,可分为单螺杆、双螺杆、多螺杆挤压机三类。单螺杆挤压成型机配置一根挤压螺杆,结构简单,设计制造容易,性能可靠,易于操作,维修方便,是一种最为普通的螺杆挤压机,但混合能力较差,糊化程度较低。双螺杆挤压成型机配置两根螺杆,挤压作业由两者配合完成。多螺杆挤压成型机配置不止两根螺杆,挤压作业由其配合完成,挤压效果好,但结构复杂,不易维护,使用较少。

按挤压过程的剪切力分类,可分为高剪切力挤压机、低剪切力挤压机;按挤压机的受热方式,则可分为自热式挤压机和外热式挤压机。外热式挤压成型机主要采用蒸汽加热、电磁加热、电热丝加热、油加热等方式。根据挤压过程各阶段对温度参数要求的不同,可设计成等温式挤压机和变温式挤压机等。

无论哪种螺杆式挤压机,其产品的最终形状、膨胀程度和最终密度均取决于挤出模孔的尺寸和形状以及挤压机的工作参数,如温度、压力、水分和螺杆转速等。

13.6.1.1 单螺杆挤压成型机

典型的单螺杆挤压成型机一般由喂料装置、预调制装置、传动系统、挤压装置、加热与冷却系统、成型机构、切割机构、控制系统等八部分组成(图13-27)。

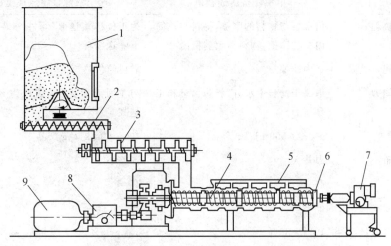

图 13-27 单螺杆挤压成型机工作原理示意图

1. 料箱　2. 螺旋式喂料器　3. 预调制器　4. 螺杆挤压装置
5. 蒸汽注入口　6. 挤出模具　7. 切割装置　8. 减速器　9. 电机

原料储存于料箱 1 中,经螺旋式喂料器 2 定量、均匀、连续地喂入预调制器 3 中。预调制器将原料、水、蒸汽与其他液体连续混合,提高其含水量、温度及均匀度,然后将其输送到螺杆挤压装置 4,在该装置中通过挤压螺杆和机筒的连续相对运动对物料实现混合、糊化、加热(蒸汽注入口 5)作用,并被输送到挤出模具 6,在内外巨大压差下,挤压后的物料从模具以一定形状和结构挤出成型,经切割装置 7 切成一定长度,分装,实现加工工序。螺旋式喂料器 2 和螺杆挤压装置均由电机 9 通过适宜的减速装置(减速器 8)驱动。控制装置主要由微电脑、电器、传感器、显示器、仪表和执行机构等组成,其主要作用是控制各电机转速并保证各部分运行协调,控制操作温度与压力,以保证产品质量。

螺杆是挤压成型机的核心部件,决定着挤压过程力的类型、大小,影响物料混合、破碎、挤压、搅拌的效果,直接影响挤压成型机的生产能力。螺杆的结构形式多种多样,一般情况下可按总体结构分为普通螺杆和特种螺杆两种。普通螺杆根据其螺纹旋向、螺距、螺槽深度等又可分为等距变深螺杆、等深变距螺杆、变深变距螺杆等。特种螺杆又分为分离型螺杆、屏障型螺杆、分流型螺杆、波状螺杆等。

模具是挤压成型机的重要构件,是至关重要的成型装置,其模孔形状决定了产品的横断面形状,常见的模孔形状有圆、圆环、十字、窄槽等各种形状。为了改进所挤压产品的均匀性,模孔进料端通常加一流线型开口。

13.6.1.2　双螺杆挤压成型机

双螺杆挤压成型机由单螺杆挤压成型机发展而来。根据两螺杆的相对位置又分为啮合型（包括全啮合型和部分啮合型）和非啮合型，根据两螺杆旋转方向分为同向旋转和异向旋转（向内和向外）。主流机型为同向旋转、完全啮合、梯形螺槽。单双螺杆挤压成型机的主要区别见表13-2。

表13-2　单、双螺杆挤压成型机的主要区别

序号	项目	单螺杆挤压成型机	双螺杆挤压成型机
1	输送机理	借螺旋与物料的摩擦，物料与机筒内壁的摩擦，物料需填满机筒	为正位移输送泵，可在分装填料的情况下输送物料
2	主要能量供应	靠内摩擦	靠机筒供热
3	生产能力	取决于物料中水分、脂肪含量和工作压力	与左列因素无关，螺杆直径越大，产量越高
4	比能耗	900～1 500 kJ/kg 产品	400～600 kJ/kg 产品
5	热分布	温差大	温差小
6	刚性	高	高
7	制造成本	低	高
8	物料含水量	10%～30%	8%～95%
9	自清洗效果	无	有
10	脱汽	困难	容易
11	膨化机理	靠机器挤压自然膨化	靠外部加热和挤压
12	温度控制	温度不易控制	可以控制恒温
13	物料适应性	只能膨化具有一定颗粒度、脂肪含量低的谷物	可以各种谷物粉为原料，并加入6%的油脂进行膨化
14	生产过程	易产生倒粉现象，物料易黏附螺杆	不产生倒粉现象，具有自身排清的作用
15	膨化产品特点	膨化前不易调味，必须在膨化产品表面喷洒调味液	可在膨化前调整各种风味，可加入奶粉、蛋粉、糖粉和调味液等
16	设备维修	机器使用一段时间后要更换易损零件	零件不易损坏
17	产品种类	各种膨化食品，锅巴类小食品，速食方便米粥等	虾球，麦圈等膨化食品，高蛋白米粉，速食挂面，淀粉软糖，粉丝，速食米饭，米粥，冷面，变性淀粉，膨化饼干，面包干等

13.6.2　辊压式挤压成型机

主要包括生产球形或圆柱形颗粒产品的环模式压粒机和平模式压粒机。根据压粒工作部件的结构特点，可将压粒机分为如下四种形式：

（1）窝眼辊式压粒机　这种压粒机的工作部件为一对相向旋转的、表面带有窝眼的辊子，物料进入窝眼受到两辊的挤压，形成的颗粒具有两个窝眼的合成形状，通常为球形或扁球形。由于物料受到两辊挤压的时间很短，颗粒的强度较低，易于破碎。见图13-28(a)。

（2）齿轮啮合式压粒机　其工作部件为一对相互啮合、相向回转的圆柱齿轮，齿轮根部有许多小孔与内腔相通，两齿轮内腔均装有切刀。当物料进入齿轮的啮合空间时，受到齿轮的挤压后经齿轮根部小孔进入内腔，再由切刀切割成一定长度的颗粒。见图13-28(b)。

（3）螺旋式压粒机　其结构和工作原理与食品膨化机类似。见图13-28(c)。

（4）滚轮式（也称轧辊式）压粒机[图13-28(d)、(e)]　这种压粒机依靠轧辊与压模之间的相对运动，将物料从压模模孔中挤压出去，然后由切刀切成一定长度的圆柱形颗粒。

根据压模的形状，通常把压粒机分为平模式压粒机[图13-28(d)]和环模式压粒机[图13-28(e)]两种。它们广泛应用于畜禽和鱼虾颗粒饲料的加工，其中环模式应用更为普遍。

环模式压粒机工作时螺旋喂料器2通过电机4带动旋转，物料由料斗1进入螺旋喂料器2混合输送，进入搅拌器3中一边向前运动一边混合，同时通入水或蒸汽，增加粉料含水量，使物料含水量达到16％～17％，然后进入压粒机构7的环模内腔进行压粒后排出（图13-29）。

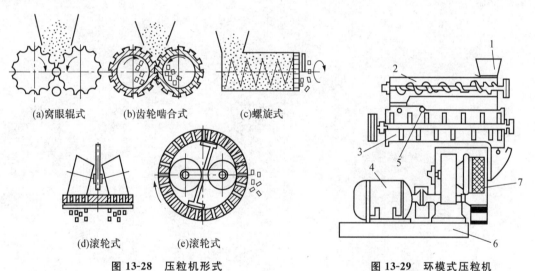

(a)窝眼辊式　(b)齿轮啮合式　(c)螺旋式

(d)滚轮式　(e)滚轮式

图13-28　压粒机形式

图13-29　环模式压粒机

1.料斗　2.螺旋喂料器　3.搅拌器

4.电机　5.水管　6.机座

7.压粒机构

▶▶ 思考题 ◀◀

1.试分析食品成型机的主要作用和功能。

2.辊压成型操作的主要参数有哪些？

3. 饼干冲印成型机主要由哪几个机构组成？

4. 饺子成型机中常用哪种成型器？

5. 简述辊印成型机的主要部件及其作用。

6. 简述挤出成型方法及应用特点。

7. 馄饨成型机使用过程中应注意哪些问题？

8. 单、双螺杆挤压成型机各有什么特点？

Chapter **14**

第14章

食品冷冻冷藏设备

➤ **摘要**

　　本章主要介绍制冷机的工作原理,单级与双级蒸汽压缩式制冷的理论循环,食品的预冷方法,速冻设备的制冷方式、分类与结构,食品冷藏库的分类,以及冻结食品的解冻方法。要求重点了解制冷及工作原理以及物料预冷、冻结、冻藏和解冻的全程工艺和设备。

冷冻冷藏最基础的设备是制冷机。它由压缩机、冷凝器、蒸发器和节流机构等组成,可制成大、中、小型,以适应不同冷量的需要。在食品冷藏中,一般温度不低于 $-18℃$,因而制冷机常采用单级蒸汽压缩式制冷系统。冷冻食品的加工要求在 $-35\sim-40℃$ 的环境温度下,将食品迅速冷却,使其中心温度达到 $-18℃$,因此制冷机常采用两级压缩式制冷系统,所用制冷剂主要是氨、氟利昂,采用氨的蒸汽压缩式制冷机主要用于大型冷库和肉联厂,采用氟利昂的蒸汽压缩式制冷机主要用于冷冻与速冻的制冷设备中。

氨是应用较为广泛的中温制冷剂。氨有较好的热力学性质和热物理性质,单位容积制冷量大,黏性小,流动阻力小,传热性能好。但是,氨对人体有较大的毒性,具有强烈的刺激性臭味,它可刺激人的眼睛及呼吸器官。当空气中氨的含量达到 $0.5\%\sim0.6\%$ 时,人在其中停留半小时即可中毒。氨可以引起燃烧与爆炸,当空气中氨的含量达到 $11\%\sim14\%$ 时即可点燃,当空气中氨的含量达到 $16\%\sim25\%$ 时可引起爆炸。然而,氨制冷剂具有价格便宜的优点,因此,氨制冷剂广泛应用于冷量较大的大型冷库与肉联厂。

氟利昂制冷剂具有无色、无毒或毒性很小、不燃烧和不爆炸的优点,但价格高,因此,氟利昂制冷机主要用于冷量较小的冷冻、冷藏与速冻的设备中。

14.1.1 单级蒸汽压缩式制冷的理论循环

单级蒸汽压缩式制冷系统如图 14-1 所示,由压缩机、冷凝器、膨胀阀和蒸发器组成。压缩机 1 的作用是将蒸发压力为 p_0 的低温蒸汽压缩为冷凝压力为 p_k 的高温蒸汽;冷凝器 2 的作用是通过冷却介质在冷凝压力为 p_k 下将高温蒸汽冷却并冷凝为液体,冷却介质通常为水或空气;膨胀阀又称为节流阀,作用是将压力为 p_k 的液体制冷剂降压为蒸发压力 p_0,在此过程中,部分液体汽化使得剩余的液体温度降为蒸发温度 t_0;蒸发器 4 的作用是通过从被冷却物体中吸取热量使得蒸发器内的制冷剂蒸发成为气体。因此系统的循环是压缩机从蒸发器吸取压力为 p_0 的蒸汽并压缩成压力为 p_k 的高温蒸汽,然后送入冷凝器,冷凝器在等压 p_k 下将高温蒸汽冷

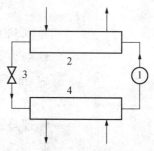

图 14-1 单级蒸汽压缩式制冷系统原理图
1. 压缩机 2. 冷凝器 3. 节流阀 4. 蒸发器

凝为液体,液体进入膨胀阀被降到压力为 p_0 温度为 t_0 下的气液两相混合物,随之进入蒸发器,在蒸发器中制冷剂吸取热量并汽化成为蒸汽,随后进入压缩机,如此循环往复。

单级蒸汽压缩式制冷的理论循环工作过程可在压焓图上表示,如图 14-2 所示。作为理论循环可认为:蒸发过程是等压过程,离开蒸发器和进入压缩机的蒸汽状态相同,均为蒸发压力下的饱和蒸汽,在压焓图上用 1 点表示,因而可用过程线 4—1 表示蒸发过程;压缩过程为等熵过程,因此压缩终了的状态点 2 是等熵线与等冷凝压力线的交点,因此可用过程线

1—2 表示压缩过程;冷凝过程是等压过程,在冷凝器中制冷剂蒸汽被冷却并冷凝为液体,离开冷凝器与进入膨胀阀的制冷剂状态相同,均为冷凝压力下的饱和液体,用 3 点表示,冷凝过程可用过程线 2—3 表示;在膨胀阀中的节流过程是等焓过程,制冷剂出膨胀阀进入蒸发器的状态点 4 是等焓线与等蒸发压力线的交点,节流过程可用过程线 3—4 表示。

过程线 4—1 表示了制冷剂在蒸发器中的蒸发过程,这个过程是在等压与等温下进行的,液体制冷剂吸取被冷却物体的热量而不断汽化,其干度随等压线不断增大,直到全部成为饱和蒸汽。干度是指湿蒸汽中,饱和蒸汽与湿蒸汽质量之比。过程线 4—1 蒸发过程中 1 点的干度等于 1。

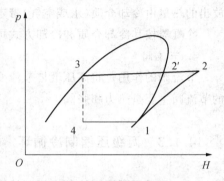

图 14-2 单级蒸汽压缩式 制冷的理论循环

冷凝过程 2—3 是在等压下进行的,但并非等温过程。由于压缩终了的制冷剂蒸汽是过热蒸汽,因此在冷凝器的冷凝过程可分为两部分:其一是过热蒸汽的冷却过程,可用过程线 2—2′ 表示。在此冷却过程中,进入冷凝器的过热蒸汽将热量放给外界的冷却介质,在等压下被冷却为饱和蒸汽,用点 2′ 表示。其二是饱和蒸汽的冷凝过程,用过程线 2′—3 表示,饱和蒸汽在等压等温下全部被冷凝为饱和液体。

过程线 3—4 表示制冷剂通过节流阀的节流过程。点 4 表示制冷剂出节流阀的状态,也是蒸发器入口的状态。在节流过程中,制冷剂的压力由冷凝压力 p_k 降为蒸发压力 p_o,制冷剂的温度由冷凝温度 t_k 降为蒸发温度 t_o,并进入两相区。在节流过程中,由于小部分液体制冷剂蒸发为饱和蒸汽,因需吸收汽化潜热,从而使得剩余的液体制冷剂温度降低。节流过程是一个不可逆过程。

► 14.1.2 制冷机主要部件

1. 蒸发器

蒸发器是制冷系统制取冷量和输出冷量的设备,在其中,液态制冷剂在低压下沸腾,吸收被冷却物体或介质的热量,从而蒸发转化为蒸汽。蒸发器的类型较多,按制冷剂在蒸发器内的充满程度和蒸发情况进行分类,可将蒸发器分为干式蒸发器、满液式蒸发器和再循环式蒸发器等三种类型。

制冷机的制冷量定义为从被冷却对象所吸收的热量。制冷机的制冷量随冷凝温度和蒸发温度而变,故在说明一台制冷机的制冷量时,必须说明制冷机所用的制冷剂和工作的工况。所谓工况,是指确定制冷机运行情况的温度条件,一般应包括制冷机的蒸发温度、冷凝温度、节流前液体制冷剂的温度和压缩机吸入前制冷剂蒸汽的温度。为了对制冷机的性能进行测试并加以对比,我国根据本国的实际情况,规定了所谓的"名义工况"、"最大压差工况"、"最大功率工况"和"考核工况"等。

2. 压缩机

在蒸汽压缩式制冷系统中,压缩机是制冷系统的心脏,它对制冷系统的运行性能、噪声、使用寿命和节能起着决定性的作用。在食品冷冻冷藏所用制冷系统中采用的压缩机主要是往复活塞式(简称往复式)和双螺杆式。

3. 冷凝器

冷凝器的作用是将压缩机排出的高温高压蒸汽冷却及冷凝成液体。制冷剂在冷凝器中放出的热量由冷却介质(水或空气)带走。

冷凝器按其冷却介质和冷却方式可分为水冷式、空气冷却式和蒸发式冷凝器。

4. 节流阀

节流阀的作用是将高压液体节流变为低压低温的气液混合体。在食品冷冻冷藏中常用的节流阀主要是热力膨胀阀。

▶ 14.1.3 两级压缩制冷循环

14.1.3.1 采用两级压缩制冷循环的原因

在蒸汽压缩式制冷循环中,在制冷剂选定后,系统的冷凝压力与蒸发压力由冷凝温度和蒸发温度决定。冷凝温度受环境介质(水或空气)温度的限制,蒸发温度由制冷装置的用途确定。如在食品的速冻中要求较低的蒸发温度,在冷凝温度一定的条件下,蒸发温度越低,冷凝压力与蒸发压力之比 p_k/p。就越大,即压缩机的压缩比增大。压缩比的增大会给制冷系统的运行带来不利的影响,体现在:

• 由于压缩机有余隙容积的存在,随压缩比的增大,压缩机的输气系数降低,制冷量也降低,功耗增加。

• 单级压缩制冷循环受最低蒸发温度的限制。随压缩比的增大,由于余隙容积的影响,压缩机的容积系数降为零,压缩机的输气系数也为零。此时的蒸发压力所对应的蒸发温度为单级压缩制冷系统的最低蒸发温度。

• 随压缩比的增大,压缩机排气温度增大,而排气温度过高会使润滑油变稀分解,压缩机运转条件恶化,影响到压缩机的正常工作。

由于上述原因,一般要求单级压缩蒸汽制冷循环的压缩比不超过 8~10。由于氨的绝热指数比氟利昂的大,因而我国规定氨的单级压缩比最大不允许超过 8,氟利昂的压缩比不超过 10。在这种规定下,常用的中温制冷剂一般只能获得 $-20 \sim -40 \, ℃$ 的低温。

两级压缩制冷系统由低压压缩机、高压压缩机、中间冷却器、冷凝器、蒸发器和节流机等构成。压缩机一般为包含低压级与高压级的单台压缩机。在两级压缩制冷循环中,将制冷剂的压缩过程分为两个阶段进行,即将来自蒸发器的低压(p_0)制冷剂压缩到中间压力(p_m),经过中间冷却器冷却后再压缩到冷凝压力(p_k)。

两级压缩制冷循环按中间冷却方式可分为中间完全冷却循环与中间不完全冷却循环;按节流方式可分为一级节流循环和两级节流循环。

中间完全冷却是指将低压级排气冷却到中间压力下的饱和蒸汽。中间不完全冷却是指低压级排气虽经冷却,但未冷却到饱和蒸汽状态。一级节流是将制冷剂从冷凝压力直接节流到蒸发压力;两级节流是将制冷剂先从冷凝压力节流到中间压力,再从中间压力节流到蒸发压力。

14.1.3.2　一级节流中间完全冷却的两级压缩制冷循环

图 14-3 是一级节流中间完全冷却的两级压缩制冷循环的系统原理图与相应的压焓图。

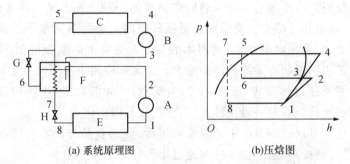

(a) 系统原理图　　　　　　　(b)压焓图

图 14-3　一级节流中间完全冷却的两级压缩制冷系统原理图和压焓图

A. 低压压缩机　B. 高压压缩机　C. 冷凝器　E. 蒸发器

F. 中间冷却器　　G、H. 节流阀

从图 14-3(a)可知，由蒸发器 E 产生的低压蒸汽进入低压压缩机 A，压缩至中间压力后送入中间冷却器 F，与其中的中压液体制冷剂进行热交换，被冷却为中间压力对应的饱和蒸汽与同液体制冷剂因吸热而产生的饱和蒸汽一起进入高压压缩机 B，然后经高压压缩机 B 压缩到冷凝压力，送入冷凝器 C 冷凝为液体，此时液体分为两路：一路进入中间冷却器 F 冷却降温，然后通过节流阀 H 降压到蒸发压力进入蒸发器 E 蒸发制冷；另一路经节流阀 G 降压到中间压力进入中间冷却器 F，在其中蒸发制冷，使得通过中间冷却器 F 的高压液体被冷却，并使得低压级压缩机送到中间冷却器的过热蒸汽被冷却为饱和蒸汽。

一级节流中间完全冷却的两级压缩制冷循环的工作过程可用压焓图表示，如图 14-3(b)所示。图中 1—2 表示低压压缩机的压缩过程，2—3 表示低压压缩机的排气在中间冷却器的冷却过程，3—4 表示高压压缩机的压缩过程，4—5 表示高压排气在冷凝器内的冷却、冷凝和过冷过程。出冷凝器后的液体分为两路，5—6 表示进入中间冷却器的一路液体在节流阀中从冷凝压力降到中间压力的节流过程，5—7 表示进入蒸发器的一路液体在中间冷却器盘管内的降温过冷过程，7—8 表示过冷液体在节流阀中从冷凝压力降到蒸发压力的节流过程，8—1 表示制冷剂在蒸发器内的蒸发制冷过程。

对于制冷机的热力计算可参考制冷原理与设备等专业书籍。

14.2　食品的预冷

食品的预冷是指将食品从初始温度迅速冷却到 0℃以上温度（一般 0～15℃左右）的过程，即在冷藏运输和高温冷藏之前的冷却以及速冻前的快速冷却工序称为预冷。预冷的方法主要有冷水冷却法、真空冷却法、冷风预冷法和碎冰预冷法。

14.2.1　冷水冷却法

冷水冷却法是利用冷水将食品冷却到所需温度的一种冷却方法。冷水的来源有三种：地下水或自来水、冰水和冷冻水。食品所需温度较高时一般可应用地下水或自来水。冰水是冰与水的混合物，它是在水中加冰，利用冰的相变潜热将水的温度降到 5℃ 以下，从而获得冷水。冷冻水是指采用制冷系统获得的冷水。在实际应用中主要是冰水和冷冻水。

冷水冷却装置可分为喷淋式、浸渍（又称为浸泡）式和混合式（喷淋和浸渍）三种方式。冷水冷却法是目前比较流行的一种预冷方法，它主要有以下优点：

• 冷却速度快。可通过调节冷水的温度与流量，使得食品与冷水的接触面积和传热温差增大，传热效果得到提高，从而使得冷却速度增大。

• 避免食品的干耗。

• 设备造价低、维护费用低、占地面积小。

• 产品质量较好。

• 易实现连续作业。

采用冷水冷却法的主要缺点是水易污染，因此使用循环水连续作业时应定期更换冷水或进行杀菌处理。

14.2.2　真空冷却法

水的沸点随压力的降低而下降。例如在 101.325 kPa 下水的沸点为 100℃，当压力为 2 400 Pa 时，水的沸点为 20℃，当压力为 667 Pa 时，水在 1℃ 就沸腾了。真空冷却的原理就是利用水在低压下沸点较低，使得食品中的水分自然蒸发，由于蒸发潜热来自食品本身，因而食品得到冷却、温度降低。真空冷却主要用于蔬菜的快速冷却。

图 14-4 是真空冷却装置的原理示意图。真空冷却装置由真空泵、冷凝器（捕水器）、制冷机组和真空冷却槽组成。工作时，将被冷却食品放入冷却槽内，关闭槽门，开启真空泵和制冷机组。随着冷却槽内压力的降低，食品中的水分快速汽化，所吸收的汽化潜热使得食品本身温度迅速降低。在冷却过程结束后，使冷却槽内的压力回升到大气压，打开槽门，可将冷却后的食品送入冷藏库贮存或者装入冷藏车运出销售。

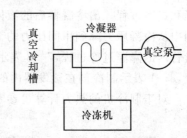

图 14-4　真空冷却装置示意图

水在汽化后其体积迅速增大，例如在压力为 667 Pa 时，1℃ 的水汽化为水蒸气，其体积增大约 20 万倍。如此大量的水蒸气采用真空泵排出，一方面需要大功率的真空泵，这不仅增加了能耗，而且使得运行成本增加，另一方面水蒸气进入真空泵会影响真空泵的性能，甚至使润滑油乳化而损坏真空泵，因此设置捕水器使得水蒸气凝结成水，从冷却槽中排出。将水蒸气在捕水器中冷凝为液体需要大量的冷量，为此设置制冷机组为捕水器提供冷量。

真空冷却设备有间歇式、连续式和喷雾式三种类型。喷雾式真空冷却是在常规真空冷却的基础上加入喷雾装置，使得表面水分较少的果实类和果菜类等果蔬食品在冷却过程中减少干耗,缩短冷却时间。

采用真空冷却时,对于表面水分较少的果蔬类食品应进行预湿,使其表面含湿量增大,以利于冷却。预湿主要采用喷淋式和浸渍式。

1. 真空预冷时间的计算

食品真空预冷是由其表面水分蒸发吸收汽化潜热而使自身温度降低,因此真空预冷时间实际为真空泵的排气时间,即

$$Z = 2.3 \frac{V}{u} \lg \frac{p_1}{p_2} \tag{14-1}$$

式中:Z 为排气时间,min;V 为真空冷却槽容积,m^3;p_1 为初始压力,Pa;p_2 为最终压力,Pa;u 为排气速度,m^3/min。

2. 真空预冷耗冷量计算

真空预冷耗冷量 Q 由食品冷却热负荷 Q_1、食品呼吸热 Q_2 和操作热负荷 Q_3 三部分组成。

(1)食品冷却热负荷 Q_1

$$Q_1 = \frac{mc(t_1-t_2)}{Z} \tag{14-2}$$

式中:m 为食品质量,kg;c 为食品比热容,kJ/(kg·℃);t_1 为食品初温,℃;t_2 为食品终温,℃。

(2)食品呼吸热 Q_2　按实验结果,食品呼吸热 Q_2 相当于食品冷却热负荷 Q_1 的3%,即

$$Q_2 = 0.03Q_1 \tag{14-3}$$

(3)操作热负荷 Q_3　操作热负荷 Q_3 包括凝结水热负荷、泄漏损失热负荷等,其值相当于食品冷却热负荷 Q_1 的10%,即

$$Q_3 = 0.1Q_1 \tag{14-4}$$

(4)真空预冷耗冷量 Q

$$Q = Q_1 + Q_2 + Q_3 = 1.13Q_1 \tag{14-5}$$

14.2.3　冷风预冷法

冷风预冷法是采用制冷系统,强制空气通过蒸发器降温为冷空气,然后冷空气掠过食品,与食品进行换热,温度升高后再进入蒸发器降温为冷空气,如此循环。冷风预冷法主要有常规室内预冷、差压预冷、流态化预冷和隧道式预冷等四种方法。

1. 常规室内预冷法

常规室内预冷法是指食品在预冷(冷却)间冷却。预冷间是具有隔热设置的房间,并装有冷风机。在结构上预冷间与冷藏库基本相同,但是预冷间要求降温速度快,因此在冷量选择上,在库容量相同时预冷间的制冷量是冷藏库的2~4倍,通风量也远高于冷藏库的通风量。对于预冷而言,冷风温度在不使得果蔬冻伤的前提下尽量选择较低的温度。图14-5是

常规室内预冷结构的示意图。

2. 差压预冷法

差压预冷法主要适用于果蔬的预冷。美国自20世纪60年代就开始采用差压预冷对多种果蔬进行预冷,包括草莓、番茄和生菜等。同冷库预冷相比,差压预冷法预冷速度快,一般蔬菜的预冷时间为4～6 h,仅为同等条件下冷库预冷时间的1/10～1/4,且冷却均匀,能耗低。

差压预冷法的基本工作原理如图14-6所示。差压预冷法是在被冷却食品两侧形成一定的压力差,使得冷空气全部通过被冷却食品,并使其迅速冷却。为了在被冷却食品两侧形成一定的压力差,在结构上差压预冷法需人为地设置冷风通道,即在风机的进出口处设置隔风板,食品规则堆放,一般采用容器或包装箱,在容器或包装箱上开有通风孔,并且容器或包装箱与风机出风隔风板之间不能形成空隙,以免冷风直接从缝隙通过,形成冷风"短路"。

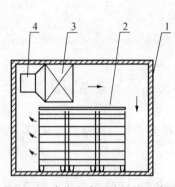

图 14-5　常规室内预冷结构示意图

1. 维护结构　2. 被冷却物
3. 蒸发器　4. 风机

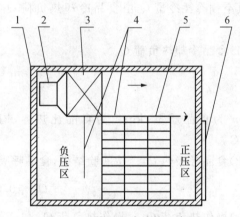

图 14-6　差压预冷结构示意图

1. 维护结构　2. 风机　3. 蒸发器　4. 隔风板
5. 被冷却物　6. 冷藏库门

差压冷却的关键是能否在被冷却食品两侧有效地形成正压区和负压区,即在隔热的空间内,由风机排出的空气流过蒸发器被冷却为冷风,该冷风所在区域应形成正压区,即由蒸发器、隔风板、维护结构和装食品的容器构成的静压室形成正压区;负压区则由风机进口、隔风板和维护结构所构成。

在差压预冷中,预冷空气的温度应严格控制。对于大部分果蔬而言,其冻结点温度范围为-4.2～-1℃,因此预冷空气的温度应控制在-1～0℃,以免果蔬被冻伤。但是有些果蔬的冻结点温度相对较高,如生菜-0.45℃,菠菜-0.75℃,西红柿-0.9℃,对于这类果蔬,预冷空气温度应高于0℃。

在差压预冷中提高空气流速有利于预冷速度的提高,但是风速的提高一方面会增加风机的能耗,另一方面会增加果蔬的干耗,因此风速一般控制在0.5～2 m/s。

差压预冷在降低果蔬温度的同时,也会提高果蔬表面水分的流失。新鲜叶类蔬菜的含水量高达95%,采后很容易失水萎蔫。失水还会引起产品鲜度降低,一般情况下,果蔬失水3%～5%,就出现萎蔫和皱缩。对于失水敏感的蔬菜,失水会造成蔬菜品质的下降,例如青椒和黄瓜,青椒失水后果皮发皱,黄瓜失水后果体变糠。为了控制果蔬在差压预冷中的干

耗,应将果蔬的失水率控制在 1%～2% 之内,可采用以下方法增加湿度:

(1)喷淋法 果蔬预冷前,用水对果蔬筐进行喷淋,果蔬淋湿后可停止喷淋,待果蔬筐无水滴下时可将果蔬筐移到预冷库内,进行预冷。

(2)浸泡法 果蔬采摘后可放入水池内,浸泡 3～5 min,捞出后沥干水,移至预冷库内进行预冷。

(3)喷雾法 在预冷室内增加喷雾装置,在预冷过程中,喷雾装置所喷出的水雾使得预冷室内的空气相对湿度达 95% 以上,从而有效地降低果蔬的干耗。

3. 流态化预冷法

流态化预冷法适用于颗粒状食品的预冷。将颗粒状食品置于流化床上,由自下而上的冷风吹成悬浮状,颗粒食品被包围在冷气流中,时起时伏,并像流体般向前运动,确保了食品快速冷却。流态化预冷的空气温度一般为 -2～0℃,风速为 4～6 m/s。流态化预冷与流态化冻结原理相同,在食品的流态化冻结中详细介绍。

流态化预冷法具有预冷速度快和冷却均匀的特点,适用于大批量颗粒状食品的连续化生产。

4. 隧道式预冷法

隧道式预冷法在隧道式冷却室内设空气冷却器(即翅片管式蒸发器和风机),被冷却的食品装在移动的小车上,小车可由链带自动传输,或者将被冷却食品放置在自动输送带上,通过隧道时,吹过的冷风使其快速冷却。风速一般为 3～4 m/s。这种方法适用于块状、球状和小包装食品的冷却。

隧道式预冷法的优点是预冷速度快、生产能力强、生产过程易于控制,特别适于大型食品加工厂的生产。

▶ 14.2.4 碎冰预冷法

冰的相变潜热为 334.5 kJ/kg,具有较大的冷却能力,在海洋捕鱼中广泛应用于鱼虾的冷却。冰的来源可以是船带大冰块或者由船用制冰机制冰。在冷却鱼虾时,首先将冰块粉碎成为碎冰,在放置鱼虾的容器中铺上一层冰,然后一层鱼虾一层冰。鱼虾上的碎冰要撒布均匀,同时盛放鱼虾容器中的冰融水应及时排出。

14.3 食品的冻结

食品的冻结可分为快速冻结和慢速冻结。国际制冷学会对食品的冻结速度 v 做了如下定义:食品表面与中心温度点间的最短距离,与食品表面温度达到 0℃ 后,食品中心点的温度降至比食品冻结点低 10℃ 所需的时间之比。

快速冻结,$v \geqslant 5～20$ cm/h;

中速冻结,$v \geqslant 1～5$ cm/h;

慢速冻结,$v \geqslant 0.1～1$ cm/h。

▶ **14.3.1　速冻装置的制冷方式**

目前冷冻食品的生产主要采用蒸汽压缩式制冷技术和低温液体制冷技术。

蒸汽压缩式制冷机常采用两级压缩系统,制冷机所用制冷剂主要是氨和氟利昂 R_{22}。

低温液体制冷技术主要采用液氮冻结法。常温常压下,氮气无色、无味、无毒、不燃不爆,是一种化学性质非常稳定的惰性气体,在工业中常用作保护气;在气调库中被用作保鲜气体,调节库内氧气的浓度。液氮的标准沸点为 77.35 K,在常压下,−195.8℃的液氮是无色透明、易于流动的液体,它既无爆炸性也无毒性,对环境无任何破坏作用,是一种十分安全的制冷剂。氮气是空气的主要组成气体,在空气中的含量高达 78%,取之不尽,用之不竭,来源十分丰富。

常压下液氮的汽化潜热为 198.9 kJ/kg,密度为 0.81 kg/m³,而氮气从 −195.8℃升温到 −20℃时所吸收的热量为 182 kJ/kg,几乎与汽化潜热相等。在食品的冻结过程中,被冻食品一般从环境温度被冻至 −18℃,因此液氮用于冻结过程时,汽化后的低温氮气可用于食品的预冷。

液氮冻结有两种方法:液氮喷淋法和液氮浸渍法。液氮喷淋法是指将液氮直接喷淋到被冷冻食品上,使得食品快速冻结,采用这种方法的冷冻装置称为液氮喷淋冻结装置。液氮浸渍法是指将被冷冻的食品放入液氮槽中迅速冻结,采用这种方法的冷冻装置称为液氮浸渍冻结装置。

▶ **14.3.2　食品速冻装置的分类与结构**

对于使用蒸汽压缩式制冷机的冷冻食品加工,按食品冻结的方式可分为强制通风式冻结法、接触式冻结法和浸液式冻结法。利用液氮冻结食品,按食品冻结的方式可分为液氮喷淋式冻结法和液氮浸渍式冻结法。

14.3.2.1　强制通风式冻结法

强制通风式冻结法采用翅片管式蒸发器,利用风机强制空气对流,使空气流过蒸发器并使其温度降到 −35℃,然后吹过食品,对食品降温冻结,空气温度上升后在风机的作用下再流过蒸发器降温,如此循环。采用强制通风式冻结法的冷冻装置可称为强制通风型冻结装置,其结构形式有隧道式、螺旋式和流态化冻结装置。

1. 隧道式冻结装置

隧道式强制通风型冻结装置内设有空气冷却器(即翅片管式蒸发器)和风机,隧道内外表面一般采用不锈钢板,中间填充有聚氨酯泡沫塑料作为绝热材料,绝热板的厚度为 100~200 mm。被冷冻的食品装在移动的小车上,小车可由链带自动传输,或者将被冷冻食品置于托盘中,放置在自动输送带上,通过隧道时,吹过的冷风使其冻结。

目前,隧道式冻结装置主要采用板带式结构。传送机构采用不锈钢板带、网带或塑钢网带。图 14-7 是钢带连续式冻结装置结构的示意图。该装置由不锈钢板传送带、蒸发器、风机、调速装置和传动装置等组成。在工作时,被冻结食品可放置在传送带上,从入料口进入冻结室内。食品的冻结是由强制对流传热和导热换热实现的。在传送带上风机使经过蒸发器冷却的-35℃空气掠过食品,与食品进行强制对流换热,而在传送带下设置的平板蒸发器通过传送带与食品进行导热换热,因此这种装置的冻结速度快。根据食品的不同,冻结时间可在8~40 min范围内调节。表14-1给出了钢带式冻结装置的技术参数。

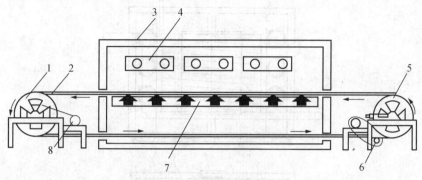

图 14-7　钢带连续式冻结装置示意图

1. 主动轮　2. 传送带　3. 保温壳体　4. 蒸发器　5. 从动轮

6. 清洗装置　7. 平板蒸发器　8. 调速装置

表 14-1　钢带式冻结装置的主要技术参数

型号	冻结能力/ (kg/h)	冻结时间/min	进料温度/℃	出料温度/℃	冻结温度/℃	制冷量/kW	制冷剂	装机功率/kW
SDS-300	300					70		7.7
SDS-450	450	8~15	10	-18	-35	110	R_{717},R_{22}	10.3
SDS-500	500					130		14.7

2. 螺旋式冻结装置

螺旋式强制通风型冻结装置主要采用螺旋式传送带。将空气冷却器、风机和螺旋式传送带装置放在绝热的壳体中,冷风从上往下吹,被速冻的食品放在传送带上,由下部螺旋向上运动,从而使冷风与食品形成逆流式换热,在移动过程中被速冻的食品温度从30℃左右逐渐降到终温为-18℃。

螺旋式冻结装置由转筒、传送带、风机、蒸发器、变频调节装置、保温壳体和传送带清洗系统等部件组成。传送带具有一定的挠性,借助摩擦力和转筒的传送力,传送带随转筒一起运动。传送带的螺旋升角较小,约为2°,而转筒的直径较大,因而传送带螺旋上升时,其上所放置的食品不会下落。在单螺旋式装置中,食品一般为下进上出。图14-8为单螺旋式冻结装置的结构图。图14-9为单螺旋式冻结装置结构的示意图。

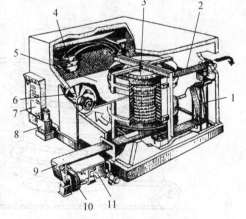

图 14-8　单螺旋式冻结装置

1. 张紧装置　2. 出料口　3. 转筒　4. 蒸发器

5. 分隔气流通道的顶板　6. 风机　7. 控制器

8. 液压装置　9. 进料口　10. 干燥传送带

　　的风扇　11. 传送带清洗装置

当食品需要较长的冻结时间时,作为单螺旋式装置则要求传送带很长,这样单螺旋式冻结装置的高度很大,不便操作,为此出现了双螺旋式结构。图 14-10 是双螺旋式的传动结构示意图。在双螺旋式冻结装置中,食品实现了下进下出。

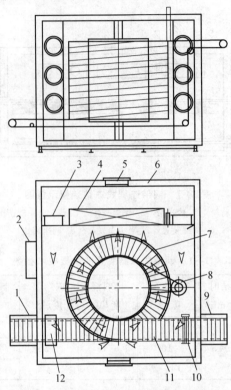

图 14-9　单螺旋式冻结装置结构示意图

1. 进料口　2. 电控箱　3. 风机　4. 蒸发器　5. 库门　6. 维护结构　7. 转毂
8. 驱动装置　9. 出料口　10. 张紧装置　11. 传送带　12. 压力平衡装置

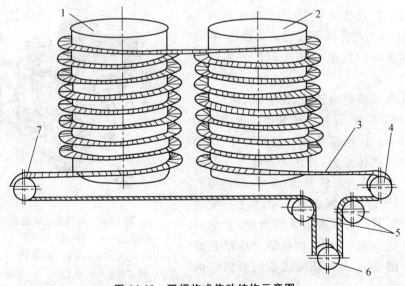

图 14-10　双螺旋式传动结构示意图

1. 上升转筒　2. 下降转筒　3. 传送带　4、7. 链轮　5. 固定轮　6. 张紧轮

螺旋式冻结装置一般采用双级压缩制冷系统,制冷剂采用 R₂₂。蒸发器为套片管式换热器,传热管为铜管,翅片为薄铝片。表 14-2、表 14-3 给出了部分螺旋式冻结装置的技术参数。

表 14-2　单螺旋速冻机主要技术参数(以裸冻炸鸡块计)

型号	冻结能力/ (kg/h)	冻结时间/min	进料温度/℃	出料温度/℃	冻结温度/℃	制冷量/kW	制冷剂	装机功率/kW
LSSG-2505	500	15~60	80	−18	−35	90	R₇₁₇,R₂₂	16
LSSG-3010	1 000					180		21

表 14-3　双螺旋速冻机主要技术参数(以裸冻炸鸡块计)

型号	冻结能力/ (kg/h)	冻结时间/min	进料温度/℃	出料温度/℃	冻结温度/℃	制冷量/kW	制冷剂	装机功率/kW
SLSSG-1605	500					90		15
SLSSG-2510	1 000	15~60	80	−18	−35	180	R₇₁₇,R₂₂	22
SLSSG-2515	1 500					270		30
SLSSG-3020	2 000					360		42

螺旋式冻结装置具有生产连续化、结构紧凑、食品在移动过程中受风均匀、冻结速度快、效率高和干耗小等特点,与隧道式冻结装置相比较,螺旋式冻结装置克服了隧道式占地面积大的缺点。冻结时间一般可在 15~60 min 范围内变化,故适用于多种食品的冻结。

螺旋式冻结装置主要适用于冻结单体不大的食品,如饺子、汤圆、烧卖、肉丸、鱼丸、对虾、贝类、鱼片和经加工整理的水果与蔬菜等。

3. 流态化冻结装置

流态化冻结的主要特点是将被冻食品放置在网带或多孔的槽板上,低温冷空气从下而上高速流过网带或槽板,将被冻食品吹起呈悬浮状态,并使得被冻食品类似流体向某一方向运动,在运动的过程中被冻结。

流态化冻结的主要优点是冻结速度快、冻结时间短、换热效率高、冻品脱水损失小、冻品相互不黏结和可连续化生产。

(1)食品流态化冻结原理　流态化是固体颗粒与流体之间一种复杂的运动形态,固体颗粒受流体的作用,产生类似流体的运动形式。流态化冻结就是将颗粒状食品放置在筛网上,由一定流速的低温空气自下而上吹动,使得颗粒状食品形成类似沸腾状态,并且像流体一样运动,每个颗粒状食品保持独立的运动,相互之间并不黏结,在运动过程中,食品被快速冻结。

低温空气在进入流化床前的速度定义为气流速度(u):

$$u = \frac{Q}{F} \tag{14-6}$$

式中:Q 为流体的体积流量,m³/s;F 为流化床层横截面积,m²。

假定流化床上放置的颗粒食品的高度为 H_0,将此高度的食品层称为床层,空气通过床

层的压力降 Δp 称为床层阻力。床层的空隙率(ε)可定义为：

$$\varepsilon = V_x / V_t = (V_t - V_k)/V_t \qquad (14-7)$$

式中：V_x 为颗粒食品之间空隙的体积，m^3；V_t 为床层的总体积，m^3；V_k 为食品颗粒的总体积，m^3。

图 14-11 给出了气流速度与流化床形态的关系。图 14-12 给出了气流速度与床层压力降的关系。

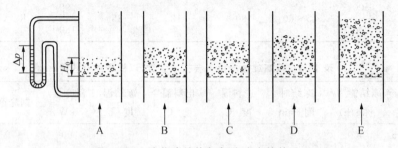

图 14-11　流化床结构与气流速度的关系
A. 固定床　B. 松动层　C. 临界状态　D. 流态化　E. 输送床

A. 固定床　当低温空气的气流速度较低时，气流自下而上穿过食品床层，气体推力较小，不足以使食品颗粒运动，食品颗粒处于静止状态，将这种形态称为固定床。

B. 松动层　当气流速度逐渐增大时，床层压力降也逐渐增大，在床层间气流所形成的气体推力也在增大。当气体推力等于单位面积床层上颗粒食品的质量时，床层开始松动，将这种状态称为松动层。

C. 临界状态　随着气流速度的进一步增大，流速达到图 14-12 中的 B 点，食品颗粒在气体推力的作用下开始被吹起并悬浮在气流中，颗粒间相互

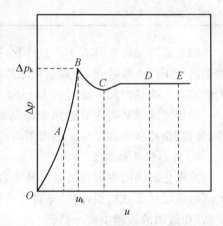

图 14-12　气流速度与床层压力降的关系

碰撞，造成床层膨胀，空隙率增大，整个床层呈现出类似液体沸腾的状态，即开始进入流化状态，这种状态是区分固定床与流化床的分界点，称为临界状态，将此时对应的最大压力降 Δp_k 称为临界压力，对应的气流速度 u_k 称为临界流化速度。

D. 流态化　当气流速度进一步提高，床层的均匀度和平稳态受到破坏，床层进入流态化状态。此时流化床易出现流沟，一部分气流沿流沟流动。

E. 输送床　气流速度继续增加到某一数值时，食品颗粒被气流带走，将此时的气流速度称为带出速度。在食品颗粒进入流态化后，由于空隙率增大，并且床层内食品颗粒被气流带走，因此床层压力有所降低，如图 14-12 中 E 所示。

(2)流态化工作参数的确定

a. 临界流化速度的确定：临界流化速度是流化床工作运行的一个重要参数，可以通过实验测定或计算确定。在实际应用中常采用经验公式。应用较为广泛与精确的经验公式是

A·C·费金推荐的计算公式。

$$u_k = 1.25 + 1.95 \lg m_p \qquad (14\text{-}8)$$

式中：m_p 为单个颗粒食品的质量，g/个。

当气流速度高于临界流化速度 u_k 时，颗粒状食品床层处于正常的流态化操作范围，将这时的气流速度称为操作速度。

不同食品颗粒的单体质量不同，临界流化速度不同，操作速度也不同，因此对于流化床而言，为适应不同产品的要求，风机应采用变速装置或变频风机。

b. 床层阻力：气流通过流化床时，由于筛网（或布风板）和食品颗粒的阻力作用，使得流化床两侧风压发生变化，即产生一个压力差，这个压力差称为床层阻力。床层阻力由食品层阻力和筛网（或布风板）阻力构成。

食品层阻力 Δp_s 可按下式计算：

$$\Delta p_s = H_0(1 - \varepsilon_k)(\rho_s - \rho_a)g \qquad (14\text{-}9)$$

式中：H_0 为食品层的静态高度，m；ε_k 为临界流化状态时食品层的空隙率，对于水果、蔬菜 $\varepsilon_k = 0.53 \sim 0.73$；$\rho_s$ 为颗粒食品的密度，kg/m^3；ρ_a 为空气的密度，kg/m^3；g 为重力加速度，m/s^2。

在流化床中，筛网或布风板用于支撑食品物料，以及布风使气流均匀。根据实践经验，筛网的阻力一般为食品层阻力的 $10\% \sim 20\%$；布风板的阻力为食品层阻力的 $10\% \sim 40\%$。

（3）流态化冻结装置　流态化冻结装置按机械传送方式可分为斜槽式、带式和振动式三种基本形式。

a. 斜槽式流态化冻结装置：斜槽式流态化冻结装置如图 14-13 所示。斜槽式流态化冻结装置由斜槽、蒸发器和风机等组成，结构简单，无传送带和振动筛等传动机构。斜槽是一个倾斜放置并在底板上开有许多孔的槽体，槽的物料进口端稍高于出口端。在冻结过程中，被冻结的食品从进料口 1 进入斜槽 2，在斜槽内食品被从底板孔高速流进的低温空气吹起并进入流态化，同时倾斜的槽体也使得食品向出料口 4 流动。料层的高度可由出料口的导流板 3 进行调节。

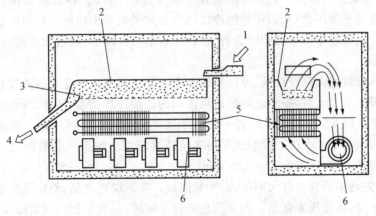

图 14-13　斜槽式流态化冻结装置
1. 进料口　2. 斜槽　3. 导流板　4. 出料口　5. 蒸发器　6. 风机

b. 带式冻结装置:带式冻结装置是一种使用最为广泛的流态化冻结装置,在结构上可分为一段带式和两段带式。在一段带式结构中,通过控制流态化的程度将食品的冻结分为两个区域,即松散相区和稠密相区。在松散相区,低温空气的流速较高,被冻食品悬浮在气流中,看上去食品颗粒之间距离较大,食品颗粒较为松散,故称为松散相区,在此区域可避免食品颗粒之间的相互黏结,在食品表面冻结后,被冻食品进入稠密相区。在稠密相区,低温空气的流速相对较低,仅维持最小的流态化程度,看上去食品颗粒较为密集,故称为稠密相区,被冻食品进一步降温冻结,使得食品中心温度达到−18℃,然后从出料口排出。

两段带式结构采用了前后两段传送带,第一段传送带为表层冻结区,功能相当于一段带式结构中的松散相区,第二段传送带为深层冻结区,功能相当于一段带式结构中的稠密相区。图 14-14 是两段带式流态化冻结装置的原理图。在两段传送带之间有一高度差,当被冻食品从第一段落到第二段时,由于食品之间的相互碰撞而避免彼此黏结。

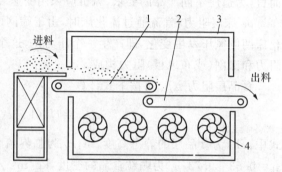

图 14-14　两段带式流态化冻结装置原理图
1. 第一段传送带　2. 第二段传送带
3. 隔热外壳　4. 风机

传送带一般为不锈钢丝带或塑钢丝带,传动机构采用变频调速,调速范围 10%～100%,在此范围内可实现无级调速。为了改善气流组织,在流化床下设置可调节式导流板。

两段带式流态化速冻装置适用于青刀豆、豌豆、蚕豆、胡萝卜块、芋头、蘑菇、板栗等果蔬类食品的冻结加工。

14.3.2.2 接触式冻结法

接触式冻结法是指被冷冻的食品直接与作为蒸发器的中空平板相接触而被冻结。中空平板可用镀锌钢板、不锈钢板或铝合金板制作。在中空平板中间焊有盘管,在平板一段装有盘管的接头,通过软管与制冷系统相连,从而将每一个平板作为蒸发器使用。采用铝合金板时,可通过挤压成型的方法形成制冷剂或载冷剂通道。工作时,将食品放在各层平板之间,启动液压装置使平板压紧,从而使得被冷冻的食品与平板紧密接触。此时开启制冷系统,低压低温的制冷剂流经中空平板中的盘管,使得平板的温度降低,通过导热使被冷冻的食品迅速降温并冻结。

接触式冻结装置由制冷系统、液压系统和中空平板组成。中空平板放置在隔热箱中,平板的数量一般为 6～16 块,平板之间通过可活动的连接铰链相连,平板之间的间距通过液压升降装置调节。图 14-15 给出了卧式平板冻结装置的结构图。隔热箱一般开一个门,也可以在相对的两侧各开一个门。接触式平板冻结装置应用于规则产品的冻结,食品厚度可根据要求进行调整,通常厚度为 25～125 mm。

工作时,先将平板升至最大间距,在平板间放入需冻结的食品,然后开启液压装置,使得上面的平板下降,从而压紧食品。为了防止将食品压坏,可在平板间放置限位块。

立式平板冻结装置的结构原理与卧式平板冻结装置相同。立式平板冻结装置的结构如图 14-16 所示。在立式平板冻结装置中,冻结平板垂直平行排列,平板数一般为 20 块左右。

工作时,待冻食品无需包装,可直接散装倒入平板间进行冻结。这种装置操作方便,适用于小杂鱼和肉类副产品的冻结。

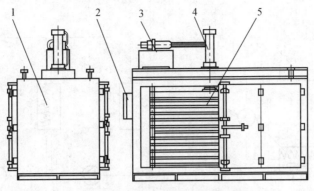

图 14-15 卧式平板冻结装置结构示意图

1. 隔热箱体 2. 电控箱 3. 液压装置 4. 升降油缸 5. 平板蒸发器

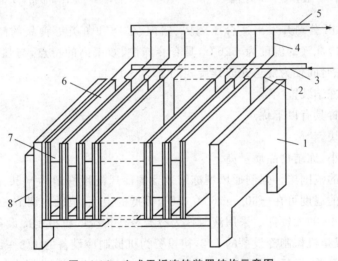

图 14-16 立式平板冻结装置结构示意图

1. 机架 2、4. 软管 3. 供液管 5. 吸气管
6. 冻结平板 7. 定距螺杆 8. 液压装置

14.3.2.3 浸液式冻结法

浸液式冻结法是将需冷冻的食品或采用真空包装的食品放入冷冻液槽中进行快速冻结。冷冻液的温度低于$-25℃$。浸液式冻结法按其工作原理可采用两种结构形式,即搅拌式浸液型冷冻装置和泵循环式浸液型冷冻装置,其工作原理如图 14-17 与图 14-18 所示。

在图 14-17 中,冷冻液通过制冷系统的蒸发器进行冷却,为了使槽内冷冻液的温度均匀,槽内加有搅拌装置。在图 14-18 中,冷冻液通过泵进行循环,食品浸入槽内,被冷冻的食品与冷冻液之间进行热交换,换热迅速,冷冻液温度升高,泵使冷冻液进入换热器降温,然后回到液槽内,如此循环往复。

浸液型冷冻装置的关键技术在于冷冻液。对冷冻液不仅要求具有良好的热力性能和化学性质,如导热系数大,热稳定性好,无毒无污染性等,而且要具有良好的不粘性,即在冷冻食品从液槽中吊起时,冷冻液能从食品外包装袋上迅速落回槽中。

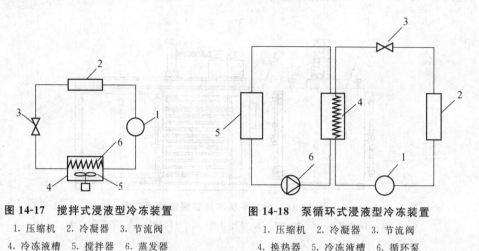

图 14-17 搅拌式浸液型冷冻装置   图 14-18 泵循环式浸液型冷冻装置
1. 压缩机 2. 冷凝器 3. 节流阀   1. 压缩机 2. 冷凝器 3. 节流阀
4. 冷冻液槽 5. 搅拌器 6. 蒸发器   4. 换热器 5. 冷冻液槽 6. 循环泵

荷兰 Supachill 公司开发出适合于鸡肉、猪肉、牛肉和鱼类等食品的浸液型冷冻装置。这种装置采用的冷冻液的温度为$-26℃$,具有冷冻快、效率高的特点,与强制通风型冷冻装置相比较,其冷冻时间仅为隧道式或螺旋式的 $10\%\sim15\%$。

14.3.2.4 液氮冻结装置

液氮冻结装置具有以下优点:

• 冻结速度快。

• 食品干耗小,冻结食品质量高。

• 冻结温度的范围广。强制通风型冻结装置的冷风温度一般为$-30\sim-40℃$,而液氮流态化冻结装置的温度可在$-30\sim-60℃$(甚至更低的温度)范围内调节。

• 占地面积小,初投资低。采用液氮作为冷源替代传统的机械制冷设备,在相同冻结产量下,占地面积仅是机械制冷设备的 1/2,初投资为机械制冷设备的 $1/3\sim1/2$。

• 设备系统简单,运行可靠,操作维护方便。由于没有机械制冷设备,无需专业人员对制冷设备进行操作与维护,同时没有定时停机除霜的影响,故障率大幅降低,减少了维护费用。

液氮冻结装置主要分为喷淋式和浸渍式两种。

1. 液氮喷淋式冻结装置

液氮喷淋式冻结装置由隔热隧道式箱体、风机、液氮喷淋装置和输送带等组成,其结构如图 14-19 所示。输送带将被冻结的食品从隔热隧道式箱体的一端送入,从另一端送出。食品在隧道中由喷淋的液氮冻结。由于液氮蒸发后,其蒸汽温度依然较低,为了充分发挥液氮的制冷效果,设置风机将蒸汽逆食品的走向导出,使得液氮蒸汽对食品进行预冷。

2. 液氮浸渍式冻结装置

图 14-20 给出了液氮浸渍式冻结装置的示意图,它由液氮槽、传送带和隔热箱体等组成。工作时,传送带将被冻结食品从隔热箱体的一端送入液氮槽中,食品在液氮中迅速被冻结,然后在箱体的另一端被送出。

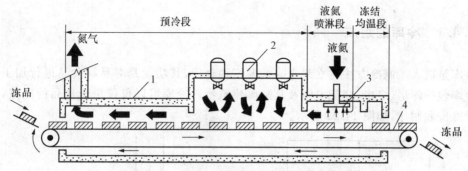

图 14-19　液氮喷淋式冻结装置结构示意图

1. 壳体　2. 风扇　3. 喷嘴　4. 传送带

也有研究将液氮用于流态化冻结装置,如图 14-21 所示。液氮流态化冻结装置由液氮喷淋与流态化冻结两部分组成。首先,食品由输送带送入预冻段,在该段由液氮喷淋装置 2 向食品喷淋液氮,使得食品表面迅速形成冰膜,增大食品的机械强度,然后预冻的食品进入流态化冻结阶段。在此阶段,食品由刮板 4 分为不同区域,并由刮板推动前行。作为冷源的液氮由液氮喷淋头 8 喷出,风机将雾化后的低温氮气强制流过食品层,使得食品层流态化并迅速冻结。

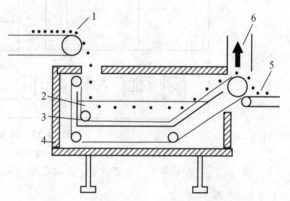

图 14-20　液氮浸渍式冻结装置示意图

1. 进料口　2. 液氮　3. 传送带　4. 隔热箱体
5. 出料口　6. 氮气出口

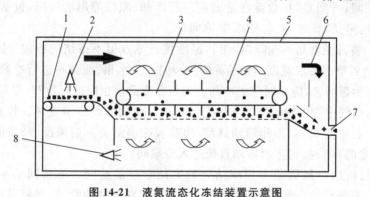

图 14-21　液氮流态化冻结装置示意图

1. 预冻段　2、8. 液氮喷淋头　3. 冻结输送带　4. 刮板
5. 隔热箱体　6. 排废气口　7. 出料口

14.4　食品的冷藏

食品的冷藏主要采用冷库。

419

14.4.1 冷库的组成

冷库是以人工制冷方法建立起来的低温特种仓库,其功能是对易腐食品进行加工和贮存。冷库包括库房、机房、变配电室及其附属建筑物。冷库可以仅仅用于食品的冷藏,也可以包含冷冻和制冰,如图 14-22 所示。

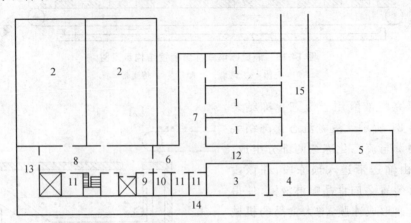

图 14-22　冷库的组成

1. 冻结间　2. 冻结物冷藏间　3. 冰库　4. 制冰间　5. 机房　6. 脱盘、脱钩间　7、8、15. 常温穿堂
9. 贮藏室　10. 管理室　11. 休息间　12. 走廊　13. 公路站台　14. 铁路站台

1. 库房

库房是冷库建筑群中的主体建筑,包括冷加工间、冷藏间、冰库及直接为它们服务的建筑(如楼梯间、电梯间、穿堂、附属小房等)。

(1)冷加工间(冷间)　指食品在冷藏前进行冷却、冻结等用的房间,包括冷却间、晾肉间、待冻间、冻结间、脱盘间、包冰衣间、制冰间等。

a. 冷却间:将常温食品迅速降温,使其温度接近冰点但不冻结的冷间。冷却间的室温为 0~-2℃,达到冷却要求温度的食品称为"冷却物"。水果、蔬菜在进行冷藏前,为除去田间热,防止某些生理病害,应及时降温冷却。鲜蛋在冷藏前也应进行冷却,以免骤然遇冷时,蛋内压力降低,空气中微生物随空气从蛋壳气孔进入蛋内而使鲜蛋变坏。牲畜屠宰后可加工为冷却肉(中心温度 0~4℃)作短期储藏,肉味较冻肉鲜美。当果蔬、鲜蛋的一次进货量小于冷藏间容量的 5% 时,可不经冷却直接进入冷藏间。

b. 冻结间:借助冷风机或专用冻结装置冻结食品的冷间。冻结间的室温为 -23~-30℃(国外有采用 -40℃ 或更低温度的)。对于需长期储藏的食品,要将其由常温或冷却状态迅速降至 -15~-18℃ 的冻结状态,达到冻结终温的食品称为"冻结物"。

c. 制冰间:主要用于制造桶式冰块(用盐水作载冷剂),设有制冰池、蒸发器、搅拌器、冰桶和冰桶架、融冰池、倒冰架、注水器、吊车等设备。

(2)冷藏间　用于贮存已冷却(冻结)至接近其所需贮存温度的产品的冷间,分为冷却物冷藏间和冻结物冷藏间。

冷却物冷藏间又称高温冷藏间,室温为 4~-2℃,相对湿度 85%~95%,因储藏食品的种类不同而异。主要用于储藏经过冷却的鲜蛋、果蔬,由于果蔬在储藏中仍有呼吸作用,库

食品机械与设备

内除需保持合适的温湿度条件外,还要引进适量的新鲜空气。

冻结物冷藏间又称低温冷藏间,室温为−18～−25℃,相对湿度95%～98%,可较长期地储藏冻结食品。在国外有的冻结物冷藏间温度已降至−28～−30℃,如日本对冻金枪鱼采用了−45～−50℃的超低温冷藏间。

(3)冰库 用于贮存冰的冷库,而附设于食品冷库内的贮冰用房称为贮冰间。

(4)穿堂 为冷加工间或冷藏间进出货物而设置的通道,起到沟通各冷间、便于装卸周转的作用。库内穿堂有低温穿堂和中温穿堂两种,分属高、低温库房使用。日前冷库中较多采用库外常温穿堂,将穿堂布置在常温环境中,通风条件好,改善了工人的操作条件,也能延长穿堂的使用年限。

2. 机房

(1)机器间 用于安装制冷压缩机的房间。对采用分散供冷方式的冷库,可不设机器间。

(2)设备间 用于安装制冷辅助设备的房间。对于设备不多的冷库,可将机器间和设备间合为一间布置。

3. 变配电室

变配电室包括变压器间、高压配电间、低压配电间、自控柜间等部分。

4. 附属建(构)筑物

(1)生产工艺用房 包括屠宰车间、理鱼间或整理间、加工间、化验室、水泵房等。

(2)办公、生活用房 包括办公楼、医务室、职工宿舍、食堂、卫生间等。

(3)其他 包括围墙、出入口、传达室、绿化设施和危险品仓库等。

14.4.2 冷库的分类

1. 按冷库使用性质分类

按冷库使用性质,可将冷库分为生产性冷库、分配性冷库和零售性冷库。

(1)生产性冷库 一般建在食品产地附近、货源集中的地区。食品在此进行冷加工后经短期储存再运往销售地或分配性冷库长期储存。其特点是具有较大的冷却、冷冻能力和一定的冷藏能力。较大的冷库如1 500 t以上须配备制冰间和冰库以便于冻品外运。

(2)分配性冷库 一般建在大中城市、水陆交通枢纽及人口较集中的工矿区,专门贮存经过冷加工的食品。其特点是冷藏能力大,冻结能力较小。

(3)零售性冷库 一般建在工矿企业、超市等地,用于临时贮存零售食品,具有库容量小、贮存期短的特点,多为装配式冷库。

2. 按冷库结构特点分类

按冷库的结构特点,可将冷库分为土建式冷库和装配式冷库。

(1)土建式冷库 建筑物主体采用钢筋混凝土框架或混合结构,其围护结构为砖墙。土建式冷库又分为单层和多层冷库。

(2)装配式冷库 单层库,主体结构采用薄壁型钢框架结构,围护结构由预制复合隔热板组装而成。

3. 按冷库规模大小分类

冷库的设计规模是以冷藏间或冰库的公称体积为计算标准的。按规模大小,冷库可分为大型、大中型、中小型、小型冷库,其分类如表 14-4 所示。

表 14-4　冷库的分类

规模	冷藏容量/t	冻结能力/(t/d)	
		生产性冷库	分配性冷库
大型冷库	>10 000	120~160	60~80
大中型冷库	5 000~10 000	80~120	40~60
中小型冷库	1 000~5 000	40~80	20~40
小型冷库	<1 000	20~40	<20

4. 按冷库使用库温分类

按冷藏间库温高低,可将冷库分为高温库(冷却物冷藏间)和低温库(冻结物冷藏间)。

5. 按冷库制冷设备使用的制冷剂分类

按制冷设备使用的制冷剂,可将冷库分为氨冷库和氟利昂冷库。

14.4.3　冷库的建筑结构特点

冷库主要用于食品的冷冻加工和冷藏,它不同于一般的工业和民用建筑,是一种有严格的隔热性、密封性、坚固性和抗冻性要求的独特结构的建筑物,具有以下建筑结构特点:

• 冷库的墙壁、地板及屋顶须敷设一定厚度的隔热材料,以减少外界传入的热量。为了减少吸收太阳的辐射能,冷库外墙表面一般涂成白色或浅颜色。

• 冷库建筑要防止水蒸气的扩散和空气的渗透。室外空气侵入时不但增加冷库的耗冷量,而且还将水分带入库房内,水分的凝结引起建筑结构受潮冻结损坏,所以要设置防潮隔气层,使冷库建筑具有良好的密封性和防潮隔气性能。

• 冷库的地基受低温的影响,土壤中的水分易被冻结。因土壤冻结后体积膨胀,会引起地面破裂及整个建筑结构变形,为此,低温冷库地坪需要进行防止土壤冻结处理。

• 冷库内要堆放大量的货物,又要通行各种装卸运输机械设备,因此,它的结构应坚固并具有较大的承载力。

• 冷库处于低温环境中,特别是在周期性冻结和融解循环过程中,建筑结构易受破坏,因此,建筑材料和构造要有足够的抗冻性能。

14.4.4　冷库的容量

冷库的总容积是指冷却物冷藏间和冻结物冷藏间的容量总和。冷库的容量有三种表示方法:公称体积、冷库计算吨位和冷库实际吨位,其中计算吨位是国内经常使用的方法。

公称体积按冷藏间或冰库的净面积(不扣除柱、门斗和制冷设备所占的面积)乘以房间净高确定。

冷库计算吨位(M)可按下式计算：

$$M = \frac{\sum V_i \cdot \rho_s \cdot \eta}{1\ 000}$$

(14-10)

式中：M 为冷库计算吨位，t；V_i 为冷藏间或冰库的公称体积，m³；η 为冷藏间或冰库的体积利用系数，冷藏间体积利用系数不应小于表 14-5 的规定值，冰库体积利用系数不应小于表 14-6 的规定值；ρ_s 为食品的计算密度，kg/m³，按表 14-7 的规定选用。

表 14-5　冷藏间体积利用系数

公称体积/m³	体积利用系数	公称体积/m³	体积利用系数
≤100	0.5(装配库)	2 001～10 000	0.55
101～500	0.45(装配库)	10 001～15 000	0.6
501～1 000	0.4	>15 000	0.62
1 001～2 000	0.5		

注：对于仅储存冻结食品或冷却食品的冷库，表内公称体积为全部冷藏间公称容积之和；对于同时储存冻结食品或冷却食品的冷库，表内公称体积分别为冻结食品冷藏间或冷却食品冷藏间各自的公称容积之和。

表 14-6　冰库体积利用系数

冰库净高/m	体积利用系数	冰库净高/m	体积利用系数
≤4.5	0.40	5.01～6.00	0.6
4.5～5.00	0.50	>6.00	0.65

表 14-7　食品的计算密度　　　　　　　　　　　　　　　　　　kg/m³

食品名称	密度	食品名称	密度
冻猪白条肉	400	纸箱冻兔(去骨)	650
冻牛白条肉	330	木箱鲜鸡蛋	300
冻羊腔	250	篓装鲜鸡蛋	230
块装冻剔骨肉	600	篓装鲜鸭蛋	250
块装冻鱼	470	筐装新鲜水果	220(220～230)
块装冻冰蛋	630	箱装新鲜水果	300(270～330)
冻猪油(冻动物油)	650	托板式活动货架存菜	250
罐冰蛋	600	篓装蔬菜	250(170～340)
纸箱冻家禽	550	机制冰	750
盘冻鸡	350	虾(盘装)	400
盘冻鸭	450	其他	按实际密度
纸箱冻兔	500		

14.5 食品的解冻

随着食品工业的发展和生活水平的提高,人们对食品的要求越来越严格,不仅要求种类多样,同时更多地开始关注食品的营养价值及食品的品质。冷冻在食品储存、运输、加工业中起着很重要的作用,但冷冻食品在加工或消费前都必须解冻。不仅仅冷冻方式会影响食品的品质,解冻在食品品质中同样起着很关键的作用。解冻的过程就是使冻结食品中的冰晶融化成水,并被食品吸收而恢复到冻结前的新鲜状态。目前主要的解冻方式有空气解冻、水解冻、真空解冻和电解冻(低频、高频、微波、高压静电场)等方法。

14.5.1 对解冻的要求

肉类食品解冻过程中发生的变化有:易受微生物及酶的作用,易氧化,水分易蒸发,易发生肉汁流失。影响肉类食品解冻质量的因素很多,如原料质量、解冻速度、解冻温度、原料大小等。一般认为最理想的解冻温度为0~4℃。由于场地和生产周期的限制,一般肉食品加工厂采用15~25℃温度解冻14~20 h,也有的工厂采用18℃的流水解冻12 h,但在4℃的解冻室内进行48~72 h的解冻最为理想,因为在0~4℃温度下解冻汁液流失最少。

归纳起来,对解冻的一般要求如下:
- 均匀地解冻,即使食品的内部与表面尽量同步解冻。
- 解冻时肉组织内流失的汁液要尽量少。
- 要抑制细菌的繁殖与生长。
- 解冻介质的温度要低,不宜超过20℃。
- 解冻的速度尽可能要快,缩短食品在较高温度下停留的时间。
- 解冻结束之后,应立即放在0℃左右的温度下冷藏或及时加工。

14.5.2 解冻的方法

14.5.2.1 空气解冻

空气解冻通常在专用的解冻室内进行,通过控制空气的温湿度、流速和风向而达到不同的解冻工艺要求。冷冻产品在解冻室与热空气之间进行热交换,通过加热器或空气调理器加热后的空气不断在冻制品周围循环流动,使其均匀受热,温度升高,促使冰晶融化。

由于空气的导热性较差,比热容又小,因此采用空气解冻法一般所需的解冻时间长。空气解冻产品的质量与空气的温度、湿度和流速密切相关。当空气的温度较高时,解冻的肉类表面与内部温差大,易造成肉品表面变色、干耗、污染和滋生微生物等现象;增大空气流速可以缩短解冻时间,但水分蒸发和汁液流失又会加大产品的质量损失;提高湿度会引起微生物的繁殖与生长。因此,为保证产品质量,采用空气解冻时必须综合考虑空气的温度、湿度与流速。一般空气温度保持在15~20℃,风速在2 m/s,相对湿度为90%~95%时细菌的污染较少。

采用空气解冻可将解冻过程分段进行，即采用不同的空气温度，以保证产品质量。图14-23是一种低温高湿空气解冻机的原理图。这种解冻机由制冷系统、电加热系统、喷淋水系统、控制系统和空气循环系统构成。在解冻初期采用空气的温度为14～16℃，解冻后期采用空气的温度为4～6℃。空气的温度由制冷系统与电加热系统控制，在夏季环境温度较高时，由制冷系统提供冷量，在冬季环境温度较低时，由电加热系统提供热量，使得空气的温度达到要求。为了保证空气的湿度，采用了喷淋水系统，使得空气的湿度大于85%。控制系统可实现两个阶段的解冻时间与自动转换，例如第一阶段，可设置空气温度为14～16℃，解冻时间1.5 h，第二阶段可设置空气温度为4～6℃，解冻时间3.5 h。当完成第一阶段任务后，控制系统使得解冻机自动转入第二阶段运行。

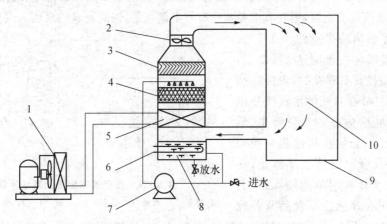

图14-23　低温高湿空气解冻机的原理图

1. 制冷机组　2. 风机　3. 挡水板　4. 气液交换器　5. 蒸发器
6. 电加热器　7. 水泵　8. 储水箱　9. 保温板　10. 解冻室

14.5.2.2　水解冻

冷冻物料在静止或流动的水中解冻，物料表面与水的传热速率是在空气中传热速率的10～15倍，在较低的温度下，也有较快的解冻速率。但在水中解冻时食品中的可溶性物质容易流失，造成营养成分损失严重；解冻用水有微生物污染的危险性；另外还有污水排放的问题。

一般水解冻的水温在10℃左右。水解冻可分为静水解冻、流动水解冻和喷淋水解冻。在5.1 cm/s的流动水中解冻，其解冻速率是静水解冻速率的1.5～2倍。喷淋水解冻一般适用于小型鱼类的解冻。在解冻时，将鱼放在传送带上，在鱼随传送带运行的过程中，采用18～20℃的水进行喷淋，从而达到解冻的目的。

水解冻主要用于水产品的解冻，特别是鱼类、虾和贝类等。

14.5.2.3　真空解冻

真空解冻亦称水蒸气凝结解冻，其原理是水在真空容器内低温沸腾为饱和水蒸气，在冻品表面凝结时放出潜热，使冻品升温解冻。由于在真空环境下，饱和水蒸气中的空气分压很低，冻品表面没有构成热阻的空气膜，因而饱和水蒸气与冻品间有很高的传热系数，水蒸气凝结放出大量的潜热，被冻品迅速吸收而升温解冻。真空解冻中饱和水蒸气的温度一般为

$10\sim20℃$。

自 1972 年英国的 APV 公司和托里（Torry）研究所联合研制的第一台生产型真空水蒸气解冻装置问世后，这种解冻方法就进入了实用阶段，并在冻品解冻工艺中发挥了重要作用。目前，国内外已有真空水蒸气解冻装置的系列产品可供选用，其真空室的直径一般为 2 m，长度为 $2.2\sim8$ m，容量为 $0.5\sim3.75$ t。

图 14-24 是真空解冻装置的系统原理图。真空解冻装置由真空室（解冻室）、加水系统、加热系统和真空系统组成。真空室是圆筒形的容器，可放置冻品小车。在圆筒的下部有水槽。加水系统由水槽、水位控制器以及加水和排水阀构成。加热系统可采用蒸汽加热或电加热，加热盘管放置在水槽中。真空系统取决于所用的真空泵的类型，当采用一般的真空泵时，为了防止水蒸气进入真空泵中，在真空泵前必须设有冷凝器，以用于水蒸气的冷凝；当采用水环式真空泵时，无需水蒸气冷凝器，但在真空泵前设有真空储气筒，以防止真空泵吸入汽化水。

真空解冻后肉块失重约为 1.8%，而生产中自然解冻失重则达 6% 以上，这是因为冻品在真空解冻时，表面凝结一层水膜，而且处在较高的水蒸气分压下，有效地阻止肉内自由水分渗出；低温饱和水蒸气不会使食品过热和受到干耗损失，并使食品保持色泽鲜艳；在真空状态下，大多数细菌能被抑制，因而真空解冻能有效地控制食品营养成分的氧化和变色；同时真空解冻具有解冻速度快、解冻时间短的优点。与空气解冻和水解冻相比，真空解冻设备投资大、成本较高。

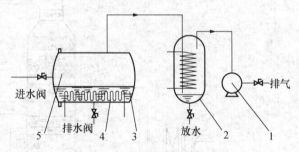

图 14-24　真空解冻装置的系统原理图
1. 真空泵　2. 水蒸气冷凝器　3. 水槽　4. 加热盘管　5. 解冻室

14.5.2.4　电解冻

电解冻的种类较多，如远红外解冻、高频解冻、微波解冻、低频解冻、高压静电解冻等。

1. 远红外解冻

远红外解冻技术在肉制品解冻中已有一定的应用，如远红外烤箱中的食品解冻。当远红外线辐射到肉制品上，根据肉类食品远红外吸收光谱的特点，投射到冻品表面的波长为 $2\sim25$ μm 的远红外辐射，除少量在冻品表面被反射外，大部分都可被吸收并使食品中的水分子振动产生内部能量，促使食品解冻。

远红外解冻将能量直接投射到食品表面，经过一定深度（$0.1\sim0.2$ mm）的食品表面吸收后，再以导热方式传导至食品中心。与传统方法相比，这种方法提高了能量的吸收效率，但是此法使食品的表面温度过高，造成失水现象，甚至有熟化的现象发生，所以在应用时，应选择低温远红外辐射加热器作为热源，且食品表面应有低温介质作为保护。

2. 高频解冻

食品物料中的极性分子（称为偶极子）在作杂乱无规则的运动，例如水就是极性分子。当处于电场中时，极性分子将重新排列，带正电的一端朝向负极，带负电的一端朝向正极。若改变电场方向，则极性分子的取向也随之改变。若电场迅速交替地改变方向，则极性分子亦随着作迅速的运动，由于分子的热运动和相邻分子间的相互作用，极性分子随电场方向改变而作的规则运动将受到干扰和阻碍，即产生了类似摩擦的作用，使分子获得能

食品机械与设备

量,并以热的形式表现出来,表现为食品物料的温度升高。外加电场的频率越高,分子的运动就越快,产生的热量就越多。外加电场的电场强度越大,分子的振幅就越大,产生的热量就越多。

高频解冻技术正是利用食品中的极性分子在高频电场中高速地反复振荡,分子之间不断摩擦,使食品内部各部位同时产生热量这一原理,在极短时间内完成冻结食品的加热和解冻。

当高频波照射到物料上时,除部分反射外,高频波将穿透食品物料的表面,直接把能量传到物料的内部。工业上常用半衰深度来表示高频波和微波的穿透能力。所谓半衰深度是表示电场强度衰减至一半时的深度。

尽管高频波半衰深度大,但表面和中心的电磁波能还是有一定的差别,特别是对于厚物料的处理。为防止解冻过程中可能引起的局部过热,解冻室内通以冷风。

采用高频解冻时,将冻结食品置于两块平行的电极板之间,在极板上加高频电压,电压通常为 10 kV 或 15 kV 以下,电磁波的频率一般为 13.56 MHz。高频解冻装置可采用多个电极和多个高频波发生装置,来满足物料不同温度对高频波能的不同需要。各高频波发生装置和电极有其独立的调整装置。高频解冻设备有间歇式和连续式两种。对于小批量冷冻物料,可采用间歇式高频解冻设备;对于大批量,可采用连续式设备。

高频解冻更适合于大块冻品的解冻,解冻均匀,汁液流失少,冻品可在包装情况下解冻,操作卫生,细菌污染少。但是当解冻到冰点后仍采用高频波继续解冻,会引起温度不均、品质劣化等问题,此时高频解冻需与其他解冻方法相结合。

3. 微波解冻

微波解冻原理与高频解冻一样,所不同的是微波解冻不需要电极,采用微波发生器。国际上规定工业用 915 MHz 与 2 450 MHz 两个较小的频率。微波加热频率越高,产品产生的热量就越多,解冻也就越迅速,但是微波对食品的穿透深度较小。微波发生器在 2 450 MHz 时其热能转化率较低,约为 50%～55%,而在 915 MHz 时,转化率可提高到 85%,并可实现 20～200 kW 的输出功率。

微波解冻的解冻速度快,重量为 25 kg,外形尺寸为 600 mm×400 mm×150 mm 的袋装肉在 −18℃ 左右通过微波解冻设备只需 2～4 min 就可回温到 −4～−2℃。

在微波加热解冻时,由于其半衰深度较小,并且存在着加热的边角效应及能量随深度的衰减,物料的表面温度和中心温度差别大,物料表面局部解冻,冰转化成水,在该部分吸收的微波能多,会引起温度不均及局部过热现象,因此,在微波解冻装置中使用冷空气或液氮,使得冷冻食品表面强制冷却,以防止过热。图 14-25 是微波解冻装置示意图。

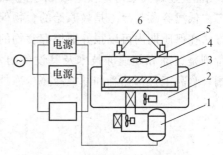

图 14-25 微波解冻装置示意图

1. 制冷机组　2. 冷风道　3. 解冻食品
4. 解冻室　5. 风扇　6. 微波发生器

微波解冻不易受微生物污染,产品的营养成分损失少。微波解冻能保持解冻物料的口味,蛋白质、氨基酸、维生素等营养成分不受破坏,同时具有杀菌作用,提高产品品质。

4. 低频解冻

低频解冻又称欧姆加热解冻或电阻型解冻,其原理是将电流转变成热能,它将冻品作为电阻,靠冻品的介电性质产生热量,所用电源为 50～60 Hz 的交流电,故称为低频解冻。

将商用交流电源(50 Hz 或 60 Hz)与冷冻物料两侧的电极相接,由于冷冻物料具有一定的电导率,通电后物料内部产生焦耳热,使得冻结食品解冻。从通电加热解冻原理上来看,低频解冻没有物料厚度的限制。

低频解冻有两种方式:一是接触式解冻,即电极与冻肉直接相接触;二是浸泡式解冻,在物料与电极之间有解冻介质。对于接触式解冻,很难保证肉与电极的良好接触,若电极与物料不能良好接触,就会产生电流集中现象,引起电流集中处的局部过热。采用浸泡式解冻,浸泡介质的电导率及肉块的放置位置等将影响解冻的速率及均匀性。冷冻肉块的最大平面平行于电场时,解冻速率较快。提高解冻液的电导率,有利于提高解冻速率,但解冻温度分布均匀性将降低。

低频解冻与空气解冻和水解冻相比,解冻速度快 2～3 倍,适合表面平滑的块状冻品的解冻,费用低,耗电少。

5. 高压静电解冻

高压静电解冻是将冻品放置于高压静电场中(10 kV 以上),电场设于 0～−3℃ 左右的低温环境中,利用高压电场微能源产出的效果,使食品解冻。有研究认为,高压静电解冻机理是:高压电场产生的离子风加速了冰的解冻。在高压静电场中产生的离子风,主要由高速运动的带电粒子组成,当这些高速运动的带电粒子打到冰表面时,其携带的能量便被冰表面的水分子所吸收,进而提高了这些水分子的动能,使它们融化速度加快。同时,这些带电粒子沉积在冰的表面也会提高冰的导热速率,使其能更快地从周围环境中吸收热量,提高其融化速度。高压电场下冰的解冻速度与电极形状具有一定的相关性,针电极和线电极明显提高冰的解冻速度,而板电极效果较差。

高压静电解冻的解冻速度快,解冻后食品温度分布均匀,汁液流失少,能有效防止食品的油脂酸化,且高压静电场对微生物具有抑制和杀灭作用,有利于保持食品品质,是一种很有前途的解冻方法。现市场所售的高压静电解冻装置其库容积为 0.5～1 m³。库内为棚架式结构,金属棚架与地板绝缘,采用金属棚架和地板分别作为电极。

低温冷藏与冷冻是最原始的食物保存方法,但又是最时兴、最热门的食物保存技术。该方法在保质期内可以很好地保存食物的天然风味、营养和功能组分,且成本低、安全无污染,特别是速冻和超速冻技术及其设备的发明和应用,为食品保藏提供了新技术,前景非常广阔。食品工程师熟悉和掌握冷藏冷冻技术和设备,非常重要。

▶▶ 思考题 ◀◀

1. 蒸汽压缩式制冷系统由哪些部件组成?各部件的主要作用是什么?
2. 制冷机的制冷量与什么有关?
3. 食品预冷的方法有哪些?
4. 试分析差压预冷与常规冷风预冷的区别。采取哪些措施可以降低差压预冷中果蔬的干耗?

    5. 食品的冻结速度是如何定义的? 什么是速冻?

    6. 采用液氮制冷的速冻装置有哪几种类型?

    7. 采用蒸汽压缩式制冷系统的速冻装置,按食品的冻结方式可分为哪几种类型?

    8. 强制通风式冻结装置有哪几种结构形式?

    9. 试说明流态化冻结、接触式冻结和浸液式冻结的基本原理和适用场合。

    10. 冻结食品解冻的主要方法有哪些? 各有什么优缺点和注意事项?

第 15 章

发酵设备

➤ **摘要**

　　本章主要介绍通风和嫌气发酵设备的基本结构、工作原理、性能特点和工作条件。重点要求掌握机械搅拌通风发酵罐、气升式发酵罐和自吸式发酵罐的基本结构、工作原理、性能特点和工作条件。

好氧型微生物在繁殖和耗氧发酵过程中都需要氧气,通常以空气作为氧源。但空气中含有各式各样的微生物,这些微生物随着空气进入培养液,在适宜的条件下,会大量繁殖,除消耗营养物质,还产生各种代谢产物,干扰甚至破坏预定发酵的正常进行,使发酵产品的效价降低,产量下降,甚至造成发酵彻底失败等严重事故。因此,空气的除菌就成为耗氧发酵工程上的一个重要环节。空气除菌就是除去或杀灭空气中的微生物。除菌的方法很多,如热杀菌、辐射杀菌、化学药物杀菌,都是将有机体的蛋白质变性而破坏其活力。而静电除菌和过滤除菌的方法,是把微生物的粒子用分离方法除去。各种方法的除菌效果、设备条件、经济条件各不相同。所需的除菌程度根据发酵工艺要求而定,既要避免杂菌,又要尽量简化除菌流程,减少设备投资和正常运转的动力消耗。

工业发酵所需的无菌空气要求高,用量大,故应选择可行可靠、操作方便、设备简单、节省材料和减少动力消耗的有效除菌方法。先对各种除菌方法简述如下。

15.1.1　辐射杀菌法

从理论上来说,声能、高能阴极射线、X 射线、γ 射线、β 射线、紫外线等都能破坏蛋白质活性而起到杀菌作用。但具体的杀菌机理研究较少,了解较多的是紫外线,它的波长为 226.5～328.7 nm 时杀菌效力最强,通常用于无菌室、医院手术室等空气对流不大的环境下杀菌。但杀菌效率低,杀菌时间较长,一般要结合甲醛蒸气消毒或苯酚喷雾来保证无菌室的无菌程度。

15.1.2　热杀菌法

热杀菌即利用高温杀菌的方法,该方法有效、可靠。但是如果采用蒸汽或电热来加热大量空气实现杀菌,则需要消耗大量的能源和增设大量换热设备,经济性不理想。

目前广泛使用的是空气压缩热杀菌设备,空气的进口温度为 21℃,空气的出口温度为 187～198℃,压力为 0.7 MPa。从压缩机出口到空气贮藏罐一段管道加保温层进行保温,使空气到达高温后保持一段时间,保证微生物的死亡。为了加长空气的高温时间,防止空气在贮罐中走短路,最好在贮罐内加装导筒。采用热杀菌装置时,还应装有空气冷却器,并排除冷凝水,以防止其在管道设备死角积聚而造成杂菌繁殖的场所。在进入发酵罐前应加装分过滤器以保证安全。但采用这样的系统压缩机能量和消耗会相应增大,压缩机耐热性能增加,因此,从设备要求来说,系统压缩机零部件应选用耐热材料加工。

15.1.3　静电除菌法

静电除菌利用静电引力来吸附带电粒子而达到除菌除尘的目的。悬浮于空气中的微生物、微生物孢子大多带有不同的电荷,没有带电荷的微粒在进入高压静电场时会被电离变成带电微粒,但对于一些直径很小的微粒,它们所带的电荷很小,当产生的引力等于或小于气流对微粒的拖带力或微粒布朗运动的动量时,则微粒就不能被吸附而沉降,所以静电除菌对很小的微粒效率较低。

静电除菌法的除尘效果一般在 85%～99% 之间,不是很高,由于它消耗能量小,若使用得当,每处理 1 000 m³ 的空气每小时只需电 0.2～0.8 kW。空气的压头损失小,一般只在 39～196 Pa,设备也不大,常用于洁净工作台、洁净工作室所需无菌无尘空气的第一次除尘,配合高效过滤器使用。

▶ 15.1.4　过滤除菌法

过滤除菌是目前发酵工业中经济实用的空气除菌方法,它采用定期灭菌的介质来阻截流过的空气所含的微生物,而取得无菌空气,常用的过滤介质有棉布、活性炭或玻璃纤维、有机合成纤维、有机和无机烧结材料等等。由于被过滤的气溶胶中微生物的粒子很小,一般只有 0.5～2 μm,而过滤介质的孔径大小不一,但一般均比细菌要大,其过滤原理显然不是按面积过滤,而是一种滞流现象。根据目前的研究,这种滞流现象是由多种作用机制引起的,主要有惯性碰撞、阻拦、布朗运动、重力沉降、静电吸引等。至于哪一种作用机制为主,则随条件而变化。

15.2　通风发酵设备

大多数生化反应都是需氧的,故通风发酵设备是需氧生化反应设备的核心。无论是使用微生物、酶或动植物细胞(或组织)作生物催化剂,也不管其目的产物是抗生素、酵母、氨基酸、有机酸或是酶,所需的通风发酵设备均应具有良好的传质和传热性能,结构严密,防杂菌污染,培养基流动与混合性能良好,检测与控制系统良好,设备较简单,维护检修方便,能耗低。目前,常用的通风发酵罐有机械搅拌式、气升环流式、鼓泡式和自吸式等。

▶ 15.2.1　机械搅拌通风发酵罐

通风发酵罐搅拌方式有内部机械搅拌型、外部液体搅拌型和气升式发酵罐等三种。工业规模的微生物细胞反应器多为搅拌型发酵。机械搅拌发酵罐是目前使用最多的一种发酵罐,使用性好,适应性好,放大容易,从小型直至大型的微生物培养过程都可以应用。缺点是罐内的机械搅拌剪切力容易损伤娇嫩的细胞,造成某些细胞培养过程减产。图 15-1 是机械搅拌通风发酵罐的结构示意图。

15.2.1.1　发酵罐的基本条件

机械搅拌通风发酵罐利用机械搅拌器的作用,使空气和发酵液充分混合,提高发酵液的溶解,供给微生物代谢和生长繁殖过程所需的氧。

发酵罐的基本条件如下:

- 发酵罐应具有适宜的高径比。发酵罐的高度 H 与直径 D 的比约为 2.5～4。罐身长,氧的利用率较高。

- 发酵罐能承受一定压力。发酵罐在消毒及正常工作时,罐内有一定压力(气压与液压)和温度,因此罐体各部件要有一定的强度,能承受一定的压力。罐加工制造后,必须进行水压试验,水压试验为工作压力的 1.5 倍。

- 发酵罐的搅拌通风装置能使气泡分散细碎,保证发酵液中溶解氧,提高氧的利用率。

- 发酵罐应具有足够的冷却面积,以平衡微生物生长代谢过程中放出大量的热量。

- 发酵罐内应抛光,不应存在死角。

- 搅拌罐的轴封应严密,不泄漏。

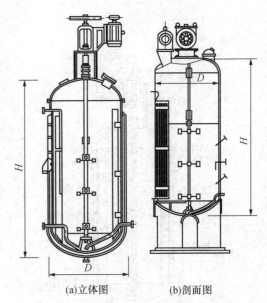

(a)立体图　　　(b)剖面图

图 15-1　机械搅拌通风发酵罐结构示意图

15.2.1.2　通用型发酵罐的结构与比例

常用的机械搅拌通风发酵罐的结构及几何尺寸已规范化设计,视发酵种类、厂房条件、罐的体积、规模等在一定范围内变动,其主要尺寸如图 15-2 所示,其中 $D_1 = D/3$,$H_0 = 2D$,$B = 0.1D$,$h_a = 0.25D$,$S = 3D_1$,$C = D_1$,$H/D = 2.5～4$。

公称体积:罐的圆柱体积与底封、封头体积的和。

椭圆形封头体积 V_1 为:

$$V_1 = \frac{\pi}{4}D^2 h_b + \frac{\pi}{6}D^2 h_a = \frac{\pi}{4}D^2\left(h_b + \frac{1}{6}D\right)$$

式中:h_b 为椭圆封头的直边高度,m;h_a 为椭圆短半轴长度,m;标准椭圆 $h_a = \frac{1}{4}D$。

发酵罐的全体积 V_0 为:

$$V_0 = \frac{\pi}{4}D^2\left[H + 2\left(h_b + \frac{1}{6}D\right)\right]$$

近似计算式为:

$$V_0 = \frac{\pi}{4}D^2 H + 0.15D^3$$

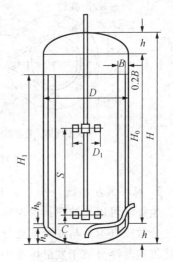

图 15-2　通用式发酵罐的比例尺寸

15.2.1.3　机械搅拌通风发酵罐的结构

设备主要部件包括罐身、搅拌器、轴封、消泡器、联轴器、中间轴承、空气吹泡管(或空气喷射器)、挡板、冷却装置、人孔以及视镜等,如图 15-3 所示。

1. **罐体**

要求罐体设计的使用压力达到 0.3 MPa 以上。小型发酵罐罐顶和罐身用法兰连接,上设手孔用于清洗和配料。

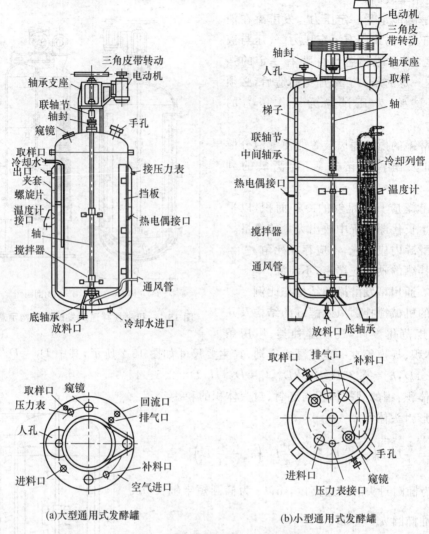

(a)大型通用式发酵罐　　　　　　　(b)小型通用式发酵罐

图 15-3　机械搅拌通风发酵罐的结构图

2. 搅拌器和挡板

搅拌器可以使被搅拌的液体产生轴向流动和径向流动,其作用为混合和传质,使通入的空气分散成气泡并与发酵液充分混合,使气泡破碎以增大气-液界面,获得所需的溶氧速率,并使细胞悬浮分散于发酵体系中,以维持适当的气-液-固(细胞)三相的混合与质量传递,同时强化传热过程。

搅拌叶轮大多采用涡轮式,如图 15-4 所示。涡轮式搅拌器的叶片有平叶式、弯叶式、箭叶式三种。平叶式功率消耗较大,弯叶式较小,箭叶式又次之。涡轮式搅拌器轴向混合较差,搅拌强度随搅拌轴距离增大而减弱。此外还有其他新型搅拌器,Scaba 搅拌器其叶片的特殊形状消除了叶片后面的气穴,从而使通气功率下降较小,因此可将电机的设计功率几乎全部用于气-液分散及传质。Prochem 轴向流搅拌器,其通气功率下降较小。Lightnin 公司的 A315 轴向流桨,比较适合高黏度非牛顿液体。Intermig 搅拌器有较低功率系数,通气功率值较小,在黄原胶发酵中有较好的混合性能,但存在不稳定性问题。

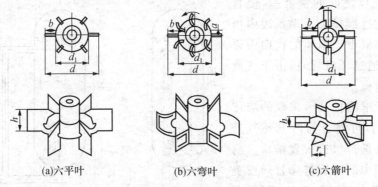

图 15-4　通用的涡轮式搅拌器

(a)六平叶　　　　　　(b)六弯叶　　　　　　(c)六箭叶

挡板防止液面中央形成漩涡流动,增强其湍流和溶氧传质。挡板的高度自罐底起至设计的液面高度止。

3. 消泡器

消泡器的形式较多,按消泡的原理有:机械消泡、压力气体吹入消泡、离心力消泡等。

4. 联轴器及轴承

搅拌轴较长时,常分为 2～3 段,用联轴器连接。

5. 变速装置

试验罐采用无级变速装置。发酵罐常用的变速装置有三角皮带传动,圆柱或螺旋圆锥齿轮减速装置。

6. 空气分布装置

有单管、环形管及气液流喷射混合搅拌装置。单管式喷孔的总截面积等于空气分布管截面积。

气液流喷射混合搅拌装置由环形布气管和多个切向布置的气液流喷射器组成。该装置使气、液两相混合物产生与机械搅拌器旋转方向一致的径向全循环的喷射旋流运动,其气泡直径随着通气量的增大或喷嘴推动力的增加而减小,乳化程度加剧,气、液两相接触面积增加,容量传质系数提高。

15.2.2　气升式发酵罐

气升式发酵罐的结构较简单,不需搅拌,易于清洗维修,不易染菌,液体中的剪切作用小,能耗低,溶氧效率高。在同样的能耗下,其氧传递能力比机械搅拌通气发酵罐高得多。目前内循环气升式发酵罐已广泛应用于生物工程领域的好氧发酵方面,如动植物细胞的培养、单细胞蛋白的培养、某些微生物细胞的培养及污水处理等。由此生产的产品有单细胞蛋白、酒精、抗生素、生物表面活性剂等。我国利用生物发酵罐生产了大量生物制剂,多采用的是气升式细胞培养生物发酵罐。气升式发酵罐是空气提升式生物发酵罐的简称。

气升式发酵罐在环流管底设有空气喷嘴,空气在喷嘴口以 250～300 m/s 的高速喷入环流管,由于喷射作用,气泡被分散于液体中,借助于环流管内气液混合物的密度与反应主体之间的密度差,使管内气液混合物连续循环流动。罐内培养液中的溶解氧由于菌体的代谢而逐渐减小,当其通过环流管时,由于气液接触而达到饱和。

气升式发酵罐按其所采取的液体循环方式不同,可划分为内循环气升式发酵罐和外循环气升式发酵罐。前者使循环过程中的升管与降管均设置在同一发酵罐内部(图15-5),而后者则令上升管与下降管分立布置。

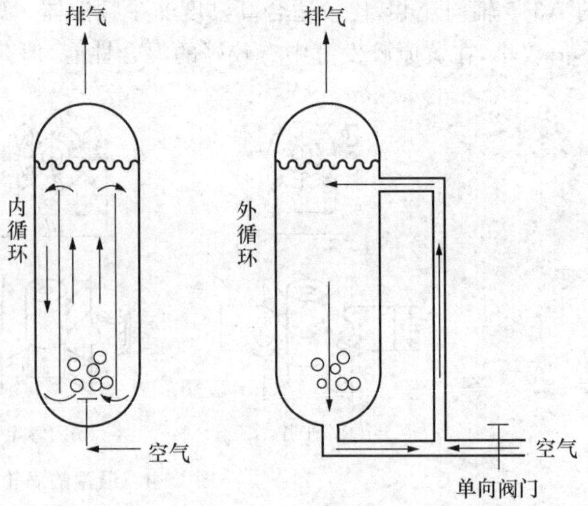

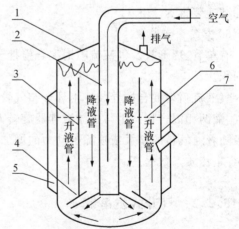

图 15-5　气升式发酵罐的分类

15.2.2.1　气升式发酵罐的组成

气升式发酵罐主要采用内循环,但也有采用外循环式的。

内循环发酵罐内部有四个组成部分:

(1)升液区　在发酵罐中央,导流管内部。若空气在导流管底部喷射,由于管内外流体静压差,使气液混合流体沿管内上升,在发酵罐上部分离部分气体后,又沿降液管下降,构成循环流动。若空气在降液管底部喷射,则流体循环方向恰好相反。

(2)降液区　导流管与发酵罐壁之间的环隙,流体沿降液区上升或下降,视喷射空气的位置而定。

(3)底部　升液区与降液区下部相连区,对发酵罐特性影响不大。

(4)顶部　升液区与降液区上部相连区。可在顶端装置气液分离器,除去排出气体中夹带的液体。

此外,器内还装有环形管气体喷射器等。内循环气升式发酵罐的基本结构如图15-6所示。

空气自通气管2进入发酵罐1底部后,经导向筒4导向,推动发酵液沿升液管上升,由于发酵罐上部升液管的空间不足以为完全气液分离提供条件(停留时间短),因此高流速的循环发酵液凭借自身的重度沿降液管下降,当到达拉力筒3底部时,又受到

图 15-6　内循环气升式发酵罐的结构布置示意图

1.发酵罐罐体　2.通气管　3.拉力筒　4.导向筒
5.夹套冷却器　6.多孔板　7.检测器接口

来自罐底部压缩空气的推动,重新沿升液管上升,开始下一个气液混合循环过程。在循环过程中,气液达到必要的混合、搅拌并取得充分溶氧。夹套冷却器5的作用是在不同发酵阶段对发酵液的温度实施合乎工艺要求的调节与控制,多孔板6使布气均匀一致。

食品机械与设备

15.2.2.2 气升式发酵罐的特点

- 反应溶液分布均匀,气液固三相均匀混合。
- 溶氧速率和溶氧效率较高。气升式发酵罐具有较高的气含率和比气液接触截面,因而有较高的传质速率和溶氧效率。
- 无机械搅拌叶轮,剪切力小,对生物细胞损伤小。
- 传热良好,液体综合循环速率高,同时便于在外循环管路加装换热器。
- 结构简单,易于加工制造。
- 操作和维修方便。

15.2.2.3 气升式发酵罐的主要结构及操作参数

(1)主要结构参数 反应器高径比 5~9;导流筒径与罐径比 0.6~0.8。空气喷嘴直径与反应器直径比及导流筒上下端面到罐顶及罐底的距离均对发酵液的混合与流动、溶氧等有重要影响。

(2)操作参数 平均循环时间 t_m 可按下式计算:

$$t_m = \frac{V_L}{V_c} = \frac{V_L}{\frac{\pi}{4} D_E^2 V_m}$$

式中:V_L 为发酵罐内培养液量,m^3;V_c 为发酵液循环流量,m^3/s;D_E 为导流管(升液管)直径,m;V_m 为导流管中液体平均流速,m/s。

发酵液的环流量 V_c 与通风量 V_g 之比,对气升式发酵罐的混合与溶氧起决定作用。气升式反应器的溶氧传质取决于发酵液的湍流及气泡的剪切细碎状态。

15.2.3 自吸式发酵罐

自吸式发酵罐是一种不需空气压缩机提供压缩空气,而是利用特设的机械搅拌吸气装置或液体喷射吸气装置吸入无菌空气并同时实现混合搅拌与溶氧传质的发酵罐,如图 15-7 所示,主要用于酵母、醋酸、维生素 C、葡萄糖和抗生素发酵方面。

15.2.3.1 自吸式发酵罐的特点

- 无需空气压缩机及其附属设备。
- 溶氧速率高,能耗较低。
- 进罐空气处于负压,增加了染菌机会,且搅拌转速高,有可能使菌丝被切断,使正常的生长受到影响。

15.2.3.2 机械搅拌自吸式发酵罐

目前,根据自吸式发酵罐是否有搅拌器以及搅拌器的形状和结构是否相同,可将发酵罐分为机械搅拌型和喷射型。

1. 机械搅拌自吸式发酵罐吸气原理

机械搅拌自吸式发酵罐内设吸气搅拌叶轮和导轮,其中搅拌器是一个空心叶轮,叶轮快速旋转时液体被甩出,叶轮中形成负压,从而将罐外的空气吸到罐内,并与高速流动的液体密切接触形成细小的气泡分散在液体之中,气液混合流体通过导轮流到发酵液主体。

2. 机械搅拌自吸式发酵罐设计要点

发酵罐通气和搅拌的目的在于为微生物生长供给氧气,强化液体湍流,能使气、液、固三相更好地接触,提高氧的利用率,促进微生物代谢物的传质作用。通过研究发现,要提高发酵罐的吸气量,降低转子的功率消耗,选用高度较低的罐,或者适当将吸气转子的安装高度升高,均有利于提高吸气量或罐内液体的循环。一般的自吸式发酵罐径高比大约为1:1.15或稍高。

图15-8所示为自吸式发酵罐通风装置的剖视图,它由转子和定子(图中未画)两部分组成。它的工作原理是利用空心体叶轮的旋转,依靠离心力作用,在空心体内产生负压区。在大气压的作用下,净化的空气就会源源不断经通道吸入,通过定子控制叶轮,使气液均匀甩出。由于转子的作用,气液在叶轮周围形成强烈的湍流,使刚离开叶轮的空气立即在不断循环的发酵液中分散成细微的气泡,并在湍流状态下混合、翻腾、扩散到整个罐中。因此,自吸式通风装置在搅拌的同时完成了通风过程。

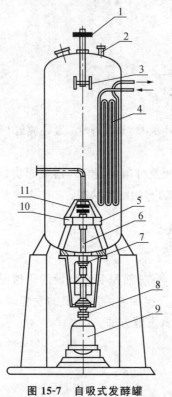

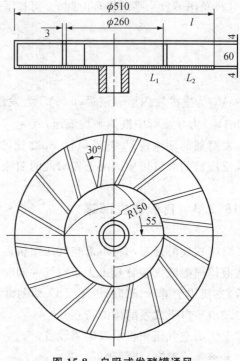

图 15-7　自吸式发酵罐

1. 皮带轮　2. 排气管　3. 消泡器　4. 冷却排管
5. 定子　6. 轴　7. 双端面轴封　8. 联轴节
9. 马达　10. 自顺式转子　11. 端面轴封

**图 15-8　自吸式发酵罐通风
装置(转子)剖视图**

叶轮有三叶轮、四弯叶轮、六叶轮等形式(图15-9),常见的为三叶轮和四弯叶轮。叶轮均为空心体,叶片有直线形和曲线形两种。为了降低动力消耗,提高得率,叶轮直径约为罐径的1/31~1/15,叶轮装在罐底,罐底轴封为双端面轴封。

三直叶形转子的直径较大,在较低转速时能获得较大的离心力和吸气量,比较适用于低转速的好气性微生物产品的发酵。一般来讲,叶轮直径等于罐直径的0.35倍。随着发酵过程的进行,氧的消耗量减少,叶轮的直径可以适当减小,以减少耗电量。四叶转子(图15-10)对液体的剪切力较小,消耗功率较小,直径小,转速高,而吸气量较大,溶氧系数高。叶轮外径和罐径的比例依风量要求而定,一般为叶轮直径的1/3,叶轮厚度为叶轮直径的1/4~1/5。

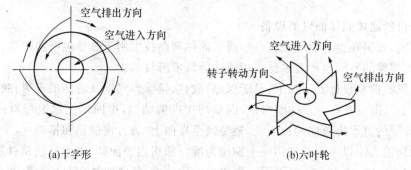

(a)十字形　　　　　　(b)六叶轮

图 15-9　叶轮转子示意图

15.2.3.3　喷射自吸式发酵罐

喷射自吸式发酵罐是应用文氏管喷射吸气装置或溢流喷射吸气装置进行混合通气的,既不用空压机,又不用机械搅拌吸气转子。

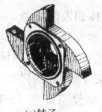

(a)转子　　　　(b)定子

图 15-10　四弯叶转子及定子简图

(1)文氏管吸气自吸式发酵罐　如图 15-11所示,文氏管吸气自吸式发酵罐用泵使发酵液通过文氏管吸气装置,由于液体在文氏管的收缩段流速增加,形成真空而将空气吸入,并使气泡分散与液体均匀混合,实现溶氧传质。

(2)液体喷射自吸式发酵罐　液体喷射吸气装置是这种自吸式发酵罐的关键装置,由梁世忠、高孔荣教授研究确定的结构示意图如图 15-12 所示。

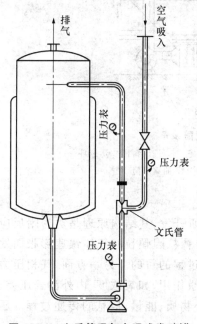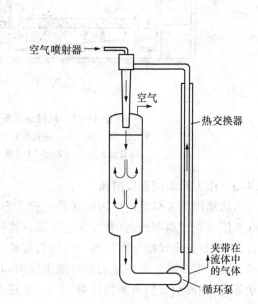

图 15-11　文氏管吸气自吸式发酵罐　　　**图 15-12　液体喷射自吸式发酵罐**

15.2.4 通风固相发酵罐

15.2.4.1 自然通风固体曲发酵设备

几千年前,我国在世界上率先将自然通风固体制曲技术用于酱油生产和酿造,一直沿用至今,尽管大规模的发酵生产大多已采用液体通风发酵技术。

自然通风的曲室设计要求如下:易于保温、散热、排除湿气以及清洁消毒等;曲室四周墙高3～4 m,不开窗或开有少量的细窗口,四壁均用夹墙结构,中间填充保温材料;房顶向两边倾斜,使冷凝的汽水沿顶向两边下流,避免滴落在曲上;为方便散热和排湿气,房顶开有天窗。固体曲房的大小以一批曲料用一个曲房为准。曲房内设曲架,以木材或钢材制成,每层曲盘高度应占0.15～0.25 m,最下面一层离地面约0.5 m,曲架总高度2 m左右,方便人工搬取或安放曲盘。

15.2.4.2 机械通风固体曲发酵设备

机械通风固体曲发酵设备与自然通风固体曲发酵设备的不同主要是前者使用了机械通风即鼓风机,因而强化了发酵系统的通风,使曲层厚度大大增加,不仅使制曲生产效率大大提高,而且便于控制曲层发酵温度,提高了曲的质量。

机械通风固体曲发酵设备如图15-13所示,曲室底部比地面高,便于排水,池底应有8°～10°的倾斜,使通风均匀。池底有一层筛板,发酵固体曲料置于筛板上。池底较低端与风道相连,其间设分量调节闸门。

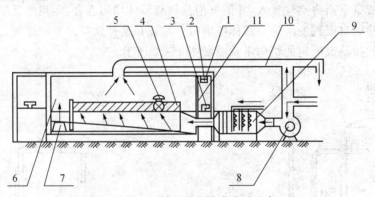

图15-13 机械通风固体曲发酵设备

1、7. 输送带 2. 高位料斗 3. 送料小车 4. 曲料室 5. 进出料机 6. 料斗
8. 鼓风机 9. 空调室 10. 循环风道 11. 曲室闸门

15.2.4.3 压力脉动固态发酵罐

压力脉动固态发酵罐由中国科学院过程工程研究所开发,其结构原理是对密闭反应器内的气相压力施以周期脉动,并以快速泻压方式使潮湿颗粒因颗粒间气体快速膨胀而发生松动,从而达到强化气相与固相料层间均匀传质、传热过程的目的。另一方面,气相压力的周期脉动会引发多种外界环境参数对细胞膜的周期刺激作用,如氧浓度、内外渗透压差、温度波动等,这些波动会加速细胞代谢、生长、繁殖及内外物质、能量、信息的传递过程。压力脉动固态发酵罐的结构如图15-14所示。

压力脉动固态发酵罐为密闭圆柱体(ϕ1.7 m×10 m),快开门与无菌操作间相接。内部设有循环风机和风道,冷却水换热排管,温度与湿度探头。底部有盘架进出轨,固态培养基以浅盘方式密集排放在盘架上,盘架下的钢轮在钢轨上滚动,盘架有两排,每排9节。盘架上有21层发酵盘。发酵盘中的固体培养基相对静止不动,但气相是动态。在气相突然泻压时,颗粒会因间歇中的气体膨胀发生松动,并使传质、传热过程由分子扩散转为对流扩散。主要操作是用无菌空气对罐压施以周期性脉动。

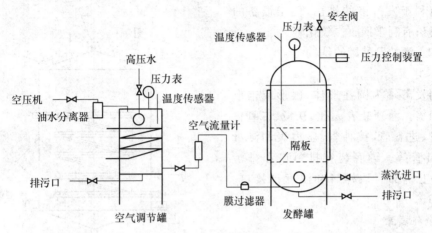

图 15-14　压力脉动发酵系统

压力脉动固态发酵罐是现代生物发酵技术体系的核心部分,是固态发酵实现纯种培养与大规模产业化这一世界技术难题的突破口。固态发酵新技术与液体深层发酵技术一样,是一种普适性的微生物生产应用技术,不限于某一种产品。随着该技术体系的不断改进与完善,以技术开发带动产品开发,扩大应用范围。根据已有的试验与生产实践结果,无论是细菌,还是霉菌、放线菌,均可采用此现代固态发酵技术实现纯种大规模培养,尤其是对后者效果更佳。因此,现代固态发酵技术有着无限广阔的应用与发展前景。

15.3　嫌气发酵设备

15.3.1　酒精发酵设备

发酵设备是发酵工厂中主要的设备,它提供了一个适应微生物生命活动和代谢的环境场所。按照发酵过程是否需氧将微生物分为好气和嫌气两大类,故供微生物生存和代谢的生产设备即发酵罐也存在好气和嫌气之分。比如抗生素、酶制剂、酵母、氨基酸和维生素等产品,都是在好气发酵罐中进行生产的,发酵过程需要强烈的通风搅拌,目的是提高氧在发酵液中的传质系数;而丙酮、丁醇、乳酸等采用嫌气发酵罐,发酵过程不需要通气。日常生活中经常接触的酒精、啤酒等产品的发酵,均为嫌气性发酵罐所生产,其发酵罐因不需要通入昂贵的无菌空气,因此在设备放大、制造和操作时,都比好气性发酵设备简单得多。

15.3.1.1　对酒精发酵罐的要求

• 能及时移走热量。在酒精发酵过程中,酵母将糖转化为酒精,欲获得较高的转化率,除满足生长和代谢的必要工艺条件外,还需要一定的生化反应时间,在生化反应过程中将释放出一定数量的生物热。若该热量不及时移走,必将直接影响酵母的生长和代谢产物的转化率。

• 有利于发酵液的排出;便于设备的清洗、维修;有利于回收二氧化碳。

15.3.1.2　酒精发酵罐的结构

1. 罐体

酒精发酵罐为圆柱形体,碟形或锥形底盖和顶盖。灌顶装有人孔、视镜、二氧化碳回收管、进料管、接种管、压力表和测量仪表接口管等。罐底装有排料口和排污口,罐身上下部有取样口和温度计接口。见图 15-15。

2. 冷却装置

中小型发酵罐采用灌顶喷水淋于罐外壁表面进行膜状冷却;大型发酵罐采用罐内装冷却蛇管或罐内蛇管和罐外壁喷洒联合的冷却装置。

3. 洗涤装置

酒精发酵罐的洗涤,过去均由人工操

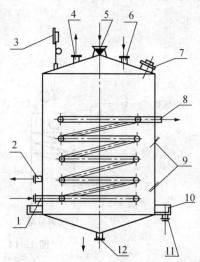

图 15-15　酒精发酵罐

1. 冷却水入口　2. 取样口　3. 压力表　4. CO_2 气体出口
5. 喷淋口　6. 料液及酵母入口　7. 人孔　8. 冷却水出口
9. 温度计　10. 喷淋水收集槽　11. 喷淋水出口
12. 发酵液及污水排出口

作,不仅劳动强度大,而且一旦二氧化碳未彻底排除,工人入罐清洗会发生中毒事故。因此,采用水力喷射洗涤装置,从而改善了工人的劳动条件,提高了操作效率。

水力洗涤装置(图 15-16),由一根两头装有喷嘴的洒水管组成,喷水管两头弯成一定的弧度,喷水管上钻有一定数量的小孔,借活络接头和固定供水管连接,喷水管两头喷嘴以一定速度喷出水而形成反作用力,使喷水管自动旋转,从而达到水力洗涤的目的。对于大于 20 m³ 的酒精发酵罐,采用 $\phi 36$ mm×3 mm 的喷水管,管上开有 $\phi 4$ mm 小孔 30 个,两头喷嘴直径 9 mm。

高压水力喷射洗涤装置(图 15-17),一根直立的喷水管,安装于罐中央,在垂直喷水管上钻小孔,水平喷水管借活络接头,上端和供水管、下端和垂直分配管连接。水流在较高压力下,由水平喷水管出口处喷出,并以极大的速度喷射到罐壁,而垂直喷水管也以同样的速度将水流喷射到罐体和罐底。

15.3.1.3　酒精发酵罐的相关计算

1. 发酵罐结构尺寸的确定

发酵罐全体积:
$$V = V_0 / \Phi$$

式中:V 为发酵罐的全体积,m³;V_0 为进入发酵罐的发酵液量,m³;Φ 为装料系数,0.85~0.90。

2. 发酵罐罐数的确定

$$N = nt/24 + 1$$

式中：N 为发酵罐个数；n 为每 24 h 内进行加料的发酵罐数目；t 为发酵周期。

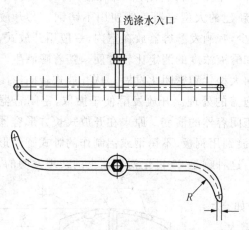

图 15-16　发酵罐水力洗涤器

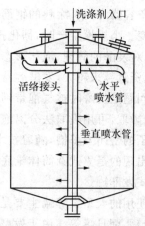

图 15-17　水力喷射洗涤装置

3. 发酵罐冷却面积（A）的计算

$$A = Q/K\Delta T_m$$

式中：Q 为总发酵热，J/h；K 为传热系数，J/(m²·h·℃)；ΔT_m 为对数平均温度差，℃。

a. 总发酵热 Q：　　　　　$Q = Q_1 - (Q_2 + Q_3)$

式中：Q_1 为生物合成热；Q_2 为蒸发损失热，5%～6%Q_1；Q_3 为罐散热。

b. 对数平均温度差 ΔT_m：　　$\Delta T_m = \dfrac{(T_F - T_1) - (T_F - T_2)}{\ln \dfrac{T_F - T_1}{T_F - T_2}}$

式中：T_F 为主发酵时的发酵温度，℃；T_1、T_2 为分别为冷却水进出口温度，℃。

c. 传热系数 K：　　$K = 4.186A \dfrac{(\rho\theta)^{0.2}}{D^{0.2}} \left(1 + 1.77 \dfrac{D}{R}\right)$

式中：K 为蛇管的传热系数，kJ/(m²·h·℃)；A 为常数，水温 20℃ 时，取 6.45；ρ 为水的密度，kg/m³；θ 为蛇管内水的流速，m/s；D 为蛇管直径，m；R 为蛇管圈的半径，m。

4. 冷却水耗量

$$Q_A = Q_B = WC_p(T_1 - T_2)$$
$$W = Q_B/[C_p(T_1 - T_2)]$$

式中：W 为冷却水耗量，kg/h；C_p 为冷却水平均温度时的比热容，J/(kg·℃)；T_1、T_2 分别为冷却水进出口温度，℃；Q_A 为酒精或其他发酵产品的总发酵热，J/h；Q_B 为冷却水带走的热量，J/h。

▶ 15.3.2　啤酒发酵设备

近年来，啤酒发酵设备向大型、室外、联合的方向发展。迄今为止，使用的大型发酵罐容量已达 1 500 t。大型化的目的主要有两方面:由于大型化,使啤酒的质量均一化;由于啤酒生产的罐数减少,使生产合理化,降低了主要设备的投资。

啤酒发酵器的变迁过程,大概可分三个方向:①发酵容器材料的变化。容器材料由陶瓷→木材→水泥→金属材料演变。现在的啤酒生产,后两种材料都在使用。我国大多数啤酒发酵设备容器为内有涂料的钢筋水泥槽,新建的大型容器一般使用不锈钢。②开放式向密闭式转变。小规模生产时,糖化投资量较少,啤酒发酵容器放在室内,一般用开放式,上面没有盖子,对发酵的管理、泡沫形态的观察和醪液浓度的测定比较方便。随着啤酒生产规模的扩大,投资量越来越大,发酵容器已开始向大型化和密闭化发展。从开放式转向密闭式发酵的最大问题是发酵时被气泡带到表面的泡盖的处理。开放发酵便于撇取,密闭容器人孔较小,难以撇取,可用吸取法分离泡盖。③密闭容器的演变。原来在开放式长方形容器上面加穹形盖子的密闭发酵槽,随着技术革新过渡到用钢板、不锈钢或铝制作的卧式圆筒形发酵罐。后来出现的是立式圆筒体锥底发酵罐。这种罐是 20 世纪初期瑞士的奈坦发明的,所以又称奈坦式发酵罐。

目前使用的大型发酵罐主要是立式罐,如奈坦罐、联合罐、朝日罐等。由于发酵罐量的增大,清洗设备也有很大进步,大多采用 CIP 自动清洗系统。

15.3.2.1 圆柱体锥底发酵罐

冷媒采用乙二醇、酒精溶液或氨(直接蒸发)。二氧化碳由罐顶排出,在罐底装有净化的二氧化碳充气管,二氧化碳从充气管的小孔吹入发酵液中,以便在发酵过程中饱和二氧化碳,如图 15-18 所示。锥底角度 60°~120°,以 70°为好,高径比(1.5~6):1,常用 3:1 或 4:1。

该发酵罐的优点在于能耗低,采用的管径小,生产费用可以降低。酵母最终沉积在锥底,可打开锥底阀门,把酵母排出罐外,部分酵母留作下次待用。容器的形式主要指其单位容积所需的表面积,以 $m^2/100\ L$ 表示,这是影响造价的主要因素。考虑 CO_2 的回收,就必须使罐内的 CO_2 维持一定的压力,所以大罐就成为一个耐压罐,有必要设立安全阀。罐的工作压力根据不同的发酵工艺而有所不同。若作为前酵和储酒两用,就应以储酒时 CO_2 含量为依据,所需的耐压程度要稍高于单用于前酵的罐。

15.3.2.2 联合罐

具有较浅锥底的大直径[高径比(1~1.3):1]发酵罐,能在罐内进行机械搅拌,并具有冷却装置。由带人孔的薄壳垂直圆柱体、拱形顶和有

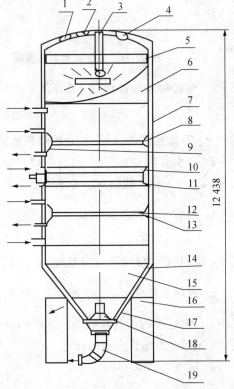

图 15-18　52 m³ 圆柱体锥底发酵罐

1. 视镜　2. CO_2 排出管　3. 自动洗涤器　4. 人孔
5. 封头　6. 罐身　7. 冷却夹套　8. 保温层
9. 冷媒出口　10. 冷媒进口　11. 中间酒液
　　排出管　12. 取样管　13. 温度计
14. 支脚　15. 基柱　16. 锥底
　　17. 锥底冷却夹套　18. 底部
　　酒液排出口　19. 麦汁进口、
　　　酒液进口、酵母排放口

足够斜度以去除酵母的锥底组成。罐体采用聚尼烷作保温层,外加铝板(图 15-19)。

15.3.2.3 朝日罐

朝日罐又称单一酿槽,是 1972 年日本朝日啤酒公司研制成功的前发酵和后发酵合一的室外大型发酵罐。如图 15-20 所示,它采用了一种新的生产工艺,解决了沉淀困难,大大缩短了贮藏啤酒的成熟期。

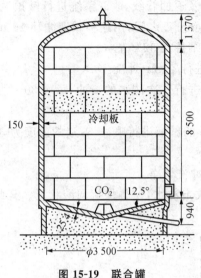

图 15-19 联合罐

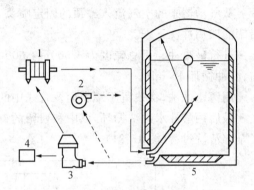

图 15-20 朝日罐生产系统

1. 薄板换热器 2. 循环泵 3. 酵母离心机
4. 进出管道 5. 朝日罐

朝日罐为斜底圆柱发酵罐,高径比(1～2):1。利用离心机回收酵母,利用薄板换热器控制发酵温度,利用循环泵把发酵液抽出又送回去。

15.3.2.4 CIP 清洗系统

啤酒发酵罐的容量正在逐步增大,这类发酵罐大部分安装在室外,原来的清洗方法已不适用,必须采用自动化的喷洗装置。采用较多的是 CIP 清洗系统。

由于大罐建在室外,所以连接的管道要长而且主管的管径必然要大,一般为 150 mm。如果在大罐中加澄清剂,会在罐底形成沉渣层,故在罐的出料处设一沉渣阻挡器,同时为了能放尽罐底的存液,出料处应是一双重出口。沉于罐底的沉渣固形物具有一定的经济价值,应该回收,所以在洗罐时要尽可能用少量水冲出沉渣,以免稀释。

啤酒进出站是嫩啤酒(麦汁)进入管、啤酒输出管及清洗液返回管之间的联结,它位于罐出口底下,可用 U 形管在啤酒进出管与清洗液返回管之间进行任意联结。通气管的出口应在低于罐出口的位置,由橡皮管与清洗液返回管线相联结。CIP 循环单位设在酒供应库内,包括微型开关(控制清洗液的进出)、控制盘、CIP 供应泵、污水泵、水箱。

控制盘通过仪表来控制清洗液的温度、水位及罐的充满与放空等程序。清洗液进出阀和通气管上的通气阀的控制与系统的控制装置是有关系的,所以可在清洗操作开始前先将通气阀开启。清洗液返回管线的位置在通气管末端之下,这样可以在 CIP 清洗操作时保证通气管得到有效清洗。

通气阀位置应在罐内的清洗液的液位之上,可防止清洗后由于罐的冷却而造成真空,因为它可以无阻地补入空气。通气管下部还具有压力调节阀。CIP 清洗工作程序是自动控制进行的，从控制盘上可以通过仪表记录温度、压力及时间等参数。

CIP 清洗程序为：

• 预冲洗。在罐底的沉渣放了一半之后进行，每次预冲洗的时间为 30 s，进行 10 次，是通过回转喷嘴进行的，每次冲洗之后要有 30 s 的排泄时间，主要排去底部的沉渣。

• 罐底被冲干净后，用足量的水充入 CIP 的供应及返回管线，改变系统进行碱预洗，自动地将清洗剂加入供水中，其总碱度在 3 000～3 300 mg/L 之间，用这种碱液循环 16 min。在此期间 CIP 供应泵吸引端注入蒸汽，使清洗液温度维持在 32℃左右。

• 中间冲洗。用 CIP 循环单位的水罐来的清水进行 4 min 冲洗。

• 从气动器来的空气流入罐顶的固定喷头，然后进行三次清水的喷冲，每次 30 s，从罐顶沿罐的四周冲洗下来。

• 进行碱喷冲。用总碱度为 3 500～4 000 mg/L 的碱液进行喷冲，碱液的温度为 32℃左右，喷冲循环 15 min。

• 用清水冲洗，将残留于罐表面及管线中的碱液冲洗干净。

• 最后用酸性水冲洗循环，以中和残留的碱性，放走洗水，使罐保持弱酸状况。至此完成了全部清洗过程（图 15-21）。

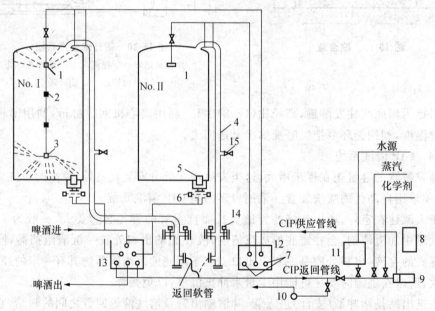

图 15-21　大型发酵罐与产品输送站及 CIP 清洗管的联结流程

1. 固定喷头　2. 滑动接头　3. 回转喷头　4. 通气管　5. 沉渣阻挡器　6. 双重出口
7. 微型开关　8. 控制盘　9. CIP 供应泵　10. 污水泵　11. 水箱　12. 清洗剂分配站
13. 啤酒进出站　14. 压力调节阀　15. 通气阀

生物技术作为最原始、最传统，同时又是目前世界六大新技术最热门的学科，在社会进步、生态平衡、环境保护、人类健康和科技发展中的作用越来越被人类所认识，在食品（农产品）加工中的神奇作用总是超出科学家的预料。随着近年来现代生物技术对传统食品加工原理的揭示和技术的改造提升，生物技术与工程产业发展迅速。生物科技、生物制药企业以及生物产品成倍增加,生物科技与生物产业日益凸显。生物产业的发展有力推动了生物工程设备发展,特别是系统控制技术、自动化和智能化技术发展方兴未艾,具有广阔的发展应用前景。

思考题

1. 空气净化系统主要采用哪些净化方法?各方法的原理和特点是什么?
2. 通风发酵设备有哪些类型?各有何优缺点?
3. 简述气升式发酵罐的工作原理、结构与特点。为什么它能广泛应用于生物工程领域?
4. 嫌气发酵设备主要包括哪些类型?其在工业生产上的应用前景如何?
5. 简述 CIP 清洗系统概念及其清洗过程。
6. 思考发酵设备自动控制的作用、意义并总结、举例。

参考文献

[1] CAC/RCP1—1969，Rev.4—2003 食品卫生通用规范.

[2] GB 14891.1—1997 辐照食品卫生标准.

[3] GB 16798.食品机械安全卫生.

[4] GB 16798—1997 食品机械安全卫生.

[5] GB 19891 机械安全 机械设计的卫生要求.

[6] GB 22747 食品加工机械 基本概念 卫生要求.

[7] GB 5083 生产设备安全卫生设计总则.

[8] Amjad Z.反渗透-膜技术·水化学和工业应用.殷琦,华耀组,译.北京:化学工业出版社,1999.

[9] Im-Sun Woo, In-Koo Rhee, Heui-Dong Park. Differential damage in bacterial cells by microwave radiation on the basis of cell wall structure.Applied and Environmental Microbiology, 2000, 66(5) :2243-2247.

[10] Seader J D, Henley E J.朱开宏,吴俊生,译.分离过程原理.上海:华东理工大学出版社,2007

[11] Tang Z W, Mikhaylenko G, Liu F, et al. Microwave sterilization of sliced beef in gravy in 7-oz trays. Journal of Food Engineering, 2008, 89: 375-383.

[12] 白林峰,李国厚. 单片机原理及应用设计. 北京:化学工业出版社,2009.

[13] 白亚乡,李新军,徐建萍,等.高压静电场解冻机理分析.农业工程学报,2010,26(4):347-350.

[14] 蔡建国,邓修,周立法,等. 超临界流体技术工艺与设备.机电信息,2007(17):32-34.

[15] 蔡建国,周永传.轻化工设备及设计.北京:化学工业出版社,2007.

[16] 曹承志. 微型计算机控制技术. 北京:化学工业出版社,2008.

[17] 陈斌. 食品加工机械与设备. 北京:机械工业出版社,2008.

[18] 陈国豪. 生物工程设备. 北京：化学工业出版社，2006.

[19] 陈少洲. 膜分离技术与食品加工. 北京:化学工业出版社,2005.

[20] 仇农学.现代果汁加工技术与设备. 北京:化学工业出版社,2006.

[21] 崔建云,食品加工机械与设备,中国轻工业出版社,2006.

[22] 崔建云. 食品机械. 北京:化学工业出版社,2007.

[23] 地质年代表.中华文本库,http://www.chinadmd.com/file/oxtwstixcpxswrst36pxz6zu_1.html.

[24] 冯垛生,张森. 变频器的应用与维护. 广州:华南理工大学出版社,2003.

[25] 冯晚平,胡娟.冷冻食品解冻技术研究进展.农机化研究,2011,10:249-252.

[26] 高孔荣. 发酵设备. 北京：中国轻工业出版社，1991.

[27] 高丽朴,郑淑芳,李武,等.果蔬差压预冷设备及预冷技术研究.农业工程学报,2003,19(6):185-187.

[28] 高梦祥.高强度脉冲磁场杀菌研究:博士论文.西北农林科技大学,2004.

[29] 高以炬,叶凌碧.膜分离技术基础.北京:科学出版社,1989.

[30] 顾德英,罗长杰.现代电气控制技术.北京:北京邮电大学出版社,2006.

[31] 郭旭峰,陶乐仁.液氮喷淋流态化速冻系统及冷冻性能的研究.工程热物理学报,2003,
24(3):475-477.

[32] 杭锋,陈卫,龚广予,等.微波杀菌机理与生物学效应.食品工业科技,2009,30(1):
333-336.

[33] 何国庆.食品发酵与酿造工艺学.北京:中国农业出版社,2001.

[34] 胡继强.食品工程技术装备食品生产单元操作.北京:科学出版社,2009.

[35] 华泽钊,李云飞,刘宝林.食品冷冻冷藏原理与设备.北京:机械工业出版社,1999.

[36] 黄方一.发酵过程.2版.武汉:华中师范大学出版社,2008.

[37] 黄赞,龙世瑜.微机控制系统在糖厂压榨生产线中的应用.轻工机械,2004(2):95-97.

[38] 蒋迪清,唐伟强.食品通用机械与设备.广州:华南理工大学出版社,2003.

[39] 康景隆.食品冷藏链技术.北京:中国商业出版社,2005.

[40] 考古发现.中国文物网 http://www.wenwuchina.com/.

[41] 科技部农村科技司等.中国农产品加工业年鉴.北京:中国农业出版社,2001-2010.

[42] 李汴生,阮征.非热杀菌技术与应用.北京:化学工业出版社,2004.

[43] 李建华,王春.冷库设计.北京:机械工业出版社,2004.

[44] 李建忠,等.单片机原理及应用.西安:西安电子科技大学出版社,2008.

[45] 李杰,谢晶.我国鼓风冻结技术及连续式鼓风冻结装置的发展现状.渔业现代化,2007,
34(4):61-65.

[46] 李勤,等.机械安全标准汇编.2版.北京:中国标准出版社,2007.

[47] 李仁.电气控制技术.3版.北京:机械工业出版社,2008.

[48] 李修渠.食品解冻技术.食品科技,2002,2:27-31.

[49] 李燕杰,杨公明,朱小花,等.从生物被膜看食品机械安全性设计准则的必要性.农业工
程学报,2008(11):302-307.

[50] 李燕杰,杜冰,董吉林,等.食品中细菌生物被膜及其形成机制的研究进展.现代食品
科技,2009(4):435-438.

[51] 李勇.食品冷冻加工技术.北京:化学工业出版社,2005.

[52] 梁世中.生物工程设备.北京:中国轻工业出版社,2002.

[53] 廖传华.超临界 CO_2 萃取设备设计.粮油加工与食品机械,2004(7):58-59.

[54] 刘贵庆,陶乐仁,郑志皋.液氮喷雾流态化速冻机的研制.冷饮与速冻食品工业,2004,10
(3):28-30.

[55] 刘美俊.可编程序控制器应用技术.福州:福建科学技术出版社,2006.

[56] 刘仙洲,中国机械工程发明史:第一编.北京:科学出版社,1962.

[57] 刘晓杰,王维坚.食品加工机械与设备.北京:高等教育出版社,2010.

[58] 刘协舫,等.食品机械.武汉:湖北科学技术出版社2002.

[59] 刘亚宁.电磁生物效应.北京:北京邮电大学出版社,2002.

[60] 刘嫣红,唐炬明,毛志怀,等.射频热风与热风处理保鲜白面包的比较.农业工程学报,

2009,25(9):323-328.

[61] 刘嫣红,杨宝玲,毛志怀.射频技术在农产品和食品加工中的应用.农业机械学报,2010,41(8):115-119.

[62] 卢寿慈.粉体加工技术.北京:中国轻工业出版社,1999.

[63] 陆振曦,陆守道.食品机械原理与设计.北京:中国轻工业出版社,1995.

[64] 马海乐,邓玉林,储金宇.西瓜汁的高强度脉冲磁场杀菌试验研究及杀菌机理分析.农业工程学报 2003,19(2):163-166.

[65] 马海乐.食品机械与设备.北京:中国农业出版社,2004.

[66] 马海乐.食品机械与设备.2 版.北京:中国农业出版社,2011.

[67] 马荣朝.食品机械与设备.北京:科学出版社,2012.

[68] 缪其勇.超临界高压萃取设备快开密封结构的研制:硕士论文.南京工业大学,2003.

[69] 农产品设备网.http://ncjg.p.tech-food.com/.

[70] 潘新民,等.微型计算机控制技术.北京:高等教育出版社,2001.

[71] 青铜器.http://baike.baidu.com/view/31782.htm.

[72] 人类的起源.http://baike.baidu.com/view/32868.htm.

[73] 商务部对外贸易司 MOFCOM,中国轻工工艺品进出口商会 CCCLA.食品接触金属制品出口质量安全手册.中国轻工进出口食品商会.

[74] 上海市粮食学校.粮食机械.哈尔滨:黑龙江科学技术出版社,1983.

[75] 施培新.食品辐照加工原理与技术.北京:中国农业科学技术出版社,2004.

[76] 食品机械设备网.http://equipment.p.tech-food.com/.

[77] 宋人楷,等.食品机械设备的维修、维护和使用.长春:吉林摄影出版社,2000.

[78] 隋继学.食品冷藏与速冻技术.北京:化学工业出版社,2007.

[79] 王凤良.基于有限元分析技术的超临界萃取釜设计方法研究:硕士论文.青岛大学,2009.

[80] 王永华.现代电气控制及 PLC 应用技术.2 版.北京:北京航空航天大学出版社,2008.

[81] 卫生部.药品生产质量管理规范(2010 年修订).2011.

[82] 魏静,解新安.食品超高压杀菌研究进展.食品工业科技,2009,30(1):363-367.

[83] 文静,梁显菊.食品的冻结及解冻技术研究进展.肉类研究,2008,7:76-80.

[84] 无锡轻工学院,天津轻工学院.食品工厂机械与设备.北京:中国轻工业出版社,1993.

[85] 无锡轻工业学院,天津轻工业学院.食品工厂机械与设备.北京:中国轻工业出版社,1981.

[86] 吴岗,郑成,宁正祥.高压脉冲电场灭菌机理.食品科学,1998,19(4):7-9.

[87] 吴桂初,等.单片机在真空包装机中的应用.科技通报,2004,20(3):222-224.

[88] 吴业正,韩宝琦.制冷原理与设备.西安:西安交通大学出版社,1997.

[89] 吴业正.制冷与低温技术原理.北京:高等教育出版社,2004.

[90] 伍水顺,等.食品机械自动控制.北京:中国轻工业出版社,1994.

[91] 武建新.乳品技术装备.北京:中国轻工业出版社,2000.

[92] 夏田等.PLC 电气控制技术.北京:化学工业出版社,2008.

[93] 肖旭霖.食品机械与设备.北京:科学出版社,2006.

食品机械与设备

[94] 肖旭霖.食品加工机械与设备.北京：中国农业出版社,2000.

[95] 谢晶.食品冷冻冷藏原理与技术.北京：化学工业出版社,2005.

[96] 徐文达,张超.食品原料真空快速解冻的研究.食品与发酵工业,1991,5:1-5.

[97] 徐志刚,等.自动化仪表、变频器等与PLC结合在饮料自动化生产线中的应用.电气自动化,2005,27(6):157-161.

[98] 许学勤.食品工厂机械与设备.北京：中国轻工业出版社,2008.

[99] 薛骏义,等.微机控制系统及其应用.西安：西安交通大学出版社,2003.

[100] 杨村,于宏奇,冯武文.分子蒸馏技术.北京：化学工业出版社,2003.

[101] 杨同舟.食品工程原理.北京：中国农业出版社,2001.

[102] 杨洲,黄燕娟,赵春娥.果蔬通风预冷技术研究进展.农业工程科学,2006,22(9):471-474.

[103] 叶于明,程有凯,赵世明.真空水蒸气解冻装置的方案设计.中国水产科学,1997,4(2):69-73.

[104] 叶喆民.中国陶瓷史.北京：生活·读书·新知三联店,2006.

[105] 殷涌光.食品机械与设备.北京：化学工业出版社,2006.

[106] 余明华.冷库及冷藏技术.北京：人民邮电出版社,2007.

[107] 袁庆辉,刘雁然.发酵生产设备.北京：中国轻工出版社,1985.

[108] 岳孝方,陈汝东.制冷技术与应用.上海：同济大学出版社,1995.

[109] 曾名湧.食品保藏原理与技术.北京：化学工业出版社,2007.

[110] 曾庆孝.食品加工与保藏原理.北京：化学工业出版社,2002.

[111] 翟家珮,秦汉强.新型高湿度空气解冻机的研制.制冷学报,1996,3:45-49.

[112] 张佰清.食品机械与设备.郑州：郑州大学出版社,2012.

[113] 张国治.食品加工机械与设备.北京：中国轻工业出版社,2011.

[114] 张国治.速冻及冻干食品加工技术.北京：化学工业出版社,2007.

[115] 张凯峰.西门子S7-200在肉类工业杀菌工艺自动控制系统的应用.电气应用,2005,24(8):69-72.

[116] 张守勤,马成林.高压食品加工技术.长春：吉林科学技术出版社,2000.

[117] 张小云,张裕恒,张容华.脉冲高强磁场对几种细胞的作用.科学通报,1986,31(6):460-463.

[118] 张小云,刘栋,张晓娜,等.磁场对细胞生长分裂的影响及其机制的探讨.中国科学：B辑,1989(2):164-170.

[119] 张印辉等.UHT杀菌设备温控系统设计.包装工程,2007,28(2):80-82.

[120] 张裕中.食品加工技术装备.2版.北京：中国轻工业出版社,2007.

[121] 张裕中.食品加工技术装备.北京：中国轻工业出版社,2000.

[122] 张祉祐.制冷原理与设备.北京：机械工业出版社,1987.

[123] 张忠义,雷正杰,王鹏,等.超临界萃取-分子蒸馏对大蒜化学成分的提取与分离.分析测试学报,2002,21(1):65-67.

[124] 赵武奇,殷涌光,王忠东.高压脉冲电场杀菌技术研究现状及发展.农业工程学报,2001,17(5):139-141.

参考文献

[125] 郑裕国. 生物加工过程与设备. 北京：化学工业出版社, 2004.

[126] 郑志强. 食品冷冻冷藏原理与技术. 北京：化学工业出版社, 2010.

[127] 中国食品和包装机械工业协会. 食品和包装机械行业"十二五"发展规划征求意见稿. 2010-10-12.

[128] 中国食品机械设备网, http://www.foodjx.com/.

[129] 中华人民共和国农业部. 农产品加工业"十二五"发展规划. 2011.

[130] 周雅文, 邓宇, 尚海萍, 等. 离子液体的性质及其应用. 杭州化工, 2009, 39(3):7-10.

[131] 周亚军. 电气控制与 PLC 原理及应用. 西安：西安电子科技大学出版社, 2008.

[132] 周云霞. 食品解冻新技术-非热技术. 冷饮与速冻食品工业, 2002, 8(1):43-44.

食品机械与设备